Eleventh Edition

Management

Warren R. Plunkett • Gemmy S. Allen 著

管理學

第 11 版

張文賢・王以莊・何舒毅・周台龍　譯

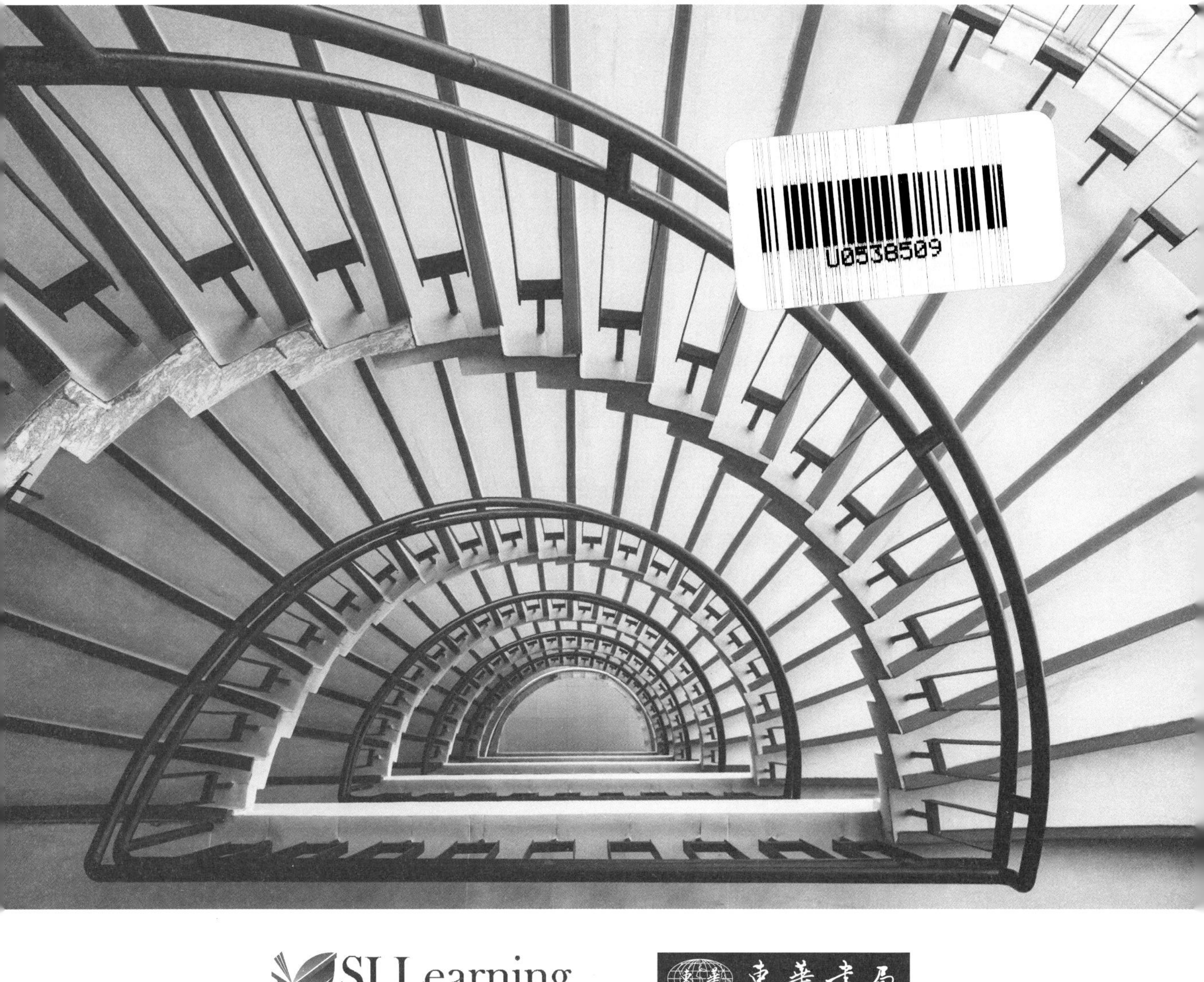

SJ Learning　東華書局

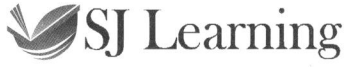

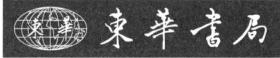

國家圖書館出版品預行編目資料

管理學/Warren R. Plunkett, Gemmy S. Allen 著；張文賢, 王以莊, 何舒毅, 周台龍譯. -- 初版. -- 臺北市：臺灣東華書局股份有限公司, 2022.07

616 面；19x26 公分

譯自：Management, 11th ed.

ISBN 978-626-7130-16-2 (平裝)

1.CST: 管理科學

494　　　　　　　　　　　　　　　　　111010781

管理學
Management, 11th edition

原　　　著	Warren R. Plunkett, Gemmy S. Allen
譯　　　者	張文賢・王以莊・何舒毅・周台龍
原 出 版 社	Wessex Press, Inc. / SJ Learning
合 作 出 版	臺灣東華書局股份有限公司
	地址／台北市重慶南路一段 147 號 3 樓
	電話／02-2311-4027
	傳真／02-2311-6615
	網址／www.tunghua.com.tw
	E-mail／service@tunghua.com.tw
SJ Learning	
	地址／No. 25, Jalan USJ 17/10A,
	47630 Subang Jaya, Selangor Darul Ehsan,
	Malaysia
	網址／www.sjlearning.com.my
	E-mail／sjwee@sjlearning.com.my
總 經 銷	臺灣東華書局股份有限公司
門　　　市	地址／台北市重慶南路一段 147 號 2 樓
	電話／02-2371-9320
Ｉ Ｓ Ｂ Ｎ	978-626-7130-16-2

2027 26 25 24 23　TS　5 4 3 2 1

版權所有・翻印必究

版權聲明

Copyright © 2020 by Wessex Press, Inc., New York, NY, USA.
ALL RIGHTS RESERVED

This publication is protected by copyright and permission should be obtained from the publisher prior to any prohibited reproduction, storage in a retrieval system, or transmission in any form or by any means, electronic, mechanical, photocopying, recording, or likewise. For more information contact: Wessex Press, Inc. at contact@wessexlearning.com.

譯者簡介

張文賢
學歷：大葉大學管理博士
現職：僑光科技大學觀光與休閒事業管理系副教授兼系主任
學術專長：管理學、行銷管理、關係行銷

王以莊
學歷：國立彰化師範大學工業教育博士
現職：僑光科技大學企業管理系副教授
學術專長：企業管理、策略管理、人力資源管理

何舒毅
學歷：奧克拉荷馬州立大學職業教育研究博士
現職：僑光科技大學企業管理系助理教授
學術專長：管理學、人力資源管理、專案管理

周台龍
學歷：政治大學財政博士
現職：僑光科技大學企業管理系副教授
學術專長：經濟學、會計學、財政學、人力資源管理

譯者序

本書內容的編排分為管理概念、規劃、組織、用人、影響與控制六篇，共十八章，以淺顯易懂的表達方式，說明數百年來管理學領域所累積的重要理論與思想。本書的架構安排，適合作為大專校院管理學初學者的教科書，以及準備應考各種相關國家考試與升學碩士班的考生研讀。

本書除了說明基礎理論外，也提供許多現今企業實務面對的趨勢、議題、主題等實例，舉例對象包含全球性的大型企業及中小企業。章節內容提供品質管理、管理社群媒體、全球應用、道德管理及重視多樣性和包容性專欄，讓讀者更加深入了解相關理論在現今企業經營領域的實際應用、社會普遍關注的焦點，並引導讀者思考的方向，協助讀者更加理解單元呼應與內文呼應的相關內容與思維。

學習管理不能只有背誦理論與抽象的概念，期盼讀者透過這本教科書，把握和利用各種機會，例如在課堂上或工作場所，與別人討論各章節相關的理論與實際經驗，才能將管理學的理論內化為真正實用的知識。

目錄

譯者簡介　iii

譯者序　iv

第一篇　管理概念

Chapter 1　管理：總論　1

1.1　緒論　2

1.2　管理與管理者　3

1.3　組織需要管理者　4

1.4　管理者的世界　5

1.5　管理的層級　14

1.6　管理功能　19

1.7　管理功能與管理階層　22

1.8　管理者的角色　23

1.9　管理的技能　26

1.10　管理的迷思與真實面　29

1.11　評估管理者的績效　30

習題　31

Chapter 2　管理思想：過去與現在　33

2.1　緒論　34

2.2　歷史與管理理論　34

2.3　古典管理理論　36

2.4　行為管理理論　42

2.5　數量管理理論　44

2.6　系統管理理論　46

2.7　情境管理理論　48

2.8　品質管理理論　50

習題　57

Chapter 3　管理者的環境　59

3.1　緒論　60

3.2　組織是一個系統　60

3.3　內部環境　62

3.4　外部環境　71

3.5　察覺與適應環境　78

3.6　影響環境　78

3.7　履行對利害關係人的責任　79

習題　80

第二篇　規劃

Chapter 4　規劃與策略　81

4.1　緒論　82

4.2 規劃之定義　82
4.3 計畫類型　87
4.4 基本規劃過程　97
4.5 制定有效的計畫　101
4.6 策略計畫與策略管理的本質　106
4.7 策略計畫過程　110
4.8 制定公司層級策略　114
4.9 制定事業層級策略　117
4.10 制定功能層級策略　119
習題　121

Chapter 5　決策　123

5.1 緒論　124
5.2 決策的共通性　127
5.3 決策方法　128
5.4 決策過程七步驟　129
5.5 環境對決策的影響　138
5.6 管理風格對決策的影響　144
5.7 群體決策　147
5.8 定量決策技術　151
5.9 創造有效決策的環境　156
習題　157

Chapter 6　管理倫理與社會責任　159

6.1 緒論　160
6.2 管理倫理　160

6.3 個人與倫理操守　162
6.4 組織對倫理行為的影響　166
6.5 組織控制的重要性　167
6.6 法律約束　172
6.7 倫理困境　176
6.8 倫理行為準則　177
6.9 社會責任的作法　180
6.10 對利害關係人的責任　182
6.11 政府監管：利與弊　185
6.12 社會責任的管理　187
習題　190

Chapter 7　國際管理　191

7.1 緒論　191
7.2 為何企業會走向國際化　192
7.3 跨國公司　193
7.4 國際環境　195
7.5 規劃與國際管理者　199
7.6 組織和國際管理者　202
7.7 用人與國際經理　208
7.8 領導與國際管理者　210
7.9 控制與國際管理者　215
習題　216

第三篇　組織

Chapter 8　組織理論　217

8.1　緒論　218
8.2　規劃和組織間的關係　219
8.3　組織的利益　222
8.4　組織過程五步驟　223
8.5　分類和分組活動　227
8.6　主要的組織概念　232
8.7　權力　236
8.8　授權　238
8.9　控制幅度　240
8.10　集權化對分權化　244
8.11　非正式組織　246
8.12　非正式組織與正式組織的比較　247
習題　253

Chapter 9　組織設計、文化與變革　255

9.1　緒論　256
9.2　設計組織結構　257
9.3　機械式組織結構　259
9.4　權變因素對組織設計的影響　260
9.5　組織設計中的結構選擇　265
9.6　組織文化　273
9.7　文化的創造　280
9.8　變革的本質　283
9.9　計畫性變革步驟　289
9.10　品質促進變革　291
9.11　實施變革　292
9.12　為何努力變革卻失敗　294
9.13　組織發展　297
習題　299

第四篇　用人

Chapter 10　職場用人　301

10.1　緒論　302
10.2　用人過程　303
10.3　用人環境　304
10.4　人力資源規劃　316
10.5　招募、甄選和職前導引　320
10.6　訓練與發展　328
10.7　績效評估　332
10.8　實施聘僱決策　336
10.9　薪酬　340
習題　343

Chapter 11　溝通：人際關係與組織　345

11.1　緒論　346
11.2　溝通媒介　348
11.3　人際溝通障礙　355

11.4 組織溝通　358
11.5 組織溝通的障礙　364
11.6 改善溝通　369
習題　374

第五篇　影響

Chapter 12　管理個人的差異和行為　375

12.1 工作場所的文化適配　376
12.2 個人和環境的適配　379
12.3 價值觀　379
12.4 態度　382
12.5 態度類別　383
12.6 態度的三成分模型　383
12.7 工作態度的類型　384
12.8 人格　388
12.9 人格－工作適配　390
12.10 其他人格特質　391
習題　396

Chapter 13　激勵　397

13.1 緒論　398
13.2 激勵的基礎　400
13.3 激勵的內容和過程理論　403
13.4 內容理論：聚焦需求的激勵理論　403

13.5 過程理論：以行為為焦點的激勵理論　416
13.6 建立管理哲學　424
13.7 為激勵而管理　427
習題　439

Chapter 14　領導　441

14.1 緒論　442
14.2 領導特質　443
14.3 管理與領導　447
14.4 權力和領導　450
14.5 積極激勵對消極激勵　454
14.6 決策風格　455
14.7 任務導向對人員導向　458
14.8 情境領導理論　460
14.9 領導者面臨的挑戰　466
習題　471

Chapter 15　團隊管理　473

15.1 緒論　474
15.2 團隊的本質　474
15.3 團隊類型　475
15.4 如何使用團隊　477
15.5 該給團隊多少獨立性　482
15.6 建立團隊組織　483
15.7 成員角色　486
15.8 團隊發展階段　490

15.9	團隊凝聚力 491		17.5	有效控制的特性 542
15.10	團隊效能的衡量 494		17.6	監督控制 546
15.11	團隊和個人衝突 496		17.7	財務控制 549
15.12	衝突的積極面和消極面 498		17.8	財務比率分析 554
15.13	管理衝突的策略 500		17.9	財務責任中心 556

習題 504

第六篇 控制

Chapter 16 資訊管理系統 505

- 16.1 緒論 506
- 16.2 資訊與管理者 506
- 16.3 有效資訊系統的功能 511
- 16.4 電腦化資訊系統 513
- 16.5 資料處理模式 517
- 16.6 連結電腦系統 518
- 16.7 CIS 管理工具 519
- 16.8 管理資訊系統 524

習題 529

Chapter 17 控制：目的、過程與技術 531

- 17.1 緒論 532
- 17.2 控制與其他管理功能 533
- 17.3 控制過程 534
- 17.4 控制與控制系統的類型 539

- 17.10 預算發展過程 558
- 17.11 營運預算 561
- 17.12 行銷控制 562
- 17.13 人力資源控制 568
- 17.14 電腦與控制 571

習題 572

Chapter 18 品質管理 573

- 18.1 緒論 574
- 18.2 品質、生產力與獲利力 575
- 18.3 成本效益品質 582
- 18.4 品質－生產力－獲利力的連結 583
- 18.5 高階管理者的承諾 589
- 18.6 中階管理者的承諾 590
- 18.7 基層管理者的承諾 594
- 18.8 外部承諾 594

習題 598

索引 599

Chapter 1
管理：總論

©Shutterstock

學習目標

研讀完本章後，你應該能：
1. 解釋為何組織需要管理者。
2. 決定影響管理者的世界需要什麼。
3. 辨認管理的三個層次。
4. 描述五大管理功能。
5. 將管理功能應用在管理的各層次。
6. 概述十大管理的角色。
7. 分析三大管理技能。
8. 對比迷思與管理者工作的真實面。
9. 討論用以評估管理者績效的標準。

管理的實務

21 世紀的技能

　　員工需要具備哪些技能才能在職場上與他人競爭？美國管理協會 (American Management Association, AMA) 針對 2,768 位美國管理者與經理人，調查有關其組織現在與未來所需的關鍵技能。經理人表示，他們的員工必須具備的技能，不只是能讓事業成長的基本閱讀、書寫與數學、批判性思考與解決問題、溝通、協同合作、創造力與創新 (4C) 等技能，在未來對組織的重要性越來越高。

4C 的定義
- 批判性思考與解決問題：制定決策、解決問題與採取適當行動的能力。
- 有效溝通：利用文字與口語形式綜合與傳達構想的能力。
- 協同合作與團隊建立：有效地與他人一起工作的能力，包括各種群體與持反對意見的人。
- 創造力與創新：看到缺少什麼並使某些事情改變的能力。

　　你是否已經準備好進入 21 世紀的職場？針對下列敘述，根據你同意的程度圈選數字，評估你同意的程度，而不是你認為應該如此。客觀的回答能讓你知道自己管理技能的優缺點。

　　加總你所圈選的數字，最高分是 50 分，最低分是 10 分。分數越高代表你可能具備更高的職場技能，分數越低則相反，但是分數低可以透過閱讀與研究本章內容而提高。

　　你準備好進入未來的職場了嗎？

	總是	通常	有時	很少	從不
我了解工作相關文件的用句遣詞。	5	4	3	2	1
我能夠根據閱聽眾的需要有效地用文字溝通。	5	4	3	2	1
我利用數學方法解決問題。	5	4	3	2	1
我利用邏輯與推理來分辨各種可行方案、問題的結論或解法之優缺點。	5	4	3	2	1
我會妥善地制定決策、解決問題與採取行動。	5	4	3	2	1
我透過文字與口語形式綜合與傳達我的構想。	5	4	3	2	1
我能有效地與他人工作，包括各種群體與持反對意見的人。	5	4	3	2	1
我會激勵、開發與指導別人工作，分辨最適合某項工作的人。	5	4	3	2	1
我能明白解決現在與未來問題與制定決策之新資訊的涵義。	5	4	3	2	1
我能看到缺少什麼並使某些事情改變。	5	4	3	2	1

資料來源：2012 Critical Skills Survey, AMA, December 2012. Retrieved from http://playbook.amanet.org/wp-content/uploads/2013/03/2012-Critical-Skills-Survey-pdf.pdf.

1.1 緒論

管理者是組織的關鍵人物，他們透過協調整合各種資源、技能及活動，以創造、監督與拓展企業組織的營運，除了營利組織外，關鍵人物也會開辦、監督與拓展其他類型的組織，如非營利事業，包括全世界各個國家的慈善機構、私立學校及政府機構。

已故的傑出管理思想家彼得‧杜拉克 (Peter F. Drucker) 主張管理不是企業管理：

> 不同組織的管理之間當然存在許多差異——因為使命定義策略，策略定義結構。但是管理一家連鎖零售商店與羅馬天主教區的差異，比零售業的經理人或主教的現實生活還要小，因為這些差異主要是應用層次，而不是理論層次。

本章接下來的內容是本書特色與主題的簡要介紹與概述，解釋管理是什麼及為何需要管理，並描述所有管理者執行的功能、角色與技能。第 2 章以後詳細檢視管理者做什麼及如何做。

章節包含精心設計的七大特色，幫助讀者了解與應用其內容。

- **管理的實務**：透過自我評估的方式洞察管理的才能與技能。
- **品質管理**：高績效職場的持續改善。

- **全球應用**：一個或許多章節的觀念成功應用在其他國家的管理實務。
- **道德管理**：管理者制定或面對的決策包含對自己與他人之各種領域的議題與結果。
- **重視多樣性和包容性**：組織展現感謝其多樣性員工的唯一方法。
- **管理社群媒體**：組織使用網際網路、數位溝通工具，以經營其員工與顧客的方法。
- **體驗式學習**：每章最後都有習題，這些習題提供貼近各章主要議題的管理者與組織之實務應用。

每個特色都呼應兩個持續的主題，並構成該章的故事：(1) 透過管理者與組織不斷的努力，以符合或超越其顧客的需要與期望；以及 (2) 組織與所有人員必須由有效管理所指導的需要。

1.2 管理與管理者

大型的公司有許多**管理者** (manager)：分配與監督資源利用的人。整體而言，公司的管理者建構成公司的**管理** (management)：一個或多個管理者透過運用相關功能 (規劃、組織、用人、領導與控制) 及整合各種資源 (資訊、材料、金錢與人員) 個別地或集體地設定與達成目標。小型的組織可能由一個人管理，如獨資企業，業主就是管理者。上述各種管理功能在本章後續有簡要的定義，本書第二篇以後會有詳細的討論。

目標 (goal) 是某段期間運用管理功能與消耗資源要實現的結果或要達到的目的，例如，許多公司的長期目標包括獲利與顧客滿意度。所有公司的管理者必須協調整合自己與其他人的努力來達成目標。

目的 (objective) 是一種特殊類型的目標，目標通常較為一般性且涵蓋長期，目的是短期而非長期，通常可以在一年內達成。由於員工無法「設定目標」，設定目的有助於他們完成工作。目的會做成書面文字，必須詳細、可衡量、可達到、結果導向且有時間限制。對許多管理者來說，**適才適所**是一項短期且持續的目標。本章的「管理的實務」專欄能讓你知道在 21 世紀的職場上，自己在關鍵技能方面有哪些是強項，哪些則是須改進的地方。

管理者 分配與監督資源利用的人。

管理 一個或多個管理者透過運用相關功能 (規劃、組織、用人、領導與控制) 及整合各種資源 (資訊、材料、金錢與人員) 個別地或集體地設定與達成目標。

目標 某段期間運用管理功能與消耗資源要實現的結果或要達到的目的。

1 解釋為何組織需要管理者

組織 由一個或多個人管理以達成設定之目標的實體。

如前所述，本章的學習目標放在最開頭，後續所有章節的學習目標亦放在每章的最開始。

1.3 組織需要管理者

基本上，組織 (organization) 是由一個或多個人管理以達成設定之目標的實體 (entity)。杜拉克是知名的管理學作者、教授及顧問，他曾寫出管理者有兩項基本的任務：「首先，經營一家企業；其次，建立一個組織。」要同時做到這兩件事，管理者必須與每一個人協調，同時接受「組織的價值與目標」。

價值構成信念與基本信條，對組織或個人而言，擁有這些是重要且意義深遠的，它們之間必須能相互協調與支持。所有員工都必須用各種不同的方法做出貢獻，讓公司每天能為其顧客實現價值。

百思買 (Best Buy) 沒有產品創新的優勢，但卻是領導消費者科技及娛樂產品與服務的零售商。事實上，它是 *Stores* 排名第 11 的零售商，其價值列示如下。

百思買的價值

- 有趣而最好。
- 從挑戰與改變中學習。
- 展現尊重、謙虛與正直。
- 發揮所有人的力量。

資料來源：Best Buy Code of Business Ethics. Retrieved from https://corporate.bestbuy.com/wp-content/uploads/2015/02/best-buy-code-of-ethics.pdf.

詹姆斯・柯林斯 (James C. Collins) 是一位企管顧問，且是最佳暢銷書 *Built to Last* 的合著者，他表示公司必須熱情地堅持一套價值，並創造能鼓勵員工遵守這些價值的制度才能達到長遠利益。這些系統性的方法是公司選擇、訓練、評估與獎賞能展現與公司相同價值的員工，讓管理者想要提升並對他們做出承諾。

組織無所不在，並且能滿足個人、群體或社會的需要。管理者創立組織，從設立開始，組織需要一個或多個管理者監督營運，並在需要時改變或升級。因此，無論是新組織或舊組織，管理者是共同的需要。

1.4 管理者的世界

> **2** 決定影響管理者的世界需要什麼

常言道,商場上唯一不變的就是改變。然而,本書的內容強調,管理者必須感受到改變自己的需求、在所能影響的範圍及其組織改變的需求,以及成為帶動改變力量的需要。

本節開始發展六個能強化各章特色的連續與不斷演變的主題:

1. 管理者及其組織必須透過符合或超越需求與期待來取悅顧客。
2. 組織必須持續改善其產品與服務。
3. 管理者必須領導。
4. 管理者與組織的行為必須遵守倫理規範。
5. 組織必須尊重員工的多樣性。
6. 管理者與組織必須學習面對全球化的挑戰。

每一種需求如何滿足受到每一位管理者與組織價值觀、管理者是否妥善執行五大管理功能,以及能否獲得所需資源的影響甚鉅。接著我們將逐一檢視這些需求,就從取悅顧客開始。

需要取悅顧客

管理者知道組織能否生存與獲利直接受到符合或超越顧客的需求與期待的影響,他們可以透過保證所有人盡最大努力與結果具有品質來滿足顧客,所謂的**品質** (quality):「某項產品或服務的特色或特色的整體,端視其滿足使用或消費產品或服務的人,表明的或隱含的要求之能力而定。」品質可說是某些人、群體或組織的產出,以符合或超越某些其他人、群體或組織 (亦即顧客) 需要的能力。滿足顧客涉及鼓勵所有員工、每天解決問題,進而變成創新與引發較佳產品與服務。管理者可利用本章的「品質管理」專欄討論的蘇格拉底法 (Socratic Method),以鼓勵持續的改善。

> **品質** 產品或服務的特色與特性,用以滿足使用者或消費者的要求。

本書強調,**顧客** (customer) 包括任何人或群體、組織內部與外部,他們使用或消費組織或其成員的產出。內部顧客是組織內的任何人或群體,他們需要接受組織內其他人的產出。例如:

> **顧客** 組織內部與外部的任何人或群體,使用或消費某個組織或其成員的產出。

- 高階管理者及時收到地區管理者的報告。
- 員工及時收到辦公用品,以及來自公司辦公室庫存人員的準確數量。

品質管理

蘇格拉底法

品質管理是發展一套系統讓員工思考，品質經理對所有員工的目標是了解他或她的工作。透過這種方式，員工每天解決問題，怎麼做會讓產品更好，並對顧客更有價值。因此，高品質的產品與服務會讓顧客滿意，都是員工所創造的。

管理者是否成功，最終衡量指標是員工的發展超越單純由他們自己學習的成就。員工每天遭遇許多無法預測的問題，因此每位員工都必須具備能力且獨立解決問題。

品質經理利用蘇格拉底法來開發解決問題的人。[蘇格拉底 (Scrates) 是古希臘哲學家，著名的是利用問題來鼓勵批判性思考。] 人們本質上都是解決問題的人，蘇格拉底法是透過協助員工發現問題的答案來引導他們。管理者利用這種方法可以避免給予問題的答案，專注在提供能獲得適當答案的情境，協助員工系統性的思考。

品質經理不告訴員工答案，而是提出中性問句，鼓勵獨立思考。這些提問探究改變原始問題之條件的涵義與結果，要求員工了解整個問題，而不是只記得在特定情況下可以用什麼方法。中性問句的例子，如：「你的想法是什麼？」「為什麼你會這麼想？」「你曾經想過……？」「你要怎麼做？」管理者與員工討論情境，綜合員工所說並檢查是否了解。因為員工是被誘導來解決問題，他或她不會忘記這一堂課，學習就此發生。

- 快速給答案是解決他人問題最容易的方法，但會造成員工的依賴性，下次有人問你該怎麼做，你要怎麼說？

- 每一個公司的銷售人員在合理的時間收到出貨/到貨的報表。

外部顧客是組織外部的個人或群體，他們期望組織的產出能滿足其需求，包括：

- 顧客希望能在合理的時間收到訂購的產品，並得到友善的服務。
- 外部供應商收到某項服務的品質規格就必須做到。
- 合作中的承包商及時收到貨款，並提供數量正確的服務及材料。

管理者必須知道，市場上的顧客與投資者透過組織滿足顧客需求與管理顧客關係的優劣來評價公司。品質是由內部與外部顧客的需要來定義，但是這些需求與期望就像移動的標靶──一直在改變。顧客不斷地想要事物更快、更好且更便宜。現今的外部顧客可以從世界各地選擇最佳的賣方，這種期望帶給管理者壓力，讓他們的行動與產品必須達到「世界級」，即一套能用以衡量與比較績效的標準。為了保證員工能達到高品質的產出，期待員工專注在顧客的需

求,我們將在第 18 章詳細探討品質。

網站是公司與其顧客間的生命線,但是為了滿足顧客,網站必須演變。剛開始的網站是靜態的手冊,提供資訊給潛在顧客與其他有興趣的對象。換句話說,公司控制人們可以在其網站看到什麼。接著,網站變成電子商務,能讓顧客進行線上購買或過渡。

網際網路徹底改變交易的方式,讓生產者與消費者同時受惠,降低了交易成本——把產品帶到市場的成本。在 1991 年,羅納德．寇斯 (Ronald H. Coase) 獲得諾貝爾經濟學獎,重要的主張是企業存在的目的即消除企業家之間的交易成本。根據此理論,如果沒有交易成本,每個人都是獨立的承包商。換句話說,組織的存在是因為耗費很多時間與金錢來協調組織外部的人,因為有了網際網路,這些與公司外部人員協調的工作變得成本更低且容易。

如今大部分顧客使用網站的應用程式,如線上聊天室、部落格、維基 (wikis) 與社群網站。公司分享資訊,但無法控制人們閱讀,並在網站上撰寫文章以吸引消費者。社群媒體讓人們利用線上來經營、建立社會與專業的連結、分享資訊、表達喜歡與不喜歡,並與他人專案合作。

> 我們如何看待與使用網路典範已有重大的轉變,現代人不僅是閱讀靜態的網頁,網路使用者透過新世代的社群軟體,將自己的圖書編目、組織自己最喜歡的書籤、撰寫線上文章,並與他人分享資訊。從部落格與維基開始,網際網路的發展已包羅萬象,且是共享、協同合作與使用者參與的標準現象。

本章的「管理社群媒體」專欄討論顧客關係管理及線上工具,鼓勵顧客參與對話,以協助公司改善其產品與服務。

顧客關係管理 (customer relationship management, CRM) 讓組織追蹤並分析顧客需求的改變,連結行銷活動與銷售成果,並監督銷售活動,以提高預測的準確性。它能做到這樣,是透過將許多片段的資訊蒐集彙整,從顧客的組成、銷售、廣告活動的效果與反應到市場趨勢,管理者、銷售人員、客服人員與顧客可以直接取用資訊。例如,顧客購買的其他產品可以取得並搭配成令人滿意的產品。此外,也可以提醒顧客需要服務的產品。CRM 提供組織一套對其顧客

顧客關係管理 一種對顧客關係長期管理的途徑,旨在強化顧客與組織間的連結。

管理社群媒體

顧客關係管理

了解顧客的欲望與需求，對企業能否成功是關鍵的因素。誰是我們的顧客？他們喜歡買什麼？他們願意花多少錢？哪些事物可以激勵他們？他們住在哪裡？

組織透過顧客關係管理了解他們的顧客，包括銷售、行銷與支援部門間的團隊關係，以及這個團隊與顧客間的關係。顧客關係管理軟體組織與現有及潛在顧客接觸的資訊，讓許多使用者可以追蹤顧客的購買偏好。例如，當工程師更新某項產品，它會通知銷售與支援部門，這些軟體會根據使用者建立規則，資料會在相關管理者之間透過訊息或從螢幕跳出。工程師、銷售人員及支援部門共同關心顧客對產品的需要。

社群媒體技術讓顧客關係管理系統又更進一步發展，顧客可以透過評價產品、撰寫回顧、上傳影像、影片、聲音剪輯與引用，直接將回饋傳給公司。因此，組織能利用顧客關係管理與網際網路的力量，更有效能與效率地回應顧客的需求。

顧客每次與公司接觸，無論是在商店、透過電話、直接郵件或網際網路，資料都能被蒐集。透過蒐集這些片段的資訊，企業會更加熟悉顧客，且能針對顧客特殊的需求，發送客製化的訊息，如下圖所示。

- 顧客帶動顧客關係管理意味著組織必須先了解顧客，請回想最近沒有滿足你期望的購物經驗，從身為顧客的角度，你對該公司的管理者有何建議，而不是從該公司的角度？

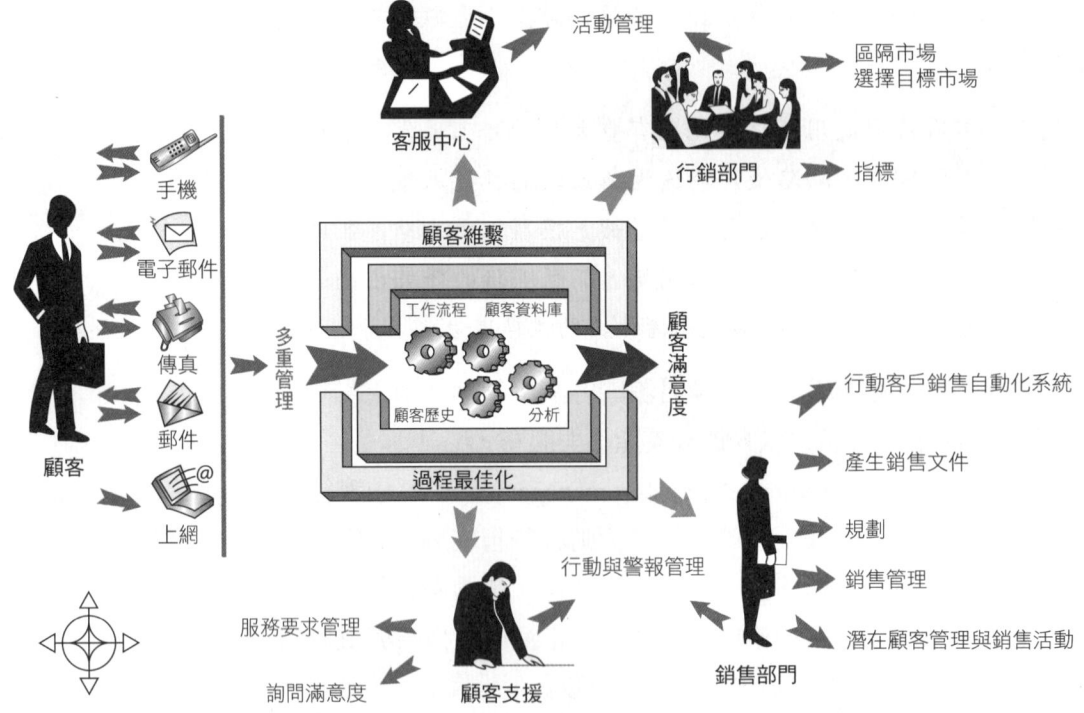

資料來源：Amilog, Customer Relationships Management, http://www.amigolog.com/NewSite/index.php/en/conseils-et-services/gestion-de-la-relation-client.

完整、可靠且整體的見解。

所有的員工都是顧客，同時也是滿足顧客的工具。作為顧客時，必須讓提供服務的人意識到他們的需要；當作滿足顧客的工具時，他們必須確定誰是顧客及這些顧客需要什麼。最後，員工必須對滿足顧客需求做出個人的承諾，並視為基本義務。

需要提供領導

「如果沒有可以吸引與留住人才、管理知識及引導人們調整及創新能力的領導者，這個組織的未來將很危險。」領導 (leadership) 的實踐者 (領導者) 透過展現組織所需之價值觀、技能、能力與特徵，並且能激發他人來達成組織目標。領導者能獲得組織成員的承諾以達成組織目標，並妥善培養他們朝向組織的目標前進。

> 領導　人們自願追隨的能力。

根據哈佛大學教授約翰·科特 (John Kotter) 的說法，領導者開啟與促進變革。他們面對兩個基本任務：「首先，發展與精確說明組織嘗試要完成什麼；其次，創造一個讓員工明白必須做什麼及怎麼把它做好的環境。」為了要成功，公司每個層級及每個部門都要有領導者，以創造與維持支援的環境。

華倫·班尼斯 (Warren Bennis) 是一位傑出的企業管理教授，也是南加州大學 (University of Southern California) 馬歇爾商學院領導研究所的創辦所長，他提供以下觀點：

托馬斯·史都華 (Thomas Stewart) 曾寫道：「事實上沒有一個因素可以讓公司受到讚賞，如果你被迫要選擇一項好讓公司與眾不同，你應該選領導。」用華倫·巴菲特 (Warren Buffett) 的話表達：「人們會投票給藝術家而不是繪畫。」

第 14 章針對領導有更深入的探討。

需要倫理的行為

每天的新聞都會報導組織與個人運用有問題的判斷、忽略其道德與法律的義務，及採取對他人有負面影響的案例。這些標題背後的原因是什麼？答案有部分是人們與其組織對道德的重視。倫理 (ethics) 是指在特定的環境中，構成對人類行為對與錯之判斷的哲學體系，包括價值觀與行為。

> 倫理　在特定的環境中，構成對人類行為對與錯之判斷的哲學體系，包括價值觀與行為。

道德管理

不請自來的電子郵件

許多合法的公司利用電子郵件(e-mail)銷售產品與服務，因為這種方式有效果與效率。電子郵件成功銷售各種東西，從書籍到家庭維修等，也包括各種產業的製造、批發與零售階層，甚至連慈善機構也利用電子郵件募款。電子郵件比直接郵件能產生更多的銷售量，成本也比銷售人員上街兜售還要低。

然而，它也有黑暗面，許多消費者認為不請自來的電子郵件(稱為「垃圾郵件」)非常擾人，也有些人因為回覆垃圾郵件而損失金錢。在美國，大約50%的電子郵件是垃圾郵件。

通常，垃圾郵件發送者向郵寄名單仲介者購買電子郵件地址的名單，這些仲介者從網際網路獲取郵件地址，如果你的電子郵件地址曾出現在新聞群組發布名單、網頁、聊天室、或線上服務的會員名錄，就有可能在名單內。行銷人員利用特殊軟體，只要點擊滑鼠，就能立刻發送數百封，甚至數千萬封電子郵件。

每一州的司法部長都可以證明詐騙性電子郵件行銷活動的濫用，電子郵件行銷人員的詐騙包括謊稱中獎而要求消費者匯款，或者免費贈品，其他的騙術還包括在家工作的方案、瘦身主張、回復信用、低利貸款及成人娛樂。

為了反映對垃圾郵件的抱怨，聯邦政府通過 CAN-SPAM (Controlling the Assault of Non-Solicited Pornography and Marketing) 法案。該法案制定商業電子郵件的規則，建立商業訊息的要求、給予收件人停止向他們發送商業訊息的權力，以及說明對違規行為的嚴厲處罰。

- 大約有2億人將自己的電話號碼申請全國的請勿打擾(Do-Not-Call)，以阻止電話行銷的來電。電子郵件是否也應該有此類的名單？請為你的答案辯護。

資料來源：Symantec Intelligence Report June 2015, https://www.symantec.com/content/en/us/enterprise/other_resources/intelligence-report-06-2015.en-us.pdf; FTC Facts for Consumers, "You've Got Spam: How to Can Unwanted Email," http://www.ftc.gov/bcp/edu/pubs/consumer/tech/tec02.pdf.

當人們忽略或不顧行為的負面結果時，他們就會採取行動，這樣通常會對自己與他人造成不必要的傷害。一個人會將過去所有經驗結合，「以產生個人的倫理準則與道德守則及態度」。我們的價值觀在某種程度上決定我們的倫理與道德準則──我們的良心。無論考慮或採取行動，每一個人都可以選擇遵照或壓抑自己的良心，而且如本章的「道德管理」專欄所討論，各種壓力的存在使我們會依循倫理的路徑。

每位員工必須擁有且依個人的道德與倫理規範做事，組織必須提供價值觀與支援系統，確定不會有個人或群體因為組織或個人的行動而受到不必要的傷害。管理者如果沒有一套強烈的倫理與道德的價值觀及絕不妥協的承諾，就不能作為領導者，當然顧客的期望

也不例外。作者與研究者丹尼‧考克斯 (Danny Cox) 曾進行領導的研究，相信：

> 「個人倫理的高標準核心是個人責任的宣告。拒絕承擔責任的人缺乏抵禦誘惑的倫理防護。」

第 6 章將會深入探討倫理的觀念。

需要重視多樣性和包容他們的員工

管理者不再是管理一群同質的員工。由於我們國家人口的特性，組織也包含各種不同的人。根據美國勞工部 (U.S. Department of Labor) 的資料顯示，未來美國的種族結構將與現在有很大的差異。趨勢顯示白人未來在總人口所占的比例將下降，而西班牙裔的人口比例成長的速度將比非西班牙裔的黑人還要快。到了 2050 年，少數族裔預計將從四分之一的美國人口提升到二分之一，亞太島民的人口預期也會增加，西班牙裔與亞太裔的人口到 2030 年，可能以每年超過 20% 的比例成長。

美國的人口**多樣性** (diversity) 包括不同的年齡族群、性別、種族背景、文化與國籍，以及心理與身體的能力。國民的多樣性為管理者帶來三大挑戰：

1. 必須整合員工間及與外部顧客間的溝通。
2. 學習與了解員工的差異性。
3. 必須找出員工與組織如何利用與欣賞這些差異性。

美國的就業平等法有助於公民接近組織，主要的問題是這些不同的個人與群體進入組織後如何受到歡迎與管理。由 LeanIn.Org 和麥肯錫 (McKinsey & Company) 針對女性在美國企業的狀況所做的綜合性研究 (Women in the Workplace 2015) 發現，管理上的偏見仍然存在。根據它們的研究結果顯示，女性在每家公司階層的代表性不足。本章的「重視多樣性和包容性」專欄討論 PwC 這家大型專業服務企業尊重員工的多樣性的事例。

多樣性 包括不同的年齡族群、性別、種族背景、文化與國籍，以及心理與身體的能力。

重視多樣性和包容性

多樣性執行長

為了符合漸趨多樣性職場的需要，許多組織設立多樣性執行長 (chief diversity officer, CDO) 職位，以指導它們的多樣性與多文化議題。CDOs 培養多樣性作為組織的資源，他們的責任包括對少數族裔、女性與不被社會認同群體的正面行動與平等就業機會。Maria Castañón Moats 是 PwC [前身為資誠 (PricewaterhouseCoopers)] 的 CDO，在公司的網站上聲明：「在 PwC，我們堅信面對現實，然後對此有所作為。」她在 Fast Company 上寫道：「企業領導者必須為其員工有遠大的夢想，特別是對少數族裔、女性，以及來自低收入家庭背景的人，她們可能是家族中第一個上大學的人。」

PwC 是一家提供審計與諮詢服務的公司，公認在多樣性/包容方面做得最好。下列是該公司榮獲的部分獎項：

- 2016 年金庫會計事務所排名：整體多樣性排名第一。
- 2015 年 DiversityInc 有四項排名前十大：招募第一、員工資源群體第三、指導第四。
- 2005 年到 2015 年排名職業婦女「多元文化女性最佳公司」。
- 2002 到 2015 年 Working Mother 雜誌排名「前十大在職母親公司」。
- 2011 年到 2015 年 Dave Thomas Adoption Foundation 排名「最佳採行友善職場」。
- 獲得 2012 年 NABA Corporate Partner 的年度大獎。

■ 將多樣性的責任賦予執行長的重要性為何？

資料來源：PwC, About the Office of Diversity, http://www.pwc.com/us/en/about-us/diversity/pwc-diversity-office.html PwC, Our Awards, http://www.pwc.com/us/en/about-us/pwc-awards.html Maria Castañón Moats, June 30, 2014, "How Far Corporations Still Need to Go to Actually Reflect America's Diversity," FastCompany, retrieved from http://www.fastcompany.com/3032433/the-future-of-work/how-far-corporationsstill-need-to-go-to-actually-reflect-americas-divers.

需要面對全球化的挑戰

對許多企業來說，在國際間做生意是一種生存方式。根據貿易促進協調委員會 (Trade Promotion Coordinating Committee) 的 2012 National Export Strategy 報導：「2012 年幾乎所有 (97.7%) 的出口商都是中小企業 (員工數少於 500 人)，雖然大型企業的出口值占三分之二。」對很多企業來說，出口已成為必要條件，因為全世界 96% 的顧客位於美國以外的國家。因此，增加海外銷售是企業的未來走向。

大多數美國前一千大企業超過一半的銷貨收入來自外國顧客，如商用客機生產者波音 (Boeing)。甚至只服務鄰近顧客的最小型企業，也無法避開來自海外的影響，它們的原料、補給及零售的庫存，很多都來自全世界的農民、生產者與服務提供者。例如，在美國加工與銷售的咖啡幾乎全部都來自國外。

全球應用

大學畢業生

美國不再是全球大學畢業的領先者，這是一個難以置信的事實。美國在科技創新與生產力提升是眾所周知的，這些在全球市場的成就歸功於高技能的人口。

現在美國的競爭力受到威脅，因為大學生的比例遞減，美國成年人擁有副學士以上學歷的比例與其他工業化國家不再同步。

根據巴黎的經濟合作與發展組織 (Organization for Economic Cooperation and Development, OECD) 年報 "Education at a Glance 2015" 報導，43% 的美國人 (25 歲到 64 歲) 取得大學學位，25 歲到 34 歲的美國人中有 44% 取得大學學位；55 歲到 64 歲的美國人中有 42% 取得大學學位。美國大學生的比例在 OECD 的研究排名第十九，在 28 個國家之後。

■ 你認為美國應該如何提高大學畢業的比例？

資料來源：http://www.oecd.org/edu/education-at-a-glance-19991487.htm。

在全球化經濟下，國界變得較不明顯，各個產業的公司必須將它們的營業據點設置在能提供顧客最佳服務或能購買到所需要的資源。例如，德國的 BMW、英國的英國石油 (BP)、法國的米其林 (Michelin) 及日本的豐田 (Toyota) 都在美國及許多其他國家設立工廠，目的是能為其顧客提供更佳的服務及降低生產成本。他們也在該國家獲得生產所需的資源與產品銷售的市場。

根據美國管理協會 (世界級的專業發展組織，在 30 個國家有分部) 前總裁暨執行長大衛‧法賈諾 (David Fagiano) 的說法，美國的管理者可以在外國人身上學到外國的管理實務。「我們不能再認為美國是智力與實現的市場核心，管理的創新無所不在。」本章的「全球應用」專欄透過比較工業化國家的大學生比例來強化這個觀點。

很明確地，要將前述的構想整合到每位管理者的哲學與管理的途徑，作為管理實務上解決問題與制定決策的依據，是一項重大的挑戰。除了前面提到的需求外，管理者的領域也受到許多因素影響而更加複雜：

■ 科技進步帶動許多領域的突破，如虛擬實境、電信、機器人與電腦應用，需要管理者學習新技能、設計新的訓練方案及重新檢視營運與流程。

■ 經濟變動如利率水準、通貨膨脹與市場衰退的壓力等，需要管

理者重新檢視計畫，並在許多方面做調整，包括勞動力的規模與資源耗費。

- 天然災害，如 2014 年聖母峰的雪崩及 2005 年在美國墨西哥灣沿岸地區的卡崔娜 (Katrina) 及麗塔 (Rita) 颶風，需要保險公司、農業合作社、公共事業及運輸公司的管理者採取立刻性及決定性的行動，他們必須調整目標與時間表。
- 危機，如 2010 年英國石油在墨西哥灣漏油、2001 年 911 事件及 1995 年奧克拉荷馬市爆炸案，使得管理決策需要與救援隊、援助機構及媒體討論。
- 社會與政策改變 (如發現公司的員工濫用毒品及公司營運所在地的法律與人口組成改變) 需要管理者重新思考作法、調整支出的優先順序及實施新的訓練計畫。

在全球化的經濟體系中，管理者必須使其基本的管理功能適應不熟悉的文化、商業法規、經濟條件與氣候、顧客的需求與偏好，以及必須尊重且包容原住民勞動力的價值觀與風俗。威普羅 (Wipro) 的總部在印度邦加羅爾 (Bangalore)，僱用當地居民做生意，威普羅董事長阿齊姆‧普雷姆吉 (Azim H. Premji) 表示：「真正的全球公司在做生意時會表現出在地化。」威普羅的目標之一是四分之三的員工是當地國民。

綜合上述所有因素，讓管理者的真實世界變得複雜、充滿挑戰、令人興奮且充滿壓力。如同知名賽車手及潘世奇 (Penske) 董事長羅傑‧潘思基 (Roger Penske) 說：「每天都有挑戰，壓力是一個持久的對手。」第 7 章將詳細說明在全球做生意的方法。

3 辨認管理的三個層次

1.5 管理的層級

雖然所有的管理者執行相同的一組功能，但實際上他們在三種不同的組織階層工作。一般而言，管理者可分為高階、中階與第一線 (有時稱為監督、前線或操作) 的管理層級。整體來說，這些層級構成**管理階層** (management hierarchy)，如圖表 1.1 所示。

圖表 1.1 左邊顯示的金字塔代表中大型的獨資與合夥企業的管理階層，右邊是類似規模公司的傳統管理結構的模型。後一種模型包

管理階層 管理的高階、中階與第一線管理層級。

圖表 1.1 管理階層的層級

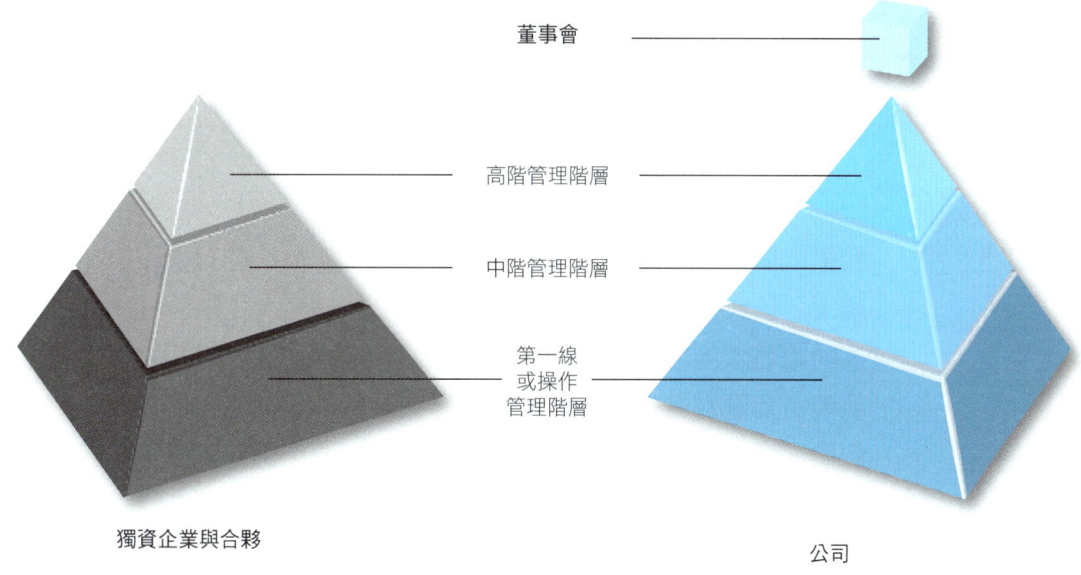

獨資企業與合夥　　　　　　　　　　公司

括由股東(公司的業主)票選的董事會，董事會指派重要成員擔任公司的高階管理階層。

高階管理階層

金字塔頂端由組織的高階管理階層 (top management) 構成，包括執行長 (chief of executive officer, CEO) 與 / 或總裁，及她 / 他直屬的副總裁。高階管理階層負責監督整個組織，他們設定長期、全公司的目標，並監督中階管理者的工作。高階管理階層也發展與協調外部的聯盟與夥伴關係。例如，福特 (Ford) 與日產 (Nissan) 形成一個策略聯盟，開發和生產前輪驅動的小貨車以對抗克萊斯勒 (Chrysler) 的車款。雙方從這個夥伴關係獲得降低產品開發成本與較高利潤的好處。

百思買是一家在美國、加拿大、墨西哥與亞洲經營商店的公司，經營包括：百思買、Future Shop、Geek Squad 及 Magnolia Audio Video。科里‧巴里 (Corie Barry) 是百思買的執行長，麥克‧莫翰 (Mike Mohan) 是總裁及營運長 (chief operating officer, COO)、卡米‧斯嘉麗 (Kamy Scarlett) 是人力資源長 (chief human resources officer) 及 U.S. Retail Stores 的總裁、羅伯‧巴斯 (Rob Bass) 是供應鏈長、馬特‧弗曼 (Matt Furman) 是溝通與公共事務長、傑森‧邦菲格 (Jason

高階管理階層 包括執行長與 / 或總裁，及她 / 他直屬的副總裁。

Bonfig) 是商品長、艾莉森·彼得森 (Allison Peterson) 是顧客與行銷長。他們組成公司的高階管理階層，主要關心公司擴張與維持競爭力。

中階管理階層

中階管理階層 (middle management) 包括「職位低於執行長但高於第一線人員與專業人士的任何管理者」。最小的組織沒有中階管理者，較大型的組織有許多階層的中階管理者，中階管理者通常將高階管理階層設定的長期目標轉化為短期目的，且必須負責達成。他們負責監督其他中階管理者及操作層級的管理者，例如百思買案例的區域主管，他們主要的工作是增加新的店鋪及監督下級管理者的績效，包括其負責區域的店長。

> 中階管理者必須與其主管溝通，讓主管滿意，也必須回應最終使用者，並培育他的員工。然後必須處理預算、會議及報告。他們必須聘用新員工、發揮有限資源、維持在不斷發展的科技頂端及預測未來方向。

根據各種管理顧問及產業專家的說法，許多趨勢影響中階管理者。他們必須是通才與專家，被訓練成團隊領導者與促進者，但人數卻遞減中。「當可以用更低成本獲得更多資訊，只需要較少階層的管理者，相對地，需要更專業的領導者。」

所有的中階管理者都被訓練成團隊領導者 (以群體成員的方式領導群體) 與團隊促進者。比克·沃格爾 (Bic Vogel) 是位於亞特蘭大 Delta Technology Inc. 的團隊促進者與中階管理者，他監督許多團隊，並形容他的工作是一項平衡技術：「挑戰是用有效率的方法產生有效的成果，但是不扼殺創造力。」

在 1990 年代，美國公司盡可能移除許多中階管理者 (降低管理金字塔的高度)，以降低成本、成為更有彈性且能快速回應顧客、增進溝通速度與決策制定，並將垂直進行的活動改變成水平進行，某些中階管理者注定要被移除。但是一項由 Quy Nguyen Huy of INSEAD 所做為期 6 年的研究顯示，實施徹底的組織變革時，由中階管理者推動會有最佳的成果。

中階管理者 包括低於副總裁但高於監督階層的管理者。

第一線管理階層

第一線管理階層 (first-line management) 是監督者、團隊領導者也是團隊促進者，監督非管理階層員工，包括操作員、副手或團隊成員。這些管理者將中階管理者的目標與目的，轉換為自己的一套目的。在所有的管理階層中，第一線管理階層最關心每天的日常營運，他們所做的事對組織的外部顧客有最直接的影響。

在百思買，店長與副店長是第一線管理階層，他們每天與顧客面對面，因此比其他階層的管理者更直接影響外部顧客對公司形象與服務品質的感受。

> **第一線管理階層** 監督者、團隊領導者也是團隊促進者，監督非管理階層員工，包括操作員、副手或團隊成員。

功能經理

管理者也可以利用在組織中所負責的企業功能類型來辨別。企業功能像管理功能一樣普遍且各類型企業都會採用。主要的企業功能包括行銷、作業 (產品與服務的生產)、財務及人力資源管理。管理者擅長某個特定領域，我們稱為**功能經理** (functional manager)，其他的管理者則通稱為總經理。

> **功能經理** 專長在某個特定功能領域的管理者。

許多企業，如百思買都是由這些功能部門及執行這些功能活動的個人或團隊、水平或垂直，以及三個管理階層所組成。圖表 1.2 說明管理的三個階層與企業功能部門的結合。請注意，我們只列舉行銷部門的中階與操作階層的管理者。

行銷經理 行銷功能包括辨認現有顧客與潛在顧客的需求與偏好，接著發展產品與服務來滿足顧客需求。行銷經理與其他功能經理合作，由行銷經理決定產品的物質與績效特性。此外，他們專注在組織的產品與服務適當的價格、促銷、銷售與配銷。在圖表 1.2 中，行銷副總裁是高階管理階層的成員，負責執行這項功能。

作業經理 作業經理執行製造產品或提供服務所必須的活動。在製造業公司，作業經理關注存貨水準與運送、決定工廠布局、規劃生產排程、維護設備，並符合所有生產活動的品質要求。百思買的店長關注產品與服務的遞送，他們專注在維持效率，並符合銷售、運送與安裝等活動的品質要求。在圖表 1.2 中，製造副總裁是高階管理階層的成員，負責作業功能。

 圖表 1.2　三個管理階層常見的職稱

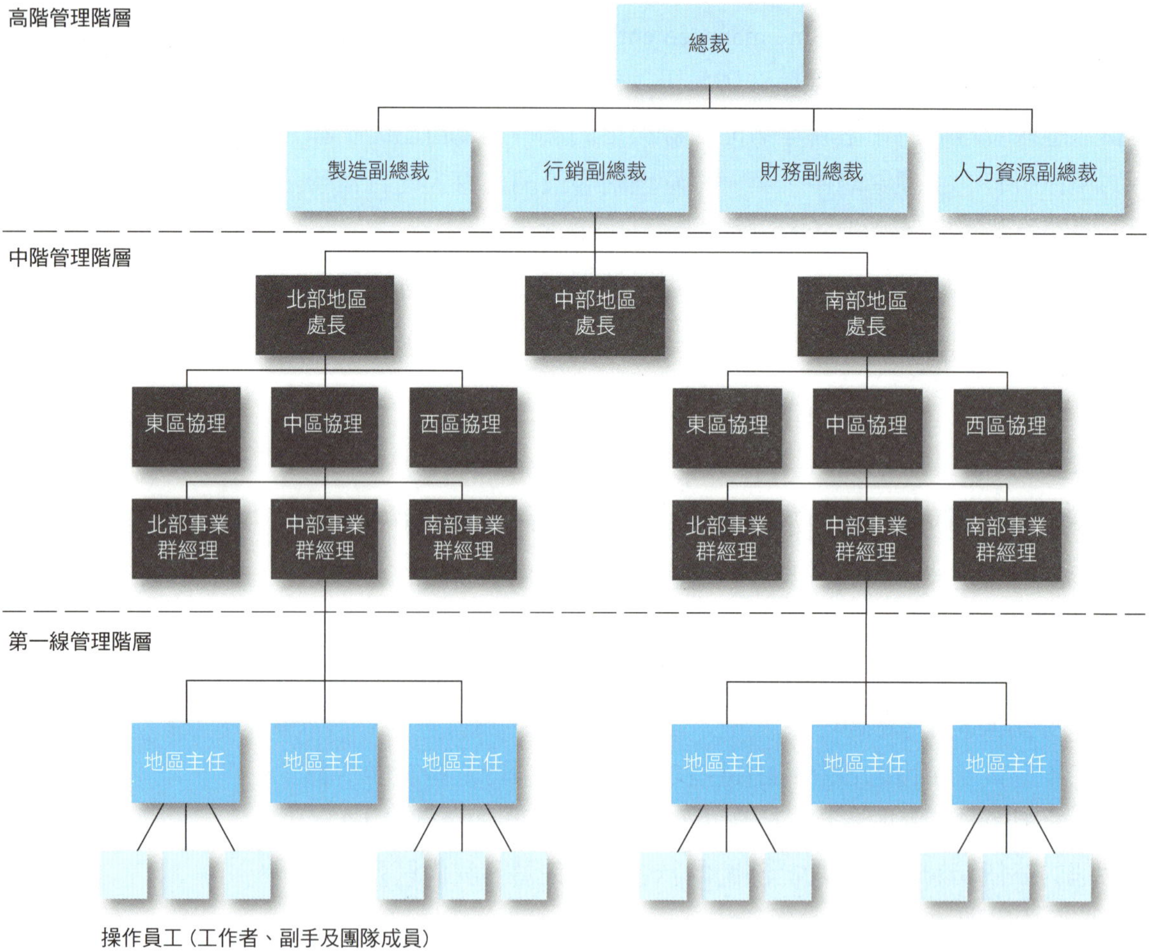

高階管理階層

中階管理階層

第一線管理階層

操作員工（工作者、副手及團隊成員）

財務經理　財務經理關注管理組織資金的流入與流出，並且協助決定公司的資金如何有效運用。此功能領域的經理負責授予及使用公司的信用、投資公司資金、維護公司資產、注意公司財務狀況的動向及編列預算。在圖表 1.2 中，財務副總裁監督組織的財務活動。

人力資源經理　人力資源經理負責建立與維持勞動力的適用性與穩定性。他們履行並協助其他管理者達成許多任務，包括預測聘用的需要、選擇與訓練員工、發展績效評估與報酬系統、監督與工會的關係，在聯邦、州政府與當地法律的限制與需要下執行前述所有活動。在小型組織中，人力資源活動可能在沒有專責人力資源經理的情況下進行。在圖表 1.2 中，高階管理階層中由人力資源副總裁監督這些活動。

大部分的中階與高階管理階層要熟悉的不只是這些專業領域，想在組織管理層級向上提升，就必須具備更多相關領域的知識。第 10 章專門探討人力資源 (用人) 活動的執行。

我們接著探討所有管理者用以設定與達成目標的主要的管理功能，本章的目的是提供各項功能簡要的說明，後續章節將會個別深入探討。

1.6 管理功能

4 描述管理五大功能

本章對管理的定義是「透過應用相關功能──規劃、組織、用人、領導與控制」，來設定與達成目標。管理者隨時都在執行管理功能，但是他們如何運作在某種程度上取決於組織的影響及個人參與。

雖然我們會分別討論這些功能，但它們相互依賴且必須同時考量。管理者不是在早上做規劃、中午前組織、下午 1 點到 2 點用人、從下午 2 點 30 分到半夜做控制。例如，獲取人力資源 (用人) 需要規劃；必須在既有的工作群體進行變革 (組織)；在執行用人功能後必須指導下屬 (領導)；用人目標與資源支出的進度必須監督與衡量 (控制)。

規劃

規劃通常稱為第一個功能，因為它是其他功能的基礎，也是執行這些功能的第一步驟。在規劃時，管理者從確認目標及選擇達成目標的方法開始。管理者決定每個目標的優先順序，並決定達成這些目標所需要的資源。規劃確定個人、部門和整個組織，在未來幾天、幾個月或幾年內將採取的行動。

規劃的期間與範疇 管理者的規劃所涵蓋的時間長度視其在管理的層級而定。一般而言，高階管理者的計畫超過一年，通常聚焦在五年或更長遠的未來。由於環境不斷改變，這些計畫必須持續更新。高階管理階層的規劃會影響中階管理階層的規劃。中階管理者聚焦在他們每年必須達成什麼，以確保長期、全公司的目標能達成。第一線管理階層的規劃受到中階管理者規劃的影響，通常是一天、一

週或一個月。

每個管理階層規劃的範疇也不一樣,高階管理階層關注整個組織;中階管理者的規劃可能只聚焦在執行某項企業功能(如行銷),或是某個程序(如採購);第一線管理者主要關注在規劃他們部門的活動與個別員工或團隊的工作。

影響規劃的因素 組織內部與外部的力量都會影響規劃。最直接的影響因素視規劃者的上級管理階層及可用的資源。所有管理者的規劃都會有這兩種限制,以達到和其他計畫相容與相互支援。這種較高階層對較低階層的影響稱為垂直影響。

每一個規劃人員都必須考慮到規劃對其他人的影響,相同層級的單位主管之間在規劃時必須相互協調,以避免混亂或浪費資源。

此外,每位管理者的規劃不斷受到組織外部因素(如前所述之影響管理者的環境力量)——社會、法律/政治、技術等。各種超出管理者與組織能控制的變動會影響每位管理者與企業功能。每個階層的管理者必須持續監督這些外在的影響因素,辨識趨勢與變動,並在必要時調整計畫。第 3 章將更詳細地介紹管理者面對的環境。

規劃的彈性 基於前述的因素,規劃不是一次性的活動。規劃不能離刻在石頭上,隨著時間經過與環境改變,尚未執行的規劃必須重新檢視與更新。況且,由於許多規劃沒有帶來預期的結果,管理者必須準備並確實採用替代計畫,以處理原始計畫的不足。第 4 章將詳細探討規劃。

組織

組織發展結構以促進目標的達成——管理階層及支援性的非管理職位。在執行組織這項管理功能時,管理者決定必須完成的任務,將這些任務組合形成由專職或兼職員工來執行的職位,並決定各種職位間的關係。

組織通常是分支、部門、區域及個人或團體的混合體,汽車製造商可能選擇用產品群來劃分。例如,通用汽車 (General Motors) 的別克 (Buick)、凱迪拉克 (Cadillac)、雪佛蘭 (Chevrolet)、吉姆西 (GMC) 及龐帝克 (Pontiac) 部門。每一個部門可以用全國或地區的劃

分方式組織以執行各項功能。國際快遞公司聯邦快遞 (FedEx) 的組織是由地區和國家送交來劃分陸地與空中運輸服務。

組織和其他功能一樣是一種連續性的考量，當公司情境改變時，如目標與目的，通常會改變其管理結構。當百思買擴張而進入某個新領域時，必須增加新的地區處長，在這些新的地區處長之下也必須有新的店長。第 8 章將深入討論組織這項功能。

用人

用人 (聘用與派任人員) 活化組織的生命，有時作為組織功能的最後一個階段，用人執行人力資源管理活動——招募、聘任、訓練等。組織用人的規劃包括決定各種職位需要具備哪些技能與經驗，以及組織短期與長期的發展需要多少人。

在百思買，用人是店長與地區處長主要關心的事。在選定新商店的位置後，必須聘用新的第一線管理者來經營新商店，第一線管理者接著必須僱用、訓練和幫助激勵每家店的員工與副店長。第 10 章將深入探討。

領導

本章中有關領導和領導者的所有內容也適用於此部分。透過領導，管理者協助組織與員工達成目標。領導是預期行為的模式，他們教導、輔導、振奮與鼓勵個人與群體。領導者基於相互尊重與信任的基礎，建立與維持能激發動力與建構工作關係的工作環境，這些活動能否成功，有賴管理者如何與其他人共事及善用別人工作的能力而定。

為了建立支持的環境，管理者必須利用雙向溝通的方式，傳遞價值觀、目標與期望、傾聽員工、回應員工所關心的事務並化解爭端。第 11 章到第 15 章將詳細討論溝通與影響力。

控制

管理者知道其他功能可能會產生浪費，除非建立一套能確保各項活動根據目標進行的機制，這種機制稱為控制。基本上，控制主要是避免、辨認與修正人員或流程背離指導方針。鎖、計時器及警

衛是預防型控制的例子。觀察作業的進行及衡量它們是否在產出的可接受範圍內，有助於作業員與管理者找出不被接受的偏離。最後，必須辨認與修正所有偏離的原因才能避免浪費。第 16 章到第 18 章將討論控制。

5 將管理功能應用在管理的各層次

1.7 管理功能與管理階層

無論職稱、職位及管理階層，所有的管理者的工作就是執行五大管理功能，以設定並達成組織的目標。圖表 1.3 描述各個層級的管理者在各項管理功能所花費的相對時間。請注意，雖然所有管理者都執行相同的管理功能，但不同階層的管理者在每項管理功能所花費的時間不一樣，且各項管理功能所強調的重點也不同。以下段落會簡要說明各項管理功能的差異。

高階管理階層

高階管理者為整個組織及如何獲得所需的資源做規劃，他們發展組織的價值、宗旨、長期目標及外部夥伴。他們的組織努力注重發展及調整整體組織結構，以面對各種挑戰與機會；在用人方面，主要是決定長期人力資源的需要及發展各階層管理者用人的指導原則；高階管理階層的領導主要是建立整體公司的管理哲學，以及創造支援所有管理階層的領導作法；控制工作主要在設定評估整體公

圖表 1.3　不同管理階層在各種管理功能的相對重要性

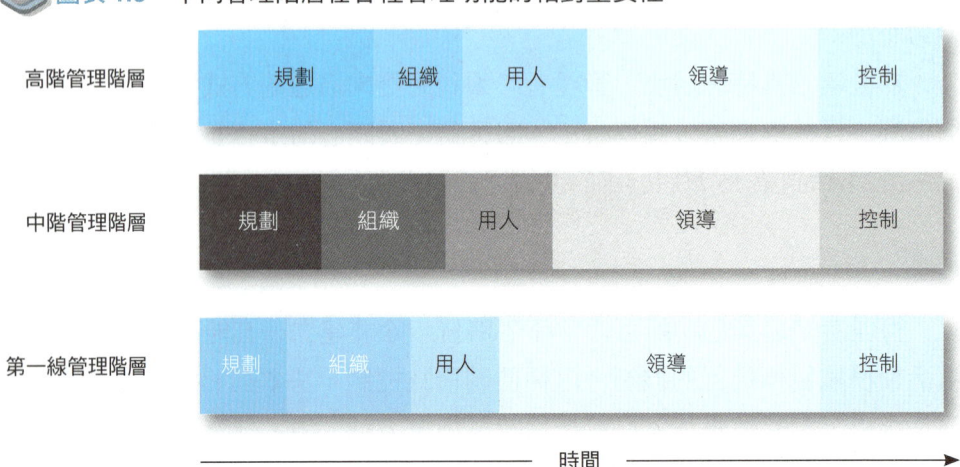

司績效的指導原則，以及決定主要資源的使用和整體公司目標達成的效率。

中階管理階層

中階管理者發展目的來執行高階管理階層的目標；組織與用人的工作是修訂公司結構、增加或減少中階與作業管理層級之職位與人員的數量，以符合高階管理階層的指導原則；領導的工作是讓中階與作業層級的個別管理者及其團隊的工作更加順利；控制則包括監督計畫的成果，並在需要時做調整，以確保組織的目標與目的能達成。

第一線管理階層

第一線管理者的規劃基本上是短期的，對百思買的店長來說，規劃包括員工排班及詳細的工作流程；組織可能是安排額外的人員應付突然蜂擁而至的人潮，以及重新安排任務以因應員工缺席的狀況；第一線的用人包括在必要時徵才、訓練新進人員及汰換員工；領導包括獲得員工對百思買的價值觀與目標，以及各店的方法與目的的承諾；控制則聚焦在確保個人與整家店的員工，符合管理者與公司的績效與品質目的。

1.8 管理者的角色

6 概述十大管理的角色

角色 (role) 是對管理者行為的一套期望。就像職業演員一樣，管理者在不同的情況下扮演不同的角色。亨利·明茲伯格 (Henry Mintzberg) 曾經研究管理者做什麼，在他的著作 *The Nature of Managerial Work* 中定義管理者扮演的十種角色，並且分成三大類：人際、資訊，以及決策。這些角色迄今沒有太大的改變，各種管理者的角色說明如下。圖表 1.4 描述這些角色並提供簡要管理者如何扮演的實例。

角色 對管理者行為的一套期望。

人際角色

管理者的人際角色是他或她擁有之管理職位的結果。

圖表 1.4　明茲伯格之十大管理者的角色

角色	說明	活動實例
人際角色		
代表人	履行法律或社會之象徵性活動的義務。	出席公共、法律或社會功能的儀式；主持。
領導者	激勵下屬；確保員工的聘用與訓練。	與下屬互動。
聯絡人	維持自己建立的接觸網絡，並提供幫助與資訊。	謝函及與外部人士互動。
資訊角色		
監督者	尋求與接受廣泛的資訊，以對組織與環境徹底了解。	處理有關接受資訊的所有郵件與接觸。
傳訊者	將來自組織外部或下屬的資訊傳遞給組織成員(有些資訊是事實，有些必須解釋或整合)。	將郵件轉寄給組織作為資訊，口頭將資訊傳給下屬。
發言人	將組織的計畫、政策、行動、結果等資訊傳達給組織外部人士；擔任產業的專家。	出席董事會、處理所有對組織外部的郵件與接觸。
決策角色		
創業家	偵測組織及其環境的機會，並展開計畫以帶動改變。	執行策略與檢視改善進度。
危機處理者	當組織遭遇重大且預料之外的危機時展開修正行動。	執行策略以解決動亂與危機。
資源分配者	履行組織所有資源的分配任務，有效地制定或批准所有重大決策。	排定時程、請求授權、編預算、規劃下屬的工作。
談判者	重大談判活動代表公司。	談判。

資料來源：Chart from *The Nature of Managerial Work*, by Henry Mintzberg. Copyright © 1973 by Henry Mintzberg. Reprinted by permission of the author.

- **代表人**：身為工作單位(部門、處、部)的主管、管理者通常執行某些禮儀的責任，包括接待來訪貴賓、出席下屬的婚禮及參加團體午餐。
- **領導者**：作為領導者，管理者創造環境、致力於提升員工績效與減少衝突、提供回饋與鼓勵個人成長。
- **聯絡人**：除了上級與下屬外，管理者會與其他部門的同級管理者、專家、其他部門的員工及供應商與顧客互動。在這個角色中，管理者建立人脈。

資訊角色

這個角色部分是由於接觸組織內部與外部，管理者通常比其他員工擁有更多的資訊。資訊的使用與傳遞衍生出三種主要的角色。

- **監督者**：管理者透過直接(透過詢問問題)與間接(接收不請自

來的資訊) 方式蒐集資訊，持續監督環境以確定發生什麼事。
- **傳訊者**：作為傳訊者，管理者會傳遞一些下屬平常不會得到的資訊。
- **發言人**：管理者為其單位向單位以外的人們發聲，有時發言人向上司報告，有時則會與組織外部的人員溝通。

決策角色

在扮演四種決策角色時，管理者會自行或與他人制定決策，或影響他人的決策。

- **創業家**：透過分享與發動能改善團隊工作績效的新構想或方法，管理者承擔創業家的角色。
- **危機處理者**：作為危機處理者，管理者處理排程問題、設備故障、違約，或其他任何減損生產力的工作環境因素。
- **資源分配者**：管理者決定工作團隊中的哪個人能取得資源 (金錢、設施、設備及接近管理者的機會)。
- **談判者**：管理者必須花費很多時間談判，因為只有管理者擁有談判所需的資訊與權力，需要談判的項目包括供應商的契約、組織內部資源分配及勞動組織的協議。

角色與管理功能

透過有效地扮演這些角色，管理者完成他們的管理功能。在規劃與組織的功能方面，管理者扮演資源分配的角色；在用人部分，管理者透過提供下屬的績效回饋，扮演領導者的角色；在領導方面，管理者扮演傳訊者、創業家及危機處理者的角色；在控制方面，管理者扮演監督者的角色。

角色與他人的期待

不同的個人與群體可能同時對管理者扮演的角色有不同的期待。圖表 1.5 描述管理者可能面對的角色之潛在衝突，能否滿足各種角色需要的能力將決定管理者是否成功，每一位管理者都會遭遇這種角色衝突的問題。

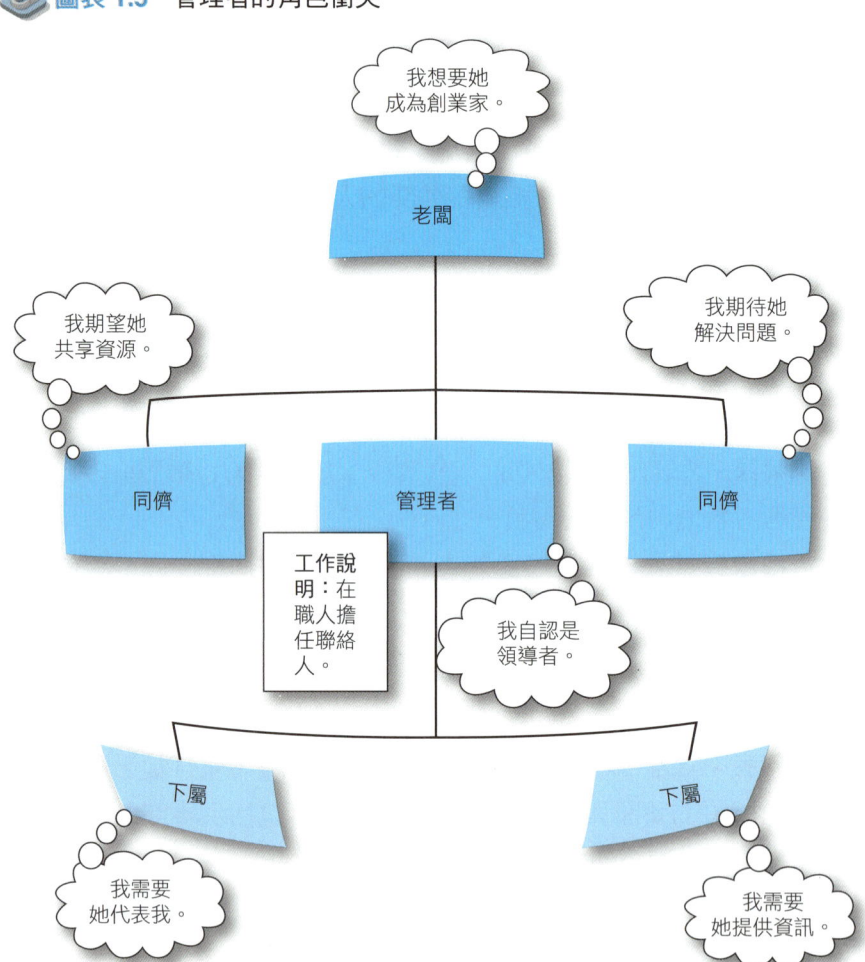

圖表 1.5　管理者的角色衝突

1.9　管理的技能

7 分析三大管理技能

技能讓個人執行活動並對社會有幫助，例如，每個人都需要基本的閱讀、書寫與口語溝通的技能，以增長智慧並與他人分享構想。溝通 (第 11 章的主題) 不只是管理者的重點，也是每一次人際互動的核心。

本節的重點是管理者所需且經常運用的三種基本技能：技術、人際，以及概念化，是由作者與研究者羅伯特‧卡茨 (Robert Katz) 所辨認與描述。在執行五大管理功能及扮演人際、資訊與決策角色時必須妥善運用。

技術的技能

技術的技能 (technical skill) 是指在管理者督導之專業領域的使用流程、實務、技術與工具的能力。例如，督導會計的管理者必須知道會計。雖然他或她不一定要是專家，但必須擁有足夠的技術知識與技能，以指導員工、組織任務、與他人溝通工作團隊的需求並解決問題。

成功的公司利用**科技** (technology) (知識的實務應用) 協助企業運作，大部分公司使用的科技是電腦，管理者被認為要具有電腦知識，必須懂得基本的電腦術語及軟硬體的組成，也必須能進行基本工作或分析一般的電腦應用程式。管理者必須能利用網際網路蒐集資訊、評估內容及表達資訊。例如，管理者必須造訪自己公司的網站、比較競爭者的網站，並以顧客的觀點分析這些網站。精通科技的管理者可以取用、儲存與移動數位資訊，包括語音、聲音、文字、圖像與數字。

技術的技能對第一線管理階層最重要，而對高階管理階層的重要性較低。IBM 執行長小路易斯‧格斯納 (Louis V. Gerstner Jr.) 就是高階主管之技術的技能重要性低的例子，他沒有科技或電腦的背景，但擁有足夠的科技知識，可以有效地跟具備專業知識的作業員工溝通。這些員工的工作是協助企業顧客決定購買何種電腦與軟體才能符合所需，而格斯納的工作是透過提供必需的資源與支援來協助員工。

人際的技能

人際的技能 (human skill) (有時稱為人際關係) 是由成功地與他人互動與溝通的能力所構成。這些技能包括領導下屬及促進群體間關係。管理者必須能了解、一起工作及與個人和群體發展關係，以建立團隊環境，管理者以團隊成員之方式工作及促進群體合作的能力就是人際的技能。

當管理者進入國際環境且在全球企業工作，人際的技能變得更加重要，這種與不同文化的人溝通之能力與敏感度將能獲得額外的報酬。

技術的技能 在管理者督導之專業領域的使用流程、實務、技術與工具的能力。

科技 知識的實務應用。

人際的技能 成功地與他人互動與溝通的能力。

概念化技能

概念化技能 構思和操作構想與抽象關係的心智能力。

概念化技能 (conceptual skill) 是構思和操作構想與抽象關係的心智能力，能讓管理者將組織視為一個整體，並看出其各組成要素間的關係與相互依賴性。具有概念化技能的管理者可以看到工作單位與個人間的關係、了解整個組織任何行動的效果，並以具有想像力的方式執行五大管理功能。

完善的概念化技能讓管理者辨認問題、發展可能的解決方案、選擇最佳方案並加以執行，根據美國管理協會的 AMA Fast-Response Survey 指出：「公司需要的跟管理者能貢獻的，最大差距是概念化能力的部分，包括辨認創新機會的能力，以及找到問題與執行解決方案。」

技能與管理階層

圖表 1.6 顯示三種管理技能在各個管理階層的重要性。請注意，其中人際的技能在三個階層的重要性相同，如同西南航空 (Southwest Airlines) 前執行長赫布‧凱勒赫 (Herb Kelleher) 所說：

> 你必須體認員工是你成功的關鍵……，如果你把自己的員工服務好，他們也會服務好顧客。每一個人都是顧客滿意的來源，他們是產品的生產者或服務的生產者。

隨著一個人往較高的管理階層晉升，技術的技能重要性降低，而概念化技能變得更加重要。中階管理者相對於第一線管理者，必

圖表 1.6　各個管理階層所需管理技能的比例

管理階層	技能比例
高階管理階層	概念化技能 ｜ 技術的技能 ｜ 人際的技能
中階管理階層	概念化技能 ｜ 技術的技能 ｜ 人際的技能
第一線管理階層	概念化技能 ｜ 技術的技能 ｜ 人際的技能

須努力且看到組織的「餅」更大的部分,而高階管理階層必須關心整塊「餅」的基本組成,並把它做大。

1.10 管理的迷思與真實面

> **8** 對比迷思與管理者工作的真實面

沒擔任過管理職位及未曾研讀管理學的人,通常對管理者的需要和功能之迷思與現實有錯誤的連結,下列六個迷思與相對應的真實面已經被許多研究揭露。

如同前文所述,明茲伯格研究管理者的真實工作。他發表一篇論文,檢視對管理者多重需要的效果,〈管理者的工作:傳說與事實〉(The Manager's Job: Folklore and Fact) 被《哈佛商業評論》(*Harvard Business Review*) 選為具有長期價值的經典文章。他的研究到現在仍具有高度相關性,列舉出對管理者共同的看法及所對應的管理者日常工作的真實面。

迷思1:*管理者是有思想、有條理的規劃者,整天都在系統性地規劃與工作。*
真實面:通常管理者要負責的事情太多,而且經常被打斷,剩下的思考時間很少,從日常的瑣事到危機事件,管理者平均花費在處理每件工作的時間大約9分鐘。

迷思2:*有效的管理者不必負責固定的工作,他們先賦予別人責任,然後輕鬆地看別人工作。*
真實面:雖然管理者每天的工作可能被意外事件打斷,但他們仍有許多固定的工作要做。他們必須出席會議、接待社區與其他部門的訪客、不斷地處理與報告有關事業部門績效的資訊,為了做完所有工作,管理者經常加班。

迷思3:*管理者的工作是科學的;管理者系統性與分析式的工作以決定計畫與程序。*
真實面:管理者的工作很少科學,比較像藝術,管理者大部分靠直覺與判斷,而不是系統性的程序與計畫。

作家與研究者柯林頓・隆格內克 (Clinton Longenecker) 與丹尼斯・喬伊 (Dennis Gioia) 增加以下三個迷思與相對應的真實面。

迷思 4：**管理者是自動自發、自我指導和自主的，否則他們就不會成為管理者。**

真實面：好的管理者通常是自我管理到一種超乎尋常的程度，他們想要、感激與接受自主，但也想要投入、注意與指導，但這些只有他的上司可以提供。

迷思 5：**好的管理者尋找他們所需要的資訊。**

真實面：好的管理者會主動尋找資訊，但通常沒有辦法取得他們主管擁有的資訊，因此常會浪費時間在不必要的工作，如果上司做好資訊流通的工作，這些浪費就能消除。

迷思 6：**管理者之間的競爭對企業是好的。**

真實面：企業之間的競爭有效果，但企業內部的競爭並不必然是好事，組織內協同合作，相對地比在企業內提高競爭還要好。

隨著你進一步閱讀本書，會發現影響管理實務的其他研究、原則與真實案例，有助於你辨認與丟棄許多自己對管理的迷思。

9 討論用以評估管理者績效的標準

1.11 評估管理者的績效

通常我們會用各種因素來評估管理者的績效：

- 他們扮演本章所列舉三種管理者角色的效果。
- 他們是否具備並妥善運用管理者所需的技能。
- 他們設定目標與達成目標的效果。
- 他們使用才能與資源的效率。
- 他們展現領導的效果。
- 他們是否有倫理。
- 他們利用人員多樣性的效果。
- 他們與員工取悅顧客的效果。

在短期，會利用每天的工作做得好不好及本章所提的重點來評估管理者。

領導專家拉姆・查蘭 (Ram Charan) 觀察 38 個失敗的執行長發現，「只是沒有為正確的事情擔心，如執行力、果斷性、貫徹始終與兌現承諾。」

除了前述的因素，可以再考慮顧問公司聯盟 Manchester Partners International 的發現，「大約 40% 擔任新職位的管理者在 18 個月內失敗。」主要的原因是：

- 不了解上司的期望。
- 不能做艱難的決定。
- 花太多時間學習新工作。
- 不能與下屬及同儕建立夥伴關係。
- 缺少政治靈活度。

你是否看出這些失敗的理由與本章所討論的技能、角色與功能間的連結？管理者不了解上司的期望，可能是因為溝通技能不佳，且忽略組織評估管理者的標準；艱難的決策通常涉及倫理議題及資源利用的效能與效率；建立夥伴關係需要我們討論的所有技能與領導概念；政治靈活度則需要夥伴關係與人際技能的運用。

習題

1. 管理者如何協助組織達成目標與目的？
2. 哪些因素讓管理者的領域很複雜？
3. 管理者位於組織管理階層的什麼位置？不同階層之間有哪些異同點？
4. 所有管理者會執行哪些固定的工作？這些工作中哪一項稱為「首要」功能？為什麼？
5. 習題 4 的功能如何應用到三個管理階層？控制功能在三個管理階層有何異同點？
6. 管理者的角色是什麼？所有管理者都執行相同的角色嗎？原因為何？
7. 對執行長來說，什麼技能最重要？為什麼？哪些技能是所有管理者都需要的？為什麼？
8. 為何人們會有本章所提的各種迷思？你認為人們如何創造這些迷思？
9. 如果你是一家小公司的執行長，會用什麼指標評估管理者的績效？你認為哪一項指標最重要？為什麼？

批判性思考

1. 丹澤爾‧瓊斯 (Denzel Jones) 目前的工作是資料輸入員，可能被晉升為第一線管理者，他需要強化哪些技能？組織應該提供哪些訓練，幫助瓊斯轉換為管理者？如果組織沒有提供管理的訓練，你會建議瓊斯學習什麼？
2. 在尚未閱讀本章之前，你認為管理是什麼？那些想法是否與本章所提的迷思相符？讀完本章後，你對管理的看法有何改變？
3. 三種管理者所需具備的技能與執行十項管理角色及五大管理功能間有何關聯性？

Chapter 2
管理思想：過去與現在

學習目標

研讀完本章後，你應該能：

1. 討論管理理論演進的知識對管理者的重要性。
2. 解釋下列理論的貢獻：
   a. 管理思想的古典學派。
   b. 管理思想的行為學派。
   c. 管理思想的數量學派。
   d. 管理思想的系統學派。
   e. 管理思想的情境學派。
   f. 管理思想的品質學派。

©Shutterstock

管理的實務

對改變的開放性

　　許多產業現在與過去有非常大的差異，如旅遊、音樂、出版與金融服務。更進一步而言，這些產業與其他產業，未來也會不一樣。改變在商場上不斷地發生，許多成功的企業感受到必須改變，它們轉型的速度比競爭者更快。

　　要成為一個成功員工的重要步驟是，評估你對工作所需之改變的開放性，你是否對改變具有開放性？評估你是否準備好在工作上改變，針對下列每一個敘述，根據你同意的程度圈選數字，評估你同意的程度，而不是你認為應該如此。客觀的回答能讓你知道自己管理技能的優缺點。

	總是	通常	有時	很少	從不
我有自信能在工作上成功。	5	4	3	2	1
我對改變個人行為及遵守公司政策具有開放性。	5	4	3	2	1
我完成個人目標時會很滿意。	5	4	3	2	1
當別人需要幫助時，我願意協助他人。	5	4	3	2	1
我執行困難計畫不會輕易放棄。	5	4	3	2	1
我享受學習新事物。	5	4	3	2	1
我的薪資會是能力的良好指標。	5	4	3	2	1

	總是	通常	有時	很少	從不
就算某些議題與我的想法衝突，我仍會試著開放地思考。	5	4	3	2	1
我用不同的技術解決不同的問題。	5	4	3	2	1
我希望能在職場上成功。	5	4	3	2	1

加總你所圈選的數字，最高分是 50 分，最低分是 10 分。分數越高代表你更有可能對工作場所的必要改變持開放態度，分數越低則相反，但是分數低可以透過閱讀與研究本章內容，而提高你對改變的理解。

1. 你接受改變嗎？你是否對新構想具有開放性？你能夠快速反應與調整嗎？如果不能，你應該放棄哪些不良的行為、作法與信念？
2. 你要怎樣才能比競爭者更快速改變？

改編自 De Sellers, Carol W. Dochen, and Russ Hodges, *Academic Transformation: The Road to College Success*, Third Edition (Pearson, 2015) p. 16

2.1 緒論

幾個世紀以前，人類相信地球是平的，而且位於宇宙的中心，直到現在未受過教育的人仍然相信。從歷史來看，某個世紀的「事實」，某些部分到了下個世紀變成「小說」，每個世紀的傳統智慧會受到新發現的挑戰而演進，留下來的只有禁得起時間考驗的元素。因此，組織的資源與流程應如何管理也存在各種不同的思想學派。

自從 17 世紀末的工業革命以來，組織不斷地創立、測試、信奉與拒絕各種管理理論，所有理論都對管理者目前的工作有不同的貢獻。本章檢視管理的六大理論與學派，這些理論與學派已經演進超過 200 年，且與 21 世紀有高度的關聯性。

1 討論管理理論演進的知識對管理者的重要性

2.2 歷史與管理理論

每一代管理者都需要了解其前一代所汲取的經驗，並以此為基礎，這就是組織不斷改善的過程。當你看完本章，便會體認到可以自過去的管理者身上學到很多。

歷史的價值

忽略過去注定會重蹈覆轍，不了解別人曾經犯的錯，很可能會犯相同的錯誤。聰明的人會研究過去，避免陷入同樣的困境，並從

過去的成就中獲益。

古代的歷史

古時候的圖像 [如印度比姆貝特卡 (Bhimbetka) 的聖經、埃及墓壁畫、巴比倫泥板和岩畫] 記錄早期人們的管理思想，以及他們如何管理事務。從最早人類透過氏族與部落整合就開始有管理，他們的生存依賴有效地打獵與收藏，這些工作需要個人的技能與團隊合作。在那個年代，每個社會都會出現有能力的強者，承擔特定任務與整個社會的管理工作。

理論的價值

理論 (theory) 是藝術或科學的一部分，用以解釋其基本原理及其間的關係，理論給予人們用某種方式做事的理由。過去幾個世紀出現各種管理理論，某些未能禁得起時間的考驗，某些迄今仍受到管理者採用。

> **理論** 藝術或科學的一部分，用以解釋其基本原理及其間的關係。

圖表 2.1 彙整六大管理思想的理論或學派的演進，用時間線呈現各學派出現的時間。請注意，所有的理論都存續到現在，可知每個理論的某些部分仍持續影響管理者的管理方式。

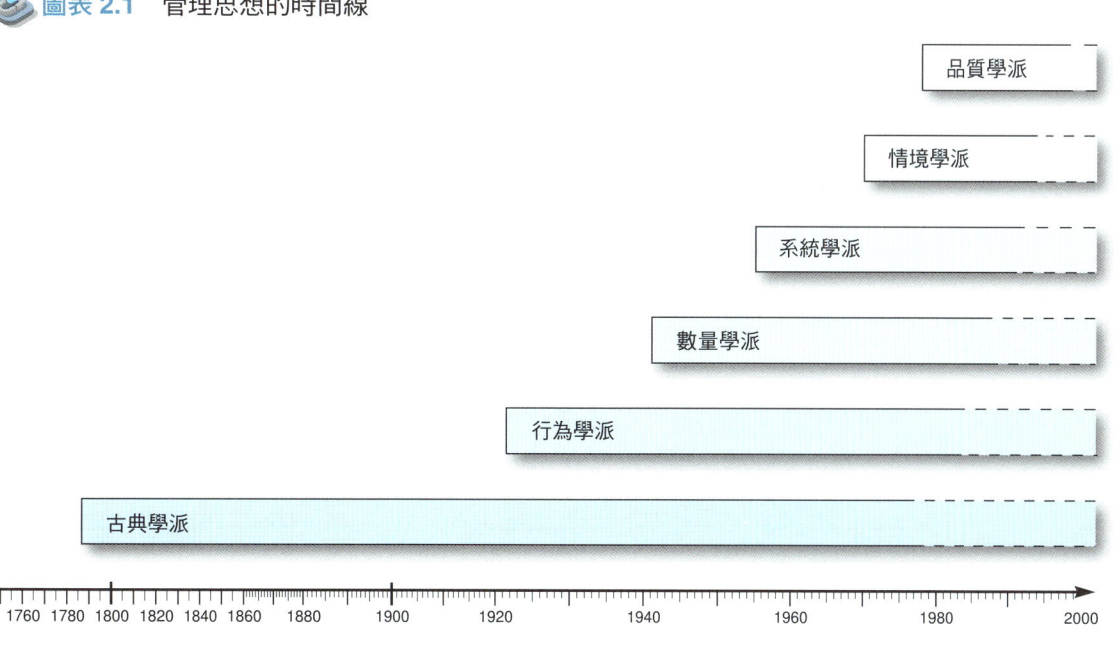

圖表 2.1 管理思想的時間線

品質學派
情境學派
系統學派
數量學派
行為學派
古典學派

1760 1780 1800 1820 1840 1860 1880 1900 1920 1940 1960 1980 2000

| 2a | 解釋古典學派管理思想的貢獻 |

古典管理理論 發現執行與管理任務「最佳途徑」的理論。

2.3 古典管理理論

古典管理理論 (classical management theory) 起源於英國的工業革命，即 17 世紀末蒸汽機的發明。蒸汽動力讓製造商不再依賴水力與風力，使製造商可以在工廠全年無休的大量生產商品。紡織業率先利用這種新技術，在蒸汽動力發明以前，個人在家編織棉布或羊毛。工業革命以後，編織工作轉到城市區域，由一群半熟練的工作人員，在室內利用可靠的機器運作。工業革命讓製造商能為國內及廣大的海外市場製造標準化商品。

早期的工廠依靠勞工與物料不斷地流動，業主必須規劃、組織、領導、控制與聘用許多不同的作業員。撰寫新管理技能需要由成功的實業家來做，經濟歷史學家佩恩 (P. L. Payne) 觀察到：「在許多情況下，較好的組織對增加產量的貢獻幾乎與對機器本身的使用一樣。」

古典管理理論聚焦在發現執行與管理任務的「最佳途徑」，當工業革命持續進行，早期工廠的環境引發兩種不同的管理學說——兩個思想學派都稱為「古典」。

古典科學學派 關注製造環境並在工廠現場完成工作。

古典行政管理學派 強調資訊的流通與組織如何運作。

首先是古典科學學派 (classical scientific school)，其重點是關注製造環境並在工廠現場完成工作。其次是古典行政管理學派 (classical administrative school)，強調資訊的流通與組織如何運作。本節說明這兩大學派的管理原則與功能。

古典科學學派

古典科學學派的先驅是英國數學家與發明家查爾斯·巴貝奇 (Charles Babbage, 1792-1871)，他在 1832 年發表 *On the Economy of Machinery and Manufactures*，陳述其親身在工廠觀察的豐富結果。巴貝奇的結論是確定管理原則的存在，它們已經被廣泛應用且由經驗所決定。他認為最重要的原則是「工作者之間的分工」。巴貝奇要求將工作分解成間斷的流程，能讓一個人快速掌握。

其他的古典科學學派先驅在提高勞動效率與生產力上也有很大的貢獻，腓德烈·泰勒 (Frederick W. Taylor, 1856-1915) 被稱為科學管理之父，他將科學的方法應用在工廠的問題上，並促進勞工、工具

及時間的正確使用。在 1909 年,他發表《科學管理的原則》(*Principles of Scientific Management*)。在擔任執行長、顧問、生產專業人員及效率專家的職涯中,泰勒追求四個主要目標 (科學管理的原則):發展管理的科學、科學的選擇勞工、科學的教育與訓練勞工,以及發展管理者與勞工間的合作。藉由在 Midvale Steel、Simonds Rolling Machine 及伯利恆鋼鐵 (Bethlehem Steel) 的經驗,泰勒發展科學管理的核心想法、設計時間與動作的研究、分析勞工在工作時的動作,他決定勞工用特定的原料與設備能夠達成的產出,透過這些資料,他確定執行工作的最快速方法。泰勒導入工作分解及計件制薪資。

法蘭克‧吉爾布斯 (Frank Gilbreth, 1868-1924) 和莉蓮‧吉爾布斯 (Lillian Gilbreth, 1878-1972) 延續泰勒的研究,他們利用時間與動作研究,分析勞工的活動,去除不必要的動作與疲勞的原因。法蘭克的第一項研究是針對泥水工,他將 10 個步驟減少為 5 個步驟,結果生產力提高兩倍;另外,對醫院手術檯的研究能節省資源,並縮短病患在手術檯的時間。莉蓮協助丈夫做研究,並在法蘭克死後延續研究工作。

另外一位古典科學學派的思想家亨利‧梅特卡夫 (Henry Metcalf) 強調必須採取科學的行政管理,他提倡的管理系統依靠固定的責任,以控制成本及有效的資訊流動,他督促管理者將經驗作成記錄,以造福他人。

亨利‧甘特 (Henry Gantt) 的想法是跳脫威權管理,提倡利用獎金系統對可接受且優良的工作獎賞,他發明「甘特圖」(Gantt chart),將計畫中的生產活動與時間架構用圖形表達,到現在仍廣泛使用。

腓德烈‧泰勒 (1856-1915)
©Shutterstock

亨利‧甘特 (1861-1919)
©Shutterstock

評論 早期古典科學管理學派思想家所發展的理論與原則現在仍受用,儘管經驗與累積的資料已大幅修改這些構想。早期思想家使用的時間與動作研究,現在仍非常普遍。

作家、教授與研究者克里斯多福‧巴特利特 (Christopher A. Bartlett) 及蘇曼特拉‧戈沙爾 (Sumantra Ghoshal) 提出以下對古典思想家的簡述:

在本世紀初,泰勒撰寫管理者的角色,確認管理者的工作是可

以明確定義、衡量與控制，目的是讓人們可以跟他們所操作的機器一樣具有一致性、可靠與有效率，管理者將下屬視為生產的另一種要素。在那種情境下，管理者設計系統、流程與政策，就是確保所有員工符合公司的要求。目標就是讓中階管理者與員工的活動更能預測且更可控制……。這些系統確保控制與一致性，但也抑制創造力與主動性……。最好的情況是組織文化變得被動，員工雖然知道公司主導的行動會失敗，但仍高興地順從。最壞的狀況是這些控制嚴謹的環境引發對抗，甚至是顛覆，組織內部的員工發現破壞限制他們的系統之道。

　　古典學派不歡迎或接受組織中存在的多樣性，員工的信念、價值觀或習慣與業主和管理者不同，將會被壓抑，並強迫順從組織的信念、價值觀與習慣。請參見本章的「重視多樣性和包容性」專欄，可得知在美國處理多樣性的演變。領導被預期出現在高層，但在其他地方則被壓抑，管理者主要關心符合組織的需要。員工被教導用一套精確的動作工作，不要問為什麼或違反這些工作的方法。

　　在大部分的產業，美國公司相對於國外企業更具競爭力，無論製造或銷售。品質是品質控制部門的責任，大部分依靠最終產品的檢查，當發現不良品時，這些品項就會重做或報廢。

　　古典學派在賣方市場的環境中成長與發展，當時僅有很少的法令限制做生意的方式，對企業領導者普遍的倫理觀點是他們的作法要對公司好或對國家好。消費者很快從這個座右銘中，學習到克制自己的行為：「買家當心！」

　　古典科學學派的思想家教導管理者分析每件事、教導別人有效的方法、不斷監督勞工、分配責任、組織與控制工作及勞工。他們的繼任者(現今的管理者)了解，沒有授權給員工檢查自己的產出及承擔責任，在生產力與品質上是無法改善的。古典科學學派最受讚賞的專業化主張已經有些修正。現在的主張是避免無聊、重複工作等帶來生理與心理的風險。現代的管理者強調交叉訓練許多高度讀寫與運算技能的工作，讓員工可以執行各種工作。成功的現代化工廠依靠受到管理者重視具高度貢獻員工的創新、想像力與創造力，管理者不再是指揮官，而是老師、教練與僕人。

重視多樣性和包容性

從平等就業機會到尊重多樣性

自從第一批人抵達後，美國人口就是由多樣性的移民族群及其後代所組成，但是從歷史的觀點來看，他們並不總是容忍別人的存在。

自從 1964 年通過《民權法案》(Civil Rights Act)，各種聯邦、州及地方法律也通過促進各種受保護團體的平等就業機會，這些少數團體包括最主要的婦女與少數民族，如非洲裔、西班牙裔、阿拉斯加原住民、亞裔；身心障礙及 40 歲以上。雖然平等就業法律及相關機構可協助上述這些群體進入組織，但無法保證這些人被接受、包容及有效利用。

自從組織發展多樣性之後，這些多樣性的個人與群體經常受到早期進入公司員工的敵意及少許的容忍 (通常不是接納與尊重)，被隔離而不是包容。為了改善這些情況，必須小心規劃與執行訓練計畫，通常由外部顧問來協助。為了讓這些計畫能有效，大部分組織會經過兩個明顯的階段，這兩個階段都需要由上到下的承諾與領導，且應消除障礙與刻板印象。

第一階段是包容的階段。多樣性的個人與群體可以展現他們的獨特性、形成支援群體，通常是自發的，無論組織的領導階層是否給予鼓勵。多樣性群體與個人開始互動、展現他們的才能，並開始建立尊重與欣賞他人的價值觀、習慣、傳統與貢獻。

在第二階段，組織成員學習到欣賞與重視組織需要這些多樣性個人與群體及其貢獻。透過各種由公司發起的計畫與活動，員工變得主動、承諾、願意貢獻、被不同的人所接受與尊重，所有成員變得完全投入團隊。只有在第二階段才能真正開發所有員工的潛能並有效利用。設想一家擁有數千名員工的公司，大部分的員工都與別人不一樣。再進一步設想，這些人都願意貢獻自己的才華，協助他人並解決組織與其顧客的問題。你可以想像美國大多數成功的大型與小型組織的真實面。

■ 在你的經驗中，有什麼實例可以說明你尊重多樣性？

古典行政管理學派

隨著組織越來越複雜，管理者需要新的理論來幫助他們面對新的挑戰。為了滿足這種需要，古典行政管理學派從古典科學學派的根基成長。古典行政管理學派強調運作工廠與企業的效率與生產力，提供所有管理者的理論基礎，而不僅限於專業領域。

早期的貢獻者　法國大師亨利·費堯 (Henri Fayol, 1841-1925) 相信管理能力不是某些人天生就具備而某些人沒有的個人天賦。從實務的經驗中，他知道管理是需要透過學習與指導而來的特殊技能。如同第 1 章所述，現在的管理功能 (規劃、組織、用人、領導與控制) 可以在費堯的一般管理功能 (規劃、組織、命令、協同合作與控制) 中發現。(在這裡必須提醒，許多作者與管理者把用人視為領導或組織

亨利·費堯 (1841-1925)，照片來自維基共享資源。

的一部分,而協同合作是所有管理者在執行其他功能時必須做的。) 費堯也發展 14 項原則 (簡述在圖表 2.2),成為現代管理實務與著名行政管理結構的基礎。

另一個行政管理學派的貢獻者是,美國政治科學家瑪麗·帕克·傅麗特 (Mary Parker Follett)。她在 1920 年代專注於研究組織如何處理衝突,以及管理者間共同目標的重要性。她強調組織內的人際元素,以及必須發現並蒐集個人與群體的動機。她認為個人與群體成功的第一個原則是「整合思考的能力」。傅麗特敦促經理人為自己的職業做準備,使其認真地成為任何傳統博學職業的候選人。

另一位美國行政管理學派學家是切斯特·巴納德 (Chester Barnard),他是紐澤西州貝爾電話公司 (Bell Telephone Company) 的總裁。在其 1938 年出版的 *The Functions of The Executive* 著作中,主張管理者必須認同自己的職權。他提倡採用基本管理原則,並告誡管

瑪麗·帕克·傅麗特 (1868-1933) ©Shutterstock

圖表 2.2　費堯管理的一般原則

1. 分工	分工能讓勞工與管理者學到某種使產出增加的能力、確定性與精確性,付出同樣的努力可以產生更多、更好的工作。
2. 權威	發出命令的權利和讓別人完全服從的權力是職權的本質,它來自個人與職位,不能與責任分離。
3. 紀律	紀律包含服從、應用、能量、行為及員工與雇主間相互尊重的外在標記,對任何企業都很重要,沒有它,企業無法茁壯。
4. 指揮統一	無論採取任何行動,每個員工只接受一位上司的命令。一個人一個老闆,沒有任何社會組織能適應雙重命令。
5. 方向一致	一位主管與一套計畫領導一組行動朝向一個目標。
6. 團體利益優先於個人利益	企業中個人或群體的利益不能凌駕於組織利益。
7. 勞工薪資	提供服務的價格必須公平,而且要讓雇主與員工滿意。薪資給付的水準視員工對組織的價值而定,而與員工的生活成本、人員的可用性及一般商業條件無關。
8. 集權化	萬事都為降低個別下屬角色的重要性稱為集權化;萬事都為提高下屬的重要性,則稱為分權化,所有的情況都需要取得這兩者的平衡。
9. 等級鏈	從最高層管理者到最基層管理者所形成的鏈稱為等級鏈或命令鏈,管理者是這個鏈的樞紐。在等級鏈中管理者必須透過樞紐溝通,只有在上級批准且有必要時才能越過樞紐。
10. 秩序	每個人都有一個位置,每個人都要在其位置上;每件事都有位置,且每件事都應該在其位置上。秩序的目標是避免損失與浪費。
11. 公平	有職權的人必須善良與正義地做事,讓下屬能充分發揮。
12. 人事任期穩定	降低人事的週轉率可以更有效率且成本較低。
13. 創新	必須給予組織中各階層的人提出與執行構想的自由,能讓下屬發揮創新的管理者相對有較高的績效。
14. 團隊精神	團結力量大,管理者有義務促進和諧,並阻止與避免破壞和諧的事情。

資料來源:Adapted from *General Principles of Management* by Henri Fayol. Copyright 1949 by Pitman Learning, Inc., 6 Davis Drive, Belmont, CA 94002.

理者不要發布做不到或不會被遵守的命令，他認為這樣做會破壞權威、紀律和士氣。

德國的理論家馬克斯・韋伯 (Max Weber, 1864-1920) 是法律與經濟的教授，撰寫有關社會、政治與經濟相關議題。他是第一個描述**官僚** (bureaucracy)(基於控制知識的理性組織) 原則的人，其巨作 *The Theory of Social and Economic Organizations* 在 20 世紀初於德國發表，但直到 1947 年才翻譯成英文。這本書描述官僚組織如何運作，以及如何管理工作與功能。

官僚 基於控制知識的理性組織。

韋伯認為官僚組織的發展與不斷發展的資本主義制度並行，主張官僚組織是管理企業、政府、宗教命令、大學及軍隊最好的機制。他認為技術上有能力提供穩定、嚴格、密集、持續管理的個人就是控制官僚體系的人。他表示，在正規的官僚層級，定義明確的職位是根據專業與經驗 (通常經過標準化的考試)，選出具有資格的員工擔任。整體而言，勞工的升遷是根據上級的評估，且勞工受限於組織的紀律系統。美國聯邦政府是古典官僚層級的最佳案例，專業的職員到退休前都會保有職位，與政治無關，這些通常是農業部、聯邦調查局、土地管理局、國稅局及許多其他聯邦部門的職員。

馬克斯・韋伯 (1864-1920)
©Shutterstock

評論 在 1900 年，產業領導者開始認同管理者並不一定是擁有企業的人，職權與文件的流動必須用科學原則管理，且必須將人員訓練成有效管理者。產業的領導者體認到成功的組織必須統一目標、命令與指導，在有秩序的環境中，個人利益的優先順序應在組織利益之後，以及和諧、平等與重要人事的穩定是有效組織的標誌。

然而，根據古典行政管理學派的管理則有些限制。前蘇聯政府 (可能是最嚴謹的官僚系統) 體驗到極大的困難，呈現古典行政管理學派的缺點──僵化與反應遲鈍的決策，沒有自治權的勞工缺乏承諾，進而扼殺經濟制度。

在古典行政管理學派中，傅麗特最直接討論官僚理論的缺點，率先強調個人的重要性，包括管理者與勞工。如同前面討論，傅麗特相信科學方法可以應用在人際關係，而且她堅信透過群體，人們可以發揮最大潛力。傅麗特與其他學者定義職場的社會脈絡，並且強調依靠有技巧、有原則及專業的管理者。

古典行政管理學派開啟下一個重要學派的大門：行為或人群關係學派。

2b 解釋行為學派管理思想的貢獻

行為學派 認同員工是具有人類需要的個人，是工作群體的一部分，也是大型社會的成員。

2.4 行為管理理論

行為學派 (behavioral school) 將管理思想更往前邁進一大步，其支持者認同員工是具有人類需要的個人，是工作群體的一部分，也是大型社會的成員。開明的管理者將下屬當作必須開發的資產，而不是期望他們是盲目遵守秩序的無名機器人。

行為學派的擁護者

近代第一位關心員工工作環境的作者是勞勃·歐文 (Robert Owen)，許多人推崇他為現代人事管理之父。在 1813 年，發表 "An Address to the Superintendents of Manufactories"，歐文主張勞工產出的品質與數量受到工作中與下班的情況所影響。他用自己管理的紡織廠為例說明，對「重要機器」(人) 付出關心和對沒有生命的機器付出關心同樣有意義。歐文的思想領先他的時代，直到傅麗特在 1920 年代的著作才讓勞工再度受到學術上重視。

心理學家埃爾頓·梅歐 (Elton Mayo) 與傅麗特相同，強調勞工的行為觀點。從 1924 年開始，梅歐及 National Academy of Sciences 進行五項研究，各項研究都在伊利諾州西塞羅的西部電氣 (Western Electric) 工廠進行。這些研究增進管理者對勞工社會需要的意識，並且證實組織的社會環境如何影響生產力。他發現當員工受到有尊嚴的對待 (即展現關心他們的福利與個性)，承諾與生產力就會增加。

梅歐進行計件制對生產力的效果研究，無意間發現同事造成的社會壓力對績效有重大的影響。在西部電氣的接線研究中，勞工團隊發展自己的生產配額。梅歐發現，勞工不會交出而是保留已完成的零件，以幫助群體達成預期配額，而且他們會給同事壓力，把生產量維持在確定配額的範圍。

亞伯拉罕·馬斯洛 (Abraham Maslow) 是人類心理學家、教師與管理者，發展一套以需求為基礎的動機理論。他的理論目前被認為是了解人類動機與行為的核心，其研究與許多心理學與社會學的發現同等重要，因而興起社會科學。這些科學肯定藝術家與歷史學家一直都知道的事，即人類是非常複雜的生物，在工作與下班的行為都有各種不同的動機。馬斯洛對職場中人類行為的開創性研究——

1963 年發表的 *Eupsychian Management*，在 1998 年由黛博拉‧史蒂芬斯 (Deborah C. Stephens) 與蓋瑞‧海爾 (Gary Heil) 更新，並且命名為《馬斯洛論管理》(*Maslow on Management*)。

1943 年，馬斯洛在《心理學評論》(*Psychological Review*) 發表 "A Theory of Human Motivation"，他確認並分析五種基本需求。他相信這是所有人類行為的基礎，這些需求包括生理 (食物、水、空氣與性)、安全 (安全、沒有疾病)、社會或聯繫 (友誼、互動與愛)、自尊 (尊重與認同)，與自我實現 (發揮潛能的能力)。

馬斯洛的需求層級提供管理者非常不同的觀點。在馬斯洛之前，大部分管理者認為人們主要的動機是金錢。馬斯洛的研究引起許多管理者開始評估自己的行為、公司的行動，以及對人類的個人哲學。第 13 章將深入探討馬斯洛的需求層級。

1960 年，道格拉斯‧麥格雷戈 (Douglas McGregor) 發表 *The Human Side of Enterprise*，拓展管理理論前輩的想法。麥格雷戈在書中解釋，所有的管理者對人類行為抱持一種或兩種基本假設：X 理論 (Theory X) 與 Y 理論 (Theory Y)。X 理論即是傳統對勞工抱持的觀點，認為產業中的勞工是懶惰的，必須強迫、控制與指導。而麥格雷戈提出的第二種理論，認為人是負責任、想要學習，且只要給予適當的誘因就能激發他們的原創性與創意。麥格雷戈相信傳統對人的看法 (認為人們是不思考、不關心的機器人) 必須改變，強調唯有改變這些假設，管理者才能發掘勞工的長才。他認為在工作場合如何對待與尊重人們就會得到什麼樣的結果。他告訴管理者，如果給員工機會貢獻和承擔控制與責任，他們將會這樣做。

評論 行為管理學派將工作的人際構面帶進管理思想的主流，並且持續到現在。管理者努力發現員工想從工作得到什麼；如何得到他們的合作與承諾；如何發掘他們的才能、精力與創意。行為學派的學者第一次將社會學、人類學與心理學和管理理論做整合。

行為學派的貢獻之一是，開發專業人力資源經理的職位，行為管理理論有效地為現今員工支持方案鋪好道路，如干預藥物濫用與兒童日常照顧，以及下屬與同儕溝通的創新等。

行為管理理論的主要限制是它的複雜性，還沒有快速或簡單的結論，而且對解釋與預測個人或群體行為也未有定論。大部分的管

理者不是訓練有素的社會科學家，很少時間能處理社會科學所提供的大量資訊，雖然行為學派認為管理者必須這麼做。鑑於人類在某個時間的動機不只一種，且必須不斷地調和互相衝突的需求，而讓行為學派理論變得更加複雜。沒有簡單的公式能在職場上激勵所有的人。更重要的是，人們的需求會隨時間而改變，使同一個人某天很難管理但接下來卻欣然接受。但是透過從心理學的角度思考，管理者可以有效地管理其最重要且複雜的資產──人。

不同公司之間最大的差異是人。「為了能在現今的市場競爭，大型公司必須提供勞工能自行決定且創造自身願景的環境。意即放開過去失敗者採用之命令與控制的模型。」這就是說明對改變的開放，是本章自我管理評估的主題。

2c 解釋數量學派管理思想的貢獻

2.5 數量管理理論

下一波管理思想的浪潮，從關心人們到利用數量方法協助規劃與控制組織中所有事物。管理理論的**數量學派** (quantitative school) 是新的學派，強調利用數學方法解決管理問題。這個方法在第二次世界大戰出現，研究團隊開發雷達、導引系統、噴射引擎、資訊理論與原子彈，從那時候開始，數量工具應用在企業的各個層面。

數量學派 強調利用數學方法解決管理問題。

管理科學 (management science) 是人類、金錢、設備與程序之複雜系統的研究，管理科學是數量管理理論的一個面向，歷史學家萊斯特‧比特爾 (Lester Bittel) 與傑克森‧拉姆賽 (Jackson Ramsey) 對管理科學的解釋如下：

管理科學 人類、金錢、設備與程序之複雜系統的研究，目的是了解並改善它們的效能。

> 透過使用科學方法、利用物理、數學及行為科學的工具與知識進行的研究，其最終目的是提供管理者完整、科學與數量化的資訊以制定決策。

管理科學能讓管理者設計特定的衡量值，如電腦程式，以測試或評估某個流程或行動的結果與效果。航空公司利用管理科學安排航班、維修時程及乘客訂位。**作業研究** (operations research) 是管理科學的領域，通常使用模型、模擬或賽局，例如精密的電腦模型與大氣系統間的互動模擬可用來預測天氣。另外，透過利用許多商業套裝程式軟體，我們可以進一步預測與了解某個重要原料的價格。

作業研究 管理科學的領域，通常使用模型、模擬或賽局。

管理科學的技術與工具通常用來規劃、組織、用人、領導與控制生產活動，此領域稱為作業管理；這種管理科學的方法也用來指導設施、採購、投資、行銷、人事與研究發展。管理科學依靠各種有經驗的研究者和參與者，以蒐集與處理資訊、分析作業及開發與使用適當的工具與技術。無論用什麼方法、工具與人員，管理科學最終的檢測在於是否做了較佳決策及開發更有效的流程。

作業管理

作業管理為應用在製造業或服務業的管理科學學派分支，作業管理 (operations management) 最常用的工具包括：

- 存貨模型決定最適庫存與再訂購點。
- 損益平衡分析決定組織能回收開發與製造總成本的生產與銷售水準。
- 生產排程決定作業何時開始與結束。
- 生產路線指導組裝過程中零件與產品的移動路徑。

> **作業管理** 應用在製造業或服務業的管理科學學派分支。

管理資訊系統

管理科學主要的元素之一是最新資訊傳遞的即時性與效率。大部分的管理者利用資訊科技實施、維護與監督電腦的使用。管理資訊系統 (management information system, MIS) 是以電腦為基礎的系統，提供管理者決策所需的資訊。通常是由知道使用者需要什麼資訊的專家來維護資訊系統。連鎖零售商店沃爾瑪 (Walmart) 利用電腦連結總部、供應商 [如寶鹼 (Procter & Gamble, P&G)] 及賣場，這套系統讓沃爾瑪縮減蒐集與處理有關銷售和存貨資訊的支出及時間。

依靠國內與國外供應商和賣場銷售產品及服務的公司必須快速且精確掌握重要營運資訊，如果沒有這些資訊，管理者無法做出及時且正確的決策。第 16 章將詳細介紹資訊科技與管理資訊系統。

評論 從 1950 年代到 1980 年代，許多美國的管理者全神貫注在數量指標，企業管理的工作交給致力於達到最低成本及最高短期利潤的工程師及財務主管，這些觀點背後的意義是根據每季或每年的財務績效支付管理者的獎金，如果不是根據數量工具或技術做出的決策，會被認為是不佳決策。

長久專注在立即結果造成嚴重難題，長期投資被忽略，特別是對研究發展的投資。多數公司忽略趨勢發展，結果將市場占有率拱手讓給具有創新的競爭者，組織忘記行為理論的人道主義以及從行為管理理論所學的經驗。公司用自己想要的方法生產產品，忘記品質與顧客，這對許多企業與產業造成非常慘重的結果。最慘痛的例子可能是美國的鋼鐵與汽車製造業。但是幾乎每個產業都有失敗的案例，範圍從小家電與鞋類製造商，到紡織與輪胎製造廠。

從事後的觀點來看，過度強調數量管理方法的結果是明確的。它不是重要的工具，但對組織與社會造成的結果卻很重大。管理科學可以幫助管理者分析、開發與改善作業，但是管理科學無法取代完整、平衡的判斷與管理經驗。

明智的管理者利用各種管理理論的觀點，並將這些觀點與自己的眼光及想像力整合在一起。

2d 解釋系統學派管理思想的貢獻

2.6 系統管理理論

系統 一組根據計畫或設計共同運作以達成既定目標或功能之相互關聯的部件所構成。

系統 (system) 是一組根據計畫或設計共同運作，以達成既定目標或功能之相互關聯的部件 (part) 所構成。圖表 2.3 呈現組織系統，投入 (input) 透過運作進行處理 (process) 後，轉換為產出 (output)。產出傳送給組織內部或外部的使用者，內部的使用者就是在其他員工完成工作後接受部件或專案的人。組織內部任何使用或依靠其他人之產出的人就是內部使用者或內部顧客。資訊、產品或服務傳遞給外部使用者 (供應商、顧客或政府機構)。

系統學派

系統學派 主張組織是由各個部件 (子系統) 組成，這些部件執行整個系統的生存和正常運行所必需的任務。

系統學派 (system school) 主張組織是由各個部件 (子系統) 組成，

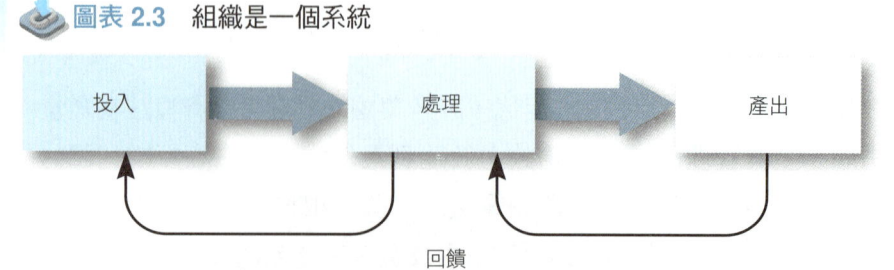

圖表 2.3　組織是一個系統

投入 → 處理 → 產出

回饋

資料來源：http://www.bbc.co.uk/schools/gcsebitesize/design/graphics/productionsystemrev1.shtml.

這些部件執行整個系統的生存和正常運行所必需的任務。企業功能(行銷、財務、人力資源管理)都是子系統,各種流程都是由團隊管理,如帳單與訂單處理。所有管理者必須知道每個子系統如何運作,如何與其他子系統互動,以及每個子系統對整體的貢獻。任何一個子系統的變動會影響到其他子系統,也會影響整個系統。

當管理者採取系統的方法時,必須在執行改變計畫前,確實掌握對其他子系統及本身運作的影響。透過掌握整體系統與其子系統,管理者期望能確保某個領域的正向發展,不會對其他子系統有負面影響。

故障的子系統會帶來漣漪效應,對其他系統帶來影響。例如,假設聯合航空 (United Airlines) 777 雙引擎噴射機搭載 200 名乘客從洛杉磯飛到芝加哥,在芝加哥維護並加滿油後,這架飛機將繼續飛往紐約。許多洛杉磯的乘客必須先到芝加哥或搭乘別的航班到紐約,也有一些乘客會在芝加哥搭機。洛杉磯的聯合航空行李員沒有把 777 的行李艙門關好,在飛機移動到起飛位置時,機長發現這個問題,將飛機開回登機門,將行李艙門關好,因而延誤 30 分鐘。使得許多要在芝加哥轉機的乘客無法準時搭上轉乘的飛機,要到紐約的乘客也有許多不便。延誤起飛代表在芝加哥找登機門的時間也會延誤,乘客的家人會感到沮喪,且影響到後續的時程。

綜效累積能量

系統與綜效 綜效 (synergy) 是將活動結合或合作產生的效果增加,有時可以用 2 + 2 = 5 來形容,因為綜合夥伴關係的結果通常會大於夥伴各自生產的總和,公司的合併是綜效的實例。2005 年寶鹼 (P&G) 與吉列 (Gillette) 合併成為全世界最大的消費者產品公司,許多專家就已經看出綜效的巨大潛力。他們相信合併後的組織能夠提供的產品與行銷實力,是兩企業各自努力仍無法達到的。這些合併可能會終止原來的企業,形成全新且更強大的組織。但是也有許多合併會有負面的效果。企業合併可能的威脅包括公司文化的衝突 (如第 9 章所述) 及職務與競爭力的流失。

綜效通常發生在組織及其子系統與外部組織 (子系統或整個系統) 的互動,這也是企業與外部組織建立夥伴關係,並聘請外部顧問

> **綜效** 將活動結合或合作產生的效果增加。

評估其產品與服務運作的理由之一。自從創立以來，P&G 有許多產品都是由銷售人員感受顧客的需要與回應顧客的建議而開發的結果，P&G 的員工透過分享其研究結果，對新流程與產品的設計帶來綜效。

在 P&G，包裝設計、產品開發、製造及行銷就像是一隻手的手指，如果它們沒有同步協調，工作無法順利進行。例如品客 (Pringles) 洋芋片，它的形狀固定，並放在圓柱形包裝內，這種包裝的目的是保護洋芋片從生產完成到由飢餓的消費者打開包裝前，洋芋片不會破損。此外，包裝設計師必須融入藝術感的色彩、形狀、商標及其他根據市場調查結果能吸引消費者的元素。製造部門的工作在所有開發工作之後，負責生產洋芋片並加以包裝。

評論 根據系統理論，公司的組成成分互動以創造綜效，讓整個公司和每個組成成分獲益。系統學派鼓勵管理者整體性看待組織，即將勞工、群體及任務當作一個有機體相互關聯的部件。這種整合的方法需要能提供給各階層管理者及時且正確的資訊，以協助他們做決策。就像將費堯的統一指揮、統一方向與團隊精神放在腦海中，管理者最重要的任務是，讓人們把重點放在必須達到的目標，當所有人共同朝著他們所承諾的目標工作時，就能帶來綜效。

系統觀點引導管理者思考品質 (如同第 1 章定義) 會受到所有部門與員工行動的影響。這個結果得到組織所有員工的承諾，從高階管理者開始，到集中精力開會，甚至會超越內部顧客與外部顧客的需要。如果管理者認為組織的子系統很複雜且不容易相互連結，這種恐懼會困擾管理者，也會引起麻痺。管理者可能變得過於謹慎或拒絕採取行動，除非他們接觸到所有可能的來源、進行整體分析，並受到較高階管理者的檢討。但時間限制與企業的狀況很少允許這麼奢侈。

2e 解釋情境學派管理思想的貢獻

情境學派 主張管理者首選的行動或方法是他們所面對的情境變數而定的理論。

2.7 情境管理理論

情境學派 (contingency school) 所根據的前提是，管理者首選的行動或方法是他們所面對的情境變數而定。這個學派尋求處理任何情境或問題最有效的方法，認為每次遭遇的情境雖然可能和過去相似，

但都有獨特的特性。

抱持情境觀點的管理者，可以隨意利用所有過去的理論來分析與解決問題。真正的情境方法是整合性的。在同一天，管理者可能會應用行為理論安撫心靈受創的下屬，應用管理科學規劃新設備的生產計畫，並利用古典科學工具研究新設備是否有改良之處。

情境學派的擁護者認為花旗銀行 (Citibank) 的人力資源經理在甄選與測試應徵者時，其必須分析的內容可能與 First National of Chicago 不同。兩位經理有不同的系統、需要與經驗；情境學派認為他們的選擇會反映出這些差異，以及應徵者的特性與過去。

情境理論可用「一切視情況而定」來形容，在某特定情況下正確且適當的作法，可能在另一種情況徹底失敗。因為沒有兩種問題具有完全相同的細節與環境，任何兩種情境也是同樣的道理，不同的解決方案與方法可能產生同樣好的結果。情境理論的支持者認同「條條道路通羅馬」，但也強調最近的路線不一定是最好的選擇，如果這條路在整修的話。

情境理論告訴管理者在選擇一套行動前，要回想自己的經驗與過去並考慮許多可行方案。它鼓勵管理者在定義與處理問題時保持彈性，並考慮可行方案與備案。這套理論也告訴管理者，明智的選擇只有在適當初步研究後才會出現。

評論　情境理論可以應用在面對改變的任何組織與管理者，收購另一家公司即是明顯的例子。透過採取情境理論，收購公司的管理者可能發現他們必須學習或接納被收購公司的做事方法。如果情境理論和支持者所預測一樣，管理者會在對被收購公司強行實施不適當方法之前發現這個事實。

情境理論要求管理者了解管理思想的歷史。管理者必須熟悉過去曾經試行過且真實的原則與實務才能獲益，但不要不經意地重複過去。情境思想告訴管理者要嘗試新的方法，不被過去框住，才能找到正確的方法。這套理論也鼓勵管理者在解決問題、迎接挑戰或掌握機會時，在法律與倫理的標準下保持彈性，考慮可行方案與備案。在現今組織多樣性的環境中，若多樣性真的受到尊重，將有助於用附加與獨特的觀點解決問題。情境理論引導管理者進入新的管理思維：品質管理。

2f 解釋品質學派管理思想的貢獻

2.8 品質管理理論

第一次世界大戰後，美國成為領導工業的強權。在上一個世紀的前 50 年，美國公司在電器、紡織、汽車及鋼鐵等主要產業，供應全世界大多數的消費者與工業產品。如果產品不是由美國公司製造，不是不能用，就是不好用。

美國製造業成功的理由之一是戰爭人力委員會 (War Manpower Commission, WMC)，這個機構在 1942 年由美國政府成立，主要是在第二次世界大戰時協助產業訓練防衛工廠的勞工。這項產業內訓練計畫是根據查爾斯‧艾倫 (Charles Allen) 的四點方法：準備、介紹、應用與測試。該訓練計畫包含監督者的五個需要：工作知識、責任知識、指導技能 (工作指導)、改善方法技能 (工作方法) 及領導技能 (工作關係)。第二次世界大戰結束後，WMC 在 1945 年廢止，但從 1942 年到 1945 年，這項訓練認證了 150 萬名勞工，帶動節省成本及改善安全、品質與運送 (詳細資料可參考 WMC 網站 http://www.archives.gov/research/guide-fed-records/groups/211.html)。

1940 年代到 1950 年代，美國目前的競爭對手與貿易夥伴，如英國、德國、法國、義大利、日本及其亞洲的鄰國，都積極投入復原第二次世界大戰造成的破壞。由於當時的競爭較少，許多製造商沒有看到改善的需要，大部分忘了訓練產業課程。美國工業主宰世界，因為沒有激烈的國外競爭，以及未受到兩次世界大戰波及。

到了 1960 年代，大部分美國工業快速受到挑戰，再加上 1970 年代早期石油生產國造成的石油短缺，讓影響更加嚴重。美國與其他國家的消費者發現來自國外的替代產品，更能滿足他們的需要。

如同第 1 章所述，品質的定義是產品或服務滿足使用者或顧客表明或隱含目標或要求的能力。管理者與組織如何發展與培養這種能力是本書的重要觀念，你必須記得使用者 / 顧客包括組織內部與組織外部，使用者 / 顧客接收人們、機器與流程的產出。任何產出之品質的本質是符合對其有需要之個人或群體需要的能力，這就是管理思想之**品質學派** (quality school) 的核心思維。品質管理通常稱為全面品質管理 (total quality management, TQM)、持續改善、精實製造或精實概念或工作流程。

品質學派 任何產出品質的本質是其滿足人們或群體的能力。

kaizen 方法

產業內訓練計畫為美國產業所開發，第二次世界大戰後受到日本企業信奉，並成為 kaizen 文化的基礎。kaizen 是日語，用在商業的意思是人員、產品與流程的小幅、漸進且持續的改善，為了確保每個人的創造力充分被利用，kaizen 有三項規則：不多花錢、不增加人員、不增加空間。kaizen 方法在品質的意義是個人或組織在沒有任何成就前不能休息，不管已經做得多好，個人或組織都可以做得更好。當不良率從 5% 降到 2% 時，目標仍持續朝將不良率降低至零為止。只要組織採行 kaizen 的哲學，領導者及員工便走上永無止境的旅途：不斷地努力改善、學習與成長。本章的「品質管理」專欄比較 kaizen 訓練和艾倫與督導員訓練 (Training Within Industry, TWI)。

> **kaizen** 日語，用在商業的意思是人員、產品與流程的小幅、漸進且持續的改善。

品質較好的產品與服務能吸引更多顧客，讓銷售額增加，並賣到較好的價格，增加利潤。但是，品質必須優先聚焦在顧客的需求

品質管理

kaizen 發源於美國

在 kaizen 的精神中，管理意味著持續改善，某些日式管理與 kaizen 的許多基本哲學是從美國 1900 年代早期的訓練演化而來。艾倫在第一次世界大戰前開發的四點訓練方法主要用於造船業，他的著作 *The Instructor, The Man, and The Job* 於 1919 年在費城與倫敦由 Lippincott 公司出版。這本書在第二次世界大戰期間成為美國產業內訓練的基礎，第二次世界大戰後被日本採用。kaizen 已經成為現今產業採用之最成功的管理技術，下表比較艾倫、TWI 與 kaizen 採用的步驟。

1. 當你遭遇問題時，是否會將問題分解成可處理的小部分？你是否試著小幅度地改善來解決這些問題？你是否認為可行方案能順利執行？如果你的答案為「是」，你的作法就是 kaizen，持續改善。

2. 如果你的答案為「否」，請專注在小幅改變，因為小幅度地改善可以讓你的生活更簡單，你將做出什麼改變？

步驟比較

步驟	艾倫	工作指導	TWI 工作方法	工作關係	*kaizen*
1	準備	準備	分解	得到事實	觀察與安排現有流程
2	介紹	介紹	提問	評估與決定	分析現有流程
3	應用	試用	開發	採取行動	實施與測試新流程
4	測試	追蹤	應用	檢查結果	撰寫新標準

資料來源：Jim Huntzinger, "The Roots of Lean: Training Within Industry: The Origin of Japanese Management and Kaizen," TWI Summit, May 2007.

上。本章的「道德管理」專欄討論，當公司沉迷在生產高品質產品時可能出現的錯誤。

企業流程改善

前面曾說過，企業唯一不變的是改變。各個階層的管理者面對的最大挑戰可能是體認到改變的需要、看到改變，並在改變發生時快速且有效的回應。基於這些理由，kaizen 方法 (小幅、漸進的處理改變) 管理改變已經受到挑戰。

快速、徹底且甚至是革命性的改變可能是必需的。在 1990 年代，麥可‧漢默 (Michael Hammer) 與詹姆斯‧錢皮 (James Champy) 提出管理改變及努力改善產品與作業品質的方法。他們稱為再造 (reengineering)，並定義為「企業流程的基本性重新思考與徹底重新

> **再造** 重新設計企業流程，以達成績效改善。

道德管理

精實不必刻薄

豐田與其他日本製造商是精實製造系統的先鋒，它建立在單件流、消除浪費與即時生產與傳送，它的目標是持續改善。kaizen 事件幫助傳統製造商實施精實製造，跨功能團隊花費很多時間專注在新系統的規劃、分析、實施改變及衡量效果等工作。

麗莎‧柏格森 (Lisa Bergson) 是 MEECO 公司 (一家生產石油、化學及半導體產業分析儀的公司) 的總裁暨執行長，她選擇利用精實製造對工廠實施改變。柏格森說：「精實是一種眾所皆知的方法，勾畫出工作流程，以找出瓶頸並解決它。如果做得好，能帶來更有效率、更明確、更嚴謹、交叉訓練及高獲利的結果」(Bergson)。

如果精實製造是組織文化的一部分，將能降低成本。柏格森發現如果沒有員工的支持，精實製造無法推動。MEECO 對產品品質的狂熱造成員工疏離。銷售與服務部門的協調員朵拉‧卡勒漢 (Donna Calahan)，幫助柏格森了解為何其員工出席法蘭克‧加西卡 (Frank Garcia) [Delaware Valley Industrial Resource Certer (DVIRC) 的顧問]

舉辦的會議，但很少實施訓練。「卡勒漢發現，MEECO 的廠區變成一部刻薄的機器，而不是轉換成精實機器。員工責怪精實沒有處理幾個問題，如性格不合，或某些 MEECO 尚未實施的概念，如採購與存貨控制」(Bergson)。

柏格森體認到，「我們的管理不當及工廠員工的誤解，讓精實在 MEECO 有一個不好的開始。」(Bergson) 但是 MEECO 對精實有承諾，員工必須了解與信奉改變的重要性。柏格森接受「啟發和鼓舞」員工是她位居高階管理階層的工作，MEECO 對品質承諾的諷刺是他們沒有滿足或超越其顧客的需要，沒有看見品質的最終衡量指標是讓內部與外部顧客高興。

1. 當員工不支持改變時會造成什麼傷害？
2. 你認為這個案例還有什麼道德問題？

資料來源：Lisa Bergson, "Lean Manufacturing? Fat Chance!" *BusinessWeek*, May 24, 2002, http://www.businessweek.com/smallbiz/content/may2002/sb20020524_4859.htm; MEECO, http://www.meeco.com.

設計,以在重要、同步的績效指標上達到戲劇性的改善,如成本、品質、服務與速度。」採行再造方法的公司快速學習到對他們所做的事及原因提出質疑。「再造首先要確定公司必須做什麼,接著確定如何做。再造不認為有什麼是理所當然的,不管它是什麼,只專注在它必須是什麼。」許多公司實施漢默與錢皮的再造構想卻得到反效果,因為這些公司沒有實施第 8 章討論的變革管理,而玷污了「再造」一詞,並將這個名詞轉換為企業流程再設計、內部企業改善或流程創新。

檢視企業流程的重要觀念是,根據核心競爭能耐與經驗來確定公司必須做什麼,也就是公司能把什麼做到最好。如果有些事必須完成,公司再決定要自己做或由別人來做成效最佳。這種方法帶動公司縮減規模與外包。組織的業主與管理者必須不斷地自問兩個問題:「我們在做什麼?」及「我們必須做什麼?」

> 企業流程再造 (business process reengineering) 最深刻的教訓是企業流程從不再造。流程是指我們如何工作。任何忽略其企業流程或無法改善它們的企業未來將有危險……。對技術專家來說,再造的課題是記得古老的真理:資訊科技只有在幫助人們把工作做得更好且不一樣時才有用。

現今,許多公司透過利用雲端運算 (cloud computing) 重新設計企業流程而節省很多成本。

雲端運算 一種資訊科技使用的概念,遠端共享電腦資源,而非將軟體或資料儲存在區域伺服器或電腦,能讓公司透過網際網路將資料(如顧客接觸、存貨與文件等)在別人的伺服器存取。

> 他們將會利用所謂雲端科技,它讓使用者透過網際網路發揮運算能力,而不是使用桌上型電腦或家用伺服器。主要訴求是大量、彈性與效率:數以千計的網路伺服器可以更快速且低成本的方式執行某項工作,或處理許多不同科技結合而成的工作,協助公司運作企業。這種方法能讓企業外包所有的工作,如追蹤存貨、只要支付資訊存取的費用。這就是雲端科技帶來的好處,將實體的資產所有權及流程專業的核心移轉到外包廠商,聚焦在有效管理電腦運作所需的技能,可以大量、即時且有彈性地處理各種不同的工作。

企業資源規劃軟體是用來整合一家公司所有部門與功能 (如會計、人力資源與製造) 到單一電腦系統,滿足所有部門的特殊要求,

管理社群媒體

網路化企業

根據麥肯錫全球調查結果，公司利用社群媒體工具與技術的比例非常高，社群(以瀏覽器為基礎的科技)如部落格、維基及群組通訊軟體等，都是用來促進資訊流通，及作為鼓勵員工、夥伴與顧客協同合作、交流與解決問題。

限制性的線性工作過程技術包括文件、郵件及電話溝通。過去的溝通方式由公司控制，對顧客做單向溝通。

沒有人可以控制社群世界，溝通是多重管道、雙向、任何方向。網路化企業的目標是從員工、夥伴與顧客得到最好的構想，再將這些構想分享給組織成員。要達到這個目標，組織必須從封閉、線性過程轉變成更自覺地協同合作設計，如下圖所示。

■ 封閉、線性過程如何限制工作流向？為何網路化企業在工作流向表現較佳？

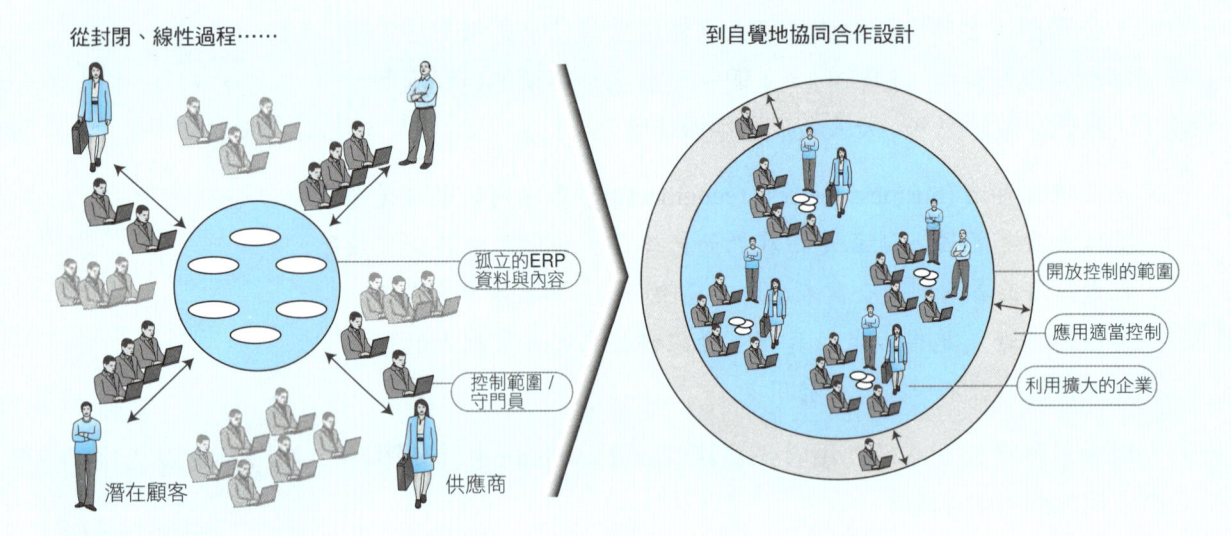

從封閉、線性過程…… → 到自覺地協同合作設計

（孤立的ERP資料與內容／控制範圍／守門員／潛在顧客／供應商／開放控制的範圍／應用適當控制／利用擴大的企業）

資料來源：McKinsey & Company, Evolution of the Networked Enterprise: McKinsey Global Survey Results, March 2013, Retrieved from http://www.mckinsey.com/insights/business_technology/evolution_of_the_networked_enterprise_mckinsey_global_survey_results; Oliver Marks & Sameer Patel, Sovos Group, "Accelerating Business Performance," Enterprise 2.0 Conference, Spring 2010 http://www.e2conf.com/downloads/whitepapers/ent2-10_TWwhitepaper.pdf.

例如電子商業整合線上採購、供應鏈及外包軟體。企業系統及雲端利用的工具是組織各種資料與協同整合，支援企業活動。

品質管理的主要貢獻者

從 1950 年代開始，許多產業的外國製產品開始符合或超越全世界消費者的期望，甚至做得比美國企業更好。這個現象可以從美國

全球應用

日本政府與產業的合作

第二次世界大戰後，日本執政者讓政府與產業合作重建國家與經濟，設置通產省 (Ministry of International Trade and Industry, MITI)，與產業領導者共同決定國家的發展方向。MITI 剛開始專注在創造堅強基礎建設及重建核心產業，特別是鋼鐵業，接著將造船業設定為主要目標產業。到了 1960 年代，日本在各種形式的遠洋船製造引領全世界，包括油輪與散裝貨船。

透過 MITI，日本的產業社群合作並共享資源，設定全國與產業的目標，並且付出承諾努力達成。日本政府保護對國家利益重要的產業 (如農業、鋼鐵、通訊)，並制定產業貿易協會法案以保護個別公司的利益。

製造商與相關供應商對整體產業發展的奉獻形成的堅強網路，讓國外企業發現很難做日本做生意。只要是被日本製造商鎖定的產業，他們會積極努力提高市場占有率，美國的消費性電器產業就被日本的競爭者蠶食。真力時 (Zenith) 一直是美國唯一的消費類電子產品生產商，直到 1995 年 11 月，韓國樂金電子有限公司 (LG Electronics Inc., LGE) 收購真力時多數股權。

同樣地，日本鎖定美國汽車市場，在美國製造商無意大幅修改傳統大型車製造時，推出經濟的小型車款攻占美國汽車市場。到了 1980 年代，日本汽車製造商升級，進入長久被歐洲車主導的豪華車市場。1990 年，大約三分之一售出的新車是日本汽車品牌，福特與通用汽車在美國汽車與卡車市場的占有率持續下降，福特從 2000 年 24.1% 到 2016 年降為 15.6%；通用汽車在 2016 年則從 28.3% 降為 16.9% (請參見 http://online.wsj.com/mdc/public/page/2_3022-autosales.html)。

■ 除了政府與產業密切合作外，還有哪些因素讓日本快速成為世界最大的經濟體系之一？

對外貿易緩慢且持續的貿易赤字觀察到。平均而言，美國的產品與服務進口超過出口約 50%。

美國汽車業是一個很好的例子，它們率先感受到福斯汽車 (Volkswagen) 金龜車的威脅。「福斯汽車在 1950 年銷售 330 輛金龜車，1955 年 32,662 輛，1959 年 61,507 輛，讓前三大汽車製造商煩惱：這個逆勢新消費者是誰？」到了 1960 年代，日本汽車因為省油、低價且高品質的超小型與小型汽車，而在美國汽車產業有立足點。日本汽車在 1970 年代石油禁運期間銷售量快速增加，底特律的汽車製造商在省油且高品質產品上較無法滿足國內的需求。到了 1980 年代，進口車約占美國汽車市場的三分之一，這種趨勢持續到現在，目前美國新車的銷售超過二分之一是進口車。請參見本章的「全球應用」專欄，提供更多有關日本車如何滲透美國市場的資訊。

許多國家的生產者早已發現品質的重要性。相對地，大部分美

圖表 2.4　品質管理理論的主要貢獻者

喬治・拉德福德 (G. S. Radford)	1922 年，拉德福德出版 *The Control of Quality in Manufacturing*，提倡檢查是工業品質控制的基礎。他認為，「在每個產品裝上卡車運送前，檢查、評估與衡量每個產品是檢查員的責任。」(Hart and Bogan, 1992) 拉德福德相信維持品質是管理者的責任，而且品質必須在產品設計階段就要考慮 (Garvin, 1988)。
沃特・休哈特 (Walter A. Shewhart)	休哈特主張透過科學方法與量化衡量指標來控制品質。他與貝爾實驗室 (Bell Laboratories) 的同事，開發現在所謂的統計品質控制及統計流程控制。利用這些工具，任何流程都可以分為控制中 (可預期) 或失控 (不可預期)。戴明與朱蘭是休哈特在貝爾實驗室的同事，共同採用與發展休哈特的構想。
愛德華・戴明 (W. Edwards Deming)	戴明指導衡量流程與控制品質量化工具的價值。第二次世界大戰之後，Union of Japanese Scientists and Engineers 成立，該組織是為了協助重建日本產業，尋求戴明的幫助。戴明和朱蘭協助讓日本產品品質成為全世界的標準。日本最受重視的品質獎就是用戴明的名字命名。1980 年代，他幫助福特與其他美國公司邁向永無止境的品質改善旅程。
約瑟夫・朱蘭 (Joseph M. Juran)	朱蘭認為不能只把品質當作費用，而要視為公司獲利能力的投資。他提出管理品質的系統方法是結合三個子系統：品質規劃、品質控制，以及品質改善。經過戴明和朱蘭的指導，日本發展 *kaizen* 概念。
阿爾芒・費根鮑姆 (Armand V. Feigenbaum)	費根鮑姆追隨朱蘭的理念，他是 1950 年代奇異總部的品質控制經理。費根鮑姆相信「品質對公司來說太重要了，不能只委託給獨立的檢查團隊。必須涵蓋整體回應，每位員工及供應商都應納入流程。」(Hart and Bogan, 1992; Feigenbaum, 1956) 雖然品質是每個人的事，但費根鮑姆認為，擁有專業品質控制的經理必須承擔品質工作。而今這種作法已有不同，高階管理者希望所有員工都是品質控制的專家，且對他們工作的品質付出承諾。
菲利浦・克勞士比 (Philip B. Crosby)	克勞士比在 AT&T 工作 40 年，該公司對技能知識 (know-how) 及技術突破方面有相當大的貢獻。他擔任 ITT 副總裁 14 年。在他的書中，克勞士比堅信每個人都應該受過品質控制、品質保證，以及全面品質管理的品質專業訓練。他利用紮實的語言和方法推廣品質。他和彼得斯促進全國對生活品質、經濟與生活水準永續發展重要性的重視。
湯姆・彼得斯 (Thomas J. Peters)	彼得斯是作家、講師、顧問兼教授，他讓我們了解正在做對的事情的公司，並提醒美國公司必須每件事情做得更好，透過模仿、學習而更像我們的競爭對手，並且努力走在趨勢前端。
麥可・漢默 (Michael Hammer)	漢默是作家、前教授，也開設顧問公司，他將再造與品質的概念結合，呼籲向前大躍進，並且不斷要求做什麼、為什麼要做及如何做提出疑問。改變有時必須是徹底的，在系統必須重製或消除前，管理者可以修改現有系統，唯有不斷地重新思考每件事情，組織才能有效的競爭。
詹姆斯・錢皮 (James Champy)	錢皮與漢默是合著者，也是顧問公司的董事長，再造工程在美國公司聞名。他們的書 *Reengineering the Corporation* (1993) 開創革命。他們擔任顧問的經驗，證實公司專注於水平流程，可以帶來較高的顧客滿意度、較快的週期速度、節省成本與增加利潤上大幅改善。他反對漸進式改善，支持創造新的結構與系統。

國公司並沒有，等到 1980 年代早期才開始努力改善產品與服務的品質。當時，許多國內市場完全或大部分被國外大型生產者占領。美國企業對品質的重要性後知後覺，相當諷刺的是大部分的品質訓練源自美國，而且幾乎所有品質的最大支持者都是美國人。圖表 2.4 說明品質管理者論發展的重要貢獻者。其中，愛德華・戴明 (W. Edwards Deming) 與約瑟夫・朱蘭 (Joseph M. Juran) 教導日本製造商重要品質觀念與原則，現今日本企業仍在使用。

評論 管理思想品質學派的根基是管理理論的行為、數量、系統與情境學派。人是承諾與績效的關鍵，做的事情必須用量化與質化的指標衡量與評估。流程的絕大部分是系統化的互動與執行，任何時間應該做的事必須用最適當的方法執行，過去的作法與傳統對現在的管理問題有參考價值。

品質學派是最新且受到全世界任何產業的管理者與組織擁戴，只是程度有所不同。部分採取全面性的承諾；部分只進行短期、小幅的品質改善，只要改善完成就停止。前者作法就像摩托羅拉 (Motorola)、全錄 (Xerox)、福特，及其所有大型與小型的供應商。後者大部分是擁有較少資源及較不開明領導的小型企業。公司對全面品質的承諾，供應商及夥伴也必須做同樣的承諾才能成功。

沒有對品質全力把關和對整體品質付出承諾之企業的價格，將會被競爭者超越或擊敗，且提供的產品與服務無法滿足或超越顧客的期待。歸根究柢，公司的存在是幫助其成員與外部顧客滿足他們的需要，能夠將這件事做到最好的公司，才能在產業中生存與發展。第 18 章將進一步探討品質。

習題

1. 過去管理思想學派對現今管理者有什麼幫助？
2. 兩個古典管理思想學派主要貢獻為何？
3. 管理思想的行為學派對你所學有什麼貢獻？對你的工作又是如何？
4. 管理思想的數量學派對哪些企業活動最有貢獻？對哪些領域沒有幫助？原因為何？
5. 根據你的經驗，舉出導入管理思想系統學派概念的實例。
6. 管理思想情境學派的主要貢獻為何？
7. 管理思想品質學派受到普遍重視的原因？

批判性思考

1. 根據你的經驗，請舉出現今組織存在古典思想學派的實例。
2. 下列各學派如何影響管理思想的品質學派？
    a. 行為學派
    b. 數量學派
    c. 系統學派
    d. 情境學派
3. 請選擇一家公司，說明它如何展現行為學派、系統學派、品質學派的元素？
4. 請舉出應用 kaizen 方法管理組織及改善企業流程的實例。

Chapter 3 管理者的環境

學習目標

研讀完本章後,你應該能:
1. 討論組織為何是開放系統。
2. 辨別組織內部環境的元素。
3. 說明組織外部環境直接互動的力量。
4. 說明組織外部環境間接互動的力量。
5. 討論跨越邊界對管理者的意義。
6. 解釋管理者如何才能影響外部環境。
7. 描述組織對利害關係人的義務。

©Shutterstock

管理的實務

學習風格

成功的企業體認到它們必須比競爭者更快速學習到讓顧客滿意,**學習型組織**即描述組織中的群體與個人挑戰現有的行為模式,並學習快速且有創意地調整回應環境變動的過程 (Senge)。Social Darwinism 創辦人赫伯特‧史賓賽 (Herbert Spencer) 稱這種調整過程為「適者生存」。換句話說,最能成功地調整策略以適應環境條件改變的企業,能在競爭中存活下來與蓬勃發展。競爭優勢的來源可能是比競爭者更快速適應新奇且不可預期的情況。

了解學習風格可讓員工更容易改變自己與組織,大多數的人很明顯偏好某種學習風格,你偏好什麼樣的學習?你是視覺學習者?聽覺學習者?還是觸覺學習者?評估自己的學習風格,針對下列每一個敘述,將你同意的題號畫圈。

1. 我寧願閱讀指引,也不要聽別人讀給我聽。
2. 我透過有關某個主題的資訊、解釋與討論課程可以記得更多。
3. 我喜歡動手工作或手作東西。
4. 我會在口袋中玩硬幣或鑰匙。
5. 把事情寫下來,我會記得更多。
6. 我重複大聲念幾遍,會比寫在紙上更容易記住。
7. 我可以理解大部分的圖表。
8. 我在讀書時會嚼口香糖或吃東西。
9. 我比較喜歡聽廣播的新聞,不喜歡看報紙。
10. 我記事情最好的方法是把它在腦海中畫成圖形。

11. 我很容易記住笑話。
12. 觸摸他人、擁抱、握手時，我覺得很自在。

　　記得你圈選的題號，第 2、6、9、11 是聲音學習者，偏好透過聲音來學習，這種聽覺學習者透過傾聽、記錄和別人的對話及大聲背誦而進步；第 3、4、8、12 是觸覺學習者，他們偏好透過感覺與接觸學習，這種觸覺學習者透過寫下事實經過、做學習筆記和實際演練某項程序或活動而進步；第 1、5、7、10 是視覺學習者，偏好透過觀看來學習，這種視覺學習者透過利用影像、圖形、地圖、海報、投影片及快閃卡而進步，他或她會將所讀的轉換成圖形。

- 辨認你偏好的學習風格，了解自己偏好的學習風格對你在學校及工作有何幫助？

資源來源：Peter M. Senge, *The Fifth Discipline: The Art and Practice of the Learning Organization* (Currency/Doubleday, 1994); Assessment adapted from Deborah L. Nelson and James Campbell Quick, "Learning Style Inventory," *Organizational Behavior: Science, the Real World, and You*, 6th Edition (South-Western/Cengage, 2009), p. 21 and School Family "Learning Styles Quiz," http://www.schoolfamily.com/school-family-articles/article/836-learning-styles-quiz.

3.1　緒論

　　本章檢視主要的影響因素與回答兩個問題：(1) 內部與外部影響因素如何影響組織活動 (除了影響品質與生產力的因素外)？(2) 管理者如何感知與處理這些因素？

1 討論組織為何是開放系統

3.2　組織是一個系統

學習型組織　組織中的群體與個人挑戰現有行為模式，並學習徹底與具有創意的適應變動中環境的過程。

　　在第 2 章中已介紹管理思想的系統學派。組織的系統觀點可作為檢視組織與其環境間關係的良好架構。**學習型組織** (learning organization) 是把其他學科的元素整合在一起。管理者將組織視為一個系統：處理各種投入以轉換成各種產出，取悅使用者與顧客之相互關聯的子系統。

　　系統是由一組相互關聯的子系統構成，整個系統根據計畫或設計來產生產出和功能。任何子系統的變化會引起整個系統或其他子系統的變化，在這個脈絡下，所有組織的單位與個人某種程度會影響其他人，並受到其他人影響。

　　組織不只應關心子系統與人員發生什麼事情，也應該關心組織外部發生什麼事情。沒有任何組織是在真空狀態下生存與運作，管理決策必須適應環境，包括內部與外部。這些力量影響每個組織的條件，但是對某個組織影響最大，可能對其他組織僅有輕微的影響。管理者必須持續偵測與監督環境。

環境偵測 (environmental scanning) 是蒐集有關外部環境的資訊，以辨認與分析趨勢的過程，讓管理者決定組織對環境變化做出最佳反應，組織的適應能力是根據環境變動而學習與執行之能力的函數，偵測辨認改變的訊號，並監督這些訊號的後續發展。

生物學家路德維希‧馮‧貝塔郎非 (L. von Bertalanffy) 率先用系統一詞，與其環境的互動稱為**開放系統**。這些系統從其環境獲得投入、經過處理後，變成產出再回到環境。開放系統依靠其環境而生存，最新的環境改變會改變管理決策的結果。圖表 3.1 描述組織是一個開放系統，持續影響外部環境，並受到外部各種及持續改變力量 (元素與組成部分) 的影響。**開放系統** (open system) 需適應期環境改變才能具有效率與效能；相對地，封閉系統與其環境沒有互動。

> **環境偵測** 蒐集有關外部環境的資訊，以辨認與分析趨勢的過程。

> **開放系統** 持續影響各種不斷改變之外在力量 (元素與組成部分)，並受到這些力量影響的系統。

圖表 3.1　組織是一個開放系統

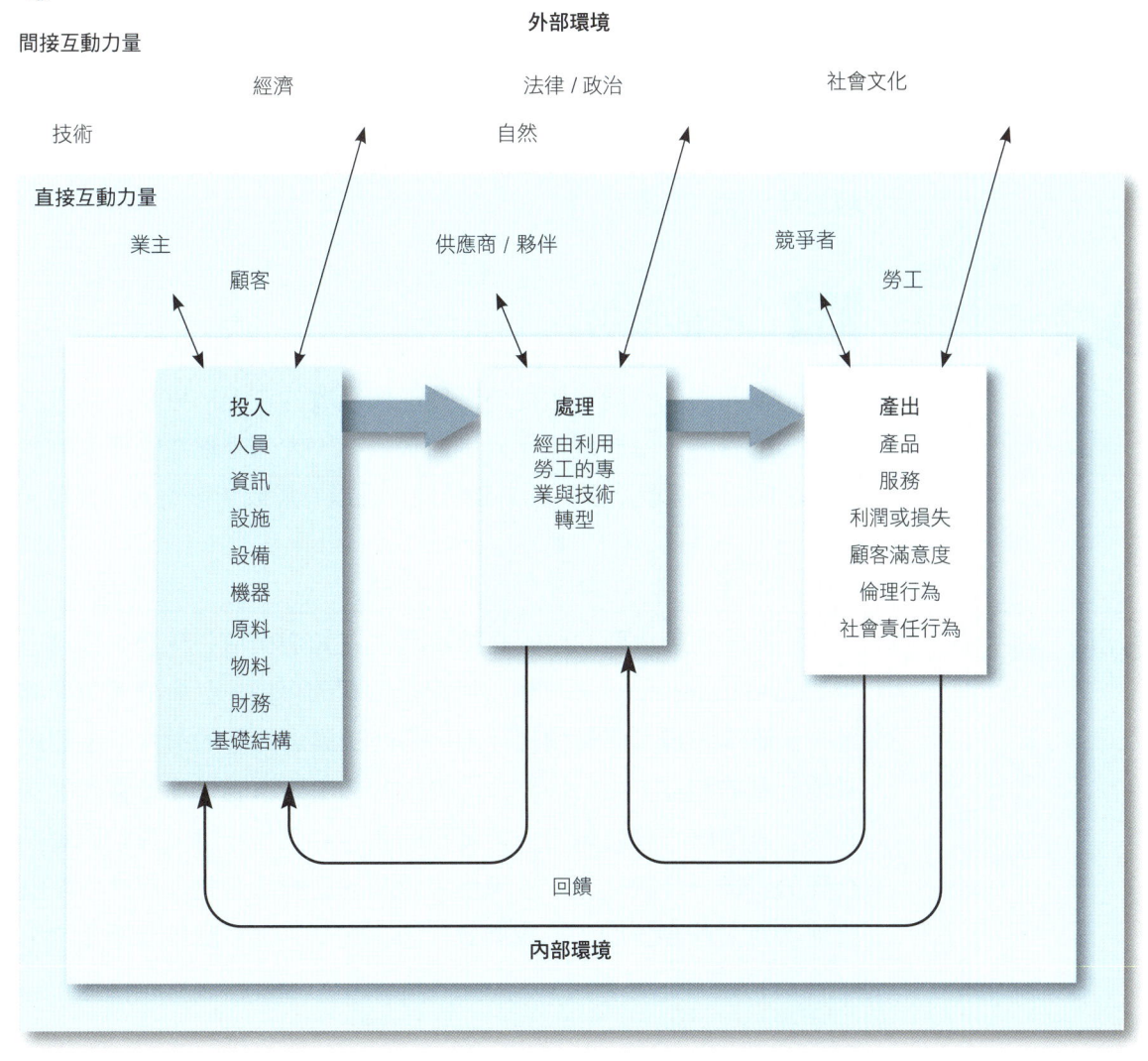

外部環境

間接互動力量：技術、經濟、法律/政治、自然、社會文化

直接互動力量：業主、顧客、供應商/夥伴、競爭者、勞工

投入
- 人員
- 資訊
- 設施
- 設備
- 機器
- 原料
- 物料
- 財務
- 基礎結構

處理
- 經由利用勞工的專業與技術轉型

產出
- 產品
- 服務
- 利潤或損失
- 顧客滿意度
- 倫理行為
- 社會責任行為

回饋

內部環境

內部環境 在組織邊界內由管理者創造、獲取與利用的各種元素所組成，包括組織的使命、願景、核心價值、核心能耐、領導、文化、氣候、結構與可用資源。

圖表 3.1 的中心是構成組織的內部環境 (internal environment)，包括第 2 章介紹的投入－處理－產出三個基本的子系統。每個組織的內部環境是由管理者創造、獲取與利用的內部資源所構成，這些資源包括人員、資訊、設施、設備、機器、原料、物料、財務及基礎結構。例如，一所大學的投入是指學系、行政單位與職員、學生及其資訊、建築物、電腦與金錢；處理是指發生在大學裡的教導與學習；產出是指大學畢業生；內部環境是指較大之外部環境的子系統，這些外部環境對組織有重大影響。

外部環境 包括組織邊界外所有與組織直接和間接互動的所有力量。

請注意，環繞組織的兩種不同顏色帶，代表任何組織的外部環境 (external environment)，包括組織外部所有的力量，可分成直接與間接互動力量。韋斯特‧丘奇曼 (W. Churchman) 最初將組織的外部環境定義為系統能控制以外的因素，但能部分決定系統如何運作。任何組織的外部力量可能對組織有重大的影響，卻非管理者能控制。區分組織與其外部環境的邊界並不全然清楚與精確。我們用雙箭頭直線連接組織內部與外部環境，代表組織會影響外部環境，外部環境也會影響組織。本章先檢視組織內部環境的各項元素，再探討組織外部環境的力量。

2 辨別組織內部環境的元素

3.3 內部環境

組織的內部環境包括從外部獲取與吸收的資源，以及由其人員所發展的資源，由於這些元素是內部所有，大部分都在管理者的控制，組織的內部環境讓其具有獨特性，且以有形或無形的方式展現。

核心能耐

核心能耐 組織知道與擅長的部分。

組織成功最重要的原因是持續專注在知道與擅長什麼，即核心能耐 (core competencies)。核心能耐是公司的專業，且會隨著時間演進。沃爾瑪知道自己最擅長什麼，每間沃爾瑪商店的選擇都是順應當地社區的利益。相反地，公司失敗的最主要原因是高階管理階層疏於「詢問核心問題，如公司真正的核心專業是什麼、長期與短期合理的目標是什麼？在競爭環境中獲利的主要來源是什麼？」高階管理者每天都要自問：「我們做什麼生意？」及「應該怎麼做？」

他們應該不斷地評估自己曾經在哪裡、目前在哪裡及想要去哪裡才符合公司的專長。

當沃爾瑪看到高檔顧客都到競爭對手目標百貨 (Target) 購物時，高階管理階層才驚覺公司必須轉型。現在沃爾瑪開始反擊，過去「天天都便宜」的口號已變成價值主張，「省錢，生活會更好」，它以較低的價格提供比競爭者更高品質的商品。在沃爾瑪店裡的商品是根據體驗來分類，例如後院的假期、在家吃飯、家庭遊戲之夜等。

組織的核心能耐與其他無形資產建構成 智慧資本 (intellectual capital)：集體經驗、智慧、知識與專業，智慧資本是「鑲嵌在公司員工的個人能力、腦力與經驗，存在公司的圖書館、文件櫃、電子資料庫及專利、版權、商標與技術。」配合無形資產，智慧資本構成公司現在的價值與未來的展望。所有公司的成員都必須有效利用智慧資本，才能創造最大的利潤與優勢。利用智慧資本的方法之一是知識管理 (knowledge management, KM)。在本章的「管理社群媒體」專欄，討論這套系統能讓組織的個人與群體將資訊系統轉換為組織的價值。

智慧資本 組織的集體經驗、智慧、知識與專業。

組織文化

所有的組織都是共享價值觀、信念、哲學、經驗、慣例與行為規範的動態系統，這些元素的結合形成組織獨特的特性，稱為 組織文化 (organizational culture)。高階管理階層提供組織文化的基本架構，管理建立與表達公司的價值觀與行為規範。尤其是在大型公司，高階管理階層可能投入非常多資源讓員工熟悉這些價值觀。麥當勞 (McDonald's) 的漢堡大學 (Hamburger University) 即是這類投資的一個案例，如同玫琳凱 (Mary Kay Cosmetics) 與雅芳公司 (Avon Corporation) 贊助最佳銷售員的慶祝儀式。這種科學方法是精實企業文化的一部分，將在本章的「品質管理」專欄中討論。

組織文化 共享價值觀、信念、哲學、經驗、慣例與行為規範的動態系統。

公司的文化也是由員工形成。他們透過將自己的價值觀與規範帶進組織，並依據其接受管理者定義之文化的程度而形成文化。西南航空的文化是透過常說許多同事花很多時間關心顧客的故事而蓬勃發展。時事通訊、機上雜誌與廣告強調該航空公司的人，並且所有的溝通工具都強調促進管理與員工獲獎的事蹟。

管理社群媒體

知識管理

杜拉克創造「知識工作者」(knowledge worker) 一詞，描述在職場上開發與運用知識和經濟的人。現今的美國，大部分的員工都是知識工作者。員工擁有大量的知識，組織想要整合這些知識。知識管理不只是透過獲取個人的經驗作資訊或資料管理，而是獲取、組織、維護、分配與建立知識，以提高生產力。構想分享、協同合作與團隊工作發展創新文化可強化競爭優勢。公司內的社群媒體與工具 (如標記、部落格、維基與社群網絡)，讓員工更容易協同合作，也讓公司更容易從許多人的腦海蒐集情報。各種工具對協同合作的影響如下列模型所示。

社交工具的設計是幫助員工創造內容，而不只是消費，它鼓勵員工透過互動傳遞知識。

- 當你去面試「夢想中的工作」時，發現公司的電腦沒有微軟 (Microsoft) Word。跟許多人溝通後得知，員工被要求利用部落格對話，利用維基或文件共享驅動器協同合作。他們的解釋是部落格、維基與共享驅動器看起來更好，且資訊對員工更有用，因為它們可以搜尋、標記、說明與連結。你可以接受這個工作並且放棄 Word 嗎？解釋你的決定。

E2.0 效果 \ E2.0 活動	標記	部落格	維基	社群網絡
投入	實施的成本	實施的成本；部落格活動的成本	實施的成本；每位使用者投入時間的成本	實施的成本；每位使用者社交成本；管理成本
產出	每個時間單位或對象定義的標記數	每個時間單位部落格貼文的數量	每個時間單位編輯的內容數	建立關係的數量/社會圖譜的範圍
成長	使用標記發現資訊	每個部落格貼文觀看的數量；每個部落格貼文評論的數量	每個時間單位觀看內容的數量；每份編輯討論的數量	使用者評論的數量；討論區評論的數量
成果	了解曾使用資訊的脈絡	了解部落格脈絡 (如 CEO 的部落格中的公司願景)	了解產品、專案與流程	感受到接近同事；了解企業脈絡
流出	新過程與產品；跨部門協同合作	同事對公司使命有較高的滿足感與認同	產品品質；流程效率	較高認同感；跨部門協同合作

資料來源：Bjoern Negelmann, "Ideas for the measurement of Enterprise 2.0 effects," Enterprise2Open, http://blog.enterprise-digital.net/2009/06/ideas-for-the-measurement-of-enterprise-20-effects/.

此外，在公司正式與社交的子系統，獨特的次文化通常很活躍。這些次文化都是自發性形成，且管理者某種程度會鼓勵。行銷部門可能有獨特的文化 (部分是由過去成功與失敗的經驗而來)，與組織的文化不同卻同時存在。這些次文化會影響公司文化。

品質管理

科學方法

文化簡單來說就是描述組織中的人員「做事的方法」(Mann)，組織學習文化的核心是系統性地發現問題與解決問題。在一家精實企業中，文化可說是日常習慣的總和，包括安全、標準化、簡單化、科學方法與自律。

科學方法應用在工作上可促進有效解決問題的過程，管理者與員工分析與解釋實證證據(從觀察或實驗得到的事實)，以確認或反駁過去的觀念。

科學方法應用在工作上的步驟
1. 說明問題。(系統性地認清問題。)
2. 建立假設。(透過仔細觀察處理問題。)
3. 檢定假設。(研究可行方案。)
4. 提出結論。(一步一步地解決問題。)

說明問題。系統性地認清問題，過去曾有人說過：「找到問題，等於問題解決一半。」問題必須明確定義，且目標必須精確說明，才能適當地指引後續的研究過程。但定義問題是做研究最困難的部分，問題定義錯誤會導致錯誤的研究目標，產生錯誤的決策，正確的問題不只是找到就好，而且要明確定義。許多人把問題的表象(如銷售量衰退)當作問題，忽略真正的問題(如品質下降)。

建立假設。透過仔細觀察處理問題，品質經理到工作現場，並觀察問題本身，與問題有關的資料必須在發展解決問題的可行方案前蒐集完成。

檢定假設。研究可行方案，執行研究確認假設能否解決問題，必須蒐集、處理、分析與解釋資料。探索性的研究通常會採用觀察法，實證研究是因果研究的最佳方法。分析完研究所得到的資料後，必須做出結論，要能辨認、關係、趨勢與模式，結論最簡單的形式為：假設為真或假設為否。

提出結論。一個接著一個地解決問題，確認或否定假設。

第 2 章曾介紹品質管理理論的主要貢獻者。其中，休哈特與戴明提倡透過科學方法進行品質控制。休哈特首先提出利用規劃－執行－研究－行動 (Plan-Do-Study-Act, PDSA) 循環來處理任何改變。戴明推廣休哈特循環 (Shewhart Cycle)，並修改為規劃－執行－檢查－行動 (Plan-Do-Check-Act, PDCA) 循環。

PDCA 循環

規劃。建立假設，辨認當前狀況，並與想要達成的狀況做比較，決定過程中所需的改變。

執行。檢定假設，進行改變或改善。

檢查。驗證結果，研究改變的效果，是相同、更好或錯誤？

行動。將方法標準化，如果對效果滿意，將改善與計畫標準化以得到更多的改善，如果對效果不滿意，進一步規劃未來行動。

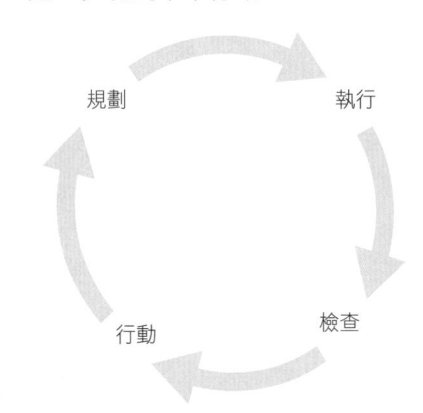

■ PDCA 循環與科學方法有何關聯？

資料來源：David Mann, "The Missing Link: Lean Leadership," Frontiers of Health Services Management, Fall 2009 (26: 1), pp. 15–26, http://www.dmannlean.com/pdfs/The%20Missing%20Link_Lean%20Leadership_DWMann.pdf.

重視多樣性和包容性

在菲多利的文化遺產

菲多利鼓勵所有員工根據自己的文化遺產成立組織，並參與活動。資源群組包括 Moasic (非洲—美洲網絡)、PAN (亞洲人網絡)、Adelante (西班牙裔)、RISE (美洲原住民網絡)、EnAble (具有不同能力的人) 及 WIN (女性發起的網絡)。菲多利發言人查理‧尼古拉 (Charles Nicolas) 說：「這反映出美國的現況，我們有許多不同的文化，許多不同的想法，他們把自己豐富的文化帶進公司。」

資源群組促進菲多利對多樣性與包容的性承諾。例如菲多利的 Black Professional Association 目的是組織慶祝馬丁‧路德‧金恩紀念日 (Martin Luther King Jr. Day) 的各種活動，包括多樣性網絡的公平與文化展示櫃。馬丁‧路德‧金恩紀念日是 1 月第三個星期一的聯邦假日，透過記住他希望所有種族與人民都平等的夢想，來紀念這位人權領袖。

文化的豐富性讓菲多利更加充實，這家公司創造出兩個最新的產品：酪梨味多力多滋 (Doritos) 及芥末味 Funyuns。

1. 員工分享有關自己文化傳統的知識與觀點有何重要性？
2. 你在工作上會分享哪些文化傳統？

資料來源：Snack Chat, "Frito-Lay Celebrates Asian Pacific American Heritage Month," May 26, 2010, http://www.snacks.com/good_fun_fritolay/2010/05/fritolay-celebrates-asian-pacific-american-heritagemonth.html; Elizabeth Souder, "Frito-Lay Builds on MLK Day," *The Dallas Morning News*, January 16, 2006, http://www.dallasnews.com/sharedcontent/dws/bus/stories/DN-mlk_16bus.ART.State.Edition2.911f300.html. http://www.fritolay.com/blog/snack-chat/2015/03/31/nine-women-whoexemplify-greatness-at-frito-lay http://www.fritolay.com/blog/snack-chat/2013/11/05/frito-lay-wraps-uphispanic-heritage-month-festivies.

各種民族的群體會將他們的文化帶進職場，進而形成獨特語言、習慣、傳統、價值觀與信念的次文化。這些次文化對公司文化有貢獻，有時會混合，有時會保有獨特性。如果管理者重視這些多樣性，他們不只是尊重次文化，更會尋找對整個組織有利的對待方式。百事公司 (PepsiCo) 的零食製造部門菲多利 (Frito-Lay) 就懂得提供能培育員工的環境。本章的「重視多樣性和包容性」專欄將帶你進入他們的慶典，並說明多樣性的群體有何利益。

組織氛圍

組織氛圍 公司文化的產物，展現員工在組織工作的感覺如何。

開卷式管理 使組織及其員工不斷學習，並要求訓練有素的人員無所畏懼地應用所學知識。

組織氛圍 (organizational climate) 是公司文化的產物，意指員工在組織工作的感覺如何。成功的組織通常有感覺開放的氛圍，培養個人的創意熱誠，並獲得員工渴望參與的好處。透過採用開卷式管理與其他方式，以及不怕失敗地授權員工。

開卷式管理 (open-book management) 使組織及其員工不斷學習，並要求訓練有素的人員無所畏懼地應用所學知識。透過資訊分享技

術與訓練課程，員工學習用以衡量公司流程並確保成功之重要數據的計算方法與意義。開卷式組織培養不斷學習，並幫助團隊內部與外部人員發展承諾，體認自己是朝著共同目標前進的工作夥伴。計分板 (scoreboarding) 的技術，讓員工在作業進程中持續注意這些數據的變化。通常透過會議、在特定地方張貼這些數據，以及經由個人與群體的電腦或其他工具網絡，持續告知員工這些數據。

計分板 讓員工在作業進程中持續注意用以衡量公司流程數據變化的技術。

賦權 (empowerment) 是分享資訊與決策權，讓員工有執行任務並自由地試驗的所有權，就算失敗，也不用擔心受到報復。賦權需要管理者發展具有互信與尊重的關係、提供所需的訓練與資源、傾聽員工並根據收到的建議採取行動。被賦權的個人與團隊讓組織有更大的彈性，決策權在可能的最低階層，能快速回應使用者與顧客的需要，但只有在個人與團隊展現不同觀點、尊重他人及重視他人的貢獻時，才能充分發揮自治權。

賦權 分享資訊與決策權。

Springfield ReManufacturing Corporation 總裁暨執行長傑克‧史塔克 (Jack Stack) 將員工轉變為內部創業家 (intrapreneur) 時，該公司實施開卷式管理，即員工的想法與行為就像業主 [創業家 (entrepreneur)]，因此改變了組織運作的方式。史塔克與博‧伯林漢姆 (Bo Burlingham) 合著 *A Stake in the Outcome* 一書，幫助管理者學習如何將開卷式管理應用在他們的組織。

內部創業家 員工的想法與作法就像業主。

創業家 創立企業並承擔事業風險的人。

吉福德‧平索三世 (Gifford Pinchot III) 在其著作《內部創業或你為何不離開公司去創業》(*Intrapreneuring, or Why You Don't Have to Leave the Corporation to Become an Entrepreneur*) 中，創造內部創業家一詞。內部創業家是公司內具有創業精神的人，將新構想從概念變成具獲利性的作法，期望能透過創新流程、新產品及新事業範圍而增加利潤。創新的公司給內部創業家時間與資源探求新構想，管理者必須了解下列的「內部創業的權利法案」。

內部創業的權利法案

1. 10% 法則：員工要用 10% 的時間去探求其認為對組織有用的新構想。
2. 組成內部企業的權利：如果從顧客或內部資本得到的收益超過員工的薪資，員工就有組成內部企業的權利。
3. 內部企業的權利：組成有獲利性事業的創業團隊擁有準所有權，

能持續運作，內部企業不能沒有原因與正當程序而轉手給他人。
4. **參與內部企業的權利**：只要內部企業同意、有能力且願意支付薪資，每位員工都有權利參與內部企業。
5. **拒絕團隊成員的權利**：每個內部企業都有不接受適合的成員加入，以及根據團隊規章要求成員離開的權利。沒有任何外部力量可以強迫團隊保留被要求離開的成員，較大的組織會提供離開內部創業團隊成員的安全網。
6. **儲蓄的權利**：內部創業團隊或個人都有權利將存款存在內部資本銀行，除了透過法定程序或正常公司稅賦外，任何人都不能動用。
7. **擁有的權利**：當內部企業運用其內部資本購買的工具或其他企業資產時，就擁有使用與處置這些資產在工作上的準所有權。
8. **花費的權利**：在符合內部企業或公司目標的前提下，內部創業家或內部企業有權花費其內部資本。他們不能在與企業無關的個人支出上使用它，除非是由人資核准的專案，而用個人津貼的方式先支付給他們。
9. **領導的權利**：內部創業團隊的領導者只要獲得團隊的支持，沒有人可以免除其職位。
10. **言論自由**：內部創業家對所有關於組織管理的議題都有自由發言的權利。

領導

如同第 1 章所述，**領導**的意義是影響他人設定與達成目標，每位領導者必須鼓勵並使下屬能做到最好。然而，領導的運作受到個人內在與外在的因素影響，每個人都有一組信念、態度與價值觀（透過經驗所獲得），形成他或她的人格、良心與哲學。組織的文化與氛圍也會影響組織內的領導地位，領導也包括透過言行樹立典範。

領導者必須「言行一致」。根據企管顧問彼得‧斯科特－摩根 (Peter Scott-Morgan) 的說法，領導者的偽善對變革與改良的努力最具破壞力，「他們強調團隊合作，然後獎勵工作上傑出的人；他們鼓勵承擔風險，並處罰沒有誠信的人。」領導者透過領導 (不一定是傳統的風格) 培養學習，領導者創造共同願景，並提供永續學習的催化劑。第 14 章將更詳細討論領導。

組織結構

一家公司的正式結構——公司內部環境的組成部分,決定公司的活動如何運作,在三個管理階層(高階、中階與第一線),可能必須發展團隊以執行基本任務,如設計、生產、行銷、財務及人力資源管理。這種正式結構也決定從管理者到基層員工如何指揮與溝通,公司執行的任務、管理者想要如何執行任務和外在因素會影響結構的差異。外在因素包括顧客需要、競爭者的策略與政府規範。

現在的趨勢較少是金字塔型結構,而是充分被授權的個人、團隊及自治的事業單位,這種結構更具彈性,且能快速回應顧客。目前許多公司依靠鬆散、暫時性的自由職業專業人員與顧問組成的團隊發展特定專案,當這些團隊人員完成任務後,會在進行下一項任務。另外,像世界級營造公司貝泰(Bechtel)就是由許多內部專家組成團隊來管理專案。當某個專案完成,這些團隊成員就會被指派到新的專案團隊。因此,貝泰的矩陣式管理組織結構不斷地改變。

無疆界組織(boundaryless organization)不是由預先規劃好的水平、垂直或外部疆界的結構所定義或限制。它們具有許多扁平組織的特性,非常強調團隊。跨功能團隊跨越水平的障礙,使組織能快速反應環境的變化創新。無疆界組織能與顧客、供應商及/或競爭者建立關係(合資、智慧財產、配銷通路或財務資源)。遠距辦公、策略聯盟與顧客組織連結排除外部障礙,讓工作更加簡化。奇異前執行長傑克‧威爾許(Jack Welch),為促進與顧客及供應商的互動,率先採用這種非結構的組織。

無疆界組織 不是由預先規劃好的水平、垂直或外部疆界結構所定義或限制的組織。

無疆界的環境需要學習型組織促進團隊協同合作並分享資訊。當組織發展在競爭愈加激烈的環境中適應與生存時,全部的成員應扮演積極的角色,辨認與解決工作相關的問題,必須培養學習的文化。由於需要獲取及分享資訊,並將資訊應用在決策,必須授權員工,整合大家的智慧,刺激創意思考,以改善績效。管理者透過分享與對準組織未來的願景,以及維持共同和強勢文化的認知來促進學習。組織結構持續改變中,第 8 章與第 9 章將探討組織相關議題。

資源

任何組織最主要的資源是人,第 10 章專門探討人力資源管理。

除了人之外，組織需要許多其他資源才能達成使命及完成特定目標，這些資源是系統(處理、轉換或使用的元素)的投入，並影響外部環境，包括資訊、設施、機器與設備、原料和物料、財務及基礎建設。

資訊 資訊是指提供組織營運所需養分的事實與知識。如果沒有正確、及時且最新的資訊，無論員工或管理者都無法有效能與有效率地制定決策，也無法做任何的計畫。各個管理階層來自內部與外部的資訊必須整合與執行任務。讓別人了解問題與進展是每位員工的責任，第 16 章將深入探討資訊管理。

設施與基礎建設 設施是為了達成公司目標所需的實體結構(工作與辦公空間及擺設)，組織設施的區位、外形與條件對員工的生產力有重大影響，Gensler Workplace Survey 發現，工作場所對美國勞工是重要的因素，大約九成的勞工表示工作場所會影響他們的生產力。許多員工認為，工作場所設計良好會讓他們更有生產力，無論工作需要專注、協同合作、學習或社交。

基礎建設是區域或社區周遭的交通、電信、污水、自來水、電及天然瓦斯等基礎結構，包括水壩、發電廠、鐵路、港口與機場，基礎建設的專案(如機場、道路、橋梁及管線等)吸引企業擴大或搬移到某的地區，為社區帶來新的工作機會。「20 世紀北德州經濟蓬勃發展的最大驅動力量是大型專案……。達拉斯／沃斯堡國際機場 (Dallas/Fort Worth International) 機場，如今這個大型機場已將許多重要公司帶來北德州，並帶動整個區域的發展。」因此，基礎建設資源不僅能支援單一公司，也能帶動整個社區的發展。這些資源通常是由政府資金或政府以某種形式支援而興建，其規模與品質是大多數企業的基礎，特別是製造業。從高速公路與機場到污水處理系統與電網，現代的企業依靠這些基礎建設才能運作。

機器與設備 電腦指導的科技及所有其他用以處理投入的硬體、辦公室、工廠及其他場所用的工具，都是組織的機器與設備。例如，家具、固定裝置、電話、電腦、印表機與機器人等。機器與設備的品質是由其可維護性、效率、可靠度及運作速度所構成，它與其他設備的相容性會影響員工的工作效能與效率。通用、可靠與容易使用的設備有助於消除工作人員的壓力。此外，高品質的設備鼓勵人

們把事情做到最好，不會因機器損壞而中斷工作。

原料和物料　生產產品與服務所需的服務、原始材料及組件 (零件和組件) 構成公司的原料和物料。奇異公司的家電用品部門使用數量相當驚人的品項：纜線、板金、螺母與螺栓、馬達、冷卻劑、溶劑、塑膠與玻璃等，這個部門需要這些品項以維持生產機器的清潔與運作。在服務業的辦公場所，例如安泰保險 (Aetna Insurance) 的母公司，原料和物料清單需要大量的信紙與紙張、墨水匣、釘書機、迴紋針、檔案夾及清潔用品。

原料和物料可以向其他公司購買或自製。通用汽車 (GM) 向 PPG 工業集團 (Pittsburgh Plate Glass) 購買擋風玻璃與車窗玻璃、向固特異 (Goodyear) 購買輪胎。但是通用汽車的雪佛蘭、別克、凱迪拉克與龐帝克部門在自家工廠生產大部分的引擎和變速箱。原料和物料的品質對公司生產的產品與服務的品質有極大的影響，和前面談過的其他資源同樣重要。

財務　財務是指可用的現金，可以直接從銷售組織的產品與服務產生，可以從銀行的帳戶領取，或向金融機構 (通常是商業銀行) 貸款。交易信用 (trade credit) 是短期資金最重要的來源，供應商透過同意組織購買原料和物料數週後再付款，提供組織交易信用。

美國公司財務的重要來源是在公開市場銷售股票與債券，投資證券商與證券交易所則會協助銷售。出售資產可能是另一個現金的重要來源。過去幾年，泛美航空 (Pan Am) 面臨償還銀行貸款的巨大壓力，管理者即出售有價值的資產來應付資金的壓力，包括在紐約的總部大樓及過去開發的全球航線。

現金是所有組織營運活動的基礎，從購買資源到支付員工薪資及發放股東股利。現金是組織的活血，流入所有的營運活動，也從各項營運活動回流。公司的財務狀況影響到各個階層的能力。

3.4　外部環境

外在力量與組織及其子系統間相互影響，同時為組織帶來機會與挑戰。這些影響範圍從立即、持續及每天，到很少、中度且長時間。

當組織的內部與外部環境改變時，組織必須適應與演變。沃爾瑪首創「天天都便宜」的概念，因為市場轉向它的焦點——擴張沃爾瑪品牌。它進入網路市場是回應外在經濟與市場條件的改變，並改變其網站，讓顧客更容易購物。

直接互動力量

> **3** 說明組織外部環境直接互動的力量
>
> **直接互動力量** 組織的業主、顧客、供應商與夥伴、競爭者與外部勞工。

管理者最關心的是**直接互動力量** (directly interactive force)，如圖表 3.1 最靠近組織的方框。這些群體的成員規律地與組織成員及子系統接觸，通常是每天，主要的直接互動力量是組織的業主、顧客、供應商與夥伴、競爭者與外部勞工。

業主 業主可能積極參與管理 (通常是獨資或其他形式的合夥)；也可能不扮演積極的角色，他們是公司的股東，不在公司做事，只擁有股票。然而，這兩種業主都期望能從投資中獲得報酬，期待所有員工能維護並增進他們的利益。經營企業必須有來自業主的正式權力。在公司組織，董事會負責保護業主的投資，並確保管理者為他們賺到適當的報酬。

顧客 購買或使用組織的產出之個人或群體就是顧客。顧客包括內部與外部，內部顧客是接受其他員工或單位的員工或單位，內部顧客將他人的產出做進一步處理、在其工作團隊中使用或運送到外部。等待檢驗報告的外科醫師就是醫院檢驗中心的顧客、西南航空的旅客服務人員在機場檢查電腦螢幕就是訂位部門的顧客。外部顧客可能是製造商、批發商、零售商、供應商或公司或個別消費者。在高度競爭的環境中，滿足內部與外部顧客是企業生存的要件。

供應商與夥伴 供應商提供企業所需的各種資源，這些資源從專門知識與物料到現金與臨時工，供應商可能是某個公司的獨立部門或獨立組織，也可能是許多公司合資的企業或暫時的夥伴關係。網路百科全書維基 (Wikipedia)，就是由數以千計的志願者維護。免費「開放原始碼」作業系統軟體 Linux，也是由全世界數以千計的使用者透過網際網路開發的。「中國頂尖摩托車製造商——隆鑫通用，設定產品廣泛的規格，讓供應商共同合作設計零件，確保各種零件能相符，並降低成本。」

在 1980 年代，有關供應商運作的方面有許多持續發展的趨勢。首先，許多公司擴大採用外包 (outsourcing)，選擇小型且有效率的企業，用比自己公司更低的成本生產更高品質的資源。其次，為了有效提高工作關係，許多公司與外部供應商建立緊密的聯盟關係。例如，可口可樂 (Coca-Cola) 與百事可樂分別和許多學校簽訂獨家的飲料契約，將在本章的「道德管理」專欄中討論。

為了加快決策速度，許多供應商在產品開發的早期階段就參與專案，通常是在設計階段，Fridge Pack 就是一個很好的例子。

> 構想來自美國鋁業 (Alcoa) 對人們在家如何冰罐裝飲料的研究，並在 Riverwood 的包裝設計師與工程師聯合召開的腦力激盪會議進一步發展。這個團隊隨後向飲料製造商發表實物模型。可口可樂後來也跟進，將包裝紙盒更名為 Fridge Pack，並且推廣上市，使罐裝汽水的銷售量提高 10%。消費者熟悉 Fridge Pack 後，帶動許多新的用途，可口可樂調整包裝紙盒的設計，應用在達沙尼 (Dasani) 瓶裝水，米勒釀酒 (Miller Brewing) 也將這個概念用在啤酒上。

道德管理

校園的可樂大戰

可口可樂與百事公司將爭奪市場占有率的戰線延伸到大學與學院。如果它們成為學校唯一的飲料供應商，就會提供學校一些金錢。兩大可樂巨人的投標競賽是簽訂獨家契約，學校可以獲得的報酬從高達 65% 的佣金到校際運動會的贊助。儘管有些贊助是必需的，但是某些學校主管認為公開向廠商要錢將對學校造成傷害。

這種契約對許多學校具有吸引力，特別是因為州政府縮減預算受波及且正在尋找其他替代資金的學校。這兩家可樂公司很喜歡這種契約，因為它們可以俘虜市場，並有助於讓數千名學生養成喝軟性飲料的習慣。

某位負責開發的大學副校長指出，如果州政府沒有縮減預算，學校不會考慮這種交易，他表示學校正在考慮和其中一家可樂公司簽約，取代州政府刪減的資金。某位大學教授則表示，這些大學剝奪學生選擇軟性飲料的自由，確實做了很不好的示範，而且這種獨家契約會讓州的立法者更有理由刪減大學的資金。

判斷獨家契約的一項標準是，簽約公司限制其競爭者用其他方法進入市場的能力，而簽約公司的防禦則是宣稱競爭者並不會因為公司的獨家契約而被阻止進入市場。

1. 你對這種獨家契約有什麼看法？
2. 獨家契約是否會傷害消費者選擇的自由權利？原因為何？

資料來源：USDA Food & Nutrition Service Resources, "What does it mean to influence vending contracts?" http://www.fns.usda.gov/tn/Resources/g_app2.pdf; Cornell University Law School Legal Information Institute, "Antitrust: An Overview," http://www.law.cornell.edu/topics/antitrust.html.

許多公司與供應商合併，或直接買下供應商，以確保產品與服務之品質的可靠度。例如，**歐迪辦公** (Office Depot) 買下**史泰博** (Staples)，以強化其辦公用品的能力。此項合併讓新公司得以服務個人、小企業與大企業。

第三，企業會尋求與少數且可靠的供應商建立「深刻的」聯盟關係。第四，企業更願意向全世界各地的供應商購買所需的物料，以滿足對高品質與低成本的需要。

競爭者　組織的競爭者是在市場中提供類似產品與服務的企業，企業會在價格、品質、選擇、便利性、產品特色與績效和顧客服務方面競爭。顧客服務則包括運送、融資與保證等。競爭不只是豐田與福特、NBC 與 CBS 或捷藍航空 (JetBlue) 與西南航空之間的競賽，競爭在自由市場的各種層次都存在。鋁和鋼在製造原料相互競爭；火車與卡車；網路電話與有線電話；以及長途電話公司與行動電話服務都是如此。

對大多數公司而言，管理者如何處理競爭將會決定公司的成功或失敗。在 1990 年代早期，IBM 力圖恢復在產業中的領導地位。許多專家認為，該公司的退步起因於管理者疏於處理競爭，專家認為 IBM 墨守在大型電腦的時間太久，不像其他公司積極經營個人電腦市場。但是 IBM 真正再度崛起，是因為把重心從硬體轉為服務，現在 IBM 銷售服務與軟體。

勞工　勞工是指「全球社會」的人們 (也稱為**勞動力**)，組織可以從中招募到合格的應徵者，此一定義的關鍵是合格的。

工藝與貿易的工作 (傳統是提供工會成員工作)，逐漸被需要熟悉數學、口語表達與電腦科技的工作取代。前美國勞動部秘書趙小蘭 (Elaine L. Chao) 表示：「我們的經濟已轉型成高技能、以資訊為基礎的產業，使許多勞工現有的技能與產業所需發生落差。」

美國的勞工不斷地改變，目前的狀況變得更具文化差異與多樣性。文化多樣性的概念應用在勞工社群，其特徵是勞工具有不同的種族與國家背景、語言、宗教信仰、生活方式與年齡。社會變動模式與廣泛的移民是改變的主要議題。美國勞動部 2018 年的統計資料顯示，勞工有老化及種族與民族多樣性的趨勢。

間接互動力量

組織的**間接互動力量** (indirectly interactive force) 較為遙遠，且通常不是管理者能控制或影響的。但是這些因素或多或少會影響各項管理功能的運作。主要的間接互動力量來自國內與國外經濟、法律/政治、社會文化、科技與自然力量。

經濟力量 稅賦、工資、物價、利率、個人支出與儲蓄、企業支出與利潤、通貨膨脹與景氣狀況 (衰退、復甦、繁榮與蕭條) 等，稱為**經濟力量** (economic force)。這些經濟力量會影響管理者的決策，以及所需資源的成本與可獲性。大型化學公司美國聯合碳化物 [Union Carbide，目前是陶氏化學 (Dow Chemical Corporation) 的子公司] 在 1991 年到 1993 年的衰退期，主要業務幾乎沒有獲利。兩項主要產品──乙二醇和聚乙烯的需求很平穩，到了 1994 年，這些產品的需求快速增加。該公司先將產品價格調漲 25%，後來又調漲 50%。這種現象讓該公司 (化學品的低成本製造商) 站穩高獲利的地位。

法律/政治力量 立法機關制定法令的基本架構；法院判決確定先例；規範與規則由聯邦、州及地方的監管機構制定；及各國公司與政府部門簽訂的契約，構成**法律/政治力量** (legal/political force)。美國管理預算局 (U.S. Office Management, OMB) 向國會公布 2015 年報告，內容是有關聯邦法規的成本和收益，以及州、地方和部落實體的無資金授權。

> 由美國管理預算局監督之聯邦法規的每年淨利益，從 2009 年 1 月 21 日到 2014 年 9 月 30 日，該機構預估其利益大約是 2,150 億美元。

每個國家有關企業經營的各級政府法規會影響所有公司的活動。某些法規 (如反污染法) 目的是保護整體社會；某些法規用各種方法保護消費者；另有些法規保留與限制市場的競爭。本章的「全球應用」專欄主要探討英國在歐盟委員會中一直採用傳統度量衡方法的影響。

社會文化力量 來自組織外部各種群體的影響與貢獻構成**社會文化力量** (sociocultural force)。前面已經提過多樣化員工及其次文化之價

全球應用

英國與事物的度量

大多數國家採用公制，但英國卻花了 800 年 (請參見英國採用公制的時程，http://www.metric.org.uk/metrication-timeline)。這套公制是法國在 17 世紀發展，以小數為基礎的衡量單位系統。如同貨幣系統，任何數量 (例如長度) 的單位都以十進位表示，計算方法很簡單，只要將小數點往左或往右移動 (美國是唯一官方沒有採用公制的工業化國家)。

從 13 世紀開始，英國就採用磅、加侖、英尺與英寸作為度量衡單位。1965 年，英國加入歐洲共同市場 (European Common Market)，開始把貿易與商務使用的單位轉換為公制。1995 年 10 月 1 日，英國被迫採用公制作為度量衡單位，作為簽訂《歐洲貿易協定》(European Trade Agreement) 的條件。然而，英國的「公制烈士」(Metric Martyrs) 拒絕接受歷屆政府廢除可追溯至中世紀之措施的企圖 (Brogan and Sims)。「Sunderland 食品雜貨商史帝夫‧桑本 (Steve Thoburn) 蔑視放棄英制的命令，從而激發『烈士』運動。2001 年，他因擁有僅用於英制測量的秤而被定罪」(BBC)。公制烈士尼爾‧赫倫 (Neil Herron) 解釋：「這是關於我們彼此聯繫的語言和日常用語，即使是在過去 30 年中接受過公制教育的孩子，看足球比賽時也會說罰 12 碼球或前鋒的身高是 6 英尺高。」

英國零售商以品脫為單位銷售啤酒、蘋果酒和牛奶。土地以英里為測量單位，而以英畝為銷售單位。所有的路標的單位都是英里。最後，在 2007 年，歐盟委員會放棄戰鬥，允許英國「直到王國來臨」都使用其傳統的度量衡單位 (Brogan and Sims)。

- 在 1980 年代，英國將其貨幣轉換為十進位 (公制的核心)，放棄使用將近 700 年的英鎊、先令和便士。那麼，為何英國不完全採用公制呢？

資料來源：Benedict Brogan and Paul Sims, "Victory for Britain's Metric Martyrs as Eurocrats give up the fight," *Mail Online* (September 11, 2007), http://www.dailymail.co.uk/news/article-481129/Victory-Britains-metricmartyrs-Eurocrats-fight.html
BBC News, "EU gives up on 'metric Britain'," (September 11, 2007) http://news.bbc.co.uk/2/hi/uk_news/6988521.stm
Jon Kelley, BBC News Magazine, "Will British people ever think in metric?" (December 21, 2011), http://www.bbc.com/news/magazine-16245391.

值。人們工作時不會把「我是誰」留在家裡，他們會帶著自己的種族、文化、信仰與態度；同樣地，組織外部社群的各種群體會影響與回應組織的計畫與活動。

當華特迪士尼公司 (Walt Disney Company) 在靠近維吉尼亞州 Manassas National Battlefield 買了 3,000 英畝的土地，預定投資 6 億 5,000 萬美元開發 Civil War 主題樂園及相關生意，但是計畫受到地方與國家的阻力。「批評的人 (包括歷史學家) 認為公園與附近的開發會污染這個區域，且會破壞幾英里之外的歷史古蹟。」該公司選擇不與民眾的憤怒對抗，最終放棄這個計畫。

科技力量 過程、原料、知識及其他由全世界的政府、私人企業與個人研究發展活動發現的結果，形成科技力量 (technological force)，研發創造科技，帶動電信、影音衛星數位化、光纖網路、奈米科技、機器人與虛擬實境等大幅進步，科技的突破影響企業的營運效率、競爭及產品與服務的品質。

例如，網際網路不斷帶來許多做生意的新方法，電子商務(透過網際網路購買世界各地的產品與服務)已經改變了採購與銷售行為。它讓價格降低且導致許多公司退出市場，但是也讓許多新公司家喻戶曉，如 Google、亞馬遜 (Amazon) 與 eBay。銷售與購買書籍、音樂及旅遊的規則已被重寫。現在，企業能否成功，比過去更加依靠有效且快速地吸收最新科技並調整其營運與產出。

自然力量 氣候、天氣、地理與地質等因素影響企業營運與選擇營運地點，稱為自然力量 (natural force)，區域的氣候決定企業對暖氣與空調能源的需要，龍捲風和其他天然災害會破壞企業的生產與原料供應。

當卡崔娜颶風重創路易斯安那州與密西西比州時，破壞墨西哥灣的石油鑽探機和煉油廠，使美國的能源減產，導致能源價格上漲。較高的能源價格代表企業能用在聘用員工的金額較少，且消費者能夠自由支配的所得也較少。況且這個颶風破壞密西西比河，因為它是重要的運輸動脈，許多公司必須尋找運輸的替代方案，鐵路與公路的價格比水運還高；消費者面對更高的價格與熱門產品短缺，如 Folgers 咖啡與金吉達 (Chiquita) 香蕉。

> **科技力量** 過程、原料、知識及其他由全世界的政府、私人企業與個人研究發展活動發現的結果。

> **自然力量** 氣候、天氣、地理與地質等影響企業營運與選擇營運地點的因素。

環境與管理

環境的力量為每個組織帶來挑戰、風險、機會與改變。管理者必須對內部與外部環境保持警戒，察覺改變或轉換，快速反應與調整。他們必須預測與規劃預期的改變與想要發起的改變。管理者必須培養對可能影響他們或沒有警示的改變有明智且可控制的反應行為，並擬定具有創意的方法來管理與利用他們可以預期且某種程度可以控制的改變。

5 討論跨越邊界對管理者的意義

3.5 察覺與適應環境

保持與環境的接觸，需要管理者監督他們所能影響的特定領域以外的發展趨勢與事件。這些領域可能是公司內部其他部門、競爭者、經濟與所有其他會影響其系統或子系統的力量。這外部領域與因素的監督稱為**跨越疆界** (boundary spanning)。實際的作法需要有關正在發生與可能發生什麼的資訊，跨界人員尋找會影響計畫、預測、決策與組織的發展因素。資訊的來源包括顧客與供應商的回饋、競爭者的行動、政府統計資料、專業與商業刊物、產業與貿易協會及大學與組織內外部的專業團體。透過跨越疆界，管理者不斷更新、建立網絡，以促進資訊蒐集與傳播；並建立個人關係，以提高對他人與事件的影響力與權力。

跨越疆界　監督會影響計畫、預測、決策與組織的外部領域與因素，有時稱為環境偵測。

有時環境帶來的挑戰是所有人都清楚的，獲取競爭優勢的關鍵是企業如何面對挑戰，高度競爭的電子產業即是很好的例子。在 20 世紀，三星 (Samsung) 以複雜的產品設計聞名，特別是電視、行動電話與其他個人電子產品，當三星的管理者開始偵測環境，並利用這些資訊來了解消費者想要什麼，因而做出重大改變。現在，三星可以回答下列問題：「我們的顧客是誰？」與「他們想要什麼？」

©Shutterstock

6 解釋管理者如何才能影響外部環境

3.6 影響環境

雖然管理者必須察覺與適應環境，但他們和所屬的組織也可以用許多方法影響環境。在民主社會中，公民 (單獨或群體) 有權利試圖影響決定企業遊戲規則的法律與規定。遊說允許人們向立法者表達觀點，並推動他們認為有利的改變。無論是寫信給政府官員或透過付費給專門向政府遊說的組織，管理者與個別公民的群體持續在建構我們社會中扮演重要的角色。

管理者與組織利用媒體的力量影響公共意見與公共政策，他們的觀點與議題透過廣告、公共關係的公告、新聞報導與深度訪談持續報導，工商業群體協助企業進行研究、建立聯盟並增加資金，以推動他們的議題或促進改變。

3.7 履行對利害關係人的責任

7 描述組織對利害關係團體的義務

利害關係人 (stakeholders) 是直接或間接受到企業與管理者行為影響的群體，包括業主、員工、顧客、供應商與社會——當地社區的人們、我們的經濟體系與全世界。這些不同群體的成員會蒙受損失或獲利，取決於企業如何運作。第 10 章將深入討論管理者與企業對這些利害關係人的責任。

> **利害關係人** 直接或間接受到企業與管理者行為影響的群體，包括所有人、員工、顧客、供應商與當地社區。

業主 對業主而言，企業應有公平的投資回報，管理者有義務盡最大的努力，有效能且有效率地使用資源，也必須提供一份關注他們所管理業主之資產與利益、具誠信的會計報告。大多數州政府透過法令要求公司向股東提供每季與每年的財務會計報告。

在許多獨資企業與小型合夥公司，業主就是管理者；但是在大型公司，業主依賴董事會的成員。董事會的主要任務是確保管理者在制定公司決策時會考慮業主的利益。

員工 身為企業最重要的資產，員工需要安全且有心理回報的環境。這種環境是能支持誠實與公開溝通，並且能真正關懷員工的價值觀、目標與福利。員工需要能協助他們成長，並成為對自己與組織更有價值的環境。

員工想知道工作的風險、價值、規則與報酬。他們有權利獲得有倫理的對待，與管理階層的關係是公平且公正的。他們的合法權利必須受到保證與尊重。注重員工需要的企業才能吸引與留住員工，對未來的成功有極大的助益。對顧客而言，員工代表公司，在建立企業在顧客心中的聲望，其重要性與產品或服務相同。

顧客 顧客依賴企業，把企業當作工作場所及所需之產品與服務的來源。透過法律的保障，他們有權力擁有安全的工作環境、產品與服務。從倫理而言，他們有權力得到公平、誠信與公正的對待。

供應商 供應商提供企業營運所需之服務、原料與部件。品質來自於對其重要性，以及將他們的概念融入產品和服務設計的理解。現今大部分的供應商會參與產品與服務的設計，並且對最終產出的績效有很高的決定性。供應商需要他們所服務的組織與管理者誠信和

開放的溝通，應該得到所提供之產品與服務的款項，及誠實的契約條款。可靠的供應來源難尋，當找到之後必須努力維持。

社會 企業對社會的義務是就業機會，並拓展到營業所在地的社區。印第安納州蒙夕 (Muncie) 有一家麵包店，可以外送到其鄰近的社區，當社區的父母呼籲麵包店支持小聯盟棒球隊時，就是期望麵包店的業主提供某些協助。

每家企業都應定義它必須服務之社會的範圍。它可以透過各種方法來服務社會，從提供公平的就業機會、贊助資金與設備到污染防治等。聯合勸募 (United Way) 慈善計畫就是從當地企業聘用自願者，他們的薪資由原來的雇主贊助。許多企業採用各種方法認養學校，企業透過各種付出與收穫的方式服務其社區。企業必須同時採取回應式與預應式的作法付出努力與承諾。它們必須察覺社區的需要，並規劃與執行所能提供的最佳協助方式。

習題

1. 你的學校或工作場所如何展現是一個開放系統？
2. 組織內部環境的元素有哪些？
3. 無疆界組織的意義？
4. 學習型組織如何授權員工？
5. 組織外部環境哪些力量是任務或直接互動的？原因為何？
6. 組織外部環境哪些力量是一般或間接互動的？原因為何？
7. 管理者如何與外部環境保持接觸？
8. 管理者及其組織如何影響外部環境？
9. 組織的利害關係團體包含哪些群體？組織對各種群體有哪些義務？
10. 請討論顧客對品質滿意度的重要性。

批判性思考

1. 沃爾瑪如何展現與競爭者的差異性？
2. 思考組織內部環境的元素，你認為哪一項對組織的成長最重要？
3. 根據對企業的重要性，你給任務環境的排序為何？
4. 針對非營利組織，問題3的排序為何？差異的原因為何？
5. 現在網際網路為無疆界的商業交易開啟機會，對組織競爭的方式有何影響？

Chapter 4
規劃與策略

©Shutterstock

學習目標

研讀完本章後,你應該能:
1. 解釋規劃的重要性。
2. 區分策略、戰術、作業和權變計畫。
3. 條列並解釋基本規劃過程之步驟。
4. 討論以確保計畫有效的各種方法。
5. 區分策略計畫、策略管理、策略制定與策略執行。
6. 解釋策略計畫過程之步驟。
7. 解釋公司層級策略、事業層級策略及功能層級策略之制定。

管理的實務

策略思考

你生命中最想達成的成就是什麼?想要取得成功,你需要積極主動、設定目標、期望改變,並且分析每一次的機會。換句話說,你需要進行策略計畫和思考,因為這將有助於掌握你的任何行動對其他人所帶來的潛在影響,最終將有助於你做出更好的決定。

策略思考涉及環境變數的蒐集,並根據這些變數做出會影響未來的重大長期決策。在這個過程中,我們需要檢視組織宗旨、核心功能與現階段的業務表現、組織所處的產業,以及外部環境等。身為組織管理者,具有策略性思維是非常重要的步驟。針對下列每一個敘述,根據你同意的程度圈選數字,評估你同意的程度,而不是你認為應該如此。客觀的回答能讓你知道自己管理技能的優缺點。

	總是	通常	有時	很少	從不
我為自己設定明確的目標。	5	4	3	2	1
我知道自己的價值。	5	4	3	2	1
我尋求別人的建議。	5	4	3	2	1
我將問題視為機遇。	5	4	3	2	1
我會預估自己的行為將如何影響他人。	5	4	3	2	1
我會評估不同行動方案所具備的優缺點。	5	4	3	2	1

	總是	通常	有時	很少	從不
我可以「整體性」地看待問題。	5	4	3	2	1
我總是專注於自己的長期目標。	5	4	3	2	1
我的目標是可以實現的。	5	4	3	2	1
我會定期評估自己所做事務的結果。	5	4	3	2	1

加總你所圈選的數字，最高分是 50 分，最低分是 10 分。分數越高代表你更有可能對自己具備進行策略思考的能力感到自信，分數越低則相反，但是分數低可以透過閱讀與研究本章內容，而提高你對策略的理解。

- 你對自己在規劃時的目標設定能力充滿自信嗎？你能從廣泛的角度分析機會和問題嗎？你了解一個行動方案的執行會造成什麼潛在的影響嗎？如果沒有，哪些部分是你最想要改進的？

資料來源：Assessment adapted from Harvard Manage Mentor, "Strategic Thinking Self-Assessment." http://www.harvardbusiness.org/harvard-managementor.

4.1 緒論

本章從自我評估展開對規劃功能的深入探討。在說明規劃及規劃相關術語的定義後，我們將探討管理者擬定計畫的類型、計畫的擬定過程、確保計畫有效的常用技術，以及成功計畫的障礙。我們的探討是透過分析組織及其各子系統之長期規劃，所涉及的過程和技術來進行的。透過策略計畫、組織，以及各獨立單位或部門之管理者，將可確定並評估如何有效地在市場中競爭。

1 解釋規劃的重要性

4.2 規劃之定義

規劃　今日為明日做準備。

規劃 (planning) 是今日為明日做準備，它為組織及各子系統提供統一的方向和目的。在計畫時，管理者有五個重要的關鍵職責：

1. 建構、審查和／或重擬組織使命。
2. 確定並分析組織的機會。
3. 建立所欲實現的目標。
4. 識別、分析和選擇實現目標所需採取的行動方針。
5. 確定實現目標所需的資源。

願景、使命與核心價值

任何組織的重大變革向來是高階管理的主要責任。每位執行長都必須意識到變革的必要，並且對組織未來目標——組織願景 (vision)——做出明確的聲明，將該願景傳遞給每位組織成員，制定實現目標的計畫，為目標的達成投入組織資源，透過領導來消除障礙，並確保組織的進展均能嚴密地監控。今日的組織管理者比以往任何時候都更需要組織願景，因為環境的變化比以往更加迅速。藉由吸引他人思想和心靈的全力投入，身為領導者將有能力實現組織願景。

組織的使命 (mission) 在說明其組織之目的，亦即此一組織存在的主要理由，它影響每個組織成員及工作流程的運作方式。當使命是以書面形式正式化，並傳達給所有組織成員時，便成為組織的使命宣言 (mission statement)，也是組織所有努力的評判標準。美國最大的軟體公司微軟創立於 1975 年，當時有一個陳述組織使命的宣言：「讓每張辦公桌和每個家庭都有一台電腦。」這個使命宣言很有趣，因為微軟生產軟體，而不是電腦。此外，在 1975 年，工作時幾乎沒有個人電腦的設備，更遑論在家庭中。

最有效的使命宣言要易於記憶，並為組織運作提供指導與激勵。「西南航空的使命是以溫馨、親切、個人自豪，以及企業精神，提供顧客最高滿意的服務品質。」在此一使命宣言中尤其應該注意的是對於品質——組織所能滿足的顧客需求——的重視與強調。

由於組織的存在是為了在大環境中完成某些特定的事務，因此組織特定的使命或組織目的，將可為員工提供對機會、方向、意義和成就等各方面的認知。一個明確的組織使命可指導員工獨立執行任務，但每個獨立任務卻能夠集體合作而發揮組織的潛力。因此，良好的使命宣言會獲得所需的情感聯繫和員工承諾，使每位員工都充分明白：「我知道我應該如何扮演好自己的角色。」

例如，許多人可能認為華特迪士尼公司的使命是經營主題樂園，但迪士尼的使命始終朝著更遠大的視野前行，也就是成為提供人們娛樂的組織。另外，許多人可能會認為露華濃 (Revlon) 的使命是製造化妝品。然而，露華濃的使命卻是「提供魅力和刺激。」露華濃創辦人查爾斯·雷夫森 (Charles Revson) 了解使命的重要性，他說

願景 對組織未來目標明確的聲明。

使命 明確、簡潔的書面聲明，目的在說明組織之共同中心目標、存在之理由。

使命宣言 當使命是以書面形式正式確立，並傳達給所有組織成員時。

過:「在工廠,我們生產化妝品;在商店裡,我們販售希望。」

管理專家杜拉克指出,在建立使命宣言時必須回答兩個問題:我們的業務是什麼?我們的業務應該是什麼?這些問題不應該只有在形成組織業務時進行回答,而是必須定期、反覆地提問與回答。第一個問題的回答,有一部分需由來自於組織目前服務的顧客所決定,如何滿足顧客的需要與需求,決定這個組織的業務型態為何。第二個問題的回答,則有一部分來自於組織希望服務的顧客所決定,除了符合企業經驗與專業的既有顧客外,這些特定顧客的明確需求將影響公司所創造或銷售的產品與服務、使用的過程及品質水準。

杜拉克的兩個問題獲得解答後,現有使命宣言必須被確認是否正確有效,抑或應該重新予以修改。管理工作的挑戰是如何能夠凡事均以組織的概念和原則為依歸。記住,在高階管理階層的工作中,領導統御的挑戰是創造能夠獲得每位組織成員真心承諾的組織使命。

一個組織的使命宣言通常包含對組織的核心價值,並將之作為組織運作及組織倫理的引導方針。公司的**核心價值** (core values) 是組織不能妥協的基本原則,任何組織都應該具備的一項核心價值是對品質和生產力提高的不斷追求。

核心價值 永不改變的價值;「基礎原則」。

組織價值是行動與決策的基準,並引導員工遵循組織的意圖和利益,由價值所驅動的行為進一步定義組織文化。加州的一家小型運動服製造商 Patagonia,其核心價值是對個人的強烈尊重。Patagonia 曾經歷快速的公司成長,但卻讓它失去公司業主努力營造的家庭幸福感。經過深思熟慮後,員工同意限縮公司規模,拒絕任何可能損害此一核心價值的新業務。最終此一決定換來了 Patagonia 員工忠誠度增加。

強而有力的價值體系或清楚定義的組織文化,能夠將信念轉化為工作標準。例如,最佳的品質、最佳的效能表現、最佳的可靠度、最持久、最安全、最迅速、最物超所值、最便宜、最負盛名、最佳設計或風格,以及最易於使用等。如果被問到:「我們的信念是什麼?」或「羅列出組織的價值」時,組織中的每一位員工都應寫下一致的組織價值。例如,麥當勞的組織價值體現在其 "QSC&V" 的經營理念中,代表著品質、服務、清潔和價值。

當公司未能經常詢問杜拉克的兩個基本問題,或無法以令人滿

意的態度來回答時,通常會面臨一些代價高昂的下場。例如,在提交有史以來規模最大的公司破產案件之一時,安隆 (Enron) 就事先提出令人讚賞的價值陳述,其中包括「我們對待他人就像對待自己一樣。」而且「我們公開、誠實、真摯地與顧客及未來客戶合作。」實際上,安隆刻意免除夥伴公司帳面上的數億美元債務,而這些夥伴公司則支付給經營安隆的高層主管數百萬美元的費用。從此一事件中可看出,顯然這些組織價值對公司高階管理者的意義不大。

目標

目標可能是長期的,也可能是短期的。長期目標需要一年以上的時間才能達成。西南航空管理者在研究公司的使命宣言,並確定其專業能力後,才開始著手進行目標規劃。他們評估西南航空的優勢與市場機會後,才將密集、低成本航班確立為公司經營的長期目標。該目標充分利用西南航空的經驗、專業技術,以及其在現有顧客中的公司聲譽。

短期目標是指可以在一年之內達成的目標,許多短期目標與長期目標直接相關。西南航空有幾個這樣的短期目標,包括藉由增加美國和國際航線來擴展服務。該公司贏得業內其他航空公司無法比擬的頭銜:美國唯一的短途、廉價、航班密集、點對點的航空公司。圖表 4.1 定義確保目標有效的幾項特徵。

圖表 4.1　有效的目標與策略之特徵

特徵	說明
明確且可衡量	並非所有目標都可以用數字表示,但應盡可能量化。與一般結果相比,明確的結果更易於正確掌握,而且當任務能夠清楚精確地定義,績效也更容易衡量。
可行且具有挑戰性	難以實現的目標會打擊人心,良好的目標訂定應該考量現有資源和能力,具有挑戰性但仍可實現,藉此達到強化員工的能力。
聚焦於關鍵結果領域	不可能也不應該為員工的每個工作細節設定目標,目標應集中在影響整體績效的關鍵成果上,例如銷售、利潤、生產或品質等。
涵蓋特定時期	可衡量的目標應該根據完成目標的時間進行陳述。例如,銷售目標可能涵蓋一天、一個月、一季或一年。該時間段既要考量現實 (管理者不應要求在 5 個月內完成 10 個月的工作),又要符合管理成效 (例如過於頻繁的報告可能減低工作成效),短期目標與長期目標應相互配合。
獎賞績效	如果目標與績效獎賞沒有直接關係,目標就毫無意義,個人、工作團隊和組織單位應在目標達成時迅速獲得獎勵。

計畫

計畫 (plan) 是規劃工作的最終結果，承諾將個人、部門、整個組織及每個機構的資源，投注於未來數天、數個月和數年內的特定行動方案。它針對任何預期的活動提供六個基本問題的具體答案，即「什麼」、「何時」、「何地」、「何人」、「如何做」，以及「多少」。

> **計畫** 規劃工作的最終結果，承諾將個人、部門、整個組織及每個機構的資源，投注於未來數天、數個月和數年內的特定行動方案。

- 什麼用以確定要實現的具體目標。
- 何時用以回答時間問題：每個長期目標可能都有一系列短期目標，必須先達到這些短期目標，然後才能實現長期目標。
- 何地用以說明計畫執行地點的地方。
- 何人用以標識執行計畫實施必不可少的特定任務與特定人員。
- 如何做用以說明實現目標而應採取的具體行動。
- 多少用以說明與實現目標所需的資源支出有關，不管是短期目標或長期目標。

在設定目標時，許多的企業選擇「揚棄」正常營業下所產生的小幅成長，轉而設定一些根本不可能達成的目標當作里程碑，而美其名稱為「延伸性目標」。一方面高階管理者認知到逐年小幅度成長的漸進式目標，讓中、低階管理者，甚至是基層的員工，可以較適宜的方式來達成目標，這無疑是一種具有吸引力的工作方式。然而，即便是經常維護的設備，也可能過時而不合時宜。

另一方面，**延伸性目標** (stretch goal) [管理分析師詹姆斯·柯林斯 (James Collins) 稱為「大膽冒進的目標」或 "BHAGS"] 卻可以在許多方面取得大躍進式的成長。例如，產品開發時間、投資報酬率、銷售額成長、品質改善和縮短生產週期等方面。百事公司在英國和愛爾蘭營運總部主管暨歐洲業務永續發展營運副總裁沃特·陶德 (Walter Todd) 解釋百事公司在 BHAGS 的運用。

> **延伸性目標** 大躍進式的目標設定，包括在產品開發時間、投資報酬率、銷售額成長、品質改善和縮短生產週期等方面。

我們激發創新的方法之一是設定「大膽冒進的目標」。這樣的作法驅使我們關注營運的每個領域，並鼓勵各種創意想法浮現。我們想讓人們了解未來的可能結果會如何。如果你提出一項承諾，比如說明年降低 3% 的能源消耗，卻沒有任何的財務投入，當然不會獲得人們的真正付出。但如果你設定的是一個有實質

吸引力的願景，這種未來的可能結果將會對人們產生強烈的激發效果。

策略與戰術

為了達成長期目標所制定的行動歷程稱為**策略** (strategy)，策略可能存在於整個組織、獨立自主單位或某些功能領域。一種旨在實現短期目標的行動歷程稱為**戰術** (tactic)。組織的使命決定策略的制定，而且藉由短期目標的達成才能達到長期目標的實現，因此策略會影響並決定戰術的選擇。

在西南航空，創造並成功管理公司的成長需要透過各種戰術手段來實現一系列的目標。組建一個堅強的管理團隊，並招募和僱用人員來負責這家「可靠且低成本」的航空公司之日常運作與後勤支援。良好的資金籌集才能充分挹注每一項活動的開支，也才能讓新顧客獲得充分的服務。

另一個例子闡述策略與戰術間的關聯性。有人尋求兩年制或四年制大學學歷的取得策略，這個策略 (和目標) 通常需要兩年或更長的時間來達成，而且該策略也需要透過一系列的戰術性目標逐步達成，例如依序完成每學期的課程，最終才能實現策略性目標——大學學位。

> **策略** 為達成長期目標所制定的行動歷程。
>
> **戰術** 為實現短期目標的行動歷程。

決定資源需求

如果缺少所需資源，即便是最佳計畫也終將無法執行。大部分的計畫需要各種不同類型的資源，包括人員、經費、設施、設備、物料和資訊。此外，公司也需要技術來完成計畫，對技術的投資可以改善業務流程，並為公司帶來競爭優勢。

4.3 計畫類型

❷ 區分策略、戰術、作業和權變計畫

為了使組織能夠在整個組織各個層級 (高階、中階和第一線) 實現目標，必須制定三種基於達成組織使命為目的之計畫：策略、戰術和作業 (如圖表 4.2 所示)。如果要實現組織的使命和長期目標，每個人都必須與其他人和諧共事。

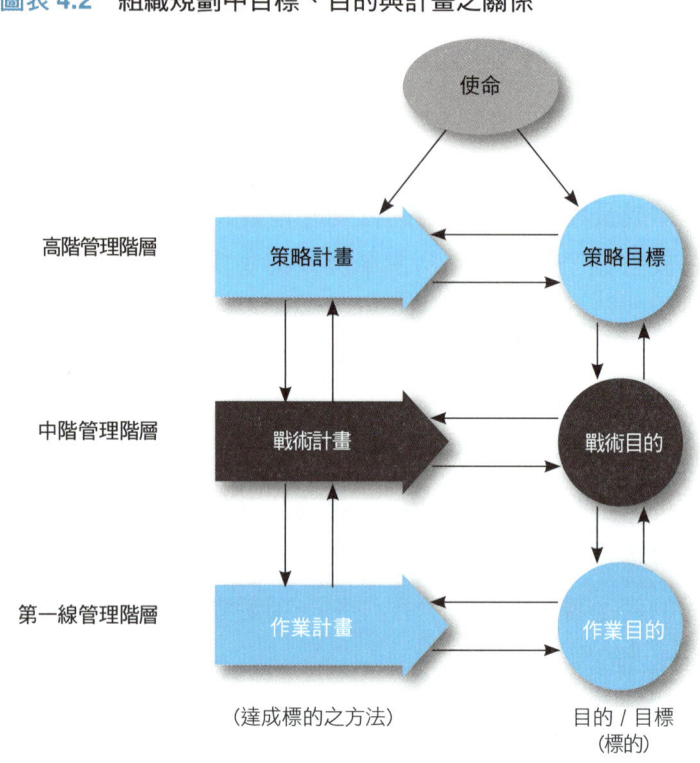

圖表 4.2　組織規劃中目標、目的與計畫之關係

使命

高階管理階層　　策略計畫　→　策略目標

中階管理階層　　戰術計畫　→　戰術目的

第一線管理階層　　作業計畫　→　作業目的

（達成標的之方法）　　目的／目標（標的）

策略計畫

策略計畫 包含實現由高階管理階層制定的長期、全公司的策略目標，所涉及的有關何人、什麼、何時、何地、如何做及多少的答案。

策略計畫 (strategic plan) 包含實現由高階管理階層制定的長期、全公司的策略目標，所涉及的有關何人、什麼、何時、何地、如何做及多少的答案。策略目標聚焦於在生產力、產品創新，以及對利害關係人應負的責任。全球最大的管理諮詢公司埃森哲 (Accenture) 將員工多元性的重視當作一項重要的策略目標，在本章的「重視多樣性和包容性」專欄中討論，這是所有管理者的職責。策略計畫涉及整個組織的方向和目的──在未來的數年中，組織想要如何發展、如何競爭，以及如何滿足顧客的需求。

策略計畫在很大程度上取決於管理者的領導能力。管理者的經營理念應包括三個關鍵要素：(1) 定義組織的任務；(2) 執行；(3)「待人如己」。無論公司規模大小，領導者都必須明瞭，擁有組織願景──即公司未來的走向，並且設計行動程序──也就是組織、用人、領導、控制，方能使未來成為實現。

策略計畫究竟應延伸到多久，取決於管理者對外部環境條件和

重視多樣性和包容性

埃森哲為多元性所做的規劃

埃森哲是一家全球化管理諮詢、技術服務和派遣公司,將女性問題納入公司的全球議程。作為埃森哲建立多元化員工團隊的承諾的一部分,該公司積極參與國際婦女節,以紀念女性在經濟、政治和社會上的成就。該公司的「全球女性倡議」提供諸如指導和串聯機會等計畫,以確保埃森哲的女性能繼續贏得成功。

多年來,《職業母親》(Working Mother)雜誌將埃森哲評為「年度百大最佳職業母親企業」。2015年,該雜誌為名單上的每家公司設立一個主題:「我們欣賞什麼」。對於埃森哲,該雜誌欣賞的幾件事,包括以下內容。

> 對這家管理諮詢、技術服務的派遣公司而言,員工外派出差到客戶公司執行任務是很正常的工作型態。為了是工作能夠順利地進行,給予員工極大的彈性來安排自己的工作。在辦公室裡,每位員工都可以遠端工作、工作分享,或是壓縮、縮短及彈性工時等。全職員工每年可以獲得平均25天的帶薪休假,以及員工自行選擇是否申請的兩週工作保證無薪休假。今年早些時候,該公司的育兒假天數多了一倍,現在最多可以申請到16週的全薪休假。

埃森哲將多元化創舉與其組織策略計畫整合在一起。該公司與員工共同歡慶國際婦女節,藉此來提高對公司婦女倡議的認識,也使得員工有機會彼此連結和互相學習。

如同任何業務目標一樣,必須有可量化的衡量方法來檢視計畫目標所取得的進展。埃森哲使用地區別的計分卡,藉由全球性調查和績效評估,以確保管理階層持續肩負該計畫的成敗責任。埃森哲的女性自該倡議開始以來已經取得長足的進步。女性晉升和女性合作夥伴,或高階經理職位的女性百分比等皆已有所增加。

■ 多元性包括一群具備全方位的才能,技能和經驗的個人。埃森哲如何從多元性中受益?

資料來源:Accenture. "Accenture's Global Celebration of International Women's Day," 2015, https://www.accenture.com/us-en/company-accenture-recognizes-international-womens-day.aspx; "Working Mother 100 Best Companies 2015," *Working Mother*, http://www.workingmother.com/accenture.

所需資源的掌握程度。每個策略計畫都處理外部環境中許多難以預測但重要的未來事件,諸如是否會陷入衰退?通貨膨脹會以目前的程度持續嗎?我們的產業與地方、州和聯邦法規之關聯程度?競爭程度?這些環境因素即便在一年內的短期變化都很難有效預測,更遑論對未來長達五年的時間進行預測。因此,必須定期審查和調整策略計畫,以適應在這段期間內所發生的變化,並將其視為持續進行的工作。

就像某個人的天花板可以是另一個人的地板一樣,一個管理者計畫的結束,可能代表另一位管理者規劃工作的開始。高階管理階層的策略計畫成為中階管理者制定戰術計畫的基礎。圖表4.3說明戰術目的和作業目的如何從策略目標演變而來。

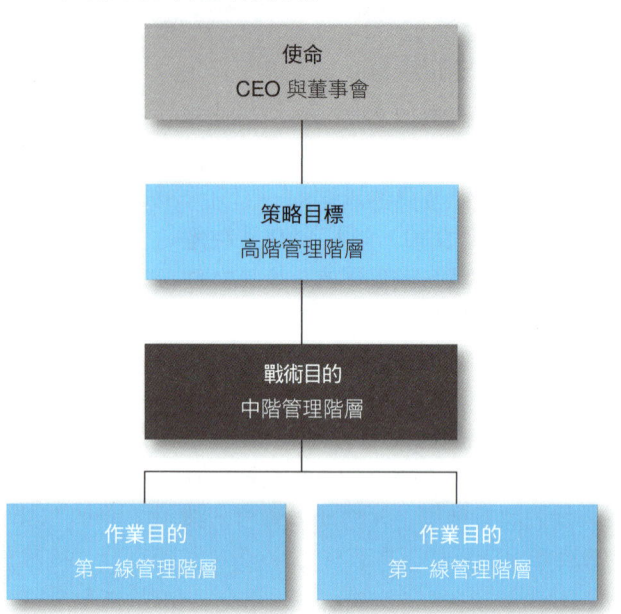

圖表 4.3　組織的使命與目標層級

```
          使命
       CEO 與董事會
           │
         策略目標
       高階管理階層
           │
         戰術目的
       中階管理階層
          ┌┴┐
      作業目的  作業目的
    第一線管理階層 第一線管理階層
```

戰術計畫

戰術計畫　由中階管理者所制定，相較於策略計畫具有更多的細節、更短的時間範圍和更窄的涵蓋面；通常時程為一年或更短。

　　由中階管理人員制定的**戰術計畫** (tactical plan)，它關注於主要組織中的每個子系統必須做什麼、必須如何做、何時必須完成、在何處執行活動、將使用哪些資源，以及誰將擁有執行每項任務所需的權限。相較於策略計畫具有更多的細節、更短的時間範圍和更窄的涵蓋面；通常時程為一年或更短。

　　策略和戰術計畫通常具有關聯性，但有時也並非如此。每個策略都需要一系列相互關聯的戰術和營運計畫，以實現策略目標；但是，中階管理者確實制定計畫，以實現某特定部門、分部或團隊的短期與長期目標。這些戰術計畫都與達成公司的策略目標有關，這兩種計畫可能涉及以下內容：

- 在不犧牲顧客服務品質的前提下，降低第四季的單位成本。
- 在 5 個月內，將零售據點由九家整併為六家。

　　從邏輯上來講，策略目標是戰術目的：中階管理者設定的短期目標必須為了達成高階管理者的策略目標，或是中階管理者自己設定的長期、短期目標。一旦公司規劃完成戰術計畫，可能會開始組建團隊，並為團隊成員分配特定任務責任。

作業計畫

第一線管理者 (主管、團隊領導者及團隊引導者) 制定**作業計畫** (operational plan)，用以支持戰術計畫的達成。這是第一線管理者每月、每週或是每日的活動執行工具。作業計畫可區分成兩種主要類型：單一用途計畫及常設性計畫。

單次活動 (一種不會重複發生的活動) 需要單一用途計畫 (single-use plan)。一旦活動完成後，便從此不再需要該計畫。單一用途計畫的兩個實例是方案和預算，**方案** (program) 是從開始到結束作業的單一用途計畫。例如，公司新系列電腦引進所做的影響評估，一旦影響評估審查完成後，該計畫將不再具有價值。另一個例子則是處理公司參加一個產業貿易展覽會的專項方案，可以藉此機會與電腦零售商主要買家見面。

另一個單一用途計畫的例子是**預算** (budget)。預算計畫主要預測在某一固定時程內，可獲得的收入來源和金額，以及資金如何使用。大多數公司都需要進行預算計畫，公司的整體營運每年都需要預算，還需要各種支援功能的協助，諸如新人力資源的招募僱用、開發新市場路線等。不同層級的預算計畫有助於控制組織及其自主子系統中的經費支出。當預算的指定期限結束時，這些預算計畫將成為歷史文件檔案，而事實證明其對將來的預算工作提供重要的參考價值。

與預算和方案不同，常設性計畫具體說明如何處理持續或重複的活動，例如人員聘用、授予信貸和設備維護等。一旦計畫案制定完成，將在數年內繼續有用，但會定期進行審查和修訂。常設性計畫的例子包括政策、程序和法規。

政策 (policy) 是組織成員在應對重要及重複領域決策時，應遵循的原則性方針。它們設定限制，藉以為決策者清楚提供容許的運作空間。政策通常是有關管理者或其他人員履行日常職責時，應該遵循方式的一般性聲明。圖表 4.4 顯示一項管理招募和其他人力資源的

> **作業計畫** 第一線管理者每月、每週或是每日的活動執行。作業計畫可區分成兩種主要類型：單一用途及常設性計畫。

> **方案** 從開始到結束作業的單一用途計畫。

> **預算** 預測在某一固定時程內，可獲得的收入來源和金額，以及資金如何使用的單一用途計畫。

> **政策** 是組織成員在應對重要及重複領域決策時，應遵循的原則性方針。它們設定限制條件，藉以為決策者清楚提供容許的運作空間。

圖表 4.4　人力資源政策

不得因其種族、信仰、膚色、國籍、性別、婚姻狀況、年齡、身心障礙或成員身分、合法參與或加入任何組織或工會的活動，或拒絕參與任何組織或工會的活動，而對任何應徵者或任何現任雇員造成歧視。此外，在每個功能部門裡，公司在有關僱用、晉升、調動和其他正在進行中的人力資源活動時，均應遵守 (鼓勵僱用和錄取少數民族、弱勢民族、女性等) 防止種族與性別歧視的積極行動計畫。

決策的相關政策，以規範公司能符合由平等就業機會委員會根據聯邦反歧視準則發布的法令。政策不是規定性的，主要是陳述公司希望其管理者在執行業務時應採取的觀點。政策有時會造成爭議並引發道德問題，如本章的「道德管理」專欄所指出的。

程序 是執行活動或任務的一系列步驟指導。

程序 (procedure) 是執行活動或任務的一系列步驟指導。公司為諸如預算編製、員工工資支付、商務通訊準備和新員工聘任等事務

道德管理

工作中的隱私權：公司政策和法律

主張員工享有隱私權嗎？儘管有些公司已明確告知其員工有關公司對員工的監督政策，並已獲得他們的同意，以作為僱用條件，但仍有許多公司沒有這樣做。隱私權倡導者擔心，大多數州的法律沒有規定雇主如何蒐集或分享使用與雇員有關的訊息。

聯邦法律允許公司監視員工的行為和對話，只要其中的溝通與雇主的業務有關。這些法律中有許多實際上沒有任何的排除條款。雇主出於各種原因制定嚴格控制員工的政策，其中至少也都對員工如何利用工作時間進行控制。這些政策告訴員工在工作時正在或將要受到監視，並授權引進多種監視技術：監聽與員工相關的電話和語音郵件、聘請私人偵探裝扮成工人混入其中進行監控蒐集、竊取員工的電子郵件和其他社群媒體消息、觀看和收聽公司相機和智慧型手機拍攝的帶有音頻的影像、透過全球定位系統 (global positioning system, GPS) 和無線射頻辨識裝置 (Radio Frequency Identification Devices, RFID) 追蹤駕駛公司車的員工等。

許多的雇主正嚴密監視員工。電子證據在訴訟中越來越重要，隱私權資料交換中心 (2016) 總結近期研究的結果：

美國管理協會和 ePolicy 研究所進行的項調查發現，三分之二的雇主監視員工上網的網站，以防止不當的網路瀏覽，並且有 65% 的公司使用軟體來阻絕員工連結的網站。自 2001 年首次進行調查以來，這一數字增加 27%。雇主在意員工瀏覽帶有色情內容的成人網站，以及社群遊戲網路、娛樂、購物和拍賣、體育、或是一些外部部落格。在 43% 對電子郵件進行監看的公司中，將近四分之三使用科技自動監視電子郵件。28% 的雇主以電子郵件濫用為由來解僱員工。

接近一半的雇主追蹤鍵盤使用的內容、擊鍵和在鍵盤上花費的時間。還有 12% 的人監視員工的部落格，以查看他們寫了哪些關於公司的內容。另外 10% 監視社群網站。

幾乎一半的公司使用影像監控來打擊盜竊、暴力犯罪和破壞，其中只有 7% 說明他們使用影像監控來追蹤員工的工作績效。大多數雇主告知員工正進行防盜影像監控 (78%)，和工作績效相關的影像監控 (89%)。

1. 當公司制定授權對員工進行監控的政策時，造成哪些道德問題？
2. 身為管理者，你在什麼情況下會制定授權對員工進行監控的政策？

資料來源：Privacy Rights Clearinghouse, "Workplace Privacy and Employee Monitoring," Revised January 2016, http://www.privacyrights.org/fs/fs7-work.htm; AMA, "The Latest on Workplace Monitoring and Surveillance," November 17, 2014, http://www.amanet.org/training/articles/the-latest-on-workplace-monitoring-and-surveillance.aspx; Hoffman, W. Michael, Laura P. Hartman and Mark Rowe, "You've Got Mail . . . And the Boss Knows: A Survey by the Center for Business Ethics of Companies' Email and Internet Monitoring," *Business and Society Review*, 2003 http://www.bentley.edu/cbe/documents/You've_Got_Mail_And_The_Boss_Knows.pdf.

工作制定程序。與策略一樣，它們有助於確保重複執行相同的活動時，都將以一致的方式進行，無論是由誰來負責執行這些活動。當能遵循這些規定的步驟時，程序將可為任務的達成提供精確的方法。

思考下列有關地區性折扣連鎖店在處理顧客退貨所需的六步驟程序規定：

1. 確定顧客的需求：退貨、退款或換貨。
2. 驗證是否在本商店進行購買(現金或其他收費方式)。
3. 檢查商品是否損壞。
4. 查詢商店退貨政策；應用在步驟 1 到 3 中獲得的資訊。
5. 酌情給予交換、退款或信用卡刷退。
6. 拒絕退貨，並根據商店政策向顧客解釋原因。

唯有在依序完成每一個步驟後，才能准予對顧客進行退貨、退款或換貨。

規定 (rule) 是針對人類行為和工作行為的持續且具體的指導。規定通常是為了促進員工安全，確保對員工的統一待遇和規範公民行為而制定的「要做」和「不許做」的陳述。與政策不同，但與程序相同的是，規定告訴員工在特定情況下的期望作法。例如在公司場所一律禁止吸菸的無一例外規定。許多企業堅決要求用戶僅使用資訊科技 (information technology, IT) 支持的軟體，如本章的「管理社群媒體」專欄中所述。

程序和規定具有使行為標準化的優點，但是卻也限制個人創造力，鼓勵盲從。程序和規定越多，員工必須自行調整以適應不同狀況的自由度就越少。圖表 4.5 提供一些有關政策、方案、程序和規定的深入見解。

第一線管理者、工作群組，以及群組中的每一個人，都被期待完成一項以作業目的形式所分解而成的個人的特定工作結果產出。負責特定裝配操作的波音第一線管理者每天、每週和每月規律地負責執行特定的組裝作業，以完成計畫進度中的階段性工作，並合乎計畫所訂的時程、預算、資源分配，並減少浪費與廢料。

> **規定** 針對人類行為和工作行為的持續且具體的指導。規定通常是為了促進員工安全，確保對員工的統一待遇和規範公民行為而制定的「要做」和「不許做」的陳述。

管理社群媒體

自帶設備

大多數企業會為員工提供一台電腦，可以收發電子郵件、連上網際網路和網絡，以及完成工作所需的軟體應用程式。普遍的使用規則是，員工只能使用公司資訊科技部門提供的軟體應用程式，此規則的主要原因是基於安全性考量。下載軟體應用程式和共享文件，使得網路容易受到病毒和駭客的攻擊；此外，公司也不希望洩露其敏感的公司資料。

但是此資訊科技規則常常造成員工工作上的不便，因為當今員工使用的軟硬體技術通常比公司所提供的支持技術更多。員工的工作與私生活重疊，因為他們將工作設備也用於許多個人事務上。例如，員工閱讀電子郵件、在 iPhone 或其他智慧型手機上發送簡訊、在推特 (Twitter) 上發布消息、在臉書 (Facebook) 上與朋友聯繫，以及在 YouTube 上發送影片。下圖顯示各式各樣的自帶配置工具。（圖形中的雲端服務是基於網際網路的服務。）

這些資訊科技部門其實正在製造障礙，忽略員工將自己的資訊科技工具帶到工作場所的這種「資訊科技消費化」的轉變。這已經不只是自帶設備 (bring your own device, BYOD)，而是自帶科技 (bring your own tednology, BYOT)。而且員工甚至已經是自帶應用程式 (bring their own application, BYOA)。例如，員工正在使用自己的電子郵件和日曆等應用程式。如果資訊部門更改規則，並允許員工使用設備和軟體應用程式，則員工可以建立自己與客戶之間的聯繫關係，這樣做可以改善公司產品和服務品質，並增加顧客滿意度。

- 下圖中所描述的軟體應用程式哪些是你經常使用的自帶工具？如果雇主規定你在辦公室中不得使用那些工具，你會有什麼想法呢？

行動雲端應用程式和服務

圖片來源：http://cloudtimes.org/2014/09/05/global-mobile-cloud-apps-and-services-growing-at-37-8-cagr-to-2019/.

圖表 4.5 政策、方案、程序和規定的優點與需求

優點			
政策	方案	程序	規定
促進一致性	提供自始至終的作業計畫	提供有效績效的詳細說明	提升安全
節省時間		促進一致性	提升作為可接受性
概述方法	闡明參與人員及其職責	節省時間	提供安全保障
管理作為設立限制	協調各成員的努力，使其朝向相同的目標前進	提供訓練協助	為績效表現與管理作為提供標準
提升管理者與組織之效能		為操作提供安全性保障	節省時間
		提升效能與效率	協助紀律的維護
需求			
需以書面形式呈現	至少應以書面形式羅列大綱重點	需以書面形式呈現	需以書面形式呈現
需要溝通與理解	應回答何人、何時、何地、如何及多少	需適度詳述	必須於所有受影響之關係人進行溝通，並確保其充分理解
應該提供彈性空間	應具備清楚的目標、戰術，以及時間表	需定期修訂	必須定期檢討與修訂
整個組織需有一致性，並共同推動	需與所有受影響的相關人員進行溝通	需與所有應知悉的相關人員進行溝通，並確保理解	必須確保對目的之投入
應支援組織策略			
需建立於組織使命基礎之上			

統一化目標的層級

規劃的結果應該為組織目的之達成，建立一個統一的框架。依據金字塔式的傳統管理模式進行規劃，導致一個具有層級結構的目的層級，每一個子系統的工作規劃則分解形成下一個次系統的工作規劃；而每一個層級的目標適配連結組合而成共同目標。為了說明目的之特性，在圖表 4.6 中的每一個子單元都僅列出一個目標，實際上這個目標應該是多目標而非單一目標。該圖顯示高階管理階層已經確定整個組織的策略目標，中階管理階層則為行銷和製造的功能領域確定戰術目的，最後每個功能領域的第一線管理者再為其工作團體設定目的。結果變成一個具有協調性層級的目的架構。

一旦某個管理者選擇不在此框架內進行規劃，將會導致什麼結果？如果管理者根據自己的野心、價值或目標制定一套與高階管理階層相反或相牴觸的目標，將會導致相互矛盾的目的。在圖表 4.6 的鞋業公司示例中，想像假如行銷經理誤解高階管理階層的目的，並

圖表 4.6　統一化目標與目的之層級

```
                    成為全國
                    最高獲利的
         使命        童鞋生產商         董事會

                       CEO
         策略目標      達到           高階管理階層
                     12% 淨利

                  行銷          生產
         戰術目的  觸及所有      以最低成本    中階管理階層
                  潛在的銷售    生產最高品
                  獲利來源      質的產品

                  銷售作業      生產作業
         作業目的  開發 200 個   逐步將生產成   第一線管理階層
                  可創造獲利    本降低 10%，
                  的新客戶      以及製造零缺
                                點的鞋子
```

非尋找最大潛在的獲利來源進行銷售，而是要求負責銷售的經理尋找所有潛在的可能買家。如此一來，銷售人員會將商品出售給每一個能夠接觸到的潛在買家，而無視於這些買家的規模，或是公司為這些銷售交易可能付出的銷售服務成本，結果將導致商品銷售盡是一些小規模交易，或是一些信用不良的買家客戶，造成公司許多額外的損失。

權變計畫

規劃應該提供適應環境迅速變化的能力。對大多數的公司而言，環境變遷如此迅速，以至於所擬定的計畫必須不斷進行修正；在最壞的情況下，在還沒有制定完成，或雖然制定完成但尚未完全執行

完畢前,這些計畫可能已經無效。為了對變遷最大限度地保持彈性和開放,管理者應該制定**權變計畫**(contingency plan):具有多個選項的目標,以及達成目標的執行計畫或行動程序,以確保當環境條件或基本假設發生巨大變化而造成原計畫失去效用時,仍可藉由方案選項的修正,而持續達成既定目標。

藉由權變計畫,管理者可以識別緊急情況,以及可能對組織產生正面或負面衝擊的非預期事件發生,並做好萬全準備。權變計畫的例子包括:那些需要進行產品召回的狀況,或是因為自然或人為災害導致正常營運的中斷,或是因此引發超過正常產能所能供應的商品或服務需求量暴增等。當一位經理說:「萬一⋯⋯我將⋯⋯?」或是「如果發生這種情況,我將⋯⋯」,這位經理便是一位權變計畫的規劃者。

> **權變計畫** 具有多個選項的目標,以及達成目標的執行計畫或行動程序,以確保當環境條件或基本假設發生巨大變化,而造成原計畫失去效用時,仍可藉由方案選項的修正,而持續達成既定目標。

4.4 基本規劃過程

3 條列並解釋基本規劃過程之步驟

在制定計畫時,所有管理者,無論其在組織中的層級為何,都必須遵循一定的步驟過程來指引其努力方向。圖表 4.7 詳細介紹建議的基本規劃過程,該過程可用以制定戰術和作業計畫。在解釋完每個步驟過程後,請參見圖表 4.8 進一步了解具體應用,後者強調作業階層管理者如何應用過程中的每個步驟來實現目的。

圖表 4.7　基本規劃過程中的步驟

步驟 1:	設定目的 建立短期或長期目標
步驟 2:	分析和評估環境 分析當前狀態、內部和外部環境,以及可用資源
步驟 3:	確定替代方案 建立可達成目標的各種可能行動方案清單
步驟 4:	評估替代方案 列出並考慮各種可能行動方案的利弊
步驟 5:	選擇最佳解決方案 選擇具有最大優勢和最小劣勢的行動方案
步驟 6:	實施計畫 確定計畫相關人員、分配哪些資源、如何評估計畫,以及報告如何呈現
步驟 7:	控制和評估結果 確保計畫按照預期進行,並進行必要的調整

> **圖表 4.8　第一線管理者基本規劃過程之應用**
>
> **目的**
> 確保星期一到星期四上午 8 點到晚上 9 點辦公室均能正常排班出勤。目標日期：1 月 1 日。
>
> **分析和評估環境**
> 1. 目前用人情況。辦公室有兩名專職時薪員工。其中一名從上午 8 點到下午 4 點 30 分上班，另一名從上午 8 點到下午 5 點上班。
> 2. 財務資源。作業預算有足夠的資金支持增加員工，每小時 8 到 10 美元不等，但福利受到限制。
> 3. 勞動力供應。根據現有的工資水準，潛在的兼職申請者數量是不確定的。
> 4. 公司政策。(1) 對加班和補休時間的使用有嚴格的限制；(2) 兼職員工每週工作 15 小時，即可享受有限的福利待遇。
>
> **替代方案**
> 1. 藉由制定包括加班和補休時間在內的組合方案，使用現有的辦公室工作人員。
> 2. 藉由改變其中一人或兩人的工作時間，使用現有的辦公室工作人員。
> 3. 聘用一名兼職工作人員，星期一到星期四下午 5 點到晚上 9 點上班。
> 4. 僱用兩名兼職工作人員，每人工作兩個晚上，從下午 5 點到晚上 9 點。
>
> **評估方案選項**
> 替代方案 1　現有的工作人員 / 組合方案。公司薪資政策的問題和現有工作人員的潛在反應。
> 替代方案 2　現有工作人員 / 改變工作時間。將提供完整的涵蓋面，但會影響白天的生產力。工作人員的反應——沒有！
> 替代方案 3　一名兼職工作人員。將提供完整的涵蓋面，但由於新雇員將有資格享受有限的福利，因此會使財務資源緊縮。
> 替代方案 4　兩名兼職工作人員 / 每人兩晚。將提供完整的涵蓋面，但不超過財務資源或福利限制 (兩人都不工作 15 小時)。唯一的問題是：勞動力供應能否產生兩名合格的應徵者？
>
> **選擇最佳解決方案**
> 問題最少、最有希望的替代方案是替代方案 4。唯一的問題是如何吸引應徵者。
>
> **實施**
> 1. 為了克服潛在的限制 (合格應徵者的供應)，按最高核定工資標準支付擬聘員工，每小時 10 美元。
> 2. 在 10 月 1 日前制定廣告。
> 3. 在內部刊登廣告，吸引內部推薦人。
> 4. 對外刊登廣告，透過報紙廣告和社區學院、私立職校、高中的職業介紹所，宣傳該職缺。
> 5. 確定 11 月 1 日為報名截止日。
> 6. 11 月 21 日前完成篩選和面試。
> 7. 在 12 月 1 日前發出錄取通知。
>
> **控制與評估**
> 1. 每天檢查以確定應徵人數。
> 2. 延長廣告截止日期，直到收到足夠數量 (20 到 30) 的應徵。
> 3. 如果無法找到兩名應徵者，則申請額外資金，並實施替代方案 3。

設定目的

在設定目的時，中階與作業管理者應集中精力，並致力於使各自相關人員、分部和部門，密切聚焦於未來數個月的期間。目的之選擇 (以及實現這些目的之行動方案) 在一定程度上受到許多組織因素的影響，包括使命和價值觀、策略計畫和目標、持續性的常規計畫、環境條件、資源的有效性，以及組織哲學、組織倫理、與管理者累積的經驗和專業知識等。在完成前，每個目的都應具備如圖表

4.1 中所述的特徵。

特別注意圖表 4.8 中第一線管理者的目的，以確保辦公室星期一到星期四上午 8 點到晚上 9 點均能正常排班出勤，並且已經明確設定目的達成的期限。這些目的之規劃均符合在圖表 4.1 中列出的有效目的之特徵。這些目的是具體的、可衡量的、可實現的，並且可能具有挑戰性。它側重關鍵結果領域、涵蓋特定時間區間，並且所涉及的管理者有可能獲得某種形式的獎勵。

分析和評估環境

當目的確定之後，管理者必須分析其當前狀況與環境，並確定他們將擁有哪些可用資源，以及其他相關的限制因素，就像在評估可能行動方案或戰術時必須考量公司政策。在評估內部環境時，管理者必須考慮可用的人力、物力、財力、時間和訊息資源，以及內部顧客的需求；在評估外部環境時，管理者必須考慮供應商與合作夥伴的優勢和劣勢等因素、其他勞動力和技術的可獲得性，以及外部顧客的需求等。管理者在規劃時做出的抉擇和承諾，必須不會阻礙持續提升品質、生產率或獲利能力的努力。

回到圖表 4.8，主管列出環境分析的結果，並闡述限制因素及可用資源。辦公室每週至少四天必須配置工作人員，至少要增加四個小時的額外工時。公司政策限制加班和補償時間，並且要求享受有限福利待遇的兼職員工每週工作限制在 15 個小時以內。

確定替代方案

管理者規劃可用來達成目標的各種可行行動方案，便代表達成目標的一種替代路徑。在開發替代方案時，管理者應盡可能發想出多個達成目標路徑的方案。這些選擇可能是完全獨立達成目標的方法，也可能是一個或多個不同方案選項的變體。發想出各種方案選項後，管理者通常會邀請任何具有相關知識與經驗的專家提供建議，允許那些爾後將負責選定方案執行的人員共同參與替代方案的評選過程，將有助於確保他們對推動替代方案有效運作的承諾。

請注意，在圖表 4.8 中，管理者共列出四個潛在的替代方案作為選項。每種選擇都代表實現人員配置目的之一種可能方式。依據所

描述的條件下，哪種選擇最好，這將在下個步驟中確定，在此之前不應該做任何決定，因為在此操作步驟中，任何嘗試對行動方案的分析只會抑制替代方案發想的流暢性，從而導致可能替代方案清單的不完整。

評估替代方案

每個替代方案均應進行仔細評估，以確定哪一個或哪幾個組合是最可能有效能且有效率地達成目標。大多數管理者首先建構優點(利益)和缺點(費用)列表進行評估，接著管理者會返回第二個規劃步驟進行檢查，以確保每個替代方案都能適配可用資源，並在限制因素所限定的範圍之內。

管理者需要了解每個替代方案包括時間在內所需的資源種類和數量。他們必須估算每個行動方案的成本，並將其換算成預期收益的金錢價值。例如，如果將花費 1,000 美元獲得價值較小的目標，替代方案是沒有效率且不可能獲得採用。

除財務因素外，管理者還考慮每種替代方案對規劃範圍內組織成員、組織單位，以及作業領域外部可能產生的影響效果，包括執行過程中任何正面與負面的副作用。管理者應確認並充分考量這些影響，才能進行最終的計畫評選。

請注意，圖表 4.8 中每個替代方案的評估，它們都有正、負兩面的影響效果。管理者應選擇正面影響最大、負面較少或最少的方案。

選擇最佳解決方案

對每種替代方案的收益和成本進行分析後，應確定出一種優於其他選項的最佳行動方案。如果沒有哪一個行動方案明顯優於其他方案(優勢最大，最少的重大缺點)管理者應考慮將其中的兩個或多個方案的部分或全部進行合併。至於未能選中的替代方案也許被當作是可能的應變方案，作為應急計畫的備案。

圖表 4.8 中的主管決定替代方案 4。一個尚未解決的問題是可用資金是否足以吸引所需的兩名兼職人員；如果不是，主管應該選擇其他方法來達成用人的目標。

執行計畫

在完成戰術與作業計畫後,規劃人員需要發展行動計畫來執行計畫。在此階段中需要解決的課題,包括由誰負責執行?每一項任務的開始與結束日期?有哪些資源可用來執行各項任務?在圖表 4.8 中,主管人員已經列出所有必要活動開始與結束的時間期限,他或她會在組織的人力資源經理協助下,進行許多這類的活動。

控制和評估結果

計畫一旦開始執行,管理者就必須監控執行進度,並準備進行任何必要的計畫修改。由於環境條件不斷地變化,計畫必須經常進行修改。此外,計畫執行本身也可能產生許多需要進行計畫修改的問題。在圖表 4.8 中,管理者已經制定監控職責,以提供對計畫的控制和審核,如果第一個選擇方案執行無效,則管理者尚有另一個選擇。

4.5 制定有效的計畫

4 討論以確保計畫有效的各種方法

所有計畫都基於假設 (計畫者認為是真實的),與預測 (計畫期程內所有相關條件的可能狀況之預估)。計畫者制定計畫的當下時間,所有的假設和預測似乎都是合理且有效的。管理者檢查可用的當前數據和歷史記錄、諮詢其他相關的人員,並掌握他們進行假設和預測可能需要的必要諮詢。權變計畫要求這些規劃人員為「如果發生……情況」的假設狀況進行規劃,權變計畫背後的基本假設是這些情況可能,並且似乎很可能會發生變化,而組織必須為可能的變化做好準備。

管理者進行假設和預測,它們提供領導階層藉由尋求可利用公司聲譽和專門技術的機會來擴展業務。透過不斷的研究,以及具有專業知識的外部人士之協助,管理者可以成功地預測產品的未來,並制定公司大多數的長期目標和策略,以使其成為市場的主要參與者。高階管理者唯有經歷過若干制定和執行行銷、財務、生產和人力資源管理相關的各種策略與戰術計畫,方能從經驗中累積洞悉市場的智慧和見識。

在適當的運作下，規劃可以使管理者避免犯錯、浪費資源及面臨意外。即便如此，仍可能無法預測全部的風險與威脅，例如航空公司無法預料 2001 年 9 月 11 日會發生 911 恐怖攻擊事件。

有兩種明顯的方法可以使計畫更有效：增進假設和預測的品質。在初步探討這些方法後，將深入討論其中的兩種計畫工具。第 5 章將探討其他幾個與計畫和決策有關的方法。

增進假設和預測的品質

過程中投入資訊的品質，是管理者提高規劃成功機率的方法。為此，他們必須獲取最新且可靠的事實和資訊，還必須開發多元的來源管道，獲取與生成所需的規劃資訊。在內部管道方面，由不同部門蒐集資訊；外部管道方面，則由產業研究機構、政府報告、貿易期刊、消費者與供應者等取得資訊；如此一來，管理者可在規劃中涵蓋多元的觀點，從而增進假設和預測的品質。由行銷、業務與顧客服務等部門獲得的資訊，可整合成為估計 (或計算) 顧客價值的資料庫。

> **預測** 一種規劃技術，供組織管理者專注於對未來的預估。

在預測 (forecasting) 中，組織的管理者專注於對未來的預估。除了組織內部進行預算的編列外，管理者還必須對於內部和外部環境中無所不在的不確定狀況，進行一定程度地預測與掌握。

在進行預測時，管理者既要依靠內部訊息，也要仰賴外部資源，在本章的「全球應用」專欄中討論的賓士汽車 (Mercedes-Benz) 向美國市場擴張背後的假設和預測，正說明上述的內外來源。

規劃工具

管理者還可以透過應用各種規劃工具與技術來提高規劃品質，兩種適用於戰術規劃與營運規劃的應用技術是目標管理和線性規劃。

> **目標管理** 一種強調由管理者與下屬共同合作進行目標設定的技術。

目標管理 由管理專家杜拉克所發展出來的目標管理 (management by objectives, MBO)，是用於協助管理者進行目標設定的最有效方法之一。目標管理技術強調由管理者與下屬共同合作進行目標設定，背後的想法是管理者和下屬共同確定下屬的目標。下屬提出在商定的時間內欲達成的目標，管理者同意，或提出修改或增訂之建議。相較於下屬不參與目標設定的傳統方法，目標管理通常會使員工更

全球應用

預測帶領賓士汽車進入阿拉巴馬州

是什麼促使汽車巨擘賓士汽車將第一家美國製造工廠設立於阿拉巴馬州？答案部分在於美國全功能休旅車 (APUV) 市場的經濟和商業預測，例如吉普 (Jeep) 的 Cherokee 和福特的 Explorer。賓士汽車的規劃人員將美國視為最大和成長率最高的 APUV 市場。汽車分析師預測市場太過飽和，但賓士汽車規劃人員卻相信以賓士汽車的公司品牌、售價和品質聲譽等，將足以在美國市場贏得立足之地，並站穩腳跟。

根據他們自己的假設和預測，幾家賓士汽車的主要供應商在附近建造工廠，或者擴大產能以提供更大的供應量，例如阿拉巴馬州漢茨維爾的登祿普輪胎 (Dunlop Tire)。即使量產版本最終定案，所有這些生產作業活動都已經陸續展開！

最初的規劃是預期每年生產 65,000 輛 M-Class 運動休旅車 (SUV)。多年來，隨著需求不斷擴大，工廠規模也不斷擴增，目前產量已增加至年產 300,000 輛，其中包括過去稱為 M-Class 的 GLE-Class 運動休旅車，還有 GL-Class 運動休旅、C-Class 房車、GLE 旅行車等車款。此外，該工廠已經成為阿拉巴馬州最大的出口商。

- 賓士汽車的規劃人員在發展過去稱為 M-Class 的 GLE-Class 運動休旅車的預測時，你認為他們需要哪些內部訊息和外部資源？

資料來源：Dawn Kent Azok, "Alabama's Mercedes-Benz Plant announces $1.3 billion, 300 job expansion," Alabama Media Group, September 18, 2015, http://www.al.com/business/index.ssf/2015/09/alabamas_mercedes-benz_plant_a.html; About Mercedes-Benz U.S. International, http://www.mbusi.com/about < >; Sara Lamb and Sherri Chunn, "Mercedes Rolls in with New Age," *Chicago Tribune*, December 3, 1995, sec. 12, p. 7.

致力於實現目標。

下屬選擇的目標有部分與管理者之目標直接連接，亦即目標的達成將有助於管理者達成他或她的目標。下屬設定的其他目標則是為了自己的成長和發展。下屬要達成的一組可驗證的書面目標制定時，應該明確標定其完成的優先順序和時間表。

儘管員工努力實現自己的目標，但管理者仍應定期舉行審查會議。上級主管可以根據情況授權修改目標或時間表。在計畫執行期限的末期，管理者和下屬舉行期末審核會議，以審核執行結果及是否繼續執行。下屬的績效評核乃依據目標是否達成、過程中的效能與效率表現，以及在此過程中學到的經驗。獎勵通常會與這些元素連在一起。如本章的「品質管理」專欄中所述，方針規劃經常被品質經理用來強化目標管理。

線性規劃　線性規劃 (linear programming, LP) 是一種規劃工具，可用於確定資源和活動的最佳組合。考慮許多小型製造商所面臨的情況，

品質管理

方針規劃與目標管理

杜拉克在 1954 年出版的經典著作《管理的實踐》(*The Practice of Management*) 中，提出目標管理 (MBO)。多年來，品質管理者藉由方針規劃 (Hoshin planning) 來強化品質管理，方針規劃有時也稱為方針管理 (Hoshin Kanri)、策略展開或政策展開。日語 Hoshin 是設定目標或方向之意，而日語 Kanri 則是管理。

方針管理被形容為船上的羅盤，為航行船隻指引北極星的清晰方向，尤其是在暴風雨中航行。北極星代表計畫，指南針代表方向，而船則代表公司，管理可以衡量計畫的進展。當公司明顯背離計畫時，高階管理階層洞察的清晰方向，將有助於使公司重新回到計畫的正軌。

方針規劃的目標是工作改善，尤其是品質、生產力和顧客關係。因此策略可說是關鍵性的挑戰，例如零缺陷的產品和個別的問題解決。管理者領導和指導員工改善並解決自己的問題，因此，規劃可說是整合組織由上到下的作業。

下圖描述方針規劃的架構。它著重於少數幾個重大的優先策略，並與年度計畫並行，整合成為日常管理工作的一部分，最終也透過商業分析進行成效果檢核。它與品質改善戴明循環 (Plan-Do-Check-Act, PDCA) 在作法上一致，戴明循環過程在第 3 章的「品質管理」專欄中已詳細介紹。在 PDCA 的第一階段規劃作業在建立目標和過程，以達成預期的結果；第二階段執行作業在實施前項所規劃的過程；第三階段的檢查作業在監控並衡量實際發生的情況與原計畫間之差異，同時報告當前狀態使相關人員了解；最後階段則是採取行動或調整結果以完成計畫，不斷地完善過程和績效。

- 確保員工在工作上取得成功是管理者的工作職責。方針規劃要求管理者引導並指導他們，以獲得更深的知識和經驗。員工清楚掌握自己的問題並共同解決，這個過程正說明何謂「製造零件前，先要塑造好一個人」？

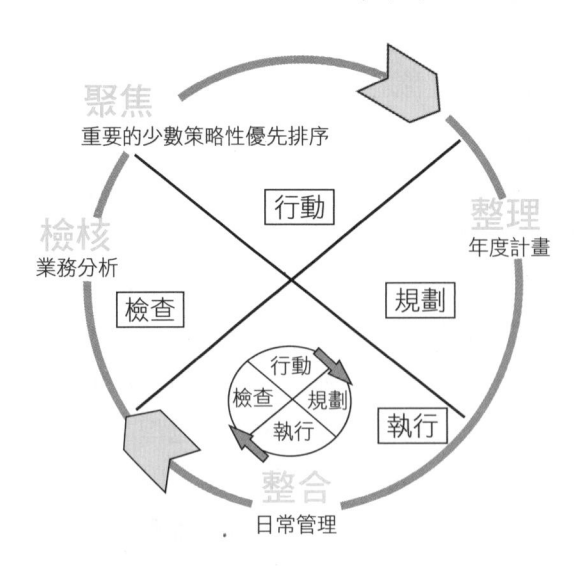

資料來源：http://www.uea.ac.uk/~mg597/hk.htm.

例如生產戶外露台椅、休閒躺椅和腳凳的生產商 Armco Products。儘管這些產品組合自一些基本零組件 (金屬框架、織物織帶和塑膠腳架) 及不同的製造程序，但每個零組件與製程都有不同的成本和利潤，同時也有各自不同的生產量需求。由於生產設備的限制，像 Armco 這樣的小公司通常只能在依據生產排程，一次批量性生產一種產品 (如椅子、休閒躺椅等)。要決定批量生產的數量是很複雜的事，並且隨著批量生產內容的不同，要進行生產線轉換是昂貴且費時的工作。這類工廠有軟體應用程式可用於幫助進行線性規劃和其他類型的規劃。軟體應用程式會考量由許多變數共同作用組成的影響因子，並針對各種市場條件提供無限數量的最佳解決方案。

規劃的障礙

所有管理者都希望他們的計畫具備效能與效率，即以最少的資源達成期望的結果。他們必須意識到阻礙規劃成功的各種潛在障礙，並努力避免或克服這些障礙。

- **規劃能力不足**：很少有人天生就有規劃能力。唯有累積豐富的規劃，否則他們的規劃工作通常還需要一些改進，但是大多數人是可以透過訓練和實踐獲得進步成長。
- **缺乏對規劃過程的承諾**：有效實施規劃的另一個障礙是缺乏對規劃的承諾。一些管理者更喜歡等狀況發生後再做因應，而不是嘗試透過規劃程序來預測可能的事件。缺乏承諾的另外一個可能原因是害怕失敗，這個情形常發生在如果組織環境不但不鼓勵創新，還會懲罰失敗的組織中。
- **劣質的資訊**：過時或不正確的資訊可能會對計畫產生破壞性影響，一個有效的資訊管理系統可以協助防止此類缺陷 (請參見第 16 章)。識別和追蹤關鍵變數——預測「即將出現的業務狀況」的指標，是許多優秀管理計畫者的特質。
- **缺乏對長期的關注**：過度強調短期問題而忽略長期性的考量，將會導致未來許多的麻煩。過於強調當年度的銷售和利潤，可能轉移管理者的注意力，從而忽略確保組織生存及未來獲利的長期目標。有效的補救方法是，將管理者對長期規劃的投入作為定期績效評估的一部分。除非高層人員重視長期規劃，否則

長期規劃會被忽略，而被戰術規劃取代。

- **對計畫部門的過分依賴**：許多大型組織都設有專責規劃部門，協助管理者進行規劃，以提升規劃的專業層級。儘管這些部門可能會使用最新的工具和技術進行研究，建立模型並生成預測，卻忽視專責規劃部門的功能是向原部門提供規劃服務，導致具有豐富經驗的原部門管理者的價值被忽略。規劃部門可能認為，規劃工具和方法越複雜，規劃就越可靠。殊不知在這種情況下，規劃可能變成閉門造車，而不是為了達成目標的有效手段。

- **過分強調可控制變數**：規劃管理者可能會發現，自己太過專注於可控制範圍內的事物和事件，未能充分考量那些無法控制的因素。有些變數太難準確預測，以至於他們可能不認為在擬定計畫時具有什麼價值，諸如未來科技或經濟發展的預測，以及競爭對手可能採取的手段等變數。然而，管理者忽略在這些領域的未來發展，可能會遭遇意外風險，並陷入被動的規劃模式。管理者必須對未來進行有根據的預測，定期檢視自己的計畫並保持彈性，必要時進行計畫調整。

⑤ 區分策略計畫、策略管理、策略制定、與策略執行

策略管理 是高階管理階層的責任，它定義公司的定位，制定策略，並指導組織功能與過程的長期執行。

4.6 策略計畫與策略管理的本質

所有公司都將策略計畫作為策略管理的一部分。**策略管理** (strategic management) 是高階管理階層的責任；它定義公司的定位，制定策略，並指導組織功能與過程的長期執行。策略計畫的終極目的是使組織能夠適應其環境，以實現目標。

無論大小規模的公司都進行策略計畫以應對競爭對手、應對瞬息萬變的環境，並有效地管理它們的資源——這些都可以確保員工和其他利害關係人皆朝向共同的目標。西南航空也認為，正是憑藉策略的聚焦，公司得以實現所有目標。廉價航空服務是西南航空簡單、明確的策略。

策略計畫要素

策略計畫旨在幫助管理者回答企業中的關鍵問題：

- 組織在市場中的定位是什麼？

- 組織希望的定位是什麼？
- 市場上正在發生什麼樣的趨勢和變化？
- 幫助組織達成目標的最佳選擇是什麼？

透過策略計畫過程，發展出策略計畫來為上述問題提供完整的解答。策略計畫中提出達成策略目標所需的行動方案，並確認達成策略目標所需的資源。策略發展應包含四個要素：範圍、資源配置、獨特的競爭優勢和綜效。

範圍 策略的範圍確立在考量環境因素下，公司要達到的地位或規模 (全球排名第一或利潤為 600 萬美元)。包括想參與競爭的地理性市場，以及想要銷售的產品和服務。

資源配置 資源配置定義公司打算如何分配其資源 (原料、財務和人力)，用以實現其策略目標。

獨特競爭優勢 如第 3 章所述，公司的核心競爭力 (最熟悉和最擅長的領域) 賦予其獨特的競爭優勢，以及在競爭關係中的獨特地位。

顧客導向的公司探索其顧客價值所在，使其與核心競爭力保持一致，並在此基礎上擴展業績；這種情形在其他公司身上並不具備。例如：

- 為什麼在赫茲租車 (Hertz) 不需繁瑣的文書作業且僅需幾分鐘即可取車和還車，但是入住某些飯店卻需要花三倍的時間辦理並填寫數種表格？
- 為什麼聯邦快遞可以在一夜之間「絕對、肯定」地交付包裹，但幾家大型航空公司卻無法按計畫起飛或降落？
- 為什麼亞馬遜會記住你的最後訂單和家人的人數？成功的公司沒有試圖對所有人提供所有服務，而是專注於自身的競爭優勢。

綜效 正如第 2 章所討論的，綜效是聯合行動或合作所產生的效能提升。有時將其描述為 2 + 2 = 5 效果，因為協同夥伴關係的結果實際上超越每個夥伴單獨行動時可以達成的生產總和。當一個組織或兩個獨立組織的各個部分相互作用，彼此截長補短，並使共同的努力大於單獨行動所能達到的總和時，就會產生綜效。藉由綜效，公

司可以在市場占有率、技術應用、降低成本或管理技能方面取得特殊優勢。

策略計畫責任

誰該為策略計畫負責，完全取決於組織。如前所述，通用汽車等公司聘請策略計畫專家，並設有專責的策略計畫部門。然而在大多數情況下，策略計畫的責任屬於領導該組織產品部門和地區的高階管理階層。

策略計畫人員的核心團隊通常包括執行長、部門主管和財務長。但是越來越多的大型組織，例如製藥公司葛蘭素史克 (GlaxoSmithKline)、全錄、保險公司聯合服務汽車協會 (United Services Automobile Association) 和百事公司等，都希望中、低階直線管理者能夠具備策略思維與行動。它們鼓勵各階層管理者從長遠角度考慮組織各部門的發展方向、可能發生的重大變化，以及現在必須做出哪些重大決策，才能實現組織的長期目標。透過鼓勵基層管理者進行策略思維與行動 (這些是他們績效評核的重要組成部分)，公司不僅開發統一的計畫，也致力於開發管理人才。

策略制定與策略執行

理解策略計畫本質的另一個重要因素是，認識到策略制定與執行之間的差異。**策略制定** (strategy formulation) 為發展策略目標和計畫所進行的規劃與決策，包括評估環境、分析核心競爭力，以及制定目標和計畫。另一方面，**策略執行** (strategy implementation) 是指執行與策略計畫相關的手段，包括組織團隊、適應新技術、專注於過程而非功能、促進溝通、提供激勵措施，並進行結構調整。這兩個概念將在本章稍後進一步詳細討論。

策略層級

與策略計畫的本質有關的最後一個面向，涉及策略的層次。如圖表 4.9 中所強調，管理者從三個策略層面進行思考：企業、事業和功能。

策略制定 發展策略目標和計畫所進行的規劃與決策，包括評估環境、分析核心競爭力，以及制定目標和計畫。

策略執行 執行與策略計畫相關的手段，包括組織團隊、適應新技術、專注於過程而非功能、促進溝通、提供激勵措施，並進行結構調整。

圖表 4.9　企業層級策略

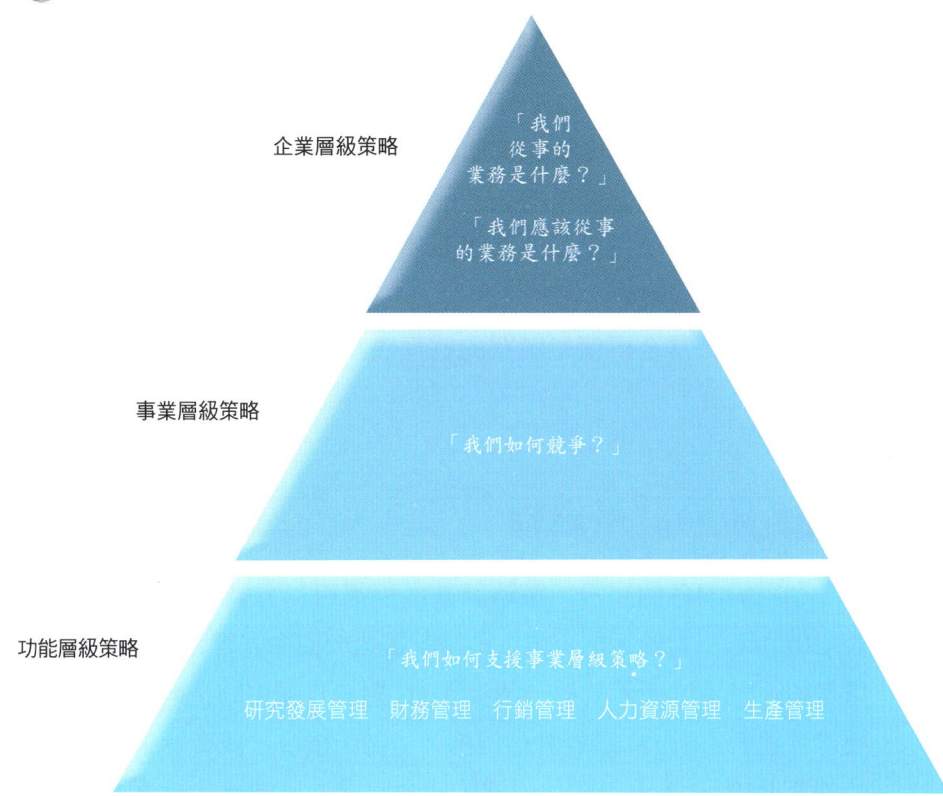

企業層級策略
「我們從事的業務是什麼？」
「我們應該從事的業務是什麼？」

事業層級策略
「我們如何競爭？」

功能層級策略
「我們如何支援事業層級策略？」
研究發展管理　財務管理　行銷管理　人力資源管理　生產管理

企業層級策略　**企業層級策略** (corporate-level strategy) 的目的是回答前面提出的兩個問題：「我們從事的業務是什麼？」和「我們應該從事的業務是什麼？」答案有助於規劃整個組織的長期方案。

小公司面臨與大公司相同的問題，Veda International 之前為飛行模擬器的製造商，位於維吉尼亞州亞歷山大港，一直致力於服務商業客戶──美國航空 (American Airlines)、西南航空等。在探索「我們應該從事的業務是什麼？」這個問題後，Veda International 決定針對遊樂場客戶開發飛行模擬器，將觸角伸入消費性市場，最後該公司也因此創造可觀的成長潛力。Veda 與 Calspan 合併成為 Veridan，並被通用動力公司 (General Dynamics) 收購。

事業層級策略　**事業層級策略** (business-level strategy) 回答以下問題：「我們如何競爭？」著重於組織中每個產品線或業務部門如何爭取顧客。此層級的決策決定將花費多少經費在廣告和產品研發等活動上、需要哪些設備和設施、如何使用它們，以及是否擴大或縮減現

> **企業層級策略**　回答兩個問題：「我們從事的業務是什麼？」和「我們應該從事的業務是什麼？」

> **事業層級策略**　回答以下問題：「我們如何競爭？」著重於組織中每個產品線或業務部門如何爭取顧客。

功能層級策略 專注於公司的主要活動：人力資源管理、研發、行銷、財務和生產。

功能層級策略 功能部門的策略主要在關注「我們如何才能最好地支援業務層級策略？」**功能層級策略** (functional-level strategy) 專注於公司的主要活動有：人力資源管理、研發、行銷、財務和生產。

為了成功地與其他航空公司的飛行常客方案競爭，西南航空航空公司的功能層級行銷策略要求為消費者提供價格激勵。除了飛行常客方案外，西南航空還推出朋友免費飛行 (Friends Fly Free)。在出發日前，以正常全票價格購買的雙程機票，其持票人的朋友可以免費搭乘該航班。

6 解釋策略計畫過程之步驟

4.7 策略計畫過程

在組織的各個層級，策略計畫過程都可以分為幾個步驟，如圖表 4.10 所示。對於新創企業，策略計畫始於使命宣言和目標的擬定。這是如圖表 4.10 所示的第一個步驟 (1) 對於營運中的企業，策略計畫要求管理者不斷 (2) 透過評估優勢、劣勢、機會、威脅等來分析內部和外部環境；(3) 重新評估組織的使命宣言、目標及其後續的攸關策略，必要時則進行調整；(4) 制定一個包含目標、策略和資源的策略計畫；(5) 實施策略；(6) 監控和評估結果。

- 如前所述，一個新創企業，或者考慮全面重新定義自己的企業，第一步是要制定使命宣言和策略目標。
- 在執行第二步 (分析內部和外部環境) 時，公司的策略計畫人員會偵測其內部和外部環境 (第 3 章的主題)。他們執行**環境狀況分析** (situation analysis)——尋找優勢和劣勢 (主要是由內部環境所造成)，以及機會和威脅 (主要是外部環境因素影響)，此過程通常稱為 SWOT (優勢、劣勢、機會和威脅) 分析。優勢和劣勢是內部性的；機會和威脅則是外部性的。規劃人員可以使用獲得的結果重新評估公司的使命宣言，以確保它的持續相關性，並據以制定策略計畫。

環境狀況分析 尋找優勢、劣勢、機會和威脅。

規劃人員可以蒐集有關威脅和機會等外部資訊，來源包括顧客、供應商、合作夥伴、政府報告、顧問、貿易和專業期刊，以及產業公

圖表 4.10　策略計畫過程

1 制定使命宣言與目標

2 分析內部環境
- 優勢
- 劣勢

分析外部環境
- 機會
- 威脅

3 重新評估使命與目標

4 形成策略
- 公司層級
- 事業層級
- 功能層級

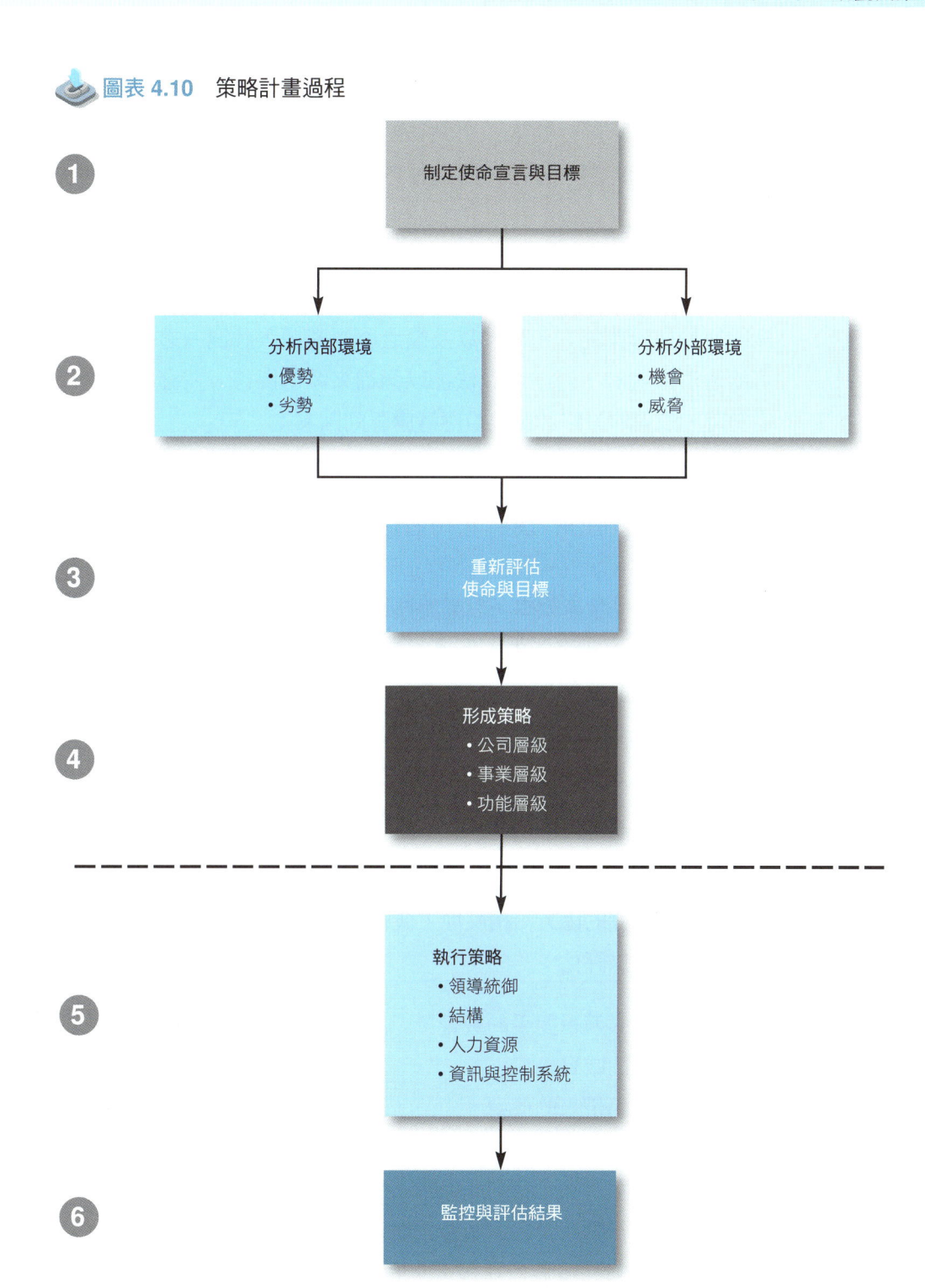

5 執行策略
- 領導統御
- 結構
- 人力資源
- 資訊與控制系統

6 監控與評估結果

會等。規劃人員也可以蒐集優勢與劣勢等內部資訊，來源包括財務報表和分析、員工調查、正在進行中的營運進度報告，以及諸如員

工離職和安全方面數據的統計分析。通常透過經常性地與他人互動和觀察他人，策略分析人員可評估組織的優勢與劣勢。管理者經常利用外部顧問的專業知識，幫助他們獲取並分析從內、外兩種環境中蒐集的資訊。

組織的內部優勢——核心競爭力和智慧資本——是公司可以據以達成目標的要素。劣勢阻礙績效達成能力；劣勢是指管理者或組織的經驗與專業能力不足，以及缺乏所需資源等狀況。透過計畫盡可能地消除劣勢，否則就設法加以彌補來減低傷害。在確定優勢和劣勢時，公司的策略計畫人員應考慮下列因素：

- 管理因素：管理結構及管理者的哲學與能力。
- 行銷因素：配銷通路、市場占有率、競爭挑戰、顧客服務與滿意度水準。
- 生產因素：生產效率、設備與技術落後程度、產能與品質管制。
- 研發因素：研發能力、新產品開發、消費者與市場研究，以及科技創新的展望。
- 人力資源因素：員工才能與專業知識的深度與品質、員工工作滿意度與員工士氣、離職率和工會狀況。
- 財務因素：利潤率、投資報酬率和各種財務比率。

管理階層的外部環境評估側重於確立威脅和機會。威脅是可以阻止組織實現其目標的因素；相反地，機會則可以幫助組織達成其目標。下列因素應加以評估：

- 市場新進入競爭對手的威脅。
- 替代產品的威脅。
- 進入新市場帶來的機會。
- 主要競爭對手的策略變革所帶來的威脅或機會。
- 顧客的潛在行動和獲利能力帶來的威脅或機會。
- 供應商的行動所帶來的威脅或機會。
- 新的(或廢除的)政府法規帶來的威脅或機會。
- 新技術帶來的威脅或機會。
- 經濟狀況變化帶來的威脅或機會。

在重新評估使命宣言和組織目標的階段，管理領導至關重要。正如管理顧問沃倫‧本尼斯 (Warren Bennis) 所說：「領導統御不可或缺的第一品質是一個明確定義的目的。當人們為達成目標而團結一致時，你將獲得一個強大的組織。」對外部機會和威脅，以及內部的優勢與劣勢的分析，可產生以下兩種產出的其中之一：再確認現行的使命宣言、目標及策略；或是制定全新的使命宣言、目標及策略。一旦使命宣言被重新確立或改寫，目標及企業、事業和功能三個層級的策略即可加以擬定。當新策略形成後，就必須開始執行。策略制定跟策略執行是兩個截然不同的任務，只要任何一個任務操作失誤，將導致策略計畫失敗，或是至少也將造成問題。

圖表 4.10 列出「執行策略」步驟中的要素，包含領導統御、結構、人力資源、資訊與控制系統。

- **領導統御**：執行策略時，領導統御的挑戰涉及影響組織中的其他人接受新策略，並採取所需的行為來達成策略的能力。所有管理者都不斷面臨說服人們接受新目標和策略的挑戰。為了順利解決挑戰，策略計畫人員在策略制定過程中建立團隊，並納入較低階的管理者與員工，從而建立支持變革的合作團隊。
- **組織結構**：可以藉由更改組織結構 (如組織結構圖中所示) 來輔助策略的執行。管理者可以採取改變報告關係、建立新部門或事業單位，以及提供自主決策的機會等手段，極大地促進新策略的執行。
- **人力資源**：人員是執行任何決策、策略或計畫的關鍵。總部位於西雅圖的星巴克咖啡公司 (Starbucks Coffee Company)，執行長霍華德‧蕭茲 (Howard Schultz) 在執行國內外美食咖啡供應商擴張計畫中，對於人力資源在其中所扮演的角色有一個很簡單的哲學：「我相信這句話：『僱用比我們聰明的人，然後放手讓他們去做。』」為了管理公司的銷售據點，蕭茲從塔可鐘 (Taco Bell) 和漢堡王 (Burger King) 等速食店招募經驗豐富的管理者。這些分店管理者反過來從大學和社團組織 (而不是高中) 招募員工，並對他們實施「24 小時的咖啡製作和服務寶典訓練。其中的服務寶典是塑造清新形象和優質服務，以建立顧客忠誠度的關鍵。」

- **資訊與控制系統**：管理階層需要建立適當的資訊與控制系統組合，以充分利用政策、程序、規定、激勵措施、預算及其他財務報表等相關措施，共同支援策略的執行階段，必須表彰組織成員投入並致力於新系統的達成。

一旦開始策略執行，就必須監控和檢核其績效表現，並且在必要時進行修改。

在研究策略計畫過程後，讓我們深入了解傳統組織的所有三個層次的策略制定。

> **7** 解釋公司層級策略、事業層級策略、以及功能層級策略之制定

4.8 制定公司層級策略

如前所述，公司層級策略涉及確定公司期望參與哪些業務。對於具有單一市場或幾個緊密相關市場的公司，公司層級策略涉及制定整體策略。但是大多數大型公司的組織結構複雜，具有獨立的、通常不相關的事業單位或部門，每個單位或部門都有不同的產品、市場和競爭對手。公司層級策略包括決定是否增加部門和產品線，以管理企業的業務組合。接下來探討兩種類型的公司層級策略。

大策略

大策略 (grand strategy) 是在公司層級制定的總體框架或行動計畫，以實現組織的目標。有五種基本的大策略：成長、整合、多角化、緊縮或穩定：

> **大策略** 公司層級制定的總體框架或行動計畫，以實現組織的目標。有五種基本的大策略：成長、整合、多角化、緊縮或穩定。

- 當組織想要擴張其營運或業務部門，創造更高水準的部門績效時，應採取成長策略。業務部門的擴張成長可以透過內部投資來建立，也可以藉由外部收購來實現。
- 企業採取整合策略的時機在於，當企業認為：(1) 需要穩定其上游供應鏈或降低成本時；(2) 強化競爭。在第一種狀況，公司制定一種垂直整合策略，獲得與公司經營業務相關的資源、供應商或分銷系統的所有權。世界最大的豬肉加工和豬肉生產商史密斯菲爾德食品 (Smithfield Foods)，便採取垂直整合策略，公司同時參與該企業的豬肉生產和肉品加工。另一方面，水平整

合是藉由收購相似產品或服務的手段來鞏固競爭的策略。卡夫 (Kraft) 購買吉百利史威士 (Cadbury Schweppes) 便是此策略的示例。(在此之前，吉百利史威士已收購 Dr. Pepper / 7-Up 及 A&W Root Beer。)

- 如果公司想進入新產品或市場，則採取**多角化策略**。該策略通常透過收購來實現其他企業及其品牌。奧馳亞集團 (Altria Group，以前稱為 Philip Morris)，便是透過收購其他食品公司實現多角化的目標。

- **緊縮策略**用於縮小公司活動的規模或範圍，採取的手段主要透過減少某些領域的業務，或甚至消除整個業務。全錄和西爾斯 (Sears) 最近推行緊縮策略：全錄選擇放棄其房地產業務，並專注於其核心競爭力。自 1990 年代早期開始，西爾斯系統性地淘汰幾乎其企業家族中的所有非零售業務。

- 當組織希望維持現狀時，會採用**穩定策略**。穩定策略的手段有時是維持組織緩慢發展；有時則是採取讓公司進入一段時間的快速成長後，接著立即回復穩定或緊縮。前身為 NationsBank 和北卡羅萊納州國家銀行 (North Carolina National Bank) 的美國銀行 (Bank of America)，在經歷一段擴張期，將業務版圖擴張到德州，並收購佛羅里達州和俄亥俄州的銀行，接著便採取穩定策略。

投資組合策略

大型且多元化組織的管理者決定採取大策略後，開始制定進一步的**投資組合策略** (portfolio strategy)。投資組合策略在決定提供最大競爭優勢的業務部門和產品線的組合。要發展投資組合策略，首先要確定**策略事業單位** (strategic business unit, SBU)，那是一個存在於公司組織框架內，但具備自主運作權限的事業單位。SBU 的概念起源於 1970 年代的奇異，其目的在針對這家擁有多元業務領域的公司，提供管理者更易於指揮的架構。通常策略事業單位擁有自己的產品線、市場和競爭對手。

財富品牌 (Fortune Brands) 就是一個典型的例子。起源於美國菸草公司 (American Tobacco Company)，財富品牌公司現在已經成為擁

投資組合策略 在決定提供最大競爭優勢的業務部門和產品線的組合。

策略事業單位 一個存在於公司組織框架內，但具備自主運作權限的業務單位。

有幾家迥異於其原始業務的子公司的聯合集團。旗下的各家子公司均為獨立的自主部門。其中一些子公司包括金賓威士忌 (Jim Beam)、摩恩 (Moen) 龍頭、DeKuyper 酒類產品、泰特利斯 (Titleist) 高爾夫設備，以及 Master Lock 的家用保全設備系列等。

管理策略事業單位的組合就像管理不相關的投資組合，像股票、債券和房地產等投資。每個策略事業單位必須連續評估其績效，以及與整體大策略的關聯性。全錄出售在中國的業務——全錄工程系統 (Xerox Engineering Systems) 和富士全錄 (Fuji Xerox) 的部分業務，但仍保留其著名的帕洛阿爾托研究中心 (Palo Alto Research Center, PARC)，是諸如個人電腦和滑鼠等創新產品的研發基地。

一種經常被組織採用作為協助評估其投資組合策略的技術是波士頓諮詢集團 (Boston Consulting Group, BCG) 的成長－占有率矩陣，該矩陣結合成長率和市場占有率維度，劃分出四種類型的策略事業單位，如圖表 4.11 所示。

1. 明星 (star)。明星是高成長的市場領導者。在快速發展的產業中，同時享有高比例的市場占有率。明星事業非常重要，因為

圖表 4.11　BCG 成長－占有率矩陣

它具有高成長的潛力，同時會創造利潤。

2. 金牛 (cash cow)。金牛是淨現金的主要創造來源，在一個穩定、緩慢成長的產業中占很大的市場占有率。由於產業的緩慢成長，在幾乎或根本沒有投資的條件下，該事業單位仍能繼續維持其競爭地位，它可以為擴張或收購額外的策略事業單位提供現金來源。

3. 問號 (question mark)。問號是在快速成長的產業中占很小的市場占有率。問號具有風險性，此類別的事業單位可以成為明星，但也可能失敗。

4. 狗 (dog)。狗是在低成長或衰退的產業中占很小的市場占有率的事業單位。

BCG 的成長－占有率矩陣為公司層級的策略計畫人員提供珍貴的工具，指出應在何處進行擴張，也表明哪些事業單位應該出售。

4.9 制定事業層級策略

事業層級策略是策略管理者為每個 SBU (如果是單一產品業務，則為公司本身) 制定的策略，用以定義它打算如何進行競爭。許多可獲取的可能策略大致分為適應策略及競爭策略。

適應策略

雷蒙德‧邁爾斯 (Raymond Miles) 和查爾斯‧斯諾 (Charles Snow) 認為，事業層級策略應同時適配於公司的內部特徵 (即核心能力) 與外部環境。四種適應性策略包括探索者、防禦者、分析者和反應者。

1. **探索者策略**是基於創新、承擔風險、搜尋機會和擴張的策略。此策略適用於動態且快速成長的組織氛圍，這種組織氛圍常見於靈活、創新和富有創造力的組織。探索者策略一直是思高 (Scotch) 文具製造商 3M 公司的良好選擇，引導 3M 公司成為擁有尖端產品、新技術應用和市場領導地位的企業。

2. **防禦者策略**是一種基於維持，甚至緊縮當前市場占有率的策略。此策略與探索者策略可說是完全相反。如果是在一個穩定的經

營環境中，而組織關注的是組織內部如何有效率地為一般顧客生產可靠的產品，那麼防禦者策略將是一個適當的策略。埃克森美孚 (ExxonMobil) 和荷蘭皇家 / 殼牌 (Royal Dutch / Shell) 均採取防禦者策略。

3. 採用分析者策略的組織試圖保持當前市場占有率，同時在某些市場進行創新。它要求管理者執行一種平衡的行動：組織在某些市場繼續維持，但在其他市場則採取攻擊策略。此策略適用於具有成長機會的環境，同時組織具有效率與創造力。分析者策略實例包括菲多利和安海斯－布希 (Anheuser-Busch)，這兩家企業均擁有可靠的產品基礎，但仍不斷創新地將新產品推向市場。

4. 採用反應者策略的組織即不採取任何策略。反應者不主動制定策略以應對特定的環境，而是等待環境威脅發生後才被動採取回應。在內部方針不明確的情況下，除非能及時改變策略，否則反應者一味地逃避，只能注定毀滅。這種情形經常發生在許多採取反應者策略的公司中。公司沒有採取任何策略，將淪為市場變化與競爭對手打擊的受害者。他們堅持過去長久以來的作法，因為認為過去的作法會持續發揮同樣的效用。他們沒有定期分析環境，並重新評估其使命、目標和策略，直到持續改變的顧客需求淹沒他們。西北航空 (Northwest Airlines) 陷入財務困境，就是因為沒有自己的策略，一直在對競爭對手的策略採取被動反應。

競爭策略

管理學教授麥可·波特 (Michael Porter) 發展組織可以啟用的第二套事業層級的策略──*競爭策略*。適應性策略是基於組織對其環境之間配合與調適，而競爭策略則取決於組織如何才能最佳地發揮其屬於內在能力的核心競爭力進行競爭。波特指出這些策略如同一種通用型策略，如圖表 4.12 所述，因為它們可應用於任何產業的公司，此一類型的三種潛在策略為差異化、成本領導和焦點策略。

- 採取差異化策略，組織試圖推出有別於其他公司的產品或服務。為了做到這一點，組織專注於基本的核心業務工作，例如，

圖表 4.12　波特的通用型策略

產業結構影響力量	波特發展的通用型策略		
	成本領導	差異化	焦點
進入障礙	削價以阻絕潛在進入者的能力	以顧客忠誠度阻擋進入者	發展不可模仿的核心競爭力
購買者力量	以更低的價格提供給重要的顧客	以差異化使大型買家失去議價能力	核心競爭力使大型買家失去議價能力
供應商力量	拒絕強大議價能力供應商的能力	在供應商提高價格時取得有利位置	供應商價格無效
替代品威脅	以低價抵擋替代品	利用消費者對差異屬性的忠誠抵抗威脅	以特殊屬性與核心競爭力抵擋替代品
競爭對手	以競爭對手無法提供的低價贏得競爭力	品牌忠誠度可阻絕顧客流失	對手無法迎合為消費者特別發展的差異化

請造訪我們的網站 http://business-fundas.com。
資料來源：http://business-fundas.com/2010/how-the-internet-affects-porters-generic-strategy-models/.

顧客服務、產品設計開發、全面品質控制和訂單處理等。凌志 (Lexus) 與勞力士 (Rolex) 注重品質；聯邦快遞和麥當勞則專注於服務。

- 成本領導策略是指在藉由效率的作業與嚴格的控制，盡可能壓低成本的策略，如此公司就可以較低廉的價格進行競爭。目標百貨和沃爾瑪將此策略應用在不斷成長的削價競爭市場業務；西南航空、維珍美國航空 (Virgin America) 和捷藍航空也專注於航空業的這一策略。

- 當公司的管理者瞄準特定市場時——特定區域或潛在顧客群，他們正在應用焦點策略。焦點策略可以是一種成本領先或差異化策略，真正目的在縮小範圍、集中力量於某特定市場。專科醫院可能是一個典型例子，例如心臟醫院或兒童醫院。一些公司專門為某些特定買家生產產品，Pro-Line 公司為非裔美國人市場生產保健和美容用品。

4.10　制定功能層級策略

組織中的最終策略是主要功能部門制定的策略。這些行動計畫支持功能層級策略的達成。主要功能包括行銷、生產、人力資源、財務和研發。

- 行銷策略涉及在組織的價格、促銷、配銷和產品/服務方面做出決策，來使顧客滿意。綜上所述，每個領域的決策都將成為公司的行銷策略。耐吉(Nike)繼續致力於與羅伊‧麥克羅伊(Rory Mcllroy)合作一起推廣其高爾夫服裝和設備，與喬丹‧斯皮思(Jordan Spieth)一起經營安德瑪(Underarmour)；擁有牧場、香濃起司、烤肉及傳統口味等多種口味選擇的菲多利多力多滋；詩尚草本(Celestial Seasonings)擁有連鎖雜貨、批發商和保健食品商店等多種配銷通路；沃爾瑪針對主要商品類別建立快速移動的庫存系統；在行銷服務領域，CVS/藥房和達美樂(Domino's)提供網路、簡訊和電話訂購，以及配送到府服務；Supercuts以低價行銷；銀行在大學校園內設置自動櫃員機，提供年輕顧客更便利的服務。
- **生產**的功能層級策略涉及製造商品和提供服務。這方面的決策會影響組織的競爭方式，這些決策包括關於工廠選址、存貨控制方法的選擇、機器人技術的使用和電腦輔助製造技術、對提升品質和生產力的投入，以及選擇和使用外包供應商等。
- 對於許多企業，如旅館、飯店、醫療保健和專業健身運動等方面，**人力資源策略**是企業生存的根本關鍵。這些企業需要特定的策略來執行員工僱用決策領域幾乎所有的作業內容，例如人員招募、員工訓練和人力資源發展等。員工招募必須吸引到足夠的社區勞動力，以提供能滿足公司顧客服務基礎的人員。人力招募進來後，必須進行人力資源的訓練，以充分激發他們的潛能。
- 公司的**財務策略**涉及要獲取利潤(分配給股東或保留供未來投資)所需採取的行動決策、資金如何使用或投資，以及如何籌集額外資金(透過借款或吸引新的資金投資)。
- **研發**的功能層級策略涉及發明和開發新技術，或現有技術的新應用程序，從而產生新產品和服務，例如IBM的核心重點是研究。

IBM在全球均設有實驗室，每年在研究發展上的投入超過50億美元，並且每年產出比任何其他公司更多的專利。過去共有五位IBM科學家獲得諾貝爾獎；公司的研究人員參加科學會議、

發表論文,並在電腦、材料科學與數學等領域取得根本性的進展。

每年公司在研發項目上投資數百萬美元,其中許多項目幾乎沒有任何突破。然而,為了企業的發展,對未來的投資至關重要。汽車工業的研發投入,以取得許多重大的成就,像側面安全氣囊、四輪防鎖死煞車系統,以及防凹陷和防碎屑的車身面板。所有研發均來自策略管理和策略計畫的結果。

習題

1. 規劃如何影響企業的成功?
2. 使命宣言、組織目標、目的和計畫有何關聯?
3. 策略、戰術、作業和權變規劃的目的是什麼?組織在什麼情況下會使用它們?
4. 管理者如何才能使規劃工作更有效?
5. 有效規劃的六大障礙是什麼?每種因素如何影響有效的規劃?
6. 策略計畫的目的是什麼?
7. 為什麼在策略計畫中評估內部和外部環境很重要?哪四個因素需要評估?
8. 公司層級策略的成長、緊縮和穩定策略之間有何區別?BCG成長-占有率矩陣在事業層級計畫制定中的目的是什麼?五個功能層級的規劃領域是什麼?每個領域需要考慮什麼?

批判性思考

1. 你可以舉哪些具體例子來說明使命宣言對企業和非營利組織成功的重要性?
2. 你可以透過哪些方式將策略、戰術、作業目標與計畫應用於獲得大學教育的使命?
3. 你可以從經驗中引用哪些證據,來證明權變規劃在當今組織中的價值?
4. 你喜歡在使用目標管理的組織中工作嗎?為什麼?
5. 你在制定計畫時遇到哪些阻礙成功計畫的障礙?它們對你的計畫有什麼影響?
6. 你可以舉哪些具體例子來說明大策略?競爭策略?功能層級策略?
7. 你如何將SWOT分析應用於策略計畫,以獲得大學學歷?
8. 你可以舉哪些具體發揮組織獨特的競爭優勢的實例?

Chapter 5
決策

©Shutterstock

學習目標

研讀完本章後，你應該能：

1. 認識到決策是在所有管理層級上執行的。
2. 區分決策的正式和非正式方法。
3. 列出決策過程中的步驟。
4. 識別影響決策的環境因素。
5. 描述影響決策的管理者個人屬性。
6. 討論群體決策的價值，並確立三種群體決策技術。
7. 解釋決策的三種定量技術，並描述每種技術的適用情況。
8. 確定管理者可以建立有效決策環境的策略。

管理的實務

決策

我們每個人無時無刻都在做決策。應該幾點起床？應該穿什麼？應該吃什麼？應該說什麼？應該去哪裡？有些決策非常重要，像大學主修什麼？應該在哪裡生活？應該接受哪個工作？

決策涉及商業議題應對方法的決定，評估處理方法的優缺點，或是在某些特定條件情況下最佳替代方案的抉擇。管理決策非常重要，因為結果會影響人們的生活和組織的成功，但是管理者卻不一定做出正確的決策。錯誤的管理決策會導致失去工作和業務失敗，管理者希望能正確地進行決策。

針對下列每一個敘述，根據你同意的程度圈選數字，評估你同意的程度，而不是你認為應該如此。客觀的回答能讓你知道自己管理技能的優缺點。

	總是	通常	有時	很少	從不
在明確定義問題之前，我避免嘗試做出決策。	5	4	3	2	1
在做出決策之前，我會先提出幾種可行的替代解決方案。	5	4	3	2	1
在做出決策之前，我會先徵求別人的意見。	5	4	3	2	1
在做出決策之前，我會研究其他不同的想法。	5	4	3	2	1
在做出決策之前，我會考量與自己不同的觀點。	5	4	3	2	1
在思考解決問題的方法之前，我會不停地提問。	5	4	3	2	1

	總是	通常	有時	很少	從不
我會提出自己的想法和意見，以幫助其他人做出決策。	5	4	3	2	1
在決定某一個解決方法之前，我會嚴格進行評估。	5	4	3	2	1
我了解並遵照決策過程的步驟。	5	4	3	2	1
我評估決定的結果。	5	4	3	2	1

加總你所圈選的數字，最高分是 50 分，最低分是 10 分。分數越高代表你更有可能做出成功的決策，分數越低則相反，但是分數低可以透過閱讀與研究本章內容，而提高你對決策的理解。

5.1 緒論

管理者的決策關係著每個組織的成功或失敗，雖然許多關鍵決策主要都在決定策略方向，然而其實管理者對組織的各方面都做出決策，包括組織結構、用人和控制系統。本章將針對管理決策進行全面的探討，包括決策過程中的步驟、決策環境的特性、決策的影響因素、決策技術、管理者如何營造有利於決策的組織環境。如果你害怕做決策、盡可能推遲決策工作，或者只是希望可以在該主題上獲得一些額外的協助，那麼本章非常適合你。當你閱讀完書中介紹的一些概念、範例和建議後，應該會對自己的決策方法更有信心。

你需要知道的決策知識

多年來你做過無數的決策，包括正在閱讀這本書，也是你當初決定學習管理學的結果。你的人生也是由自己或別人所做決策的直接結果。有許多決策是比較簡單的：決定吃什麼或穿什麼衣服。但有些決策比較複雜：要讀哪一所大學或主修什麼科系。無論**決策** (decision) 是多麼簡單或複雜，都是由可行選項選出的決議。

管理者也面臨著同樣許許多多的決策範圍；但是不同於個人的決策，管理者在組織中做出的決策會影響公司獲利能力、成千上萬員工的生計，以及公司營運地點等。例如，比爾・蓋茲 (Bill Gates) 及其微軟共同創辦人保羅・艾倫 (Paul Allen) 做出的決策──授權 IBM 使用它的 16 位元作業系統 (MS-DOS 1.0)，正是此一靈感造就微軟從其他的競爭對手之中脫穎而出，成為美國最大的軟體銷售商之一。

決策 由可行選項選出的決議。

何謂決策制定

決策制定、問題解決與機會管理

決策制定是識別問題和機會、發展可行解決方法、選擇可行解決方法，並執行所選擇的可行解決方法的全部過程。決策制定 (decision-making) 是一個過程，而不是閃電般的靈光乍現。在做出決策時，管理者正在根據各種選擇或替代方案得出結論。

在管理工作中，很多時候決策制定 (decision making) 和問題解決 (problem solving) 這兩個術語可以互換使用，因為管理者不斷做出決策來解決問題。例如，當威訊 (Verizon) 的一個客戶專員 (業務人員) 辭職時，銷售經理就會遭遇到問題 (problem) ——期待的績效或狀況都會與實際有所落差。人事更換也需要進行決策：從內部晉升；聘請有經驗的人；或招聘沒有經驗的大學畢業生，每種選擇都同樣可以解決問題。

但是並非所有決策都旨在解決問題，許多決策目的在於掌握機會 (opportunity)。管理者看到需要進行決策的時機、狀況、事件或突破，網飛 (Netflix) 共同創辦人里德·哈斯廷斯 (Reed Hastings) 就是一個例子。網飛是一家創新的線上影音服務公司，最早是以郵遞租借 DVD 起家。哈斯廷斯發現許多電影租賃顧客對購物體驗不甚滿意，抓住此一機會來滿足新的顧客需求，於是創立網飛。顧客不必開車去實體店面、排隊或支付滯納金，網飛訂戶只要支付月租費即可立即在電視或其他影音裝置上，透過網路視訊串流服務，觀看網飛播放的電影或電視節目。網飛同時也會根據用戶觀影記錄的評分，向其他用戶推薦適合觀賞的影片。網飛看到這個機會，並把握住它。在本章的「管理社群媒體」專欄中將繼續討論其他公司善用機會的例子。

> **決策制定** 識別問題和機會、發展可行解決方法、選擇可行解決方法，並執行所選擇的可行解決方法的全部過程。

> **問題** 現狀與期望表現之間的差異。

> **機會** 需要進行決策的時機、狀況、事件或突破。

> **電子商務** 無論組織或個人業務，只要其所涉及的交易是基於數位化數據的處理和傳輸，包括文本、聲音和視覺圖像等任何形式，皆屬電子商務。

管理社群媒體

突破性商業模式

網際網路實現許多前所未有的突破性商業模式。商業模式是公司賺錢的方法。網際網路的最早採用者是那些願意創新並承擔風險的企業。在線上最成功的網站不只是利用網際網路作為接觸顧客、購買和出售商品的地方，還藉由個人化的網路連接來使用娛樂與社群資訊。

電子商務 (electronic commerce) 是指透過電子網絡 (主要是網際網路) 買賣商品和服務，或進行資金或數據的傳輸，這些商業交易發生在企業對企業、企業對消費者、消費者對消費者或消費者對企業之間。隨著商業機會的發展，還在不斷地進化。電子商務與傳統商務之間的主要區別在於所使用的工具，傳統商務使用人與人之間的聯繫，同時借助郵件、傳真和電話作為主要工具。而在電子商務中，企業和消費者之間的整個交易 [也稱為企業對消費者 (B2C) —電子零售 (e-tailing)]，或在企業之間 [也稱為企業對企業 (B2B)] 依賴電腦與電腦之間的資料交換。傳統上，大多數交易都是手動處理的，而電子商務使這一交換過程變成自動化。顧客可以每週 7 天，每天 24 小時訪問網站，以獲取有關產品資訊，訂購產品、付款並追蹤訂購交易處理狀態。

由於電子商務對商業交易運作的衝擊潛能，因而持續地成長和發展，為我們帶來的利益包括：

- 降低成本：線上購買可以減少處理銷售相關的時間和分攤成本。
- 減少庫存：持有存貨會造成儲存成本、處理成本和訂購成本等。
- 改進顧客服務：顧客可以連上各種即時顧客服務支援系統，隨時隨地透過多種設備為自己服務。
- 行動收益：在 2017 年，光是行動商務的收入就占美國數位商務的 50%。
- 開發市場 / 產品機會：組織可以擴大範圍，打開其他方法無法進入的市場。

亞馬遜和 eBay 是兩家獨特而成功的網際網路商務企業。亞馬遜是網路銷售書籍的先鋒，今天亞馬遜的願景是「成為世界上最以顧客為中心的企業，四個主要服務的顧客群為消費者、銷售者、企業和內容創造者。」當亞馬遜創辦人傑夫·貝佐斯 (Jeff Bezos) 首次聽到網路的高成長潛力時，據說草擬一份可以上網銷售的 20 種潛在產品清單，其中未包含書籍。亞馬遜出售的書籍與消費者可以在當地實體書店購買的書籍完全相同，但是該網站專注於社群服務，與每個顧客密切互動，並提供客製化服務。亞馬遜主導線上零售，並允許買家進行意見發表和商品討論。亞馬遜目前有 25 個主要代表性類別的各式商品種類，透過複雜的生態系統，提供具競爭力的動態訂價。

eBay 最初是交易 Pez 分配器的地方，現在則是提供數百萬種商品銷售的線上拍賣網站，從汽車到電腦零件再到化妝品應有盡有。當然，eBay 本身實際上並沒有存貨，只是接受委託進行拍賣，並向賣家收取少量服務費。eBay 利用網際網路技術的創新應用，將有交易價值的收藏品買賣雙方聚集在一起，進行線上二手商品銷售。eBay 主導在線拍賣，並允許社群對買家進行評價。

1. 亞馬遜和 eBay 看到利用網際網路開創新型態商業模式的機會。對於這類創新公司，請舉出一個或多個未能充分創新而失敗的例子，並說明這些公司的業務遭受什麼樣的結局。
2. 關於社群網絡和購買者的經驗，亞馬遜和 eBay 的管理者做了何種決策判斷？

5.2 決策的共通性

> 1 認識到決策是在所有管理層級上執行的

如第 1 章所述,決策是所有管理者工作的關鍵部分,他們在執行規劃、組織、用人、領導和控制等功能時會不斷地進行決策。決策不是個別、獨立的管理功能,而是所有功能的共同核心,請參見圖表 5.1 之闡述。

組織各個層級的管理者都在進行決策。高階管理者所做的決策在制定組織使命及達成策略,這種決策對整個組織上下都會產生影響;反之,中階管理者將決策重點放在如何實踐這些策略,以及預算和資源分配上。最後,第一線管理者會處理與重複的日常營運相關的戰術決策。可見決策確實是一項普遍性的管理工作。

管理者每天都會做出大大小小的決策。不管他們是否意識到,但都會透過一些程序來做出決策。無論是規劃預算、組織工作排程、與準員工進行面談、在裝配線上指導工人或對專案進行調整等,管理者都在參與決策過程。

圖表 5.1　五大管理功能中的決策

規劃	組織的任務是什麼?組織的任務應該是什麼? 顧客的需求是什麼? 該組織的優勢、劣勢、威脅和機會是什麼? 策略、戰術和營運目標是什麼? 哪些策略可以實現目標?
組織	哪種組織設計最能實現目標? 哪種部門結構會營造團隊合作? 應向主管報告的下屬有幾人? 主管何時應該授權? 授權的程度是什麼?
用人	今年我們需要多少名員工? 做這項工作需要什麼技能? 哪種訓練最能為員工做好準備? 我們如何提高績效評估系統的品質?
領導	我們該如何才能激勵員工? 哪種領導風格對特定的個人最有效? 哪些策略可用於管理衝突? 我們如何建立團隊?
控制	哪些組織中的任務需要進行控制? 哪種控制技術最有效地監控財務? 控制措施對員工行為有何影響? 我們如何建立可接受的績效標準?

2 區分決策的正式和非正式方法

5.3 決策方法

並非所有決策情境都是相同的,決策的性質通常決定管理者應該採取什麼方法進行決策。在要解決的問題更加複雜或不確定的情況下,管理者使用正式的決策過程進行決策將越有效。這些內容將在本章後面詳細描述。對於不太複雜的問題,或當管理者具備豐富的應變經驗時,則根據習慣或依靠過去的解決方法來加以解決。決策是否依據程式性,應該取決於當時情境的性質而定。

程式性和非程式性決策

程式性決策 涉及經常發生的問題或狀況,因此其情境和解決方案都是可預測的。換句話說,程式性決策是針對組織中反覆出現的問題做出的。

程式性決策 (programmed decision) 涉及經常發生的問題或狀況,因此其情境和解決方案都是可預測的。換句話說,程式性決策是針對組織中反覆出現的問題做出的。典型的例子包括沃爾瑪的計畫性存貨中的再訂購點、員工薪資單變動所需的文件填報、例行性的回應處理等。在本章的「道德管理」專欄中提到的情況,便是程式性決策已經足以解決臉書的大部分問題。圖表 5.2 提出處理薪資單的程式性決策模型。

非程式性決策 是針對非例行性狀況下發生的問題和機會所做出的回應,這些問題或機會具有獨特的狀況、不可預測的結果,以及會對公司產生帶來重大的影響。

非程式性決策 (nonprogrammed decision) 是針對非例行性狀況下發生的問題和機會所做的回應,這些問題或機會具有獨特的狀況、不可預測的結果,以及會對公司產生帶來重大的影響。管理者經常遭遇從未發生過的問題之情況,或是所面臨的是尚未能清楚掌握的問題。蓋茲在微軟的決策便是一個非程式性決策的典型例子,在軟體製作、掌握顧客「購物體驗」或制定耀眼的行銷策略等工作上,都沒有程式性決策步驟可作為依循。為了進行決策,蓋茲花了許多時間分析顧客、開發和分析各種可行的替代方案,並做出最終選擇。當管理者面對這些困難的重大選擇時,必須使用所謂的決策過程。此外,在當今動盪不安的市場環境和激烈的競爭中,進行正確決策變得格外重要。

圖表 5.2 用於完成例行薪資單的計畫決策綱要

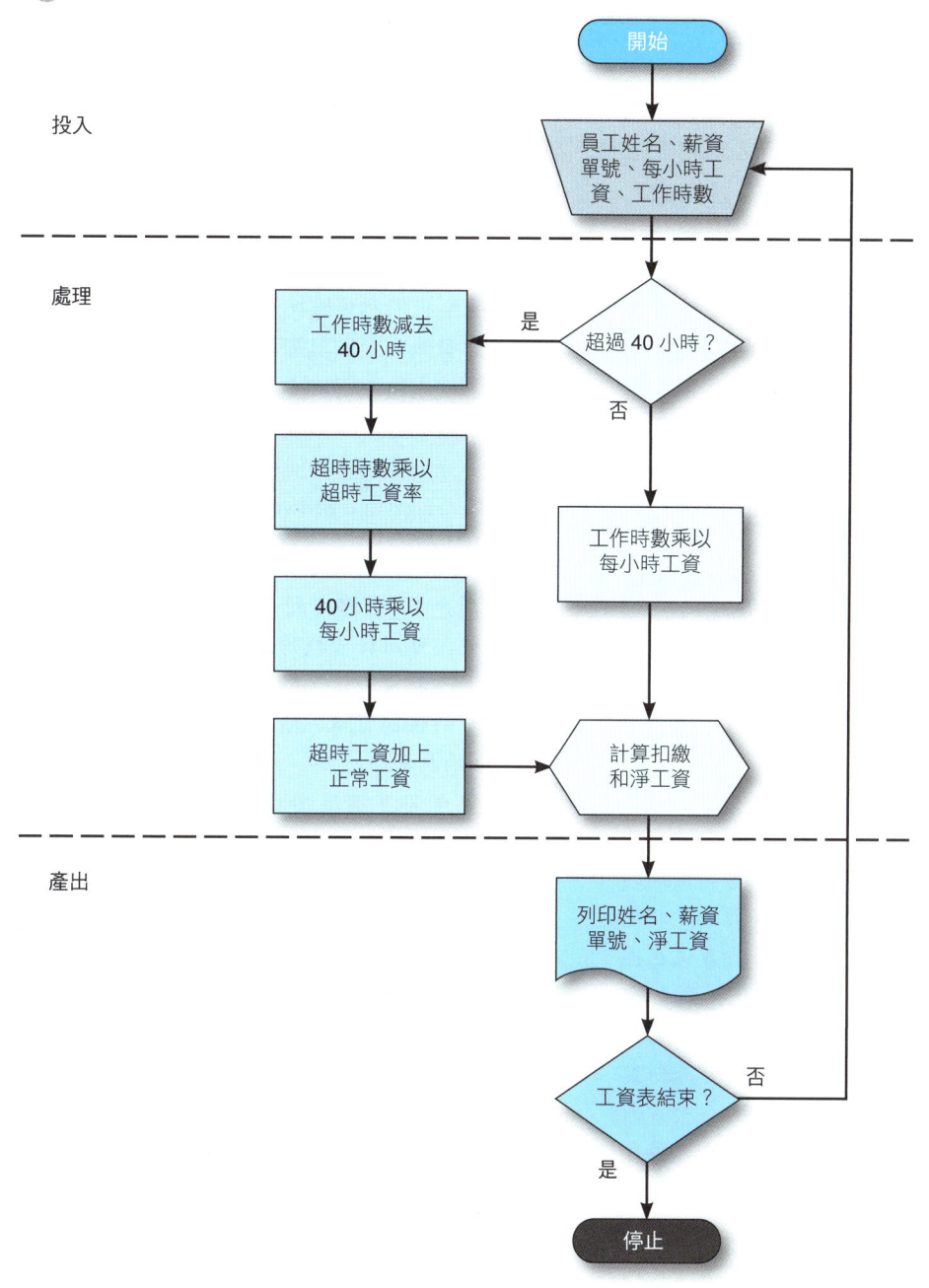

投入

處理

產出

5.4 決策過程七步驟

3 列出決策過程中的步驟

如圖表 5.3 所示，決策過程分為七個步驟，每一個步驟對於整個過程都是不可或缺的。接下來的內容將仔細探討每個步驟。

道德管理

臉書的問題決策

臉書堪稱是網路奇蹟，擁有每個月超過 15.5 億個活躍用戶。成立於 2004 年 2 月，臉書「賦予人們分享和使世界變得更加開放與連接的力量。人們使用臉書保持與朋友和家人聯繫在一起，發現世界發生了什麼事，並分享和表達對他們生活的影響」(About Facebook)。臉書是由馬克·祖克柏 (Mark Zuckerberg) 在宿舍開發的，用它來尋找並找定位其他學生，當時他是哈佛大學的學生。哈佛學生開始自動與其他哈佛學生透過臉書進行連接，然後用戶基礎開始擴展到其他大學校園；接著，擴展到高中和工作網絡；現在，任何人都可以加入臉書。

大多數人相信在默認情況下，他們的臉書資訊僅對朋友公開。當臉書成員加入時，他或她提供個人訊息 (姓名、年齡、地址、來自何地和職業)，透過向朋友發送邀請電子郵件，以建立他或她的臉書好友關係，成員每次登錄時，他或她都會看到朋友的活動和生活作為。

會員發布有關自己的各種資訊，其中很多資訊可供全世界查看。比利時網路隱私監視的一份委託研究報告發現，在臉書上許多最受歡迎的應用程式 (或 App)，包括臉書現在擁有的公司 WhatsApp 和 Instagram，正在向外部公司提供用戶個資，這明顯違反臉書的隱私權規定。應用程式或 App 是在行動裝置或臉書上運作的專用軟體程式。「臉書對 Instagram 和 WhatsApp 的收購，讓臉書得以蒐集更多種類的用戶數據，從而可以提供更詳細的資訊分析。該報告還說，任何記錄在臉書上的資訊，以後不可能不會被用於定向廣告。」(Fidler)

應用程式開發人員是獨立進行開發的，然而開發出來的應用程式卻被臉書視為其附屬交易程式。應用程式公司可以在其應用程式上出售廣告，即使它們缺乏使用和儲存顧客資訊的明確政策。當公司擁有良好的資訊安全規範和政策時，消費者的資訊仍然可能被濫用或被竊取。

消費者個人及與其聯繫朋友的資訊，被允許廣告顧客使用行為定向廣告。行為廣告是對消費者線上活動的追蹤，以投放針對個人消費偏好的廣告 (FTC)，這些行為模糊了內容與付費廣告之間的界線 (Hagel and Brown)。

1. 臉書違反隱私權規定引發哪些道德問題？
2. 臉書用戶 ID 是綁定到每個用戶個人的唯一識別符號，可用於查找用戶名稱、性別，以及他們透過隱私權設定，顯示給網際網路所有人公開閱覽的任何資訊。臉書會員應該如何關切這些 ID 的共享？
3. 會員可能不了解應用程式完全由臉書進行管理，臉書應該藉由對應用程式的控制，要求共同參與的公司遵守其用戶標準嗎？
4. 作為消費者，你對臉書的道德作為有何回應？

資料來源：Facebook Terms and Policies, https://www.facebook.com/policies; Facebook About, https://www.facebook.com/facebook/info/?tab=page_info; Stephen Fidler, "Facebook Policies Taken to Task in Report for Data-Privacy Issues," *The Wall Street Journal*, February 23, 2015, http://www.wsj.com/articles/facebook-policies-taken-to-taskin-report-for-data-privacy-issues-1424725902; FTC, "FTC Staff Report: Self Regulatory Principles for Online Behavioral Advertising," http://www.ftc.gov/os/2009/02/P085400behavadreport.pdf; John Hagel and John Seely Brown, "Life on the Edge: Learning from Facebook," *BusinessWeek*, April 8, 2008, http://www.businessweek.com/innovate/content/apr2008/id2008042_809134.htm?chan=search.

圖表 5.3　決策過程

```
步驟 1　定義問題或機會
         ↓
步驟 2　確認限制因素
         ↓
步驟 3　開發潛在的替代方案
         ↓
步驟 4　分析替代方案
         ↓
步驟 5　選擇最佳替代方案
         ↓
步驟 6　執行決策
         ↓
步驟 7　建立控制和評估系統
```

定義問題或機會

第一步也是最關鍵的步驟是定義問題或機會，此步驟的正確與否將會影響隨後的所有步驟。如果問題或機會的定義不正確，或者問題範圍設定得太廣或太窄，則決策過程中的其他每個步驟將建立在此一錯誤的開始之上。如果一家公司正在失去市場占有率，發生這個問題是因為不良的顧客知覺、產品品質、技術不良、倉儲供貨不及或銷售能力不佳？管理者必須正確指出問題所在，因為這些問題需要不同的解決方案。

解決問題時，管理者必須區分問題和徵兆 (symptom)。在前面的例子中，徵兆是市場占有率不斷下降，而問題可能是品質不良。徵兆出現表示問題出現，並引發管理者的注意，而開始尋找造成狀況的原因，亦即問題之所在。為了從徵兆中萃取出問題，管理者需要展開全面的問題探討流程，並界定出正確的問題。在本章的「品質管理」專欄中討論的「五個為什麼分析」，是管理者探討問題的一種可行方式。

徵兆　表示問題出現，並引發管理者的注意，而開始尋找造成狀況的原因，亦即問題之所在。

根據杜拉克所言：「管理決策中最常見的錯誤來源是強調找到正確的答案，而不是提出正確的問題。」在提出問題的過程中，管理者會蒐集有關問題的即時且相關的數據，獲得良好數據的最佳方法是讓管理者融入工作環境中。因為根據管理專家彼得斯所言，管理者欲取得的最相關、最準確的資訊來源正是工作場所中的人員。

為了協助問題解決，查爾斯‧凱普納 (Charles Kepner) 和本傑明‧特雷戈 (Benjamin Tregoe) 對管理決策進行詳細研究，建議管理者使用漏斗探索法，透過一系列的問題提問來區別狀況與問題。圖表 5.4 說明漏斗探索法如何協助定義問題。首先，管理者開始注意到問題的發生，例如生產量未達標，他或她透過漏斗探索法進行問題提問，以找出真實的問題，而非只是徵兆。

圖表 5.4　漏斗探索法進行問題定義

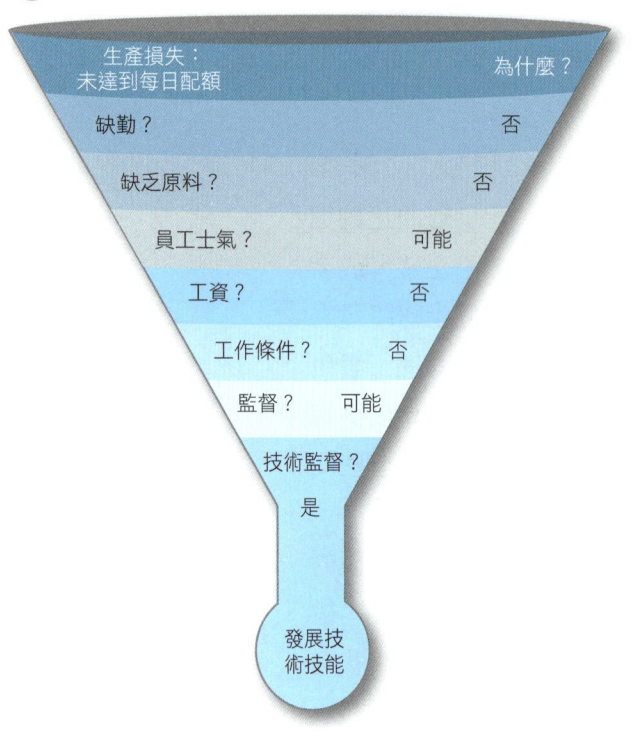

生產損失：未達到每日配額	為什麼？
缺勤？	否
缺乏原料？	否
員工士氣？	可能
工資？	否
工作條件？	否
監督？	可能
技術監督？	是
發展技術技能	

- 工作時間減少了嗎？否，缺勤是正常的。
- 是否缺少作業所需的原料？否，原料供應正常。
- 員工士氣如何？是否有投訴或關心在意的事？好吧，事實上有一些不滿的謠言。
- 是關於工資嗎？否。
- 是關於工作條件嗎？否。
- 是關於管理監督嗎？一些工人在意他們受到的管理監督。
- 他們在意什麼？主管未能回應有關工作技術方面的問題。

透過使用漏斗探索法，管理者發覺現任主管缺乏技術能力。

品質管理

五個為什麼分析

通常績效差距是由於在將目標轉移為具體結果的過程中，任務未能執行或未能有效落實執行所致。分析工作要做的事包括確認業務問題，將一個問題分解為幾個組成部分，並釐清這些組成部分之間的因果關係，此一方法稱為「根本原因分析」(Root cause analysis)，可以用來確定目標與結果為何存在差異。進行根本原因分析的一種方法是以「五個為什麼」進行歸納，它起源於豐田汽車公司。

這種技術背後的想法是進行「為什麼？」的提問，一般需要五個「為什麼」來找出問題的根本原因 (根本的理由)，因為第一個「為什麼」的答案將引出另一個原因，並產生另一個「為什麼」，如此便可以分離問題的狀況與問題的原因。若團隊能夠落實執行程序，將可大幅增進管理成效。

為了診斷根本原因，管理者依照下列所述程序召開會議。

1. 組織一個知識豐富的團隊。
2. 在活動掛圖、白板或電腦裝置面板上，盡可能完整地寫出已知問題的描述，並使問題獲得一致且明確的定義。
3. 團隊成員共同探討「為什麼」會發生所描述的問題，並將獲得的答案記錄下來。
4. 重複步驟 3 和 4，直到找到足以解決問題的答案為止。
5. 團隊同意並嘗試使用獲得的答案進行問題解決。

帕斯卡・丹尼斯 (Pascal Dennis) 在《簡明精實生產》[Lean Production Simplified，第二版，生產力出版社 (Productivity Press)，頁 152] 中，分享「一個據說是從大野耐一的 Kamigo Engine 工廠出來的例子」。

問題陳述：

是什麼造成產量只有 900 個單位，而目標是 1,200 個單位？

為什麼？
因為機器人停止了。
為什麼？
因為過載，保險絲燒了。
為什麼？
因為機械手臂沒有正確潤滑。
為什麼？
因為潤滑泵未能正常運作。
為什麼？
因為灰塵和雜物進入泵軸。
為什麼？
因為泵馬達的設計沒有過濾器。

故障的根本原因可能是「標準不足」，亦即我們沒有意識到馬達應裝設過濾器，以防止碎屑進入；或者也有可能是「標準的遵守不足」——亦即我們有訂定標準，只是沒有確實遵循。

- 簡要描述一個你需要解決的問題，並使用五個為什麼進行問題分析。這個方法可以幫助你解決問題嗎？為什麼？

確認限制因素

一旦問題獲得明確的定義後，管理者就需要確立問題的限制因素。限制因素 (limiting factor) 是那些排除某些替代解決方案的限制條

限制因素 排除某些替代解決方案的限制條件；一個常見的限制因素是時間。

件;一個常見的典型限制條件是時間。如果新產品必須在一個月內出現在經銷商的貨架上,則任何需要花費一個月以上時間的替代解決方案都將被淘汰。資源(人力、資金、設施和機器設備,以及時間等)是最常見的限制因素,它們縮小替代方案的範圍。

開發潛在的替代方案

在這一階段上,管理者應該尋找、開發和盡可能地列出多個**替代方案** (alternative),這是該問題的潛在解決方案。這些替代方案應消除、修正或減弱問題,或是最大程度地增加問題解決的機會。對於正面臨試圖維持原訂計畫生產的問題的管理者而言,可行的替代方案可能是開始額外的輪班、規劃定期加班時間、僱用新員工來擴大產能,或者根本不採取任何行動也可能是選項之一。有時對問題不採取任何措施是正確的選擇,至少在對情況進行徹底分析之前應該這麼做。有時甚至只是靜靜等待時間的流逝,問題便可以自然獲得解決。當然,在問題是非常嚴重或持續很長的時間時,這種情形是越不可能發生的。

替代方案的來源,包括主管自身的經驗;意見或判斷受到決策者重視的人;獲得任務團隊或委員會通過的群體意見;以及外部資源,包括其他組織的管理者。(群體決策將在本章稍後詳細討論。)

建立此替代方案清單時,管理者應避免對出現的任何替代方案進行批評或判斷。在此階段中,對構想的審查會不必要地限制替代方案的開發數量。最初確定的每個替代方案都應該是解決問題的一個個別獨立方案,或是抓住問題的一個個別獨立策略。過於相似的替代方案在最終分析時將無法提供較多元的選擇。經過最初的腦力激盪過程,列出的各種變化構想將開始進行具體化,並開始進行重組整併。

在發展替代方案時的重要目標,是盡可能的發揮創意與廣度。管理者若無法從一個以上的替代方案中選擇最佳方案,就不能稱為決策,因為不存在選擇的問題。決策者必須尋找出多個替代方案,以確保可從中做出選擇,並寄望從中獲得最佳的決策。

替代方案 解決問題的可能辦法。

分析替代方案

此步驟的目的是評估每種選擇的相對優點，以便確定每種選擇的正面和負面或優點及缺點。為了協助一過程順利進行，管理者應進行兩個提問：

1. 替代方案是否符合限制因素？
2. 使用此替代方案會產生什麼結果？

如果有任何替代方案與先前確定的限制因素發生衝突，則必須自動將其刪除，或修改成與這些限制因素不再發生衝突的修訂方案。例如，該部門必須在月底之前生產 1,000 台馬達——比正常產量增加 500 台，而產量的增加最多不可增加超過 10,000 美元的員工工資支出。一個可行的方案選擇是安排在晚上和週六加班，當管理者評估此項建議方案時，計算結果顯示該替代方案將可增加 1,000 單位的額外生產量，但成本卻增加高達 17,000 美元。因此，只能拒絕該替代方案，或是選擇與其他替代方案進行合併。注意圖表 5.5 中替代方案 1 和 2 的命運。

其次，管理者必須確認替代方案的可能執行結果。有些替代方案雖然未違反限制因素，但卻可稱造成不能接受的結果。例如，為了增加某個部門的產出，擬定的替代方案卻是增加該部門員工的人

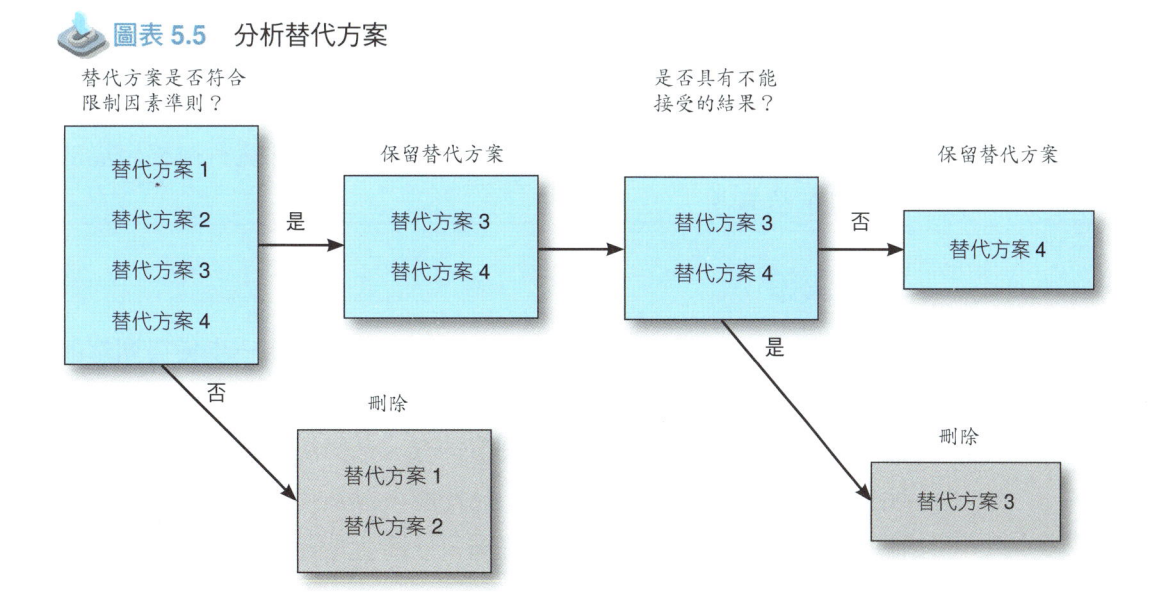

圖表 5.5　分析替代方案

數;結果該部門員工的增加相對排擠其他部門的營業預算。在此情況下,雖然這個替代方案解決了問題,然而在政治性與道德性問題的考量下,此替代方案仍被要求應予刪除,如同圖表 5.5 中的替代方案 3 一樣。

根據問題的類型,採取非定量方法 (經驗和直覺) 或是定量方法 (例如,回收期間分析、決策樹和模擬分析),均可為管理者對替代方案的分析提供良好的支援。這些方法將在本章稍後詳細討論。

選擇最佳替代方案

在此步驟中,根據各個可行方案之優缺點,保留最佳的可行替代方案。應該選擇哪一方案呢?

「最佳」選擇或替代方案是具有最少嚴重缺點,以及最大優點的方案。不過千萬注意,切勿在解決一個問題的同時,卻造成另一個問題的出現。有時候最佳解決方案是幾種替代方案的組合。一個典型的例子是安妮‧麥卡伊 (Anne Mulcahy) 於 2001 年被任命為全錄執行長時採取的行動方案。全錄早期推出改變辦公室作業的影印機,後來隨著網路時代的來臨,更進一步轉型為「檔案服務」公司。當時公司正身陷債務危機,並面臨破產的窘境,麥卡伊做出一些艱難的決定來解決公司危機,採取的手段包括:(1) 出售資產籌措現金;(2) 裁減員工數量來降低成本;(3) 改革效率不佳的業務流程;(4) 將公司重新聚焦於績效表現良好的業務領域。

另一個很好的例子是在本章的「全球應用」專欄中討論的主題。喬漢‧傑茲 (Jochen Zeitz) 面對一家幾乎資不抵債的公司,當時做出一系列大膽的決策,使彪馬 (PUMA) 成為運動生活流行風格市場的全球創意領導者。

執行決策

管理者的職責是進行決策,並藉由這些決策進一步獲得期望的結果。任何決策的完成,本身只是靜靜地躺在那裡,希望有人能付諸實施,否則就如同未曾做出決策一樣。參與決策的每個人都必須明白自己必須做什麼、如何做、為什麼,以及何時必須完成。如同計畫一樣,解決方案需要有效實施,以產生期望的結果。此外,即

全球應用

彪馬的正確決策

總部位於德國的歐洲彪馬，曾經是歐洲市場的失敗者之一，甚至面臨破產的邊緣；但是當傑茲在1993年接任執行長後，彪馬的命運開始改變。傑茲做出許多重要決策，促使彪馬從其他巨頭那裡搶走訂單市場。

首先，傑茲決定減低成本和債務，他堅信如果能夠繼續做出正確的決策，以彪馬的專業技術能力，絕對有能力成為大型企業；事實也證明彪馬做到了。它專注於彪馬品牌，將運動與生活風格融為一體，最重要的是該品牌已重新定位，傑茲如此表示。「彪馬在1980年代是一個廉價品牌，我說讓我們成為溢價，讓我們發揮時尚和風格的作用」(Davidson)。炯恩·谷登(Bjørn Gulden) 在2013年成為彪馬執行長，他將彪馬重新定位為「世界上最快的運動品牌」(PUMA Strategy)。

在運動的國度中，瑞奇·福勒 (Ricky Fowler) 成為彪馬的代言人，並戲劇性地影響銷售量和品牌知名度；無論來自年輕的粉絲、成人高爾夫球玩家和PGA專業選手都一樣。在2015年成為最大贏家，隨後其推特關注人數預計有近100萬人，持續為彪馬品牌吸引新的顧客。科羅拉多國家高爾夫俱樂部 (Colorado National Golf Club) 的PGA主管馬特·舒可 (Matt Schalk) 說：「你看我的少年培訓計畫，每年大約有500個孩子參加，其中80%穿著某種印有Rickie Fowler (彪馬) 的服裝。」

執行長谷登的目標是快速響應新趨勢、快速將新創新推向市場、快速做決策並快速為合夥人解決問題。

- **你認為彪馬是否會達成此重要的里程碑？**

資料來源：Cameron Morfit, "For Cobra Puma Golf, Rickie Fowler is Driving the Brand," Golf.com, January 29, 2015, http://www.golf.com/tour-and-news/rickie-fowler-cobra-pumas-golden-child; Puma's Key Strategic Priorities, March 2016, http://about.puma.com/en/this-is-puma/strategy; Karl Lusbec, "Jochen Zeitz to Join PPR, Puma is looking for new CEO," October 18, 2010, http://karllusbec.wordpress.com/2010/10/18/jochen-zeitz-to-join-ppr-puma-is-looking-for-new-ceo; Andrew Davidson, "Puma's top cat Jochen Zeitz plays it cool," *The Sunday Times*, February 24, 2008, http://business.timesonline.co.uk/tol/business/movers_and_shakers/article3422392.ece; Matt Moore, "Puma Posts 15 Percent Rise in 4Q Profit," *ABC News*, February 10, 2006; Christopher Rhoads, "Success Stories," *The Wall Street Journal*, September 22, 2003, http://online.wsj.com/article,SB106382338364356500,00.html; PUMA Strategy, http://about.puma.com/en/this-is-puma/strategy.

便是一個良好的決策，若未能全心全意地執行，其結果往往會製造問題，而非解決問題。人們必須知道自己所扮演角色的重要性。最後，執行計畫、程序、規則或政策必須徹底達成效果。圖表5.6提供一些如何將決策付諸行動的提示。

建立控制和評估系統

決策過程的最後一步是建立控制和評估系統。該系統應提供回饋、說明決策的執行情況、正面和負面結果，以及需要進行哪些調整才能獲得選擇解決方案時期待的結果。(圖表5.6中的第6點說明，

圖表 5.6　如何將決策轉化為行動

1	說服持反對立場與拖累行動的人。 從初步討論中，可以知道誰只是不情願地妥協——很可能是在公開反對之後。你應該竭盡全力進行調解和說服。
2	確定誰需要被告知以及如何做好此任務。 確保工作列表中包括「需要知道」的人。一定要讓相關人士了解制定此決策的原因。選擇最好的方法——書面的或口頭的——並根據被告知者調整溝通詞彙和語氣。
3	檢查後續環節是否鬆動。 仔細檢查以確保已做出明確的任務分配，並且每個人都有執行任務的資源。
4	做好銷售決策。 實際上，你的任何決策都不會由你單獨執行。必要時取得授權和許可，並多給大家鼓勵。
5	要有勇氣和耐心。 當人們說「這不可能完成」…「成本太高」…「還為時尚早」…「來不及了」時，請堅定立場。
6	安排回饋。 建立一個回饋系統，當你遇到麻煩時會及時發出警報——讓你可以盡早採取補救行動。

資料來源：Reprinted from Carl Heyel, "From Intent to Implement: How to Translate Decisions into Action," *Management Review* (June 1995), p. 63. © 1995 American Management Association International. Reprinted by permission of American Management Association International, New York. All rights reserved. Permission conveyed through The Copyright Clearance Center.

應盡早提供回饋，以便管理者可及時介入進行修正。）通常決策的執行在產出結果的同時也會引發新問題，或是需要新決策的機會，評估系統可以幫助辨識那些結果。

遵循這些步驟可以使管理者做出成功決策的機率增加，因為它提供一個逐步執行的路線圖，所以管理者可以合乎邏輯地進行決策，並且不太可能錯過重要的關鍵步驟。嚴謹仔細地確立和評估替代方案，均有助於確保正確選擇最佳方案。最後，建立控制系統有助於確保決策的正確執行，並有效地處理所產生的後續結果。

為了成功地做出決策，管理者還必須意識到他或她做出決策的環境因素，下一節將探討決策環境問題。

4 識別影響決策的環境因素

5.5 環境對決策的影響

如同規劃一樣，決策並不是在真空環境中進行的。環境中的許多因素都會影響決策過程和決策者。

確定性程度

在確定情況下，管理者有完整的知識來確認該做什麼，以及對該行動的後果為何。可是在其他情況下，管理者就沒有這種知識可用。如圖表 5.7 所示，無論在確定性、具風險性或不確定性的條件下

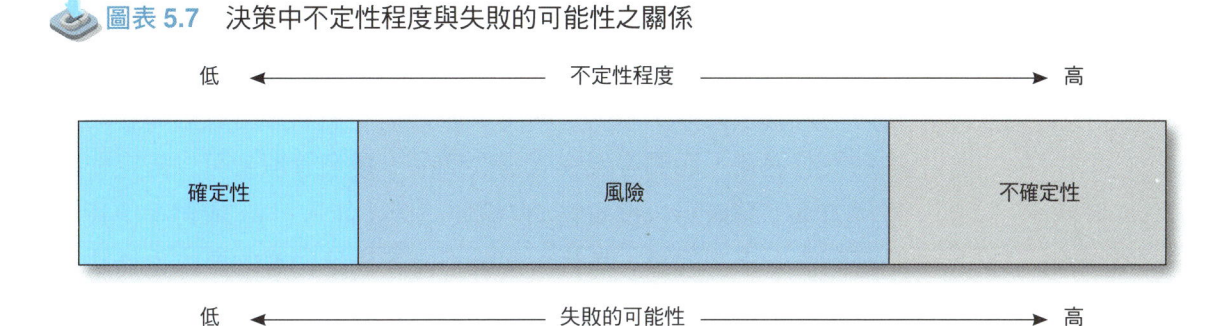

圖表 5.7　決策中不定性程度與失敗的可能性之關係

低 ←――――― 不定性程度 ―――――→ 高

| 確定性 | 風險 | 不確定性 |

低 ←――――― 失敗的可能性 ―――――→ 高

進行決策,每種情況都可能帶來不定性和失敗的可能性。

在確定性的情況下,管理者擁有所謂的*完美知識*,亦即他或她知道做出決策所需的所有資訊。管理者之前已經做出同樣的決策,清楚了解替代方案,並充分理解每種替代方案的結果。在這種情況下,管理者只需選擇已知的替代方案,即可獲得最佳結果,不存在不定性和對失敗的恐懼。例如,以威訊的一名管理者為例,該管理者有兩名新員工,並且必須為每位員工提供書桌、椅子和相關的辦公設備。僅四家公司被批准對該設備進行投標,管理者只需確定對他或她最重要的因素,然後選擇最能提供這些因素的供應商。在確定的條件下,管理者可以依賴政策或現成的計畫;因此決策是按例行程序進行的。換句話說,這些可以說是一種程式性決策。

風險導致更複雜的環境,在這種情況下,管理者知道問題是什麼、替代方案是什麼,但不能確定每種替代方案的最終產出結果。因此,每個替代方案均伴隨著不定性和風險。例如,管理者正為某個職位考量適當的人選,目前共有三個候選人,全部來自公司內部,並有完整的工作績效記錄;然而過去都從事與將任用的職位不同的工作,因此他們在新職位上的表現是未知的。經過深入的面談後,管理者必須做出決策,但面臨的困境是每個候選人都各有優勢,卻沒有一個完全適合這個職位。管理者對於每個候選人能否成功勝任新職位可以清楚評估,但是每個候選人也都伴隨著一定程度的風險。

對管理者而言,不確定性是最困難的條件。這種情況就像是一位開路先鋒,管理者無法確定替代方案的正確結果,可能是因為變數太多,或是因為未知的真實狀況太多。除了已知替代方案的最後結果的機率變動造成結果的不確定性,管理者也無法確定是否已全盤考量所有可能的替代方案。如圖表 5.7 所示,在這種情況下存在很

大的不確定性和失敗的可能性。

為了闡述這種情況，請想像某人剛剛被晉升擔任管理職位。他在第一天就接到員工報告，原本要運送給一名非常重要的顧客的貨物還沒有送達，而顧客現在就需要商品！這名管理者可以確定一些替代方案：發送另一批貨物(但需要三天才能送達)，或再等待貨物是否到達。不幸的是，替代方案能否真正滿足顧客的要求也無法確定，而且還可能存在其他未考慮到的替代方案。他應該怎麼辦？這時候依賴過去的經驗、判斷力和他人的經驗，將可幫助這名管理者評估替代方案的價值，並確定其他可行的替代方案。

不完美資源

> **最大化** 管理者尋求最佳決策。

每位管理者皆希望最大化 (maximize) 其決策：也就是求得最佳決策。為了達此目標，他們需要理想的資源——數據、資訊、時間、人員、設備和物料。但管理者通常是在無法提供理想資源的環境中工作。

> **滿足最低需求** 滿足最低需求，即在可用的時間、資源和資訊條件下做出最佳決策。

例如，現實世界中的管理者並不總是有時間蒐集所有解決問題的資訊，他們可能缺乏足夠的預算來為每台個人電腦購買印表機或給每位員工加薪。面對這些限制，他們選擇做一些更切合實際的事情：滿足最低需求 (satisfice)，即在可用的時間、資源和資訊條件下做出最佳決策。如果管理者總是試圖最大化決策，結果可能是花費大量時間來蒐集資訊而不做出決策。另外，組織中的管理者通常無法證明獲取完整資訊的時間和費用是合理的。

內部環境

除非獲得接受和支持，否則決策無法解決問題或抓住機遇。管理者的決策環境受到上級主管、下屬和組織系統的支持(或缺乏支持)影響。

上級主管 管理者決策環境中的一個主要因素是他或她的上級主管。管理者的上級主管是否對下屬有信心、是否希望被告知進度，並在收到資訊後支持合理的決策？如果是這樣，老闆可以透過提供指導和持續的回饋，來幫助下屬創造一個良好的決策環境。

反之，缺乏安全感的主管可能會擔心下屬的成功，並且可能嫉

妒地保護他們擁有的有用知識。此外，有些主管由於害怕對失敗負責，不願讓其下屬做出對後果有影響的決策。在這種環境下，下級管理者面臨艱難的抉擇，他或她可以長期努力以建立互信的氛圍，忍受挫折與無法自主有效地做決策；否則就選擇離開這樣的環境，另外尋找更可接受的工作環境。

下屬 管理者的決策環境受到下屬的重大影響，許多管理者要做的決策都會直接影響員工——他們何時工作、與誰一起工作、如何工作等。因此，沒有下屬的支持、投入和對決策的理解，管理者就無法發揮作用；甚至反過來會造成主管的工作陷入困境，並進而挑戰管理者的領導能力。當必須進行決策時，員工應該有什麼程度的涉入？其範圍選項如圖表 5.8 所示。

管理者應該採取哪個選項？諾曼・邁爾 (Norman Maier) 提出兩個影響選擇的建議準則：決策所需的客觀品質，以及決策成功需依賴下屬接受的程度。所謂決策具有高度的客觀品質，是指決策過程採用邏輯、合理、循序漸進的方式進行。換句話說，依照圖表 5.3 所示的正式決策程序做出的決策，便是符合客觀品質的標準。

如果決策是由受其影響的利害關係人意見所共同投入制定的，則表示該決策具有很高的接受度。決策的成功需要受他們影響的人的共同理解與支持，就代表這個決策屬於必須具有接受度的類型。這種類型決策的典型例子，包括有關更改程序、更動工作環境或輪班排休等決策。

管理者如何才能知道哪些因素在給定的決策中很重要，尤其是當接受度標準和品質標準都可以適用於同一決策時？維克多・沃倫

圖表 5.8　下屬參與的五個層次

1	管理者使用當時可用的資訊自行做出決策，員工不提供任何意見或協助。
2	管理者從下屬那裡獲得必要的資訊，然後做出決策。當從他們那裡獲取資訊時，管理者可能會也可能不會告訴下屬問題所在。下屬所扮演的角色顯然是向管理者提供必要資訊的一種，而不是產生或評估替代方案的解決方案。
3	管理者與相關下屬個別分享情況，得到他們的想法和建議，而不用將之聚集在一起。然後由管理者做出決策，該決策可能會或可能不會反映下屬的影響。
4	管理者與下屬一起分享情況；集體獲得他們的想法和建議，然後管理者做出的決策可能會或可能不會反映下屬的影響。
5	管理者與下屬一起分享情況。他們共同產生並評估替代方案，試圖就解決方案達成協議 (共識)。管理者的角色很像主席，他或她不會試圖影響決策小組採用特定解決方案，且管理者願意接受，並實施任何得到整個團隊支持的解決方案。

資料來源：Reprinted from *Organizational Dynamics* (Spring 1973), Victor H. Vroom, "A New Look at Managerial Decision Making," p. 67. Copyright 1973 with permission from Elsevier Science.

第二篇　規劃

沃倫與葉頓決策樹　指引管理者進行適當選擇的一系列問題。

(Victor Vroom) 和菲利浦・葉頓 (Phillip Yetton) 向管理者提供一系列問題作為適當選擇的指引。圖表 5.9 所示的是**沃倫與葉頓決策樹** (Vroom and Yetton decision tree) 模型。在管理者依序回答各項提問後，就會從中學到更多有關決策的性質。當管理者最後到達每個系列問題圈出的數字時，就可以確認最有效的決策方法。這些數字對應到圖表 5.8 中下屬參與的五個層次的選項。

例如，假設邦諾書店 (Barnes & Noble) 位於德州普萊諾 (Plano)

圖表 5.9　應用沃倫與葉頓決策樹進行決策方式選擇

A	B	C	D	E	F	G
是否有使解決方案更加合理的品質要求？	我是否有足夠的資訊可以做出高品質的決策？	問題是否結構化？	下屬接受度對決策的有效執行至關重要嗎？	如果我自行做出決策，下屬會接受嗎？	下屬是否共享解決該問題所獲得的組織目標？	在首選解決方案中，下屬之間是否可能發生衝突？

資料來源：Adapted and reprinted from *Leadership and Decision-Making* by Victor H. Vroom and Philip W. Yetton, by permission of the University of Pittsburgh Press. © 1973 by University of Pittsburgh Press.

的商店經理金伯利‧何蘭德 (Kimberly Holland) 正在編製工作時間表，何蘭德透過一系列的問題提問，開始此一流程：

A	是否有使解決方案更加合理的品質要求？由於答案是否定的；則何蘭德移動到 D。
D	下屬接受度對決策的有效執行至關重要嗎？答案是肯定的，下屬非常關心；何蘭德現在移動到 E。
E	如果何蘭德一個人做出決策，下屬是否會同意接受？由於答案是否定的，應使用選項 5 (圖表 5.8)。

因此，何蘭德將與下屬組成團隊一起解決這個問題。他們將共同擬定和評估替代方案，並試圖就解決方案達成協議 (共識)。何蘭德不應該試圖影響團隊一定要採用她的解決方案，只要符合邦諾書店的政策，她必須願意接受並實施任何得到整個團隊支持的解決方案。在這種情況下，如同大多數工作環境中的情況，管理者與員工共同做出決策，並獲得員工的支持，對管理者是至關重要的。即使是最優質的決策，也會因為員工不支持而無法有效執行。

組織系統 組織系統是影響決策的內部環境的最後一個元素。每個組織都有政策、程序、方案和規定，它們是管理者決策的界線。有時這些因素可能已過時或可能導致延遲——官僚作風。如果它們形成重大障礙，明智的作法是讓管理者延遲決策，先嘗試修改系統。

外部環境

正如我們在第 3 章中提到，並在第 4 章中討論的，外部環境會極大地影響管理者的行為，尤其是在決策中。顧客、競爭對手、政府機構和社會通常可以並確實會影響決策。如前所述，顧客一直是決策的驅動力，決定新產品改善服務、增強用戶體驗及延長營業時間等，均是公司對顧客期待的具體回應結果。競爭對手迫使公司進行調整——可口可樂和百事公司；達美樂、必勝客 (Pizza Hut) 和小凱薩 (Little Caesars)；麥當勞、漢堡王和溫蒂漢堡 (Wendy's)。它們均做出改善產品和服務品質的決策，回應顧客的期望。

此外，政府的行為可能會改變，甚至扭轉公司的決策，奇異前執行長威爾許發現了這一點。威爾許延遲退休，以完成奇異與漢威聯合國際 (Honeywell International) 之間的合併協議。當擬議的交易引起歐盟注意時，迫使決策轉向的壓力接踵而至。

5 描述影響決策的管理者個人屬性

5.6 管理風格對決策的影響

除了決策的環境外,其他因素也會影響管理決策。這些是管理者的個人屬性:他或她的決策方法、設定優先等級的能力、決策時機、隧道視野、事前的承諾和創造力。

個人決策方法

並非所有的管理者都以相同的方式處理決策,許多人會特別偏愛以下三種方法的其中一種。

理性/邏輯決策模型 如圖表 5.3 所示,這種逐步循序的方法是本章所推薦的方法,其過程著重於事實和邏輯,以及最小化直覺判斷。使用此方法的管理者嘗試徹底且有序地檢查情況或問題。管理者依靠決策步驟和決策工具,例如回收期間分析、決策樹和研究,這些將在本章稍後進行討論。

直覺的決策模型 一些管理者傾向避免進行統計分析和邏輯分析等決策過程,這些直覺的決策者依靠其對狀況的感受和預感。儘管很難完全去除決策中有關直覺的成分,但若管理者僅依靠直覺進行長期管理決策,將會招致可怕的災難。最好的決定通常是決策者的直覺(基於經驗和後見之明)與理性的逐步循序分析之結果。

傾向性決策模型 管理者已經決定解決方案,然後蒐集支持該決策的相關資訊,這種情形正是所謂的傾向性決策方法。有這種趨勢的管理者很可能會忽略重要的關鍵資訊,而且可能在後續再度面臨同樣的決策問題。

另一個相關特徵是某些管理者傾向對某些特定的選擇懷有偏好,因此透過手段來影響最終解決方案的選擇。如此一來,管理者可以扭曲某些預選的替代方案的價值來達到目的。

決策過程最重要的關鍵要素,是管理者要知道他或她的決策將趨向於並走向理性模型。如果管理者認為他或她正在使用一種正確的決策方法,但實際上可能正在使用另一種不適當的方法模型,則可能會導致嚴重的問題。

設定優先順序的能力

俗話說：「一下雨便是傾盆大雨」，這種情形對於決策工作似乎是很好的寫照。很多決策經常接連不斷地出現，甚至可能是一次成堆地出現，因此如何建立進行決策優先順序的能力會影響管理者在決策工作上的成敗。每位管理者可能具有不同優先順序判斷的標準，有些決策者可能優先考慮對組織目標的達成產生最大衝擊的決策，有些決策者則可能根據老闆認為重要與否來分配優先順序，也有一些管理者甚至可能根據喜好進行判斷。無論使用什麼劃分標準，管理者需要設定決策的優先順序，並清楚知道這些順序的劃分準則為何。

對某些管理者來說，決定優先順序的能力可能會因怠惰拖延，或推遲艱難的決定而受到限制。對拖延者而言，任何決策都不是優先完成的重要事情，要等到有空時才做。應該避免以決策的困難與否作為優先處理順序的判定標準——容易做出決定的決策排第一位，而很難決定的決策則排到第二位，這種作法很危險，因為艱難的決策往往是不能被延遲的。

決策的時機

決策做出之後，接著必須將其轉化為實際行動。好的時機決策對執行的成功至關重要，而不好的時機可能會損害原本規劃良好的決策。管理者應該對時機的影響保持高度敏銳性，以增加決策成功的機會。美國航空當年在「2001 年 9 月 11 日恐怖攻擊發生五個月前購買跨國航空公司」的決策，正是決策時機重要性最好的例子。恐怖攻擊造成航空旅行需求的減少，並引發美國航空連續五年的虧損。

星巴克則是另一個決策時機的例子，該公司決定透過在全美各地開設更多的門市、進入新市場，以及向海外擴張等手段來擴展公司。這個決策的原因也是時機，因為在 1990 年代中期，星巴克的成功引來許多新的競爭者，每個競爭者都關注著星巴克的市場，因此星巴克必須對這些不懷好意的競爭者予以迎頭痛擊。如今，星巴克在 65 個以上的國家擁有 21,000 多個營業據點。

隧道視野

> 隧道視野　具有狹隘觀點。

以極其狹窄視野的眼光看待問題的管理者，可能會依賴有限的替代方案進行決策。這種狹窄的視野或稱為**隧道視野** (tunnel vision)，可能是由於偏見或經驗有限所致。「玻璃天花板」持續阻礙女性在企業管理中的地位，一直無法達到與男性一樣的升遷機會，這可能是男性管理者的隧道視野所致。在其他情況下，管理者無法「看到」另一種方式──另一種可行的替代方案，因為他們不太或完全不了解決策情況。

對先前決策的投入

管理者必須經常做出與先前決策相關的決策。考慮一下這位執行長，他已經投入大量的財務資源來開發可以徹底改變市場的產品，即使該決策似乎沒用，他或她也可能會受到很大的影響而投入額外的資源。撤銷先前決策是困難的，特別是在賭上個人聲譽和自尊。在這種情況下，控制機制及後續行動基準等措施，可能會有助於防止不當決策的發生。

創造力

勇於創新並能夠看到新的做事方式，都將有助於管理者做出正確的決策。大多數人都擁有創造力，但他們往往不能善用它，通常是情境因素所造成的。例如，一位麥當勞的值班經理有明確的政策、程序和系統，用來指揮如何及何時完成任務的，這時他表現得非常稱職。如果同一位經理換做是在尖峰時段中工作，則可能被描述成雜亂無章的。環境的特性絕對無法提供任何反思和創新的機會。

> 突破性思維　視採取新觀點為可行；不局限於舊方法。

為了應對創新和創造力的不足，例如像 3M 等前衛的組織，以及 Google、特斯拉 (Tesla) 和潘娜拉麵包 (Panera Bread) 等許多不同類型的公司，致力提升和獎勵跳脫舊框架的**突破性思維** (outside-the-box thinking)。3M 的管理者讓員工自由冒險和嘗試新想法，而不是依循舊方法限制性地進行問題解決。「我們需要做的事情不是不要陷入舊方法的模式，而是需要發揮我們公司的思考能力。」

5.7 群體決策

> **6** 討論群體決策的價值，並確立三種群體決策技術

在本章的前面，我們提到下屬如何影響上級主管的決策過程。員工如果能夠共同參與決策的制定，則較有可能會對決策給予支持。隨著越來越多的組織和管理者體悟到，實際參與決策制定確實可提高對工作的承諾與產出的品質，因此群體決策將成為工作環境中越來越重要的方式。許多管理專家甚至認為，這種決策的參與效果不僅是一種可能，而是一種肯定。第一線員工必須在決策過程中與管理者成為夥伴，這種夥伴關係是團隊管理的主要目標，這個主題將在第 15 章進行探討。下一節將研究三種經過驗證的群體決策程序的技術，包括腦力激盪、名目群體技術和德菲技術。

腦力激盪

腦力激盪 (brainstorming) 是透過群體努力以產生構想和可行替代方案，有助於管理者解決問題或掌握機會。它藉由鼓勵創意發想、禁止批評等方式，從而產生多元與完整的構想來克服隧道視野的盲點。以下是腦力激盪會議成功的重要元素：

> **腦力激盪** 集體努力以產生構想和可行替代方案，有助於管理者解決問題或掌握機會。

- 六到十二個人在舒適的環境中聚集指定的時間——不受外界干擾。
- 為參與者提供完整的問題 (公司發展的障礙) 或機會 (新產品或新市場) 陳述，並告訴他們無須顧慮構想或建議會因為太荒謬而不敢提議。
- 主持人鼓勵成員盡可能地自由宣洩構想，直到提出所有構想為止。
- 擔任指定抄寫員的人將想法記錄在黑板或活動掛圖上。會議結束後，由管理者或另一個小組對這些想法進行分類和更詳細地深入研究。

在會計師事務所勤業眾信 (Deloitte) 可以看到使用腦力激盪來產生解決問題想法的例子。高階主管發現在其他公司求職的女性人數突然迅速地減少，而女性離職的原因是職涯發展存在障礙。經過一系列的腦力激盪會議之後，該公司為女性制定個別的生涯計畫。此外，它建立一個全公司層級的工作小組，負責研擬提高女性地位的

政策建議。女性倡議 (Womens's Initiative, WIN) 幫助勤業眾信獲得智慧資本，使勤業眾信得以實現多年來的積極成長目標。

當問題屬性直接且定義明確，並且組織氛圍也能夠支持問題解決時，腦力激盪能夠很好地發揮作用，然而它僅是一個產生構想的過程，接下來的兩種技術提供進一步獲得問題解決方案的方法。

名目群體技術

當只有少數人發言並主導討論時，群體討論會議可能會無法發揮其效用。名目群體技術 (nominal group technique) 藉由建立使所有成員平等但獨立地參與討論的會議架構，從而消除前述的缺失。如圖表 5.10 所示，該過程涉及七個步驟：

名目群體技術 建立使所有成員平等但獨立地參與討論的會議架構。

1. **問題定義**。當名目群體組成後，小組組長首先進行定義問題。儘管可能會有些提問以進一步釐清問題，但針對解決方案的討論是嚴格禁止的。
2. **發展構想**。每個參與者寫下他或她個人關於問題初步構想，在此階段仍然強調禁止討論。

圖表 5.10 名目群體技術的步驟

問題定義

發展構想

循環演示

釐清構想

初次投票

評估修訂清單

最終投票

3. **循環演示**。小組中的每個成員依序提出自己的想法，小組組長將這些想法記錄在活動掛圖或黑板上。整個過程仍然沒有討論，直到所有的想法均記錄完畢為止。
4. **釐清構想**。必要時舉辦說明會議，以進一步說明所提出的構想。
5. **初次投票**。以無記名投票方式；每個成員獨立地對他或她認為最好的解決方案進行評選，平均排名最低的解決方案將被淘汰。
6. **評估修訂清單**。小組成員就剩餘的解決方案進行交互提問。
7. **最終投票**。在另一次無記名投票中，針對所有想法進行排名，投票總數最高的想法將獲得採納。

除了提供平等參與的會議結構外，名目群體技術鼓勵個人發揮創造力。會議營造的環境提供一個在不受干擾的情況下發展和表達構想的機會，然而這種過程的缺點就是很耗時。

德菲技術

與名目群體技術相似的是**德菲技術** (Delphi technique)，這種技術同樣也提供達成共識，並強調平等參與的架構——但德菲技術的參與者彼此從未見面，決策是由小組組長透過使用書面問卷進行的。該過程如下：

德菲技術 由小組組長透過使用書面問卷進行，提供達成共識，並強調平等參與的結構性群體決策技術。

1. 透過問卷調查向專家組陳述問題。要求每個人提供解決方案，各個專家彼此並不往來或互動。
2. 每個參與者完成問卷並寄回。
3. 根據收到的答案總結意見。該總結意見的摘要與第二份問卷一起再次寄發給每位專家。
4. 專家完成第二份問卷。在此階段，參與者可以從他人的意見中獲得啟發與指導，他們可以依據這些新的啟發更改第一次的建議。
5. 繼續這個過程，直到專家達成共識為止。

儘管既昂貴又費時，但德菲技術具有非常好的效果。它還提供深入且從容的資訊分析方法，這是喜來登 (Sheraton) 解決問題所採用的一個重要因素——他們當時正由於缺乏像競爭者那樣具備專業知識的優秀銷售人員，導致面臨業績下滑的窘境。為了解決該問題，

喜來登組織會議諮商委員會，透過依循德菲技術的過程，諮商委員會的專家確定了喜來登與競爭者之間的主要區別，在於喜來登是通用型飯店，而競爭者是專業型飯店。競爭者根據商務短期、商務團體和協會團體旅行的不同需求，而將業務進行劃分，該解決方案主要在將通用型細分為特定型態的區隔市場，這個方案使得喜來登的銷售額成長 31%。

群體決策的優缺點

無論管理者選擇使用哪種群體技術進行決策，管理者都應充分了解各個技術之優缺點。

優點 群體為決策過程帶來更廣闊的視野，當今組織中豐富的多樣性和包容性擴展對任何主題的觀點。群體內部文化、種族、國籍、性別和年齡的差異，為定義問題和發展替代方法提供寶貴的觀點 (在

重視多樣性和包容性

不是老……是智慧

喬‧博查德 (Joe Borchard) 將是第一個承認在管理資深員工方面，自己過去所做的不一定正確。他的四名員工中有三個比他年長，在很多情況下，他們甚至足以當成他的父母。誠然，博查德犯了很多錯誤——假設每個人都跟他的想法一樣。

擔任主管幾年後，博查德開始有不同的觀點。身為紐澤西州帕特森 (Patterson) 的學校體系行政管理人員，博查德重視多樣性和包容性。不論年齡、文化或種族，每個人對事物的看法都不一樣。年長的工作人員在運作實務中特別有價值，由於多年的工作經驗，他們有時可以輕鬆地指出哪裡要格外小心，以免踩雷。博查德也完全同意資深員工常會提出很好的主意，並且對工作可能比一般人了解更多，他補充說：「你不能在經驗上貼上價格標籤，然後出售獲利，它只會幫助我脫離困境。我對自己所處的職位感到自在，對於工作的勝任充滿自信，並且不會受到驚嚇而到處求援。」

技術教師羅克珊‧麥地娜 (Roxanne Medina) 也被年輕許多的博查德管理。麥地娜說自己很快就調適了。「我是勇於承擔責任的人，但這並不會讓我因為沒有擔任主管而抓狂，因為我不是跟一個剛愎自用的人共事。」她發現智慧會隨著年齡而增長，「要是我們在某些事情上存在分歧，我不會情緒性地堅持自己是對的，或者感覺非要說出『我就告訴過你』，而且我認為這才是成熟的行為。」

- 許多資深員工表示跟年輕上司相處存在問題。年輕管理者如何才能與資深員工愉快共事？

資料來源：Barbara Thau. "As more older workers and younger bosses are thrown together, the old workplace order is upended." *NY Daily News.com*. November 8, 2010. http://www.nydailynews.com/money/2010/11/08/2010-11-08_as_more_older_workers_and_ younger_bosses_are_thrown_together_the_old_workplace_o.html#ixzz15CgNdQCg.

本章的「重視多樣性和包容性」專欄中討論的便是強調此一因素)。當人們參與決策時，更有可能對決策感到滿意並予以支持，從而促進決策的執行。群體決策為決策者提供討論的機會，這有助於回答問題並減少不確定性，因為這些決策者可能不願獨自承擔風險。

缺點　除了很耗時外，群體決策做出的決策可能是妥協下的產物，而不是最佳結果。有時個人可能會有團體迷思 (groupthink)，由於對組織的承諾，成員可能變得不願牴觸其他成員的意見。此外，群體很難執行某些任務，具體來說，像起草政策或程序等這類工作會令他們感到艱難、棘手；他們在編輯或評論文件方面表現得較為適合。此外，大多數群體都難以主動採取行動；相反地，他們傾向於被動地做出反應，而不是主動採取行動。群體決策的最後一個缺點是，沒有人需要對決策負責。

> **團體迷思**　由於對組織的承諾，成員可能變得不願牴觸其他成員的意見。

5.8　定量決策技術

> **7**　解釋決策的三種定量技術，並描述每種技術的適用情況

管理者可以使用一些定量工具來幫助提高決策的整體品質。根據問題類型的不同，而有以下幾種方法可做選擇：決策樹的應用、回收期間分析，以及模擬等。

決策樹

如前所述，邦諾書店的商店經理何蘭德採用決策樹 (圖表 5.9)，幫助她決定員工參與制定新工作時間表的涉入程度。何蘭德選擇此工具是因為決策樹 (decision tree) 可完整顯示潛在決策的各種可能情況，允許管理者繪製備選決策路徑圖，觀察決策的可能結果，並了解這些決定與未來事件之關聯。

> **決策樹**　行動的圖形化表示作為管理者了解行動與其他事件之關聯。

為了說明此工具的價值和彈性，開發一個協助必勝客行銷經理麗莎 (Lisa) 進行決策的決策樹，她必須決定是否將經費投資於新市場中進行市場測試，或者將經費用於改善公司現有市場中的行銷績效，這個狀況在麥當勞、塔可鐘及星期五美式餐廳 (TGI Fridays) 等公司也經常需要面對。如果成功進入新市場，必勝客將取得競爭優勢；如果失敗，競爭對手 (小凱薩、達美樂) 可能會進入市場，並獲得巨大動量，導致必勝客可能會失去市場霸主地位。之所以這麼危險是

因為新市場本來就不是那麼容易成功，以及因為資金和注意力都被轉向新市場，導致舊有市場競爭力的下降。

麗莎的決策樹包括決策點 (正方形) 和機會或競爭行動 (圓圈) 的分支。在圖表 5.11 中，決策路徑始於麗莎的初始決策：測試市場還是不測試市場。如果決策的結果 (顯示在決策點的右側) 是授權專案執行，則 B 點接著將成為第二個決策點。在 B 點的市場測試如果已經取得成功，接著麗莎必須決定是投入全面的廣告計畫搶攻市場，還是暫時不採取任何行動，等到以後再做。無論選擇哪種方式，她都將面臨小凱薩和達美樂的競爭行動。

圖表 5.11　活動與事件鏈的決策樹

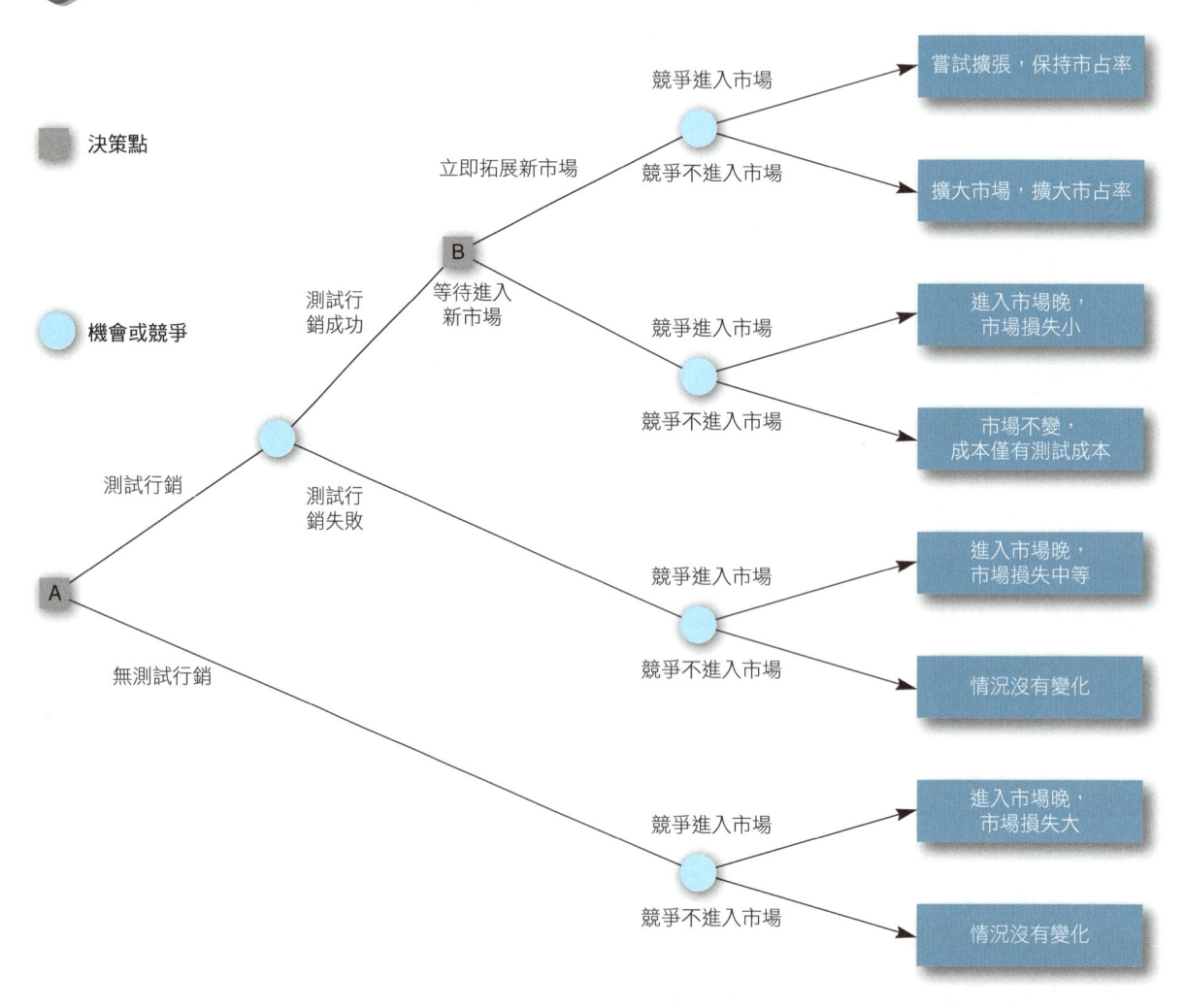

資料來源：Adapted and reprinted by permission of *Harvard Business Review*. An exhibit from "Decision Trees for Decision Making," by John F. Magee (July–August 1964), p. 129. Copyright © 1964 by the Harvard Business School Publishing Corporation. All rights reserved.

決策樹要求管理者僅包含重要的決策和事件或結果，也就是有需要進行比較的後續結果。可看到如果麗莎選擇根本不開始進行測試行銷，則圖表 5.11 也同樣會顯示相對應的預測結果。

回收期間分析

「在這三種型號中，我應該購買哪一種？它們都有不同的價格和功能。你如何比較蘋果和柳橙？」有時管理者面對制定資本購買決策時的兩難境地。要評估這種類型決策的替代方案，回收期間分析 (payback analysis) 是一種有效的評估策略。該技術根據替代方案償還投入的初始成本所需的時間，來對替代方案進行排名，該策略涉及選擇具有最快回報的替代方案。

回收期間分析 根據替代方案償還投入的初始成本所需的時間，進行替代方案排序的技術。

快印 (Quick Copy) 的老闆提姆‧柯林斯 (Tim Collins) 計畫購買電腦化印刷系統。三個供應商給了三種不同系統的價格，而每個系統都有各自的獨特功能，這些功能將影響所獲得的收益。柯林斯應該選擇哪一種系統？為了能夠比較這三種系統，柯林斯準備回收期間分析，如圖表 5.12 所示。對於每個系統，柯林斯都會列出初始成本，以及從該系統獲得的預計年收益，直到該成本被償還完畢。如圖表 5.12 所示，系統 A 需要七年時間才能收回柯林斯的投資；系統 B 需要六年。在這種情況下，系統 C 的四年投資回收期，使其成為最佳投資方案，儘管其初始成本最高。

圖表 5.12 回收期間分析的例子

		電腦化印刷系統		
		A	**B**	**C**
初始成本		$14,000	$12,000	$17,000
收益	第 1 年	0	500	2,000
	第 2 年	1,000	1,000	3,000
	第 3 年	1,500	1,500	5,000
	第 4 年	2,000	2,500	7,000
	第 5 年	2,500	3,000	
	第 6 年	3,000	3,500	
	第 7 年	4,000		
回收期間		$\dfrac{\$14{,}000}{\$2{,}000} = 7.0$	$\dfrac{\$12{,}000}{\$2{,}000} = 6.0$	$\dfrac{\$17{,}000}{\$4{,}250} = 4.0$

模擬

第 2 章介紹管理理論的定量學派，專注於開發解決管理問題和幫助決策的數學技術。這些技術通常稱為模擬，包括排隊模型或等候線模型和賽局理論的特定應用。本節首先將探討模擬的一般概念，接著將進一步探討排隊理論和賽局理論。

> **模擬** 真實活動或過程的模型。

模擬 (simulation) 是真實活動或過程的模型。當模擬過程時，將建構一個行為類似於該過程的模型。例如，聯邦政府及許多私營公司和大學都有計算機模擬程序，以告訴人們在引入各種影響因素變化後，經濟可能產生的反應結果。可以將擬議的減稅或利率上漲的數據輸入模擬電腦，出現的是將受到影響的經濟領域，以及其變化方式的面貌呈現。

模型可以是實體或抽象的，前述提到的電腦模型是抽象模型的一個例子，設計師的圖紙或數學或化學方程式也是一樣。我們大多數人對實體模型更為熟悉，因為它們是有形的和三維的。製造商的原型 (一種手工模型)，具有完整結構的建築模型或無人駕駛汽車的 beta 版等，只是其中的幾個例子。正如你很快將在排隊理論和賽局理論的探討中看到，在決策過程中使用模擬或模型，使管理者能夠：

- 與在現實世界中進行實際變動相比，能更快地查看結果。
- 預測對策略決策的競爭反應。
- 在各種變動的條件下進行決策。
- 避免在真實環境下進行實驗可能導致的正常業務營運中斷。
- 避免使用真實的公司資產所造成的時間和金錢損失。
- 在進行訓練或實驗時，避免妨礙顧客並占用設施的正常運作。

> **排隊模型 / 等候線模型** 協助管理者決定等候線或排隊的最佳長度之模型。

如果你曾經在餐廳、電影院、雜貨店或折扣特價商店裡排隊，將會欣賞排隊模型 (queuing model) 或等候線模型 (waiting-line model) 的價值。這些模型協助管理者決定等候線或排隊的最佳長度。在沃爾瑪，管理者持續擔心結帳櫃檯中結帳隊伍的長度，以及顧客隨後必須在該隊伍等待的時間，被迫等待太久的顧客可能會轉移到目標百貨。管理階層必須權衡開啟其他結帳櫃檯，以提供更快服務的成本，並防止失去顧客的風險。他們必須決定在顧客滿意度和營運成本之間取得最佳平衡。

為了達成適當的平衡，管理者可以建構一個模型來模擬結帳隊伍中形成的瓶頸。附近的超級市場在兩到三個顧客排隊時，將開啟其他結帳櫃檯。大多數電影院都會設置一個售票窗口讓線上購票的顧客，可以在演出前幾個小時開始取票。

在生產過程中會形成排隊現象，因為貨物是透過生產運作而逐漸集中，為了幫助解決問題，公司設計**及時庫存** (just-in-time inventory)。在德州儀器 (Texas Instruments, TI)，除非顧客已訂購，否則不會動工生產。生產中使用的零件，每天會分成數次搬運，然後貨物將立即轉送到生產線中需要的地方。機器和工作人員距離非常靠近，從而消除阻礙價值流動的障礙，安排各種活動以達到價值最大化並減少浪費。根據及時生產系統 (just-in-time, JIT) 交付原料或各類庫存品，從而消除庫存的需求。

> **及時庫存** 原料或各類庫存品的交付，從而消除存貨的必要性。

賽局理論 (game theory) 試圖針對個人或組織在競爭情況下的行為進行預測，讓管理者可以制定應對競爭對手的有效策略。管理者在組織、價格、產品開發、廣告和配銷系統等方面相互競爭的情況下運用賽局理論。如果寶鹼的管理者能夠進行一定程度的準確預測，判斷聯合利華 (Unilever) 是否會在什麼時段內開始降價，寶鹼的管理者便可以決定是否採取降價來進行因應。

> **賽局理論** 試圖針對個人或組織在競爭情況下的行為進行預測。

過去幾年，賽局理論在併購、談判和競標等領域的應用上一直呈現爆炸式成長。在開始收購低價仿製藥的郵購配銷商 Medco 之前，製藥商默克 (Merck) 僱用一個賽局理論專家研究健保改革對默克藥品價格的影響，包括存在 Medco 或不存在 Medco 的兩種前提下的可能結果。在另一個例子中，通用再保險 (General Reinsurance) 公司擔心競爭對手提出更優異的價格，因此聽從賽局理論專家的建議改變遊戲規則——也就是說，除非只有一輪競標，否則一律拒絕參加；並且建議通用再保險公司進行無條件競標，迫使賣方必須快速做出回應，給競爭對手奇異非常短的時間進行還價。該規則為較小的投標人提供平等的機會，通用再保險贏得這場為期一週的快速決策競賽。

> **8** 確定管理者可以建立有效決策環境的策略

5.9 創造有效決策的環境

因為當今組織中的管理者面臨著複雜、充滿挑戰和壓力的決策需求，至關重要一點是，他們必須為自己創造有效的決策環境。以下提示可以幫助他們做到這一點：

1. **為決策充分的時間**。不要被強迫或強迫他人太快做出決定。如有必要，充分進行討論協商來獲得高品質的決策。
2. **有自信**。在當今瞬息萬變的業務環境中，決策者需要勇氣和自信，才能做出充滿風險的決策。
3. **鼓勵他人做出決策**。信任下屬並允許他們自由行動。
4. **從過去的決策中學習**。不犯同樣的錯誤可贏得他人的信任，研究決策來了解它們為什麼產生作用，以及為什麼沒有產生作用。
5. **了解決策條件的差異**。所有決策都具有不同程度的風險或優先順序，也不應以同樣的方式進行所有決策。
6. **了解資訊品質的重要性**。假設可獲得高品質的資訊，並堅持要求下屬以數據支持決策。
7. **做出艱難的決策**。不要拖延或避免處理決定那些非例行性的決策。一旦做出決策，無論結果是肯定或否定，都應向所有人提供解釋。
8. **知道何時應推遲決策**。了解有時最好的決策是拒絕決策，有些事件可能需要放任它自然發生，或者需要更多資訊的蒐集。
9. **準備嘗試**。當今的卓越公司是那些實際採取行動勇於嘗試的公司。它們不只是辯論新產品的構想，而是對其進行實際的市場測試。相較於僅關注於現狀的人，一個改變現狀的管理者即使改變的規模很微小，仍然藉由觀察那些變化所帶來的影響，了解更多有關市場或勞動力。
10. **準備尋求幫助**。每個人都會面臨需要幫助的時候；尋求幫助並非懦弱的表現。實際上，知道何時應該尋求協助正是智慧的象徵。

習題

1. 針對每個管理層級,請舉例說明該層級管理者所做決策類型為何?
2. 影響決策者使用正式或非正式決策方法的因素為何?
3. 決策過程中的步驟為何?並請簡述每個步驟應執行的事項。
4. 影響決策過程於決策者的四個環境因素為何?
5. 決策者可使用的三種個人決策方法為何?又各有何特點?
6. 群體決策的三種技術為何?每種技術的價值為何?
7. 在什麼情況下,你會使用回收期間分析?回收期間分析應用的目的為何?
8. 管理者可以使用哪三種策略來營造更有效的決策環境?

批判性思考

1. 你可以提供什麼例子來示範說明七步驟決策過程的應用?以你遇過的問題或機會為例,應用七步驟決策過程進行分析。
2. 請提供實例說明你曾使用何種個人決策方法。
3. 你如何設定決策的優先順序?可以說明支持你優先順序設定的理由嗎?
4. 在組織應用排隊模型的地方,你可以提供哪些組織應用排隊理論的具體實例嗎?你能指出公司需要應用排隊模型的例子嗎?

Chapter 6
管理倫理與社會責任

©Shutterstock

學習目標

研讀完本章後,你應該能:
1. 描述倫理的兩大理論。
2. 解釋個人合乎倫理行為所需的條件。
3. 描述組織對倫理行為的影響。
4. 討論企業促進倫理行為的三種主要方式。
5. 描述法律與倫理之間的關係。
6. 解釋倫理困境的概念。
7. 討論倫理行為準則。
8. 解釋企業履行社會責任的三種方法。
9. 解釋企業對利害關係人的責任。
10. 描述政府在促進企業社會責任行為中所扮演的角色。
11. 討論企業如何促進社會責任的方法。

管理的實務

鼓舞士氣

員工希望為可以信賴的主管盡力工作,而值得信賴的主管是具備倫理的;他們有自我的道德標準;他們知道是非;他們尊重他人。若管理者與員工之間缺乏信任,通常會導致工作場所士氣低落。

士氣是員工對工作的態度,士氣低落會導致員工失去關注。高昂的士氣會帶來更富有績效和效率的工作氛圍。士氣高昂的員工會感到自信,並有動力去完成他們所需的任務。

針對下列每一個敘述,根據你同意的程度圈選數字,評估你同意的程度,而不是你認為應該如此。客觀的回答能讓你知道自己管理技能的優缺點。

	總是	通常	有時	很少	從不
我對別人表現出興趣。	5	4	3	2	1
我對他人表示讚美和讚賞。	5	4	3	2	1
在做出影響他人的決策之前,我會先諮詢他人。	5	4	3	2	1
我在尋找幫助他人的機會。	5	4	3	2	1
我公平公正地對待人們。	5	4	3	2	1
我幫助人們達成協議。	5	4	3	2	1

159

	總是	通常	有時	很少	從不
面對群體壓力，我維護個人的權利。	5	4	3	2	1
其他人相信我。	5	4	3	2	1
我願意接受別人的幫助。	5	4	3	2	1
我用積極的自我交談來專注於自己的目標。	5	4	3	2	1

加總你所圈選的數字，最高分是 50 分，最低分是 10 分。分數越高代表你更有可能對自己建立士氣的能力感到自信，分數越低則相反，但是分數低可以透過閱讀與研究本章內容，而提高你對商業倫理的理解。

6.1 緒論

本章探討企業及其員工應承擔對自己及他人的責任，聚焦於對全體組織和個人最有利的組合方式，包括組織產出的接受者——顧客。這裡的一個基本假設是，最佳決策可以最大程度地實現合法目標、符合高標準的法律和倫理行為，並促進良好的企業公民意識。本章探討管理者及其組織如何強化其內部個人與機構，使之具備企業倫理和社會責任態度的原則與方法。

1 描述倫理的兩大理論

6.2 管理倫理

第 1 章提過的倫理學，這個哲學支派主要在探討人的價值觀和行為、道德責任和義務。具體而言，倫理主要在根據不同的環境因素下，評判人類行為、價值觀、信仰和態度的對與錯。行為與倫理的最佳檢視時機是在行動方案選定而尚未採取實際行動之前，如此可以確定任何可能的負面後果並避開，或至少在造成任何傷害之前就先考慮到。

依據作家丹尼爾‧戴維森 (Daniel Davidson) 等人的理論：

> 倫理理論可分為兩大類：基於結果性原則或非結果性原則。結果性原則根據該行為的後果來判斷特定情況的倫理；非結果性的倫理則藉由判斷行動將產生的善惡比率，決定該行動的「對」(rightness) 或「錯」(wrongness)。「正確」(right) 的行動是在所有行動中產生最大善惡比例的行動……

非結果性原則側重責任的概念。在非結果性方法下，認為一個人如果是忠實可靠，不管行為後果為何，他的行為都合乎倫理。如果一個人能夠履行自己應負的責任，就會促進最大良善；如果人人都能善盡責任，則整個社會的結果將是可期的。

商業倫理 (business ethics) 處理前述理論在營利組織的應用，這是本章的主要重點。我們的主要關注點是研究個人及其組織在任何情況下，如何避免做錯事，並且能夠做出正確的事。

> **商業倫理** 規範商業領域個人或組織成員行為的規則或標準。

倫理議題的企業顧問羅伯特‧所羅門 (Robert C. Solomon) 和柯瑞斯婷‧漢森 (Kristine R. Hanson) 發現：

良好的企業始於倫理。最成功的人和公司是那些認真看待倫理的人和公司。這點毫無疑義，因為倫理態度在很大程度上決定一個人如何對待員工、供應商、股東和消費者，以及人們如何對待競爭者和社會公眾的其他成員。不可避免地，這會影響一個人所受到的回報。倫理管理者和倫理企業往往更受信任，並得到更好的對待，遭受的抱怨、效率不彰、訴訟和政府干預也會更少。具備良好倫理的企業就是良好企業。

在分配和管理有限的資源時，管理者必須不斷努力平衡各個成員的不同需求，如員工、業主、顧客、供應商，以及所處的社區 (當地及區域)，這些需求有時甚至是相互衝突的。在 21 世紀初，兩個強大的因素正在危及原本的平衡。

首先，發生在機構管理者與擁有實權者之間，從來不曾有如此多的衝突：建築業、香菸公司、社交網絡和科技公司、軍隊、環保主義者、核電倡導者、教師、學校董事會、嬰兒潮世代和千禧世代。兒童、窮人和遊民、弱勢族群、低教育程度者與老人等，這些較低支配權力族群的利益，是唯一還凌駕於具權力者的特殊利益之上的。

其次，管理決策的後果影響更多的人與環境，而且更甚以往。是否成立癌症或愛滋病醫療研究實驗室、維持 747 機隊、建造越洋超級油輪、監督車諾比 (Chernobyl) 核反應爐或博帕爾 (Bhopal) 的殺蟲劑工廠、領導洛杉磯警察局，或策劃福特公司的未來，今天的管理者對當今與未來世界產生空前的影響。全面品質管理方法乃立基於道德規範之上，在本章的「品質管理」專欄中將討論這個主題。

品質管理

全面品質管理基礎

全面品質管理 (TQM) 的哲學可以描述為八大要素的成功推動：倫理、誠信、信任、訓練、團隊合作、領導才能、認同和溝通。這些元素分為四類：基礎 (倫理、誠信和信任)；建築用磚 (訓練、團隊合作和領導)；黏結砂漿 (溝通)；和屋頂 (認同)。這八大要素可描繪為房屋，如下圖所示。

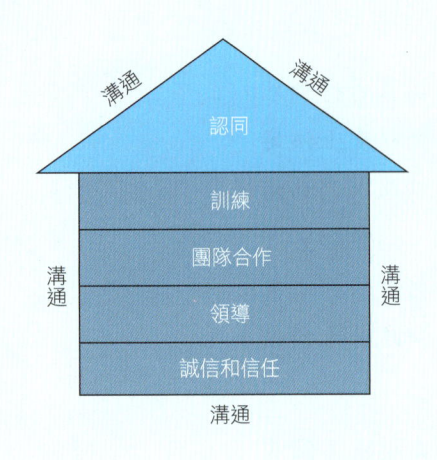

TQM 的基礎包括倫理、誠信和信任。

信任是誠信和倫理行為的副產品，沒有信任，就無法建立 TQM 框架。信任促進所有成員的充分參與，允許賦權，鼓勵對所有權的滿足感，並鼓勵承諾。它允許適當的組織層級中進行決策，促進個人冒險持續改善，並有助於確保檢視的重點放在流程改善上，而非針對他人進行對抗。信任對於確保顧客滿意至關重要，因此信任建立 TQM 非常重要的合作環境。

資料來源：Padhi, Nayantara, iSixSigma, "The Eight Elements of TQM," http://www.isixsigma.com/index.php?option=com_k2&view=item&id=1333:the-eight-elements-of-tqm&Itemid=179.

隨著社會的加速變化，以及資訊和科技的爆炸，真實世界所發生的事件已接近電子遊戲世界的步伐，無情的災難幾乎無法管理。改善產品和營運的品質、提高生產率、與供應商和顧客保持密切關係、重視多樣性和包容性，以及對全球變化迅速做出反應的壓力，都壓縮管理者及其組織做出決策和選擇行動方案的時間。管理者需要指導方針，以幫助他們應對這些壓力。

請參見本章的「管理社群媒體」專欄，以檢視社群媒體倫理條款，以及經營電子商務應考慮的倫理規範。

2 解釋個人合乎倫理行為所需的條件

6.3 個人與倫理操守

很少有個人和組織會公開認可欺騙、偷竊、撒謊、違法及威脅他人的身心健康。在正常情況下，這些行為都違反大多數社會所認

管理社群媒體

社群媒體道德條款

偽草根行銷 (astroturfing) 是企圖透過欺騙手段偽造基層消費者民意走向的行為。該術語起源於政治界，最早創造這一用語的是勞埃德·班森 (Lloyd Bentsen) 參議員。在社群媒體中，偽草根行銷通常在部落格上對公司發表正面評論，但刻意不透露自己是該公司員工或身為公司代表。在某些情況下，公司會僱用第三方 (如公共關係機構) 從事偽草根行銷。另一種形式的偽草根行銷則是僱用網軍，在不透露其隸屬關係的情況下，在各種社交網絡上散布對某公司有利的言論，歐盟禁止此一非法行為。

業配文 (blogola) 通常描述提供部落客免費商品，以換取部落客評論其產品。有時此請求意味著需要進行有利的評論，以換取「免費」產品。

blogola 一詞來自於廣播電台術語「買通」(payola)。該詞起源於 1950 年代，在其原始用法中，payola 通常發生唱片公司付錢給 DJ，以換取在節目中播放某些歌曲，並在廣播中「提到」特定的藝人和唱片。

許多業配的情況並不是刻意欺騙。例如，媽咪部落格最初是媽媽們分享交流育兒技術、營養保健、產品安全、教育等，以及其他與母親有關的主題。相關產品的製造商與這些部落格作者聯繫，要求他們能為產品提供評論。部落格普遍地驚人成長，尤其是像媽咪部落格這樣的例子，甚至成為利潤豐厚的部落格，而原本的業餘同好母親也轉身變成全職部落客，因此原本「早期」適用的道德標準可能不再適用了。

實際上，許多部落客已停止接受免費商品，而是選擇將所有評論產品退還給製造商，但在某些領域仍有其難度。例如食品跟酒類是無法退還的，旅遊也是一樣。許多專業作家可以自己付費進行體驗與評論，但是業餘愛好者可能就負擔不起。

品牌劫持 (brandjacking) 是一個相對較新的術語，用於描述當一個人或公司「劫持」另一家公司的品牌標識。這可能包括未經授權使用的公司名稱、商標、產品圖片、產品名稱，甚至網站網址等。例如，一些推特上的公司帳戶被證明是虛假的；更公然的品牌劫持形式是，有人甚至會自稱是該公司的官方代表。

另一種較溫和的形式經常在臉書上出現，在線上討論群組或論壇中未經授權使用該公司的個人或團體品牌標識，這種情形常發生在對公司及其產品熱衷的人建立的「粉絲」網頁和群組。如果小組中的討論主要是對公司有利，即便他們違反著作權法或商標法，公司甚至可能選擇不對這種活動追究。

評論垃圾郵件 (comment spam) 經常以連結到第三方網站的方式，傳送無害的評論攻擊部落格和線上社群。評論垃圾郵件主要由銷售色情內容、線上遊戲，以及性功能障礙治療方法的公司所使用，因此公司很明顯地不希望這些內容出現在網站上。大多數部落格軟體都會過濾垃圾郵件，並透過對評論的審核分級，而將垃圾郵件阻絕於部落格或社群媒體之外。

flog 是指偽造的部落格，旨在藉由偽造有利於公司的狀況或故事欺騙消費者和其他人。最著名的 flog 是「跨越美國沃爾瑪」(Walmarting Across America)，其中「平均夫婦」開著露營車在美國各地的沃爾瑪停車場旅行，並在部落格上寫下遊記。結果這對夫婦竟然是沃爾瑪代理機構 Edelman 聘請的專業攝影師和專業記者，負責撰寫這個部落格。

flog 惡意欺騙以促銷公司及其產品，切勿與搞笑模仿部落格混淆，例如「史蒂夫假博思」(Fake Steve Jobs) 部落格，該部落客公開說明其偽造伎倆，並嚴格遵守僅用於娛樂目的。

連結誘餌 (link baiting) 可能是社群媒體道德的灰色地帶之一，有些人不認為這是不道德的。連結

誘餌是透過操弄具有爭議的對話，或執行某種形式的促銷行為，誘使進行網站連結。其中有些是隨機提供現金獎勵的公開方式，吸引在特定時間訪問特定網站的任何人。

其他方法更加巧妙，部落格標題為「部落格一無是處」可能反而產生大量的流量，因為這個來自部落客的聲明非常匪夷所思。有些人會將這種具爭議性的觀點視為連結誘餌，其他人則認為它是一種很好的部落客行銷手法。

基本上，人們被連結誘餌所打擾，因為網站連結的數量是影響該網站搜尋結果排名的關鍵指標，因此採用連結誘餌策略並非為了使網站變得更加有趣或真正連結相關內容，而是要愚弄網際網路搜尋引擎，並增加主題廣告收益。

按帖付費 (pay per post) 是一種付費發布有利於公司產品和服務的廣告方式，給付費用則是按照部落客發文數量計費。引用自 payperpost.com 網站的按帖付費也是一種業配文的形式，如同邁克・阿靈頓 (Michael Arrington) 在 TechCrunch 部落格上形容的，「你的靈魂值多少錢？現在按帖付費可以讓部落客自行訂價。」按帖付費會混淆讀者，因為他們通常不知道正在閱讀的部落格，實際上是由公司贊助的。

螢幕抓取 (screen scraping) 用於「抓取」來自部落格或網站的內容，並在未經許可的情況下將其重新發布到另一個網站。螢幕抓取可能違反商標法和著作權法，並且許多網站與社群網站的用戶協議也明確禁止。螢幕抓取之所以如此命名，是因為使用程式輸出的數據或簡易供稿機制 (RSS feed) 的輸出，螢幕抓取逐一像素複製螢幕上顯示的訊息。

Splog 或垃圾郵件部落格是為抓取搜尋引擎而建立的虛假部落格，將所抓取的結果轉移到其他部落格或網站。部落格上的文章都是虛假的，有時使用無意義的文字，有時則使用專為提高搜尋引擎排名而開發的技巧性文字。

網路商業倫理

　　管理者可以確保公司在從事電子商務時，充分考量倫理問題。

- 管理者應積極主動。在企業使命宣言中放一個偉大的倫理政策還不夠。制定定期的倫理培訓和關注計畫。將倫理從「應遵循的規則」轉變為商業運作方式。
- 將倫理政策與員工可能面臨的真實世界情況充分連結。建立明確的操作程序，當出現倫理相關的爭議情況時，應與哪些員工聯繫，取得協助。
- 請明確規定你的倫理行為標準也適用於在公司工作的第三方承包商與現場顧問。
- 如果你的公司還沒有推動網路商業倫理，就先著手推動顧客資料的隱私權政策。注意在公司內部與外部人員之間如何共享資料。
- 最重要的是，強調良好的倫理操守具有重要的商業意義。為了短期利益而犧牲倫理，長遠來看，肯定會失去顧客和合作夥伴。倫理不僅是倫理正確性的問題，還意味著企業的成功。

1. 管理者在處理網路相關業務時面臨哪些倫理問題？
2. 許多企業都有自己的標準，有時是形諸文字的，有時只是被理解的。有時會遵守這些標準；有時則會被忽略；有時則取決於自己的個人標準。在面臨模稜兩可的情況下，你要去哪裡尋求指導？請說明。

資料來源：Joel Postman, *SocialCorp: Social Media Goes Corporate*, New Riders Press (December 18, 2008), pp. 120-123. Clinton Wilder, "Business Ethics for IT Managers— What You Can Do," *InformationWeek.com News*, February 19, 2001, http://www.informationweek.com/825/ethics_side.htm.

定的標準。然而，正如當今許多新聞頭條的報導，每天都有個人和企業被指控做這些事情而定罪。在初步檢視道德與個人行為之後，我們將注意力轉向組織對機構及其成員倫理行為的影響。

　　一個人的倫理受其道德 (morality) 觀念——核心價值和信念 (即原則和哲學) 的影響，並引導著行動歷程的形成 (即良知)。行動歷程一旦形成，一個人會根據該行為對自己及其他人的預期影響，來選擇或拒絕該行為。「宗教信仰和訓練、教育背景、政治和經濟哲學、透過家庭和同儕群體的影響而形成的社會化，以及工作經驗等共同形成個人倫理價值之道德規範，以及伴隨而來的態度。」所有這些因素通常被稱為個人的倫理規範或道德規範，並作為判斷和規範自己與他人行為的主要控制機制。

　　人類行為來自於明顯原因或動機，而這些原因與動機都是可以識別、確認和修正的。因此一個明智的人會隨時意識到個人的關切性、目標、價值觀、需求、信念、態度和假設。這種意識使個人能夠實務地評估作為他們個人選擇和行動基礎的動機。我們所有人都必須不斷努力，以確定對我們及領導者行為動機的影響與原因。

領導者的倫理

　　領導者對待員工的方式會影響員工忠誠度。「沃克職場忠誠度報告」(The Walker Loyalty Report for Loyalty in the Workplace) 發現，57% 的員工認為公司領導者是高度誠信的人。忠誠度定義為對組織高度承諾，並計畫至少繼續留職兩年。只有 6% 認為自己是由不道德主管所領導的員工並表示自己忠於公司；相反地，有道德領導者的員工中，有 40% 希望繼續留任。

　　在對領導力的研究中，商業作家丹尼·考克斯 (Danny Cox) 列出成功領導者的十大共同特徵。其中第一項是「培養高個人道德標準。」考克斯認為，「任何個人道德的高標準核心是對道德責任的自我宣示。一個拒絕承擔道德責任的人，將缺乏抵擋誘惑的道德防線。」

　　作家凡爾納·亨德森 (Verne E. Henderson) 補充道：「不了解動機為何的管理者和經理人……將是容易發生道德事件的地方。」亨德森建議當同事 (包括老闆) 建議你採取某些行動時，必須考慮他們

> **道德**　當個人制定行動方案時，作為引導方針 (即良知) 的核心價值和信念。

及我們自己的動機。隨著事情原委逐漸明朗，隨時注意合理化滿足自己不正當行為的藉口，會掩蓋我們良知所發出的微弱警告。

安隆、安達信會計師事務所 (Arthur Andersen) 和某些金融服務公司，近年來退守對社會的責任。美國的媒體顯示其中許多領導者被逮捕並銬上手銬帶走。有些人稱他們為「手銬加身的管理者」，然而前美國證券交易委員會 (Securities and Exchange Commission, SEC) 主席及《散戶至上：證管會主席教你反擊股市黑幕與避險》(*Take On the Street: What Wall Street and Corporate America Don't Want You to Know and What You Can Do to Fight Back*) 作者阿瑟・萊維特 (Arthur Levitt) 表示，高階主管所遭受的屈辱對公司文化產生積極的影響，他說：「文化變革對投資者的保護比任何監管法規都更重要。現在聰明的執行長都知道必須關心公共利益。」

具有強烈個人道德準則的領導者相信，這是贏得勝利的正確方法。他「以身作則」成為團隊效法的模範，他或者她具備的道德防護能力，足以用來檢視自己的選擇判斷，並在競爭與委託之間取得平衡。

3 描述組織對倫理行為的影響

6.4 組織對倫理行為的影響

教授和作家彼得・佛斯特 (Peter J. Frost)、凡斯・米契爾 (Vance F. Mitchell) 和華特・諾德 (Walter R. Nord) 相信，組織可能會對個人的倫理行為能力產生負面影響：「隨著組織在人們心中變得重要，人們面臨強烈的誘惑去做認為對組織有利的事情，即使這意味著他們採取行動與倫理行為標準不一致。」

索爾・傑勒曼 (Saul W. Gellerman) 教授指出，組織可以有幾種公開或私下的方式，鼓勵員工採取不倫理行為：

- **提供鉅額獎金**。鉅額獎金和佣金可能會扭曲一個人的價值觀，就像太多的權力會使人喪失正派的標準一樣。將獎勵保持在理性範圍之內，可以達到激勵但又不致破壞道德規範。
- **威脅實施嚴厲的處罰**。「如果為了避免一場他們認為的災難，人們將竭盡所能地避開。這時一個人的良心將被恐怖所麻痺，再骯髒的勾當都做得出來。」

- **強調結果**。如果公司過於重視結果,管理者將避免干涉下屬用來實現結果的方法。

管理者為下屬樹立道德典範,主要的成效是透過行動來達成的,而不是藉由言語或用文字寫成的公司倫理規範。期望員工對主管的不倫理行為視而不見,無異是在大聲傳達一個訊息,就是目的比手段更重要。

倫理學教授林恩‧夏普‧佩因 (Lynn Sharp Paine) 將不倫理行為與公司文化也做了同樣的連結,她認為:

> 不倫理的商業行為涉及其他人的合作默契 (即便不是明確),並反映出定義組織運作文化的價值觀、態度、信念、語言和行為模式。因此對組織而言,倫理議題正如同對個人來說是一樣的。未能提供適當領導和建立促進倫理操守系統的管理者,應與那些謀畫、執行,並故意從公司的不當行為中獲益的人負有同等的責任。

正如同組織可以產生負面影響,也可以產生正面影響。

6.5 組織控制的重要性

4 討論企業促進倫理行為的三種主要方式

企業文化提倡價值觀和信念,這些價值觀和信念支配著人們與他人互動的方式。大多數組織中存在幾種次文化,這反映出勞動力所產生的不同工作群體或離散種族群體。儘管這些次文化可能顯示出不同的價值觀和認知,但卻可以實現統一的觀點:「在多元社會中,企業是迫使不同文化和個人價值觀進行合作與妥協的地方。在這裡單一且統一的倫理至關重要。」要實現這種統一的觀點,組織必須依靠高階管理階層的承諾、倫理規範和合宜的計畫。

高階管理階層的承諾

確保組織的文化對倫理行為和社會責任的支持,是高階管理階層的工作。為達此目標,高階管理階層必須使組織誠信成為核心價值。倫理學教授潘恩對此概念提供以下解釋:

> 組織誠信是基於對指導原則自發性遵守的概念。從誠信的角度來

講，倫理管理是要定義並賦予組織指導價值生命力，以創造支持倫理行為的環境，並灌輸員工一種共同義務的責任感。

要確定公司文化及其次文化是否支持或反對倫理行為，請參見圖表 6.1。這是檢查公司文化的檢查清單，任何「否」的答案就代表針對該項目必須進行一些變革，以促進倫理與社會責任的行為。

蓋勒曼教授主張：「每個人的良知是抵制不倫理行為的第一道防線。」管理者「必須不泯滅良知。第二道防線是消除或減少可能摧毀或欺瞞良知的機會。」他建議高階管理者可以採取三個步驟，來阻止其職責範圍內的不倫理行為：

- **在可容忍與懲處的行為間畫上明確的界線。**此步驟意味著為合乎倫理或上層規定的行為建立明確的規範。
- **投資時間和金錢來確保上述的界線是被理解並謹記在心的。**此步驟需要訓練、持續監督，以及建立對倫理行為的獎勵。
- **藉由被揭發風險的提高，對可能的違規者產生嚇阻。**此步驟意味著公平、迅速地懲治，人們將從中學習管理階層如何處理不當行為，並記取教訓。

圖表 6.1　確定企業文化是否支持倫理行為與社會責任的檢查清單

本公司：	是	否
1. 是否擔心其服務、產品和營運的品質？	☐	☐
2. 是否擔心員工的生活品質？	☐	☐
3. 是否以其在業界的聲譽感到自豪？	☐	☐
4. 是否以其在社區中的聲譽感到自豪？	☐	☐
5. 是否專注於顧客的需求？	☐	☐
6. 是否在與你打交道時誠實以對？	☐	☐
7. 是否在與顧客打交道時誠實以對？	☐	☐
8. 是否在與他人打交道時誠實以對？	☐	☐
9. 是否公平、公正地進行促銷決策？	☐	☐
10. 是否在員工敘薪方面公平/公正？	☐	☐
11. 溝通時是否開誠布公？	☐	☐
12. 是否信任與員工的關係？	☐	☐
13. 是否關心員工發展和留任？	☐	☐
14. 是否在所有營運和員工中積極提升道德操守？	☐	☐
15. 是否積極尋找為其利害關係人服務的更佳方法？	☐	☐
16. 是否仔細監控決策制定與檢核的方法？	☐	☐

倫理規範

儘管沒有通用的商業倫理規範，但個別組織通常發現明確的規範有其必要。伊利諾州理工學院 (Illinois Institute of Technology) 的專業倫理研究中心 (Center for the Study of Ethics in the Professions, CSEP) 在網路上發表超過 850 條的倫理規範。(可以在 http://ethics.iit.edu/ecodes/about 上查看這些倫理規範。)

為了有效和影響組織的文化和指揮結構，倫理規範必須足夠具體以提供有力的指導，並且必須透過關鍵企業人物樹立榜樣加以強化。它們的撰寫是為了使組織內部與關鍵外部的利害關係人，能夠更清晰地了解公司的價值，並承諾履行合乎倫理行為。規範應直接針對公司過去已知的問題狀況進行處理。倫理主題可能包括責任、尊重、公平、誠實、同情心、網際網路使用、機密性、安全性和性騷擾。

作家所羅門和漢森概述以下倫理規範的特徵：

- 它們是各階層行為的可見準則。
- 解僱不倫理的員工具有無可非議的基礎，即便嚴格來講，他或她的行為並不違反法律或特定工作內容。
- 他們保護所有人員免受市場壓力的影響，而市場壓力往往會煽動絕望和不道德行為。
- 他們提醒員工要更深層地思考，並提供對組織訴求的試金石。

遵守規範的計畫

如果沒有溝通和執行的手段，倫理和行為規範都將只是紙上談兵。波士頓公司治理策略公司 Working Values 有限公司創辦人大衛‧蓋布勒 (David Gebler) 表示：「安達信會計師事務所與安隆雖然制定商業行為規範，但存在巨大的文化鴻溝，一切都聚焦於利潤與自滿。」卡內基梅隆大學 (Carnegie Mellon University) 應用倫理學發展中心執行董事彼得‧馬德森 (Peter Madsen)，將倫理學訓練分為兩個領域：

1. 遵行的訓練會提醒人們注意建立公司可接受行為的政策、法規和法律；以及

2. 認知思維發展使人們能夠思考工作場所可能遇到的各種「道德迷宮」的技能。

遵守規範的訓練可幫助員工了解適用於工作的相關法律。例如，進行就業面試的經理需要知道任何提問的問題是否違法。另一個例子是收到供應商禮物的員工，他們需要了解政府和組織規定任何饋贈品的價值限制。

認知思維包括諸如德州儀器倫理快速測驗 (Texas Instruments Ethics Quick Test) 之類的決策模型。為了做出合乎倫理的決策，向員工發放以下問題的卡片：

行動合法嗎？
它符合我們的價值觀嗎？
如果這樣做，你會感到難受嗎？
事情登上報紙版面會變成怎樣？
如果你知道錯了，就不要做！
如果不確定，請詢問。
持續詢問，直到得到答案。

(請參見 http://www.ti.com/corp/docs/company/citizen/ethics/quicktest.shtml。)

根據 Champion International 公司安德魯·西格勒 (Andrew C. Sigler) 的說法，「你需要文化和同儕壓力，以闡明可接受與不可接受的事件及其原因，同時也需要涉及訓練、教育和後續行動的計畫。」企業圓桌會議可以讓這些計畫有效發揮作用，它由大型公司的高階經理人組成諮詢和研究小組，建議高階管理階層應對道德操守計畫做出更大的承諾，透過規範清楚的條文和傳達宣示管理階層的期望，並進行調查以監控各界遵守的情況。

有些原本不重要的事情，一旦你開始對它進行檢驗，它就會變成重要的事情。在美國陸軍中，這句話的意思是「不要指望你不檢查的東西」；而在一般企業的用語則是「老闆盯得越緊，事情做得越好」。同樣的原則也適用於企業的倫理方面，只有當它被拿出來檢驗時，它才會變得重要。

現在趨勢已經非常明顯，越來越多的公司董事會設有倫理委員會，而且大多數的大型企業都設置有倫理與法令遵循主管，這個職位通常由高階主管擔任，或直接向其報告。倫理與法令遵循主管協

會 (Ethics & Compliance Officer Association, ECOA) 的願景是「成為職場中倫理、合規和正直等方面的公認權威。」有關 ECOA 之價值請參見圖表 6.2。

由於員工通常最有可能發現偽造行為，因此越來越多的公司採取鼓勵從事舉報不法行為員工的政策；甚至在某些情況下，舉報是一項義務。任何員工都可以透過撥打帶有語音信箱的免付費電話 (熱線) 或網站，匿名舉報錯誤行為；或者尋求道德協助，以解決問題。倫理訓練應包括教會員工如何舉報違反倫理操守行為，以及他們可以去哪裡提問或獲取資訊。

倫理訓練計畫不必太嚴肅，越來越多公司正在使用具有創意的倫理訓練。

- 洛克希德馬丁 (Lockheed Martin) 的員工在互動式訓練工作站中玩「DILBERT® 倫理挑戰」棋盤遊戲，參與者要從不同的倫理問題中做抉擇。
- 雷神 (Raytheon) 的員工與已故影評家羅傑‧埃伯特 (Roger Ebert) 的影片互動，藉由熟悉的工作場景，辨識是否合乎倫理行為 (豎起一根大拇指)，以及是否合乎價值的行為 (豎起兩根大拇指) 之間的差異。

圖表 6.2　ECOA 價值中的商業倫理與專業法令遵循

ECOA 價值

正直
身為一個倫理與法令遵循主管 (譯者註：公司內部負責法令遵循審核的管理人員)，正直是我們工作中固有的基本價值；作為一個專業協會，誠信是支持我們的關係、我們的承諾和我們的業務實踐的基礎。正直是對誠實、坦率、尊重和責任的持續奉獻之產物，必須透過我們的行動來證明。

保密
保密對於我們代表組織開展的工作至關重要，同時也是建立 ECOA 運作關係的基本預期與價值。身為道德與法令遵循主管，我們承諾做到能獲得同事的信任與我們共享資訊，並保證他們能夠獲得需要的支持與專業成長。

團隊
在我們對誠信和保密承諾的支持下，ECOA 成員的團隊和諧使我們能夠在信任和坦誠的環境中，分享並獲取多元文化和產業所帶來的資源。

合作
在不斷發展和變化的倫理與法令遵循領域，合作仍然是 ECOA 成員的重要力量。我們形成的動態關係，以及我們的成員相互支持的意願，使 ECOA 成員能夠更好地建立他們的道德與法令遵循工作計劃，以及他們的職業生涯發展。

資料來源：ECOA http://www.theecoa.org。

- 馬里蘭大學 (University of Maryland) 羅伯特史密斯商學院要求學生參加外役監獄的實地考察，與犯下白領犯罪的各公司前經理人面對面。在學校教授會計和商業道德的斯蒂芬·勒布 (Stephen Loeb) 說：「學生覺得這很令人難忘，他們與曾是經理人卻犯了錯誤的囚犯交談，看到犯錯的人將如何過活。」

在講師指導下進行包括角色扮演在內的現場訓練後，可以透過科技進行強化。網路的訓練可能包括員工在電腦進行專門設計的互動式電子化學習課程，以及在專用內部網站上找到關於倫理問題的答案。

5 描述法律與倫理之間的關係

6.6 法律約束

稱職的管理者會強化自己能清楚法律在組織和個人行為中所扮演的角色。因為是在法治國家中，所以某些法律上的推定原則會在多個層面上影響管理決策，從最廣泛的憲法權利到最細微的市政法規，公司及管理者都有意無意地受到法律約束。一群商事法專家以下列這種方式看待法律與倫理的關係：

> 任何企業在努力做到合乎「倫理」時，都會面臨一個基本問題：沒有可供遵循的固定準則，沒有制定標準的正式倫理規範。法律專業有《職業責任規範》(*Code of Professional Responsibility*)；醫學界有其希波克拉底誓言 (Hippocratic Oath)；會計界有職業道德規範；不動產業有行為規範；其他職業有指導它們的規範。但是企業卻沒有倫理行為的「路線圖」。企業最接近的是法律，如果企業能夠遵守法律，一切依法行事，就已達到最基本的社會要求。

這些最低要求僅提供一種框架，但是沒有詳細內容和前後脈絡。馬德森如此說道：

> 法律和政策構成倫理基礎，但法律是道德的最低要求，而且法律或政策無法涵蓋所有情況。當沒有可供遵循的明確法律或政策時，組織將不得不依靠人們做出選擇。最佳的倫理訓練應該不只是遵守法律這麼狹隘的範圍。

作家文森‧巴里 (Vincent Barry) 補充說道：

儘管法律在提醒我們注意道德問題，以及告知我們的權利和義務等方面很有用，但不能將法律視為道德行為的適當標準。遵守法律既不是決定道德行為的必要條件，也不是充分條件，僅僅是遵守商業禮節規範的範圍。同樣地，不遵守法律不一定是不道德的，因為違反的法律可能是不公正的。

當企業無法自律時，政府將介入並進行規範。針對個人和公司犯罪行為的法律制裁可能很重要，自 1909 年美國最高法院裁定公司可以「對涉及故意犯罪的個人追究法律責任」以來，公司的法定責任已轉化為對公司主管的罰款和刑事告訴。如果公司制定倫理遵行計畫可以減少刑事處罰。在 1991 年，「聯邦白領犯罪的量刑指導中規定，建立此類計畫可以使對被定罪的公司或僱員的處罰減少 40%。」

聯邦指導準則涵蓋許多員工可能在企業業主不知情的情況下犯下的罪行。對各種罪行的嚴重處罰「包括銷售人員嚴重誇大扭曲產品，以及包商對公職人員進行賄賂等」。「如果高階管理者不參與犯罪，並且 [他們] 已採取步驟，以確保員工遵守法律，則公司最低只需支付基本罰款的 5%。」反之，如果高階管理者「已經鼓勵或參與違法的行為，罰款可能達到 400%。」

喬治‧布希 (George W. Bush) 總統在簽署第 3763 號 HR 法案 [《沙賓法案》(Sarbanes–Oxley Act, SOX)] 時，呼籲「企業責任的新倫理」。該法案採取嚴厲的規定來制止並懲治公司和會計的欺詐與腐敗行為，確保不法行為者獲得正義的懲處，並保護工人和股東的利益。根據該法律，執行長和財務長必須親自保證公司披露的真實性和公正性。《沙賓法案》要求上市公司加強和及時地披露資訊，並要求對違反聯邦證券法的行為加重刑事處罰。公司職員如果知情卻仍有上述行為，將面臨牢獄之災。明知公報有誤仍予簽署，將會面臨最高十年的刑期和對 100 萬美元的罰款；故意提供虛假公報，則將面臨最高二十年的刑期和 500 萬美元的罰款。

2005 年，重罰已定罪的美國公司執行長，證明對白領犯罪的嚴厲懲處。泰科國際 (Tyco International) [丹尼斯‧科茲洛夫斯基 (Dennis Kozlowski) 和馬克‧斯沃茨 (Mark Swartz)]，世界通訊 (WorldCom) [伯

> **《沙賓法案》(SOX)** 法律要求上市公司在財務報告中披露其財務報告制度中任何的「重大缺失」。執行長和財務長必須證明這些報告的準確性。

納德‧埃伯斯 (Bernard Ebbers)] 和阿德菲亞 (Adelphia) [約翰‧里加斯 (John Rigas) 和蒂莫西‧里加斯 (Timothy Rigas)] 等公司前執行長被判處最高 25 年徒刑。不幸的是，這些處罰並沒有真正阻止不道德的公司行為。

2008 年的金融危機，似乎使許多人忘記安隆和安達信會計師事務所的不法行為。雷曼兄弟 (Lehman Brothers) 申請美國史上最大的破產案；伯納德‧馬多夫 (Bernard Madoff) 因美國史上最大的龐氏騙局而被捕；金融業 [貝爾斯登 (Bear Stearns)、美國國際集團 (AIG)、通用汽車、克萊斯勒、房地美 (Freddie Mac) 和房利美 (Fannie Mae) 等] 接受美國史上最大的政府紓困。

由於 2007 年全球金融危機，2009 年通過《反欺詐執法與追償法案》(Frand Enforcement and Recovery Act, FERA)。該法案通過擴大現有幾種詐欺法律的範圍；加強對聯邦詐欺法律的刑事執法；為了起訴詐欺行為的聯邦機構增加經費；重新擴大虛假申報法的範圍；成立聯邦危機調查委員會，以研究金融危機的原因。2010 年，《多德－弗蘭克華爾街改革和消費者保護法案》(Dodd-Frank Wall Street Reform and Consumer Protection Act，多德－弗蘭克法案) 獲得通過，這是美國史上影響最深遠的華爾街改革。

許多管理者將自我監管視為避免引起政府行政或司法介入公司業務的方法。他們制定公司行為規範，通常被稱為倫理規範或遵行計畫，闡明公司的價值觀並揭示公司的宗旨。倫理規範也有助於促進在國外業務運作時，對各種慣例和習俗的包容。一個典型的倫理規範是美國商務部國際貿易管理局為執行海外業務的公司提供的，「美國示範商務原則」(U.S. Model Business Principles) 是本章的「全球應用」專欄討論的主題。(註：《商業道德：在管理一家新興市場經濟中負責任的企業手冊》(*Business Ethics: A Manual for Managing a Responsible Business Enterprise in Emerging Market Economies*) 可以在 http://trade.gov/goodgovernance/business_ethics/manual.asp 上查閱。)

圖表 6.3 是簡單的四個象限，代表在道德問題與合法或違法取得平衡的四種可能組合。位置 1 (左上方) 顯示該問題的法律和倫理立場——工作場所抽菸問題；位置 4 (右下) 顯示對用戶的違法和不道德的對待問題；另外兩個位置則代表關於管理者的倫理或法律問題。

全球應用

美國示範商務原則

美國商務部國際貿易管理局

示範商務原則

公認美國企業在維護與促進遵守人權中具有正面的角色,因此政府鼓勵所有企業在世界各地執行業務時,採取並實施自願性的商業行為規範,並至少涵蓋以下領域:

1. 提供安全健康的工作場所。
2. 公平的僱傭,包括避免童工和強迫勞動,避免在種族、性別、國籍或宗教信仰上的歧視;和尊重結社權、組織權和集體協商。
3. 負責任的環境保護和環境作業。
4. 遵守美國和當地有關促進良好商業慣例的法律,包括法律禁止的非法金錢支付,並確保公平競爭。
5. 透過各級領導建立尊重對業務合法範圍自由表達的組織文化,絕不容忍工作場所的政治脅迫;鼓勵良好的企業公民意識,並為公司經營所在的社區產生貢獻;公司上下對道德行為皆能認同、重視和體現。

在採用反映這些原則的自發性行為規範時,美國企業應以身作則,並鼓勵合作夥伴、供應商和承包商的履行。

採取反映這些原則的行為規範都是自願性的,而且鼓勵公司發展適合其特定情況的行為規範。許多公司已經採用包含這些原則的聲明或規範,公司應該採行合適手段來告知股東和執行業務行動的大眾遵循這些原則。這些原則並非在要求公司違反地主國或美國的法律,也不採取立法手段來推動。

資料來源:United States Council for International Business (USCIB), http://training.itcilo.it/actrav_cdrom1/english/global/guide/usmodel.htm.

圖表 6.3 適用於工作場所抽菸問題的法律/倫理行為模型

1. 倫理/合法	2. 倫理/違法
允許員工可在工作中抽菸,在沒有二手菸危害他人的情況下	允許員工可在工作中抽菸,在沒有二手菸危害他人但違法的情況下
3. 不倫理/合法	**4. 不倫理/違法**
在不違法的情況下,員工可在工作中抽菸,即使二手菸危害他人	在違法的情況下,員工仍可在工作中抽菸,即使二手菸危害他人

6 解釋倫理困境的概念

6.7 倫理困境

倫理道德不是規定性的，沒有一套簡單的規則可以說明如何在所有情況下都能行事合乎倫理道德。記錄行為規範的書面形式會以公司政策的方式寫成簡要的一般準則。每個人對政策的解釋各不相同，而規範也賦予人們在一定範圍內的自由解讀。蓋勒曼教授探討並回覆：

> 你如何確定某項規則是否「確實」適用於正在做的事情？如何避免越過一條幾乎從未精確定義的界線？唯一安全的答案是乾脆不要向可能界線的方向移動，但是真正的倫理困境也因此開始浮現。因為如果你總是講求安全，並且從未測試過所能發揮的最大可能極限，上級可能會認為你做事效率低下，甚至毫無膽識。

管理者不斷面臨困境，需要在似乎同樣不利或互斥的兩種選項之間做出選擇。困境涉及行動正確與錯誤的不確定性和風險，除了關於哪種行動方針是符合倫理的不確定性，**倫理困境** (ethical dilemma) 有時也發生在管理者面對的每一個行動可能都被認為是不道德的。例如，一家公司的工廠沒有獲利，管理者正在考慮三種可能替代方案：(1) 關閉工廠並將工作外包給承包商；(2) 投資科技減少一半的工作機會，但能讓工廠生產力充足到足以營運；或 (3) 尋求減少薪資與福利來維持獲利。上述任何一種選項都將給工廠的員工和那些依賴他們的家庭、當地商家和其他人帶來艱困的處境。

由於科技在業務、機會和創新中的核心角色，因此科技經理的角色在制定和執行倫理標準方面變得越來越重要。在《資訊週刊》(*InformationWeek Newsletter*) 中，史蒂芬妮‧史塔爾 (Stefanie Stahl) 提出幾個倫理困境：

- 今天是星期一早上，你正在研究公司打算競標的大型專案。當你深入研究招標請求書時，發現對方公司不小心在電子郵件中夾雜機密訊息，這些資訊將極大限度地幫助你打敗競爭對手。此時你會怎麼做？假裝沒有看到？利用它採取行動？提醒公司注意錯誤，並退出談判？

倫理困境 當決策者可以採取的所有行動都被判定為不道德時，就會出現這種情況。

- 你發現員工正在利用公司電子郵件系統散布色情檔案，你是否會視而不見？給員工警告？解僱員工？
- 你的業務合作夥伴願意支付鉅額費用購買顧客的資料，你已經向顧客保證絕不洩露這些資料，但公司目前面臨資金短缺，你是否會出售這些資料？還是會履行對顧客的承諾？

當管理者面對這些灰色地帶時，蓋勒曼教授提出以下建議：

- 如有疑問，就不要做。
- 不要試圖測試「道德的容忍底限」。
- 一旦跨越對與錯之間的界線，原本促使你將事情做得更好、更快、更簡潔的，上司都將撻伐你。

蓋勒曼提供幾個實際且具體的策略：

> 當你對可能會或可能不會做的事情感到懷疑時，請讓決策重擔交給該負責做出艱難決定的人，讓你的老闆賺他 [或她] 的錢。你無法公然縱容政策禁止的事，你的老闆同樣也不能。因此將問題攤開，會使你們兩個人都保持誠實。

6.8 倫理行為準則

有些正處於兩個行動計畫間而難以抉擇的人，可能面臨的是倫理議題。行動的倫理層面考慮時機應該是在採取行動之前，公司和個人必須在制定決策的過程中將倫理放在首位。

不同的人和群體會使用不同的標準作為 (或不作為) 決定倫理行為的準則。黃金法則 (Golden Rule) 指出，我們對待他人應該像對待自己一樣，也可以引申成我們應該以他人期待的方式對待他人，如果主事者具有道德並知悉現行的社會公序良俗，那麼上述的黃金法則及其引申都可以做得很好。為多數人謀取最大利益的功利主義標準提供另一種倫理檢驗的標準，如果能充分設想並理解預期行為的後果和情況，該標準也將很有效。

為思考將採取行動的倫理意涵，作者所羅門和漢森 (Hanson) 提供以下規則：

- 考慮他人的福祉，包括未參與者的福祉。
- 認為自己是企業界的一份子，而不是孤立的個人。
- 遵守但不僅僅依賴法律。
- 將自己及公司視為社會的一部分。
- 遵守道德準則。
- 客觀思考。
- 問自己一個問題：「什麼樣的人會做這樣的事情？」
- 尊重他人的習俗，但不能以犧牲自己的倫理為代價。

這些規則說明，我們都是更大社群的一部分，我們的行動會影響他人，因此必須考慮他人的利益。牢記這些規則有助於管理者在採取任何行動前分析後果。當個人在沒有道德和倫理基礎的情況下進行決策，他或她可能無所依循，而完全依賴自身利益和金錢考量。人們缺乏道德基礎將使自身、組織和他人處於極大的風險中。大多數管理者的職位描述中就包含風險承擔。「他們被聘僱來決定哪些風險值得承擔，但不包括賭上職涯餘生這個風險。」

管理學教授肯尼斯·布蘭查 (Kenneth Blanchard) 和已故的著名牧師諾曼·文森·皮爾 (Norman Vincent Peale) [《積極思考的力量》(*The Power of Positive Thinking*) 的作者] 合寫一本有說服力的書——《倫理管理的力量》(*The Power of Ethical Management*)。書中提供三個用於確定預期行為的倫理涵義的簡單測試程序：

1. 是否合法？我會違反民法還是公司政策？
2. 是否平衡？在短期和長期內對所有涉及的各方是否公平？是否促進雙贏的關係？
3. 做這件事會讓我對自己有什麼感覺？會讓我感到驕傲？我會因為我的決策被刊登在報紙上而感覺良好？如果家人知道這件事，我會感覺良好？

藉由這些詢問，管理者可以完全客觀地自我檢查他或她的意圖。在判斷一項決策的倫理面向時，一個人必須具有充分的安靜時間，遠離他人的壓力和偏見，以便對決策的事實和意涵從容地進行反思。

社會責任的本質

個人和組織除了自身的商業利益外,還有一定的義務保護和造福他人,並避免採取可能損害他們的行為,這就是社會責任 (social responsibility)。這種信念在已開發國家盛行的原因之一是,社會賦予企業巨大的力量,並依靠它們來滿足各種個人和社會的需求。

企業是一個開放系統,它們的大部分運作都會為社會帶來直接的利益和代價。在過去,企業只需做好自己的事;然而時至今日,社會要求企業必須負起解決社會問題的迫切任務。公司必須培養促進倫理行為的組織文化,其業主和員工都必須以倫理觀點行事,以承擔社會責任。對社會負責並不意味著會讓每個人都開心,因為企業經常面臨相互矛盾的需求,有時採取符合社會責任的行動,會將某些利害關係人的需求置於其他人的需求之上。例如,捐款給慈善機構而不是付給股東更高的股息,或向員工提供更高的薪資。凡此類問題需要管理者思考其職責(其職位或法律要求他們採取的行動過程),與其特定義務間的優先順序。

作者羅金・布赫茲 (Rogene A. Buchholz) 表示,企業必須以對社會負責的方式行事;「企業不僅是經濟機構,而且有責任將部分資源用於幫助解決一些迫切的社會問題,這些社會問題有許多是因為公司造成的。」班傑明・富蘭克林 (Benjamin Franklin) 可能是第一個倡導企業這種負責行為的美國商人。富蘭克林相信「公共服務和慈善事業是正當的關懷……改善社區健康可從中獲得財富,顯然是一樁好買賣,因為公共問題同樣受益於私人問題的解決。」

Levi Strauss 前總裁暨執行長羅伯特・哈斯 (Robert D. Haas) 有力地提出企業推動社會責任的理由:

> 公司可能是短視的,只擔心我們的使命、產品和競爭地位。但是這樣做將帶來危險,公司會發現我們為冷漠付出代價的日子即將來臨。我們必須了解到,從長遠來看,忽視他人的需求實際上是在忽略自己的需求。我們可能需要鄰居的善意,才能擴展街角的商店;我們可能需要基金充足的高等教育機構,來培養所需的熟練技術人員;我們可能需要足夠的社區衛生保健,來減低工廠工人的缺勤;我們可能需要公平的稅收待遇,以使

社會責任 除了個人的商業利益,個人和組織還有一定的義務保護和造福其他個人和社會,並避免採取可能損害他們的行為。

圖表 6.4　聲譽的層面

情感訴求 ・對公司有好感 ・欣賞和尊重公司 ・對公司非常信任 **產品與服務** ・支持其產品和服務 ・開發創新產品和服務 ・提供高品質的產品和服務 ・提供物超所值的產品和服務 **財務績效** ・具有良好的獲利記錄表現 ・看似是低風險的投資 ・看似是未來前景可期的公司 ・傾向於超越其競爭對手	**社會責任** ・支持慈善事業 ・是一家對環境負責的公司 ・以高標準待人 **工作環境** ・管理良好 ・看似是一家不錯的公司 ・看似是會有好員工的公司 **願景與領導力** ・具有卓越的領導力 ・對其未來有明確的願景 ・認識並利用市場機會

資料來源：Harris Interactive Inc. "Harris-Fombrun Reputation Quotient (RQ)".

產業能夠在世界經濟中競爭。無論企業規模大小，我們的業務都無法自外於周圍的社會，沒有它的善意，我們也無法運作。

哈里斯互動聲譽商數 (Harris Interactive Reputation Quotient, RQ) 用來確認大眾對公司聲譽的看法。這個評估公司聲譽的測量工具，主要根據幾個關鍵領域：社會責任、情感訴求、產品與服務品質、願景和領導、工作場所環境和財務績效 (請參見圖表 6.4)。聲譽最低的一些企業是在 2008 年全球金融危機之後獲得政府紓困的：通用汽車、房地美、房利美和美國國際集團；最受讚賞的公司包括波克夏海瑟威 (Berkshire Hathaway)、嬌生 (Johnson & Johnson) 和 Google。

8 解釋企業履行社會責任的三種方法

6.9　社會責任的作法

美國企業對外界加諸的要求採取不同的作法，一些企業熱衷於尋求滿足社會需求的方法，另一些則強烈地抗拒外部義務。企業可採用以下三種主要策略中的任何一種來管理社會責任問題：抵抗、被動和主動。

抵抗法　企業社會責任的一種策略，採取抵抗法的企業積極爭取消除、延遲或抵制對企業提出的要求。

抵抗法　當公司積極爭取消除、延遲或抵制對企業提出的要求時，會採用**抵抗法** (resistance approach)。在工業革命的初期，企業相對不受政府法規的影響，勞動力便宜而充足。企業的表現頗符合期望，對城鎮、產業和政府產生巨大的影響。對政府干預的抵制，以及對

內、外部人員需求的積極反對，標誌著這一商業歷史的早期階段。強調最大化利潤和業主的自身利益，普遍的態度是管理者應效忠於業主，這一觀點在法院得到加強。在 1919 年的一項決定中，密西根州的一家法院拒絕讓亨利·福特 (Henry Ford) 將股東的股利分配給「某些對社會有益的計畫」。法院認為董事有對股東的義務，不能違背這一義務。監管機構幾乎不存在，沒有法律保護消費者或環境，兩者都遭受侵害。

即使在當今的規範環境中，社會上也出現許多明顯的需求，一些企業仍然堅持盡可能地少做事──只有當法律有規定──甚至做得很勉強。政府機構在網站上發布針對企業的執法行動，相關例證請參見聯邦貿易委員會 (www.ftc.gov)、環境保護局 (www.epa.gov) 和食品藥物管理局 (www.fda.gov)。許多公司雖然沒有被查獲犯罪，但簽署協議裁決以避免冗長的法律訴訟。透過簽署協議裁決，企業可以同意採取某些特定行動的情況下，換取承認或否認導致法律審判的任何不當行為。

被動法 採取**被動法** (reactive approach) 的企業等待外部對其提出要求，然後權衡各種選項後，再回應這些要求。阿納達科石油公司 (Anadarko Petroleum)、阿帕契公司 (Apache Corp.)、雪佛龍德士古 (ChevronTexaco)、特索羅公司 (Tesoro Corp.)、馬拉松石油 (Marathon Oil) 和優尼科 (Unocal) 等向大眾壓力低頭，承認全球暖化是一個嚴重問題。「大多數石油和天然氣公司對氣候變化的重視程度都比一年前高得多。」幫助協調石油和天然氣公司提交股東決議的投資者聯盟 Ceres 總裁明迪·魯伯 (Mindy Lubber) 如此說道。

> **被動法** 企業社會責任的一種策略，採取被動法的企業等待外部對其提出要求，然後權衡各種選項後，再回應這些要求。

主動法 採取**主動法** (proactive approach) 的公司持續關注組成份子的需求，不斷保持聯繫、察覺他們的需求，並試圖找到滿足他們的方法。公司擬定各種計畫來幫助他們的社區，如加州小型運動服裝生產商巴塔哥尼亞 (Patagonia)，鼓勵其員工以各種方式奉獻所能，如社區清潔活動、輔導當地學校的學生、贊助募捐活動以幫助當地環保團體等。大多數公司都支持全國性聯合勸募活動及其他社區慈善活動，美國的一些小型企業和大多數的大型企業都設立基金或基金會，向教育、藝術、環境和生態團體，以及各社區的居民服務機

> **主動法** 企業社會責任的一種策略，採取主動法的公司持續關注組成份子的需求，並試圖找到滿足他們的方法。

構等慈善事業捐款。根據美國募款顧問協會 (American Association of Fundraising Counsel, AAFRC) 慈善信託基金 (Trust for Philanthropy) 2009 年對美國慈善捐贈的估計，捐贈總額為 3,583.8 億美元，其中個人捐款 2,585.1 億美元，而公司捐款總額達到 177 億美元。

策略性或**財務性慈善**是指企業捐贈的善舉能為捐贈者提供回報。每一筆捐款都必須支持特定的任務，而且必須對結果進行監控。世界大型企業聯合會 (Conference Board) 的研究顯示，當公司採用這種方式時，會獲得「更好的形象、提高員工的忠誠度和改善顧客關係」。

一個典型的例子是教育領域的策略夥伴關係。許多公司 (如麥當勞和 Sonic) 體認到今天的學生就是明天的顧客和員工，因此支持在地的學區；其他公司 (如 Chick-fil-A) 則為高中員工提供就讀大學的獎學金機會。2015 年，星巴克宣布與亞利桑那州立大學合作，為員工提供全額學費補助計畫。奇異的奇異基金會 (GE Foundation) 支持的措施之一是「發展未來 (Dereloping Futures) 教育」，包括奇異大學預科計畫 (GE College Bound Program)，該計畫適用於美國學區的高中，幫助增加升入大學的學生人數，該計畫的成功取決於有多少學生就讀大學。

⑨ 解釋企業對利害關係人的責任

6.10 對利害關係人的責任

利害關係人是指那些與企業營運有關或受其影響的人。一般來說，大多數企業的利害關係人包括其業主和股東、員工、顧客、供應商和社區。如果企業的規模大到足以影響到實際地點以外的人和環境，整個社會也可以被視為利害關係人。

業主和股東 企業及其員工對業主要負最大的努力。資產必須得到保護，並有效率地加以有效使用。員工必須盡最大努力使資本投資報酬最大化，並創造合理的利潤。業主和雇主應有權根據倫理、道德和法律的約束，來聘僱、訓練、獎勵、晉升、維護紀律和解僱員工。業主和雇主也應有權要求員工遵守倫理、道德和法律行為。

員工 員工應平等享有雇主賦予的權利、責任和特權。員工需要得

到公平和公正的報酬，只能在有正當理由的情況下被解僱，並且不受歧視。員工應體驗到提供令人滿意工作的高品質職場生活，他們應該在工作中得到充分的指導和指揮，並在產生爭議時獲得正當的合法程序。在本章的「重視多樣性和包容性」專欄中討論亞培(Abbott)在重視多樣性方面的積極作法，以及它與道德的關聯。

員工對個人關注的問題，擁有一定的言論自由、安全、充分資訊、隱私和保密的權利。美國國內一些地區日益成長的趨勢是對肥胖、飲酒或吸菸(包括工作和非工作)，以及從事第二份工作(兼職)的員工予以解僱或收取更高的保險費。

> 大部分的州和數十個市都有禁止歧視的法律，許多州提供比聯邦法律更大的保護。此外，29州和哥倫比亞特區限制雇主因各種形式的下班行為而解僱員工。最常見的州法規保護雇員使用菸草製品的權利，有些州還將保護範圍擴大到飲酒。最罕見的法律是有4州保護所有在雇主場所以外的合法活動。

顧客 企業及其員工有義務向顧客公平和誠實地介紹產品和服務，這類產品和服務應包括設計、製造、配銷和銷售的品質。消費者有

重視多樣性和包容性

多元及兼容與道德的關聯──亞培公司的作法

亞培是一家先進醫療保健的國際領導品牌。在超過150個國家或地區開展的業務，使亞培處於令人羨慕的地位，也為其帶來了一項具體的挑戰：如何充分利用其全球化勞動力為特性的龐大人才庫。它建立了一套計畫，旨在規範提高員工共同工作效能的方式，此計畫的核心目的是創造一種包容的文化。

亞培的包容執行委員會由董事長兼執行官邁爾斯懷特(Miles White)負責領導，每季召開一次會議，以追蹤重大措施的推動狀況，以及決定新措施的推行，並監控婦女和少數族裔管理人員的僱用和晉升。支持包容性工作環境的許多計畫獲得推動，所涉及的員工網絡包括亞洲文化主導的網絡、黑人事務網絡、La Voice (西班牙裔／拉丁裔)、兼職網絡、PRIDE (男／女同性戀／雙性戀／跨性別)和女性領導者行動。包容委員會在公司各個部門推行亞培的多元化策略。

公司最初在評估員工多樣性方面所做的努力僅關注種族和性別議題，然而管理階層很快意識到，必須擴大到不僅包括其員工的國籍和習俗，並且包括其顧客的國籍和習俗。懷特先生表示：「營造多元與包容性職場，幫助我們創造一個更具創新與受歡迎的環境，使我們成為更好的雇主、業務合作夥伴和企業公民」(Prince)。

■ 亞培的全球化如何影響倫理問題？

資料來源：C.J. Prince, "Paying More than Lip Service to Diversity," Chief Executive, October 2002; Abbott, An Inclusive Culture. http://www.abbott.com/careers/diversity-and-inclusion.html.

權在使用產品或接受服務時,被告知可能遇到的任何危險,約翰‧甘迺迪 (John F. Kennedy) 總統於 1962 年向美國國會提交的《消費者權利法案》(Consumer Bill of Rights),包括安全權、知情權、選擇權和陳述權。簡而言之,顧客有權利得到公平和尊重的待遇。

目前已經通過許多法律用以保護消費者;政府對食品、藥品和化妝品的檢查便是此類消費者保護立法的結果之一。Nolo 對消費者保護法的討論列舉出許多實例,下列是數百個已受到消費者保護法保障之案例中的幾個實例:

- 一名男子控告一家百貨公司,該公司廣告中的鬆餅烤盤賣完了,而且沒有給他優惠購買券,這違反他所在州的消費者保護法。
- 一位業主控告一家屋頂承包商,該承包商在廣告中謊稱可以為屋頂維修申請融資。
- 一名婦女控告一家保健水療中心,該中心違背其承諾:如果她在三天內改變主意,將可退還押金並取消契約。

供應商 供應商和企業應在互信的基礎上建立關係。供應商理應及時收到所需資訊,以提供優質服務和供貨,他們和商業契約的所有各方一樣,都有受到協議條款對待的法律權利。

Logica 與華威商學院 (Warwick Business School) 聯合發表長達 15 年針對 1,200 多家組織的綜合研究發現:「基於互信、管理良好的外包安排,與過時的基於權力的關係相比,可以在服務、品質、成本和其他績效指標上創造 20% 到 40% 的差異。」因此基於信任關係的契約 (彈性的工作安排、變革的意願和頻繁有效的溝通),而不是基於權力的關係 (懲罰性的服務水準協議和罰則),對投資報酬率有巨大的影響。

社區 受公司營運影響的環境及政府等共同構成其社區。一個社區的生活品質;空氣、土地和水的品質;及其特定需求等都在發揮作用。包含許多可能是顧客的所有組成人員,都應該得到合乎道德、法律和道德上的對待。一家地區餐廳的老闆被鄰居投訴,稱其草坪和街道上有食品包裝殘渣,他現在僱用一個人全職在附近巡邏,並撿拾餐廳方圓 1 英里內的所有垃圾。

污染是全世界日益關注的問題,生產綠色產品 (green product)

綠色產品 那些能減少與生產和廢棄物處理有關的能源及污染的產品。

的壓力也越來越大，這些產品減少能源消耗、減少碳足跡，以及與生產和廢棄物處理有關的污染性副產品。在加州嚴格的環保法規和 1990 年《空氣清潔法案》(Clean Air Act) 的鼓勵下，汽車製造商已經開發出更省油、更清潔的引擎。美國人也接受混合動力汽車的概念，混合動力引擎結合傳統的汽油引擎與電動引擎來提高燃油效率。福特已經宣布，到了 2020 年，公司高達 40% 以上的車款將實現電動化。

2014 年，奧利奧 (Oreo)、Chips Ahoy 薯片、Trident 口香糖和卡夫奶油乳酪 (Philadelphia cream cheese) 等品牌的生產商億滋國際 (Mondelez)，屈服於來自多方面的壓力，同意將食品包裝從塑膠薄膜改為紙板包裝。麥當勞在 1980 年代末期也因類似原因減少包裝，這家連鎖速食店還試圖幫助有視力、聽力和語言障礙的人，增加點字菜單和圖片菜單。

6.11 政府監管：利與弊

10 描述政府在促進企業社會責任行為中所扮演的角色

公司的作為已經傷害環境、消費者、社區和整個社會，現行法律主要是由於這些侵權行為而引發的。當社會無法依靠犯罪者做出正當行動時，就必須強迫他們採取這些行動。然而，許多法律的推行需依靠個人對社會責任的承諾，而非仰賴政府機構的執法，政府根本沒有足夠的資金或人員來充分執行其法規。社會最好的保護在於充分了解的公民，以及每一個業主和員工良知的形成。

將公司的不法行為提交給能夠採取行動的主管機關，這樣的相關員工被稱為**吹哨者** (whistle-blower)。研究指出，人們成為吹哨者的原因有很多，有些人是因為強烈的道德和倫理規範而舉報；有些人則是因為感到有強烈的義務保護他人和社區；有些則是不法行為的參與者，因害怕被舉發。許多吹哨者認為，他們的上級和自己一樣，不希望自己的公司或顧客受到不道德或違法行為的傷害，因此會採取行動制止不法行為。

吹哨者 將組織的不道德或不法行為通報老闆、媒體或政府的人。

美國勞工部職業安全與健康管理局 (Occupational Safety and Health Administration, OSHA) 舉報人辦公室負責管理其他十七項法規的舉報條款，保護舉報違反各種航空公司、商業汽車運輸公司、消

費品、環境、醫療改革、核能、管道、公共運輸機構、鐵路和證券法的員工。遺憾的是，不法訊息的傳遞者往往成為因他或她的披露而受害的個人和公司報復的受害者，已經有許多被公開的例子顯示，他們遭到孤立、被口頭詆毀、被騷擾、被降級，甚至被解僱。

班傑利公司 (Ben & Jerry's) 是致力於社會福利的典範，它採取反對使用基因轉殖牛生長激素的立場。美國食品藥物管理局已經批准這種激素，但許多消費者擔心它可能對乳製品的安全性和使用者的健康產生長期影響。雖然激素被認為是絕對安全的，但如何標示牛乳產品的激素，乳製品業仍面臨美國食品藥物管理局的諸多非難。

監管的成本昂貴，而且日益高漲，企業花費數十億美元和數百萬小時，向政府申報並遵守法律規定。儘管許多人認為，監管使美國在全世界的競爭力下降，但它們也帶來必要的改革。必須記住，社會授予企業經營權，社會保留獲得正當對待和乾淨環境的權利作為回報。當這些基本權利遭到侵犯時，我們都會受到傷害。

很不幸地，在生產和銷售產品後，許多企業並未考慮到為社會帶來的成本，這些成本包括各種清理工作和回收利用的迫切需要。美國成立超級基金 (Superfund) 來清理最嚴重的有毒廢物案件；事實上，美國每年都會花費數億美元來糾正不負責任的企業和個人的錯誤。有些環境破壞是永遠無法修復的，或需要更多的金錢來補救。清理核廢料、有毒垃圾場和石油洩漏等環境危害，需要有心人多年的努力，願意投入必要的精力和才智，來彌補已經造成的損失。而我們每個人都要繳稅來承擔這些費用。

然而，時代正在產生變化。越來越多的個人和公司在從被動轉向主動，並變得更加具有社會責任。這些企業正在再造製程和產品、回收和重新包裝，以減少廢棄物，預測需求並預先面對問題，以成為**永續社區** (sustainable community)。它們正在衡量對環境的影響，目標是減少「碳足跡」，並透過抵消這些過程中產生的二氧化碳來實現「碳中和」，最終實現溫室氣體的零淨成長。

企業發現身為好公民是有回報的，回饋的紅利有助於企業獲利。許多公司發現，預防污染比控制污染更好，這些組織透過預防和減少污染的努力獲得利潤。此外，越來越多的消費者表示願意為對環境友善的商品支付額外的溢價。

永續社區 健康、宜居的社區有效地利用經濟、社會和環境資源，以滿足當前社區的需要，並確保這些資源亦能滿足社區未來的需要。

6.12 社會責任的管理

> **11** 討論企業如何促進社會責任的方法

今天的管理者必須觀測社會關注的風向,並積極預測和規劃滿足社會需要的行動。他們必須將社會責任列為優先事項,並且與倫理一樣,在文化和員工中建立對社會責任的關注。

高階管理階層的承諾

組織的高階管理階層須投入必要的時間和金錢來負起社會責任,他們要言行一致,為整個組織的投入定下基調,並確立為組織的優先事項。作家克里斯多福‧杭特 (Christopher B. Hunt) 和艾倫‧奧斯特 (Ellen R. Auster) 向那些想讓組織變得積極主動的高階管理階層推薦以下關鍵要素:

- 高層的承諾和支持。
- 納入環境問題的公司政策。
- 公司和事業單位工作人員之間的有效銜接。
- 高度的員工意識和訓練。
- 強大的稽核方案。
- 確立查明和處理實際和潛在環境問題的責任。

圖表 6.5 提供一個通用的環境管理系統 (environmental management system, EMS) 之組成部分和要素。

許多組織已經建立各種保障措施來促進社會責任。這些保障措施通常從高階管理階層的言行開始,制定或修訂政策以納入對社會責任和倫理的關注。他們制定計畫以促進組織在滿足社會需求方面發揮積極的作用,對員工進行教育訓練,強調他們可以做出貢獻的地方。提供休假和其他激勵措施鼓勵員工參與社區活動,例如大部分的聯合勸募活動工作人員,便來自於薪資由雇主支付的休假員工。企業規模越大,越可能有一個獨立的部門來規劃和監督對社會責任的工作,並確保環境、公平就業及安全健康的規定得到遵守。

管理者是倫理和社會責任在組織中得以實現的關鍵,他們需要在正確的價值觀基礎上充分形成良知,需要了解支持自己和他人決定的動機,他們需要原則、獎勵、榜樣及其他形式的指導和支持,

圖表 6.5 提供一個通用的環境管理系統之組成部分和要素

組成部分	要素
政策	制定、記錄和宣傳政策
規劃	確立與追蹤需求 確立可能受破壞的脆弱資產，以及可能對其造成破壞的業務和管理作業 確立污染預防 (P2) 機會 查明、記錄和評估對環境的影響 根據環境影響制定目標和指標 制定方案以實現目標和指標
實施	提供資源 (資金、人力、技術、原料) 確定教育訓練需求並進行教育訓練 編制和控制 EMS 文件 為與影響有關的作法制定和記錄標準作業程序 (SOP) 制定和測試緊急處理程序
評估	確立、描述和記錄問題 (法規和管理制度) 制定修正 / 預防行動方案 (解決方案) 確保解決方案的呈核批准 實施解決方案 再檢查 EMS
改善	以持續改進為目標

資料來源：U.S. Navy Environmental Quality Assessment Guide, August 31, 1999.

以履行對倫理和社會責任行動的承諾。請參見本章的「道德管理」專欄，了解 BuildingBlocks International 執行長珍妮佛·阿納斯塔索夫 (Jennifer Anastasoff) 的倫理領導力實例。當組織真正致力於履行社會責任時，就會將這種承諾反映在日常的管理決策和持續的規劃工作中，並對這些工作進行監督，以確保切實遵行。

社會稽核

社會責任需要得到每一位業主、管理者和員工的支持，才能真正發揮效用。它必須是日常決策中的一個考量因素，而不是這些決策的次要因素。管理者和業主需要知道正在為履行社會義務做什麼、未來會有什麼預期，以及過去的成果和貢獻是什麼。

社會稽核 (social audit) 是關於企業社會績效的報告。目前還沒有統一的格式，但大多數積極主動的公司都制定某種方法來審查它們的努力，並向內部和外部披露結果。這種稽核通常將企業的活動歸納為以下幾項：慈善捐款、對當地社區團體和活動的支持、弱勢團體的就業、政治捐款、污染控制和清除、健康和安全措施，以及改

社會稽核 針對企業對社會績效所做的報告。

道德管理

BuildingBlocks International 和聯合國千禧年目標

珍妮佛‧阿納斯塔索夫是 BuildingBlocks International (BBI) 的創辦人和執行長，BBI 是一個與企業合作開發企業服務獎學金的國際非營利組織。BBI 將專業人員安排在世界各地的社區組織中工作四週至一年，這些專業人士提供管理技能，幫助美國或發展中國家的邊陲地區。

BBI 為了能夠在不同領域工作的領導者提供千禧年承諾行銷獎學金，每位員工都直接與世界上最弱勢的人群合作，以實現聯合千禧年發展目標 (United Nations Millennium Development Goals) 中的前七項目標。所有 191 個聯合國會員國都承諾到 2015 年實現下列八個目標，在實現這些目標方面雖然皆有進展，但卻未能實現當初所訂的期限。

聯合國千禧年發展目標
1. 消滅極端貧窮和飢餓。
2. 實現普及初等教育。
3. 促進性別平等，並賦予婦女權力。
4. 降低兒童死亡率。
5. 改善母親保健。
6. 與愛滋病毒／愛滋病、瘧疾及其他疾病對抗。
7. 確保環境的永續性。
8. 全球合作促進發展。

1. 請假在發展中國家做志工有什麼價值？
2. 員工志工會有什麼收穫？
3. 贊助志工的公司有什麼收穫？

資料來源：BuildingBlocks International, http://www.bblocks.org; UN Millennium Development Goals, http://www.un.org/millenniumgoals; The Millennium Development Goals Report 2015, http://www.un.org/millenniumgoals/2015_MDG_Report/pdf/MDG%202015%20rev%20(July%201).pdf.

善員工職場生活品質的努力。

進步可以用目標的設定和達成來表示，也可以用貨幣來衡量，或兩者兼併。明確標明受益者，並盡可能量化其受益程度。公司應與所有成員和利害關係人分享社會稽核的結果，以加強對方案的意識和承諾。管理階層應該繼續實施已經成功的方案，如果需求仍然存在，則擴大這些方案，並取消那些幾乎沒有積極成果的項目，以便實施更有效的方案。最後，管理階層應該表彰和獎勵為成功做出貢獻的人。

習題

1. 單純的善盡職責如何才算得上是合乎倫理的行為？
2. 一個人的道德和倫理在哪些方面產生連結？個人的道德規範是否也能成為倫理規範？
3. 一個組織的文化如何影響成員的倫理？
4. 組織如何促進成員的倫理行為？
5. 「如果它是合法的，它便合乎倫理。」如果這句話有問題，請說明之。
6. 你奉命將10名員工(他們都相當能幹)減少2人。你可能面臨的倫理困境為何？
7. 你用什麼準則來確定一項預定行動是否符合倫理規範？
8. 當公司聘請律師設法應對新的環境法時，表現的是何種社會責任方式？
9. 誰是公司的利害關係人？公司對每個人都有哪些義務？
10. 政府如何促進企業的社會責任行為？
11. 企業如何確保社會責任行為？

批判性思考

1. 你家附近的一家洗車店決定在汽車完成洗車作業時，由比基尼女郎幫汽車擦乾，以增加業務量，預計下週開始提供此項新服務。身為附近的居民，這有什麼倫理和社會責任問題？又身為市政府議員，負責提議的批准，你會同意嗎？為什麼？
2. 你所在的社區提出一項城市條例，要求所有酒精飲料的銷售地點跟教堂或學校的距離必須超過兩個路口。如果它被立法，六家企業(餐館和酒館)將被迫搬遷或停止營業，該條例是對教會資助的社區團體和家長教師協會呼籲採取行動的回應。這裡的倫理和社會責任問題是什麼？
3. 倫理和社會責任行為要能在組織內部實現，有賴於高階管理階層致力推動。為什麼高階管理階層的承諾必不可少？
4. 老闆要求你修改時間表，增加政府專案的投入時間，減少商業顧客的投入時間。針對這個要求，你會怎麼做？

Chapter 7 國際管理

學習目標

研讀完本章後,你應該能:
1. 解釋企業成為國際化的主要原因。
2. 描述跨國公司的特點。
3. 討論政治、法律、經濟、社會文化和技術等國際環境要素。
4. 說明走向國際的主要策略。
5. 解釋公司從國內營運轉移成跨國結構所經歷的階段。
6. 討論國際公司在用人方面的主要問題。
7. 描述領導跨文化團隊的主要相關議題。
8. 討論控制國際公司的主要相關議題。

©Shutterstock

7.1 緒論

　　美國企業無論規模大小,都是全球經濟的一部分。大多數美國企業已經發現,它們的投入有很大一部分來自其他國家。今天,公司需要靈活地從提供最高品質、最可靠和最低成本的來源處獲得所需的投入,不管是在海外,還是在街上。

　　管理者必須關注全球經濟的發展,在美國歷史上可能從未出現這樣的情況。世界的變化每天都在加速,而這種變化是巨大的。共產主義在蘇聯解體後,許多前衛星共和國成為獨立國家,並向外國投資和國際貿易開放邊界。東德與西德合併後不久,捷克斯洛伐克共和國就分裂成兩個國家。27個歐洲共同體 (European Communities, EC) 形成一個經濟聯盟,稱為歐盟 (European Union, EU),並建立一個共同的貨幣 (歐元) 和銀行體系。歐盟公民使用同一本護照。中國向外國投資敞開大門,並在美國進行投資。英國和中美洲、南美洲國家正在逐步擺脫社會主義經濟,許多政府擁有的業務都實現私

有化(墨西哥的電話公司 Telmex 出售給私人投資者只是其中一個例子)。這些事件及本文討論的其他事件，對全世界的企業和個人消費者來說，都意味著巨大的經濟挑戰和機會。

每個國家的企業都需要自由、彈性的迅速行動，才能期待或應對世界各地發生的變化。各國貨幣的價值每天都在波動，產生的利弊參半。當美元對外國貨幣貶值時，美國的商品和服務就會變得更加便宜，對該國的公民更有吸引力；反之，當美元對另一國貨幣升值時，該國的產品和服務對美國消費者與公司將更有吸引力。

1 解釋企業成為國際化的主要原因

7.2 為何企業會走向國際化

公司將擴展新的國外市場，視為生存與增加獲利的主要策略。麥當勞是美國最著名的全球食品服務零售業者，從建立直營店、加盟到合夥，採取各種擴展方法。麥當勞只是一家發現由於國內市場飽和導致國內無法增加獲利的美國公司。蘋果公司(Apple)是另一家追求海外市場，以克服令人失望的國內營業成長的美國公司，2018年第四季收入中，蘋果公司的海外市場銷售高達 61%。

一般而言，企業走向國際化通常基於兩個原因或動機：主動與被動。主動的動機包括：尋找新顧客、新市場、增加市占率、增加投資報酬率、所需物料和其他資源、發揮優勢、降低成本和規模經濟。上述最後一個原因——規模經濟——鼓勵公司尋找外國合作夥伴，以分擔建廠、研究發展、擴展銷售市場等成本。降低成本的動機，導致前往低工資和較少商業限制的國家展開業務。

被動的動機則包括：希望逃避貿易障礙和其他政府管制，提供更好的顧客服務(例如，許多日本汽車零件供應商已移往美國，以靠近供應的下游日本公司)和保持競爭力。對潛在的貿易限制的恐懼，使美國汽車製造商擴大在歐洲、亞洲和拉丁美洲的業務，並導致日本和德國汽車製造商及其供應商在美國建廠。幾乎所有主要的外國汽車生產商都在美國建立子公司，以逃避實際或潛在的美國貿易限制，其中一個例子是第 4 章「全球應用」專欄中提到的賓士汽車，其製造業務就在美國阿拉巴馬州。

逃避政府管制的並不侷限於汽車製造商，數百家美國公司已經

在海外設立公司。同樣地，日本最大的化妝品製造商資生堂公司 (Shiseido Company) 為了因應政府管制，而進入美國和歐洲市場。長期以來，資生堂在日本化妝品市場上享有主導地位，寬鬆的反壟斷法讓其維持高零售價格，而進口法規則阻絕外國廉價品的影響。但自 1995 年以來，日本對資生堂的商業行為進行嚴厲打擊，並放寬對化妝品進口的管制。為了斷絕對日本市場的依賴，資生堂進行海外收購。資生堂的海外銷售地區，包括美洲和歐洲，以及亞洲/大洋洲。

7.3 跨國公司

2　描述跨國公司的特點

在過去十年中，世界各地的大大小小公司都參與國際業務。這些公司的管理者處理國際商務，從事**國際管理** (international management)——管理跨國資源 (人員、資訊、資金、存貨和技術)，並修正管理原則和功能，以適應國外競爭和環境要求。

國際管理　管理跨國資源 (人員、資訊、資金、存貨和技術)，並修正管理原則和功能，以適應國外競爭和環境要求的過程。

這些國際公司可以採取多種方式在國外展開業務，有些僅在其他國家設立銷售辦事處，有些只是從他國公司購買原料。在一個或多個外國展開業務，而不僅是銷售辦事處的公司，被歸類為**跨國公司** (multinational corporation)。

跨國公司　在一個或多個外國展開業務，而不僅是銷售辦事處的公司；其管理階層傾向全球市場和策略，將整個世界都納入市場範圍。

一般來說，跨國公司有兩種：一種以相對不變的狀態向全世界行銷其產品線 (標準化)；另一種是在推銷產品和服務的同時，修改產品和服務，以吸引特定地區的特定消費族群 (客製化)。第一類的產品有體育用品、無酒精飲料、香菸、化學品、石油產品、酒類和某些類型的服裝——Lee 牛仔褲。百事可樂和箭牌 (Wrigley's) 口香糖都銷往世界各地，只是在包裝、宣傳和標籤上做了改變，以適應國外的法規要求。客製化的例子包括：電腦軟體改編成他國語言；汽車製造要符合某國的安全、污染和駕駛的偏好 (如右駕車)；速食店改變菜單，迎合當地口味；化妝品配方要配合不同人群的膚色和特色。例如，麥當勞調整菜單和食品服務，以因應外國顧客的口味 (波蘭的黑醋栗奶昔、德國的鮮蝦沙拉、瑞士的素食漢堡)。

客製化經常是最好的策略，試圖向不同國家地區的人銷售相同產品的公司，很快就會發現問題。以下是一些經典實例。「例如，

德國人要求商品不能危害到湖泊和河流，並願意支付溢價；西班牙人想要的是更便宜的產品，讓襯衫變得又白又柔軟；而希臘人需要小包裝的產品，讓他們能夠壓低每次到賣場的花費。」惠而浦(Whirlpool)在歐洲的經驗中發現：「不同國家不只是廚房電器不同，而且消費者對廣告訊息的反應也不同。」

跨國公司的特徵

儘管世界各地的跨國公司在銷售量、利潤、服務的市場，以及子公司的數量上有所不同，但卻有一些共同的特徵。第一個共同的特徵是建立海外分支機構，這些分支機構可能由跨國公司全資擁有，也可能與外國的一個或多個夥伴共同擁有。跨國公司藉由核准分支機構計畫的權利來保有控制權，麥當勞和惠而浦就是跨國公司在外國有分支機構的例子。

跨國公司的另一個共同特徵是，它們以全球視野和策略來運作──將整個世界都納入市場範圍。高階管理者協調長期計畫，但通常允許國外分支機構有很大的工作自主權，把日常管理決策留給最接近當地市場問題的人。分支機構的業務是一體化的，透過管理報告進行控制；總部人員與分支機構人員之間經常進行溝通；分支機構單獨設定自己的營運目標，但仍須依據總部設定的條件進行。國外分支機構既是公司管理者的訓練基地，也是公司管理者的人才庫。嬌生給予廣大帝國的分支機構管理者充分的自主權，公司的高階管理階層相信「最接近行動的人有最好的視野。」正如前執行長拉爾夫‧拉森(Ralph Larsen)解釋的：「分權是嬌生的核心。有了分權，你就可讓地區獲得極快的反應速度。」

第三個特徵是，跨國公司傾向選擇某些類型的商業活動。大多數跨國公司從事製造業，其他的主要集中在石油業、銀行業、農業和公共事業等方面。

第四個特徵是，跨國公司傾向將子公司設在世界上的已開發國家──歐盟國家、加拿大、南韓、台灣、日本和美國。低度開發國家(less-developed country, LDCs)往往被視為原料和廉價勞力的來源，同時也被視為可以用標準化設計大量生產的廉價消費品的市場，中國的許多業務運作就是屬於這種類型。

第五個特徵是，在用人方面採取三種基本策略之一：第一種是決定採取高技術策略，即公司產出產品，而非工作；第二種是簡化工作，將工作轉移到廉價勞力國家，這是世界上大多數公司的選擇；第三種策略則是將前兩種策略混合使用。

7.4 國際環境

> ③ 討論政治、法律、經濟、社會文化和技術等國際環境要素

國際公司的管理者所處的環境比國內管理環境要複雜得多。跨國公司高階管理階層的關鍵任務是，發展和保持對其業務所在的每個國家、分支機構、供應商和顧客之環境的深入了解。環境監控包括政治、法律、經濟、社會文化和科技，每個環境隨時都在不斷變化。圖表 7.1 彙總每個環境的組成部分，下面的討論將集中在每個環境的關鍵問題上。

政治環境

政治環境可以促進或阻礙經濟發展，及國內外投資者和企業的投資。國家領導者所持的政治和經濟型態的理念，將藉由法令的制定，進而產生提振國內商業與提高對外貿易障礙的影響。政府的穩定與人民支持會影響對該國尋求商業機會或避免投資的決策。「作為速食業的超級企業，麥當勞是西方流行文化、洋基技能知識和美國企業狡猾的全球象徵，但在世界舞台上的顯赫名聲也可能成為麻煩的避雷針，該公司經常成為反美情緒和政治不滿情緒發洩的代罪羔羊。」

各種擁有既得利益的公民團體 (農民、製造商、配銷商和政黨) 可以發起公民抗議與推動保護主義立法等手段，以維護他們的特殊利益。日本農民多年來成功地向政府施壓，阻止稻米等外國農產品進入日本，他們不希望有競爭，因為賣的國產稻米是進口加州稻米的六倍價格。

東京的酒類折扣連鎖店川千屋酒業 (Kawachiya Shuhan Co.) 從加州進口用加州稻米釀造的日本清酒，因此售價可以比日本產品更便宜。該公司很快就遭到日本釀酒商一致抵制，連鎖店總裁樋口幸雄說：「所有五家美國釀酒商都是日本清酒製造商和批發商的附屬

圖表 7.1 國際環境的組成部分

政治環境	
政府形式	社會動盪
政治意識型態	政治衝突和叛亂
政府穩定性	政府對外國企業的態度
反對黨的實力	外交政策與團體

法律環境	
法律傳統	專利和商標法
司法制度的效力	影響商業公司的法律
與外國的條約	

經濟環境	
經濟發展水準	區域經濟組織的成員 [歐盟、東協 (ASEAN)、
人口	北美自由貿易區 (NAFTA)]
國民生產毛額	貨幣和財政政策
人均收入	競爭力
教育水準	貨幣可兌換性
社會基礎設施	通貨膨脹
自然資源	稅制
氣候	利率
	工資和薪資水準

社會文化環境	
習俗、規範、價值觀,以及信念	社會機構
語言	身分的象徵
態度	宗教信仰
動機	人口統計和心理變數

技術環境	
各個產業的先進技術	CAD、CAM 和 CIM
研究發展	地主國的接受和利用程度
新近創新	地主國受過良好教育的勞動力
機器人	潛在的全球合作夥伴

資料來源:Adapted from *International Dimensions of Management*, 4th edition, by Phatak. Copyright © 1995. Reprinted with permission of South-Western, a part of Cengage Learning, www.cengage.com/permissions.

公司,他們拒絕向他的商店或任何日本酒類商店供應美國製造的清酒。」樋口幸雄懷疑,「酒商們擔心便宜的清酒會威脅日本清酒的高價,於是聯合起來反對他。」

在 2002 年破產之前,安隆因馬哈拉施特拉邦 (印度) 政府取消一個價值 29 億美元的電力專案,使得其全球化野心遭受巨大打擊。安隆發現自己夾在印度人民黨 (Bharatiya Janata party, BJP) 和執政的國大黨 (Congress party) 之間,長期以來為了尋找對抗國大黨的方法,印度人民黨與濕婆神軍黨 (Shiv Sena Party) 組成聯盟。在其行動粉碎安

隆之後，印度人民黨主席阿瓦尼 (L. K. Advani) 發表具民族主義具色彩的訊息：「不反對外國投資，只要它不損害國家的經濟主權。」

法律環境

每個國家都有其獨特一套對商業有影響的法律，用來保護個人和工會權利的法律也各有不同。在美國工作的管理者需要確保他們的行為不會違反眾多商業相關的法律，每個地主國的國際管理者也一樣如此。

一些國家設置貿易障礙，如配額、關稅和禁運。**配額** (quota) 是將產品的進口量限制在每年規定的數量內，日本汽車製造商同意在幾年內，將每年向美國和歐盟國家進口的汽車限制在特定數量以下。

關稅 (tariff) 是對商品徵收的稅金，目的是使商品價格上漲，降低競爭力。根據墨西哥、加拿大和美國之間的北美自由貿易協定 (North American Free Trade Agreement, NAFTA)，墨西哥對農產品進口的關稅在幾年內會逐步取消。根據該條約的規定，從 2008 年 1 月 1 日起，美國和墨西哥之間農業貿易的所有非關稅壁壘都會被取消。

禁運 (embargo) 使某一產品在某段時間內不能進入一個國家。美國長期以來對古巴實行封鎖，希望改善該國的人權狀況。1959 年菲德爾·卡斯楚 (Fidel Castro) 上台後不久，禁運就生效了。時至今日貿易禁運仍然存在，但經濟和旅遊限制已經放寬。

> **配額** 政府規定將產品的進口量限制在每年規定的數量內。
>
> **關稅** 是對商品徵收的稅金，目的是使商品價格上漲，降低競爭力。
>
> **禁運** 政府規定某一產品在某一段時間內不能進入一個國家。

經濟環境

公司在跨國經營選擇分析時，必須考慮的因素包括貨幣穩定性、基礎設施、所需原料和物料可取得的狀況、通貨膨脹和課稅、公民的所得水準、與顧客的密切程度和氣候條件等。

社會文化環境

國際管理者所處的社會文化環境，包括諸如民族傳統、語言、習俗、價值觀、宗教和教育水準等。為了完成公司的目標，國際管理者每天都要在不同國家和地區的文化中工作，這些文化有異於他或她自己的母國文化。

了解地主國的人民及其價值觀 (以及如何應對他們)，有助於安

麗 (Amway) 海外業務的拓展。在美國管理者出國之前，必須了解地主國的文化，以及這些文化與美國文化的差異。為了取得理解，管理者首先必須了解美國文化的形成。圖表 7.2 顯示美國社會的五個面向。

分析美國文化之後，國際管理者必須評估執行業務所在地區國家之文化。以下五個面向是可行的建議：

1. **物質文化**。國際管理者需要評估一個國家生產商品的科技和技術專門知識，該國利用這些能力的方式，以及由此為社會帶來的經濟效益。
2. **社會制度**。國際管理者需要分析社會制度——學校、家庭、社會階級、宗教和政黨對個人的影響，這些都強烈影響著個人的職業道德，以及他們在群體中工作的能力和意願。
3. **人文與宇宙觀**。其他文化中，人們的價值觀和信仰可能會受到宗教、習俗和迷信的極大影響，國際管理者需要了解這些因素是文化的重要組成部分。

圖表 7.2　美國文化中與企業有關的五個特徵

個人主義	個人主義的人抱持獨立態度，認為個人在生活中享有很大程度的自由。個人主義的影響可以體現在自我表達和個人成就上，這種價值觀在其他文化中未必存在。
非正式性	非正式性有兩個部分：第一，美國文化並不十分重視傳統、儀式和社會規則；第二，美國文化風格是直接的，不在開會和談話中浪費時間。在拉丁美洲或中東地區經營業務時，這兩種價值觀可能都不重要。
唯物主義	美國的物質主義有兩個因素：第一，美國人傾向於將地位附加在實體物質上，例如某些類型的汽車或名牌服裝；第二，由於擁有大量的自然資源，美國人傾向購買物品，然後在它們還有功能價值時丟棄。這兩種行為如果表現在其他社會中，可能會給國際管理者製造麻煩。
改變	雖然改變被視為美國文化的一部分，也可解讀為個人可以影響整體事務。一個人可以產生重大的變化，這是美國文化的一個基本原則，在其他社會中，這種相同的文化價值觀可能不存在。改變被視為不可避免的自然發生之現象——人和他們的世界整體進化的一部分。改變是理所當然被接受的，沒有人刻意影響或促成。
時間導向	在美國文化中，時間被視為珍貴的稀有資源，因此人們強調有效利用時間。這種信念決定設定最後期限、約定和信守約會的作法。在其他社會中，時間被視為永無止盡的無限資源，這種態度解釋為什麼在一些文化中，人們對信守約會或遵守最後期限總是相當隨興。

資料來源：From *International Dimensions of Management*, 4th edition, by Phatak. Copyright © 1995. Reprinted with permission of South-Western, a part of Cengage Learning, www.cengage.com/permissions.

4. 美學。這個因素由文化中的藝術、民俗、神話、音樂、戲劇和與生俱來的傳統所組成，這些因素對於解釋藝術表現形式，以及各種交流的符號意義，如手勢和視覺表現等都有重要的影響。如果不能像當地人那樣解釋這些信號，必然會引起問題。
5. 語言。對國際管理者來說，最困難的層面是語言及各種方言。管理者不僅要會說地主國的語言，國際管理者還必須理解語言的意義和細微的差異，因為他們的詞語往往不僅是字典上的意思。這一層面合理地延伸到了解社會中哪些群體存在爭端、哪些群體和睦相處。

技術環境

此一環境包含從機器人到智慧型手機等各類技術的快速創新。在全球環境中，美國科技公司正以前所未有的速度與瑞士、日本、德國、中國和印度的競爭對手建立策略聯盟，以努力在全球市場上生存並保持競爭力。這場遊戲的名稱是實現世界級的產品開發和交付，目標是交付 (不一定是製造) 最高品質的產品，並在最短的時間內將其推向市場。

除非公司在資金、時間和建築設備等方面承擔所有費用，否則就必須與其他公司合作，以加快腳步並降低成本。索尼 (Sony) 和三星成立一家合資公司，開發和生產液晶面板，它們正在與其他液晶面板製造商競爭，如荷蘭皇家飛利浦電子 (Royal Philips Electronics) 和南韓 LG 電子 (LG Electronics) 的合資企業 LG.Philips LCD。液晶面板幾乎適用於所有需要視覺顯示的產品，隨著價格下降和尺寸增大，液晶電視在全球的銷售量超越陰極射線管 (CRT) 電視。

無論從事何種業務，都必須選擇擁有公司欠缺資源的合作夥伴和地點。最好的設備和最先進的科技容易被浪費，除非找到具有運用技術，並願意學習如何正確使用這些設備與科技的人。

7.5 規劃與國際管理者

4 說明走向國際的主要策略

無論管理者是否為國內或國際營運進行規劃，對於未來的預測都建立在假設上。國際管理的規劃包括的要素與之前介紹的內容相

同：評估環境、發展假設、依據假設進行預測。雖然過程相同，但國際企業的規劃較困難，因為需要考量更多的變數跟環境。

選擇策略

進行海外貿易的方式基本上有四種 (如圖表 7.3 所示)。當決定「走向國際」時，公司可考慮以下策略的任意組合：

1. 出口你的產品或服務。
2. 授權代理 (如銷售代理、特許經營或使用製程和專利)。
3. 建立互利的合資企業 (合夥企業)，進行生產、行銷或兩者並行。
4. 在海外建立或購買設施，獨立進行運作。

大部分的公司一開始都是透過國外經銷商進行商品出口，如此可以成功地將產品陳列在經銷商的貨架或送到消費者手中。但是在決定如何進行之前，公司必須選擇一個目標市場。

1987 年，位於西雅圖的消費者合作社休閒設備公司 (Recreational Equipment Incorporated, REI) 成功地運用第一種策略。REI 開始發現日本消費者主動向公司購買運動用品系列的銷售進帳。獲得此訊息後，便開始「在日本戶外出版品上的廣告」刊登商品目錄 (英文印刷，美元標價)。到了 1991 年，該公司對日本市場的銷售量是原先的四倍，並擁有 1 萬名日本會員。現在除了原有的通路外，消費者還可以網購，而日本的直銷由東京的 REI 顧客服務台提供支援。

亞特蘭大的可口可樂採用第二種策略向中歐和東歐擴張，投資超過 10 億美元的特許海外分支機構進行市場擴張；哈雷機車 (Harley-Davidson) 採用的是第三種策略，在全球建立一些合作夥伴關係，以推銷其摩托車和運動服系列；麥當勞在國際業務中採用授權、合作和獨立經營的方式；總部設在倫敦的 Ebookers Plc 是一家旅行社，正在使用第四種策略，將電話客服的工作和員工外包給印度。

圖表 7.3 所有權與控制

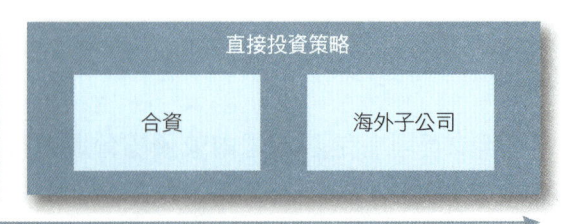

市場進入策略		直接投資策略	
出口	授權	合資	海外子公司

海外業務所有權與控制涉入程度增加 →

評估外部變數

在一家國際公司中,管理者必須評估和監控公司業務所在國的五個環境變化,以確定威脅和機會的存在。他們必須確定這些獨立的外部環境將如何彼此影響和衝擊,並將如何影響公司的內部環境——個別管理者負責和控制的領域。他們必須選擇目標和策略,並研擬計畫加以實現。在制定計畫的過程中,國際管理者要監控和評估包括以下七個獨特的外部議題和問題領域:

1. **政治不穩定和風險**。政府及其政策的變化確實會影響業務、公司計畫和策略,以及在地主國國內外進行貿易的能力。
2. **貨幣不穩定**。貨幣匯率的變化意味著公司經營方式的改變。由於公司的收益是以當地貨幣計價的,必須在全球及地主國境內消費,因此造成大量的資金風險。大型跨國公司每天都要與數百萬美元、日圓、歐元和英鎊打交道。
3. **來自國家政府的競爭**。國有或國營的公司和產業往往在政府相當大的援助和補貼下經營,不期望或不要求獲利。這種政策使任何國際競爭者處於劣勢,使地主國擁有壟斷權力,可以用來對付國內和國外的競爭者。
4. **來自國家政府的壓力**。公司已經並可能被指責為向地主國輸送不安全或不環保的技術和產品、輸出技術和工作,干擾國內產業。企業和個人一樣,都需要做一個好公民。
5. **民族主義**。在發展中國家和已開發國家,民族自豪感所產生的政治意識型態會阻礙商業,特別是來自外資企業的商業。從這種意識型態中,可以產生對貿易的限制、對地區所有權的限制,以及對資金出口的限制。
6. **專利和商標保護**。有些國家不提供任何保護,任何人的財產都是公平的遊戲;其他國家則對外資企業提供有限的保護;有些國家和產業以盜取構想和技術著稱。
7. **激烈的競爭**。有利可圖的市場總是會有來自國內外部門的激烈競爭。公司應該預期在最佳市場和最多獲利產品領域的競爭會加劇。

一個將繼續擴大競爭的因素是,公司產品或服務的品質。為此,

> **ISO 9000** 由五項技術標準組成，統稱為 ISO 9000，目的是提供一種統一的方法，以確定製造廠和服務機構是否執行和記錄健全的品質程序。

一套品質標準正迅速成為在國際市場成功的通行證。這些標準是由國際標準組織 (International Organization for Standardization) 在 1980 年代創造的，這套技術標準統稱為 ISO 9000，目的是提供一種統一的方法，以確定製造廠和服務機構是否執行和記錄健全的品質程序。

要申請合格註冊，公司必須對製造和顧客服務流程進行稽核，範圍包括從如何設計、生產安裝，到如何檢查、包裝和銷售等方面。包括美國和歐盟在內的 160 多個國家已經認可這些標準。

從這些變數中可以看出，在國際市場進行規劃是非常複雜且充滿諸多問題與不確定性。如果無法對各變數充分評估，將造成在時機、策略選擇和財務決策等方面的失敗。評估工作的有效性取決於公司能否決定如何：(1) 在直線管理者和幕僚管理者之間、在公司雇員和外部顧問之間分配蒐集與分析資訊的責任；(2) 在分析中建立可信度和有效性，以便組織可正視結果；(3) 使人們了解分析在公司營運中的重要性，特別是資金預算和長期規劃。

評估可以獲得預測，管理者用預測來制定計畫。評估、解讀、預測、制定目標、策略和戰術的所有努力，目的是為了建立跨國企業管理的整體性，以及在地主國做一個稱職的企業公民。公司策略決定組織將如何配置資源以實現目標，進而成為世界各地分支機構制定策略的主結構。圖表 7.4 點出全球化公司目標及策略所應針對的領域。

5 解釋公司從國內營運轉移成跨國結構所經歷的階段

7.6 組織和國際管理者

公司發展組織結構以實現目標，隨著組織目標的變化，組織也將發生變化。當公司將業務擴展到地主國時，內部組織結構也必須進行改變。公司在發展過程中的任何時候所選擇的結構，都取決於這些公司海外業務範圍、位置和對母公司的貢獻，以及母公司和地主國管理者的經驗與能力。所選擇的結構必須能夠迎合地主國和母國業務之間的社會文化、政治、法律及經濟差異。當公司開始進行海外生產時，為在海外銷售產品而設計的結構也必須進行改變，必須對分權的程度做出決策，並隨著時間和業務的陸續展開而不斷地重新審視。

圖表 7.4　跨國管理者的目標應解決的領域

獲利率	財務	人員
·獲利水準 ·資產報酬率、投資權益、銷售額 ·年度獲利成長 ·年度每股盈餘	·外資企業融資——保留盈餘或當地借款 ·稅收——在全球減少稅收負擔 ·最佳資本結構 ·外匯管理——減少外匯波動損失	·培養具有全球視野的管理者 ·地主國國民發展之管理
行銷	技術	研究發展
·總銷售量 ·市占率——全球、區域、國家 ·銷售量的成長和市占率的成長 ·融入地主國市場,提高行銷效率和效能	·擬向國外轉讓的技術類型——新一代的或前代 ·根據當地需要和條件調整技術	·專利產品的創新 ·專利生產技術的創新 ·研究發展實驗室的地理位置分布
生產	地主國政府關係	環境
·藉由國際生產整合實現規模經濟 ·品質和成本控制 ·引進具有成本效益的生產方法	·根據地主國政府的發展計畫,調整附屬計畫 ·遵守當地法律、習俗和道德標準	·與物理和生物環境的和諧 ·遵守當地環境法規

資料來源：From *International Dimensions of Management*, 4th edition, by Phatak. Copyright © 1995. Reprinted with permission of South-Western, a part of Cengage Learning, www.cengage.com/permissions.

當公司試圖建立國際組織時,必須解決一些傳統的問題,包括以下幾個方面：

- 達成作業效率。
- 創造彈性以因應國家和全球變化。
- 允許各單位快速共享資訊和技術。
- 協調不同文化差異。
- 快速回應消費者需求的變化。
- 依據功能、產品、顧客或地域別進行作業劃分。
- 發展具有共同目標和共同願景的管理團隊。

雖然公司所採用的組織結構取決於目標,但成為跨國企業過程將經歷三個典型的演進階段：前國際事業部階段、國際事業部階段,以及全球結構階段。我們在歷經這些階段的演變過程時應注意的要點是,在國內公司中,通常採用二維結構(功能與產品,或功能與地域)來實現目標。在國際競技場上,最終將需要三維結構,將功能、產品及地區模式結合,為公司提供功能專長、產品和技術專門知識,以及地主國知識。

前國際事業部階段

擁有獨特、新技術、優越 (在功能、性能或價格方面)，或全新設計產品的公司應考慮是否已做好進入國際競技場的準備。對許多公司來說，將產品介紹給一個或多個新的消費者國家的第一個策略，是找到出口產品的方法。結果通常是在行銷部門增加一位出口經理，有廣泛產品系列的公司 (如化工公司) 可以設立一位直接向執行長報告的出口經理，並以員工身分與各個產品部門合作，協調生產和行銷。出口經理將確定所選擇的國外配銷和行銷方法，是讓母公司員工進駐地主國，或透過當地設立的代理商 (進口商、配銷商或零售商) 進行合作。圖表 7.5 顯示在國內管理結構中增加出口經理的情形。

圖表 7.5　出口經理從事國外市場出口的組織結構圖

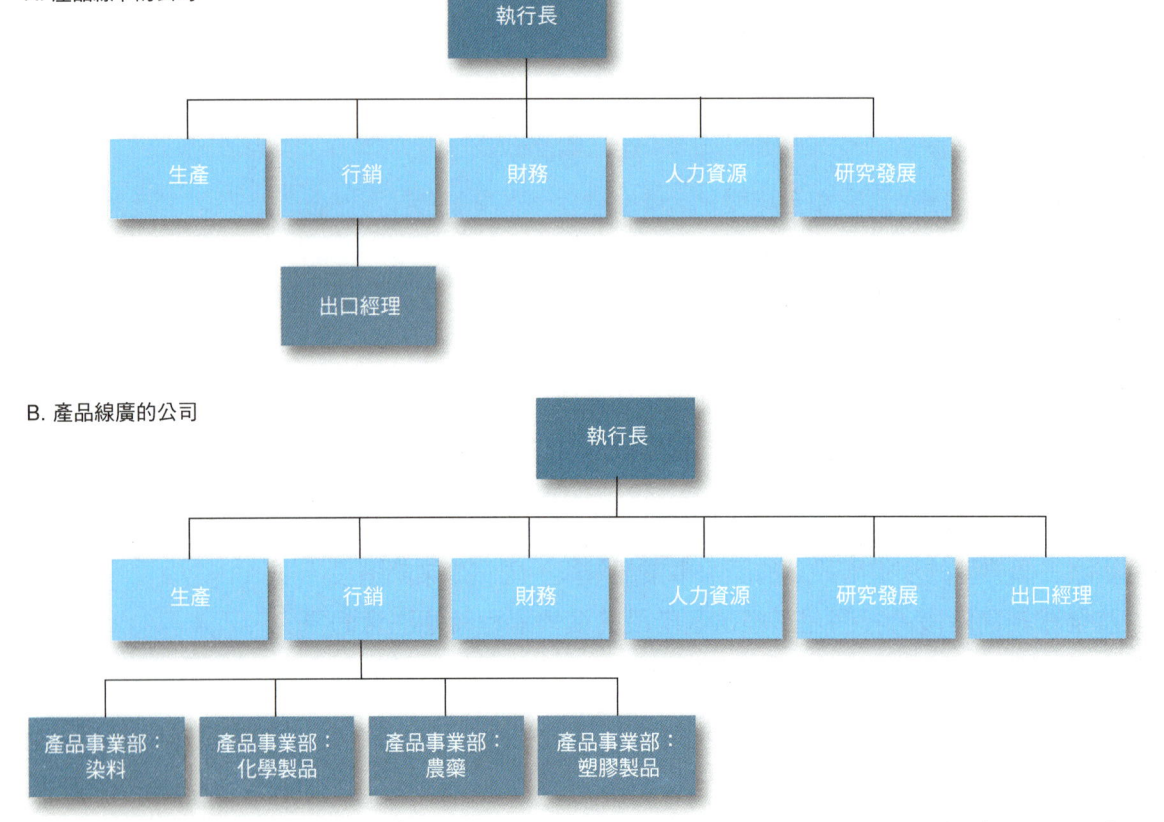

A. 產品線窄的公司

```
                        執行長
          ┌──────┬──────┬──────┬──────┐
         生產   行銷   財務  人力資源 研究發展
                 │
              出口經理
```

B. 產品線廣的公司

```
                              執行長
       ┌──────┬──────┬──────┬──────┬──────┐
      生產   行銷   財務  人力資源 研究發展 出口經理
              │
   ┌──────┬──────┬──────┐
 產品事業部：產品事業部：產品事業部：產品事業部：
   染料   化學製品   農藥   塑膠製品
```

資料來源：From *International Dimensions of Management*, 4th edition, by Phatak. Copyright © 1995. Reprinted with permission of South-Western, a part of Cengage Learning, www.cengage.com/permissions.

國際事業部階段

地主國的法律、貿易限制和競爭的壓力可能會開始增加，使公司處於成本劣勢。在此情況下，公司通常會決定在一個或多個地主國建立行銷或生產作業來保有和擴大國外市場地位。圖表 7.6 顯示一個國際事業部 (international division) 的建立，其負責人直接向執行長報告。

> **國際事業部** 母公司的一個單位，通常是位於海外負責行銷或生產作業，其負責人直接向執行長報告。

國際事業部的結構對處於國際參與初期的公司很有效。這些公司通常具有某些特點：「有限的產品多樣性、相對較小的銷售額(與國內和出口銷售額相比)、有限的地域多樣性，以及不足的國際專長管理者。」

在早期階段，公司往往實施集權化，以嚴格控制國際設施的建立和用人。接著開始權力下放，賦予那些最接近問題和機會的人必要的權力，使他們能夠對顧客、政治和經濟需求和挑戰快速做出回應。隨著當地人員專業知識的累積，他們將其應用在對未來的規劃，並成為後續任用人員的訓練者。許多管理者透過國際事業部，進入地區和公司總部工作。

全球結構階段

隨著國際業務的成功，高階管理者對國際業務做出更大的承諾，並開始從全球角度看待公司。就像麥當勞一樣，大多數公司發現隨

圖表 7.6　全球參與早期的國際事業部

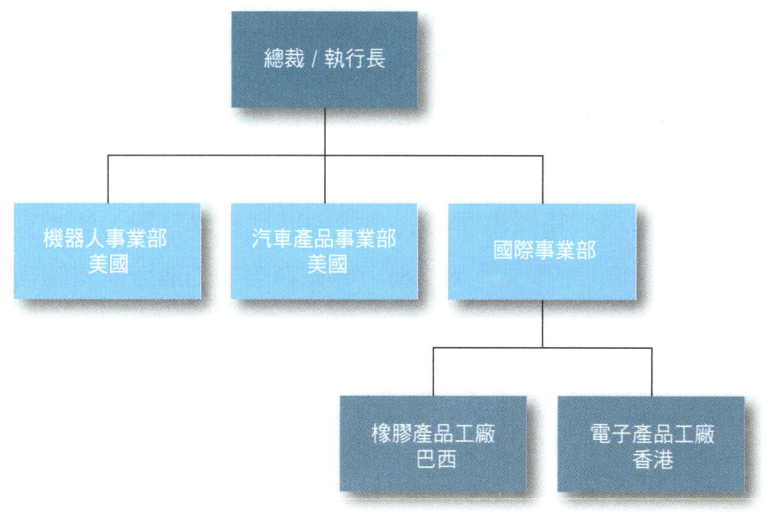

著國際業務的擴大,收益和利潤的比例開始增加,比沒有國際部門時能夠更好地服務更多的市場,可以不受大多數貿易限制的影響,而且更接近顧客。公司通常會發現薪資單和業務往來的外國人越來越多,並在國外市場和公司的各個總部任職。隨著這些變革力量的凝聚和壯大,公司的文化開始發生變化。

根據《國際商務》(*Business International*) 的研究,當公司符合以下標準時,就可以脫離國際事業部階段:

- 國際市場和國內市場一樣重要。
- 公司的高階主管具有國外和國內的經驗。
- 國際銷售額占總銷售額的 25% ～ 35%。
- 國內事業部使用的技術已經遠遠超越國際事業部。

> **全球結構** 組織管理決策的安排,以在多國背景下有效率、有效能地運作;形式上可包含以全世界的產品或區域單位為基礎的功能、產品和地理特徵。

全球結構 (global structure) 的轉變,代表決策方式的改變,以前由單獨和自主的部門個別進行的決策,在轉變後也將改由公司總部為整個企業進行統籌,企業決策現在需要從整體企業的角度出發。最終的結構將包含功能、產品和地理等特徵,可能基於全球產品事業群、全球區域事業群或兩者的混合。每個事業群都成為一個利潤中心,指揮和控制權由總裁/執行長傳遞給事業群副總裁。

產品事業群結構對於多樣化和廣泛分散的產品線,以及技術水準或研發業務水準相對較高的產品來說,效果最好。圖表 7.7 說明產品事業群結構。嬌生利用產品事業群結構,將其 250 多家營業公司加以組織,這些公司在 60 個國家生產和銷售數以千計的品牌保健產品,分為四個全球顧客產品事業群:醫藥產品、醫療設備和診斷產品、生物製品和消費性產品。

對產品類型簡單且與當地消費市場密切相關的產品而言,區域或地區模式的效果最好。石油公司、特殊食品製造商和橡膠製品公司往往採用這種結構。國際事業部的功能由區域經理執行,他們直接向母公司總部報告(請參見圖表 7.8)。埃克森美孚是區域模式結構的典範,它將其 11 個業務集團或策略事業單位調整為三類:

1. 北美業務,包括探勘、生產、煉油和行銷。
2. 綜合區域業務,將埃克森美孚在四個地區——非洲和中東、亞太、歐洲,以及南美——的探勘、生產、煉油和行銷整合。

圖表 7.7　整合全球產品群的簡化全球結構

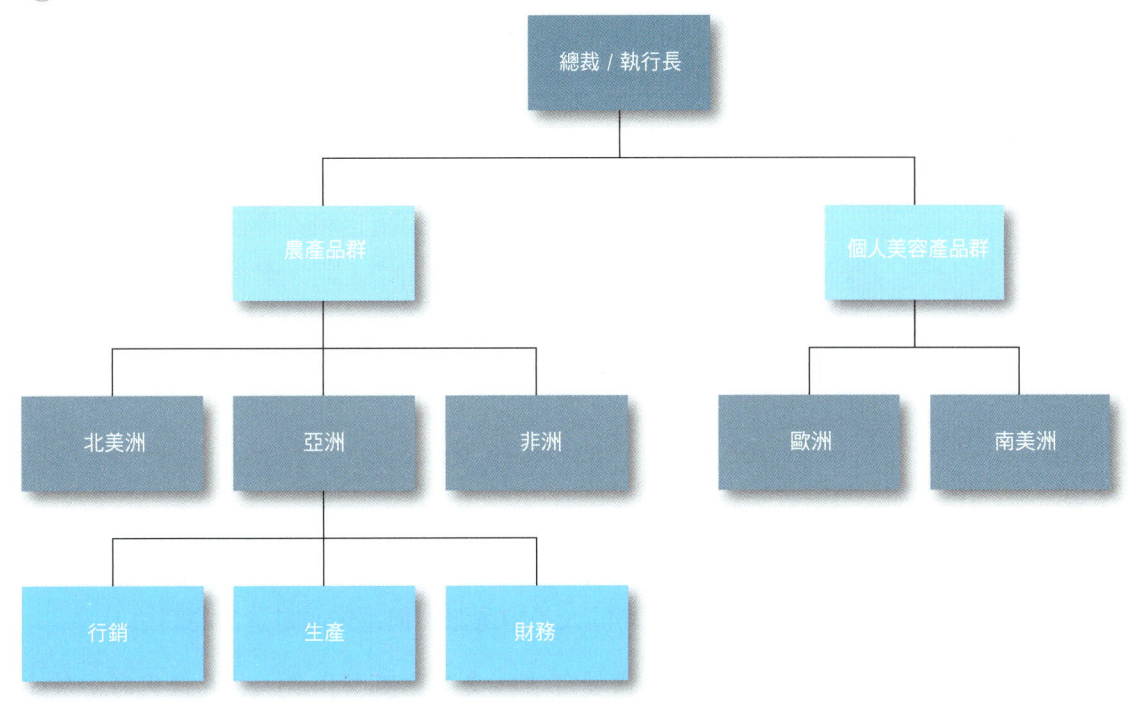

```
                        總裁 / 執行長
                       /            \
                農產品群            個人美容產品群
              /    |    \            /        \
         北美洲  亞洲  非洲        歐洲      南美洲
                 /  |  \
              行銷 生產 財務
```

圖表 7.8　整合地區事業部的簡化全球結構

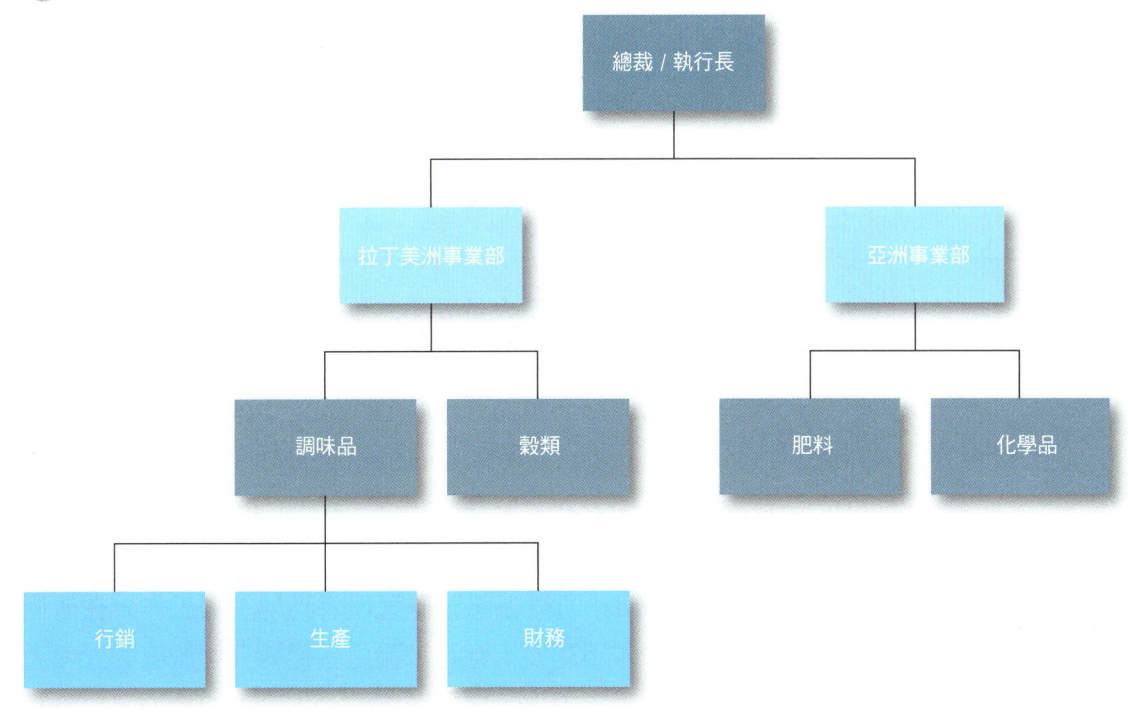

```
                     總裁 / 執行長
                    /            \
           拉丁美洲事業部         亞洲事業部
              /    \               /    \
          調味品   穀類           肥料   化學品
           / | \
         行銷 生產 財務
```

3. 全球業務，由化學、液化氣和獨立電力項目、新的探勘和生產企業、供應貿易和運輸所組成。

> **6** 討論國際公司在用人方面的主要問題

7.7 用人與國際經理

一個組織的用人功能之作用是，確定和獲得合格的人力資源，以確保該組織的成功。在國際化公司中，用人變得更加複雜，因為人才的尋找是不分國界的。

用人問題和解決方案

在地主國尋找合格人員來填補工作崗位是很困難的，尤其當公司試圖在發展中國家或低度開發國家尋找合格的管理和技術人才時更是如此。在擴展海外市場的最初階段，地主國業務的職位可能需要從國內業務中現有的人員中選派，但這未必是適當的辦法。

> 近來要說服美國管理者接受某些國際任務，並且偶爾到國外出差，難度越來越大。一個關鍵原因是：對安全的擔憂加劇。這是因為伊拉克持續的敵對行動、911 之後的恐怖攻擊、SARS 疫情可能再次爆發，以及南美洲更多的經理人遭到綁架等事件。雇主試圖透過各種手段來緩解員工的焦慮，包括額外的工資加給、行前的安全簡報，以及對危險地點設置的電腦監控等，這些電腦監控還配合武裝車輛、24 小時警衛、攻擊犬和圍牆住宅等設施。

最終，藉由公司或外部人員展開的訓練和發展計畫，可以培養地主國公民和其他人員從事各種工作。

不同的公司對於國和國內外業務的用人，會採取不同的作法。3M 公司 (Minnesota Mining & Manufacturing, 3M)「每年都會從海外單位引進幾十名外國人到明尼蘇達州聖保羅 (St. Paul) 總部任職。這些『歸國人員』已經習慣美國的商業環境，並接受珍貴的企業文化薰陶。」本田 (Honda) 則從總部派遣管理者到地主國工作，在他們執行這些任務時，本田認為「應該鼓勵這些從總公司派出的管理者了解當地的文化和思維方式，成為社區的一部分；把權力下放給當

地人員；在管理層階和勞工之間建立團結的意識，使大家都為共同的目標而努力。」

雖然日本人傾向於派遣核心的日本經理人領導海外業務，但許多其他跨國公司開始讓地主國公民，尤其是美國公民，擔任更重要的角色。羅納德‧蕭 (Ronald G. Shaw) 是首批擔任日本企業在美國子公司總裁暨執行長的美國人之一，「他被選入母公司百樂公司 (Pilot Corporation) 的董事會，成為有史以來晉升日本上市公司董事會成員中，僅有的六名美國人之一。第二年更被晉升為美國百樂公司執行長，成為在美國的日本公司擔任執行長的少數美國人之一。」

奇異匈牙利照明製造廠的前經理喬治‧瓦爾加 (George Varga) 是理想國際經理人的例子，他是海外任職的前輩。十幾歲就離開土生土長的匈牙利，曾在美國、西班牙、荷蘭、瑞士和墨西哥工作。他會說六國語言，並在市場行銷和財務管理方面擁有西方的專業知識。在奇異匈牙利公司任職時，他的第一個決策是任用經驗豐富的管理者取代一半的匈牙利經理人 (他的經理人平均服務年資超過十八年)。「我們不想要年輕的老虎，需要有敏感度的人去進行文化上的聯姻。我們有理想的團隊向匈牙利人推銷我們的想法。」

羅納德‧蕭是日本公司的美國人、瓦爾加是歸國的匈牙利僑民，許多外國人士已經晉升美國跨國公司總部人員。百事公司前董事長暨執行長盧英德 (Indra Krishnamurthy Nooyi) 是印度出生的歸化美國人；可口可樂過去的執行長包括愛爾蘭公民內維爾‧伊斯代爾 (E. Neville Isdell) 和澳洲公民道格拉斯‧達夫特 (Douglas Daft)。在成為美國商務部部長之前，卡洛斯‧米格爾‧古鐵雷斯 (Carlos Miguel Gutierrez) 是家樂氏公司 (Kellogg Company) 董事會主席兼執行長，他出生於古巴，在墨西哥市開始職涯。阿蘭‧貝爾達 (Alain J. P. Belda) 出生於法國摩洛哥，成為巴西公民，在成為美國鋁業董事會主席暨執行長之前，曾在巴西的美國鋁業工作。先靈葆雅公司 (Schering-Plough Corporation) 董事會主席暨執行長弗雷德‧哈桑 (Fred Hassan) 則出生於巴基斯坦。

對於那些想複製盧英德、羅納德‧蕭、瓦爾加、伊斯代爾等人成功經驗的管理者，埃森哲常務董事大衛‧史密斯 (David Smith) 提出很好的建議：「擁有廣闊的全球視野，包括了解其他文化的細微

差異，以及願意調動，這些對於獲得職位晉升至關重要。兩位相同的應徵者必須證明他們知道國際市場與國內市場有何差異，並表明知道如何管理對其他國家團隊成員的期望。」維吉尼亞大學 (University of Virginia) 教授詹姆斯·克勞森 (James G. Clawson) 指出，要成為全球商業領袖有些必備技能，他強化史密斯的建議：海外經驗、深刻的自我意識、對文化多樣性的敏感度、謙遜、終生的好奇心、謹慎誠實、全球策略思維、耐心、言談得體、善於談判及臨場感。

薪酬

採取與母公司相同的薪酬制度是不太可行的。傳統、法律規定的薪資和福利、不同的稅率和通貨膨脹、不同的生活標準、貨幣的相對價值，以及地主國的競爭者，所有這些因素結合在一起，使薪酬成為一個困難的議題。美國習慣根據短期業績獎勵個人和團體，並根據部門或事業部的成功獎勵經理人，現在這些習慣必須考慮到他們對整個企業的貢獻，以及必須克服的障礙難度，從而進行調整。有些文化對集體薪酬計畫避而遠之，有些文化則習慣集體薪酬計畫。有些國家有強大的工會 (如德國)；有些國家則沒有。此外，諸如資歷的價值、地主國的生活成本 (新加坡是最高的國家之一)、管理者在同業眼中的地位高低等因素，都必須加以考慮，並進行薪酬計畫的調整。

為在國外工作的管理者和銷售人員提供的補貼 (除了自願和法律規定的福利外) 包括以下內容：在比利時，與西歐其他地方一樣，為管理者提供汽車和手機，以及可自由支配的費用帳戶；在日本，為管理者提供公司汽車；在英國，為公司汽車配備電話；在南韓，由交通車共乘，逐漸增加到公司汽車和司機，以及一個慷慨的費用帳戶；在匈牙利，為管理者和銷售人員提供公司汽車，並以硬通貨 (西方貨幣) 支薪。根據法律規定，歐盟每個國家都有 4 週的帶薪休假。

7.8 領導與國際管理者

世界各地的人存在著差異，他們有不同的語言、文化、傳統和

態度，這些都影響他們的工作方式、希望別人如何接觸自己，以及自己如何與他人接觸，這些差異讓指揮外國公民成為國際管理者的一個挑戰。非本地人的管理者需要特別注意與外國公民的溝通和互動方式，在整個環節中應該牢記的是，當今大多數國家都是多民族的混合體，他們的勞動力反映與美國一樣的跨文化影響。大多數歐洲國家接納來自世界各地的人，包括土耳其人、阿拉伯人和亞洲人，以及其他歐洲人。許多亞洲人，尤其是南韓人，在日本工作。隨著歐洲、亞洲和拉丁美洲國家繼續吸引外國勞動力，以及隨著跨國企業將業務擴展到越來越多的國家，人口的融合預期將會持續。

組織「走向國際」的關鍵是，體認和重視多樣性將為組織帶來的貢獻。在未來幾十年中將取得成功的公司，會隨著發展而不斷改變其對多樣性的定義。

員工態度

約翰・瑞菲爾德 (John E. Rehfeld) 曾在美國的多家日本大公司擔任行政職務，他指出美國和日本傳統管理態度的兩個不同之處。首先，當日本公司出現問題時，強調的是解決問題，而非指責，日本管理者希望知道出了什麼問題並如何解決。其次，當日本管理者設定目標並達成時，就會繼續前進，而不是等待表揚。「日本人不只是對於絕對結果感興趣，對於過程和你下次如何做得更好，他們也同樣感興趣……。他們不只是擬訂計畫，然後執行，還會停下來檢查結果，看看如何可以做得更好。」

當奇異接管匈牙利 Tungsram 工廠時，發現有 1.8 萬名工人，與奇異在美國的其他照明事業部工人數量差不多，但美國的銷售量卻是它的七倍。「這種情形在西方的解決方法是大量裁員，但匈牙利人對失業存在極深的恐懼，促使奇異採取較溫和的作法。」因此選擇透過提早退休和遇缺不補來降低工人數量。匈牙利人也習慣以現金付薪，很少有支票帳戶，奇異選擇繼續使用現金袋。

在 Ahlstrom Fakop (現在的 Foster Wheeler Energy Fakop)，波蘭的一家鍋爐製造廠有 400 名員工，同樣的工作保障態度被證明是扭轉公司局面的關鍵。西方傳統的商業智慧認為，激勵員工的有效方法是激勵性薪資 (incentive pay)。但是，激勵性薪資無法重振員工的低

迷士氣；於是公司的對策是如果達到銷售目標，就維持現有的用人，結果是銷售量和士氣都提高。在走向市場經濟轉型的過程中，員工更關心的是如何保住工作，而不是獲得獎金。

溝通問題

國際管理者可能會遇到一些溝通上的困境。不僅僅是語言，肢體語言也因文化的不同而有所差異。例如，阿拉伯人認為交叉雙腳、雙腿，或露出鞋底是一種侮辱；在西班牙，用拇指和食指表示"OK"被認為是粗俗的手勢。在正式會議上，比位階較高者更先就座，在美國企業中是可以接受的，但在許多其他文化中，卻被視為不尊重。

金錢甚至可能導致溝通問題。母公司可能希望用英語和美元進行交易，卻不得不適應日本、南韓、德國、中國、印度和其他語言與貨幣。此外，總部的經理可能是瑞士人，講德語，而與地主國的管理者見面時，他們可能是義大利人、德國人、美國人和中國人，或是多個國籍的混合。一些公司採用的解決方法是，公司所有的通信和管理者之間的對話都用同一種語言進行——在美國和西歐公司通常用英語或法語，在日本公司則用日語。依靠翻譯是很棘手的，地主國公民可能會借故假裝聽不懂。此外，一種語言中許多單字無法直接翻譯成其他語言。

儘管英語日益成為國際商業語言，而且全世界大多數受過教育的人都必須學習英語，但地主國的管理者必須對地主國的語言有良好的基礎。在指導地主國的勞工、與國內工會和政府官員打交道、了解當地的商業和政治事務，以及與來自多個國家的供應商和顧客進行談判時，流利的語言是無法被取代的。有些公司在安排管理者到外國工作前，會對他們進行語言訓練。

關於溝通最後要說的是，為外國同事或商業夥伴挑選禮物時，要考慮所傳遞的訊息，這其中潛藏諸多問題。如果不了解一個國家的習俗和傳統，禮物的選擇可能會給送禮者帶來尷尬或麻煩。圖表7.9 概述向外國同事贈送禮物的一些規則。

跨文化管理

文化在本文前面已被定義為社會群體的共同信仰、傳統、習俗、

圖表 7.9　外國同事之間送禮防止踩雷訣竅

- 不要根據自己的品味送禮。
- 不要送禮物給阿拉伯男人的妻子；事實上，根本不要問她的情況。不過，送禮物給孩子是可以接受的。
- 在阿拉伯國家，不要公開欣賞一件物品。物品的主人可能會覺得有義務把它送給你。
- 不要帶酒到阿拉伯人家裡。對許多阿拉伯人來說，宗教法律禁止飲酒。
- 對日本人不要過度送禮。這會造成很大的尷尬，而且他們認為有義務給予回報，即便他們負擔不起。
- 不要堅持日本朋友當面打開禮物。這不是他們的習慣，很容易造成收禮者的尷尬。
- 在贈送禮物給日本商務人士時，基於禮貌，請用雙手握住禮物，但不要大張旗鼓地贈送。
- 在選擇顏色或決定物品數量時要注意。紫色在拉丁美洲是不合適的，因為它與基督教大齋節有關。
- 在拉丁美洲，避免送刀子和手帕。刀子暗示切斷關係，手帕則暗示你希望接受者有災厄。為了抵消厄運，收禮者必須向你提供金錢。
- 品牌標籤應不顯眼。
- 在德國，紅玫瑰暗示你與收禮者相愛。香水是太私人的禮物，不適合商業關係。
- 在中國，昂貴的禮物是不能接受的，會造成很大的尷尬。可以透過公司間集體送禮。
- 在中國，宴請是可以接受的，但如果你提供比之前款待你更豪華的盛宴，對主人是一種侮辱。
- 鐘在中國是不吉利的象徵。
- 最重要的規則是先調查，畢竟沒有人會嘲笑送禮遊戲。誠然，重要的是你的用心：你對了解協商對方的文化和品味所付出的心思。

資料來源：Reprinted by permission of the *Harvard Business Review*. Excerpt from "It's the Thought that Counts," by Kathleen K. Reardon, September–October 1984. Copyright © 1984 by the Harvard Business School Publishing Corporation. All rights reserved.

行為和價值觀。**跨文化管理** (cross-cultural management) 是「研究世界各地組織中人們的行為，並訓練人們在擁有來自多種文化的員工和客戶群體的組織中工作」。它描述和比較跨國家與跨文化的組織行為，並「尋求理解和改善來自不同國家與文化的同事、客戶、供應商及聯盟夥伴之間的互動。」

> **跨文化管理**　一門新興的學科，專注於改善組織中來自不同文化背景的員工和客戶群體的工作。

全球企業的管理者經常與不同背景、教育制度、商業訓練，以及個人觀點和有偏見的人打交道。「文化內部和文化之間都存在著多樣性；但在某一文化中，某些行為受歡迎，另一些行為則被打壓。一個社會的規範是價值、態度和行為最常見、普遍最可接受的模式。」我們在討論溝通差異時已經提到其中的一些。在本節中將簡述關於國際管理者必須認識、必須應對的團體規範。

個人主義對集體主義　一般來說，美國人和許多西方國家的公民喜歡以個人的身分思考和行動，喜歡透過個人的成就和個人的努力獲得個人身分。然而，許多社會，如日本和一些拉丁美洲國家，則更傾向團體導向；孩子從小就被教導在團體中工作，並從團體成員身分和努力中，獲得很大一部分的個人身分。在提倡個人主義的文化中，團隊合作可能並不容易，特別是與那些需要被賦權和自主性的團隊。

做事對做人 　做事導向是一種行動取向。西方文化助長這種導向；公民喜歡因個人的行動和行為而得到回報。「在做事導向的文化中，管理者用升職、加薪、獎金和其他形式的公開認同來激勵員工。」相比之下，做人導向「發現人、事件和思想是自然流露的；人們強調釋放、遷就欲望，為當下而工作……他們不會嚴格地為了未來的回報而工作。」

亞洲文化培養的是做人導向。個人業績獎勵並不普遍，雇主往往被視為代理父母，通常提供工作保障和集體福利，以鼓勵家庭氛圍和員工的長期承諾。這類公司的晉升是井然有序、緩慢，而且是逐級晉升，很少有捷徑或快速的職涯。

時間的價值和重點 　有些文化將時間看得格外珍貴；但對中東的許多人來說，並不認為時間是珍貴的商品。許多人把工作當作維持生活的手段，而不是生活的目的。有些文化提倡精確的時間表和最後期限；有些文化則認為精確的最後期限和遵守期限相對並不重要。有些文化強調遠期的規劃；有些文化則注重現在或過去，以及對傳統的遵循。

陽剛對陰柔 　吉爾特‧霍夫斯泰德 (Geert Hofstede) 將陽剛定義為：一種強調自信和獲得金錢和物品，而不強調對人的關心的社會主流價值觀。他將陰柔定義為強調人與人之間的關係、對他人和整體生活品質程度關懷的社會主流價值觀。霍夫斯泰德認為，斯堪地那維亞國家是陰柔的；而墨西哥、日本和西歐大部分地區是陽剛的。陰柔文化的社會「傾向於創造高稅率的環境，額外的金錢往往不能強烈激勵員工……；相反地，陽剛的社會傾向發展成低稅率的環境，額外的金錢或其他明顯的成功標誌能有效地獎勵成就 (如墨西哥)」；如圖表 7.10 所示。

一旦確定這些價值觀、態度和行為，就可以開始進行教育訓練。教育訓練計畫通常包括理解文化、語言訓練、在地主國的家庭生活和職涯發展等。公司由經驗豐富的僑民 (expatriate)——具有海外經驗的母國國民——組成的網絡，可以協助菜鳥在海外的安頓。

當員工從國外工作回到家鄉時，教育訓練並不一定結束，常常需要一些幫助他們進行調適的計畫。例如，回任計畫的目的可能包

僑民 　具有海外經驗的母國國民。

圖表 7.10 各國如何比較霍夫斯泰德的陽剛對陰柔

日本　　　墨西哥　　　美國　　　泰國　　　瑞典

陽剛　　　　　　　　　　　　　　　　　　　陰柔

括對外派人員及其家屬的任何文化衝擊的反轉，幫助他們適應新的母國任務，並促進他們分享知識和經驗。

7.9 控制與國際管理者

⑧ 討論控制國際公司的主要相關議題

控制的管理功能包括制定標準、衡量績效、將標準應用於績效，以及根據需要採取糾正措施。這些基本原理不會隨著跨國運作有所改變，但關於控制的一些具體內容卻會發生變化。接下來檢視國際管理者的控制特徵和面臨的問題。

控制的特徵

跨國公司利用各種控制手段來監視和調整外國子公司的業績，這些控制可分為兩類：直接控制和間接控制。直接控制包括使用諸如定期會議、總公司高階管理小組視察業務、安插本國國民在外國子公司等手段。會議會利用網際網路、衛星通訊，以及外國子公司和公司高階管理階層之間的電話會議來舉行。定期召集地主國管理者到總部做第一手的策略性業務進度報告，麥當勞的國際經理就屬於這種情況。

間接控制包括每天、每週或每月發送的各種報告。衡量業績的主要標準是成本投入、資本投資報酬率、分支機構達成的市占率，以及按產品別與地區別所獲得的利潤。同類型的報告，還有當地和公司總部管理者嚴格規定的預算和財務控制措施。

控制問題

從語言到法律限制，都加劇國際控制的難度。大多數公司依靠以下方法進行控制：

1. 分支機構與總部之間的定期報告程序和溝通。
2. 由策略計畫人員依據當地投入所制定的進度報告。
3. 地區和功能專家對報告資料進行定期篩選。
4. 公司各種人員 (包括直線和幕僚) 定期進行現場檢查。

最後要說明的是，國外的人力資源控制。在許多國家，獎金、退休金、節日、假日和休假是法律規定的，許多員工認為這是他們的權利。世界上很多地方都存在特別強大的工會，它們的要求限縮管理階層的經營自由。許多國家的法律都要求定期向基金支付資金，以備員工離職和解聘之用。此外，在許多高資遣費的國家，管理者的解僱或裁員費用可能很高。

習題

1. 公司成為國際企業的兩個原因為何？
2. 跨國公司的主要特徵為何？
3. 下列國際環境中，主要組成部分是什麼：政治、法律、經濟、社會文化和技術？
4. 走向國際市場的主要策略為何？
5. 企業走向跨國會經歷哪三個組織階段？
6. 試圖為國際分支機構配備人員時，面臨的兩個問題為何？
7. 與指導跨文化的員工團隊有關的三個問題為何？
8. 跨國公司的主要控制問題為何？

批判性思考

1. 你是一家快速發展餐廳的執行長，並計畫在不久的將來走向國際市場。為了進入國際市場，你將採取哪些措施？你將如何組織公司？為什麼要這樣做？
2. 在走向國際市場的四項策略中，哪一項需要管理階層做出最大的承諾？為什麼？選擇策略時應考慮哪些因素？哪一個最重要？
3. 正在尋求向國際業務擴展的組織，需要監測一些環境變數。每個環境的哪一方面已經或將會改變企業挑選和訓練管理者的方式？
4. 個人主義/集體主義、陽剛/陰柔的文化規範，可能會如何影響國際企業的管理過程和組織設計？

Chapter 8
組織理論

©Shutterstock

學習目標

研讀完本章後，你應該能：

1. 解釋規劃與組織之間的關係。
2. 確定組織過程的重要性。
3. 列出並討論組織過程的五步驟。
4. 描述並舉例說明部門化的四種方法。
5. 定義職權，並解釋直線、人員與功能職權的差異。
6. 解釋權力的概念及其來源。
7. 討論下列主要的組織概念及其如何影響組織決策：
   - 方向統一
   - 指揮鏈
   - 直線和人員部門
   - 指揮統一
   - 授權
   - 責任
   - 問責
   - 控制幅度
   - 集權化與分權化
8. 解釋非正式組織。
9. 比較非正式組織與正式組織。

管理的實務

權力

為了完成所有事務，管理者需要用權力影響那些被賦予資源而做指定事務的人員。在組織中，職位是權力的來源之一，其他權力則來自專業知識、資訊與性格。管理者可運用所有來源，以加強他們的權力與影響力。

針對下列每一個敘述，根據你同意的程度圈選數字，評估你同意的程度，而不是你認為應該如此。客觀的回答能讓你知道自己管理技能的優缺點。

217

	總是	通常	有時	很少	從不
我付出比預期更多的努力和主動性。	5	4	3	2	1
我提升自己的技能和知識。	5	4	3	2	1
我支持組織的儀式和活動。	5	4	3	2	1
我與各階層建立廣泛的人際關係網絡。	5	4	3	2	1
我努力發想新點子、發起新活動，並將日常任務最小化。	5	4	3	2	1
當有人完成重大事項或我將重要資訊傳給他人時，我會向他人發送個人注意事項。	5	4	3	2	1
我向他人表達友好、誠實和誠意。	5	4	3	2	1
我發現自己可專門協助滿足他人的需求。	5	4	3	2	1
若他人同意我的作為，我會獎勵他們，並建立彼此的互惠。	5	4	3	2	1
我避免威脅或要求，並強加自我意志於他人。	5	4	3	2	1

資料來源：2012 Critical Skills Survey, AMA, December 2012.
Retrieved from http://playbook.amanet.org/wp-content/uploads/2013/03/2012-Critical-Skills-Survey-pdf.pdf.

加總你所圈選的數字，最高分是 50 分，最低分是 10 分。分數越高代表你更有可能具備權力並影響他人，分數越低則相反，但是分數低可以透過閱讀與研究本章內容，而提高你對權力的理解。

改編自 David A. Whetton and Kim S. Cameron, *Developing Management Skills*, Eighth Edition (Prentice Hall, 2011), p. 26.

8.1 緒論

「你不能告訴我該怎麼做；只有賴瑞 (Larry) 可以──因為他是我的老闆！」

「當研發部門開始向行銷部門報告時，我還以為自己是生產團隊的一員。」

「我只想知道這張工程圖的決策。誰都不能做決策嗎？究竟誰負責此事？」

第二個管理的功能是組織。每個企業都在不斷地思考如何組織或重新組織，以實施新的策略，也以此回應不斷變化的市場狀況或成功回應顧客的期望。企業希望能實現系統的持續改善，這就是日本人所稱的 "*kaizen*"（第 2 章）。

在前面的章節中，你了解組織的成功立基於整合性規劃和決策所制定之使命、目標、目的、策略和戰術。但規劃只是剛開始，組織將計畫付諸實施，方能見其成效。

一家花費時間、精力和金錢制定品質計畫的公司，需要以組織其員工來實現這些目的，並且需要管理者了解組織工作的重要性。就像計畫一般，組織是必須詳細制定與應用的過程；此過程包含決定需要做的工作、分配這些任務，並將其安排到決策制定的框架中（組織結構）。此框架為所有工作提供結構，明確指出誰該負責哪些任務，以及誰該向誰報告。一個沒有結構的組織，將會導致混亂、沮喪、效率下降與效能不彰。

本章將研究基本的組織概念；決定組織的步驟、部門類型、職權、授權、控制幅度和分權等，讓管理者能用來做組織的工作。第 9 章將這些概念應用於組織設計與變革的問題。

正式組織

請記住，企業是一個組織。業主和管理者皆創設企業，以實現特定的目標及目的：提供優質的產品或服務給顧客，以獲取利潤。當管理者建立組織時，實際上是在開發一個框架，並在合理利潤的框架中創造所需的產品或服務。此框架建立人與人間的營運關係：誰監督誰、誰向誰報告、該組成什麼部門，以及每個部門該執行什麼工作。此框架被稱為**正式組織** (formal organization)，是一個高階管理者所構思和建立的官方組織結構。正式組織不僅僅會發生；管理者透過管理的組織功能來開發正式組織。

正式組織 高階管理者所構思和建立的官方組織結構。

組織過程

組織 (organizing) 是在活動與職權間建立關係的管理功能，有五個不同的步驟，將在本章的後面進行探討。組織工作的過程將締造一個組織——一個由統一各部分所組成的整體，這個系統可和諧地執行任務，有效率、有效能地實現目標，並完成公司的使命。

組織 在活動與職權間建立關係的管理功能。

8.2 規劃和組織間的關係

1 解釋規劃與組織之間的關係

管理功能中的規劃和組織緊密相連；組織始於計畫，而計畫為組織的何去何從指引方向。為了確保執行計畫時有效達成組織的目的，則必須成立或修正組織，並以統整的方式集中有限的資源，以便將計畫從紙上談兵轉化為實際行動。

組織結構是實現計畫的管理工具；隨著計畫的改變，組織結構也應能適時回應，改變與跟上全球社會的能力是企業獲取利潤和生存的途徑。更具體而言，以下句子可看出規劃和組織間的關係：要了解改變計畫如何影響一個組織，可從整個企業和產業中發生的變化看起。

儘管這些計畫和組織變革主要是針對成長型策略，有時計畫是為了 組織精簡 (downsizing)，亦稱為調整規模 (rightsizing)，需要縮小公司規模及員工人數。如奇異等公司已使用此策略去推動策略性轉變。奇異進行多次的重組，包括出售或處分某些部門、撤離組織裡的中階管理階層，甚至取消工作，並改變層級間報告的關係，最近的一次則是在 2016 年時宣布將轉型為數位產業公司。

> **組織精簡** 又稱為調整規模，需要縮小公司規模及員工人數。

有時計畫是為了 外包 (outsourcing)，使用外部資源執行企業業務與過程。如優比速 (UPS) 的供應鏈解決方案，使公司可以將從電腦維修到電話客服中心的所有工作全部外包。透過這種方式，公司可以將沒有收益的支援型工作外包，更能全心專注於與核心能力有關的事務。

> **外包** 使用外部資源執行企業業務與過程，例如員工工資單、保險記錄、健康聲明或信用卡申請。

許多美國企業為了有助於降低公司的營運成本，而將部分業務過程外包給低成本、低工資的國家 (如電話客服中心、處理申請貸款或會計流程)。當人們想到外包時，會想到總部位於印度的境外外包公司，這是本章的「全球應用」專欄議題；從事境外外包的員工常透過網路接收資訊，再將資訊輸入資料庫，經處理後的資訊再由網路回傳至資訊發送者。圖表 8.1 顯示健康保險理賠申請的外包過程。

從科羅拉多大學 (University of Colorado) 教授韋恩・卡司歐 (Wayne Cascio) 的研究 *Responsible Restructuring* 中得到結論，只靠裁員是不夠的，其充分的理由是以下的事件會因為裁員，而衍生更多直接與間接成本：如資遣費；支付有薪假和病假工資；安置費用；高失業保險稅；因業務改善的重僱成本；士氣低落和倖存者心態；受委屈員工或離職員工的潛在訴訟、破壞活動，甚至是職場暴力行為；機構記憶和知識的損失；員工降低對管理階層的信任度；生產力低落等。

在繼續研究組織過程的利益前，請記住組織變革會影響用人、領導和控制的功能。因為招募和訓練計畫在組織結構擴編和組織精簡時會迥然不同；而公司若重組為團隊形式，領導方式也將改變，將需要建立控制系統來監督工作的效能。

第 8 章　組織理論　**221**

圖表 8.1　外包

印度新德里的一家境外公司，資料輸入中心的工作人員查看醫療理賠表格的數位圖檔，並將資訊輸入資料庫。可以從客戶的系統中決定同意還是拒絕理賠，並將該決定通知醫院和保險公司。

外包公司如何處理健康保險理賠申請

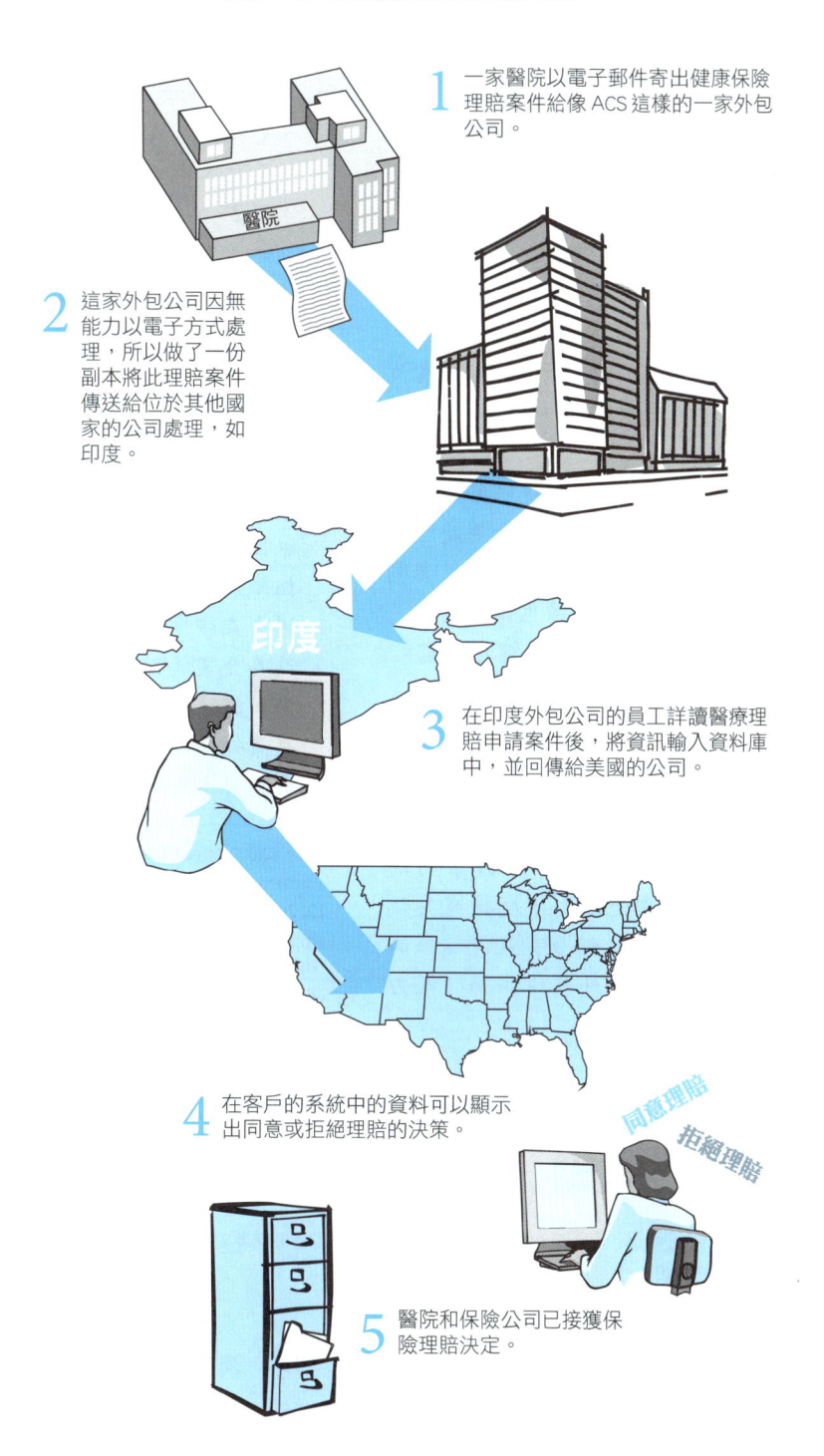

1. 一家醫院以電子郵件寄出健康保險理賠案件給像 ACS 這樣的一家外包公司。

2. 這家外包公司因無能力以電子方式處理，所以做了一份副本將此理賠案件傳送給位於其他國家的公司處理，如印度。

3. 在印度外包公司的員工詳讀醫療理賠申請案件後，將資訊輸入資料庫中，並回傳給美國的公司。

4. 在客戶的系統中的資料可以顯示出同意或拒絕理賠的決策。

5. 醫院和保險公司已接獲保險理賠決定。

全球應用

將好萊塢外包給印度來進行規模調整

將業務過程外包(business process outsourcing, BPO)為印度吸引許多美國公司，如IBM、奇異和埃森哲，因為印度擁有大量受過大學教育、會說英語的低薪勞工。而低成本和低工資又有助於降低營運成本，尤其是美國的電影業。

好萊塢的電影業已經歷製作和行銷產品的成本不斷增加；同時，收益下降是因為越來越多人在網路上下載電影，而較少購買電影DVD。此外，電影還必須與線上遊戲、電子遊戲及YouTube等網站上的獨立製作影片內容互相競爭。

在印度的公司為好萊塢製片業提供動畫與在地支援等後製作業。後製作業服務包含要處理、列印及數位音頻編輯；而前製作業服務則包含劇本寫作、情節提要、角色設計、顏色模型創作、概念圖稿、關鍵布局、關鍵動畫和關鍵背景等。

On the Road Productions (總部位於印度孟買)創辦人且身兼美國洛杉磯導演協會(Directors Guild of America)的製片人迪立普‧辛格‧拉索爾(Dileep Singh Rathore)指出：「目前好萊塢工作外包給印度公司的最大宗是動畫。主要是因為印度擁有尖端的IT技能、大量受過良好教育且說英語的低人力成本勞工，著名外包作品如《權力遊戲》(Game of Throhes)和《星際效應》(Interstellar)，這些是典型半小時的3D動畫電視劇。在印度的製作成本約7萬到10萬美元，對比在美國的製作成本則需要17萬到25萬美元；因為美國動畫師每小時的工資為125美元，但一樣的工作在印度每小時只要25美元。印度提供的動畫成本遠低於美國製片廠，更比其他亞洲製片廠低25%到40%。在美國製作整部動畫電影的總成本估計約為1億到1.75億美元，但在印度，成本只需花費1,500萬到2,500萬美元。」

1. 在美國，組織精簡已經削減很多的工作機會，也因此擾亂員工的生計、改變工作樣貌。調整組織規模是否會影響好萊塢的就業機會？
2. 過去在印度的外包公司一直以透過組織重整來改善企業流程而聞名；但現在它們正在轉為提供知識密集型服務。你認為好萊塢的電影業將專業知識外包給印度，是否可能像在底特律失去對日本汽車業的領先地位一樣？

資料來源：Nivedita Bhattacharjee, "Witches and thrones: Indian animators cash in on special effects boom," Reuters (October 12, 2015), http://www.reuters.com/article/us-india-outsourcing-animation-idUSKCN0S625Y20151012. Knowledge@Wharton, "BPO Goes to Hollywood," (October 31, 2006), http://knowledge.wharton.upenn.edu/india/article.cfm?articleid=4110.

---

2 確定組織過程的重要性

7 討論下列主要的組織概念及其如何影響組織決策：
- 方向統一
- 指揮鏈

8.3 組織的利益

如前所述，組織過程對於幫助組織實現使命非常重要，具有四個主要功能：

1. **組織過程闡明工作環境**。讓每個人都知道該怎麼做；所有的個人、單位和主要組織部門的任務和職責都很明確，也確定職權的類型和限制。

2. 組織過程創造協調的環境。由於組織過程定義各個工作單元之間的相互關係，並為人員間的交流建立指導原則；因此，造成混亂的情況減少，達成績效的障礙也被消除。

3. 組織過程達到方向統一的原則。**方向統一** (unity of direction) 的原則是為組織的每個指定任務設定職權負責對象，此人有權協調與該任務有關的所有計畫。透過以下例子可說明方向統一的重要性：若無此原則，政府沒有任何一個機構或人員可以對任務的控制或計畫的協調負責，所以各個機構將針對同一主題制定個別的計畫，無法整合與協調事務將導致多頭馬車的情況，終將以失敗收場。

> **方向統一** 為組織的每個指定任務設定職權負責對象。

4. 組織過程建立指揮鏈。**指揮鏈** (chain of command) 是組織從上層主管到下層員工間的回報體系，由於直線職權的存在，便形成一條堅不可破的權力線，這條權力線就稱為指揮鏈。它定義正式的決策結構，在科層架構中為決策層級間的溝通，提供應有的順序原則。如此一來，就不會發生「無論如何，這由誰來負責？」的混亂情況。

> **指揮鏈** 組織從上層主管到下層員工間的回報體系，由於直線職權的存在，便形成一條堅不可破的權力線。

管理階層將透過組織過程的應用，改善實現合理工作環境的可能性。

8.4 組織過程五步驟

❸ 列出並討論組織過程的五步驟

圖表 8.2 說明 Excelsior Table Saw 公司的組織過程，跟所有組織一樣，在 Excelsior 公司，組織過程包括五步驟：

1. 審查計畫和目標。
2. 確定工作活動。
3. 分類和分組活動。
4. 分配工作和授權。
5. 設計層級關係結構。

在研讀下列有關過程的五步驟時，請參見圖表 8.2，以查看如何建構組織結構的範例。

圖表 8.2　組織過程實務

步驟 1
審查計畫和目標

> **Excelsior Table Saw 公司**
> **我們的目標**：製造和銷售 Mark IV 桌鋸，並獲取 10% 的投資報酬率

步驟 2
確定工作活動

聘僱	訓練	組裝	銷售
研磨	運送	薪資單	收帳
記帳	檢驗	招募	薪酬
加工	定價	廣告	包裝

步驟 3
分類和分組活動

行銷	財務	人力資源	生產
銷售	定價	招募	加工
廣告	薪資單	聘僱	研磨
包裝	記帳	訓練	組裝
運送	收帳	薪酬	檢驗

步驟 4
分配工作和授權

銷售專員 Benny Salazar	記帳專員 Marcia Padilla	薪酬專員 Pat McCormick	聘僱專員 Jacob Finsterbush
收帳專員 Sanjay Patel	廣告專員 Lee Mai	組裝專員 Melody Kwan	招募專員 Renée Montaigne
加工專員 Bill Vlasic	訓練專員 Joyce Sabha	運送專員 Frank Peña	研磨專員 Celeste Golushko

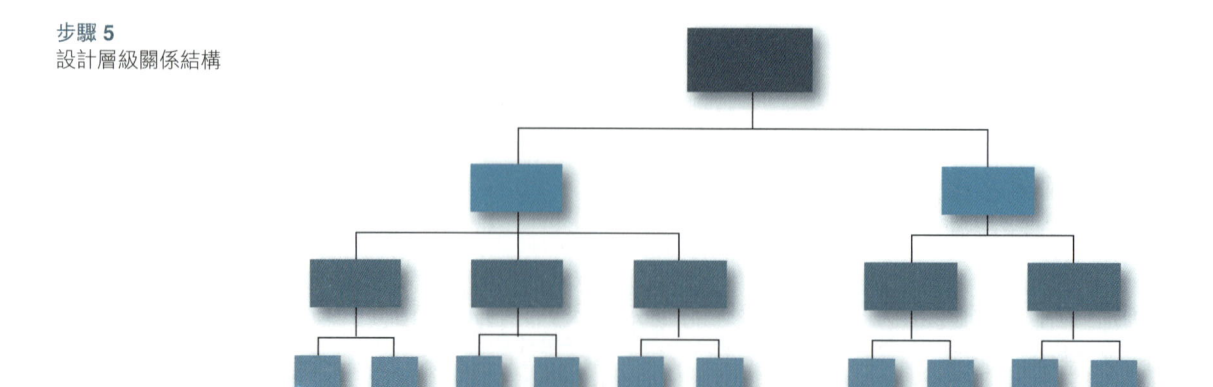

步驟 5
設計層級關係結構

審查計畫和目標

實現公司的目標和計畫需靠各種活動來達成。Excelsior Table Saw 公司計畫製造和銷售高品質的桌鋸，而這將決定公司的相關活動。一旦企業建立相關業務後，某些目的及活動可能會在日常運作中穩定持續地進行。例如，企業將繼續追求該有的利潤、僱用員工和找尋其他資源。但隨著時間的變遷和新計畫的產生，完成基本業務活動的方式將會改變。公司可能會建立新的部門，也可能有些部門會不復存在，所以應賦予資深員工相關責任，介於決策者群體之間的新關係也可能會出現；屆時，組織將創造新的結構和關係，並將修改既有的結構和關係。

企業會根據新計畫調整組織結構，當企業面臨新機會時也會這樣做。商業類報章雜誌經常發布有關企業將進行結構調整的公告；為了與產業中其他企業競爭，企業都會修正並調整組織結構，使事業計畫能與目標吻合。

確定工作活動

在第二步驟中，管理者需要了解實現這些目標需要完成哪些工作。要建立待辦任務清單，首先要列出正在進行的任務，然後考慮獨特的任務；如招募、訓練和記錄留存是任何企業日常工作的一部分。此外，組織的獨特需求是什麼？是否包括組裝、加工、運輸、儲存、檢驗、銷售和廣告？識別所有必要的活動是很重要的 (如圖表 8.2 是以 Excelsior Table Saw 公司為例)。

工作專業化或分工 指定任務的一個重要概念是**工作專業化** (specialization of labor) 或**分工** (division of labor)，這兩個專有名詞均指將組織任務細分為單獨的工作。專業化是指管理者將潛在複雜的工作分解為更簡單的任務或活動，使一個人或一群人只能完成該活動或一組相關的活動。圖表 8.3 顯示製作 DVR 播放器時的三種不同專業化的工作程度：低、中或高專業化程度。圖表 8.3 的右側、上方和下方的長條說明專業化、效率和工作滿意度之間的關係。

工作專業化的優點是，如果允許工作專業化，員工就可以更有效率地執行工作。此外，由於允許員工專長於某一工作領域，因此

> **工作專業化／分工** 將潛在複雜的工作分解為更簡單的任務或活動。

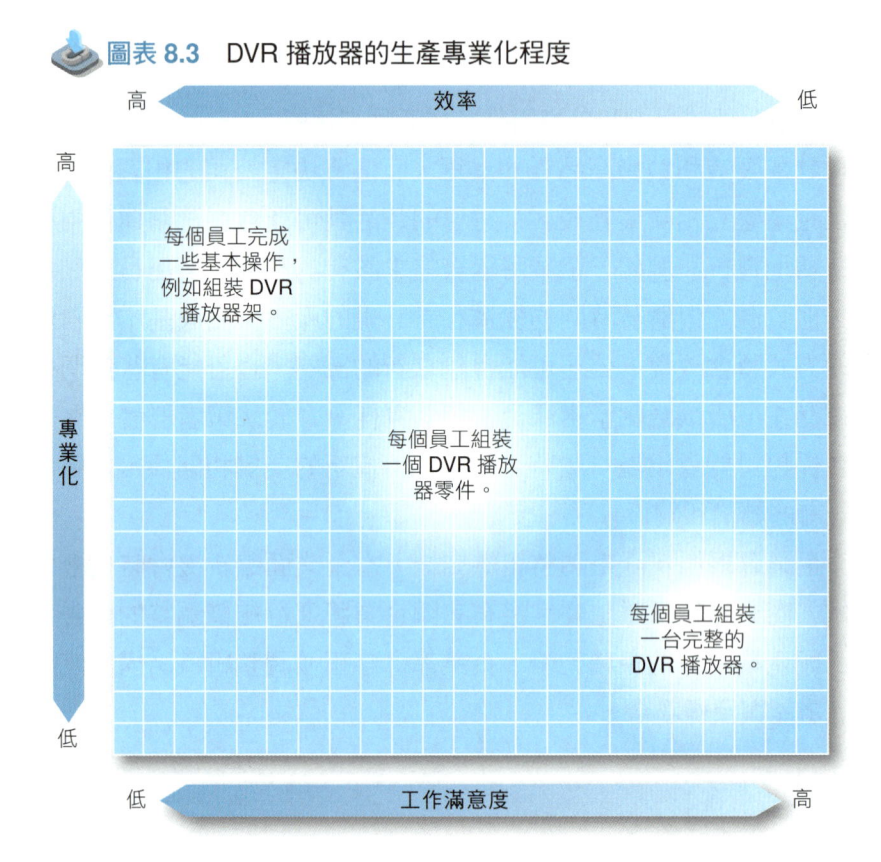

圖表 8.3 DVR 播放器的生產專業化程度

效率：高 ←→ 低
專業化：高 ←→ 低
工作滿意度：低 ←→ 高

- 每個員工完成一些基本操作，例如組裝 DVR 播放器架。
- 每個員工組裝一個 DVR 播放器零件。
- 每個員工組裝一台完整的 DVR 播放器。

他們可以獲得工作上的專業技能和知識，而工作專業化有益於甄選員工及降低訓練需求，也允許管理者監督更多的員工；因為簡化每個工作，所以管理者更了解對績效的期望標準，並且可以快速地檢測與工作相關的問題。

工作專業化的缺點 工作專業化有利也有弊，如果工作過度專業化，工作會變得過於簡單。員工每週五天，每天進行八個小時的一項簡單任務時 (如拴緊螺帽)，反而造成員工感到無聊又枯燥，職場安全問題和事故發生率增加，缺勤率上升，工作品質可能會受到影響。有些公司試圖透過重新設計工作來克服此缺點 (第 10 章將介紹此方法)，而其他公司已著手發展負責整個產品的團隊 (第 15 章將介紹團隊)。

　　工作專業化的過程導致工作設計。一個員工完成一項工作所需的能力與相關條件，可在工作說明書和工作規範中明確地敘述，這些文件可作為組織用人的基礎 (請參見第 10 章)。

8.5 分類和分組活動

4 描述並舉例說明部門化的四種方法

一旦管理者知道必須完成哪些任務，便將這些活動分類和分組為可管理的工作單位。處理 Excelsior Table Saw 任務的第三步驟是建立四個相關且可識別的類似活動小組 (如圖表 8.2)。當管理者將任務、過程或技能相似的任務分組時，將根據**功能相似性**或**活動相似性**原則進行分組，此分類綱要既易於應用也合乎邏輯。

管理者分三步驟實施此分類原則：

1. 他們檢查每個活動，以確定其一般屬性，通常可識別的領域包括市場行銷、生產、財務和人力資源。
2. 他們將活動分組成相關領域。
3. 他們為組織結構建立基本的部門設計。

實務上，前兩個步驟會同時發生。銷售、廣告、包裝和運送可以視為與市場行銷相關的活動，因此被分組在行銷。機械加工、研磨、組裝和檢驗是製造流程，可以被分組在生產。與人事有關的活動，包含招募、聘僱、訓練和薪酬等則被歸類為人力資源。

在將任務分類並分組到相關的工作單元 (生產、行銷、財務和人力資源) 後，第三個步驟也是最終步驟叫做**部門化** (departmentalization)，也就是決定基本的組織形式或部門結構。團體部門是根據組織目的而成立的；管理階層可以選擇四種部門類型之一。第 9 章將詳細介紹，在此先簡述這些部門化類型。

功能部門化 (functional departmentalization) 根據企業的專業活動 (財務、生產、行銷與人力資源) 設立部門。請注意，在圖表 8.2 步驟 3 中，Excelsior Table Saw 的管理者使用這種類型的部門化。對於大多數企業而言，功能性是組織部門的邏輯劃分方法；它很簡單，可以將相同或相似的活動分組、簡化訓練、允許專業化，並將成本最小化。

地理部門化 (geographical departmentalization) 是根據地區的責任和分組活動劃分部門；為了接近顧客，不斷擴張的公司通常會在主要市場區域內建立生產工廠、銷售辦公室和維修設施。這種分組方式可使公司快速又有效率地服務顧客，並幫助公司及時了解不斷變

> **部門化** 公司的基本組織形式或部門結構。

> **功能部門化** 部門根據企業的專業活動 (財務、生產、行銷與人力資源) 設立。

> **地理部門化** 部門根據地區的責任和分組活動劃分。

化的顧客需求和口味。像迪士尼在安納海姆、奧蘭多、法國和日本設立主題公園,並使用地理部門化劃分業務;如圖表 8.4 所示,聯邦快遞也透過地理部門化劃分的組織結構設計來實現使命。

產品部門化 (product departmentalization) 是將創造、生產和行銷每種產品的活動組合到一個單獨的部門中;當公司的每種產品都需要獨特的行銷策略、生產流程、配銷系統或財務資源時即採用此選項。如圖表 8.5 所示,聯合技術公司 (United Technologies) 採用這種方法分成六個產品類別。

> **產品部門化** 將創造、生產和行銷每種產品的活動組合到一個單獨的部門中。

顧客部門化 (customer departmentalization) 是將特定顧客群的需求依活動分組成部門職責;如圖表 8.6 所示,像嬌生這樣的公司有三個不同的產品市場客戶群 (醫藥、專業和消費者產品) 就面臨極其艱鉅的任務。由於每個顧客群都有自己的需求和偏好,因此嬌生必須使用量身訂製卻不一定合適的策略來應對。另一個例子是霍夫曼公

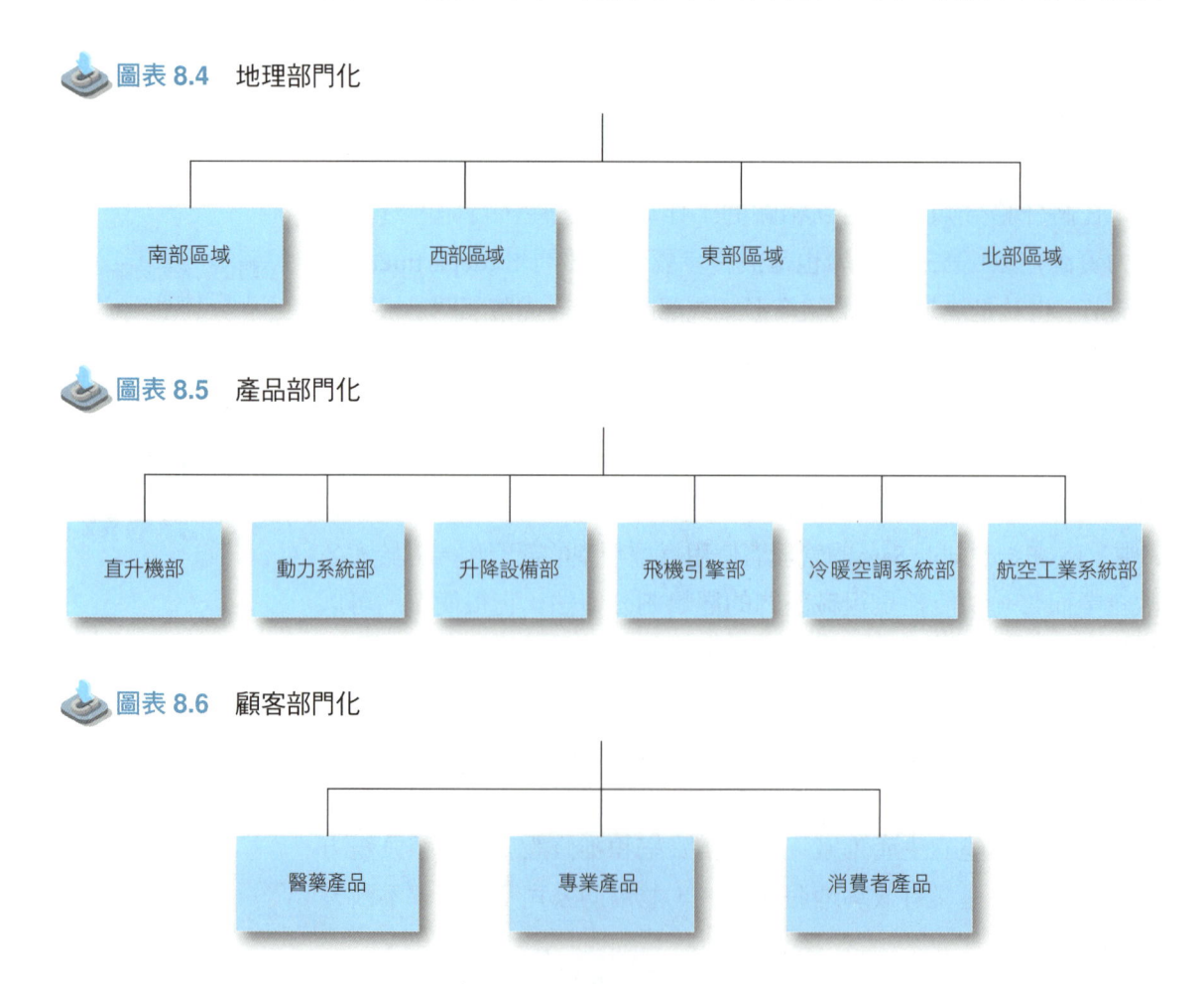

> **顧客部門化** 將特定顧客群的需求依活動分組成部門職責。

圖表 8.4 地理部門化

```
            ┌──────┬──────┬──────┐
         南部區域  西部區域  東部區域  北部區域
```

圖表 8.5 產品部門化

```
    ┌──────┬──────┬──────┬──────┬──────┐
  直升機部  動力系統部  升降設備部  飛機引擎部  冷暖空調系統部  航空工業系統部
```

圖表 8.6 顧客部門化

```
         ┌──────┬──────┐
       醫藥產品  專業產品  消費者產品
```

重視多樣性和包容性

為人才最大化而重組

路‧霍夫曼 (Lou Hoffman) 說：「授權和賦權雖是偉大的詞彙，但如果人們不夠了解這兩個詞彙，就無法用來自己解決問題，也就沒有太大意義。」這是位於加州聖荷西的霍夫曼公關的問題。霍夫曼公關的員工人數在兩年內成長一倍，而霍夫曼發現自己處理的問題大多是由部門結構和員工種族多樣性這兩個因素產生的。如果會計部門的人對編輯小組提出的某些要求感到不滿意，則該問題將會在霍夫曼的辦公桌上處理。多樣性的員工帶來的所有才能，竟都被部門化結構所扼殺。

霍夫曼的解決方案是重組部門，將不同的功能性和多樣性的員工結合；新的部門設計著眼於顧客群，不僅結合會計、編輯和創意等元素，還擷取先前功能部門的多樣性和包容性。這些團隊的目的是為了融合年輕人和老年人，以及不同的性別、種族和文化。為了推動新架構的發展並促進友善與合作，霍夫曼主動為團隊中任兩名員工在路邊餐廳用餐買單。此外，他為團隊中一起吃午餐的人提供特別獎；經過兩個月，霍夫曼花了 2,100 美元。結果，更有效地使用授權，所有員工對公司的運作更了解，並且結合各種多樣的背景來滿足顧客的需求。

霍夫曼在一封電子郵件中評估「中午外出用餐」(Out to Lunch) 活動，「此舉能幫助員工相互了解 (因為人們傾向於接觸各自的責任團隊)。『中午外出用餐』活動有效地打破我們跟一個整體收益約占 40% 的大客戶之間的障礙。」

如今，霍夫曼的客戶收益已巧妙地分布在多個客戶中，所以這種動態已不存在。霍夫曼表示：「作為一家專業服務公司，一切都以人為本；我們一直在實施規範之外的東西，將其視為一種獨特的文化。例如，實施所謂的『建築橋梁』(Building Bridges)，亦即一個員工會在位於歐洲或亞洲的海外辦公室進行為期兩週的工作。雖然不夠盛大，但去年夏天，我們在星期五下午提早下班，以便員工可提前過週末。這在去年很受歡迎，今年將再次執行。」

霍夫曼被稱為 2015 年全球最具影響力的機構公關經理人之一。

1. 有哪些主要的關注或問題是管理者在一個多元文化組織可能會面對的？
2. 霍夫曼如何推動讓多元員工能彼此更加了解的主意？
3. 你最喜歡哪個主意？為什麼？

資料來源：Tom Lytton-Dickie, "The 100 most influential tech agency PR executives globally," *Hot Topics*, https://www.hottopics.ht/stories/infographic/the-100-top-tech-pr-executives-in-the-world/; 2014; Jennifer Fishsbein, "Balancing Work and Life," *BusinessWeek*, June 9, 2008, http://www.hoffman.com/v3/pop/lou_bizwk.html; e-mail interview with Lou Hoffman, April 5, 2006; Donna Fenn, "Out to Lunch," *Inc.*, June 1995, 89; Hoffman Agency, http://www.hoffman.com.

關 (Hoffman Agency)，這是一家小型公共關係公司，是本章的「重視多樣性和包容性」專欄主題；透過顧客部門化，霍夫曼公關能夠更關注顧客需求，並消除功能部門化所帶來的問題。

儘管這些組織的部門類型是單獨存在的，但實際上大多數公司都使用多種類型的組合來滿足需求。

沒有一個獨自存在的組織，只有很多的組織，因為每個組織都有不同的優勢、不同的限制和特定的情況。顯然組織都不是絕對的，是使員工具有生產力一起工作的工具。因此，既定的組織結構在特定條件下、特定時間內適合執行特定的任務……。在任何企業中……都需要相互依存著許多不同的組織結構。

威訊和AT&T等公司都按功能、地理位置、產品和顧客安排部門，以實現企業目的。

分配工作和授權

在確定實現目的所需的活動，並按部門分類與分組後，管理者必須將這些活動分配給個人，並賦予這些員工適當的職權來完成任務。這是基於**功能性定義** (functional definition) 原則，是對組織成功與否的重要步驟——因為在建立部門時，必須先以職權為基礎，確定其任務和績效。該原則意味著要執行的活動，決定職務上完成任務所需的職權類型和數量。

> **功能性定義** 執行的活動決定所需的職權類型和數量。

設計層級關係結構

最後一個步驟要求管理者確定整個組織的垂直和水平作業關係。實務上，此步驟將所有組織的難題結合在一起。

組織的垂直結構形成一個決策層次，而該層次顯示每個專業領域及整個組織中，誰該負責哪個任務。管理層級是在組織中由下而上建立的。這些層級建立公司的指揮鏈或決策的層級結構。

組織的水平結構具有兩個重要作用：(1) 定義作業部門間的工作關係；(2) 最終確定每位管理者的**控制幅度** (span of control)。控制幅度是受一個管理者指導的下屬人數。

> **控制幅度** 受一個管理者指導的下屬人數。

此步驟的結果產生一個完整的組織結構。**組織圖** (organization chart) 可直觀地呈現完整的組織結構。仔細查看圖表8.7中 Excelsior Table Saw 公司的組織圖。與所有組織圖一樣，它說明以下內容：

> **組織圖** 可直觀地呈現完整的組織結構。

1. 誰該向誰報告。這指定了指揮鏈。
2. 每個管理者有多少下屬。這是控制幅度。
3. 正式溝通管道。溝通管道為每個工作資訊傳播的途徑。

圖表 8.7　Excelsior Table Saw 公司組織圖

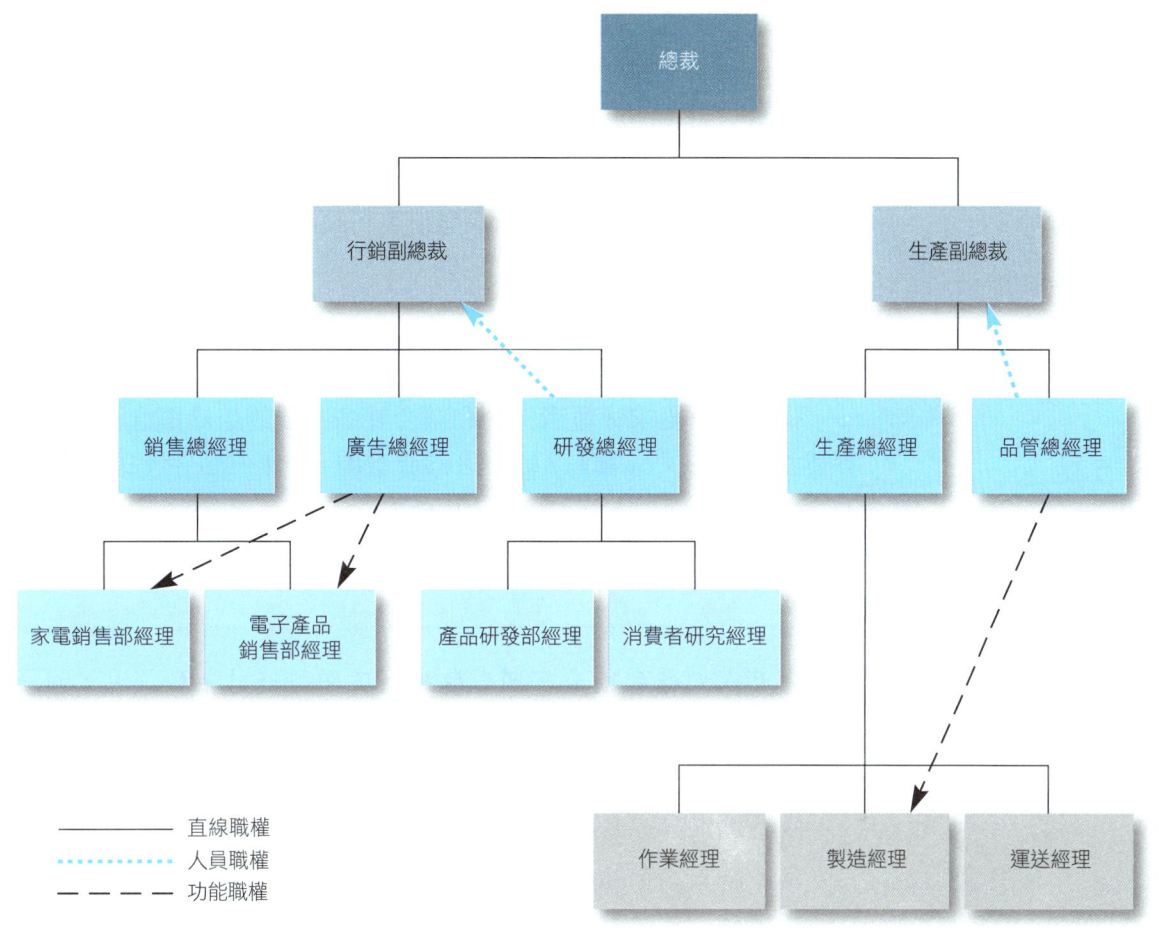

```
                        總裁
              ┌──────────┴──────────┐
         行銷副總裁              生產副總裁
      ┌──────┼──────┐         ┌──────┴──────┐
   銷售總經理 廣告總經理 研發總經理   生產總經理   品管總經理
      │       │      ┌──┴──┐        │
  ┌───┴───┐   │  產品研發  消費者       │
家電銷售  電子產品     部經理  研究經理      │
部經理   銷售部經理                      │
                              ┌──────┼──────┐
                           作業經理  製造經理  運送經理
```

─────── 直線職權
············ 人員職權
─ ─ ─ ─ 功能職權

4. 公司如何進行部門化。可按照功能、顧客或產品劃分。
5. 每個職位所需完成的工作。方框中的標籤描述每個人的活動。
6. 決策的層級結構。指出何處可找到對於請求、問題、申訴或抱怨的最終決策者。
7. 職權關係的類型。方框與方框之間的緊密連接顯示職權，虛線表示人員職權，虛線表示功能職權。這些職權類型將在下一節中說明。

此外，該圖還可作為故障排除工具。在設計 (或重新設計) 階段，管理者可以創造替代結構來探討效能並找出問題點。在作業階段，可以幫助管理者查出因為不良配置而導致的重複和衝突。但是該圖並未顯示職權的程度、非正式的溝通管道和非正式的關係，這都是

管理的成功關鍵。我們將在本章後面討論這些內容。

組織過程很依賴管理團隊的領導技能，非常像是建造一艘船來運送公司越過海洋，如同在設計組織架構或組織圖。然後就像發射的太空船，組織開始追求目標的旅程。調派管理階層來監督和控制成功與失敗的行動；像在霍夫曼公關的個案中，為了在組織過程中有新的應用，領導也必須重新調整或重新設計。

5 定義職權，並解釋直線、人員與功能職權的差異

8.6 主要的組織概念

組織過程要求管理者借助和整合許多主要的組織概念。為了能有效率地組織，領導者/管理者需要掌握一些概念，包括職權、權力、授權、控制幅度和集權化/分權化。

職權

今天人們聽到很多有關「層級制度即將終結」的消息，這是胡說八道。在任何機構中，都必須有最終的職權，就是「老闆」──一個可以做出最終決策的人，然後可期望在常見的危險情況下都可服從的人，每個機構遲早都會經歷。如果船隻沉沒，船長不會召開會議；船長直接下達命令，而且如果要救援這艘船，每個人都必須服從命令，必須確切地知道要到哪裡、該做什麼，以及在沒有「參與」或爭論的情況下進行。層級結構及組織中的每個人將毫無疑問地接受，這是危機中的唯一希望。

由於職權在組織中扮演著舉足輕重的角色，因此管理者應該充分了解其性質、來源、重要性、變化及與權力的關係。

職權的性質、來源及重要性 所有組織中的管理者根據管理層級，擁有不同程度的職權。職權 (authority) 是管理者依正式與合法權利所做出的決定，下達指令和分配資源。因為它提供指揮手段，可以維繫組織，管理者究竟如何獲得職權呢？

有人說「職權來自於領域」，意味著職權是授予組織中擔任各種職位的管理者。因此，職權定義在每個管理者的工作描述或工作章程中。持續擔任該職務的人就持續保有正式職權。隨著工作範圍

職權 是管理者依正式與合法權利所做出的決定，下達指令和分配資源。

和複雜性的變化，正式職權的數量和種類也應隨之改變。正如由 100 個策略事業單位組成的多元化組織 Ferro 公司前執行長亞伯特·貝爾斯蒂克 (Albert Bersticker) 指出的：「象牙塔並不能決定所有公司的動向；我的管理團隊強調的是他們如何做出決策，我不會告訴部門管理者該怎麼做，希望他自己決定調整或處理，這是他們的決策職權，也就是他們的工作。」

嬌生前執行長拉爾夫·拉森也持類似的意見，當羅伯特·克羅斯 (Robert Croce) 接管嬌生旗下的策略事業單位 Ethicon 內視鏡醫療器材部門的工作時，拉森沒有告訴克羅斯後續目標成長和收入的目標，反而是讓克羅斯自行決定。克羅斯的雄心壯志超出拉森的預期，宣稱自己將控制全球一半的內視鏡醫療器材業務，並在三年內獲利。

職權類型　在組織中，個人和部門之間的關係創造三種不同類型的職權。

直線職權 (line authority) 是指上級與下屬的關係；任何監督在職員工的管理者，或者其他的管理者，具有直線職權，允許管理者直接命令下屬，根據評估工作行為給予獎勵或懲罰。嬌生董事長威廉·威登 (William C. Weldon) 對超過 250 個策略事業單位的執行長具有直線職權，而這些執行長對副總裁也有直線職權。從圖表 8.8 可看出，在組織中，實線箭頭代表直線職權是直接從上級到下屬。

直線職權　上級與下屬的關係；任何監督在職員工的管理者，或者其他的管理者具，有直線職權。

人員職權 (staff authority) 是指擔任諮詢職務的職權；提供建議或協助技術的管理者會被授予諮詢職權。該人員或諮詢者無法直接控制其他部門的下屬或活動，但他們擁有人員職權；然而，在這些人

人員職權　擔任諮詢職務的職權；可向上追溯至決策者。

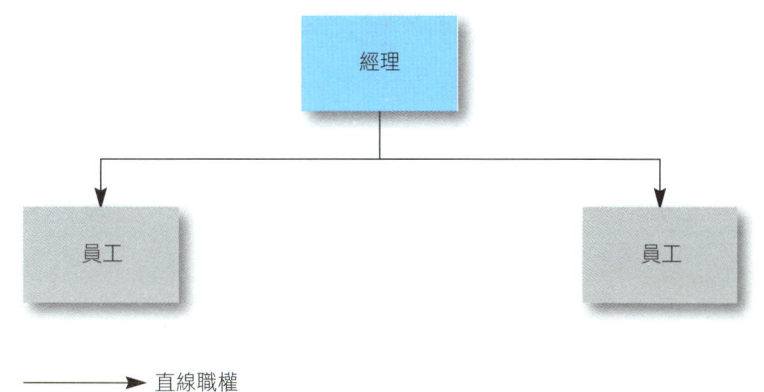

圖表 8.8　直線職權：上級與下屬的關係

```
            經理
           /    \
          員工   員工
```

→ 直線職權

員管理者自己的部門內，管理者可以對下屬行使直線職權。人員職權 (以建議或協助的形式) 可向上追溯至決策者。如圖表 8.9 中虛線所示，法務部門和研發部門皆向總裁提供建議。

功能職權 (functional authority) 是允許人員管理者對其他部門內人員執行的特定活動做出決策的職權。這些人員部門經常使用職權來控制其他部門的程序。如圖表 8.10 所示，人力資源經理監督和審查作業部門中招募、甄選和評估系統是否合乎規範。但是，功能職權僅適用於那些特定系統，人力資源經理無權告知廣告經理要促銷什麼產品，或製造經理要生產什麼產品。嬌生財務長掌控所有策略事業單位預算與財務報告的職權。

> **功能職權** 允許人員管理者對其他部門內員工執行的特定活動做出決策的職權。

7 討論下列主要的組織概念及其如何影響組織決策：
• 直線和人員部門

直線和人員部門 直線和人員職權描述職權授予管理者；直線和人員部門是組織結構中各種功能的不同角色或職位的專業術語。

直線部門 (line department) 由該部門管理者領導，為滿足業務上主要目的且直接影響企業成功獲利能力而設立的部門；例如，包括生產部門 (用於市場銷售的商品和服務)、行銷部門 (包括銷售、廣告和配銷)，以及財務部門 (獲取資本與資源)，直線管理者領導此部門並行使直線職權。

> **直線部門** 為滿足業務上主要目的且直接影響企業成功獲利能力而設立的部門。

圖表 8.9 人員職權：向上追溯諮詢和資訊的職權決策者

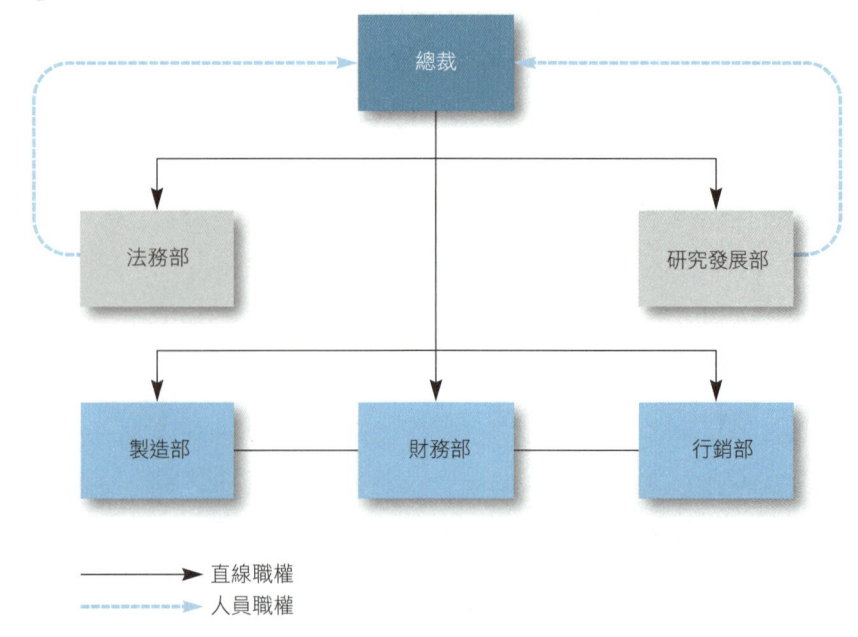

→ 直線職權
⇢ 人員職權

圖表 8.10 功能職權：管理者對其他部門人員的活動做出決策

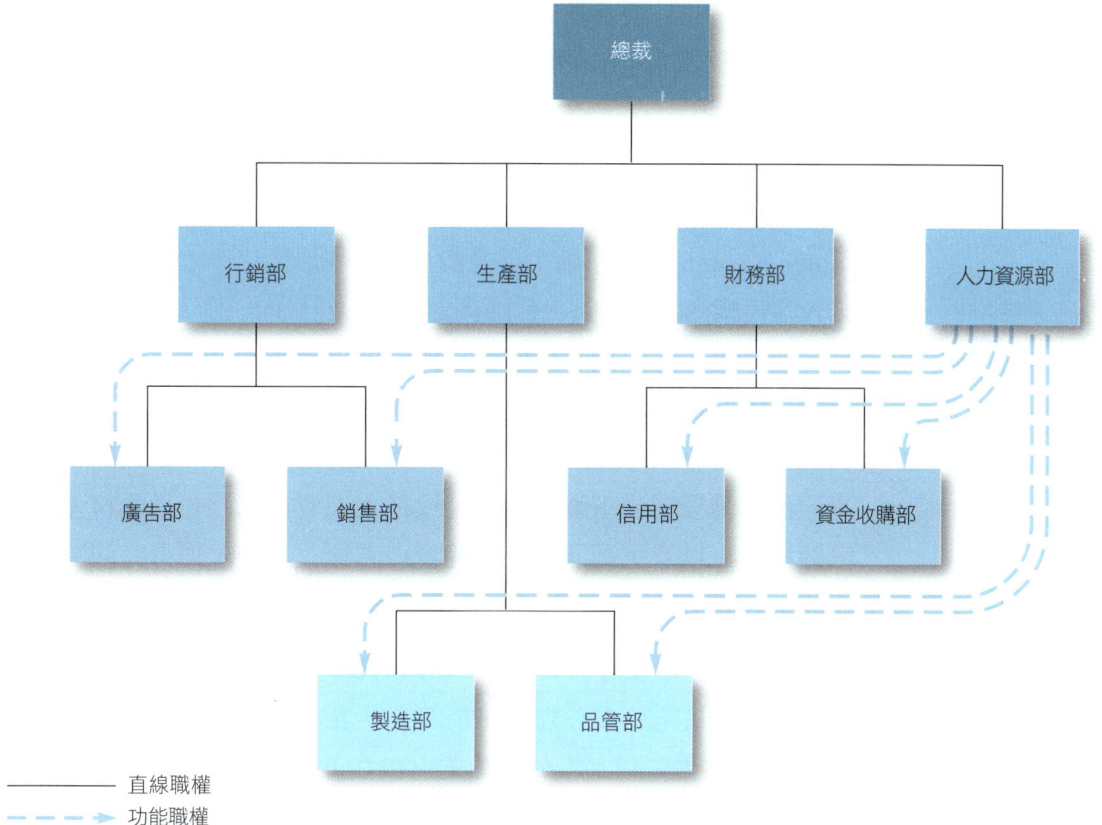

```
                         總裁
        ┌──────────┬──────────┬──────────┐
      行銷部      生產部      財務部    人力資源部
      ┌──┴──┐              ┌──┴──┐
    廣告部 銷售部         信用部 資金收購部
           │
        ┌──┴──┐
      製造部  品管部
```

─────── 直線職權
- - - - → 功能職權

　　人員部門 (staff department) 由該部門管理者領導，為直線部門彼此間提供協助，如可透過建議、服務和協助為公司間接賺錢，而非直接貢獻並達成公司主要目的。傳統人員部門可以滿足組織的特殊需求，包括法務、人力資源、電腦服務和公共關係部門；隨著組織的發展，對專家、及時和持續性的建議需求變得非常重要，若組織資源可以維持人員部門的存在，則可以建立一個部門來填補特殊需求的缺口。人員部門對公司的成功發揮極其重要的角色。人員部門的負責人對下屬具有直線職權，但對其他部門則僅有人員權。

　　所有管理者都應意識到，當直線職權與人員職權間發生互動會產生真正的危險。由於人員部門的員工必須表達自己的觀點，因此直線部門的員工可能認為他們的觀點過於挑剔或極端，像在侵害直線管理者的職權。人員部門的管理者需要發展機智和具說服力的觀點，還需提高可信度，使他們的觀點能被接受。錯誤的建議與想法將會導致下次無人支持。另一個問題是，直線管理者會感覺「被卸

人員部門 包括法務、人力資源、電腦服務和公共關係部門，為直線部門彼此間提供協助；可透過建議、服務和協助為公司間接賺錢。

除責任」；換句話說，由於人員部門的員工的績效結果並非由直線單位考核，並且最終做出決策的是直線管理者，因此他們不必認真對待人員部門的員工所做的建議。

指揮統一

7 討論下列主要的組織概念及其如何影響組織決策：
- 指揮統一

指揮統一 組織原則規定組織內的每個員工都應接受命令，並只向一個人報告。

所有管理者在運用人員和功能職權時，都擔心會違反**指揮統一** (unity of command) 原則，這是費堯的管理原則之一 (第 2 章)。該原則規定組織內的每個員工都應接受命令，並只向一個人報告。

指揮統一應該指導任何建立作業關係。儘管每個員工只有一位上司，但透過人員部門建立的作業關係，意味著在已知的情況下，員工可能有不只一位主管，或至少認知到他們可按照建議的風格做事。部門管理者或下屬可能在某天從人力資源部門、從財務預算時間範圍內，以及電腦運算有關的資料處理程序中，獲得有關聘僱實務的指導或指示。如有可能，應該釐清這些情況以減少受影響。

> 對於所有類型的組織來說，組織的任何成員都應該只有一個「上司」，這是一個合理通用的原則。在羅馬律典的古老智慧諺語中：擁有三個主人的奴隸是一個自由人。人際關係中一個古老的原則是：不應使任何人陷入忠誠的衝突中，而擁有一個以上的主人將會造成此衝突。

6 解釋權力的概念及其來源

8.7 權力

權力 個人在組織中施加影響的能力。

兩位管理者可以擔任具有同等正式職權的職位，且員工接受該職權的程度是相同的，但在組織中仍然沒有同等效力，為什麼？因為其中一位管理者比另一位擁有更多的權力。

權力 (power) 是個人在組織中施加影響的能力。如圖表 8.11 所示，擁有權力可以使管理者對員工的有效影響力加倍，多過於透過正式授權的影響力。職權是位置性的——當任職者離開時，權力仍在那裡；如圖表 8.11 所示，權力是更大概念的一部分。權力是個人的，因人而存在的。一個人不需要當管理者就有權力。一些高階管理者的行政助理具有相當大的權力，但卻沒有職權。管理者可以從幾個不同的來源獲取權力。

圖表 8.11　權力強化管理者的影響力

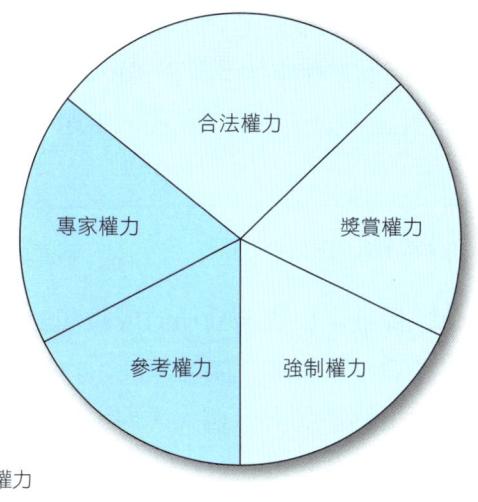

（圓餅圖：合法權力、獎賞權力、強制權力、參考權力、專家權力）

- 源自管理者職位權力
- 權力來源強化管理者合法權力

合法權力或職位權力　來自擔任其附有職權的管理職位，為管理者提供權力基礎。因為職位管理者有權使用此合法權力 (legitimate power)。管理者在組織層級結構中的位置越高，所認知的權力越大 (或下屬認為權力的存在，無論是否確實存在)；像副總裁擁有或可以行使的權力很多。

合法權力　管理者擁有的權力源自於他們在正式組織中的職位。

獎賞權力　與強制權力是截然不同的。獎賞權力 (reward power) 源自承諾或授予獎賞的能力。管理者有能力決定加薪、晉升、良好的績效評估，和給予員工理想的工作班次。

獎賞權力　權力源自承諾或授予獎賞的能力。

強制權力 (coercive power) 取決恐懼。人們會對這種權力做出反應，是出於擔心如果不遵守可能會產生負面結果。管理者基於其職位而具有透過分配扣留加薪、暫緩晉升、停職或解僱員工等，處罰工作意願低落且工作結果不佳者的能力。

強制權力　權力取決於對如不遵守可能會產生負面結果的恐懼。

參考權力 (referent power) 基於個人特有的人格或魅力，以及他人如何看待的力量；受他人景仰的管理者 (或許透過受他人認同或模仿管理者的作為來證明具有參考權力)，管理者可以有效地利用這種權力來激勵和領導他人。

參考權力　權力基於個人特有的人格或魅力以及他人如何看待的力量。

專家權力 (expert power) 是指具有優越的技能和知識的人，知道該做什麼和如何做。其他人希望能在專家身邊，進而從他們的專業知識

專家權力　基於個人的能力、技能、知識或經驗而產生的影響。

中受益；經驗豐富的管理者會與新進者一起行使專家權力。其他人則需要為管理者的權力基礎，提供有關預算、系統或公司文化等方面的知識。接下來在本章「非正式組織」一節中將討論權力的概念，第 14 章將討論權力作為領導基礎的議題。

8.8 授權

> **7** 討論下列主要的組織概念及其如何影響組織決策：
> - 授權
>
> **授權** 正式職權從一個人向下轉移到另一個人。

授予職權發生於隨著公司的成長和對管理者的要求越來越高，或因為管理者希望發展下屬的技能。**授權** (delegation) 是將正式職權從一個人向下轉移到另一個人，即上司將職權授予或交付給下屬，以促進工作的完成。

授權的重要性 是因為沒有人能在組織中完成所有的事，因此管理者應該將部分職權授予他人，並將自己從某些管理領域中解放，以便能專注於更關鍵的問題。有能力的下屬可以提高管理者的處事能力，授權也是訓練下屬的寶貴工具。

當職權真正轉移到非管理者手中，並伴隨著資訊共享，必要訓練和相互關係是基於互信和尊重，授權就變成賦權。交付給員工工作任務的所有權，伴隨著進行試驗，甚至可能失敗的自由心態，且無須擔心會遭到報復。如第 18 章所述，賦權是品質和顧客服務的關鍵之一。

阿姆斯壯世界工業公司 (Armstrong World Industries) 逐步賦予員工權力；「第一步始於 1960 年代和 1970 年代，當時他們表揚和獎勵員工開始實行以按知識給薪或按技能給薪的制度。1980 年代，工作重心從個別員工轉移到高績效的工作團隊。1990 年代透過強調工作成果或產出本身而不是該份工作，進一步推動賦權。」21 世紀的全球環境要求個別員工或工作團隊需做出選擇，並將這些選擇轉變為所需的行動和成果。鮑勃・普萊斯 (Bob Price) 是德州科勒尼 (The Colony) 一家 7-Eleven 的店經理，現在追蹤日訂單及剩餘的新鮮三明治與點心；他在天氣預報與該地區的特殊事件中發現可能影響需求的因素，利用所蒐集的資訊，他可規劃未來的訂單。「在此之前，我們沒有說過店裡需要什麼。不是有一位現場顧問跟我們說需要更多東西，就是他們會自動出貨，而此時我們必須做出決策。」

對授權的恐懼 管理顧問公司的資深合夥人保羅‧馬奎爾 (Paul Maguire) 表示：「如果你不能授權工作給他人，那隻猴子會吃得越來越胖，直到把你壓扁為止。」即使他們知道賦權的潛力，有些管理者仍然不授權；他們害怕放棄職權或對下屬缺乏信心，其他管理者則是擔心員工的工作表現可能會比他們更好，或者沒有耐心，或者過於注重細節而無法放手；有些管理者甚至根本不知道如何授權。學習如何授權就像學習騎自行車，必須學會放手。授權不只是生存的工具，還是管理者成敗的關鍵因素之一；該過程涉及管理中兩個最關鍵的概念：責任和問責。

授權過程 當管理者選擇授予職權時，會建立一系列的事件。

- **任務分配**。管理者確定要分配給下屬的特定任務或職責，然後迫使員工處理這些任務。例如，在 Grimpen Advertising 中，雪倫的管理者分配給她的任務是替一家名為 The Hair Connection 造型沙龍的新客戶設計廣告活動。
- **職權下放**。為了使下屬完成職責或任務，管理者應將執行這些職責所需的職權委派給下屬；而要授予的職權程度的準則是足以適當完成任務。以雪倫為例，她有權在廣告活動設計上花費 10,000 美元，並可僱用一名平面設計師。
- **承擔責任**。**責任** (responsibility) 是盡全力履行自己的義務。管理者不會將責任授予員工；而是員工接受任務後會產生盡力而為的義務。當雪倫擁有 The Hair Connection 造型沙龍的客戶，她將對該專案的上司負全責，並同意在預算範圍內如期完成專案。
- **建立問責**。**問責** (accountability) 需要回答某人的行為；這意味著要接受這些行為的後果 (無論是信譽或責備)。當下屬接受任務和執行任務的職權時，應對其行為負責。

授權並不能減輕管理者的責任和問責，管理者應對職權的使用、個人績效及下屬的績效負責。如果雪倫超出最後期限、花費超過預算金額，或者沒有設計出可接受的廣告活動，她就必須向上司負責；而且將專案分配給雪倫的上司也要再往上向他或她的上司負責。從積極的方面來看，如果雪倫按計畫完成專案，她和上司都將獲得信譽和稱讚，因為授權很成功。本章的「道德管理」專欄聚焦於有關

7 討論下列主要的組織概念及其如何影響組織決策：
- 責任
- 問責

責任 盡全力履行被賦予職責的義務。

問責 需要回答某人的行為；這意味著要接受這些行為的後果 (無論是信譽或責備)。

圖表 8.12　成功授權的快速祕訣

- **養成良好的態度**
  - 放棄控制某些事物
  - 相信你的員工
  - 保持冷靜和耐心
- **決定要授權什麼**
  - 盡可能授權
  - 考慮技能、動機和工作量
- **選擇合適的人**
  - 符合工作的技能與興趣
  - 激勵員工
- **傳達責任**
  - 設立、排序清楚的目標
  - 分享可能的陷阱
  - 制定績效標準
  - 為進度報告和專案完成制定合理期限
- **提供支援**
  - 讓大家知道如何及何時可提供幫助
  - 分享你的資源
  - 不要推翻決定
- **監督授權**
  - 記錄進度
  - 授權後詢問回饋
- **評估授權**
  - 比較結果與目標
  - 評估員工的角色
  - 討論並提供回饋

資料來源：Reprinted from Gerald Williams et al., "Quick Tips: The Sweet Success of Delegation," *Supervisory Management* (November 1993). © 1993 American Management Association International. Reprinted by permission of American Management Association International, New York. All rights reserved. Permission conveyed through the Copyright Clearance Center.

公司涉及賄賂和回扣的責任及問責本質。

此處敘述的事件順序應確保授權過程在管理者和下屬雙方皆應有清晰的理解。管理者應該花時間思考工作分配的內容，並授予獲得成果所需的職權；下屬在接受分配的工作後，有義務(負責)執行，了解他或她必須對結果問責(有責任)。圖表 8.12 提供一些成功授權的快速祕訣。

7 討論下列主要的組織概念及其如何影響組織決策：
- 控制幅度

8.9　控制幅度

管理者設計組織結構時，會關注於控制幅度，也就是管理者直接監督的下屬人數。

寬廣和狹窄的控制幅度　通常下屬的工作越複雜，應向管理者報告的工作越少；下屬的工作越例行，管理者可以有效指導和控制的下屬人數就越多。由於這些通則，組織似乎總是在最高層級處具有較窄的幅度，而在較低層級處卻具有較寬的幅度。如圖表 8.13 所示，組織層級結構越高，則下屬越少。

要找到有十五個人以上下屬的工廠生產主管並不常見。主管一旦掌握任務，就可以節省時間與精力，並讓訓練有素的員工遵循操

道德管理

賄賂和回扣——誰付款？

為了獲得、保留既有業務或維持不適當的優勢，道德感較弱的企業可能會提供賄賂和回扣。賄賂是在進行銷售之前已獲得訊息，銷售完成後支付回扣。它們的共通點就是，接受這些「禮物」的員工和管理者被抓到了。

- 最著名的賄賂事件是在流行搖滾樂界，發生在網際網路、網路電台及 iTunes 出現前，當時甚至尚未使用 DVD、CD、錄音帶和八軌磁帶。廣播 DJ 艾倫・弗里德 (Alan Freed) 創造 *rock 'n' roll* 一詞。他於 1962 年承認接受唱片公司的賄賂，因為他們在廣播節目中播放特定的歌曲。而 *payola* 這個詞彙是將 *pay* 和 *Victrola* (早期流行的黑膠唱片機名稱) 結合起來描述這種作法。後來美國國會在 1960 年修改《聯邦通訊法案》(Federal Communications Act)，禁止以現金或禮物形式進行此種行為。
- 在線上交易市場興起時，發生一件著名的回扣事件，詳細說明美國歷史上最大的公司醜聞之一——會計詐欺事件安隆案。在 2001 年安隆破產之前，曾是全球領先的能源公司之一，該公司會計詐欺的一部分包括收受回扣。為了讓安隆看起來更有利可圖，前經理人麥可・科柏 (Michael J. Kopper) 向前財務長安德魯・法斯托 (Andrew Fastow) 交付回扣。

科柏的律師大衛・霍華 (David M. Howard) 表示：科柏坦承濫用在安隆的職位來圖利自己和他人，這樣做違反身為安隆員工的職責。安隆的稽核 (安達信會計師事務所) 是美國五大會計師事務所之一，也於 2002 年因為這件醜聞而解散。2002 年《沙賓法案》通過，在參議院中，該法案被稱為《上市公司會計改革和投資者保護法案》(Public Company Accounting Reform and Investor Protection Act)，在眾議院則被稱為《公司和審計問責與責任法案》(Corporate and Auditing Accountability and Responsibility Act)。

1. 這兩種情況與責任有何關聯？
2. 誰將被問責 (中階或高階管理階層)？
3. 這些動作如何被發現但管理階層卻並未糾正？

資料來源：Shirley Biagi, *Media/Impact: An Introduction to Mass Media* (2014 Wadsworth Publishing); Mary Flood and Tom Fowler, "Kopper Admits Kickback," *Houston Chronicle*, August 22, 2002, Section A, p. 1, 3 Star Edition, http://www.chron.com/CDA/archives/archive.mpl?id=2002_3574885.

作程序做好工作。他們知道必須做什麼及如何做，才能達到績效標準。本章的「品質管理」專欄主題為主管和生產人員的角色變化。

相反地，再看圖表 8.13，找到有三到四個以上下屬的公司副總裁是少見的。中、高階管理者的例行工作很少。他們的任務通常需要獨創性和創造力。而且由於問題更複雜，解決起來也更困難。在這些層級上的管理者需要更多的時間，來計畫和組織工作。當他們向上司尋求協助時，上司需要有足夠的時間提供所需的協助。確保擁有該時間的唯一方法是，限制將向上司尋求協助的人員數量，進而形成狹窄的控制幅度。

圖表 8.13　狹窄和寬廣的控制幅度

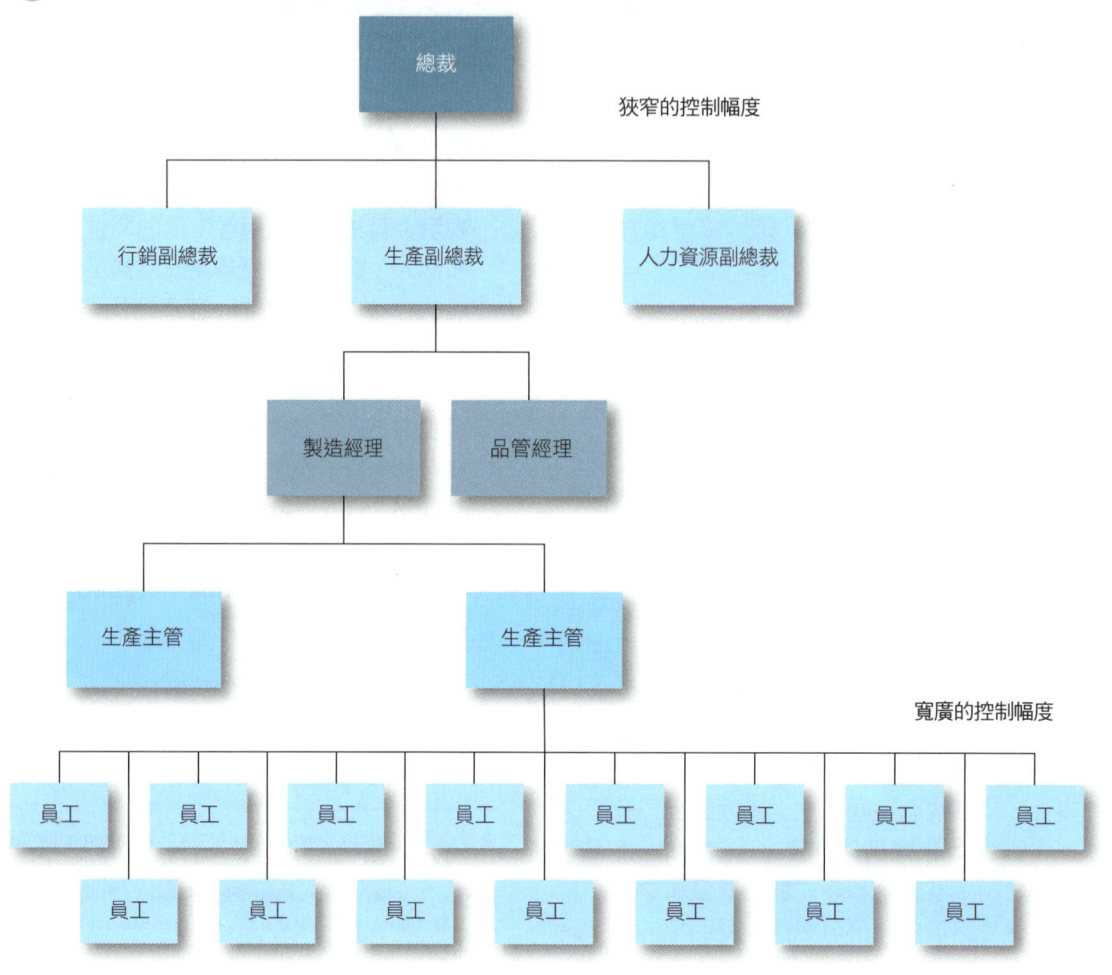

```
                              總裁
                                              狹窄的控制幅度
        ┌──────────────┼──────────────┐
    行銷副總裁      生產副總裁      人力資源副總裁
                  ┌─────┴─────┐
               製造經理      品管經理
              ┌────┴────┐
          生產主管    生產主管
                                              寬廣的控制幅度
```

（生產主管下轄多位員工）

適當的控制幅度　根據這些常規，一位管理者應有多少位下屬？答案取決於許多因素，須根據特定的管理者決定：

- 下屬工作的複雜性和多樣性。
- 管理者的能力。
- 下屬自身的能力和訓練。
- 上司賦予職權意願。
- 公司關於決策集權化或分權化的理念。

為每位管理者設定有效的控制幅度對於效能相當重要，如果受管理者監督的人太多，他或她的下屬將無法獲得上司的立即協助；

品質管理

精實的定義

MEP 精實網路 (MEP Lean Network) 定義精實 (lean) 是「一種系統方法,用於不斷確認和減少消除浪費 (無附加價值活動),可透過不斷改善產品,追求完美的過程,吸引顧客。」

我們都聽過:「時間就是金錢。」尤其是在製造業;公司需要顧客,顧客需要產品。在上述精實的定義中,「拉動顧客」是指讓顧客下訂單。因此,拉動意味著生產過程須回應顧客的需求。當顧客訂購產品後,直到產品交付後,公司才會收到付款;所以,如果可以縮短產品的生產時間,公司將更快收到貨款。

精實製造系統是指盡可能在短時間內將產品從製造、生產到交貨的過程。生產過程從原料開始,到成品結束;一次生產或移動一件商品的過程是透過產品單元中的實體布局完成的。製造產品所需的所有機器和員工都在一個指定的空間中;要流動 (製造一個,移動一個),產品必須在系統中保持忙碌並移動,直到完成並準備好交付為止。

減少生產時間可以透過消除或減少浪費或無附加價值的活動,浪費可以用 "DOWN TIME" 這個縮寫代表。

精實 = 減少浪費

- 瑕疵 (**D**efects)。
- 生產過剩 (**O**verproduction)。
- 待工 (**W**aiting)。
- 無附加價值過程 (**N**on-Value Added Processing)。
- 運輸 (**T**ransportation)。
- 存貨 (**I**nventory)。
- 動作 (**M**otion)。
- 員工未充分利用 (**E**mployees Underutilized) (知識、技能、能力)。

注重產品品質可減少生產投入時間,因為必須將原料從一個部門運送到另一個部門而產生的浪費,而將生產線上的機器集中於某區域也可為員工提供在各種機器上進行交叉訓練的機會。隨著品質的提升,生產成本就會下降,減少浪費將為顧客創造更多價值;精實縮短從訂單到兌現的時間。

■ 「少即是多。」適用於精實製造,但若你不從事製造業該怎麼辦?精實的定義如何適用於其他類型的企業?

時間和其他資源可能會被浪費,計畫、決策和行動可能會延遲或未經適當控制或保護就決定。另一方面,如果受管理者的督導人數太少,下屬可能會工作過度或感覺被過度督導,而感到沮喪和不滿意。

在組織中擔任同一職位的兩個管理者,不應自動被分配相同的控制幅度,因為他們的能力和下屬的能力會有所不同;在設定控制幅度時,必須考慮管理者和下屬的資質和經驗。下屬的能力和經驗越豐富,可由一位有能力的管理者進行有效監督的人數就越多;員工訓練和適應所需的時間越少,投入生產的時間就會越多。通常隨著人員經驗和能力的增強,控制幅度即可擴大,因此對訓練和發展

精實 是一種系統方法用於不斷確認和減少消除浪費 (無附加價值活動),可透過不斷改善產品,追求完美的過程,吸引顧客。(MEP 精實網路)

會有持續需求。當然，這種概括只適用於組織的中階管理階層；一旦如此，由於複雜性而需要有限度的控制幅度就變得十分重要。

公司關於集權化或分權化決策的理念，也可能會影響管理者的控制幅度。接下來，我們將研究集權化的概念，然後解釋其與控制幅度間的關係。

7 討論下列主要的組織概念及其如何影響組織決策：
- 集權化與分權化

集權化 一種組織和管理哲學，著重於系統化地保留高階管理者的職權。

分權化 一種組織和管理哲學，著重於系統化地將職權授予中、低階管理者。

8.10 集權化對分權化

集權化 (centralization) 和分權化 (decentralization) 是指一種組織和管理哲學，該哲學著重於系統化地保留高階管理者的職權 (集權化) 或系統化地將職權授予中低階管理者 (分權化)。管理階層的經營理念決定職權所在。管理階層可以決定將決策權集中在一個或幾個人的手中，也可以下放到組織結構中的許多人手上。嬌生非凡的成功歸功於分權化管理的藝術，執行長亞歷克斯‧戈爾斯基 (Alex Gorsky) 和前四任執行長 [威登、吉姆‧伯克 (Jim Burke)、羅伯特‧伍德‧強生 (Robert Wood Johnson)，以及拉森]，秉持的理念為分權化決策是公司的核心價值與競爭力。

集權化和分權化是應用於組織的相對概念。高階管理階層可以決定集中所有決策，包含採購、用人和營運；也可能決定分散管理，對每個層級可以購買的物品按金額設定限制，給予第一線管理者聘僱職權，或是可以在適當的情況下做出作業決策。

為何要分權？ 為了有效發揮作用，應將職權下放到最適合做出相關決策的管理階層。公司總裁不應決定何時在堆高機上檢修引擎。該職權應盡可能下放到最低的階層；在這種情況下，如果公司願意賦權，應下放到工廠維修經理或工人。在第 5 章中討論的賦權是分權化哲學的最大體現。越來越多公司將職權下放給最了解工作的工人，尤其對於團隊管理更是如此 (第 15 章的主題)。

越來越多組織將分權化視為實現更高生產力和重建組織的手段；分權化使管理者更接近行動和消費者。隨著越來越多組織朝著扁平化的組織結構發展，管理階層減少了，分權化與責任制正成為管理成功的口號。例如，辦公用品零售商史泰博致力於分權化的原則，以發展與顧客的親密關係。公司已經提供紙、筆、傳真機和其他辦

公用品的合理價格；但也計畫透過為顧客提供最佳解決方案來實現業績成長。在取消一個管理層級後，公司鼓勵並授權店經理和員工解決顧客的問題。例如，當顧客想要購買不同種類的地圖圖釘時，售貨員被授權做出：

- 打電話給生產類似圖釘的製造商。
- 顧客回到營業地後，將圖釘的資訊傳真給顧客。
- 遞交顧客 20 美元的圖釘訂單。

分權化判斷準則　研究和經驗已經確立公司分權化程度的準則：

1. 在較低的管理階層上做出的決策越多，公司的權力就越分散。
2. 在較低階層做出的決策越重要，分權化程度就越高。購買決定是一個很好的措施，公司的第一級購買限額為 10 萬美元，比同產業中另一家限額為 1,000 美元的公司更加分權化。
3. 在較低階層上對公司政策的解讀越有彈性，分權化程度就越大。
4. 公司業務在地理分布地越廣泛，分權化程度就越大。
5. 下屬在做出決定之前必須向管理者詢問的次數越少，分權化程度就越大。

集權與控制幅度的關係　公司的集權化或分權化決策經營理念，會影響中、低階管理者的控制幅度；還會影響組織層級的數量，集權化的決策產生狹窄的控制幅度和更多的管理階層。透過集權化的管理，高階管理階層幾乎不授予職權且必須密切監督向其報告的人員。回想一下關於控制幅度的討論，如果管理者嚴密監督下屬，就會花費較少的時間投入自己的工作。根據集權化的理念，連續的管理者層級將依循相同的作法。因此，總是會產生狹窄的控制幅度，且公司將需要透過很多管理階層才能到達第一線主管，如圖表 8.14 所示。

相反地，分權化決策的理念通常意味著公司將擁有更寬廣的控制幅度和更少的管理階層；這些公司將職權和決策權下放到較低的管理階層。分權化減輕管理者的投入時間，使他們可以花更多的時間與下屬相處。由於各層級的管理者都依循這一理念，可以預見兩個結果：(1) 管理者可以監督更多的下屬，擁有更寬廣的控制幅度；(2) 公司需要更少的管理階層來執行同樣的工作，因為員工會更獨立

圖表 8.14 集權化和分權化組織的結構

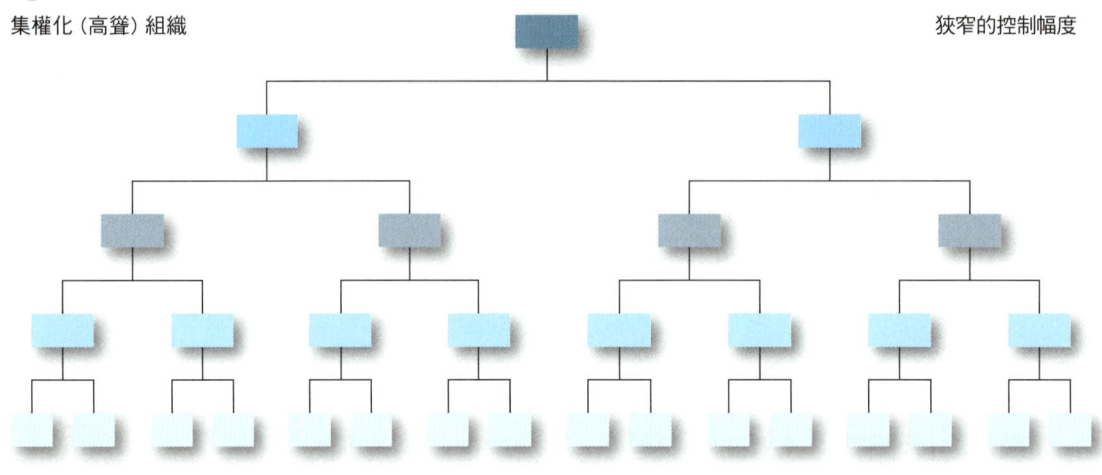

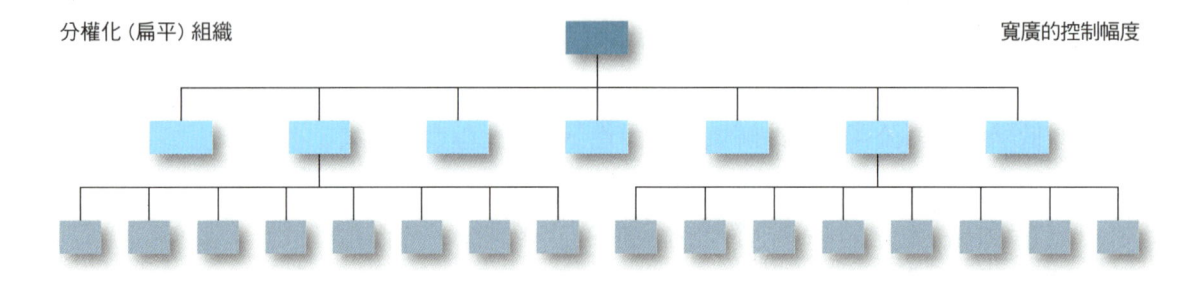

集權化（高聳）組織　　　　　　　　　　　　　　　　　　　　　　　狹窄的控制幅度

分權化（扁平）組織　　　　　　　　　　　　　　　　　　　　　　　寬廣的控制幅度

地運作。回顧圖表 8.14，檢查分權化組織的組織圖。

儘管決策和控制幅度之間存在這種相互關係的邏輯，但在實務中卻很少發生。擁有寬廣控制幅度的管理者可能選擇不授權，且通常他們的授權不太有效。另一個問題是，如同關於控制幅度的討論中所述，其他因素可能會影響有多少下屬向管理者報告。

8 解釋非正式組織

8.11 非正式組織

由管理階層設計的正式組織——部門結構、指定領導（管理者）、決策準則、政策、程序和規則的組織中的功能是一種社會關係系統；這些關係共同構成非正式組織。管理者需要了解這種非正式組織，因為它會影響組織中所有成員（無論是管理者還是非管理者）的生產力和工作滿意度。管理者從經驗中發現，並非組織中的所有事情都會發生在組織圖上的方格內。人們天生就拒絕按圖所示的「待在盒子裡」，他們選擇在非正式組織的範圍內與支持下展開工作。

非正式組織的定義

非正式組織 (informal organization) 是指人們在相互關聯的工作環境中，自然形成的個人和社會關係網絡。它由正式組織中的所有非正式群組人員組成，大多數非正式組織的成員資格會隨著時間而改變。成員透過需要或享受彼此的陪伴而聚集在一起；他們發現成為其中一員會在很多方面獲益。

非正式組織向管理者提出挑戰，因為它是由對員工的行為有實際影響的真實關係所組成，但不是由正式組織規定的，因此不會顯示在公司的組織圖中。

非正式組織沒有疆界，貫穿整個組織，因為它源自個人和社會關係，而非組織規定的角色。當兩名員工在休息或下班後閒聊並分享對公司事務和同事的看法時，他們的舉止就是非正式組織的例子；另一個例子是一名員工協助另一部門的某人解決工作問題。非正式組織不應被視為只有工人才有的領域，管理者形成跨部門的非正式小組；此外，他們還與非管理者一起積極參加其他小組。非正式組織隨處可見，午餐會、午茶團體及午休一起跑步、慢跑或散步的員工都是非正式團體的例子。臉書上的社群網路好友、LinkedIn 上的聯繫者，以及推特上的關注者則為非正式團體的新例子。在社群網路上監督公司形象是本章的「管理社群媒體」專欄主題。

> **非正式組織** 人們在相互關聯的工作環境中，自然形成的個人和社會關係網絡。

8.12 非正式組織與正式組織的比較

9 比較非正式組織與正式組織

非正式組織強調人與人之間的關係，正式組織則強調官方組織職位。非正式組織中的槓桿作用或影響力是依附於個人的非正式權力；在正式組織中，正式職權直接來自職位；只有擔任該職位的人才擁有。非正式權力是個人的，職權則是組織的，如圖表 8.15 所示。

圖表 8.15　非正式組織與正式組織的比較

非正式組織	正式組織
從關係建立的非官方組織	管理階層建立的官方組織
主要強調重點是人與人之間的關係	主要強調重點是官方組織職位
槓桿作用是由權力提供的	槓桿作用是由職權提供的
權力來源是由團體賦予	職權來源是由管理階層賦予
具有權力和政治的功能	具有職權和責任的功能
團體規範提供行為準則	規則、政策和程序提供行為準則
控制個人的來源是正面或負面的制裁	控制個人的來源是獎賞和懲罰

管理社群媒體

監督企業形象

透過社群網站，非正式團體中的個人關係比以往任何時候都更加明顯。最受歡迎的三個社群網站是臉書、LinkedIn 和推特。正如在電影《社群網戰》(The Social Network) 中所見，最大的社群網站臉書是由哈佛大學學生馬克·祖克柏 (Mark Zuckerberg) 於 2004 年創立的，只有大學生才被允許加入。現在，每個人都可以一次加入多個網路，將它們連接到學校、工作場所和城市。LinkedIn 是最初旨在連接具有職業意識專業人員的社群網站，由里德·霍夫曼 (Reid Hoffman) 於 2003 年創立，會員可以找工作、交換履歷，並尋找其他專業人士。現在已有超過 6 億名專業人員，是尋找人才、合作夥伴，以及促進市場行銷和銷售的樞紐。推特始於 2006 年，提供一項稱為推文 (tweets) 的網路服務，讓會員發送 140 個字簡短訊息。成員可以在推特網站上傳布自己在做什麼和在想什麼，還可以使用即時通訊 (instant messenger, IM) 或電子郵件閱讀和發布更新。

擁抱社群網路技術的企業正在共享訊息，進行創新與合作。不過，一些管理者仍質疑社群網路的好處。

在公司內部，對於辦公室中線上社群網站的好處存在很多的疑問。國際勞工和就業法團體 (International Labor & Employment Law Group) 普士高律師事務所 (Proskauer) 對工作場所中社群媒體的使用，進行第三次年度全球調查的結果發現：阻止員工在工作中使用社群媒體的企業數量增加。他們發現，2014 年有 36% 的雇主積極阻止員工進入此類網站，2013 年有 29%；而本次有 43% 的企業允許所有員工進入社群媒體網站，比上次調查下降 10% (Proskauer)。

招募公司羅致恆富 (Robert Half International) 對 1,400 名資訊長進行調查後，發現許多公司完全封鎖臉書和推特；經理人最大的擔憂是社群網站會導致社群「不工作」，員工使用這些網站與朋友聊天，而不是完成工作。老闆還擔心這些網站將洩漏公司敏感的資訊。

企業希望保護自己免於受到訴訟與公關問題的困擾。員工應意識到公司可以從電腦存取所有電子郵件和網際網路上造訪、瀏覽的歷史記錄。這些通常是備份或保存的，並且有待審核。此外，還有先進的應用軟體解決方案，使企業可以及時監督社群媒體上的貼文或引用，管理者可以查看可能會帶來麻煩的「示警」。監督可以幫助管理者確保員工不會違反使用公司電腦的規定，或洩露公司機密資訊。

■ 公司通訊技術的使用模糊了個人時間和專業時間的界線。員工使用工作電腦的目的不只在業務上，他們在辦公室、路上和家中都在工作；如何才能使工作和個人生活有所區隔？

資料來源：Proskauer, "Social Media in the Workplace Around the World 3.0, " (2013/2014), http://www.proskauer.com/files/uploads/social-media-in-the-workplace-2014.pdf; Martin Giles, "A World of Connections," The Economist, January 28, 2010m http://www.economist.com/ node/15351002; Sarah E. Needelman, "For Companies, a Tweet in Time Can Avert a PR Mess," The Wall Street Journal, August 4, 2009, http://online.wsj.com/article/SB124925830240300343.html.

非正式權力不是來自某一個人，而是團體成員賦予的；非正式權力不遵循官方的指揮鏈。相較之下，職權由管理階層授予並建立指揮鏈。員工可向同階層的同事或其他部門的某人授予權力，權力

遠不如職權穩定；它來自人們彼此的感受，且可能會快速地改變。

管理者會因為本身的職權，而具有某種非正式的權力，但卻不一定會比團隊的其他人具有更多的非正式權力；所以，管理者和非正式領導者經常是不同的人。

正式組織可能會變得非常龐大，但非正式組織往往會保持較小規模，以便維持個人的關係。結果像優比速這樣的大型公司，往往會在內部營運著數百個非正式組織。

非正式組織的出現

非正式組織出現在正式組織內；由於非正式小組中的關係和結盟，員工的行為與管理者期望根據正式組織中建立的報告關係、程序和規則的行為會有所不同。造成這些差異的因素有很多。首先，員工的行為有時會與預期不同，他們的工作可能比預期的快或慢，他們可能根據自己的經驗和知識修正工作程序。第二，員工經常與正式組織指定外的人員互動，或者與指定人員互動多於或少於工作所需次數。例如，基恩可能會向喬伊尋求建議，而不是賴利。辛蒂可能在幫助巴迪上花費比幫助馬西奧的時間更多。第三，工人可能會採用不同於組織期望的整套信念與態度。公司可能期待忠誠、承諾和熱誠，但有些員工可能會變得毫無熱誠；而其他人則可能表現出叛逆與疏遠。**規範** (norms) 是員工群體作為標準行為所接受的價值觀或態度，並作為行為準則和成員內部控制的手段。**凝聚** (cohesion) 是指對團隊的強烈依附，透過目標的單一性和高度合作來衡量的緊密關係。結果管理者有雙重行為需要監督：正式組織和隨著人們互動而發展的行為、互動與信念。

> **規範** 員工群體作為標準行為所接受的價值觀或態度，並作為行為準則和成員內部控制的手段。
>
> **凝聚** 對團隊的強烈依附，透過目標的單一性和高度合作來衡量的緊密關係。

非正式組織的結構

由於個人不斷進出非正式組織，因此它會不斷變化，這個結構可以透過溝通和彼此聯繫來確認。圖表 8.16 是一個**互動圖** (interaction chart)，即透過突顯人們之間的非正式互動，有助於識別非正式組織結構的圖表。請注意，聯絡人並不總是遵循正式組織結構圖，箭頭指示哪個人開始與他人聯絡。

> **互動圖** 透過突顯人們之間的非正式互動，有助於識別非正式組織結構的圖表。

團體領導 在正式組織中，非正式團體會建立領導者－追隨者關係。

圖表 8.16　顯示非正式溝通的互動圖

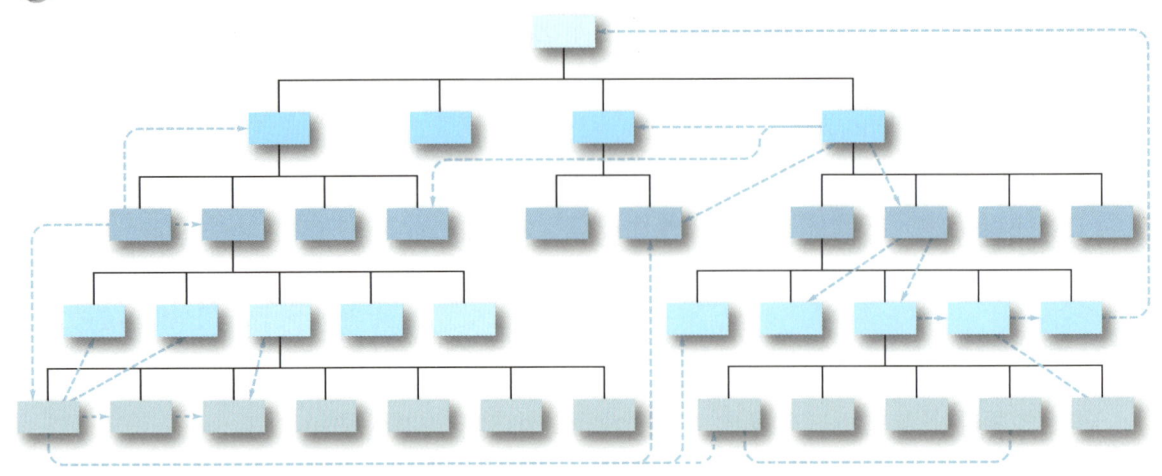

由於組織中非正式團體的數量，某人可能成為一個團體的領導者，而成為另一個團體的追隨者。要確定一個人為什麼會擔任領導角色，必須查看小組和個人成員。

當查看一個團體時，每位成員都有可與他人區別的特徵，如年齡、資歷、收入和技術能力。這些元素中都可根據團體成員的價值為其持有者提供地位。在非正式組織中地位最高的員工將成為非正式領導者，並擁有極大的非正式權力。在某些團體中，魅力領導 (基於人格的領導才能) 是很普遍的；而在其他團體中，領導者可能是資深的人，也可能是正式組織中擔任最高職位的人。

一個團體可能由幾位具有不同重要性的領導者來執行不同的功能。該團體可能將一個人視為組織業務型專家，而將另一個人視為社交型領導者，第三位則可能會被視為技術問題諮詢者；但是即使有多位領導者，其中一位領導者通常會比其他領導者對團體產生更大的影響。

成員的非領導角色　非正式團體的成員除領導者外，還扮演其他角色。如圖表 8.17 所示，一個非正式團體通常具有一個內在核心，即主要團體；邊緣團體會在較大的團體內部和外部發揮作用；狀態外團體，儘管與較大的團體相同，但並未積極參與較大團體的活動。

與非正式組織合作　管理者與非正式組織合作必須採取三個步驟：

圖表 8.17　非正式團體的組成

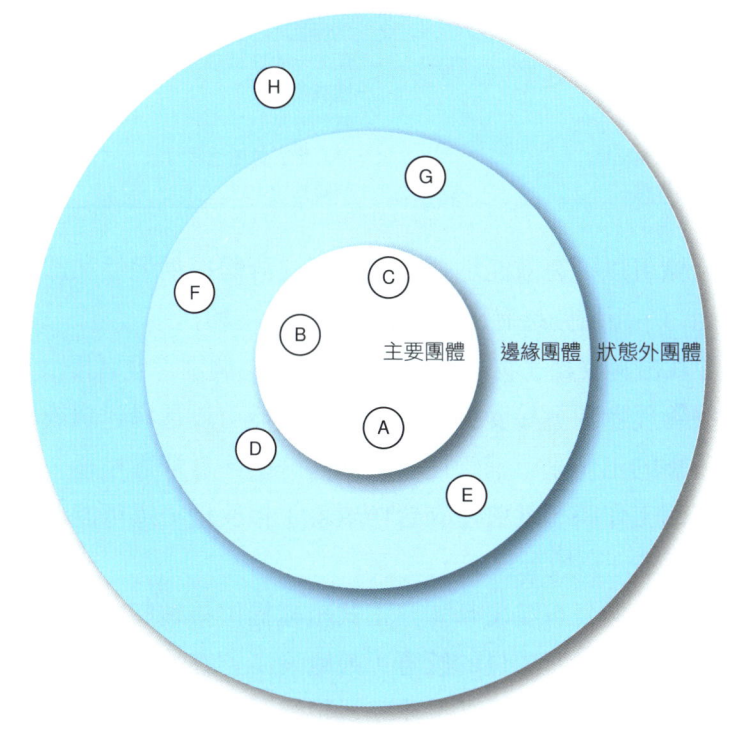

主要團體　邊緣團體　狀態外團體

1. 認知非正式團體的存在。
2. 確定成員在這些團體中扮演的角色。
3. 利用這些資訊與非正式團體合作。

　　管理者需要了解每個團體的個性、價值觀和文化，需要知道團體的價值觀和規範與正式組織有何差異(如果確實有差異存在)。管理者還需要能夠確定這些團體的領導者，與他們共事並影響整個團體。試圖透過吸收邊緣成員來影響一個團體將會失敗。管理者需要與決策核心的領導者接觸，還可使用非正式組織的溝通網絡來傳播有關公司的新政策資訊，或了解員工如何看待公司的新負責人。

非正式組織的影響

　　非正式組織可以對正式組織產生正面和負面影響，如圖表 8.18 所示。

正面影響　非正式組織可能透過以下方式幫助管理者：

- 使整個系統有效能。如果非正式組織與正式系統融合得很好，

圖表 8.18 非正式組織的正負面影響

正面影響	負面影響
＋使整個系統有效能	－產生一致性壓力
＋為管理階層提供支援	－造成衝突
＋在工作場所提供穩定性	－抵制變革
＋提供有用的溝通管道	－發起謠言並處理假消息
＋鼓勵更好的管理	－暴露管理不良

則組織可以更有效能地運作。非正式群體提供彈性和即時反應的能力，可增強透過正式組織制定的計畫和程序。

- **為管理階層提供支援**。非正式組織可以為個別管理者提供支援，如果管理者願意接受協助，非正式組織可以透過建議或實際完成所需的工作來填補管理者知識的缺陷。當群體積極、有效能地展開工作時，就會建立合作環境；相反地，這可能導致管理者將更多任務授予員工。

- **在工作場所提供穩定性**。非正式組織提供接納與歸屬感，這些需要和成為團體成員的感覺可鼓勵員工留在工作場所中，進而減少人員的流動。另外，非正式組織為人們提供減輕挫折感的場所，在受支援的環境中進行討論可減輕情緒壓力。

- **提供有用的溝通管道**。非正式組織為員工提供可以討論及了解工作中發生事情等社交互動的機會。

- **鼓勵更好的管理**。管理者應意識到非正式組織的力量實際上是一種制衡機制；在改變計畫時，也應意識到非正式團體促使計畫成功或失敗的能力。

負面影響 非正式組織有可能的負面影響：

- **產生一致性壓力**。非正式群體的規範強烈要求群體成員遵守，團隊凝聚力越強，行為標準就越容易被接受。非正式群體通常使用獎勵或懲罰 [稱為制裁 (sanction)]，來說服成員遵守規範。違反規範可能會導致群體被輕微的口頭提醒，但也可能會加劇為徹底的騷擾，如排斥、藏匿物資或破壞電腦中的檔案。

- **造成衝突**。非正式群體可以為一個員工指派兩個主管。為了滿足非正式群體，員工可能會與正式組織發生衝突。午餐時，大家很喜歡聚在一起悠閒地用餐，並分析公司事務。儘管管理階

制裁 非正式群體通常使用獎勵或懲罰 (稱為制裁)，來說服成員遵守規範。

層只批准 30 分鐘，但午餐會成員每天享受 60 分鐘的午餐時間，員工的社交滿意度與雇主生產力需求就產生衝突。

- 抵制變革。非正式組織可以抵抗變革；為了保護價值觀和信念，非正式群體可在任何可修改的工作路徑上設置障礙。建立一週工作四天或聘僱更年輕員工，都可能會侵犯非正式群體的價值觀，導致成員抵制變革。
- 發起謠言並處理假消息。非正式的溝通系統──小道消息──可能發起並處理假消息或謠言；謠言可能會破壞平衡的工作環境。小道消息將會在第 10 章中進一步討論。
- 暴露管理不良。雖然熟練的管理者可以看到非正式組織的關係，但可能會妨礙欠缺實務經驗的管理者工作；結果可能是一個工作群體表現不佳及一個管理者不稱職。

習題

1. (a) 公司的草創階段，和 (b) 公司修正結構階段，規劃和組織的功能如何相互關聯？
2. 說明並解釋組織過程的三個重要利益。
3. 列出組織過程中的五步驟，並以一句話簡單描述。
4. 列出用於部門劃分的四種方法。指明將推薦給每種組織的使用方法，並說明你的選擇：
   a. 零售五金行
   b. 只生產和銷售一種產品的公司
   c. 在 40 州設有銷售辦公室的公司
   d. 零售百貨商店
5. 說明並解釋三種職權。
6. 什麼是權力？權力的來源是什麼？權力與職權有何不同？
7. 向管理者解釋每一個組織概念或原則的重要性：
   a. 方向統一
   b. 指揮鏈
   c. 直線和人員部門
   d. 指揮統一
   e. 授權
   f. 責任
   g. 問責
   h. 控制幅度
   i. 集權化 / 分權化
8. 何謂非正式組織？非正式組織由什麼組成？
9. 正式組織與非正式組織有何不同？

批判性思考

1. 你的公司或學校在組織結構中使用哪種部門劃分？請繪製組織結構圖，並解釋你的答案。
2. 建立另一種方法來對你的公司或學校進行部門劃分。與當前的部門化設計相比，你的部門劃分形式有哪些具體優勢？
3. 哪種部門（直線或人員）對組織最重要？為什麼？組織沒有這些部門能否運作？為什麼？
4. 在你的公司或大學中，總裁或校長的控制幅度是多少？副總裁或副校長是多少？第一線主管或部門主管又是多少？為何這些管理者之間存在不同的控制幅度？

Chapter 9
組織設計、文化與變革

©Shutterstock

學習目標

研讀完本章後，你應該能：

1. 定義組織設計，並描述四個組織設計的目的。
2. 區分機械式和有機式組織結構。
3. 討論權變因素(組織策略、環境、規模、年齡和技術)對組織設計的影響。
4. 描述功能式、部門式、矩陣式、團隊式和網絡式組織結構設計的特徵、優缺點。
5. 定義組織文化，並描述文化體現的方式。
6. 解釋管理者和員工在創造文化與使文化有效的角色。
7. 定義變革，並說明組織中可能發生的變革種類。
8. 解釋管理者可以執行的計畫性變革步驟。
9. 辨識促進變革的組織品質。
10. 解釋為何人們抗拒變革，以及管理者克服抗拒可採取的措施。
11. 解釋為何努力變革卻失敗。
12. 說明組織發展計畫的目的。

管理的實務

組織文化

組織文化與個人的性格相似，皆有獨特的行為。組織文化在第 3 章中定義為共享價值觀、信念、哲學、經驗、慣例和行為規範的一個動態系統，賦予組織獨特的性格。

大多數人都喜歡一種組織文化。你想在哪裡工作？人們似乎喜歡像大家庭衍生出的個人場所？創業型組織的成員喜歡冒險？一個具有競爭優勢的注重結果的組織？受控且結構化的組織具有正式規則？

對於下列陳述，請在你最同意的描述旁邊圈出字母。

1. 領導者應該：
    A. 督導、促進、培育
    B. 創業、創新、冒險
    C. 無庸置疑、積極進取、結果導向
    D. 協調、組織、平順有效率
2. 員工管理應該包括：
    A. 團隊、共識、參與

255

B. 個人冒險、創新、共識和參與
C. 艱苦奮鬥的競爭力、高度需求和成就
D. 就業安全、一致性、可預測性、人際關係穩定
3. 組織中人員需要：
   A. 忠誠與互信
   B. 創新的承諾、站在最前線
   C. 強調成就和目標完成
   D. 正式規則和政策、保持營運順暢
4. 策略重點應該是：
   A. 高度信任、開放性、參與
   B. 獲取新資源，並創造新挑戰
   C. 嘗試新事物，並尋找機會
   D. 持久性和穩定性、效率、控制和營運順暢
5. 成功的標準應該是：
   A. 人力資源、團隊、員工承諾、對人關心
   B. 最獨特或最新的產品、產品領導者和創新者
   C. 在市場上取得勝利並超越競爭對手、競爭激烈的市場取得領導地位
   D. 效率、可靠的交付成果、順暢的關鍵製程和低生產成本

請注意，你圈出的句子如果大多圈選 "A"，你更喜歡在人們看起來像是大家庭的個人場所工作；在這種文化中，對員工最重要的要求就是融入團隊。凝聚力、人性化的工作環境、團隊承諾和忠誠度會受到重視。如果大多圈選 "B"，你更喜歡與風險偏好的人一起在創業型組織中工作，這種文化步調快、風險高，很重視開發新產品，新服務和新關係的新機會。如果大多圈選 "C"，你希望與有競爭力的人一起在結果導向的組織中工作，結果比過程更重要；該組織強調夥伴和職位並重視競爭力與生產力。如果大多圈選 "D"，你更喜歡在有正式規則、受控且結構化的組織中工作。這種文化提供穩定的環境，重視標準化、控制、職權和決策制定明確定義的結構。

9.1 緒論

　　管理者經常必須重新思考與重新組織，以追求使命和策略目標。隨著公司將注意力集中或重新集中於顧客(無論是製造、行銷產品或提供服務)，有必要調整或徹底改變組織結構。

　　第 8 章說明並研究組織的概念和過程，本章將著重以組織結構作為一種工具。將檢驗管理者如何將部門化、分權化和控制幅度整合到組織設計中，以實現既定目的。首先，本章將檢驗組織設計的特質及其目的，然後介紹潛在設計結果。討論過可供設計的組織結構選項，然後探討組織文化的特質、組織文化的體現形式及如何創造組織文化。本章最後將討論變革的特質──變革的來源、變革的種類、變革的速率，以及如何成功管理和實施變革。

9.2 設計組織結構

定義組織設計

什麼是組織設計？很簡單，當管理者創造或改變組織結構時，會參與**組織設計** (organizational design)。他們規劃全部的職位和部門，以及部門間的相互關係。最重要的是，這些管理者提出方法來實施計畫、實現目標和目的，並最終完成組織使命──滿足顧客的需求。設計者的決策對於成功相當重要。正如管理顧問法蘭克·奧斯特羅夫 (Frank Ostroff) 正確指出：「正確的組織結構可使馬力從 100 匹提升到 500 匹。」

對組織設計者而言，組織設計就像是巨大的拼圖遊戲，但有兩個區別：與拼圖遊戲不同的是，組織沒有提供藍圖告訴設計者最終的結果；而且組織設計為了將正確的部分放在一起，成本通常動輒數十億美元！

> **1** 定義組織設計，並描述四個組織設計的目的
>
> **組織設計** 組織結構的創造或改變。

組織設計的目的

組織具有某些共同元素：他們以職權來運作、擁有部門，以及使用直線和人員職位。但看起來似乎一樣，不過沒有兩個組織是完全相同的。有些公司 (如星巴克) 依賴功能部門化；其他公司 (如威訊) 則選擇產品部門化。有些公司 (如西爾斯) 選擇集中決策權；其他公司 (如本田) 則分散決策權。有些公司 [如松下電器 (Matsushita)] 控制幅度很狹窄；其他公司 (如美國航空) 則發展寬廣的控制幅度。管理者對各種不同要素所做出的決策決定組織設計；組織不斷發展，以適應營運需求。

無論管理者是否負責埃克森美孚或金寶湯 (Campbell's Soup) 的組織設計工作，都有相同的目的：回應變化、整合新要素、協調組成部分，並鼓勵彈性。

回應變化 「什麼事都不會永遠持續」，可能是組織設計者的口號。公司為了保持競爭力，必須回應對環境的變化 (競爭、技術、全球經濟和消費者需求)，以及對公司發展演變中的變革做出回應。要在警告信號前保持靜態，最終可能導致使變革成為艱難的過程。美國鋁

業曾是一家需要精簡才能在瞬息萬變的環境中保持競爭力的公司。正如本章的「道德管理」專欄所述，公司有時達到目的，無論關鍵與否都會給雇主帶來後果。

整合新元素 隨著組織的成長、發展和回應變化，透過增加新職位和新部門來處理對外部環境中的因素或新策略需求。組織設計的目的是使這些變化能無縫接軌，也就是說，將這些新元素結合到組織的整體結構中，讓摩擦最小且能產生積極的影響。要實現此目的，可能需要增加部門到組織中的某個層級或對公司進行虛擬重整。提供優質顧客服務的策略需求，可能需要解散功能部門、建立團隊和重新授權。

協調組成部分 只將部門安置於組織結構中是不夠的，管理者需要找到能聯繫所有部門的方法，以確保部門之間的協調與合作；如果此目的未能實現，則各部門可能無法協同工作。工作團隊或部門須透過報告進行協調，以避免衝突和問題，並滿足顧客的需求。

鼓勵彈性 組織設計者的最終目的是彈性。設計者希望將所有職權、指揮鏈和部門化基礎融入組織，有彈性地制定決策，回應和重新分

道德管理

利潤和裁員

美國鋁業是位於美國賓州匹茲堡的一家鋁業製造公司，在對鋁的需求降至 20 年來的最低點後進行重組。美國鋁業的結論是，將製造過程中的組裝工作轉移到印度可以節省成本。在 2009 年，龐大的重組削減公司 13% 的全球員工總數，為了維持獲利能力而關閉工廠，組織重組導致美國鋁業的承包商大量裁員。美國鋁業財務長小查爾斯·麥克萊恩 (Charles D. McLane Jr.) 說：「裁員為公司省下 3.25 億美元的現金。」(Steverman)

在這個面臨大規模裁員困擾的產業，公司似乎也大量裁員，美國鋁業裁員創造相反的乘數效應。當公司解除工作時，相反的乘數效應消除整個社群裡的額外支援和服務工作，經濟開發商對此感到擔憂。像美國鋁業這樣的製造業公司的工資比零售商還高，因此向其經營所在地的社區投入更多的資金。

1. 裁員是否可作為一種管理手段成為道德問題？
2. 美國鋁業的管理階層對股東的責任是否比對員工的責任還大？
3. 在確定要消除哪些營運業務、辦公室和工作時，你會建議美國鋁業的管理階層使用哪些道德準則？

資料來源：Ben Steverman, "Layoffs: Short-Term Profits, Long-Term Problems," *Bloomberg Businessweek*, January 13, 2010, http://www.businessweek.com/investor/content/jan2010/pi20100113_133780.htm.

派員工的生產力，突顯員工的才能。彈性地決策制定與對變革的回應目標不盡相同。

組織設計成果的範圍

記住，組織設計者擅長建立實現公司目的和使命的結構。設計者必須處理指揮鏈、集權化與分權化、正式職權、部門類型和控制幅度等共同構成一個整體結構方法的元素。根據元素的平衡，設計結果可能會非常不同；有些組織認為有必要使用正式的垂直階層結構作為控制與協調的手段；其他組織則將決策權下放，建立團隊，並為管理者提供結構鬆散的工作；選項可分為緊密結構(機械式)或鬆散結構(有機式)。

9.3 機械式組織結構

2 區分機械式和有機式組織結構

嚴密的或機械式結構 (mechanistic structure)，具有嚴格定義的任務、正式化、許多規則和規章，以及集中決策權的特點，圖表 9.1 顯示機械式結構的特徵。在具有機械式結構的組織中，垂直結構非常緊密，重點是從上層到下層的控制，任務被分解為嚴格定義的例行工作，存在著許多規則，職權階層結構是控制的主要形式。決策是集中化的、溝通是垂直的、遵循著指揮鏈。機械式結構最顯著的例子就是軍隊。

機械式結構 嚴密的組織結構，具有嚴格定義的任務、正式化、許多規則和規章，以及集中決策權的特點。

有機式組織結構

彈性的或有機式結構 (organic structure)，具有自由流動的組織結構、很少規則和規章，並且將決策權下放到執行工作的員工。通常稱為水平結構，有機式結構是高度適應的形式既寬鬆又可行；機械式組織結構則是剛性且穩定。有機式結構無須標準化的工作和法規，可根據需要快速進行改變，具有分工，但人們所做的工作卻並非標準化的。有機式結構組織經常重新定義任務以滿足員工和環境的需求，它們幾乎沒有規則，職權則基於專業知識，而非基於個人的職位階層。決策權是分散的、溝通是水平的，並不遵循指揮鏈，員工被賦權而做出決策。圖表 9.1 比較有機式結構對機械式結構的特徵。

有機式結構 彈性、自由流動的組織結構、很少規則和規章，並且將決策權下放到執行工作的員工。

圖表 9.1　機械式結構對有機式結構

垂直結構主導	水平結構主導
• 固定和專門任務	• 適應性和共享的任務
• 決策權集中	• 決策權分散
• 正式垂直溝通	• 非正式水平溝通
• 硬性的階層關係	• 縱向和橫向協同合作
• 很多規則	• 很少規則
• 嚴謹的職權階層結構	• 輕鬆的階層結構；專業知識職權
機械式結構	有機式結構

儘管公司會呈現出機械式組織和有機式組織，但很難將組織歸類為純機械式組織或有機式組織。實際上，大多數組織都偏愛某種形式，但這取決於設計者如何整合權變因素，這是下一節的主題。

3 討論權變因素(組織策略、環境、規模、年齡和技術)，對組織設計的影響

9.4　權變因素對組織設計的影響

負責組織設計職責的管理者面臨的困境是，為使組織成功需確定組織應該機械式或有機式？研究影響組織設計的權變因素(策略、環境、組織規模、組織年齡和技術)，可提供解決方案。管理者設計一種結構來適應這些權變因素；如果組織結構不正確，則會出現問題。

策略

管理者建立組織結構以實現目的；邏輯上，結構遵循策略，當策略改變時，結構也必須改變。福特就是一個例子，在公司層級，策略的基礎是願景；對福特來說，這是「人們與一家精實的全球性企業合作，透過汽車和行動領導能力改善人們的生活」。

為了獲得領導地位，意味著要出售備受矚目的品牌：荒原路華(Land Rover)、捷豹(Jaguar)、奧斯頓·馬丁(Aston Martin)和富豪(Volvo)，而且要帶回福特金牛座(Taurus) (該公司曾放棄的非常成功的車款)，並完全重新設計，將重點從大型卡車轉向節能型汽車。

為了達成策略目標，公司制定事業層級的策略。第4章介紹公司可以用來實現目標的不同事業層級策略。例如，若戴爾(Dell)選擇實行探索者策略，就必須創新、尋找新市場、發展並承擔風險；提

供彈性和分散權力的有機式結構與此策略最適配。相反地，若埃克森美孚的高階管理者採防禦者策略 (堅守當前市場，並保護地盤)，則提供嚴格控制、穩定性、效率和集權化的機械式結構將最適配。

公司還可以選擇差異化或成本領導策略。透過差異化策略，公司嘗試為市場開發新產品。對內需要協調、彈性和溝通能力；適配的是有機式結構。相較之下，成本領導策略則注重內部效率。機械式結構適合實現這些目的，因為它提供結構化的組織和責任。圖表 9.2 彙整策略－結構替代方案的比較。

環境

第 5 章證明環境對決策的影響，特別是在不確定或不可預測的環境中進行決策的難度。與決策一樣，組織環境對組織結構的設計產生重大影響；環境的穩定性和可預測性直接關係到組織有效運作的能力。快速變化且難以預測的不穩定環境會引起兩個問題：

1. 組織必須能夠適應變化，需要有彈性且回應迅速。
2. 有彈性的組織需在部門之間有更多的協調，各個部門不能被孤立，要建立自己的目標並互相忽略。實際上，在不穩定的階段，部門將會更加自主地作業，而這會造成障礙。

如圖表 9.3 所示，組織結構必須與組織成功的環境契合。在穩定

圖表 9.2　策略對結構的影響

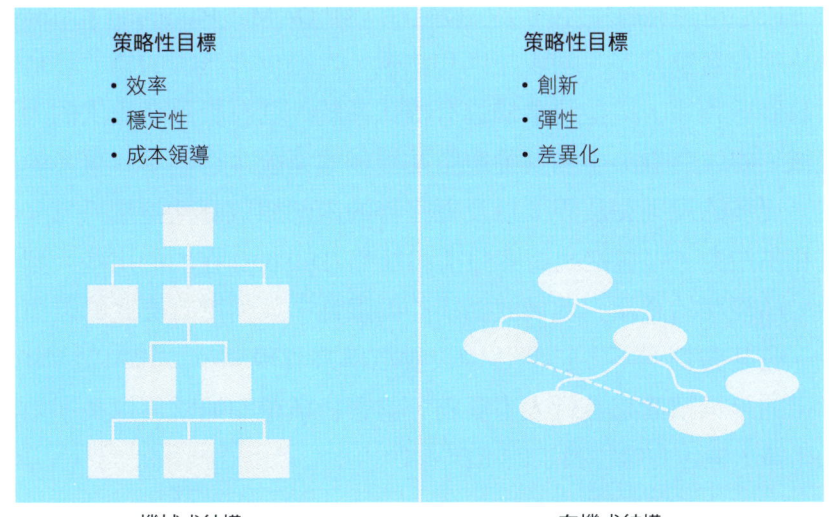

策略性目標	策略性目標
• 效率 • 穩定性 • 成本領導	• 創新 • 彈性 • 差異化
機械式結構	有機式結構

圖表 9.3 環境與結構的關係

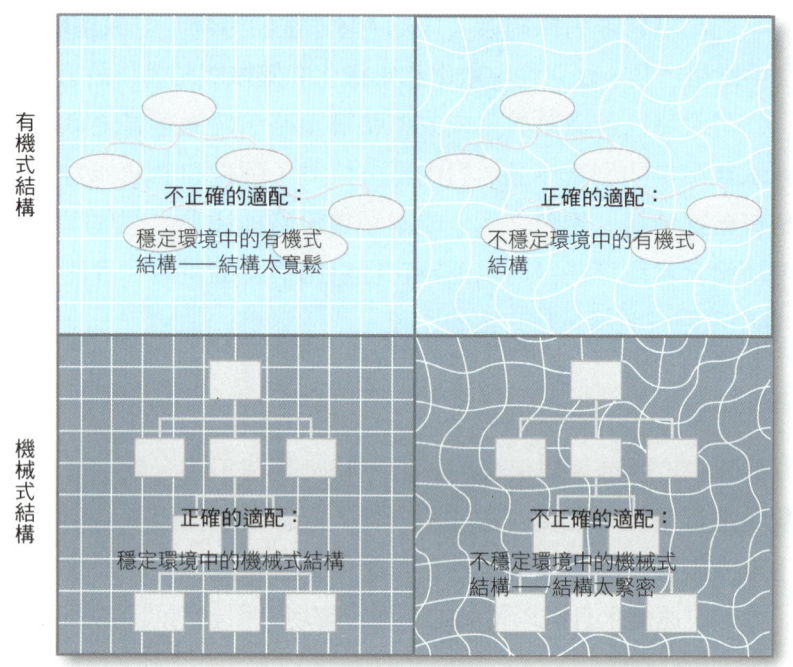

有機式結構

- 不正確的適配：穩定環境中的有機式結構——結構太寬鬆
- 正確的適配：不穩定環境中的有機式結構

機械式結構

- 正確的適配：穩定環境中的機械式結構
- 不正確的適配：不穩定環境中的機械式結構——結構太緊密

且可預測的環境中，組織應為機械式結構。集中決策權、寬廣的控制幅度和專業化適合在這樣的環境下運作；而在不確定的環境，組織則需要強調彈性、協調性和非正式程序的有機式結構。

組織的規模

組織的規模通常從員工人數來衡量。研究發現，大型組織在結構上與小型組織有所不同；小型組織，如 De Mar Plumbing 和 Tony's Café 很少勞動分工、很少規則和法規，也很少非正式的績效評估和預算制定程序，這些特徵描述有機式系統。具有數萬名員工的大型組織，如埃克森美孚和美國航空是機械式系統；它們具有更多的分工、更多的規則和法規，以及更完善的內部績效評估控制系統、獎賞和創造力。但包括福特客服部和杜邦 (DuPont) 在內的這些大型組織，已經開始意識到機械式結構的侷限性，並朝更有機式的結構發展。在某些情況下，它們透過改變結構來實現變革；通常透過第 8 章中的組織精簡來進行人事緊縮，儘管組織精簡通常可以長期地幫助組織，但也會犧牲員工的工作。

組織的年齡

組織運作的時間越長,就越可能變得正式化。隨著組織年齡的增長,標準化的系統、程序和法規也將伴隨而來;因此,歷史悠久的公司常具有機械式結構的特徵。

組織跟人一樣,會歷經生命週期的各個階段;在**組織生命週期** (organizational life cycle) 內,企業遵循可觀察和可預測的模式。圖表 9.4 顯示四個階段:出生、青年、中年和成熟;每個階段都涉及整體結構的改變。

組織生命週期 組織經歷的階段:出生、青年、中年和成熟,每個階段都涉及整體結構的改變。

出生階段 在出生階段,創業家建立組織。非正式組織沒有專業員工、沒有規則,也沒有規章。決策是集中由業主進行,任務不是專門化。當菲多利處於出生階段時,艾默・杜林 (Elmer Doolin) 與家人用墨西哥老闆的食譜,在母親的廚房裡開始製作玉米片,並賣給附近的雜貨店。

青年階段 在青年階段,組織正在發展;成功行銷並提供產品或服務,也聘僱更多員工;分工、正式的規則和政策也開始出現。儘管資訊與內部決策圈共享,但決策仍由業主負責制定。當杜林與赫爾曼・萊 (Herman W. Lay) 建立合作夥伴關係時,菲多利處於青年階段。之後他們整併資源,開設兩家工廠,並開始有限的區域配銷。

中年階段 在中年階段,公司已經做得很好且發展茁壯。現在,廣

圖表 9.4 組織生命週期與結構特徵之間的關係

結構特徵	出生階段	青年階段	中年階段	成熟階段
分工	重疊任務	一些部門	很多部門、定義明確的任務、組織圖	大量的小工作、書面工作說明
集權	一人統治	最高領導者統治	權力下放給部門主管	強制分權 (高階管理階層超過負荷)
正式控制程度	沒有書面規則	很少的規則	政策和程序	大量的——大多數活動都由書面手冊涵蓋
行政管理人員	祕書,無專業人員	文書和維護工作不斷增加,專業工作人員很少	專業支援人員增加	大型——多個專業和文職人員部門
內部系統 (資訊、預算、規劃、績效)	不存在的	粗略的預算和資訊系統	控制系統——預算、績效、營運報告	大量的——添加規劃、財務和人事系統

資料來源:Based on Robert E. Quinn and Kim Cameron, "Organizational Life Cycles and Shifting Criteria of Effectiveness: Some Preliminary Evidence," *Management Science* 29 (1983), 33–51. Copyright 1983, The Institute of Management Sciences, now the Institute for Operations Research and the Management Sciences (INFORMS), 901 Elkridge Landing Road, Suite 400, Linthicum, MD 21090.

泛的規則、法規、政策和系統用來指導專業員工，控制系統也已就定位；聘僱專業和文書人員進行專門的支援活動。高階管理階層將許多任務分權化，向功能部門分配職權；但是在此過程中，失去彈性和創新。菲多利在被百事公司收購後就進入這個階段，並成為其策略事業單位之一。百事公司則提供專業的管理階層來擴展其產品線、加強促銷、擴大全國性配銷。

成熟階段　在成熟階段，組織是大型且機械式的。垂直控制結構變得勢不可當。組織會制定規則、法規、專業人員、預算、精細的分工和控制系統。像通用汽車和杜邦面臨發展停滯期。創新和侵略只有透過分權化、組織重組來提高彈性的措施才可實現。當菲多利進入成熟階段時，擁有多層的管理者和專家，也沒有對競爭對手做出相關回應；因此，公司進行大規模的裁員和重組，進而重塑公司的命運和競爭力。

這些討論的關鍵點在於，管理者可以透過塑造和調整結構，來減少或消除成熟階段所產生的機械式結果。如我們所見，菲多利到達這個階段，但能進行結構重組以獲得彈性和回應的能力。

品質管理

主管和生產人員角色的變化

在有些精實企業的組織中，員工竟不被期望思考。每個人都需要以知識、創造力和技能與能力 (knowledge, creative and physical skill and ability; KSA) 協助組織成功。而主管和生產人員的角色正在發生變化。

主管需指導其他人的工作，所以他們更需要授權、更需要發展團隊和更多改善的責任，因此他們需要兩種知識和三種技能。主管完成工作所需的知識是公司和／或產業獨有的，包括對工作和責任的知識；知識訓練是公司的責任，主管在接受管理訓練時將學習這些知識。不管是什麼產業，主管在其職責範圍內必須擁有三種技能：領導技能、指導技能和方法技能。《TWI 工作關係手冊》(*TWI Job Relations Manual*)、《TWI 工作指導方法手冊》(*TWI Job Instruction Methods Manual*)、《TWI 工作方法手冊》(*TWI Job Methods Manual*) 為第二次世界大戰期間生產的原始主管訓練手冊，可在網際網路上免費獲得。

精實企業期望員工能有更多參與、互動和交流；有預期的員工總參與度。員工對精實的好處有清晰的了解，他們被要求提出積極、有建設性的想法來解決任何相關的議題。此外，允許員工表達自己的感覺和想法。實際上，他們的參與是可衡量的。問責會以每日、每週和每月檢查的基準來確認。

- 以網際網路搜尋，找到並下載上述戰時手冊之一。如今精實企業訓練與這些原始手冊幾乎沒有不同，究竟第二次世界大戰時的訓練是否仍有意義？

技術

每個組織都使用某種形式的技術，將資源轉化為結果。**技術** (technology) 這個通用術語是指，應用知識來解決問題或發明事物。埃克森美孚生產油品所需的技術，不同於露華濃生產化妝品所需的技術，但兩者都需使用某種技術。生產技術直接影響組織結構；結構與技術必須互相搭配，並與組織策略、外部環境、年齡和規模相符。

> **技術** 將投入轉化為產出的知識、機械、工作程序和原料。

例如，主管角色的變化，正是本章的「品質管理」專欄主題。

9.5 組織設計中的結構選擇

> 4　描述功能式、部門式、矩陣式、團隊式和網絡式結構設計的特徵、優缺點

沒有任何一種組織設計適合所有情況，管理者在設計結構前必須仔細考慮公司的狀況 (策略、環境、年齡、規模和技術)。當權變因素更傾向支持機械式設計時，有多種條件可供選擇。如果需要有機式設計，也還有其他可行的方案。

在討論選項前，必須提出另一要點。實務上，某些選項是較機械式或較有機式的，但大多數都不是純粹的某一種方法。圖表 9.5 從機械式到有機式連續性排列五個選項：功能式、部門式、矩陣式、團隊式和網絡式等；大多數都落在中間，而不是反映兩個極端。

功能式結構

功能式結構 (functional structure) 根據相似的技能、專業知識和資源，將職位劃分、編組到部門中。功能式結構是功能部門化的擴大版本，已於第 8 章介紹。在具有功能式結構的組織中，活動被歸類到幾乎每個企業共有的負責人下，例如財務、生產、行銷和人力資源。然後將整個組織劃分為如圖表 9.6 所示的類別。

> **功能式結構** 根據相似的技能、專業知識和資源，將職位劃分部門的組織設計。

圖表 9.5 機械式－有機式連續體的結構選擇

| 功能式結構 | 部門式結構 | 矩陣式結構 | 團隊式結構 | 網絡式結構 |

機械式結構　　　　　　　　　　　　　　　　　　　　　　　　　有機式結構

圖表 9.6 功能式組織結構

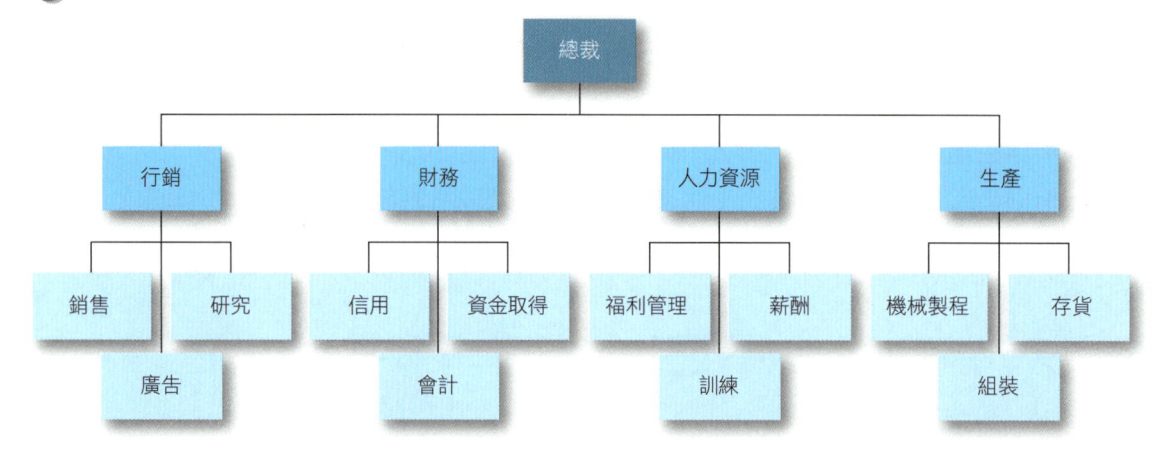

```
                            總裁
         ┌───────────┬───────────┼───────────┬───────────┐
        行銷         財務       人力資源        生產
     ┌───┴───┐   ┌───┴───┐   ┌───┴───┐    ┌───┴───┐
    銷售   研究   信用  資金取得 福利管理 薪酬   機械製程  存貨
     │         │         │             │
    廣告      會計       訓練          組裝
```

功能式結構的優點 將專長聚集可帶來規模經濟，並減少重複的人員與設備。員工在功能式結構中感到舒適自在，因為他們有機會與同事用相同的語言交談。由於該結構重視職業專長，也因此簡化了人員訓練。

在組織的功能式結構提供一種集中決策權的方式，並提供自上層而往下的統一方向；每個部門內，溝通與協調都做得非常出色；員工可以快速接觸到具有技術專長的人員，因此功能式結構提高解決技術問題的品質。

功能式結構的缺點 功能式結構也具備既有的缺點；由於功能彼此獨立，員工可能對自己功能範圍之外的專業領域一無所知。這種侷限性可能產生溝通、合作與協調方面的障礙；部門可能只會發展自己重視的特點，而不是公司的重點。另外，由於功能式結構具有嚴謹且獨立的指揮鏈，因此對環境變化的回應時間可能會很慢。功能式結構中的管理者也將注意力集中在長、短期功能範圍上；從一個角度來看此問題，會發現人變孤立了。此外，這種侷限性會延續到長期發展。專業化並不能讓管理者對公司或其他功能領域產生寬廣的視野，這種缺乏總體的寬廣視野也減少對未來執行長的訓練。

部門式結構

功能式結構的替代方案是<u>部門式結構</u> (divisional structure)，是根據組織產出將部門分組的組織設計。如圖表 9.7 所示，部門是生產某單一產品的獨立策略事業單位。正如第 4 章所述，每個策略事業單

部門式結構 根據組織產出將部門分組的組織設計；這些部門是生產某單一產品的獨立策略事業單位。

圖表 9.7　部門式組織結構

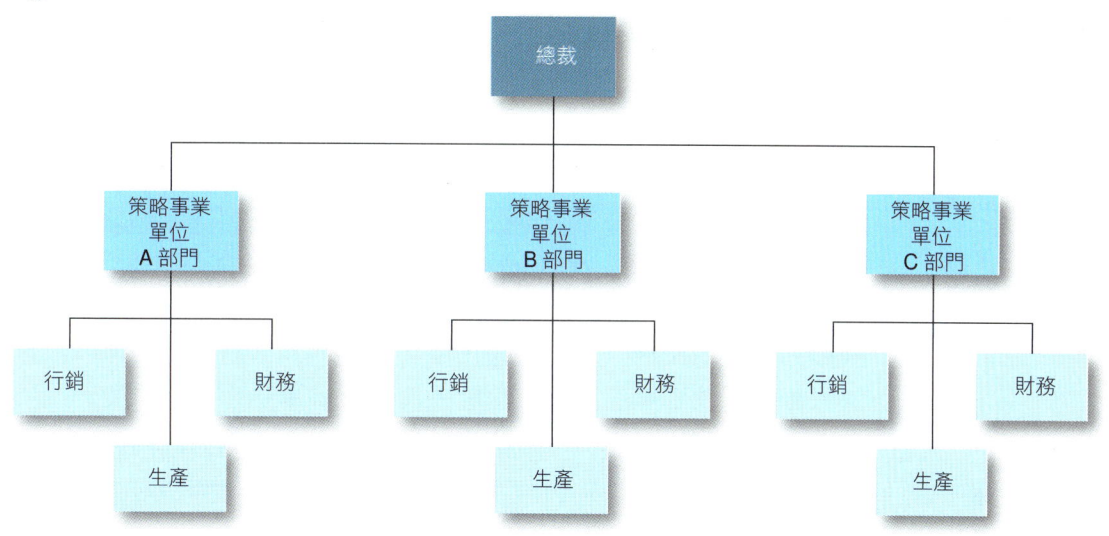

位或部門負責管理一個既定產品或系列。在每個部門內，為實現該部門的目標，將生產和行銷等多個部門整合。

部門式結構建立一組自治的小公司，在像百事公司這樣的大公司裡，每個部門都有自己的市場、競爭對手和技術；部門包括菲多利、百事可樂、桂格 (Quaker)、開特力 (Gatorade) 和純品康納 (Tropicana)；除了按產品別劃分組織外，公司還可以按顧客或地理位置劃分組織部門。

當顧客在需求、偏好和需要方面足以區別時，就要採用顧客部門式結構。對於大型顧客，如州、聯邦政府及具有特定產品線的商業顧客，公司可將所有必要的技能進行分組，並建立部門為這些顧客提供全天候服務。該結構為員工提供以公司為重心的觀念。再次提及嬌生，設立三個部門：直接面對消費者、醫療設備及診斷，和製藥部門。關注對象第一個是消費者，第二個是專業人士，第三個則是藥品購買者。

當公司需要針對國際、國家或地區等特定區域的功能性技能進行分組時，管理者會建立地域劃分。這種結構試圖用地理條件，決定有關法律、貨幣、語言和稅務等因素的差異情況；一些百貨公司，例如傑西潘尼 (JCPenney) 和西爾斯，已經建立區域部門。在國際範圍內，麥當勞在歐洲、北美和亞洲進行以三大洲為地理基礎的結構調整。

部門式結構的優點　部門式結構將員工和管理者的注意力集中在產品、顧客或地理區域的結果上。部門式結構是彈性的且對改變做出回應，因為各個單位都專注於自身的環境；部門內不同功能之間的協調將有益於目標的單一性。由於每個部門都是獨立的單位，因此更容易達成績效和責任。部門式結構也是培養高階管理者的不二法門，部門管理者在營運上從公司自治單位獲得很廣泛的經驗；擁有大量部門的組織正為公司的許多高階職位培養通才。

部門式結構的缺點　部門式結構的主要缺點是，資源和活動的重疊性。每個部門都擁有自己的功能，而不是由單一市場或研究部門所組成。這種結構失去效率和規模經濟，並可能造成部門內成員缺乏技術專長、專業知識和教育訓練的後果。憂喜參半的情況是可能部門間的協調會受影響，或不同部門的員工可能會感到自己正與他人相互競爭。

從歷史上來看，通用汽車一直以部門產品結構及固有侷限性在運作，對於每個汽車部門，如別克、雪佛蘭、凱迪拉克，都有獨立的行銷、製造和研究領域與體系；而重複的活動將會降低公司的整體效率，各汽車部門之間的競爭是幾乎設計相同的汽車。

矩陣式結構

矩陣式結構 (matrix structure) 結合功能專業化的優點，以及部門式結構的重點和問責。矩陣在組織的同一部分中同時利用功能和部門的指揮鏈。為了實現這種組合，矩陣式結構採用雙重直線職權。如圖表 9.8 所示，職權的功能層級結構在功能部門 (生產、原料採購、人力資源等) 之間垂直運作，而專案職權則在各個小組之間橫向運作。功能和專案職權的這種組合會建立一個網格或矩陣；結果將造成每個員工會有兩個上司，而且具有基於部門和個別專案的雙重指揮鏈。

當為特定產品、計畫或專案而建立的任何部門與功能式結構組合時，可建立矩陣式結構。一般來說，當公司提供多種產品或處於複雜環境且需要功能化專業知識時，就可能會使用矩陣式設計。

其次，當管理者想要規模經濟極大化和資源共享時，也會使用矩陣式組織。透過讓員工在一個以上的部門工作，或當需求改變時

矩陣式結構　在組織的同一部分中同時利用功能和部門指揮鏈的組織設計。

圖表 9.8　矩陣式組織結構

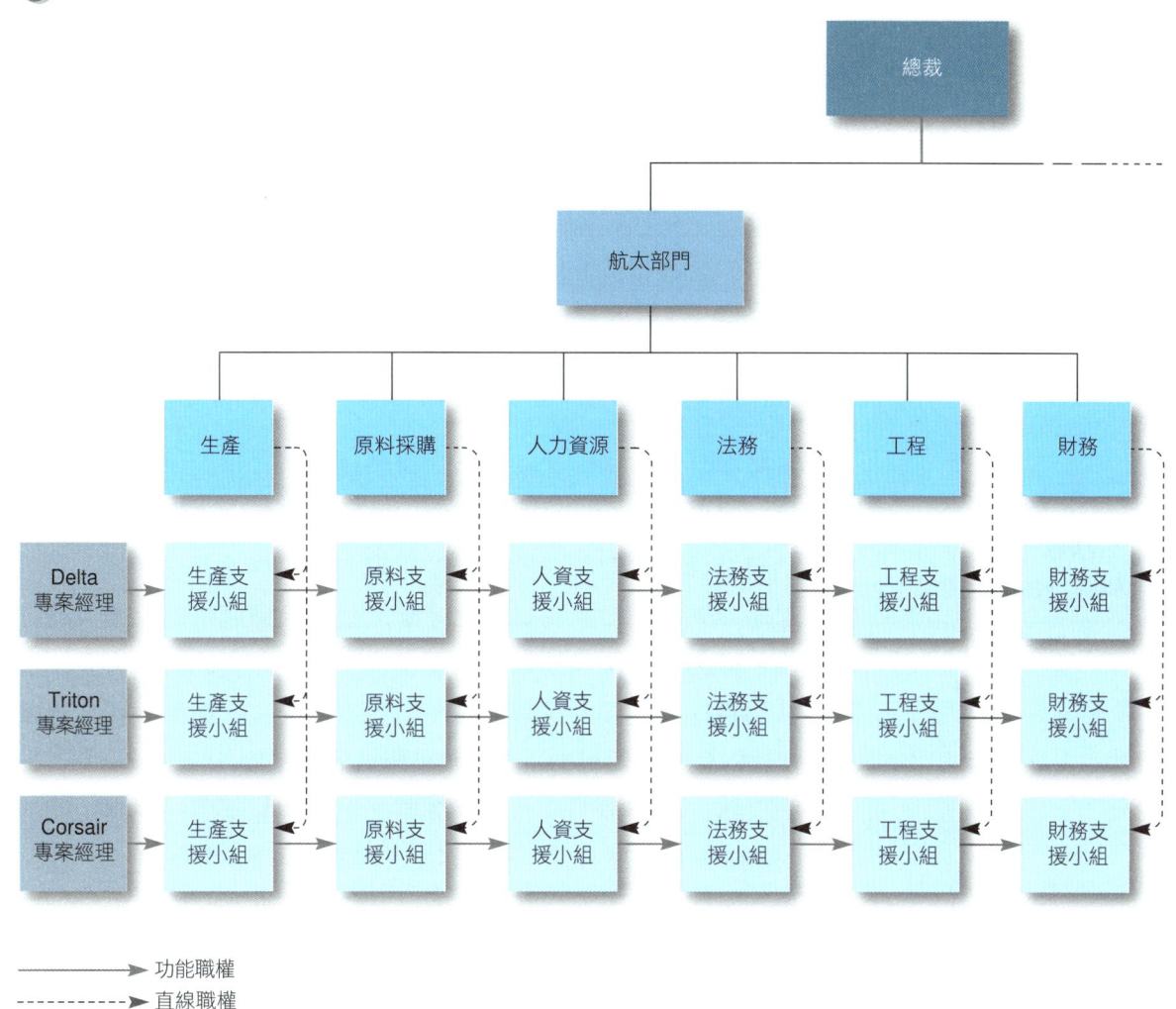

在各個部門間輪調員工,可以降低資源重複的情形。圖表 9.8 顯示工程部門主管可將工程師的需求分配到每個專案中。

矩陣式結構的優點　孟山都 (Monsanto)、陶氏化學,以及瑞典奇異布朗－博韋里 (Asea-Brown Boveri, ABB) 等公司已成功應用矩陣式結構;在尚未出現重大問題前,應建立、改變和解散團隊,以證明是有彈性的,而且應加強溝通與協調。拉斯‧拉姆奎斯特 (Lars Ramquist) 是瑞典愛立信 (L. M. Ericsson) 執行長,他對矩陣式結構的優勢印象深刻,並應用矩陣式結構來解決組織問題。

　　矩陣式結構增加個人員工的動機,常帶來承諾感和滿足感,還能提供有關功能和一般管理技能的訓練。

矩陣式結構的缺點 雙重指揮鏈造成的潛在的衝突、混亂和挫折感是矩陣式結構最明顯的缺點。員工會有功能經理和專案經理兩位上司，而且矩陣經常使部門目標與功能目標相抵觸並產生衝突。另一個缺點則與上一個缺點直接相關：為解決此目標衝突而開會討論所浪費的生產力時間。矩陣式結構非常重視訓練人際技能和人際關係等衝突管理，包括與兩位上司合作和公開交流與溝通。最後，矩陣式結構可能會產生的問題是，矩陣的功能面和部門面之間的權力平衡，如果一方擁有更大的權力，矩陣的優點(協調與合作)將會喪失。

團隊式結構

組織嘗試施行團隊式結構是組織結構最新且最有潛力的方法。團隊式結構 (team structure) 是根據一個總體目的，直接針對傳統的組織階層結構將分散的功能或過程組織分組，無論是功能式、部門式還是矩陣式結構，都將扁平化。雖然垂直指揮鏈是功能強大的控制措施，但仍需將決策傳遞到階層結構上，且花費的時間太長，這種方法將責任放在高階管理階層。但採用團隊式結構的公司透過賦權，使團隊負責並將權力下放到較低階的管理階層。

> **團隊式結構** 一種組織設計，可根據一個總體目的，將單獨的功能或過程分組。

選擇建立團隊部門，而不以專業來建立功能部門。不同功能或過程的團隊成員會被分為一組，許多這樣的團隊會向同一主管回報。儘管產生團隊的概念有了變化，有些團隊負責產品，有些團隊則負責過程，但結果是相同的；傳統功能被重組、管理階層被取消、公司變得分權化。圖表 9.9 說明從垂直功能式結構到水平團隊產品結構的重組。第 15 章將討論團隊。

成功的團隊討論產品、過程並共享資訊。大多數人都認為面對面會議對企業而言很重要，然而卻很難實現，很多同事因太忙而無法定期開會，他們透過電話交談，但看不到彼此的臉部表情。本章的「管理社群媒體」專欄中介紹虛擬會議應用程式，如 Google 文件、即時通訊和 SharePoint 或社群媒體等實用工具，讓員工可以模擬面對面的對話、共享文件，並安排會議。

團隊式結構的優點 團隊概念打破各個部門之間的障礙，因為彼此認識的人會比陌生人容易妥協。團隊式結構還加快制定決策和回應時間，不再需要由階層結構的高層進行決策批准。員工積極努力工

圖表 9.9　發展團隊式結構

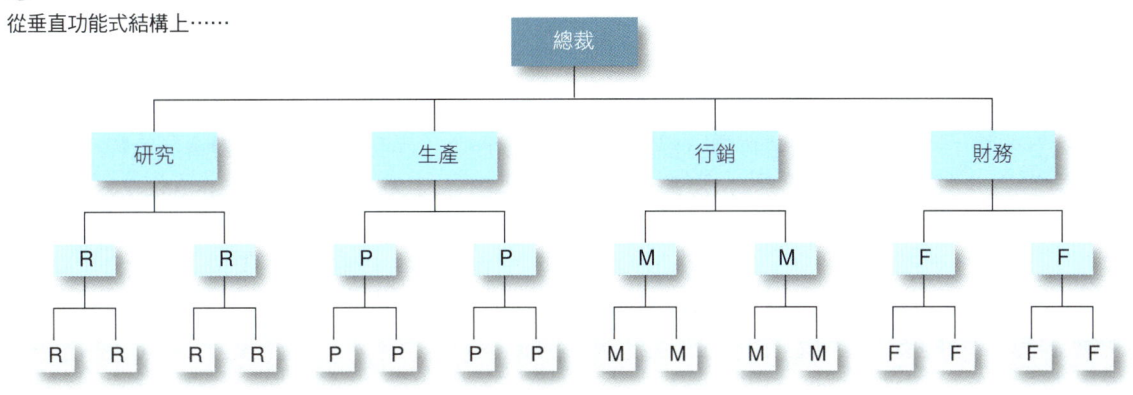

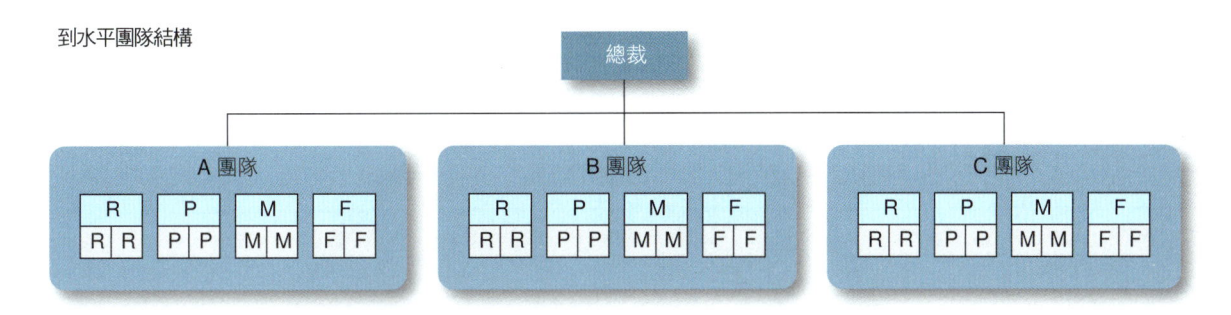

從垂直功能式結構上……

到水平團隊結構

作，他們對專案負責，而不對範圍狹窄的任務負責，結果是熱情和承諾。分權化伴隨著管理階層的取消，也因此降低行政成本。最後，團隊式結構是對矩陣式結構的改進，因為它不會涉及重複報告(多頭馬車)的問題。

團隊式結構的缺點　團隊式結構取決於員工成功學習和訓練，如果公司不提供員工訓練，則將會影響績效。另外，團隊可能需要大量會議時間進行協調。

網絡式結構

最終的組織結構方法稱為動態網絡組織。在網絡式結構 (network structure) 中，一個小型中央組織依賴其他組織以契約為基礎，執行製造、行銷、工程或其他關鍵功能。換句話說，它們的運作事實上是獨立的，而不是在同一個目的下執行這些功能。儘管耐吉和思捷 (Esprit Apparel) 沒有製造設施，都使用圖表 9.10 所示的網絡式結構概念，但公司的業績卻能蒸蒸日上。它們並不是在公司建立內部功能，

網絡式結構　組織設計選項之一，其中小型中央組織依賴其他組織以契約為基礎，執行製造、行銷、工程或其他關鍵功能。

管理社群媒體

社群媒體

社群媒體 (social media) 是指可供實行討論和分享內容的線上平台，這是一種讓團隊協同合作變得方便的方式。技術包括部落格 (Blogger、Tumblr)、維基 (維基百科)、微網誌 (推特)、社交網絡 (臉書)、專業網絡 (LinkedIn)、影片 (YouTube)、投影片 (Slideshare)、圖片 (Instagram) 等；每個特定專案的員工都可以使用這些內容、閱讀發布的文件，以及對這些文件進行更改。其他功能可能包括布告欄、群組日曆、個人日曆、可即時聊天和私人傳訊的虛擬會議室等。

由布萊恩・索利斯 (Brian Solis) 和 JESS3 撰寫的 "The Conversation Prism" (對話稜鏡) 是對社群媒體世界的一種看法，可依照人們使用每個網絡的方式進行分類和組織。

- 在學習 "The Conversation Prism" 之後，說明你認為對團隊最有用的網絡，並解釋你的答案。

Social Media Universe: The Conversation Prism v.4 by Brian Solis and JESS3

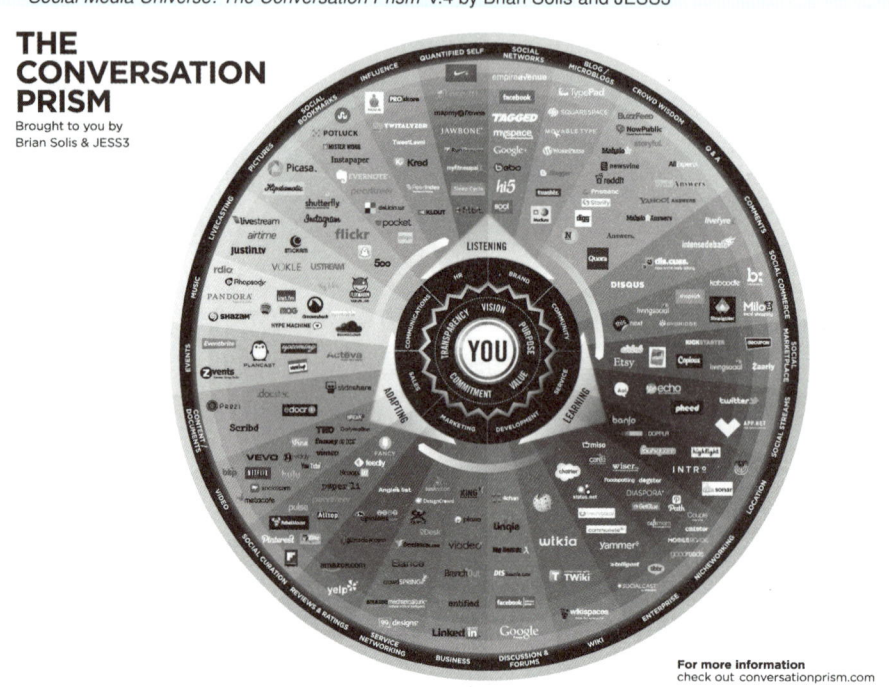

圖片來源：http://www.theconversationprism.com/.

社群媒體 一種使社群參與者可以進行協同合作的線上技術。

而是執行以契約為基礎所需的功能，將獨立的設計師、製造商和銷售代表結合在一起。

圖表 9.10　網絡式組織結構

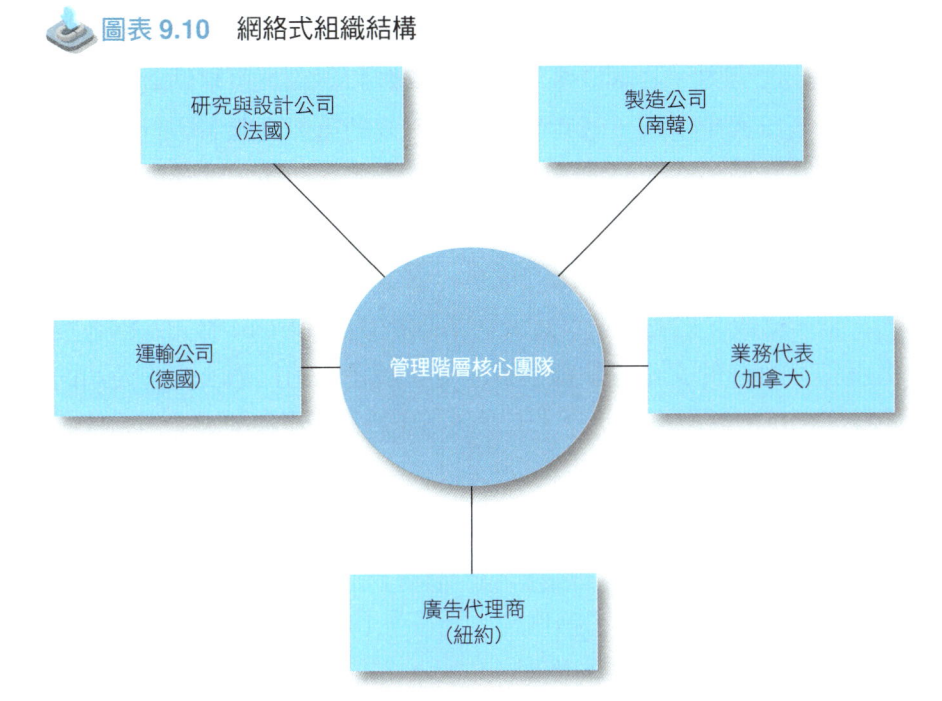

```
         研究與設計公司              製造公司
           (法國)                    (南韓)


運輸公司              管理階層核心團隊              業務代表
 (德國)                                          (加拿大)


                    廣告代理商
                     (紐約)
```

網絡式結構的優點　網絡式結構提供彈性，因公司僅購買所需的特定服務；由於不需要大型的專業工作人員和團隊與其他管理階層人員，管理費用仍會偏低。

網絡式結構的缺點　網絡式結構主要的缺點是缺乏控制；管理階層核心必須依賴承包商，如果管理階層願意且能夠與供應商緊密合作，就可縮小這種限制。但與公司擁有供應方式相比，供貨的可靠性是難以預測的。如果供應商未能及時交貨、倒閉或工廠生產過程發生問題，則網絡式結構的中央樞紐將受到危害。同樣地，如果組織依賴承包商的工作，則中央管理者可能欠缺有效解決問題的技術專長。

9.6　組織文化

⑤ 定義組織文化，並描述文化體現的方式

定義組織文化

　　在第 3 章中介紹公司成功管理的關鍵概念，即組織文化。組織文化是由共享的價值觀、信念、哲學、經驗、習慣、期望、行為規範所組成的動態系統，賦予組織獨特的性格。更重要是該系統(組織文化)定義對組織重要的事物、決策方式、溝通方法、結構程度、獨

立運作的自由程度、人們應如何行事，彼此應如何互動，以及他們應為了什麼努力。共享這些信念、價值觀和規範，可幫助員工發展群體認同感與榮譽感，兩者都是組織有效的重要貢獻者。行為規範圍繞著一套價值觀而發展，並形成一隻看不見的手，這是達成目標的共識和動力。

因為每個組織都有自己的信念、價值觀和規範，所以都有獨特的文化。組織文化使連鎖百貨公司諾斯壯 (Nordstrom) 努力為顧客提供服務；P&G 的文化強調提供具品質和競爭力的行銷。儘管公司的組織文化可能看起來像使命，但意義不僅於此。「在美國的西南部，文化是有目的，並非偶然的；這是人們每天努力工作的事情。」組織文化提供一種方法，讓員工可將任務的核心價值轉換為自己引導的熱情。

管理學作家彼得斯和羅伯特‧沃特曼 (Robert Waterman) 講述一位 17 歲就在麥當勞工作的經理人的話，在描述他的經歷時，這位經理人指出公司品質信條的重要性：「如果薯條炸得過多，我們就會丟棄」。儘管他們在漢堡製程上是年輕且經驗不足的員工，但他和同事已經充分吸取公司的主要價值觀——品質，以及瑕疵品處理規範。

年輕員工吸收這些價值觀和規範，因為麥當勞具有深厚的文化。文化的價值觀在整個組織中越根深蒂固和廣泛分享，這種文化就會越深厚。

塑造文化的因素

儘管每家公司的特殊要素融合成獨特的文化，但透過對許多組織的比較，我們發現七個塑造文化的因素：

- 關鍵的組織過程。
- 主導聯盟。
- 員工及其他有形資產。
- 正式的組織安排。
- 社會制度。
- 技術。
- 外部環境。

如圖表 9.11 所示,這些因素相互影響;實際上,沒有任何一種組成部分可以獨立於其他組成部分。讓我們檢查這些因素中。

關鍵的組織過程　例如蒐集資訊、溝通、制定決策、管理工作過程及生產商品或服務,這些人們所遵從的過程是每個組織的核心與基礎。管理者如何與員工溝通、如何共享決策,以及如何以工作過程結構定義組織,這些過程包括六個因素,既影響組織文化,也受組織文化的影響。

主導聯盟　組織的文化受到組成主導聯盟的管理者的目的、策略、個人特徵和人際關係很大的影響。管理者的領導風格(在第 14 章中討論)決定如何對待員工,以及對自己與工作的感覺。微軟由於蓋茲的動態精力和遠見,使公司成為電腦軟體和網絡領域的全球領導者;西南航空的凱勒赫創造重視工作樂趣與強調員工貢獻重要性的文化。本章的「重視多樣性和包容性」專欄主題,是由勤業眾信聯合會計師事務所發起 Retention and Advancement of Women 倡議改變文化,促使女性受重視並保留女性的文化。

圖表 9.11　塑造組織文化的因素

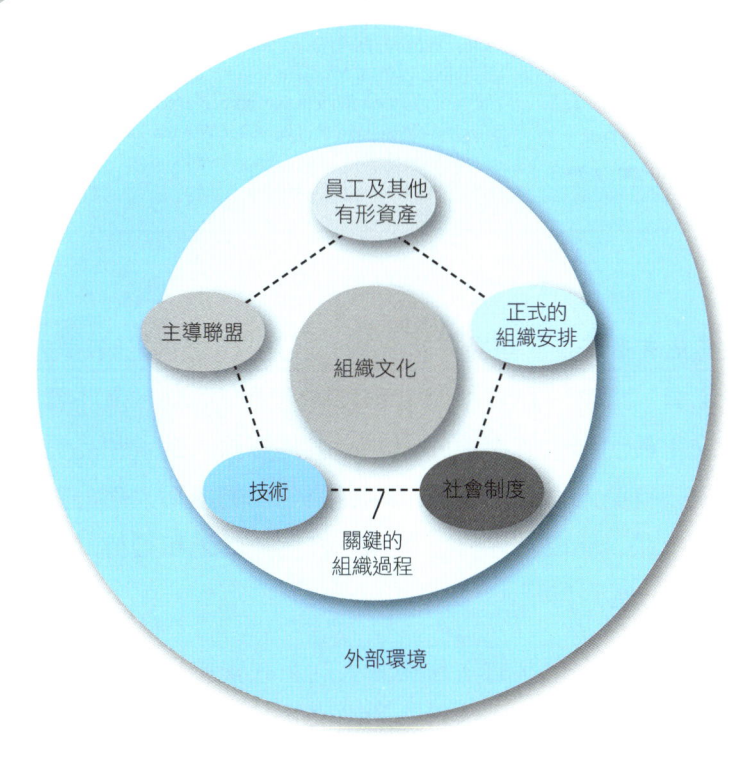

重視多樣性和包容性

勤業眾信聯合會計師事務所改變文化

十年來，辛西婭·特克 (Cynthia Turk) 在勤業眾信聯合會計師事務所的職位不斷攀升，最終成為合夥人 (合夥人當中只有不到 10% 是女性)，但她並未受到公開歡迎。「我走進一種不曾讓女性擔任非常高階職位的文化，這種文化既不溫暖，也不受歡迎或沒有培育」(Lawlor)；三年後，特克離開了，仍感到無法接受。

自從特克和其他許多女性一起離開後，很少有公司比勤業眾信聯合會計師事務所更能公開地致力於由上而下的文化變革。經過一項事實調查研究，確定為何在僱用女性擔任 50% 的入門層級工作多年後，晉升為合夥人的女性中只有不到 10% 是女性，所以成立工作隊，由此工作隊制定具有從上而下的責任制策略計畫。

為了改變這種在女性一旦有了家庭，就不再忠誠工作的文化，勤業眾信聯合會計師事務所於 1993 年著手進行雄心勃勃的「女性倡議」(Women's Initiative, WI) 計畫。該計畫側重於文化的各方面，包括對合夥人和管理者的性別意識訓練，對所有女性合夥人和高階管理者的正式職業規劃，以及對高階女性的接班人規劃，該計畫還涉及更彈性的工作安排，包括可能成為兼職的合夥人。此外，對合夥人進行監督，確保他們給女性管理者挑戰性、成長導向的任務，而不是行政文書工作。

WIN 幫助勤業眾信聯合會計師事務所改變文化，並縮小性別鴻溝。曾在勤業眾信聯合會計師事務所工作 30 年的退休人士凱茜·恩格爾伯特 (Cathy Engelbert) 於 2014 年 3 月寫下歷史，當時她成為美國四大會計師事務所中第一位被任命為執行長的女性。

- 勤業眾信聯合會計師事務所董事會主席莎朗·艾倫 (Sharon Allen) 在商界女性華頓年度研討會 (Wharton Women in Business Conference) 上說：「忘掉妳可能會看到和聽到的負面事件，並且忘記詳細描述艱難商業世界的統計數據；在這個世界中，很難獲得成功。身為女性在商業界，從來沒有比現在更好的時候了。」你同意艾倫的說法嗎？解釋你的答案。

資料來源：http://www.us.deloitte.com, Inclusion, http://www2.deloitte.com/us/en/pages/about-deloitte/articles/deloitte-inclusion.html; Douglas M. McCracken, "Best Practice—Winning the Talent War for Women: Sometimes It Takes a Revolution," *Harvard Business Review*, November–December, 2000; Angela Briggins, "Win-Win Initiatives for Women," *Management Review*, June 1995, 6; Julia Lawlor, "Executive Exodus," *Working Woman*, November 1994, 39–41, 80–87.

員工及其他有形資產 組織使用資源，如員工人數、工廠和辦公室、設備、工具、土地、存貨和金錢等來實踐所有活動。這些資產是影響組織文化最明顯也最複雜的因素。這些資源的數量和品質對組織文化與績效有重大影響。例如，P&G 將公司的成功大部分歸功於員工的素質，並以能成為世界上特殊、偉大、卓越和獨特的商業機構組織之一部分感到自豪。

正式的組織安排 組織的任務和個人的正式安排是影響組織文化的另一個因素，這些安排包括組織的結構及其程序與規定。特定的強

制性行為也是組織安排的一部分。

社會制度　社會制度為組織文化貢獻規範和價值觀，包括與權力、隸屬關係和信任有關的一套員工關係；也包括小道消息和非正式組織，這些有助於使其成為組織文化最重要的因素之一。因為人也是組織，所以他們的關係對於定義組織的狀態十分重要。

技術　員工使用的主要技術過程和設備及使用的方式，也會影響組織文化。運用機器或過程的目的，是否在取代人工或提高員工的技能和生產率？答案跟組織中員工的價值有關。裝配線的技術促進非個人化的不參與文化。多年前，瑞典的富豪汽車視品質和員工滿意度為公司價值觀，結果公司的管理者在工廠內採用團隊組織和非常規布局。這些變革幫助公司將組織文化從裝配線的機械式價值轉移到其他地方。

文化體現

組織文化得到培育，並以各種方式對組織的成員顯而易見；文化的某些方面是外顯的，但有些卻是內隱的。文化的主要證據包括原則聲明、故事、口號、英雄、儀式、符號、氛圍和實體環境。

原則聲明

有些公司已經發展組織文化中心的基本原則的書面表達。多年前，福雷斯特・瑪氏 (Forrest Mars) 發展「火星五原則」(Five Principles of Mars)，建立公司的基本信念。如今，瑪氏的原則仍指導著公司：

1. **品質**。在瑪氏 (Mars) 沒有一個人的職務中有品質這個詞彙；品質控制無所不在，人人皆有責任。
2. **責任**。期望所有員工對結果負有直接和全部的責任，應主動採取行動，並做出決策。
3. **互惠互利**。在與消費者、其他員工、供應商或配銷商或整個共同體的所有交易中，員工應採取行動，使所有人都能勝利。
4. **效率**。公司所有工廠每週 7 天，每天 24 小時不間斷運作；總體而言，公司員工使用率比競爭對手少了 30%。

5. **自由**。公司提供自由，允許員工形塑自己的未來與利潤，並允許員工保有自由。

故事

共享的故事說明文化；說故事會使新進員工熟悉這種文化的價值觀，並重申現有員工的價值觀。百貨公司的所有新進員工都透過觀看、聆聽和閱讀「令人難以置信的顧客服務的真實故事」，來學習成為「客服英雄」的重要性。這為諾斯壯的員工提供一個嚮往甚至超越的標準。

口號

口號是明確表達關鍵組織價值的慣用語或名言。已故山姆‧沃爾頓 (Sam Walton) 的口號：「顧客就是老闆」，使沃爾瑪的文化專注於提供高品質的顧客服務。但是除非該口號得到公司真正的行動支持，並成為公司價值觀，否則不應與公司的廣告活動產生混淆。

英雄

英雄就是組織中體現文化價值觀的人，如同西南航空前執行長凱勒赫所做的。對於員工而言，凱勒赫體現西南航空的宗旨：顧客至上，優質服務，並在過程中獲得樂趣。他是真正的英雄嗎？當凱勒赫擔任執行長時，西南航空的所有員工都祕密地捐款，為了慶祝美國老闆日 (National Boss Day)，在《今日美國》(*USA Today*) 購買全版廣告。

儀式

管理者舉行獎勵儀式來體現和強化公司價值觀。頂尖製作人或高績效團隊的傑出服務獎頒獎儀式，促進文化的價值，並使獲獎者和同事分享成就的經驗。玫琳凱的頒獎儀式在化妝品產業具有傳奇色彩，在這些繁瑣的事務中，成就卓著的業務代表會收到皮革、領針和汽車。玫琳凱的儀式令人陶醉，然而 Duck 牌膠帶製造和銷售商 Henkel Consumer Adhesives 的儀式就很難說了。該公司的慶祝儀式熱鬧而快速。為了慶祝成功，穿著黃色鴨子裝 ("duct" 聽起來像「鴨

子」) 的人們會在大廳裡蹣跚地走著；Henkel Consumer Adhesives 在每次會議開始時都會歡呼；並在每年的鴨子挑戰日 (Duck Challenge Day) 慶祝。

許多公司舉辦儀式紀念新進員工從受僱見習到晉升為正式員工，甚至還有獎勵促銷，進而增加員工對組織價值觀的認同感。

符號

向他人傳達有意義的物件或圖像就是一個符號。有些組織使用符號來體現核心價值觀。為強化公司的核心價值觀，迪士尼建立一種完整的象徵性語言；在迪士尼主題公園裡：

- 員工是「演員」。
- 顧客是「客人」。
- 人群是「觀眾」。
- 輪班工作是一種「表演」。
- 工作是一個「角色」。
- 制服是「戲服」。
- 人事部門是「選角」。
- 值班是「上場表演」。
- 下班是「在後台」。

麗思卡爾頓 (Ritz Carlton) 的黃金標準 (Golden Standards) 是，以確保每位員工都是世界級服務價值觀的忠實大使而聞名。符號可能包括職稱和特權，例如預留的停車的位置、辦公室的大小和位置，或桌子的大小等。

氛圍

如同第 3 章的定義，組織氛圍是員工所經歷工作環境的品質，亦即員工在該處工作的感覺。氛圍在很大程度上取決於員工對組織的看法，他們是否努力工作、投入任務中，並與管理目標和指令相互配合；還是他們拖延、苟且，討厭管理指示和抗拒對產出的要求？

一家有健全氛圍的公司會鼓勵每個人都善用對方的專業知識、賦予他人權力、獎勵他們承擔冒險，並提供許多慶祝活動，使同伴

們相互歡呼；在不健全氛圍的企業中，管理階層具有不同價值觀、存在衝突且目標迥然不同。

實體環境

在文化塑造因素的討論中，最後但並非最不重要的一點是，有一股簡單而強大的力量：組織的實體環境。西爾斯百貨是階層式組織，建造世界上最高的建築之一，而這絕非偶然。西爾斯大樓 (Sears Tower) [2009 年更名為威利斯大廈 (Willis Tower)] 主導著芝加哥的天際線，反映其所建立組織的多層次結構和集權式文化。另一方面，軟體開發人員或電腦製造商可以建立類似校園的工作環境，藉以促進新點子的自由交流。加州的矽谷常見被這種環境包圍的工作地點。

6 解釋管理者和員工在創造文化與使文化有效的角色

9.7 文化的創造

管理者和員工的努力共同創造組織文化。像迪士尼的管理者刻意輸入某些價值觀。在其他個案中，文化只不過是從無意間安排的行為模式而產生。

管理者的角色

所有層級中的管理者都可協助發展組織文化。管理者很簡單地設定方向、控制資源，並擁有影響結果的手段；管理階層可透過以下方式協助創造文化：

- 明確定義公司的使命和目標。
- 辨識核心價值。
- 確定個人自主權的總量，以及員工個別或集體工作的程度。
- 根據公司的價值觀來架構工作，以實現目標。
- 建立強化價值觀和目標的獎賞制度。
- 建立社會化方法，將新進員工帶入組織文化，並為現有員工強化組織文化。

定義文化的任務通常始於組織的創辦人。迪士尼和沃爾頓都創造並強化組織文化。不過，有時負責現有組織的管理者會希望改變

既有的組織文化。例如，新的管理者可能會發現一種層級導向的文化，但又不願面對衝突；因為決策速度太慢，所以人們不願冒險。

這種組織需要一種富有競爭意願的新精神。要開始轉型，需要專注於滿足顧客需求的新任務。例如，尊重個人、正直、信任、信譽和持續改善之類的核心價值觀，將有助於建立這種組織文化。

不論管理者是組織的創辦人、第二代執行長，或新上任的執行長，柯林斯和傑瑞·波拉斯 (Jerry I. Porras) 都認為，真正有遠見的管理者和公司會「將其意識型態轉換為具體可行的機制，並形成一組具一致性的增強信號，向人們灌輸生活嚴謹的思想，並產生對特殊事物的歸屬感。」圖表 9.12 彙總柯林斯建議建構文化的實用方法。

員工的角色

員工在接受和適應文化的範圍內，對組織文化做出貢獻。迪士尼主題樂園的員工以陽光開朗的性格和友善對待顧客而聞名；受聘後接受的訓練顯然成功地使他們成為樂在其中的表演者。

此外，員工透過協助塑造其呈現的價值，為組織文化做出貢獻。不管高階管理者如何看待品質價值，加深責任感並影響新進執行相同工作的員工，對品質有著重大影響。無論管理階層對結構化工作的決策為何，員工彼此相互協助以準時完成任務所創造的團隊合作

圖表 9.12　建立文化的實用方法

- 具有意識和實踐內容導向與持續性訓練計畫，教導價值觀、規範、歷史和傳統等內涵。
- 內部「大學」和訓練中心。
- 同事和直屬主管的在職社交。
- 嚴格的高階管理政策：僱用年輕人、從內部晉升、從新進時就塑造員工的思維心態。
- 暴露於「英雄事蹟」和公司普遍神話的範例中 (如顧客英雄信件、雕像)。
- 獨特的語言和術語 (如「演員」、「摩托羅拉人」) 加強參照框架和對特殊精英群體的歸屬感。
- 企業歌曲、歡呼聲、肯定或誓言，可以強化心理承諾。
- 嚴格的篩選流程，無論是在招募期間還是在進入公司的前幾年內。
- 激勵和晉升標準明確連結，以符合公司的意識型態。
- 獎勵、競賽和公眾認可獎勵表現出努力與意識型態一致的人；有形和具體的懲罰那些違反意識型態規範的人。
- 容忍誠實的錯誤並不違反公司的意識型態 (「無罪」)；違反意識型態 (「有罪」) 的後果是被嚴厲處罰或終止聘僱。
- 買進機制 (財務、時程、投資)。
- 慶祝活動會強化成功、歸屬感和專業性。
- 強化規範和理念的工廠和辦公室布局。
- 一直在口頭和書面上強調對公司價值、傳統和成為特殊事物的部分感覺。

資料來源：James C. Collins and Jerry I. Porras, *Built to Last* (New York: Harper Business, 1993), p. 136. Copyright © 1994 by James C. Collins and Jerry I. Porras. Reprinted by permission of Jim Collins.

> **次文化** 組織內基於成員的共同價值觀、規範和信念的單位。

感都會存在。

最後，員工透過形成次文化扮演影響組織文化的重要角色；次文化 (subculture) 是組織內基於成員的共同價值觀、規範和信念的單位，次文化的價值觀不一定會與占主流地位的組織文化相輔相成。工會的員工建構次文化。具有共同背景、興趣或在同一部門工作的員工團體也可能形成次文化；當工人形成次文化時，共享的經驗就具有更深層的意義，因為他們也共享價值觀、規範和信念。次文化會影響成員的行為，因此管理者應該認知其重要性。當次文化與主流文化的價值觀和規範發生衝突時，管理者必須採取行動。

促成文化有效的因素

文化會影響績效。在針對數百家公司的研究中，科特和詹姆斯·赫斯克特 (James Heskett) 發現有效和無效文化之間有著巨大差異：

> 我們發現，具有強調所有關鍵管理區域 (顧客、股東和員工) 及各階層管理者領導能力文化的公司，遠勝於沒有那些文化特質的公司。

科特和赫斯克特繼續警示，管理者除了推動有效的文化之外，還必須做更多的事情，必須不斷尋找無效文化的跡象。

> 壓制強勁、長期財務績效的企業文化並不少見，甚至在充滿理性和睿智人員的公司中也很容易發展；而鼓勵不當行為並壓制改變成為更適當策略的文化，往往會在企業表現良好後的幾年內緩慢而安靜地出現。

三個因素有助於確定組織文化有效性：(1) 連貫性；(2) 普遍性和深度；(3) 環境的適應性。

連貫性　在組織文化的討論中，連貫性是指文化與任務和其他組織要素的適配度。像沃爾瑪重視顧客服務和低成本策略的文化，就必須訓練員工認識顧客的需求，還必須授權他們讓員工能夠做出決策來滿足這些需求，創造能採用技術來實現低存貨成本和低成本開銷目標的過程與結構。

普遍性和深度　普遍性和深度是指員工採用組織文化的範圍。對組

織價值的接受和承諾感越大，文化就會越強。為了幫助確保員工深切地擁護價值觀，迪士尼對主題樂園員工進行廣泛的訓練；西南航空會在面試時，詢問應徵者：「從上一份工作中獲得什麼樂趣？」這延續了公司娛樂、趣味的文化氛圍。

環境的適應性　如果組織文化適合外部環境，管理者和員工就會具備競爭所需的心態。近幾十年來，AT&T 壟斷長途電話服務。在 1980 年代，對長途電話服務的管制解除時，AT&T 的員工發現他們沒有在新環境競爭的心態，組織文化並不適合現實世界；新的外部環境產生新需求，並且需要一種新的文化與思維方式。

在決定組織文化有效性的三個因素中，與外部環境的適配可能是最關鍵的，其重要性在於環境一直在變化；只需向西爾斯、IBM 或通用汽車的管理者詢問外部環境變化的重要性即知，這三個組織在艱難時期陷入困境，就是因為適應性不足。管理者不僅必須完成建立足以強化承諾和堅定支持文化的艱鉅任務，還要有足夠的彈性面對新外部需求發生時的變革。

接下來，我們轉向了解變革，並學習如何管理變革。

9.8 變革的本質

> **7** 定義變革，並說明組織中可能發生的變革種類

自工業革命以來，美國的企業經營環境就沒有發生太大的變化；在過去十年中，每個產業幾乎都受到變革的影響，資產分離和持續創新已改變了電信業。

製藥、銀行和運輸業都經歷整合，它們面臨採用新技術的壓力，以及面臨日益增加的監督與管理。製造商與國外競爭日益加劇，高科技產業須不斷創新，並與新舊成群的對手競爭。常態是指它們一旦適應一種變化，就必須重新調整以適應另一種變化。

變革 (change) 是在當前工作環境中發生的任何更動，這種轉變可能以認知事物或組織、處理、創造或維護事物的方式呈現。每個人和組織都經歷變革；有時變革是因外部事件導致的，可能超出個人或組織的控制範圍；有時變革則是由規劃引起的，例如當公司降價以增加市場滲透率時，價格變化具有其目的。

> **變革**　在當前工作環境中發生的任何更動。

本節透過討論來源和類型來探討變革，接下來將說明組織在典

型生命週期中面臨的各種變革，以及這些變革如何影響各個層級的管理者。

變革的來源

變革源自組織的外部或內部環境。

外部來源 變革可能來自政治、社會、技術或經濟環境；外部動機的變革可能與政府的行動、技術、競爭、社會價值觀和經濟變數有關；外部環境的發展要求管理者進行調整。例如，政府新法規可能要求製造業安裝污染控制設備、銀行業保留更高程度的資本和存款保險，或要求餐廳提高員工的基本工資以達到新的最低要求。競爭對手的行為無疑地對企業提出變革的需求；當一家美國的航空公司推出新的低價機票時，同一市場中的其他國內航空公司也被迫仿傚。

內部來源 內部變革的來源包括管理政策或風格、系統和程序、技術和員工的態度；當管理者改變衡量工作績效及新工作要求的標準，或當新管理者接管部門或公司時，員工必須調整行為以適應新狀況。

外部環境中的新狀況顯然可以帶來組織內部變革，但是內部變革也將會導致外部變革。內部變革是否會影響外部環境，取決於內部變革的程度，以及變革是否衝擊對環境有影響的組織部分。新的內部政策要求員工每天至少檢查一次電子郵件，而這不太可能對外部環境產生任何影響。

變革的類型

變革也可以根據重點來理解，可以是策略性、結構性、過程導向或以人員為中心的，這樣的變革會對組織文化產生重大影響。

策略性變革 如同第 4 章所述，有時管理者認為有必要改變組織的策略或使命；像摩托羅拉出售半導體部門，並決定集中於一個任務，此時通常需要剝離與組織無關的業務。管理者可能會收購另一家公司，以便將業務擴展到新的領域，例如，eBay 收購 PayPal，和 2015 年時 Skype 收購 Twice (二手 "e" 服裝市場)。

實現策略變革反過來可能需要改變其他組織要素，當公司將品質視為其關鍵競爭策略時，也必須將品質工作視為企業價值。

結構性變革　管理者經常發現有必要改變組織結構,例如團隊建立或組織精簡。通常這些改變是為了使操作更順暢、改善整體協調性和控制力,或使個人有權做出自己的決定。由於結構改變會對組織的社會制度和氛圍產生重大影響,因此會對組織文化產生極大的影響。

過程導向變革　許多變革的目的在改善過程,例如,新技術的應用、從勞工移轉到機械動力、採用機器人技術進行製造,或採用新製造程序。如果過程導向的變革採取再造的形式,則可能會對組織及其文化產生巨大影響。如前所述,再造是對企業流程進行基本性重新思考和徹底的再設計,以實現對關鍵傳統績效指標的顯著改善,例如,成本、品質、服務和速度。再造首先確定需要改善的過程,然後確定如何進行改善。

如圖表 9.13 所示,大多數企業流程涉及多部門的活動,在一個部門中完成相關步驟後,該過程將在下個部門中繼續運作;在大多數情況下,結果是效率和效能低落。再造的目標是過程,要最佳化

圖表 9.13　組織中的過程變化

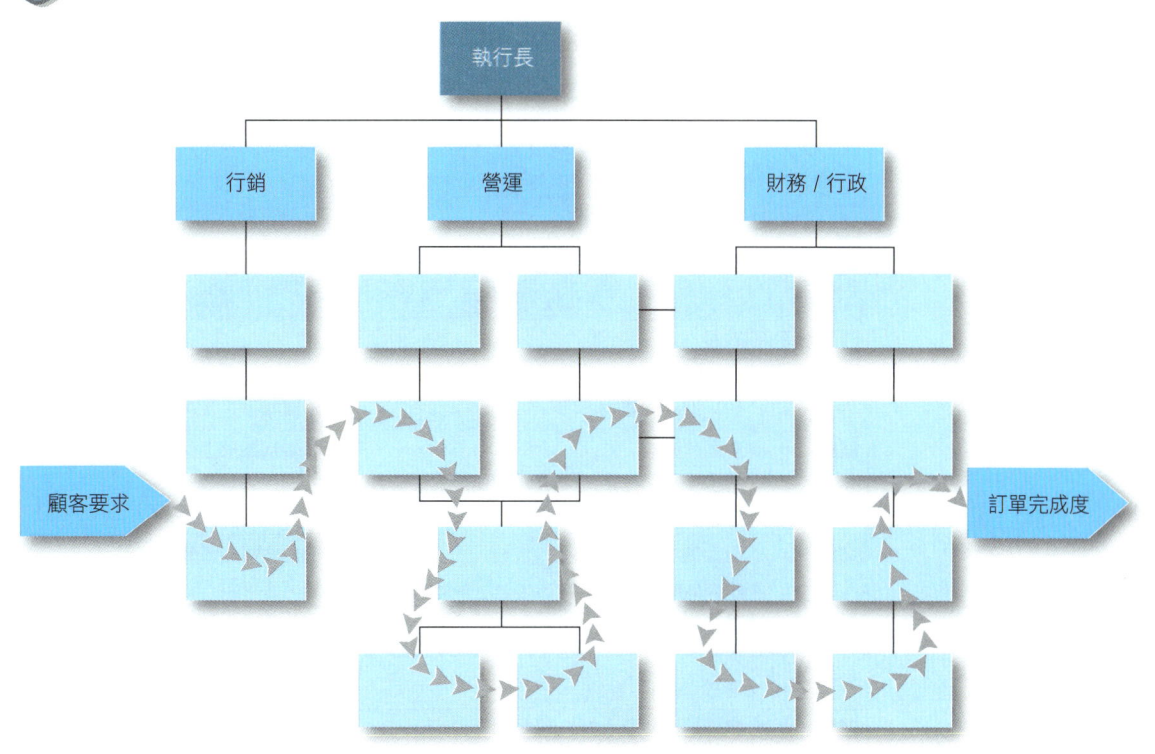

工作流和生產力。變革或過程再造可能會改變整個組織。

人員導向變革 許多變革是針對公司員工的態度、行為、技能或績效。這些變革可以透過重新訓練、置換現有員工，或提升新進員工的績效期望來實現；改變態度和行為的任務屬於行為訓練領域。作為組織發展的一個方面，行為訓練將在本章後面討論。

變革比率

無論變革是演化性還是革命性，都可以根據變革的步調來觀察。演化性變革 (evolutionary change) 著眼於實現進步和變革所採取的漸進式步驟。嬌生等組織顯示漸進式變革的策略。具遠見的公司在哲學的承諾不斷變化，但要保持一定的步調。圖表 9.14 說明演化性變革和革命性變革之間的比較。

革命性變革 (revolutionary change) 著眼於剛勁的與不連續的進步。對觀察者而言，這些漏洞帶來組織策略和結構的重大轉變。參與革命性變革的組織和管理者不斷挑戰極限，並實踐開箱即用的思維。奇異前執行長威爾許透過行動，成為革命性變革的支持者；在轉變公司時，威爾許選擇立即而不是漸進式的變革；威爾許使用革命性變革的工具，透過設定 BHAG 來挑戰公司 (如同第 4 章所述，BHAG 是巨大、艱難和大膽的目標)。威爾許要求公司的經理人要在他們提供服務的每個市場中「成為第一名或第二名」，並對公司進行變革，使公司具有小型企業的速度和能力。

> **演化性變革** 為實現進步和變革所採取的漸進式步驟。

> **革命性變革** 剛勁與不連續的進步，帶來組織策略和結構的巨大轉變。

圖表 9.14 演化性變革和革命性變革的例子

因素	演化性變革	革命性變革
時間階段	較長	較短
策略	策略重新聚焦於核心業務 售出非核心業務	策略聚焦於組織精簡 老廠關閉、工作淘汰
結構	新單位建立 將多個單位重組為一個單位 聘請經驗豐富的管理者來領導新部門	大幅淘汰總部工作人員 大幅淘汰管理者 淘汰許多非管理員工
文化	確定的核心價值觀 重塑文化以強調責任感、品質和週期時間	組織專注於刪減成本 繞過文化變革
人員	正面士氣 未來光明 開放溝通	負面士氣 未來不確定 稀少溝通
財務	透過售出非核心業務減少債務	透過精簡作業和售出資產減少債務

如前所述，企業流程再造 (BPR) 是革命性變革的另一種工具。它讓所有問題都產生了疑問──不再需要做什麼、必須做什麼，以及如何更好地執行後者。再造改變了人們及其組織處理過程的基本方法，企業流程再造的典型結果是極大化地改變了組織的使命、願景、價值、活動和結構。

管理變革

各階層管理者面臨的變革方式不同，高階管理者更有可能參與策略、結構和過程的變革。因為此類變革會對文化和組織經營業務的方式產生重大的影響，高階管理者做出的變革決策影響就會蔓延在整個組織中。透過外部環境的掃描，他們可以查看何時需要進行內部變革，以適應新情境並迎接新機會。

中階管理者可能會面臨結構性、過程導向或以人員為中心的變革，儘管他們很可能會為策略性變革提供某些投入、可能會將人員或工作流重組、可能會制定訓練計畫，以介紹新技術或新流程。有時，中階管理者實施的變革會產生廣泛的影響。

第一線管理者不太可能就策略議題做出決策，他們制定過程導向和以人員為中心的變革時，必須了解如何為員工管理變革。

公司可以透過預測需求並進行規劃來應對變革，稱為**計畫性變革** (planned change)。當管理者計畫改變時，無論是採用演化法還是採用革命法，他們更有可能預測結果並控制事件。另一種選擇是透過**反應管理** (management by reaction)，可能會帶來災難。

變革推動者 (change agent) 實施計畫性變革。變革推動者可以是想到變革需求的管理者、可能是組織中被授權執行任務的另一位管理者，或者可能是局外人，或專門引進協助組織採用新工作方式的顧問。奇異的威爾許和 IBM 公司的盧·格斯特納 (Lou Gerstner) 屬於最後一類，是部署於外部的變革推動者，這類人士被認為更客觀，較不會受到現有政治和人員的影響。

下一節將透過檢視管理者可以期望的變革種類、變革所涉及的步驟，以及構成有效變革方法的態度，來檢查計畫性變革。

計畫性變革 嘗試預測外部和內部環境將發生什麼變化，然後發展應對措施，以最大化提高組織的成功率。

反應管理 一種管理方法，不能預期變化，只能反應變化。

變革推動者 實施計畫性變革的人。

變革需求：診斷和預測

管理者可透過研究變革的典型階段，來診斷與預測組織變革的需求。回顧組織的生命週期，包括出生、青年、中年和成熟，以及組織在每個階段經歷的一些常見危機，管理顧問拉里・格雷納 (Larry Greiner) 繪製組織演化的可預測階段 (請參見圖表 9.15)。

階段 1：創造力　組織的出生階段關注於產品和市場，以非正式的社會制度和創業家風格的管理為標誌。不久後，對資本、新產品、新市場和新員工的需求會迫使組織發生改變。領導危機發生於當管理階層無法對不斷成長的組織需求做出反應時。

階段 2：方向　第二階段的特點是執行規定、法規和程序。導入功能性的組織結構、建立會計系統、制定激勵措施、訂定預算和工作標

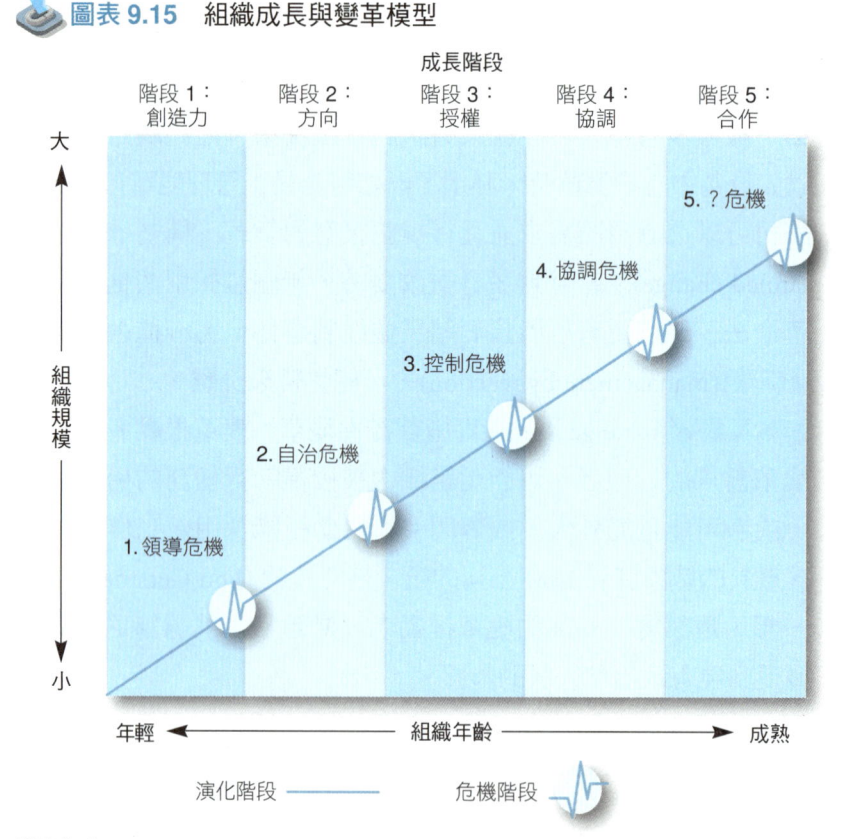

圖表 9.15　組織成長與變革模型

成長階段

| 階段 1：創造力 | 階段 2：方向 | 階段 3：授權 | 階段 4：協調 | 階段 5：合作 |

組織規模（大 ↔ 小）

1. 領導危機
2. 自治危機
3. 控制危機
4. 協調危機
5. ? 危機

組織年齡（年輕 ← → 成熟）

演化階段 ——　危機階段

資料來源：Reprinted and adapted by permission of *Harvard Business Review* from "Evolution and Revolution as Organizations Grow," by Larry E. Greiner, *Harvard Business Review* (July–August 1972): 55-64. Copyright © 1972 by the Harvard Business School Publishing Corporation. All rights reserved.

準;此時,開始正式、非個人的溝通。最終,較低階的管理者要求更大的決策權,這又引發另一個危機,並帶領組織進入下一階段。

階段 3:授權　分權化是第三階段的關鍵;在此階段中,高階管理階層在區域管理者的領導下建立利潤中心,讓區域管理者有行動的餘地並對結果負責。高階管理者間的溝通與互動變得不太頻繁;最終,他們感覺到已經失去對組織的控制權。這種認知帶來另一個危機和另一場重大變革。

階段 4:協調　針對他們失去控制的感覺,管理者試圖透過強調協調來掌握控制權。分權化的工作單位被合併、導入正式組織廣泛的規劃、限制資本支出、員工開始行使更大的權力。此階段的代價是繁文縟節的工作,還有直線員工與幕僚間以及總部與現場間的人際距離產生新的危機。

階段 5:合作　最後階段導入以人員為中心的新彈性系統,管理者展現出更大的自發性。這一階段的特點包括以團隊解決問題、總部人員縮減、簡化正式制度,並鼓勵採取冒險和創新的態度。

格雷納模型 (Greiner's model) 的核心顯示變革的關鍵點,一組問題的解決最終會產生另一組需要解決的問題;換句話說,變革是持續需要的。

9.9 計畫性變革步驟

8 解釋管理者可以執行的計畫性變革步驟

一旦致力於計畫性變革,管理者或組織就必須建立循序漸進的方法來實現。圖表 9.16 顯示管理者可以用來實施變革的步驟。例如,接下來的案例將顯示管理者(溫蒂)如何使用此過程來改變公司的吸菸政策。

認知變革的需求　變革實施流程的第一步是認知變革的需求;認知來自組織內部或外部的因素。以溫蒂為例,假設她被公司的健康保險公司通知,將根據對吸菸影響的研究進行健保費率結構審查。同時有一股來自一群員工的內部力量,要求一份關於在工作場所吸菸的政策聲明;在這種情況下,來自外部和內部的力量有助於使人認知到變革的必要性。

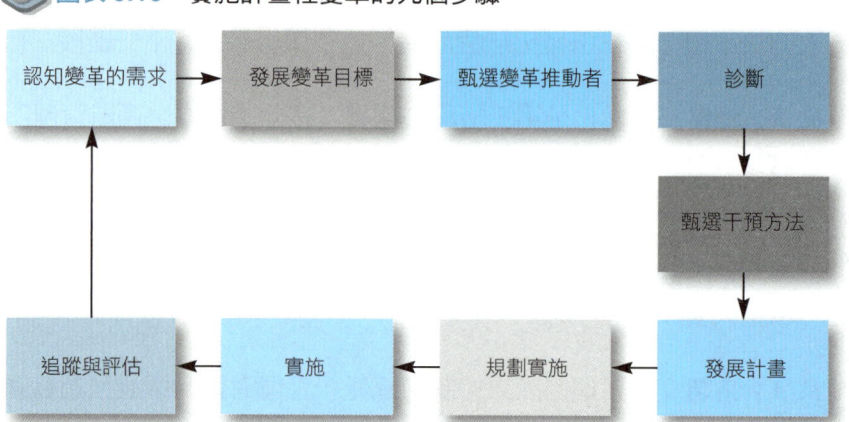

圖表 9.16 實施計畫性變革的九個步驟

認知變革的需求 → 發展變革目標 → 甄選變革推動者 → 診斷 → 甄選干預方法 → 發展計畫 → 規劃實施 → 實施 → 追蹤與評估 →（回到認知變革的需求）

發展目標 與任何規劃過程一樣，關鍵步驟是目標的確定，管理者必須詢問他們希望達到什麼目標。在溫蒂的案例中，管理者的目標是：(1) 為該組織訂定會被廣泛接受的吸菸政策；及 (2) 防止健保費用調漲。

甄選變革推動者 想好目標，下一個議題是決定由誰管理變革。溫蒂邀請關心吸菸議題的小組負責人，擔任變革推動者以協助她。

診斷問題 在此一步驟中，管理者將蒐集有關問題的資料並分析，以辨識關鍵議題。在此案例中，兩個變革推動者發現其他公司透過制定吸菸限制規定來控制健保費用；還了解到無論員工支持或反對在工作場所吸菸，吸菸都是一個情感議題。

甄選干預方法 在第五步驟中，管理者必須決定如何實現變革。由於吸菸是令人情緒激動的議題，在此案例中，變革推動者決定不自行制定所需的政策；相反地，他們組成一個有所有部門代表的工作小組，相信大規模參與將有助於確保推動變革。

發展計畫 此步驟實際上涉及將應該變革的「內容」整合，工作小組必須決定公司是否將禁菸或指定吸菸區域。

規劃實施 在此階段，決策者必須決定計畫的「何時」、「何處」和「方式」。在溫蒂的案例中，工作小組必須決定政策何時生效、如何進行溝通，以及如何監督和評估所造成的影響。

實施 在制定計畫後，必須使其生效；實施計畫需要通知受變革影響的員工，通知可以包括書面訊息、簡報或訓練課程。選擇取決於變革的深度及其對人員的影響；如果進行重大變革，例如採用工作團隊，則可能需要一段時間來進行訓練。在溫蒂的案例中，工作小組決定宣布計畫並進行簡報，以解決吸菸問題。

追蹤與評估 實施變革後，管理者必須透過評估並進行追蹤；評估包括將實際結果與計畫目標進行比較。如果新的吸菸政策得到員工廣泛認可，並維持健保費用的底線，變革就是值得的。

9.10 品質促進變革

> ⑨ 辨識促進變革的組織品質

管理者可建立包含三個要素的變革哲學，來協助營造促進變革的氛圍：互信、組織學習和適應性。

互信

在管理者和員工之間建立互信的環境，對於希望實施變革的管理者十分重要；許多研究指出，信任是創造有效且運作良好組織的最重要因素。在這種情況下，互信是個人根據自己的性格、能力和真實性相互依賴的能力。在充滿不確定性和艱困的時期，**互信** (mutual trust) 可以使個人繼續發揮作用，同時又希望事情會有所改善。

> **互信** 個人根據自己的性格、能力和真實性相互依賴的能力。

互信包括兩個基本要素：充實感和人身安全；充實感意味著每位員工都覺得自己在組織中很重要，他們的存在對公司整體績效產生舉足輕重的影響；人身安全則是每個人誠實坦率地發表言論時，感到安全的程度。

互信可以減輕對變革的恐懼，能夠幫助管理者實施變革。當信任仍存在時，即使變革會帶來威脅，員工也將隨著組織的變化而感到舒適。

組織學習

組織學習 (organizational learning) 是指將新想法整合到組織已建立的系統中，以產生更佳做事方式的能力。管理者可將組織學習視為單循環，也可視為雙循環。

> **組織學習** 將新想法整合到組織已建立的系統中，以產生更佳做事方式的能力。

單循環學習情況是一種單向進行調整的方法，單循環學習的組織具有明定的做事方式；如果行動不遵循明定的方式，將對行動進行調整以符合標準。有這種信念的組織是沒有彈性的，它不會改變這種態度，只會改變其回應。

另一方面，雙循環學習則是基於存在不只一種選擇的認知；雙循環學習促進變革，因為它們允許使用一種以上的方法來做事。如果管理者認為有多種實現目標的方法，則員工都可以自由分享想法和假設。雙循環學習可以改變態度和行為。

適應性

管理者可以規劃變革或對此做出反應。適應性需要有精力、承諾和關懷，但是反應方法的損耗嚴重許多；適應性意味著對新的和不同的做事方式抱持開放態度，這又意味著要有彈性，而不是僵化。

柯林斯認為，適應性意味著在不失去公司核心價值觀的前提下進行變革，公司透過掌握永恆原則與日常實踐之間的差異來達成。

10 解釋為何人們抗拒變革，以及管理者克服抗拒可採取的措施

9.11 實施變革

為了實施變革計畫，管理者必須意識到人們為何抗拒變革，為何變革努力會失敗，以及可使用哪些技術來修正行為。

抗拒變革

試圖施行變革的管理者面臨的最大困難之一是，克服那些必須改變的人的抗拒。在已故的麻省理工學院 (MIT) 教授級顧問麥可·漢默的 *Reengineering Revolution* 一書中指出，人們天生抗拒變革是「變革過程中最令人困惑、煩人和苦惱的部分」。然而，必須克服抗拒，否則變革不可能發生。

抗拒的來源。人們抗拒變革的原因列舉如下：

- **失去安全感。**變革使人感到驚嚇，人們傾向在傳統方法中找到安全感，熟悉使人感到舒服；新技術、新系統、新程序和新管理者可能威脅到這種安全感，進而引起抗拒。

- **畏懼經濟損失**。有時人們因為預期或畏懼經濟損失而抗拒變革，員工可能不贊成新過程，因為認為結果將是裁員或減薪。
- **失去權力和控制**。變革常常帶來權力和控制的問題。「我的影響力還會存在嗎？」「我到底要去哪裡？」這些問題反映變革帶來的焦慮。有些組織重組清楚表明特定的人將失去權力，而這些人可能希望保持現狀。
- **不願改變既有習慣**。習慣提供可用於決策和執行工作的程式化方法。不需要主動解決問題的人可能會覺得：「我可以矇眼做這個工作。」學習新過程需要重新思考或學習再次思考，而這不是一個容易的工作。
- **選擇性知覺**。對現實有偏見解讀的人有選擇性知覺的過失；對於有選擇性知覺的人來說，現實就是人們認為的真實。傾向選擇性知覺的員工容易依靠刻板印象進行思考，這些刻板印象會滲透到他們的思考邏輯中。面對工作的變化，有選擇性知覺的人會想：這是一個可以擺脫我們的管理計謀，有這種態度的員工很難與管理者共事。如果員工的觀點是極端的，將會懷疑所有管理階層的行動。
- **意識到建議變革的弱點**。有時員工會抗拒變革，因為他們認為變革會引起問題，這種類型的抗拒是建設性的。管理者要聽取這些員工的反對意見，以協助組織避免問題發生，並且節省時間、金錢和精力。為了讓員工發揮建設性作用，必須鼓勵他們透過不斷的溝通表達其顧慮。

克服抗拒的技術　管理者可應用五種技術克服抗拒變革：

1. **參與**。參與就像在說「我們已經改變了」，而非「他們已經改變了」如此簡單。參與變革過程的人比不參與的人更能了解目標，並且更加堅定地致力於變革。組織已經認知，並透過實施跨功能團隊做出回應(第15章的主題之一)。
2. **開放性溝通**。不確定性會衍生恐懼感，會造成謠言，而引起更多不確定性。管理者可透過提供及時、完整和正確資訊，來減少這種不穩定週期發生的可能性，隱瞞資訊將會破壞信任感。
3. **提前警告**。突然的變革與地震具有相同的驚嚇效果。如果能為

變革做好準備，會適應得更好。當管理者感受到需要變革或知道變革即將到來時，應通知將受影響的員工。持續的教育訓練可協助人們為變革做好準備，不斷的學習似乎會加強適應力。

4. 敏感度。當變革實施時，管理者必須與受影響的員工一起學習他們的擔憂，並做出回應；換句話說，管理者必須對受改變者的影響保持靈敏，敏感度將使對變革的抗拒降至最小。

5. 安全感。如果可以消除對承擔後果的恐懼，人們將更願意接受變革；在許多案例中，管理者可以簡單地確保這種變革不會影響收入和工作安全感來使員工放心。當然只有確保做到此點，承諾才會有意義。當管理者違背諾言時，就會朝著員工的抱怨邁出第一步。

11 解釋為何努力變革卻失敗

9.12 為何努力變革卻失敗

並非所有的努力變革都會成功，即使是出於最佳的理由進行變革，管理者也始終無法帶來所需的變革。通常，失敗可追溯至以下原因之一。

錯誤思維 管理者可能無法適當地透過分析情況來實現變革。錯誤思維的一個典型例子是加州的番茄產業，該產業受到缺乏勞工收成番茄的威脅，管理者認為可透過番茄收割機來解決問題，但是機器卻將番茄壓碎。解決方法不是更換機器，而是應將問題解決，「透過種植表皮更堅硬的番茄，又稱為方番茄 (square tomato)，使機器無法壓碎，進而讓加州的番茄產業得以生存。」

不當過程 有時努力變革卻失敗是由於變革使用的過程所導致。變革可能會失敗，因為管理者沒有遵循圖表 9.16 所示的變革步驟，或因未能適當地遵循這些步驟；也許管理者選擇不合適的變革推動者或忽略過程中的某個步驟。無論如何，不完整的方法常導致失敗。

缺乏資源 有些變革需要花費大量的時間和金錢。如果資源不夠，努力變革可能從一開始就注定會失敗。

缺乏接受和承諾 如果管理者和員工都不接受變革需求並承諾改變，

變革就不會發生。缺乏承諾通常發生在組織中,這些組織的管理者經常宣布變革,但卻並未遵循;在這種情況下,員工開始將每個新公告視為例行的月計畫,或許有趣,但會覺得不需要太重視。

缺乏時間和時機欠佳　在一些情況下,沒有足夠的時間思考、接受和實行變革;在其他情況下,時機欠佳,例如經濟低迷時可能會使收益下降、員工可能會分擔一些承諾,或競爭者可能會發布新產品;公司可能會花費時間與金錢進行變革,到頭來發現環境已經發生很大的變化,導致為成功而設計的計畫已不適用。

抗拒文化　在某些案例中,在進行任何事情前必須先改變組織的文化氛圍。

影響變革的方法

本小節將探討如何在個人層面上改變行為。大多數第一線管理者需要了解這種變化,因為他們的努力變革將直接針對修正或改變下屬的行為。個人的改變通常與技能、知識或態度的變化有關。接下來探討兩種方法:三步驟法與力場分析法。

三步驟法　許多心理學家和教育家已經觀察到不同的人對變革的壓力會有不同反應。多數人會接受學習新技能和更新知識的需求,但大多數人不願改變態度。庫爾特・勒溫 (Kurt Lewin) 為持久改變態度提供一種有用的方法,稱為<u>三步驟法</u> (three-step approach):解凍、改變及再凍結。

> **三步驟法**　行為調整以持久改變態度的技術,包括三個階段:解凍、改變及再凍結。

- 第一步驟是解凍 (unfreezing),挑戰那些發現下屬行為缺陷,並查明該行為原因的管理者;他們以行為與引起的問題來面對下屬,然後開始嘗試透過建議方法和提供激勵措施來說服下屬做出改變。此步驟可能包括對下屬施壓,使他們感到不舒服和不滿意,當此人非常煩惱時,就可以開始進行第二步驟。

    例如,假設潔西卡想提高資訊中心工作人員珍的生產力,珍花太多時間在工作上,並增加部門內其他員工的工作量。要解決此問題,潔西卡必須先向珍解釋,她的工作結果欠佳,且同事還須不公平地承擔她工作不佳的後果;她可能會提到其他

同事已開始抱怨珍。潔西卡在回顧珍的工作後，認為缺乏訓練是基本的問題。因此，她建議珍接受該公司提供為期一週的特殊訓練課程；她也可以提供激勵措施，即提高生產力可能會有更大的加薪機會。

- 第二步驟，改變 (change) 使個人的不舒適感上升。當壓力上升到一定程度時，人們將尋找減輕緊張的方式；導致員工質疑對當前行為的動機，並為管理者提供展示新榜樣的時機，這些榜樣可促進期望行為。若個人採取這種行為，則將會提升績效；如果管理者想要持續就必須支持並加強此行為。

- 第三步驟 [再凍結 (refreezing)]，管理者認可並獎勵新的和被允許的態度和行為，管理者必須識別並勸阻任何新出現的問題；換句話說，凍結步驟再次展開。此三步驟過程是連續性的。管理人員必須注意這種新行為不會適得其反；如果會適得其反則必須取消凍結這些行為，並置換成更理想的新行為。

力場分析法 勒溫還發展力場分析法 (force-field analysis)，這是另一個管理變革有用的工具。如圖表 9.17 所示，要實現變革，管理者必須克服現狀，獲得支持與抗拒變革的力量之間的平衡。變革力量稱

> **力場分析法** 透過確定哪些因素驅使變革，以及哪些因素抗拒變革，來實行改變的技術。

圖表 9.17 有助於力場的力量

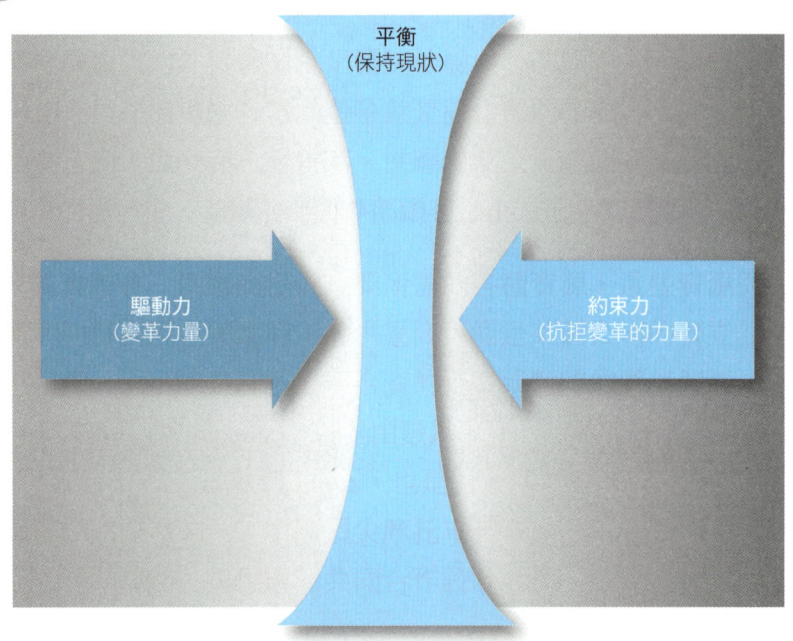

平衡
（保持現狀）

驅動力
（變革力量）

約束力
（抗拒變革的力量）

為驅動力，而抗拒力量稱為約束力。試圖實行變革的管理者必須分析驅動力和約束力間的平衡點，然後嘗試透過有選擇性地移除或弱化約束力來平衡這種力道，然後驅動力將變成強大得足夠進行變革。

想了解力場分析法的運作，我們回到剛才資訊中心珍的例子。為了說服珍做出改變，潔西卡首先必須確定驅動力：自尊心、尊重同伴和增加的金錢報酬。關鍵的約束力可能是珍缺乏擴展努力工作的欲望，以及對電腦的不熟悉。可透過珍的同事告訴她訓練計畫如何協助同事來弱化約束力。此資訊可能會增強驅動力並平衡改變力道，進而使珍接受變革。

9.13 組織發展

12 說明組織發展計畫的目的

管理變革是一個持續的過程，如果管理者做得好，將可保持積極的組織氛圍。一些組織對它們的問題進行徹底分析，然後實行長期解決方案，以解決問題的過程，這種方法稱為**組織發展** (organizational development, OD)。

組織發展 對組織的問題進行徹底分析，然後實行長期解決方案，以解決問題的過程。

組織發展的目的

一位管理學作家認為：「組織發展的主要目的是建立一套可有效應對環境改變的組織更新系統；為此，組織發展致力於最大化地提高組織效能以及個人的工作滿意度。」組織發展是最全面性的干預策略，涉及回應對內、外部來源而持續存在的問題中之所有活動和管理階層。如圖表 9.18 所示，組織發展過程是週期性的。

組織發展策略

管理者可以選擇圖表 9.19 中描述的一種或多種組織發展工具和策略。選擇取決於環境，管理者可能必須考慮的限制，包括時間和金錢的限制，以及缺乏實行策略的技能。

策略的選擇通常來自於那些將受到最直接影響的人參加的會議與研討。會議參與者的經驗、感受和認知，有助於確定他們在組織中的部分是否準備好進行變革和採用組織發展技術，成功的組織發展取決於對變革的高度接受。

圖表 9.18　組織發展過程模型

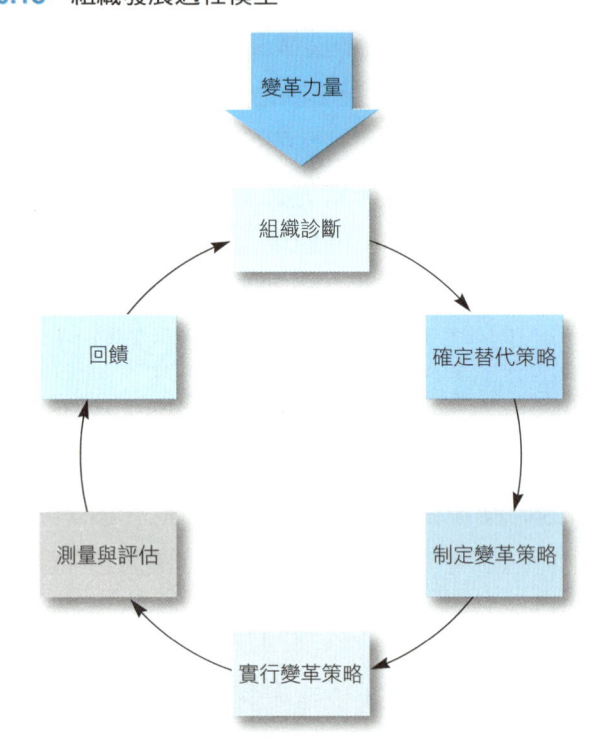

變革力量 → 組織診斷 → 確定替代策略 → 制定變革策略 → 實行變革策略 → 測量與評估 → 回饋 → （循環回組織診斷）

圖表 9.19　應用組織發展策略的工具和方法

	診斷策略
顧問	此策略包括導入客觀的局外人 (顧問)，來分析和審核現有政策、程序和問題；顧問可以是個人或團體，也可以充當變革推動者。
調查	調查包括用於評估員工的態度、抱怨、問題和需求未滿足的訪談或問卷，調查通常由局外人來進行，並保證參與者的匿名性。
小組討論	小組討論是由管理者進行的定期會議，以發現下屬不適和不滿的問題與根源。
	變革策略
訓練計畫	訓練計畫是正在進行或特別努力，目的在改善或提高技能水準、改變或灌輸態度，或增加更有效率與效能地執行工作所需的知識。
會議和研討會	作為變革策略，召開會議或研討會是為了探討共同的問題，並尋求相互同意的解決方案；此類小組研討會議可委由內部人員或外部人員主持，並可用於實施變革前為人員做好準備。
組織發展網格	組織發展網格是基於領導力網格 (Leadership Grid) 六個階段的方案，目的是管理和組織發展；前兩個階段專注在管理發展上，後四個階段則致力於組織發展。這六個階段分別是實驗室訓練、團隊發展、團隊間發展、組織目標設定、目標達成，以及穩定性。

評估組織發展的有效性

由於組織發展需要持續不斷的長期努力，來實現組織技術、結構和人員的持久改變，成功的組織發展計畫需要投入大量的金錢和時間。管理者需要充分利用這兩個因素來診斷問題、選擇策略，並評估計畫的有效性。

管理者可透過將實施計畫的結果與實施前的目標進行比較來衡量效能。目標是否達成？如果沒有，為什麼？或許它們太僵化、太困難；或許問題定義不適當，而導致選擇不適當的解決方案；或許管理者試圖在人們為變革做準備前就進行改變；無論原因為何，組織發展分析的結果都將為以後的變革提供所需的回饋。

歸根究柢，就像其他管理階層的努力一樣，組織發展的效能取決於其輸入的品質和進行分析者的技能。成功的組織發展取決於紮實的研究、明確的目標，以及有效能地使用適當方法實施的變革推動者。

組織發展是管理者努力保持彈性的展現。管理者意識到組織內部、外部的事件可能會突然發生，並且會為變革帶來壓力；組織發展提供應對變革的人員和機制，控制其演進，並直接影響組織結構、技術和人員。

習題

1. 當管理者從事組織設計時正在發展什麼？
2. 確定並討論組織設計的四個目的。
3. 機械式組織的特徵是什麼？有機式組織的特徵又是什麼？
4. 為影響組織設計的因素命名。組織策略如何影響組織設計？哪種類型的結構適合這三種技術？易變環境會導致組織設計中的哪兩項需求？
5. 功能式結構的特徵為何？部門式結構的優點為何？矩陣式結構的特徵為何？團隊式結構的特徵為何？網絡式結構的優缺點為何？
6. 什麼是影響文化的七個因素？使用特定的例子說明它們如何交互影響。
7. 如何證明文化？
8. 管理者在創造文化中的角色為何？員工在創造文化中的角色為何？
9. 文化如何影響組織效能？哪些因素促成有效能的文化？
10. 組織中可能發生的四種變革為何？
11. 什麼是規劃變革的步驟？
12. 哪些組織品質促進變革？
13. 描述人們抗拒變革的三個原因，並解釋管理者可以採取哪些措施來克服這種抗拒。
14. 變革努力失敗的三個原因是什麼？
15. 組織為什麼採用組織發展策略？

批判性思考

1. 你希望使用哪種結構設計選項(功能式、部門式或矩陣式)？最不喜歡哪一種？請解釋你的答案。
2. 你可以提供哪些例子說明團隊式結構的應用？團隊式是依照過程還是依照功能式組織的？
3. 有關影響組織設計的權變因素的討論指出，組織結構應遵行策略。其他觀察者則認為，策略應遵行組織結構。你同意哪個看法？為什麼？
4. 你可以舉哪些具體例子說明所參與的組織文化體現形式(原則聲明、故事、口號、符號、英雄等)？
5. 一家公司的某個領域進行的變革(例如在策略方面)是否可以引領其他領域的變革？為什麼？
6. 如果你被任命為一家陷入困境的公司執行長，會採用革命性還是演化性變革推動者風格？為什麼？哪種會更有效能？
7. 透過應用於你所涉及的變革，證明你對力場分析法的理解。
8. 為了積極主動，管理者必須對變革進行預測與改變，而不是對變革做出回應。列出一些領導變革的規則。

Chapter 10
職場用人

©Shutterstock

學習目標

研讀完本章後，你應該能：

1. 確定用人功能的重要性。
2. 列出並說明用人過程的八個要素。
3. 描述三種主要的用人環境。
4. 確認與人力資源規劃有關的四項活動。
5. 列出並描述甄選過程中使用的主要篩選機制。
6. 解釋訓練與發展之間的異同。
7. 討論績效評估的目的。
8. 描述四個主要的聘僱決策。
9. 確定薪酬的目的和組成。

管理的實務

企業家 / 創業家

創業家創業，他們是個體經營者，是自己的老闆。企業家則受僱於企業、體現創業家精神，提出嶄新、創新的構想，而這些構想可能會成為企業獲利的產品和服務；他們尋找機會，就像自己擁有公司一樣工作。因此，創業家和企業家有相似的動機。

你是否想像創業家一樣追求自己的想法，但卻是為一家大型公司工作？針對下列每一個敘述，根據你同意的程度圈選數字，評估你同意的程度，而不是你認為應該如此。客觀的回答能讓你知道自己管理技能的優缺點。

	總是	通常	有時	很少	從不
我對產品或服務充滿熱情。	5	4	3	2	1
我願意長時間工作。	5	4	3	2	1
我是熱愛產品或服務的銷售員。	5	4	3	2	1
我擅長做決策。	5	4	3	2	1
我願意承擔風險。	5	4	3	2	1
我對自己做出正確決策的能力充滿信心。	5	4	3	2	1
我負責任。	5	4	3	2	1
我願意承擔更多的責任。	5	4	3	2	1

301

	總是	通常	有時	很少	從不
我能處理好壓力。	5	4	3	2	1
我可以保持工作與生活的平衡。	5	4	3	2	1

加總你所圈選的數字，最高分是 50 分，最低分是 10 分。分數越高代表你更有可能為自己或為鼓勵你發揮創造力的公司而進行創新工作，分數越低則相反，但是分數低可以透過閱讀與研究本章內容，而提高你對用人的理解。

1 確定用人功能的重要性

用人 目的在吸引、僱用、訓練、發展、獎賞和留任實現組織目標和提高工作滿意度所需人員的努力。

10.1 緒論

用人 (staffing) 的主要目的是吸引、僱用、訓練、發展、獎賞和留任所需的優秀人才數量，協助他們滿足需求，並同時協助組織滿足需求。德州創業家考特蘭‧洛格 (Courtland L. Logue) 創造、管理 28 家公司，先經營一段時間，然後出售部分公司，並收購其他公司。這是他對找到和僱用合適數量優秀人才的重要性看法：

「首先，找到合適的人。如果沒有合適的人，那是你的過錯。請記住，只有打擊率 20% 的打擊者不會贏得冠軍，要多付薪資請到打擊率 30% 的打擊者，但不要僱用超出你所需的人。」

「合適的」人是指具有績效證明記錄或潛力的人，這些人可證明自己將會或的確能適合組織的文化和氛圍。商業作家兼顧問法蘭克‧索能堡 (Frank Sonnenberg) 補充這一見解：「關鍵是不僅要僱用人員，還要尋找對你有足夠價值且值得投資的員工。」由於大多數求職者都有不足之處，關鍵問題是雇主協助求職者改善的意願和能力。提供所需的投資 (如訓練) 可以讓合適的人變得更好、讓他們更有信心、更有能力且對組織更有價值。

一旦有合適的人加入，組織就必須留任他們。此目標引領用人的第二部分：協助滿足員工的需求，同時滿足組織需求。無線新聞提供者美國商業資訊 (Business Wire) 創辦人暨執行長洛里‧洛基 (Lorry Lokey) 相信以下幾點：「我的員工一生中有四分之一，甚至更多時間在這家公司工作，所以他們的需求理應值得被照顧。」他的財務長康斯坦斯‧卡明斯 (Constance Cummings) 補充說：「這裡沒有恐懼，因為我們的信念是竭盡所能留住優秀的員工，並改善他們

的生活品質。」這幾句話概括公司用人理念的精髓。

用人(接續在組織後)，將人和過程聯繫在一起。人們創造組織的智慧資本，使得組織變得獨特，並與競爭者有所區隔。沒有工作敬業、知識淵博、受激勵的員工，將無法制定最佳計畫，也無法取得成果。人力資源管理者協會(Society for Human Resource Managers, SHRM) 報告指出，每年會流失約 25% 的員工，「流失成本很昂貴，重要的是要為新進員工提供全面的就職支持，以確保他們成功。」**就職** (onboarding) 是新進員工快速且順暢地適應工作中社交和績效方面的過程，並學習在組織內有效運作所需的態度、知識、技能和行為。在互信和尊重的基礎上，被授權的人在多樣化和開放的氛圍中，可使不良計畫有效執行得比良好計畫更佳。

本章研究組織在人力資源上進行的許多重大投資及影響美國用人的法律、原則和過程。第 7 章已介紹在國際環境中運作的組織用人議題。

> **就職** 新進員工快速且順暢地適應工作中的社交和績效方面的過程，並學習在組織內有效運作所需的態度、知識、技能和行為。

用人責任

在小型組織中，每位管理者都肩負用人功能的責任，甚至員工團隊也可以參與。大型公司通常會建立專門負責用人的獨立部門。通常將重點放在用人的子部門，稱為人事或人力資源部門，此部門的管理者稱為**人力資源經理** (human resource manager) 或**人事經理** (personnel manager)，他們透過規劃、組織、配置人員、協調、控制，有時執行特定人事和人力資源 (P/HR) 管理功能來協助其他人。

> **人力資源經理 / 人事經理** 履行一個或多個人事或人力資源功能的管理者。

有些人力資源管理者和從業人員是專家，他們專注於 P/HR 管理的特定方面，例如薪酬、訓練或招募。其他人則是負責多種功能的通才。本書將使用專有名詞人力資源經理和人力資源專家來代表這兩個群體。

10.2 用人過程

圖表 10.1 總結用人過程的八個要素。下列簡述每個要素：

> ❷ 列出並說明用人過程的八個要素

1. **人力資源規劃**。用人的這一步驟，涉及評估當前員工、預測未來需求，以及制定計畫來增減員工。管理者必須不斷更新計畫，

圖表 10.1　用人流程的八個要素

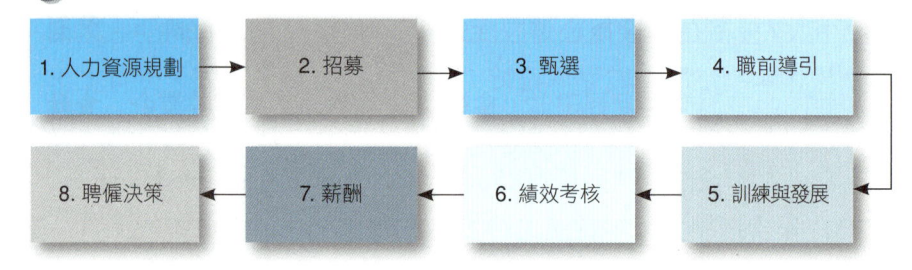

1. 人力資源規劃 → 2. 招募 → 3. 甄選 → 4. 職前導引 → 5. 訓練與發展 → 6. 績效考核 → 7. 薪酬 → 8. 聘僱決策

以適應不斷改變的策略與需求。

2. **招募**。在此步驟中，管理者會找公司內、外部的合格人員填補職位空缺。
3. **甄選**。此步驟涉及測驗和面試應徵者，並僱用最優秀的人。
4. **職前導引**。在用人的這一階段，新進員工了解工作環境、與同事見面，並了解公司的規定、法規和福利。
5. **訓練與發展**。為了訓練與發展員工，雇主制定計畫來協助員工學習，並提高工作技能。
6. **績效考核**。為管理階層控制功能的一部分，管理者必須建立評估工作的標準、安排正式討論會議與員工討論評估，以及確定如何激勵員工並獎賞高成就者，所有這些工作都是用人的績效評估要素的一部分。
7. **薪酬**。用人的這一方面涉及制定工資及福利。
8. **聘僱決策**。員工的職涯包含調動、晉升、降職、裁員和解僱，關於這些職涯發展的決策是用人過程的一部分。

並非用人過程的所有要素都是每個用人問題的組成部分，例如無須招募，除非需要新員工。但有些要素是固定的，如規劃、訓練和考核伴隨著主要的管理階層功能。因此，管理者都必須關心用人。

3 描述三種主要的用人環境

10.3　用人環境

如同其他管理功能，用人也受外界影響，來自組織外部環境中許多來源的事件和壓力會影響用人，例如顧客、供應商和競爭對手，將影響執行這些用人所需的人力資源計畫和策略。

經濟環境

經濟優勢的指標是就業率。

在近幾十年中，越來越多穩定的僱傭關係由簽約形式到臨時僱用，轉變成單次短期工作，「打零工」是從「裂解」轉包 (subcontracting) 而產生的單次工作機會。技術變革正在推動其中的發展，但這些廣泛的職場趨勢同時自高科技和低技術領域中呈現。因為這些趨勢正在經濟、旅館、製造業、醫療保健等許多傳統領域及新興領域中發生，影響廣大的勞動人口。

共享經濟 (sharing economy) 導致**零工經濟** (gig economy)。共享經濟是指點對點的租賃市場。在這兩種情況下，臨時職位很常見；組織的約聘人員使用行動應用程式或網際網路租用房間、搭乘交通工具或其他資產，如圖表 10.2 所示：像優步 (Uber Technologies) 和 Airbnb 這類共享公司並不僱用員工，派遣員工透過租借出自有汽車為優步賺錢，或將家中多餘的房間出租給 Airbnb 賺錢。

這些公司使用可根據需要而提供的**獨立承包商** (independent contractor)，由於具有特定的專業知識，並且是自僱人士，通常由公司口頭協議僱用，以進行短期任務，或按照契約中指定的條款聘僱。這讓員工變得有彈性，公司可以減少規劃方面的開支；公司不支付承包商加班費或福利，例如健康保險、社會保險或聯邦保險捐助條例稅 (FICA taxes)。

> **共享經濟** 點對點的租賃市場。
>
> **零工經濟** 獨立承包商或個體經營者所從事的短期工作。
>
> **獨立承包商** 由公司短期協議或契約中規定的公司僱用的自僱工人。

圖表 10.2　共享經濟的興起

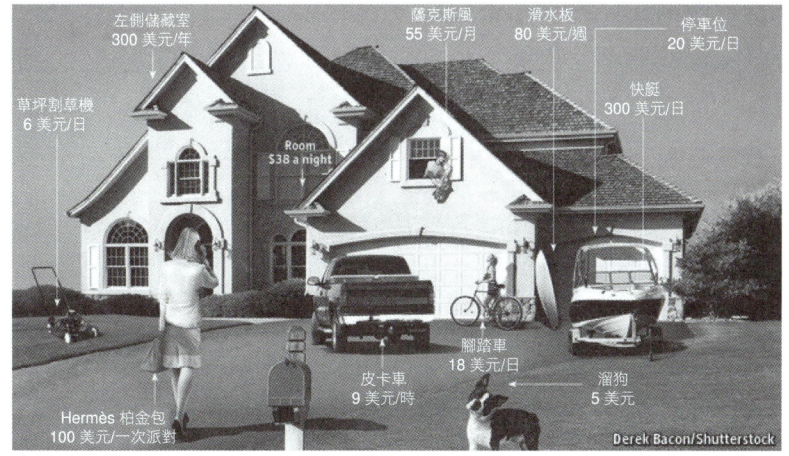

圖片來源：http://www.economist.com/news/leaders/21573104-internet-everything-hire-rise-sharing-economy.

法律環境

支配社會的法律和原則不可避免地影響公司的經營方式。只考慮與最小公司有關的一些法律問題，是契約、刑法、過失和權益；但對當今的組織產生重大影響的法律概念是，法律是糾正和防止個人和團體犯錯的工具；法律和法律原則是對履行用人職責的管理者之控制。

由聯邦、州、郡和市級機構制定的行政命令和法律，規範公司(通常是擁有 15 名或以上員工的公司) 必須如何採取用人措施。正是因為法規複雜，因違規而遭受損害的可能性很大，以至於許多大公司和機構僱用律師與專家來處理報告和揭露某些要求。

圖表 10.3 顯示聯邦法律的三個主題：平等就業機會、平權行動，以及性騷擾。接下來將更詳細地討論這些主題。

> **歧視** 在做出僱用決策時使用非法標準。歧視會對受保護群體的成員產生不利影響。
>
> **平等就業機會** 立法目的在保護個人和群體免於歧視。

平等就業機會 聯邦法律禁止在就業決策上歧視。歧視 (discrimination) 是指在用人上使用非法標準。禁止歧視的法律，目的在保證平等就業機會 (equal employment opportunity)。美國平等就業機會委員會 (Equal Employment Opportunity Comrnission, EEOC) 執行反歧視法，向該委員會提出的歧視案主張是，基於種族、膚色、國籍、性別、宗教、年齡或殘疾等情況。

根據美國參議院的規定，雇主進行以下任一行為均屬違法：

1. 基於種族、膚色、宗教、性別、年齡、國籍或殘疾，而未能或拒絕僱用或解僱個人。
2. 以種族、膚色、宗教、性別、年齡、國籍或殘疾為依據，以任何可能剝奪個人就業機會的方式對雇員或求職者進行限制、隔離或分類。

公司針對僱用歧視或偏見最佳防衛是，確保任何僱用作法或手段均遵守以下規定：

- 分析與工作相關的職責、功能和能力，然後創造與這些職責、功能和能力相關的客觀工作關聯資格標準，確保在選擇應徵者時能被一貫地應用。
- 確保甄選標準不會違法地排除某些種族，除非該標準是成功工

圖表 10.3　人員編制相關的聯邦立法

聯邦立法	條款說明
1963 年《同工同酬法案》(Equal Pay Act of 1963)	禁止以大致從事相同工作同性雇員支付低於異性雇員的薪水。適用於私人雇主。
1964 年《第六號民權法案》(Title VI of 1964 Civil Rights Act)	在用人決策中，禁止基於種族、膚色、宗教、性別或國籍的歧視。適用於接受聯邦財務援助的雇主。
1964 年《第七號民權法案》(Title VII of 1964 Civil Rights Act) (1972 年修訂)	禁止基於種族、膚色、宗教、性別或國籍的歧視。適用於 15 名或以上雇員的私人雇主；聯邦、州和地方政府、工會和職業介紹所。
行政命令 11246 和 11375 (1965 年)	在用人決策中，禁止基於種族、膚色、宗教、性別或國籍的歧視。建立平權行動計畫的要求。適用於聯邦承包商和分包商。
1967 年《就業年齡歧視法案》(Age Discrimination in Employment Act of 1967) (1978 年修訂)	在對 40 歲以上的員工進行用人決策時，禁止年齡歧視。適用於 20 名或以上員工的所有雇主。
1968 年《第一號民權法案》(Title I of 1968 Civil Rights Act)	禁止干擾某人在種族、膚色、宗教、性別或國籍等方面的權利行使。
1973 年《康復法案》(Rehabilitation Act of 1973)	在用人決策中，禁止基於某些身心障礙的歧視。適用於為聯邦政府工作或與聯邦政府有業務往來的雇主。
1974 年《越戰時期退伍軍人重整法案》(Vietnam Era Veterans Readjustment Act of 1974)	在用人決策中，禁止歧視殘疾退伍軍人和越戰時期的退伍軍人。
1974 年《隱私法案》(Privacy Act of 1974)	確立雇員檢查與他們有關的推薦信的權利，除非該權利被放棄。
修訂後的《員工甄選指南》(Revised Guidelines on Employee Selection) (1976 年、1978 年和 1979 年)	建立一套指南定義基於種族、膚色、宗教、性別和國籍的歧視。提供一個框架，可就僱用、晉升和降職等及正確使用測驗和其他甄選程序做出合法聘僱決策。
1978 年《懷孕歧視法案》(Pregnancy Discrimination Act of 1978)	禁止基於懷孕、分娩或相關醫療狀況的就業歧視。
1981 年《平等就業機會指南》(Equal Employment Opportunity Guidelines of 1981)——性騷擾	禁止性騷擾，如果這種行為是明示或暗示的僱用條件，員工的反應成為聘僱或晉升決策的基礎，或干擾員工。該指南保護男性與女性。
1981 年《平等就業機會指南》——國籍	確定潛在的國籍歧視，包括流利英語工作要求和由於國外訓練或教育而導致的資格喪失。 確定工作環境中的國籍騷擾，包括種族侮辱和身體行為，以營造令人畏懼或敵對的環境，或對工作進行不合理的干擾。
1981 年《平等就業機會指南》——宗教	確定雇主有義務適應雇員的宗教習俗，除非他們能證明這樣做會導致不必要的困難，可以透過自願替代、彈性的時程安排、橫向轉移和工作分配來實現。
《強制退休法案》(Mandatory Retirement Act) (1987 年修正)	確定不能強迫員工在 70 歲前退休。
1988 年《工人調整和再訓練法案》(Workers Adjustment and Retraining Act of 1988)	100 名或以上工人的雇主必須向雇員提供 60 天大規模裁員或關廠通知，以便他們有足夠的時間尋找其他工作。
1990 年《美國身心障礙者法案》(Americans with Disabilities Act of 1990)	禁止基於身心障礙的歧視。
1991 年《民權法案》(Civil Rights Act of 1991)	允許婦女、殘疾和少數宗教人士進行陪審團審判，在可以證明故意僱用和職場歧視的情況下提起懲罰性賠償。還要求公司提供證據，證明導致歧視的商業行為不是歧視性的，而是與職位相關的工作需和商業必要性一致。
2008 年《遺傳資訊非歧視法案》(Genetic Information Nondiscrimination Act of 2008)	禁止基於人的遺傳資訊的歧視。

作表現的有效預測指標且滿足雇主的商業需求。例如，如果教育要求不成比例地排除某些少數族群或種族，但對工作績效或業務需求不重要，就可能違法。
- 確保了解晉升標準，並將職缺訊息傳達給所有符合資格的員工。

(資料來源：U.S. Equal Employment Opportunity Commission, Best Practices for Employers and Human Resources/EEO Professionals, http://www.eeoc.gov/eeoc/initiatives/e-race/best-practices-employers.cfm.)

受保護的團體　聯邦政府已創造數個受保護的團體，如對其進行歧視是違法的。這些團體是婦女、殘疾人士或具有不同能力的人和少數族群。聯邦法律列出處於社會不利地位的個人如下：

- 美國黑人。
- 西班牙裔美國人。
- 亞太裔美國人。
- 美國原住民。
- 次大陸亞裔美國人。

根據聯邦法律的定義，在美國被稱為具有不同能力的人是指有身體或精神障礙的人，這些障礙實質地限制一項或多項主要的日常活動，有此類障礙的記錄也會被歸類為該障礙者。

有兩項主要的法律規範對殘疾人士的保護：1973年的《康復法案》(涵蓋與聯邦政府有業務往來的公司)和1990年的《美國身心障礙者法案》(涵蓋幾乎所有15名或以上雇員的公司)。2008年9月25日，總統簽署《美國身心障礙者法案》(2008年修正案)。該法對殘疾做出廣泛定義。

保護範圍已擴展至現在或過去有身體和精神狀況的人們，受保護者包括依賴合法藥物的但其依賴不會損害工作績效；有癌症、心臟病或傳染性疾病病史的人，條件是症狀不會對同事造成重大風險或無法完成工作；以及因吸毒而已經或正在接受勒戒的人。

根據這兩項法律，雇主必須為殘疾人士提供合理的方便性(不會造成不必要的困難)。工作可能必須重新定義，消除殘疾人士無法執行的任務。當部分體能測驗與工作無關時，可能必須放棄先決條件；必須設置實體設施以供殘疾人士使用；點字標誌和無障礙坡道只是

其中兩個例子。

美國勞工部殘疾人士就業政策辦公室 (Office of Disability Employment Policy, ODEP) 的服務：工作場所便利設施網路 (Job Accommodation Network, JAN) 對設施費用進行調查；每年的調查持續指出，以金額計價的設施費用較低，而對職場的影響在許多方面都是積極的。JAN 對要求提供便利設施資訊的雇主進行調查，以獲取有關提供便利設施成本和利益的回饋。研究結果指出，殘疾員工和應徵者所需的一半以上的便利設施完全不花任何費用，而那些需要付費的便利設施中，雇主的典型支出為 500 美元。最常提及的直接利益是：(1) 便利設施使公司能夠留任合格的員工；(2) 便利設施增加員工的生產力；和 (3) 便利設施降低訓練新進員工的費用。

1967 年《就業年齡歧視法案》和 1978 年、1986 年修正案，在針對 40 歲以上的用人決策中禁止年齡歧視；有些公司的普遍實務是聘僱低薪的年輕員工，並解僱年長員工。

根據法律，管理者必須避免對這些受保護群體做出不同影響的聘僱決策。**差別影響** (disparate impact) 是使用聘僱標準對某些群體的負面影響比其他群體大得多的結果。因為她是女性而未被僱用會產生不同的影響；使用降低未受保護群體所占比例顯然高於未受保護團體的聘僱測驗，也會產生不同的影響。這兩種情況下的行為均在法律上被視為歧視，參與歧視性決策的組織和管理者都將受到刑事處罰。

差別影響 使用聘僱標準對某些群體的負面影響比其他群體大得多的結果。

1964 年《第七號民權法案》要求，提出歧視投訴的當事人在被指控的侵害行為發生後 180 天內應提出申訴。若證明歧視存在時，提供兩個基本的補救措施：恢復原狀和薪資損害賠償。1991 年《民權法案》對 1964 年《民權法案》做了修正：允許追回懲罰性賠償，而前提是必須證明該公司以惡意或不顧後果地對法律規定做出歧視行為。這些損害的賠償限額如下：

- 15 至 100 名員工：50,000 美元。
- 101 至 200 名員工：100,000 美元。
- 201 至 500 名員工：200,000 美元。
- 超過 500 名員工：300,000 美元。

> **平權行動** 為特定群體的成員提供優先僱用或晉升的計畫。

平權行動 有些法律逾越禁止歧視的範圍。採取平權行動 (affirmative action) 的法律要求雇主付出額外的努力,來僱用受保護群體。平等權利行動法適用於過去曾遭受歧視,或未能發展代表整個社區中所有勞動力的雇主。(根據現行法律,對殘疾美國人無須採取平權行動。)

但是組織具有平權行動計畫的事實,並不一定意味著該組織過去曾發生不公平的聘僱實務;即使法律沒有要求,但許多組織的管理者仍會選擇制定平權行動計畫;平權行動計畫必須有實行的目標和時程表,以使受保護團體獲得更大的代表性和公平性。

性騷擾 1964 年《第七號民權法案》和平等就業機會委員會制定的指南禁止性騷擾;如果發生以下三種情況的其中一種,即屬於性騷擾 (sexual harassment):包括不受歡迎的性行為、請求獲得性偏好,和其他口頭或身體上的性行為:

> **性騷擾** 不受歡迎的口頭或身體上的性行為,直接或間接暗示性服從,是聘僱或晉升的條件,或干擾員工的工作表現。

1. 服從這種行為是明示或暗示的僱用條款或條件。
2. 接受或拒絕這種行為被作為任何聘僱決策的基礎。
3. 這種行為的目的是不合理地干擾個人的工作績效、營造令人畏懼、敵對或令人反感的工作環境。

職場性騷擾會引起憤怒、猜疑、恐懼、壓力、不信任、受害者和成本,這些成本既是心理上的,也是經濟上的。公司會在員工士氣、忠誠度、公司聲譽,以及相對應的品質和生產力下降方面遭受損失。根據艾倫‧布拉沃 (Ellen Bravo) 和艾倫‧卡西迪 (Ellen Cassedy) 的研究:

- 一般而言,男性和女性對騷擾的構成有不同的看法。
- 大多數騷擾者是男性,但很多男性並不是騷擾者。
- 刻意騷擾是一種權力的行使,而不是浪漫的吸引力。
- 90% 的騷擾案件涉及男性騷擾女性,9% 涉及同性騷擾,1% 則是女性騷擾男性。

預防性騷擾絕非容易的事,應從高階管理階層做起;他們必須制定明確的政策,並向所有人傳達絕不容忍性騷擾的訊息。必須讓所有員工清楚什麼是性騷擾,什麼不是。在許多組織中,建立此意

識意味著需要聘請外部專家進行訓練。全國職業婦女協會 (National Association of Working Wornenm, NAWW) 為制定有意義的政策，提供以下準則：

- 讓所有員工參與。
- 明確規定保護申訴和被告人的程序。
- 使用一組公正調查員迅速進行調查。
- 提供幾種報告方式，包括非正式管道。
- 指出適當的紀律，包括輔導。

社會文化環境

美國勞動力正變得越來越多元化 (請參見圖表 10.4)。在 20 世紀最後一個勞動節，勞工部長阿麗克西斯‧赫爾曼 (Alexis M. Herman) 發表標題為「未來工作——21 世紀工作的趨勢與挑戰」(Futurework—Trends and Challenges for Work in the 21st Century) 的報告，報告中研究美國過去、現在和未來的去向。

在 1995 年，美國白人估計將近 83%、黑人約為 13%、印第安人與愛斯基摩人及阿留特人 (Aleut) 為 1%、亞洲及太平洋島民約為

圖表 10.4　職場人口統計如何變化

未來的美國職場勞動力將：

較少　　　　較少男性　　　　種族更多元

到 2025 年，老年人口將增加 80%，成年人和兒童的工作年齡僅增加 15%。

在 2015 年，女性幾乎占勞動力的一半。

到 2025 年，將近 40% 的工人將是西班牙裔、非裔美國人或亞裔。

資料來源：U.S. Department of Commerce; From "Meeting the Challenge of Tomorrow's Workplace," in *CEO Perspectives*, an online supplement to *Chief Executive*, August/September 2002. Reprinted with permission.

4%；10% 的美國人(大多數是黑人和白人)來自西班牙裔；十一分之一的美國人是外國出生的……。趨勢指出，白人在未來占總人口中的比例將下降，而西班牙裔占的比例將比非西班牙裔黑人成長得更快。到了 2050 年，少數族群的比例預計將從每四個美國人中的一個，增加到每兩個美國人中的一個，預計亞洲和太平洋島民人口也將會增加。

有將近 83% 的 25 歲以上的成年人已經取得高中學歷，而 24% 的人已經獲得學士或更高的學位。

自 1950 年以來，男性在勞動力中的比例已從 86% 下降到 75%。相反地，女性的趨勢正在上升。在 1950 年，三分之一的女性離家在外工作；大約 50 年後，有 60% 的女性加入職場勞動力。

文化多元性　組織內部和外部的不同社會文化團體，對這些組織提出要求並做出貢獻，他們是組織的利害關係人、有助於塑造文化和氛圍，在所有用人活動中必須有足夠的代表性。

過去，大多數管理者試圖創造同質化的勞動力，以相同的方式對待所有人，使人員適應主導的企業文化；這些努力並非總能建立穩定、忠誠的員工團隊。需要 (及在開明公司中迅速出現) 的是，被來自不同背景的員工帶到工作場所的尊重。在美國，管理者正在參與實踐不同團體間相互理解的工作坊，而不僅是容忍彼此的存在。有關工作坊的例子，請參見本章的「重視多樣性和包容性」專欄。

玻璃天花板和玻璃牆　玻璃天花板和玻璃牆是指歧視的無形障礙，阻礙女性和其他受保護群體的職涯。玻璃天花板是一種歧視，使個人和受保護群體無法參加高階管理工作；玻璃牆阻止他們追求快速的職涯路徑；在玻璃天花板委員會 (Glass Ceiling Commission, GCC) 的公布報告，近四分之一個世紀後，比較黑人、西班牙裔、亞裔美國人和女性，在美國最大公司的高階管理職位中占整個勞動力的比例仍然不足。

非營利研究機構 Catalyst 關注於職場中的女性問題，更新玻璃天花板委員會的建議，並出版《破解玻璃天花板：成功的策略》(*Cracking the Glass Ceiling: Strategies for Success*)。女性被定型為支持提供者，最終擔任幕僚的職位；維持刻板印象觀念的原因之一是，

重視多樣性和包容性

「避免此職場」前十名清單

位於佛羅里達州的人力資源解決方案供應商 G. Neil 已制定一項用於訓練的「性騷擾防治計畫」。訓練包括一份清單列出愚蠢者所說的話。

對管理者說下列的話可能會帶來何種性騷擾指控？請作答，並檢查隨後附上的答案。

1. 「這是份智障的報告。」
2. 「你是老年嗎？」
3. 「你是怎麼回事，月經來了嗎？」
4. 「男人們都是豬！」
5. 「你是殘廢還是什麼的？」
6. 「這些數字我聽起來並不合適 (kosher)。」
7. 「那是男人的工作。」
8. 「你沒有去旅行的條件。」
9. 「請說英語，這是美國。」
10. 「他叫做張傑夫，我相信他在電腦方面很出色。」

答案：(1) 失能；(2) 年齡；(3) 性別；(4) 性別；(5) 殘疾；(6) 宗教信仰；(7) 性別；(8) 失能 (懷孕)；(9) 國籍；(10) 國籍

資料來源：G. Neil, http://www.gneil.com. Used with permission.

許多男性，特別是高階管理階層，排斥和女同事打交道。此外，Catalyst 研究發現，人才管理系統容易受到男性偏見的影響，進而導致多元化的員工組成更少；以下是「Catalyst 的破解玻璃天花板的十大策略」(Catalyst's Top Ten Tactics to Cracking the Glass Ceiling)：

- 衡量女性的發展。
- 將女性移至直線職位。
- 為女性找尋導師。
- 建立女性網絡。
- 讓文化產生變革。
- 提拔女性。
- 讓女性從事非傳統工作。
- 提拔女性至專業公司。
- 支持客製化的職涯規劃。
- 使工作富有彈性。

根據人才管理顧問公司 DDI 的 2014 年和 2015 年全球領導力展望 (Global Leadership Forecast 2014/2015)「讓女性退縮」(Holding Women Back) 的特別報告指出，為女性提供的職業機會中仍存在許

多障礙，此研究衡量全球領導力發展倡議的影響；研究中表明，女性領導者在高階領導階層中的代表性不足。許多公司認知到存在著玻璃天花板和玻璃牆，並努力消除。高階管理職位中的女性和少數族群人數正逐漸增加，每年領先的大公司都比前一年更多。

愛滋病和藥物測試 感染後天免疫缺乏症候群 (AIDS) 是令人恐懼的情況，直到醫學進步可預防為止，但最終會致死。HIV 是導致愛滋病的病毒，不能隨意傳播，但在職場對愛滋病的恐懼已成為現實。

聯邦法律禁止歧視患有愛滋病和其他傳染性疾病的雇員。公司會接納不想與愛滋病患者一起工作的員工嗎？當員工的日常體檢顯示是 HIV 陽性患者時，管理階層將如何做？公司需要政策告知員工和管理者解決的方法。

美國多數的大公司內都有受藥物成癮之苦的員工，毒品或酒精依賴的員工確實會給公司、個人和他人造成若干損失。根據藥物濫用和精神健康服務管理局 (Substance Abuse and Mental Health Services Administration, SAMHSA) 的研究顯示，員工報告當前吸毒者更有可能為三個或更多的雇主工作、在過去一年中自願離職、在過去的一個月中缺勤一天或數天；有毒品問題的員工損害工作安全性、品質和生產力。

許多公司要求對所有應徵者進行藥物測試，有些公司則要求對目前從事可能對自己或他人構成危險的員工進行藥物隨機測試。圖表 10.5 顯示為什麼藥物揮之不去的影響，引起許多公司的關注。(在職場有工會的情況下，在工會建立前進行任何藥物測試都是明智的。) 職場安全是雇主提供藥物測試最普遍的原因，在藥物資訊和政策使用率最高的職業中，報告指出員工當前吸毒和大量飲酒的比例正大幅降低。

根據《美國身心障礙者法案》，吸毒成癮的員工可以免受歧視，如果正在參加合法的毒品勒戒計畫，或已完成此類計畫且已沒有毒品反應。大多數藥物測試都需做血液和尿液分析，因此藥物測試引發員工隱私權問題。這些測試可能會揭露雇主無權干涉的情況。另外，藥物測試也可能會產生偽陽性結果。

基因篩檢 對人體的基因組合進行醫學檢查，可鑑定這些人對心臟

圖表 10.5　尿液中藥物可檢測性的持續時間

藥物	可以檢測到的保留時間
安非他命和甲基苯丙胺	48 小時
巴比妥類	短效 (如巴可比妥)，24 小時 長效 (如苯巴比妥)，7 天以上
苯二氮卓類	如果攝入治療劑量，則為 3 天
可卡因代謝物	2 到 3 天
阿片類	2 天
苯二氮卓類丙氧芬 (達文)	6 到 48 小時
大麻素	單次使用，3 天 中度吸菸者 (每週 4 次)，為期 5 天 重度吸菸者 (每天)，為期 10 天 慢性吸菸者，21 到 27 天
甲　酮	7 天以上
苯環利定 (LPCP)	約 8 天

註：保留時間可能會有所不同，取決於變數，包括藥物代謝、半衰期、患者身體狀況、液體攝入量及攝入的方法和頻率。
資源來源：From "Scientific Issues in Drug Testing," *Journal of the American Medical Association*, 1987, v. 257 (22), p. 3112. Reprinted with permission from the American Medical Association.

病和某類癌症等疾病的易罹病體質。過去曾使用這樣的測試結果來拒絕聘僱、保險和晉升。2008 年《遺傳資訊非歧視法案》是聯邦法律，禁止基於遺傳資訊對健康保險給付範圍和就業聘僱進行歧視；擁有 15 名或以上雇員的雇主不能在招募、解僱或晉升時，要求進行基因檢測或考慮某人的遺傳背景，也不能向雇員詢問家庭遺傳病史。

工會環境

根據美國勞工統計局 2018 年的數據，有超過 1,400 萬，約占 10.5% 工資和薪資的員工是工會會員；這是從 1983 年 20.1% 的高點下降約 10%，1983 年是可比較工會數據的基期。大多數工會會員隸屬於美國勞工聯合會和工業組織大會 (American Federation of Labor and Congress of Industrial Organizations, AFL-CIO) 的工會。

僱用工會員工的公司必須透過集體談判，才能制定契約、執行契約及處理有關契約執行方式的投訴 (稱為申訴)。工會通常為其會員的工資、工時和工作條件進行談判，無論問題是就業聘僱、工作方法、設備、安全性或改善生產力，工會都可阻礙或支持管理者想做的改變。

集體談判 工會與雇主就工資、福利、工時、規則和工作條件進行談判。

集體談判 在**集體談判** (collective bargaining) 中，管理階層和工會的談判者共同就固定期限內適用於工會會員的契約條款達成協議。雙方透過分析過去的問題和協議、投票調查其會員、建立需求清單，並制定策略來準備這些談判；雙方基於各自的需求和優先順序事項，都希望得到認知最適合自己的協議，談判通常在現行契約到期前開始，且談判者試圖在契約仍有效時達成新協議。

申訴處理 勞動協議 (契約) 提供一個過程，讓管理者和員工可以提出申訴，投訴發生違反契約的情況。提出申訴的過程常是從最低層級開始，如果無法在該層級達成和解，將投訴向上提交給直屬的更高層級處理。申訴可能會進展到成為高階管理者和工會代表關注的重點。若各方無法達成協議，則可能會召集第三方。第三方通常是被僱用來推薦或執行和解協議的中立專業人士，可以是調解員或仲裁員，調解員提出建議，仲裁員建議強制執行和解協議，仲裁員有權舉行聽證會，蒐集證據，並做出雙方事先同意遵守的決策。

4 確認與人力資源規劃有關的四項活動

10.4　人力資源規劃

在規劃滿足人員需求時，管理者必須了解組織的計畫及可用的人力資源。他們透過執行工作分析來研究現有的工作、回顧公司過去的用人需求、盤點當前人力資源、根據策略計畫預測人員需求，並將其人力資源盤點與預測進行比較。然後，他們會與直線部門管理者一起制定計畫，以擴編公司的員工人數、維持現狀或減少職位數量。圖表 10.6 說明此流程。

工作分析

工作分析 確定一份工作相關的職責，和執行該工作所需人員素質的研究。

在管理者可以確定人員需求前，必須為每個工作執行**工作分析** (job analysis)。工作分析的第一步是準備最新的說明書，並列出每個工作人員的職責和技能。然後，管理者必須比較所有分析，確保有些工作人員不會重複其他工作人員的工作，這種比較可提高組織的效率與效能。

為了準備對工作職位深入研究，有些公司會僱用工作分析師，為了做好工作，工作分析人員應：(1) 觀察在職者執行職責的情況；

圖表 10.6　人力資源規劃過程

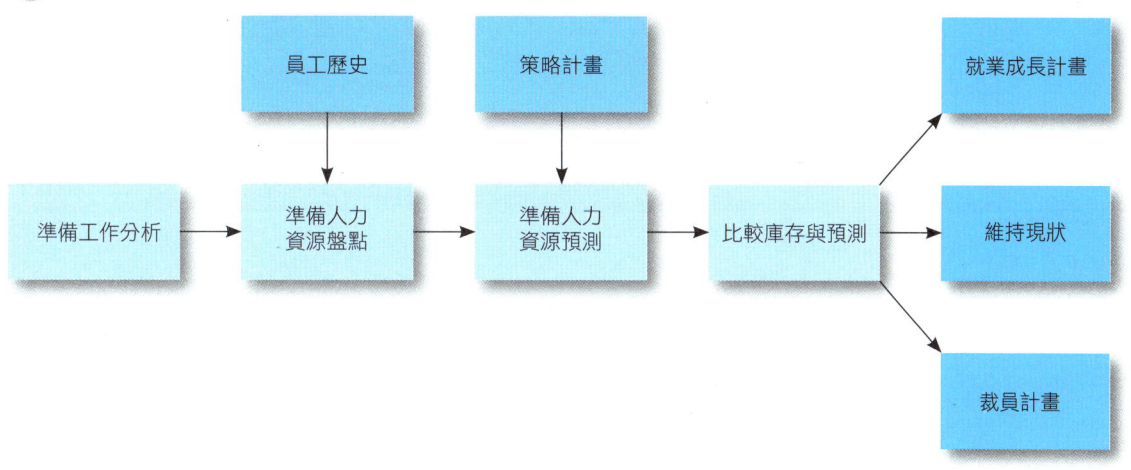

```
                  員工歷史          策略計畫                           就業成長計畫
                     ↓                ↓
準備工作分析 → 準備人力      → 準備人力      → 比較庫存與預測  →  維持現狀
                資源盤點        資源預測
                                                                    裁員計畫
```

(2) 審查由在職者和主管完成的問卷；(3) 進行雙方晤談；或 (4) 組成委員會來分析、審查和彙總結果。工作分析人員可能花好幾個月的時間，研究一個職位類別中的多個工作職位。

工作分析產生兩個對等的文件：工作說明書和工作規範。圖表 10.7 顯示工作說明書的例子。工作說明書中說明工作職稱和目的，列出主要的工作活動，與工作人員職務的上、下層的職權等級，必須使用的設備和材料、工作可能涉及的任何體能要求或危險狀況。

圖表 10.8 顯示工作規範的例子。工作規範列出職位所需的人員要件，包括教育、經驗、技能、訓練和知識。為了避免出現歧視，制定工作規範的人員必須注意只列出與成功工作績效直接相關的因素。

管理者通常應每年定期檢查工作說明書和工作規範，以確保能繼續反映出所參照的職位。工作隨時間進展，職責、知識基準和儀器設備與日更迭，這些文件也應反映這種改變；當組織添加新職位後，須建立工作說明書和工作規範。

人力資源盤點

人力資源盤點提供有關組織現有人員的資訊。盤點是一種目錄，記載現有勞動力中每位成員的技能、能力、興趣、訓練、經驗和資格。人力資源盤點告訴管理者，公司內每個人的資格、服務年限、職責、經驗和晉升潛力。此資訊要定期更新，以最新員工績效考核

圖表 10.7　工作說明書範例

I. 工作識別
職稱：顧客服務業務代表
部門：投保人服務
生效日期：

II. 功能
在保單生效後，解決投保人的疑問，並在必要時對保單內容進行相對應的調整

III. 範圍
(a) 內部 (部門內)
與部門其他成員互動，以研究問題的答案
(b) 外部 (公司內)
取消保單時與保單問題部進行互動、在會計程序方面與保費會計部進行互動、在處理支票時與保費會計部進行互動
(c) 外部 (公司外)
與投保人互動，回答與保單相關的問題、與客戶－公司薪資部門解決帳單問題、和營運商討論修正政策

IV. 責任
該工作人員將負責
(a) 解決投保人有關保單和保險範圍的查詢
(b) 向營運商發起保單內容變更 (應投保人要求)
(c) 因變更批准而調整內部記錄
(d) 回應要求變更的投保人
(e) 向部門經理報告任何無法解決的問題

V. 職權關係
(a) 報告關係：向保戶服務經理報告
(b) 督導關係：無

VI. 設備、材料和機器
個人電腦、計算機和電腦螢幕

VII. 身體狀況或危險
95% 的職責是在辦公桌或電腦螢幕上執行

VIII. 其他
分配的其他職責

結果做補充，則會出現類似圖表 10.9 的結果，這是一個用於管理階層用人變動的計畫。繪製此圖表可使管理者了解目前人員基準的優缺點，並允許管理者制定管理繼任計畫。

人力資源預測

在預測組織的人員需求時，管理者需考慮公司的策略計畫及正常的人員耗損程度。策略計畫決定公司發展方向及對人員的需求，將公司穩定在目前聘僱水準的長期計畫，意味著需要更換會離職的人員。

圖表 10.8　工作規範範例

I. 工作識別
職位：文件 / 郵件文書員
部門：投保人服務
生效日期：

II. 教育程度
最低要求：高中或同等學歷

III. 經驗
至少：六個月的開發、監督和維護檔案系統的經驗

IV. 技能
鍵盤打字技能：必須能夠進行自己的工作並操作電腦，無最低打字速度要求

V. 特殊要求
(a) 須彈性適應組織對超時加班和工作量變化的要求
(b) 須能夠遵守從前建立的程序
(c) 須容忍需要詳細準確性的工作 (如監督文件簽發和歸檔的工作)
(d) 須能應用系統知識 (如預期系統變更需要的新程序)

VI. 行為特質
(a) 須具有高度的主動性，表現出發現問題、解決問題，並報告給主管的能力
(b) 須具有人際交往能力、團隊合作及與其他部門合作的能力

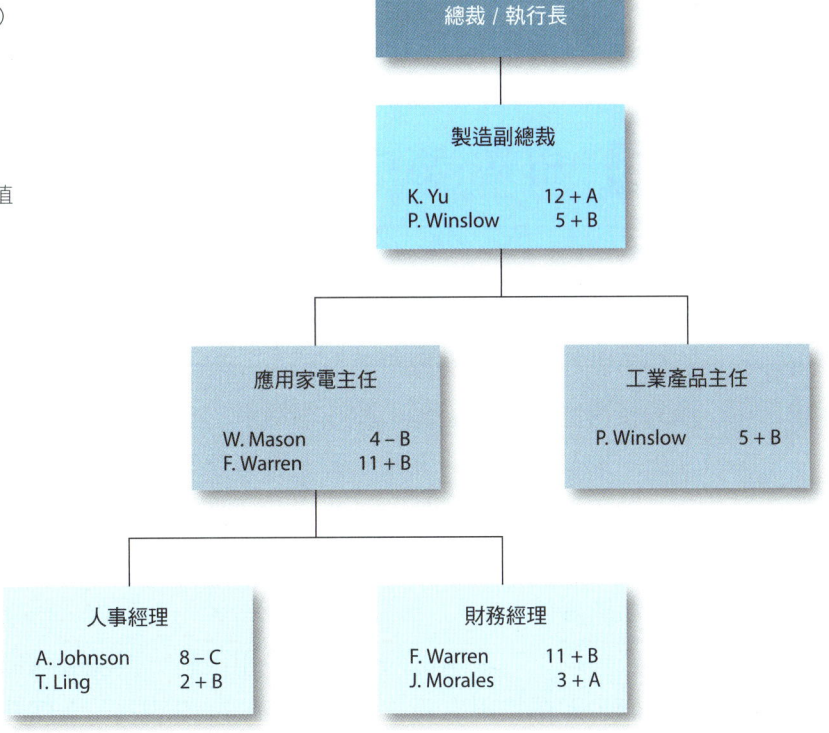

圖表 10.9　人力資源盤點的縮寫

代號
公司年限：(數字)
目前晉升潛力：
　＋　已準備好
　－　未準備好
目前評估：
　A　傑出的
　B　高於平均值
　C　平均值

總裁 / 執行長

製造副總裁
K. Yu　　　　12 + A
P. Winslow　　5 + B

應用家電主任
W. Mason　　　4 − B
F. Warren　　11 + B

工業產品主任
P. Winslow　　5 + B

人事經理
A. Johnson　　8 − C
T. Ling　　　　2 + B

財務經理
F. Warren　　11 + B
J. Morales　　3 + A

考慮一家虛構的家具製造公司如何將策略計畫轉化為實際的人員需求；若管理者決定提高 30% 產量，以滿足長期需求的預期成長，他們分析當前的能力、拒絕超時加班，並決定三個月內再增加第三條生產線。管理者使用最新的工作說明書和工作規範，確定要僱用多少名和多少類員工：九名生產工人。然後，管理者查看現有生產線和支援人員的預期週轉率後，決定在接下來三個月僱用兩名新進員工來替代即將退休的員工。因此，管理者必須在接下來的三個月招募 11 名新員工。

比較庫存和預測

透過庫存和預測的比較，管理者可確定組織中誰有資格填補計畫的空缺，以及必須從外部滿足哪些人員需求。在家具公司，管理者決定大多數所需人員必須來自外部，因為許多是入門層級職位，且將需要現有勞動力來替代退休工人。

如果管理者決定試著從內部填補一些空缺，第一個問題是現有員工是否符合職缺條件？如果符合，管理者必須做公司內部招募廣告，鼓勵現有員工應徵；如果現有員工不符合資格，第二個問題是透過訓練和發展，員工是否可以符合資格？若此公司有能力負擔金錢和時間，則管理者應制定計畫提供員工所需的訓練和發展。

10.5 招募、甄選和職前導引

招募

使用庫存和預測的完整資訊，以及工作說明書和工作規範後，管理者就可以開始進行**招募** (recruiting) 工作——尋找和徵求足夠數量的合格應徵者的過程。職缺應徵者的來源應包括目前在職和失業人員，以及臨時服務人員。管理者可能還想了解短期派遣員工的選擇，此選項涉及僱用員工公司與派遣公司間的合作。派遣公司的僱用、解僱、遵守所有政府法規、支付派遣員工薪資，並對所有人際關係功能負責。

公司政策定義填補職缺的策略和限制，很多公司擔心裙帶關係的問題，即僱用現有員工的配偶、親戚或朋友。有關此領域的最新研究，請參見本章的「道德管理」專欄。

招募 努力尋找合格的人才，並鼓勵申請需填補的職位。

道德管理

應對職場戀情

許多組織的政策都禁止僱用現有員工的配偶。其他則禁止兩名員工結婚後，繼續在組織內工作；其中一人必須離職或被解僱。但越來越多公司如微軟，看到僱用已婚夫妻的好處。微軟在西雅圖的總部有幾對已婚夫妻在漫長的工作時間裡約會和結婚。照理說，一起工作的人具有相似的背景、才能和志向，微軟的億萬富翁執行長蓋茲就與其中一位經理人結婚。

職場戀情最可能的結果是，戀人們走入婚姻。但是職場戀情會導致組織衝突，較差的後果包括戀愛關係以外的人偏愛投訴、性騷擾的指控，以及辦公室戀愛參與者的生產力下降。

就業和職業網站 CareerBuilder.com 進行年度辦公室戀情調查發現，將近 40% 的受訪者表示曾經歷辦公室戀情，將近三分之一的人與開始約會的人結婚，大多數管理者認為無法接受與上級或下屬約會，但有四分之一的人曾與某個公司中職位較高的人約會。

CareerBuilder.com 為想要發展辦公室戀情的員工提供以下提示：

- **查看公司手冊**。有些公司對辦公室戀情有嚴格的政策，在將工作專業關係轉變為個人關係前，請先熟讀規則。
- **謹慎行事**。有些戀情會走入婚姻，但有些戀情可能導致災難。報告顯示，有 7% 與同事約會的員工必須辭職，因為他們的辦公室戀情惡化。花時間先認識一個人，然後仔細權衡衍生的風險和利益。
- **區隔化**。將工作與家庭生活分開。避免在辦公室公開示愛，也不要讓同事參與個人紛爭。
- **在公開前進行思考**。注意在社群媒體上公開的內容。在準備好討論之前，戀情可能結束。

1. 可與同學分享與該倫理問題相關的哪些經驗？
2. 如果你是一位經理，發現辦公室戀情該怎麼辦？

資料來源：CareerBuilder, "Thirty eight Percent of Workers Have Dated a Co-Worker, Finds Annual CareerBuilder Valentine's Day Survey," February 12, 2014, http://www.careerbuilder.com/share/aboutus/pressreleasesdetail.aspx?sd=2%2F13%2F2014&id=pr803&ed=12%2F31%2F2014.

招募策略

在前文虛擬的家具製造公司案例中，管理者決定在外部尋找所需職位的應徵者，此決定提出幾種選擇：他們可電洽私人或國家營運的就業服務機構；可在網際網路、報紙和其他出版物上刊登廣告，其中包括可吸引少數種族和民族的商業期刊與論文；他們也可要求現有員工推薦合格的親友 (許多公司提供獎金給推薦成功的員工)；他們可聯繫學校，並提供訓練計畫，且可參加就業博覽會；管理者可請求社區鄰里團體協助聯繫少數族群和其他受保護團體，並鼓勵他們應徵工作；如果公司僱用工會勞工，管理者可聯繫工會協助找尋技術熟練的工人。

很多公司喜歡透過實習計畫招募入門層級職位，這通常提供在

學求職者協助雇主的同時，也獲得全職或兼職專業領域經驗的機會。與不同專業團體和商會員工進行網絡合作，經常會推薦潛在員工。請參見本章的「管理社群媒體」專欄介紹使用 LinkedIn 進行招募。另一種選項則涉及使用公共和私人就業服務機構。儘管價格昂貴，但特定產業的獵人頭公司可能會協助找到該領域的最佳員工。透過私人獵人頭公司進行招募的費用，可能高達新進員工第一年的薪水。

5 列出並描述甄選過程中使用的主要篩選機制

甄選 評估職位應徵者，並找到最有資格可勝任工作且最有可能適應組織文化的人。

甄選過程

甄選 (selection) 是從應徵者人才庫中確定哪位具有待填補職缺資格的過程。甄選在招募結束後開始，目標是透過使用如圖表 10.10 所示的篩選機制，去除不合格的應徵者。

圖表 10.10 甄選過程中的篩選機制

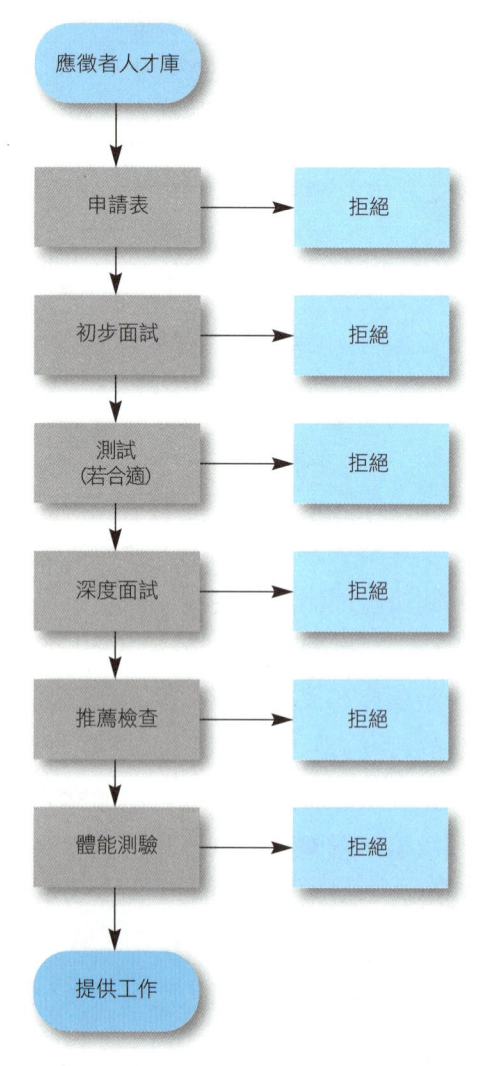

應徵者人才庫 → 申請表 → 拒絕
→ 初步面試 → 拒絕
→ 測試（若合適）→ 拒絕
→ 深度面試 → 拒絕
→ 推薦檢查 → 拒絕
→ 體能測驗 → 拒絕
→ 提供工作

管理社群媒體

使用 LinkedIn 進行招募

網際網路是雇主用來尋找員工的方法之一。雇主在網際網路上使用的一種方法是 LinkedIn，這是針對商業專業人士的社群網絡。成員有可以詳細介紹他們的工作經歷、職業理想和參照的個人資料頁面。LinkedIn 允許成員查看所有認識的人的個人資料頁面，進而查看這些人的個人資料，並以指數級方式擴大網路，幾個聯繫人可以轉化為數百個企業用戶。

成員可以調整設定，以顯示他們對該職業機會感興趣，且他們將接收來自其他成員的訊息。招募者使用關鍵字搜尋所需領域的人員，並將徵才資訊發送給他們。「關鍵字」是一組符合工作條件的名詞，除名詞外，還可以使用技能和經驗當動詞；在工作說明書和這些職位的分類廣告中，可以找到特定的關鍵字。

求職者透過在個人資料中使用相同詞彙的同義字最大化，提高關鍵字的曝光率；例如，「管理」和「管理者」都可以在設定個人資料頁面的不同位置中使用；另外，如果個人資料頁面中提到字首字母縮寫字，例如"AMA"，則可能在個人資料頁面的其他位置使用「美國管理協會」(AMA)。

一旦找到潛在的應徵者，招募者就可透過閱讀應徵者的個人資料頁面進行更深入的研究。個人資料頁面的完整性如何？它如何清楚列示應徵者的資格？招募者可以查看應徵者的推薦人、聯繫方式、群體成員及群體參與情況。是誰推薦的？誰在其網絡中？應徵者有何貢獻？應徵者會提問嗎？應徵者會回答嗎？這項審查為招募者提供有關使求職者合格的其他資訊。

可在 http://www.linkedIn.com 查詢 LinkedIn。

申請表　通常應徵者(職位申請者)必須在甄選過程中填寫申請表，申請表總結與應徵者所應徵的工作有關的教育、技能和經驗的資訊；為了避免在甄選過程中受到歧視，雇主不得詢問與應徵者順利完成工作能力無關的資訊，像是有關房屋所有權、婚姻狀況、年齡、民族或種族背景及出生地的問題。如使用得當，完成的應徵程序將提供所需的資訊，而且表示一個人有能力遵循簡單的說明，並使用基本語言技能。

初步面試　在小型公司，求職者的首次面試可能會由直屬管理者進行；在大型公司，人力資源人員可能是指定的篩選面試者；在更大型或複雜的公司，人際關係專家可進行初步面試。如果該團隊有職權聘僱，團隊成員可向每個求職者提問；如果團隊是自我管理，通常就是這種情況。

初步面試可以是結構化的(具特定問題的腳本)，也可以是非結構化的。非結構化格式允許求職者相對自由表達看法和感覺。面試

官使用初步會議來查核申請表中的詳細資訊,並獲取繼續甄選過程所需的訊息;面試官必須避免提及與求職者順利完成工作能力無關的主題,從事一項工作所必需的能力稱為善意的職業資格。例如,如果涉及在男性更衣室工作,關於求職者性別的問題可能就沒有歧視性,因為所詢問的是善意的職業資格。

雇主和求職者須對面試中潛在的歧視感到特別敏感。雙方都須避免觸及敏感議題;圖表 10.11 顯示一個州立職業介紹所準備的一些面試指南。

測試 用於聘僱決策依據的任何標準或績效指標。

測試 根據平等就業機會委員會的指南,測試 (test) 是用於聘僱決策依據的任何標準或績效指標。這些績效標準包括面試、申請表、心

圖表 10.11 就業申請表和面試:潛在的歧視性查詢

就業申請表和面試中遵循的最佳一般指南,是確保獲取的資訊與有效執行工作的資格相關。圖中以粗體列出的主題特別敏感。

年齡?生日? 通常詢問求職者年齡在 18 歲以下或 70 歲以上是允許的。

被逮捕? 由於被逮捕並不表示有罪,而且按比例而言,少數族群被逮捕的人數多於其他人,因此有關被捕的問題可能具有歧視性。伊利諾州人權部禁止進行此類查詢。

定罪 (交通違規除外)?軍事記錄? 關於定罪的問題通常是不宜的,即使可能適合篩選因某些罪行而被定罪,且正在考慮從事某些工作的求職者。除非這項工作涉及安全問題,否則詢問關於不稱職軍事解僱問題同樣是不適當的。一般而言,可以詢問求職者曾在哪個部門服務或服役,以及曾從事何種工作;如果需要有關定罪或軍事解僱的資訊,請謹慎使用以避免可能的歧視。

週六或週日可以工作嗎? 儘管知道何時可上班很重要,但有關某些可工作日的問題可能會使某些宗教團體的求職者望之卻步。如果因業務需求的問題,須指出雇主將努力滿足員工宗教上的需求。

孩子的年齡和數量?安排托兒服務? 儘管這些問題的目的可能是探討缺勤員工或工作遲到的來源,其結果可能是歧視婦女。不要詢問有關兒童或其照顧的問題。

信用記錄?擁有汽車?擁有房屋? 除非受僱者須使用個人信貸、個人汽車,或在受僱者所擁有的房屋中執行業務,否則請避免此類問題,以免歧視少數族群和女性。

眼睛?髮色? 眼睛和頭髮顏色與工作表現無關,可能顯示求職者的種族或國籍。

忠誠保證金? 由於可能出於隨意或歧視原因而被拒絕擔保,因此請使用其他篩選注意事項。

朋友或親戚? 這個問題意指偏愛員工的親友且可能具有歧視性,因為這些人很可能反映公司現有勞動力的人口統計資訊。

欠薪記錄? 聯邦法院裁定,工資被扣發通常不會影響員工有效執行工作的能力。

身高?體重? 除非身高或體重與工作績效直接相關,否則不要在申請表或面試中詢問。

娘家姓名?前段婚姻的姓名?喪偶、離婚、分居? 這些問題與工作表現無關,可能是表示宗教信仰或國籍。若在職前調查或安全檢查需要獲得的資訊,則這些查詢可能是適當的。

婚姻狀況? 聯邦法院裁定,在已婚男子擔任類似工作時拒絕僱用已婚婦女,是非法的性別歧視。不要詢問求職者的婚姻狀況。

性別? 州和聯邦法律禁止基於性別的歧視,除非性別是正常營業所必需的善意職業資格。

註:如果為受僱後的目的,例如在平權行動計畫的管理中需要某些資訊,則雇主可以在聘僱求職者後獲得這些資料。請將此資料與職業發展決策中使用的資料分開。

資料來源:Illinois Department of Employment Security.

理和績效測驗、工作所需體能要求，以及任何可計分並作為甄選求職者基礎的其他機制。所有用於篩選的測試，都應嘗試測量已具有或可證明對順利完成工作不可少的績效能力。

不管使用何種測試，雇主都必須避免產生不同的影響，例如創造一種測試使某個人口群體比另一個群體表現得更好。雇主還必須確保每個測試都有效，有效的測試可以預測未來特定工作的表現。在有效測試中獲得高分的人將能成功執行相關的工作，而在測試中表現不佳的人可能也會在工作中表現不佳。如果測試與工作績效不相關，則該測試可能是無效的。

評估中心 專門篩選求職者擔任管理職務，在評估中心 (assessment center) 進行的測試目的，在於分析一個人溝通、決定、計畫、組織、領導和解決問題的能力；所使用的測試技術包括面試、籃中練習 (測試使人在有限的時間內決定如何處理各種問題)，目的在發掘領導潛能和與他人共事能力的小組練習，以及各種實務任務。評估通常持續數日且不在日常的工作地點進行。許多大型公司使用評估中心，來確定誰將成為公司管理者或在公司的管理階層更上層樓。評估中心的結果通常比評估管理能力的紙筆測驗更能準確地預測。圖表 10.12 顯示不同類型評估工具的優缺點。

> **評估中心** 篩選求職者以擔任管理職務的地方，通常涉及廣泛的測試和實務練習。

深度面試 深度面試幾乎總是由求職者在被僱用時，將與其一起工作中之一人或多人進行的，目的是確定求職者將如何適應組織的文化，以及工作所在的子系統；例如，伊頓公司 (Eaton Corporation) 會篩選其求職者以確保他們願意分享職權。深度面試不一定會實施，可用於傳遞與工作及其環境特別相關的資訊，以及談論福利、工時和工作條件。透過初步篩選並進行深度面試的求職者，需要得到主管的認可，沒有他對新進員工成功的承諾，求職者在公司的前途將遭到質疑。就像申請表和初步面試一樣，面試者必須注意避免可能導致對就業歧視指控的話題。

參照檢查 自從 911 事件 (2001/11/01) 起，雇主正展開更多活動進行嚴格參照檢查。「在某些情況下，雇主可能會查看信用報告、民事法庭記錄、行車記錄、工人的賠償要求，以及 10 年前或更早的刑事犯罪記錄。有些雇主正在對現有員工和新進員工進行身家背景調查。」

圖表 10.12　不同類型評估工具的主要優缺點

評估工具類型	優點	缺點
能力測試	• 心理能力測試是各種工作績效中最有用的預測指標之一 • 通常易於管理且價格便宜	• 使用能力測試可能會導致嚴重的負面影響 • 體能測試的開發和管理成本可能很高
成就/熟練度測試	• 通常工作知識和工作樣本測試的有效性較高 • 工作知識測試通常易於管理且成本低廉 • 與能力測試和紙本知識測試相比，工作樣本測試通常帶來的負面影響較小	• 紙本工作知識測試可能會造成不利影響 • 工作樣本測試的開發和管理成本可能很高
生物資料量表	• 易於管理且成本低廉 • 存在一些有效性證據 • 與其他測試和程序結合使用時，可能會減少不利影響	• 隱私權可能是一些問題 • 偽造是一個問題 (應在可能的情況下驗證資訊)
就業面試	• 基於工作分析的結構化面試是有效的 • 如果與其他測試結合使用，可能會減少不利影響	• 非結構化面試通常有效性較差 • 面試官的技能對面試品質很重要 (面試官訓練可以提供幫助)
人格量表	• 通常不會造成不利影響 • 對某些情況下的人格量表，存在預測效度證據 • 與其他測試和程序結合使用時，可能會減少不利影響 • 易於管理且成本低廉	• 需根據目的和用途區分為臨床和以就業為導向的人格清單 • 偽造或提供社會上理想答案的可能性 • 擔心侵犯隱私 (僅用作更廣泛的評估工具的一部分)
誠實/正直措施	• 通常不會造成不利影響 • 在某些情況下已被證明是有效的 • 易於管理且價格便宜	• 擔心侵犯隱私 (僅用作更廣泛的評估工具的一部分) • 偽造或提供社會上理想答案的可能性 • 測試使用者可能需要特殊資格來管理和解釋測試分數 • 不應與現有員工一起使用 • 有些州限制使用誠實和正直測試
教育和經驗要求	• 可用於某些技術、專業和更高層級的工作，以防止嚴重的不適配或無能	• 在某些情況下，很難證明工作相關性及教育和經驗要求的業務必要性
推薦與參照檢查	• 可用於驗證求職者先前提供的資訊 • 可以防止潛在的疏忽聘僱訴訟 • 可能會鼓勵求職者提供更準確的資訊	• 報告幾乎總是正面的，通常無助於區分好、壞員工
評估中心	• 良好的工作和訓練績效，管理潛力和領導能力的預測指標 • 將全人方法應用於人員評估	• 開發和管理可能會很昂貴 • 評估人員需要專門訓練，他們的技能對於評估中心的品質很重要
醫學檢驗	• 當使用符合相關的聯邦、州和地方法律時，可協助確保安全的工作環境	• 在提供工作前無法進行管理。限制適用於對工作發布後的求職者或現職員工進行管理 • 有違反適用法規的風險 (應制定與所有相關法律一致的書面政策，以管理整個醫學檢驗計畫)
藥物和酒精測試	• 當使用符合相關的聯邦、州和地方法律時，可協助確保安全的工作環境	• 酒精測試被視為醫學檢驗，必須遵守限制就業中醫學檢驗的適用法律 • 有違反適用法規的風險 (應制定與所有相關法律一致的書面政策，以管理整個藥物或酒精檢測計畫)

資料來源：U.S. Department of Labor Employment and Training Administration, "Testing and Assessment: An Employer's Guide to Good Practices," (2000) pp. 4–11, 12 <https://www.onetcenter.org/dl_files/empTestAsse.pdf>.

檢查求職者的過去可能會帶來問題。首先，雇主必須避免進行具歧視性的背景調查；例如，信用和逮捕記錄的檢查是具歧視性的。其次，由於大多數前雇主拒絕合作，查核推薦信可能很困難；他們可能會因為擔心前雇員的誹謗訴訟而避免發表負面言論。背景調查必須遵守《公平信用報告法案》(Fair Credit Reporting Act)。「雇主必須獲得檢查的同意，如果公司要檢查現任雇員，則在進行調查時必須獲得該雇員的許可，且雇主必須向雇員提供檢查結果。」

擁有 Flash Creative Management 這家專注於資訊技術的小公司的大衛‧布盧門塔爾 (David Blumenthal)，提供一種有趣的參照檢查方法。他要求求職者「打電話給他的推薦人 (其中大多數是顧客)，以便真正了解他們試圖進入的公司類型。」為什麼？布盧門塔爾相信這樣做，求職者將真正「理解他對顧客服務的承諾及他對員工的期望……。布盧門塔爾向他的顧客徵求他們對潛在員工的意見……。顧客是否願意與該求職者合作？」

體檢 雇主利用體檢和病歷來防止就業之前發生的疾病，和傷害在就業之後提出保險理賠。體檢還可以檢測出傳染病，並證明求職者具備工作上的體能需求。如果工作說明書中提到體能需求，這些要求必須是有效的。根據《美國身心障礙者法案》，雇主必須為身障人士提供合理的便利設施，並不得以身障作為不僱用的藉口。

提供就業 在甄選過程上，管理者或團隊將工作提供給最受好評的求職者，此步驟可能涉及有關薪水或工資、工作時間表、休假時間、所需福利類型和其他特殊考慮因素的一系列談判。隨著當今勞動力的多元化，雇主可能不得不適應雇員的身心障礙，讓他們抽空接孩子放學或提早下班，或安排日常托兒。聯邦法律規定，新進員工必須在僱用日起 24 小時內提供美國公民身分證明或在美國作為外國人合法工作所需的適當授權。

職前導引

先前的甄選過程步驟為了讓新進員工熟悉公司和工作已經做了很多努力。新進員工此時需要熱情的歡迎，這樣可以盡快為工作效力。需要將新進員工介紹給工作站、團隊和同事。管理者和同事應及時、公開地回答新進員工的問題，有人負責解釋工作規則、公司

政策、福利和程序，並填寫將新進員工放入員工薪資單所需的文書工作，應說明所有員工補助計畫，並告知新進員工如何利用。

這些事項可以由幾個不同的人分階段進行，人力資源專家可以處理文書工作、團隊成員或主管可以負責工作區域和同事的介紹，新進員工上班時應準備好所有需要的設備、工具和用品。

新進員工的第一印象和早期經驗應該是真實的且要盡可能正向。職前導引 (orientation) 是持續社會化過程的開始，此過程建立並鞏固員工與公司之間的關係、態度和承諾。職前導引應經過縝密地規劃和有技巧地執行。

> **職前導引** 透過解釋新進員工的職責，幫助他們結識同事，並使其適應工作環境，來向組織介紹新進員工。

10.6 訓練與發展

6 解釋訓練與發展之間的異同

> **訓練** 為員工提供完成工作所需的知識、技能和態度。

訓練 (training) 傳授現在和不久的未來所使用的技能，發展著眼於未來；兩者都涉及傳授一個人需要的特定態度、知識和技能，兩者目的都在給予人們新事物，並且都具有成功的三個先決條件：(1) 設計訓練或開發計畫的人員必須創造需求評估，以確定計畫的內容和目標；(2) 執行計畫的人員必須知道如何傳授、如何學習，以及需要教什麼人；(3) 所有參與者——訓練師、開發人員及接受訓練或開發的人員都必須是有意願的參與者。

在大多數美國企業中，訓練和發展是連續性的流程，根據美國訓練和發展協會 (American Society for Training and Development, ASTD) 的研究《2014 年 ASTD 產業狀況報告》(*2014 ASTD State of the Industry Report*) 指出，按員工數計算的訓練總支出平均為 1,200 美元。

訓練的目標

訓練有五個主要目標：增加知識和技能；增加成功的動機；提高晉升機會；提高士氣、能力意識和對績效的成就感；以及提高品質和生產力。為了解訓練的重要性，可參考以下美國前勞工部長趙小蘭 (Elaine L. Chao) 在美國勞動力報告中的演說：

> 我們的經濟正在史無前例地轉變成高技能與資訊化產業，創造出來的這些工作與許多勞工的現有技能之間造成脫節。

現今企業在組織過程重新設計的同時，對組織精簡結構和扁平化階層結構的重視，帶來更高的效率與顧客滿意度。否則事情將演變為必須精簡人力來完成相同數量的工作，導致員工會很快地感到壓力和負擔過重。

以正確的方式進行組織再造，不可避免地意味著「更好的技術、更好的過程，以及更少、更好的勞工。理想的選擇是：在鼓勵員工做出決定的組織中，實際上技術能協助員工做出決定。但是轉向開卷式管理並賦權給員工，意味著透過訓練為人們做好應對這些變革的準備。而且由於技術不斷改變，勞工和管理者都需要不斷接受訓練，以提高並保持技術能力。

具有多元技術能力的勞工，是今日如此普遍的臨時和永久授權的跨功能團隊的核心。但是在人們可以在團隊環境中有效運作之前，團隊成員、團隊領導者和團隊推行者需要進行各種類型的訓練，以獲取團隊合作所需的技能、知識和態度。

訓練的挑戰

美國勞工部的調查指出，超過 20% 的美國勞動力在基本識字技能方面有嚴重問題 (請參見圖表 10.13)。因此，許多公司需要進行補救訓練，以便勞工可以應付工作要求，並為承擔更大責任的職位做好準備。

解決語言和文盲問題的一種方法是將工作重新設計。重新設計的工作盡可能避免依賴英語和數學的使用。「一些倉庫使用具有語音功能的電腦來告訴有閱讀障礙的堆高機操作員在倉庫中應該做什麼。一些建築公司依靠具有觸控螢幕的可攜式電腦，允許員工透過觸控螢幕上的適當圖像來記錄報告。」

另一個挑戰是美國日益多元化的勞動力。在今日多元文化的勞工隊伍中，員工經常需要提高自身以英語處理事務的能力，對組織的多元文化有所了解，並學習如何處理許多工作中發生的變化，例如，新技術、方法與職責。

移民可能在母國受過很多高等教育，為工作場所帶來動機和技能。他們還帶來文化價值觀和規範，卻可能因此很難找到高薪的工作。除了語言上的困難外，他們對時間價值、工作和家庭的相對重

圖表 10.13　工人沒準備好明天的工作

未來 **75%** 的工作將基於知識，但是：

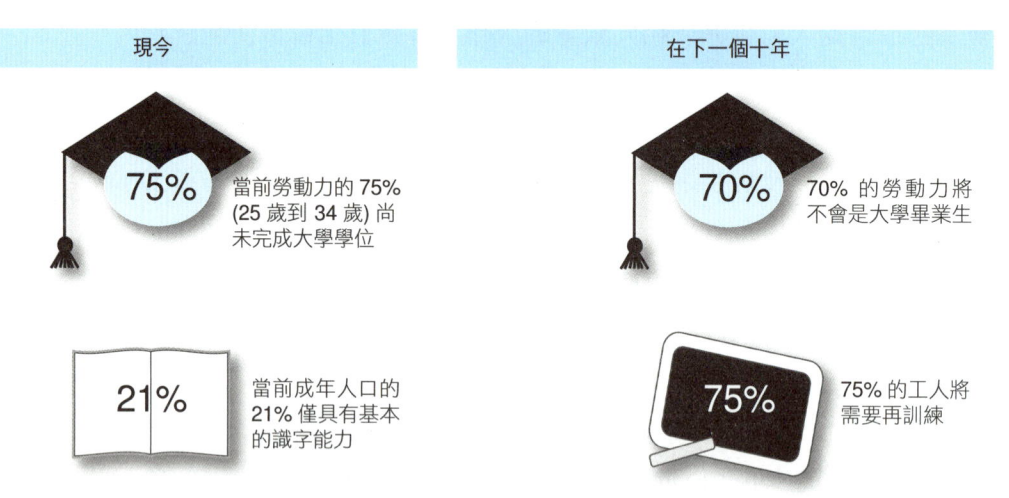

現今

- **75%**　當前勞動力的 75% (25 歲到 34 歲) 尚未完成大學學位
- **21%**　當前成年人口的 21% 僅具有基本的識字能力

在下一個十年

- **70%**　70% 的勞動力將不會是大學畢業生
- **75%**　75% 的工人將需要再訓練

資料來源：U.S. Department of Commerce; From "Meeting the Challenge of Tomorrow's Workplace," in *CEO Perspectives*, an online supplement to *Chief Executive*, August/September 2002. Reprinted with permission.

要性，以及人們在工作中應如何互動的看法，也可能與主流文化或當前文化的融合不一致。

訓練的技巧

公司可以在各個不同地方訓練員工。例如，可以將受訓者送到工作地點、公司訓練中心、大學教室或各種工作坊、研討會和專業聚會。雇主進行內部訓練時，通常採取以下形式：

- **在職訓練** (on-the-job training, OJT)。透過這種方法，員工可以在執行工作時學習。訓練過程是透過輔導進行或由受訓者觀察熟練的工作執行者，然後再進行工作。學徒制和實習是在職訓練課程方式。
- **機器訓練**。基於機器的訓練。在這種技術中，受訓者與電腦、模擬器或其他類型的機器進行互動。通常環境是控制的且互動是一對一的，受訓者按自己的學習步調或訓練設備設定的步調前進。
- **模擬訓練**。該系統透過在實驗室環境設定中，提供實際設備和工具來模擬工作環境。由於沒有實際工作區域的噪音和干擾，也沒有達到生產目標的壓力，因此受訓者可以專注於學習。

- 工作輪調。在工作輪調計畫中，受訓者從一項工作轉移到另一項。臨時任務使他們能夠學習各種不同的技能，並認知每項工作與他人之間的關係。在此過程中，受訓者變得更有價值，因為他們可以有彈性地執行許多任務。實習利用這種形式的訓練課程方式。(工作輪調也用作發展技術。)
- 線上學習。在這種技術中，訓練是透過網際網路、企業網路或透過行動應用程式實行的。受訓者可按照自己的學習進度，按照教師設定的進度進行，也可以使用電話會議系統或虛擬學習環境在同步課程過程中進行。許多員工發現，現在的訓練課程包括嚴肅的遊戲、模擬或基於簡短事實的行動課程。最新趨勢是在諸如 Apple Watch 和 Google Glass 的裝置推動下，使增強型學習興起。

無論使用何種技術，訓練都必須切合實際。訓練一旦結束，必須傳授可直接應用於工作環境的技能或能力。訓練還透過確保員工保持遵守安全規則或政府法規來保護組織。必須對進度進行監督，以確定受訓者對訓練教材的掌握程度。

發展的目的

發展 (development) 是一種讓人在另一個要求更多的工作中將會遇到新的更大挑戰做好準備的方法。員工為管理職位做準備會尋求發展機會；主管需要發展以準備過渡到中階管理者。所有的發展都是真正的自我發展。沒有個人的承諾就不會有發展，人們可能為了保有工作而被迫接受訓練；但是如果提供發展，則可能會拒絕訓練。

員工不能依靠雇主獲得發展機會。小型公司負擔不起，而許多大型公司的雇主也不會為了與員工的當前工作或職涯無關的發展支付費用。

> **發展** 為擁有更大職權和責任感，所努力獲得工作所需的知識、技能和態度。

發展的技巧

發展的技巧包含工作輪調、派人參與專業的工作坊或研討會、贊助專業協會的會員資格、支付員工的正式教育課程費用，以及提供接受進修教育或投入社區服務的休假(請假)。員工應將公司的贊助計畫視為獎勵，並明確說明其對公司的價值觀。這樣的計畫是員

工獲得聲望、信心和能力的管道。

發展的努力永遠不會停止，實際上可以成為日常工作的一部分。透過定期閱讀專業期刊和商業出版物，以及在專業會議上與專家互動，員工可協助自己保持最新狀態。發展的另一種方法是自願參加艱困的任務，面對嚴峻的挑戰會鼓勵一個人擴展自己的能力。

導師指導是另一種非常重要且顯著的發展形式；導師是專業人士，比其受訓者的職業專業高出一、兩個等級。導師可以來自一個人目前的環境，也可以來自另一個組織，不論他們的隸屬關係為何，導師都願意分享經驗，並就如何處理晉升機會、公司政治和自我發展等提供合理的建議。

7 討論績效評估的目的

10.7 績效評估

績效評估 介於員工績效與既定數量與品質標準之間的正式、結構化比較。

在大多數組織中，每天至少非正式地對工作績效進行評估。當將固定時期的結果總結並與正在審查的結果共享時，**績效評估** (performance appraisal) 就成為一種符合法律限制的正式、結構化的系統設計，目的在透過將其與指定標準進行比較，用來衡量員工的實際工作績效。在甄選和訓練過程中，導入並加強這些標準。

績效評估的目的

大多數組織使用評估：

- 提供有關先前訓練成功的回饋，並揭露對其他訓練的需求。
- 發展個人計畫以提高績效，並協助他們制定此類計畫。
- 確定是否應進行如加薪、晉升、調職或嘉獎之類的獎賞，還是需要警告或解僱。
- 確定額外成長的領域及可用來實現成長的方法。
- 發展和強化受評估者與進行評估的主管間的關係。
- 使員工清楚了解其與主管的期望及實現特定目標相關的位置。

公司政策訂定評估的頻率和形式。無論採用何種形式的評估，管理者都應該每天向員工提供有關績效的回饋，員工的團隊成員也應如此；如果回饋是連續性的，正式的年度或半年度的績效評估將

評估制度的組成

績效評估制度包括三個主要部分：

- 衡量員工績效的標準(因素和標準)，標準可以包括工作品質、努力改進工作、具體態度和產出數量。
- 總結員工表現的評等。
- 用於確定評等的方法。方法可能涉及特定的形式、人員和程序。

不同的人格、工作、組織和子系統要求不同的標準、評等和方法。根據《設計績效評估制度》(Designing Performance Appraisal Systems) 的合著者蘇珊‧雷斯尼克－韋斯特 (Susan Resnick-West) 表示，績效制度有效性的主要預測因素是它是否為個人量身訂做。系統設計者應考慮的因素包含任務能力、先前的經驗、學歷和個人偏好。

評估制度可分為主觀的或客觀的。主觀制度允許評分者從自己個人的角度進行操作；評分者可被允許自由創造因素，定義每個因素的涵義及確定員工在每個類別中的熟練度。圖表 10.14 顯示評分者如何使用四個簡單的矩陣類別 (時間管理、態度、工作和溝通知識)，以及熟練度類別 (優秀、良好、一般和不良)。這些話代表什麼？評分者如何定義每個人？與另一個人或理想相比？一個評分者使用此形式使用的定義可能與另一個評分者不同。糟糕的是，評估者對員工的刻板印象和偏見可能會成為評估的因素。當面對歧視指控時，主觀方法和形式難以辯護。雇主應盡一切努力，不要讓主觀性影響評等。

客觀績效評估試圖消除評分者的偏見。明確定義標準，並在實際評估前與員工共享。圖表 10.15 顯示具體的標準。客觀的方法幾乎

圖表 10.14　主觀績效評估制度

	優秀	良好	一般	不良
時間管理		✓		
態度		✓		
工作知識	✓			
溝通			✓	

圖表 10.15 客觀績效評估系統的一部分

	績效方面				
	1	2	3	4	5
1. 自我改進 考慮在深度和廣度上擴大當前能力的期望。 ■ 沒有機會觀察。	對學習其他職責沒有興趣。	對擴大工作分配的興趣有限。 對晉升沒有興趣。	對其他任務表現出興趣。 對晉升表現出一些興趣和準備。	表現出額外的努力來學習更多的職責。 進行晉升準備。	對與工作相關任務的所有階段都非常好奇。 進行晉升準備。
2. 出勤率 考慮員工報告工作的規律性。	過度缺席	經常缺席	偶爾缺席	很少缺席	幾乎從不缺席
3. 守時 考慮遲到的次數。 ■ 沒有機會觀察。	過度遲到	經常遲到	偶爾遲到	很少遲到	幾乎從不遲到
4. 工作計畫 考慮如何規劃和組織工作負荷，以實現最大化效率。 ■ 沒有機會觀察。	缺乏系統性，無法組織工作負荷。	一般情況下公平，但無法有效組織變化。	在正常情況下有效。 優先處理重要工作。	熟練地組織和計畫工作。 及時遇到緊急情況。	卓越的效率。 以適當的角度保持優先事項。

不會混淆評估所用的因素。

評估方法

四種評估方法主導當前的實務：目標管理、行為錨定評量表、電腦監督，以及 360 度回饋。在對每種類型進行簡要介紹之後，本章將研究所有評等方法的法律限制。

目標管理 回顧第 4 章，目標管理系統要求管理者和下屬定期開會，以在固定期間內就下屬的特定績效目標達成協議。當此期間結束時，將對遵循目標管理工作的一名員工進行評估其應實現的目標數量、檢視實現目標的效率和效能，以及在此努力過程中所獲得的成長。評估者考慮員工要實現這些目標必須克服的困難。

行為錨定評量表 行為錨定評量表 (Behaviorally Anchored Rating Scales, BARS) 是指，透過與不同績效水準相對應的特定行為來確定工作績效的重要方面。每個行為都對應一個數字等級。圖表 10.16 顯示在「品質策略：檢查方法的知識」方面，說明品質管制檢查員之工作的評等量表。員工的總體評分是每個類別所獲得積分的總和。

圖表 10.16　品質管制檢查員的 BARS 範例

品質策略；檢查方法的知識。該績效領域涉及品質管制檢查員測試和測量組裝零件的能力，並有助於從策略上預防缺陷。

高	5	在機械和電子檢查的基礎上，提出有關過程和材料的建議，以減少不良零件的數量
	4	使用專用工具和電子設備進行測量和校準，確保所有零件均符合既定標準且零件正確運行
平均	3	目視和機械檢查組裝的物體，根據需要進行較小的修理／修改
	2	目視檢查組裝的物體，確保所有零件均存在且正常運行
低	1	目視檢查組裝的物體，確保所有零件均存在

註：此範例取自 Bohlander and Snell, *Managing Human Resources 15E*, p. 385.
資料來源：Adapted from Landy, Jacobs and Associates. Reprinted with permission.

電腦監督　電腦監督系統會追蹤員工的績效。使用電腦或電腦化設備工作的人員的績效可根據機器有效運作時間、每分鐘的敲擊鍵盤次數或總產出評估。管理者可以比較相似工作中不同員工的評等，並根據生產力對工人進行排名。管理者可以使用績效平均值來設定或確認現有標準。零售商、銀行、保險公司、電話公司和運輸公司使用電腦監督，作為衡量員工績效的客觀指標。

360 度回饋　尋求與員工接觸的所有或大多顧客，尤其是同事和顧客的回饋。360 度回饋的目標是增加員工的自覺，進而改善他們的工作績效，也稱為多評分者回饋、多元回饋、全面評估和團體績效審查。

評估的合法性

一項針對美國最高法院過去 25 年的裁決進行的分析指出，如果存在以下任何一種情況，則績效評估可能是違法的：

- 使用的儀器無效。
- 標準與工作無關且客觀 (可量化且可觀察)。
- 該過程的結果對女性、殘疾人士或少數族群有不同的影響。
- 計分方法不是標準化的。
- 從事類似工作的人將使用不同的形式、因素或過程進行不同的評估。
- 沒有根據 EEOC 指南制定評估標準。
- 不會警告員工績效下降或不合格。
- 評估不是基於員工當前的職責。

必須訓練評估者一致地按照法律要求進行績效評估。此外，女性、殘疾人士和少數族群在整個社區中所占的比例應能填補績效考核者的行列。德州基督教大學 (Texas Christian University) 管理學教授勞倫斯·彼得斯 (Lawrence H. Peters) 為評估者和受評者提供實務建議：「很難記住員工在 10 到 12 個月前做了什麼。對管理者來說，重要的是要保持資訊的及時更新；如果你沒有這樣做，請停下來並花點時間整理你的想法，然後再進行績效審查。員工也應該做一樣的事。」此外，評估者需要預留足夠的設施和時間，與下屬一起審查評估。

8 描述四個主要的聘僱決策

10.8 實施聘僱決策

記得聘僱決策包括有關晉升、調職、降職和離職 (自願或非自願) 的決策。這些改變受評估及組織招募、僱用、引導和訓練方式的影響。所有聘僱決策都意味著變革，變革對整個組織的子系統及其與外部環境的交互作用能力都具有漣漪效應。

晉升

> **晉升** 職位變動導致員工地位、薪酬和責任感的增強。

晉升 (promotion) 是工作變動導致更高的薪水和更大的職權，並獎勵奉獻的傑出工作努力；也可以作為激勵措施，為尋求發展機會的人提供更大的個人成長和挑戰的承諾。員工通常會表現出優異的績效，並超越預期，進而獲得升職。

有時候過去的表現並不是晉升的唯一標準。平權行動要求在組織中的各個層級能強化代表人數不足的群體，如女性和少數族群。因此，平權行動目標可能會要求這些群體的成員，在僱用和晉升決策時享有特殊的地位。在許多工會協議中，資歷是影響晉升決策的最重要因素。

調職

> **調職** 將員工轉調到地位、薪酬和責任感相似的工作上。

現在的晉升機會不如幾年前那麼多。現今，精實管理、扁平化的管理結構，以及團隊的發展趨勢，意味著沒有大量的職缺。**調職** (transfer) 是需要新技能的橫向動作，是公司留住人才的一種方法。

多年來，公司一直在進行橫向訓練來訓練和發展員工。工作輪調是一種讓人們接觸到不同方面的工作，並幫助他們看到公司願景的方法。調職可將人們從機會不多的地區轉移到職涯順暢的地區，進而幫助人們前進。

降職

降職 (demotion) 是將組織層級裡較低階的人員重新分配。在當今的商業環境中，降職很少被用做懲罰。(績效不彰的員工會被解僱，而不是留任。) 降職用於留任因自身無過錯而失去職位的員工。有些人寧願選擇較低位階、較低薪的工作，也不願離職；其他人則選擇降職以減輕壓力，讓他們有更大的自由追求外部利益或迎接挑戰，如必須照顧子女或年邁的父母。

降職 降低員工地位、薪酬和責任感。

有些公司已經建立**媽媽軌道**，即父母臨時職業中斷，媽媽軌道可讓父母照顧從懷孕到學齡前的孩子。透過提供諸如兼職、通勤和內部辦公時間的混合，以及有彈性的工作時間表等，公司協助有價值的員工應付新的興趣和時間的要求。但如瓊‧貝克 (Joan Beck) 所指出，其中某些安排有缺點：

> 不幸的是，許多雇主仍為非標準的工作安排付出很高的代價。兼職工作通常支付低工資及很少的福利 (如果有的話)。即使是女性在中階管理階層或在更專業的軌道上，會發現減少工作時間並以其他策略挪出更多時間陪伴家人，將會降低職位晉升的機會。

離職

員工**離職** (separation) 可能是自願的或非自願的。自願離職包括辭職和退休，非自願離職則包括裁員和解僱。雇主有時會透過提供員工提前退休的激勵措施來鼓勵自願離職，非自願離職似乎在美國企業中呈現上升趨勢。由於公司業務量下降、個人業績下降或破產而裁員 (如安隆和雷曼兄弟)，使數百萬美國人失去工作。請參見本章的「全球應用」專欄討論日本的終身僱用慣例。

離職 員工自願或非自願離開公司。

裁員 儘管組織精簡可以使公司更具競爭力，但也可能損害受到裁

全球應用

日本終身僱用的終結

過去，三大原則主導日本的就業體系：公司工會、有薪資年齡和終身僱用。後者是第二次世界大戰後形成的非正式產業協議結果，該協議限制同一產業中公司之間的勞動力競爭。一家公司不能僱用產業中另一家競爭公司的員工，並不是因為公司忠誠度而使日本員工不會跳槽，而是他們所在產業缺少另一份工作的機會。

在1980年代，日本成為世界第二大經濟體系。「然後，經濟泡沫化於1991年開始，股票和房地產市場暴跌；為了景氣復甦，領導者動搖日本根深蒂固的企業文化，給予企業新的自由，以兼職和約聘勞工代替『終身聘僱』」(Osnos)。但到了2010年，中國超越日本，成為世界第二大經濟體系。

技術和全球化經濟繼續改變著日本體系。網際網路允許全球製造商可以找到更快、更便宜的供應鏈路徑。此外，現在允許外國人投資日本經濟長期保護的領域。

但是核心員工，包括公司基礎團隊在內的終身僱用仍然存在。在一次管理狀況簡報會上，豐田汽車製造印第安納州公司總裁諾姆·巴代諾(Norm Bafunno)被問道：「為什麼豐田在困難時期沒有裁員？」他說：「這是一個簡單的決策。我們花時間留任和重新訓練團隊成員。」他引用豐田汽車總裁豐田章男的話：「有句日本諺語：下雨後……地面變硬了。」他表示：「我非常有信心；我們會回頭說，由於我們經歷這段時期，公司會更加專注於顧客和安全」(Bafunno)。

- 在日本，員工再也不期待終身的工作。你認為日本僱用制度的變化是否會鼓勵更多人創業？為什麼？

資料來源：Norm Buffano, "2010 Management Briefing Seminar," Toyota USA Newsroom, http://pressroom.toyota.com/pr/tms/2010-management-briefing-seminar-165695.aspx; Evan Osnos, "Behind Japan's growth lies economic divide," *The Dallas Morning News*, May 7, 2006, p. 36A.

員威脅的員工忠誠度，心懷不滿的員工可能會破壞資料或在離職後留下會破壞系統的電腦病毒。資訊安全顧問威廉·莫瑞(William H. Murray)表示，保護公司免於被破壞的最佳方法是採取防止員工不滿的措施，盡可能善待那些在裁員前必須離開的人，並公平地賠償留任的員工。莫瑞說，大部分的復仇來自於那些認為自己的貢獻未被認可的人，人們需要知道他們無時無刻都受到讚賞。

許多公司正實施其他策略作為裁員的替代方案；有些已頒布人事凍結的規定，允許以正常的裁員減少勞動力；其他策略則包括工作共享、限制加班時間、再訓練和重新部署員工、減少工時，以及將管理者轉變為有給職顧問。西南航空史上從未裁員，管理者依靠遷移和調動，為流離失所的工人找到有用的聘僱機會。

各地的管理者都有充分的理由避免裁員；有關精實工廠避免裁員的討論，請參見本章的「品質管理」專欄。裁員可能所費不貲，

品質管理

精實工廠避免裁員

採用精實的工廠之產量會忽上忽下波動，但會保持穩定勞動力。精實生產是指在生產過程中減少浪費且事半功倍。現今的顧客比以往任何時期都強勢；他們有許多產品選擇，可以接觸大量資訊，並期望以合理的價格獲得高品質的產品。

「十年前，大多數工廠傾向於進行『批次』生產工作，大量員工不斷生產同一批產品。由於許多員工完成相同的任務，公司在經濟不景氣時更容易裁員」(Aeppel and Lahart)。現今，精實作業需要更少、更訓練有素的員工來操作更先進的生產設備。

精實生產的最終目的是實現產品的連續流動。這可透過將操作員工、設備和原料緊密安排在一起，以便他們可依序按照製程步驟來完工。「流線型的生產和技術改善，還意味著在經濟不景氣時需要減少的工作職位」(Aeppel and Lahart)。總部位於威斯康辛州日耳曼鎮 (Germantown) 的 Mahuta Tool 公司執行長林恩‧馬胡塔 (Lynn Mahuta)，以精實生產方式總結公司的產品，這些產品用於起重機中使用的 600 磅重螺絲釘。「你不會裁撤技術熟練的人，你會發現他們還有其他工作可做」(Aeppel and Lahart)。

在最近一次經濟蕭條期間，豐田汽車製造阿拉巴馬州公司並未解僱任何團隊成員。位於亨次維的該公司總裁詹姆斯‧波特 (James Bolte) 說：「在經濟不景氣期間，公司致力於改善的工作努力，使我們能用更少的資源完成更多的工作。例如，我們透過各種更高效率的生產流程，並透過交叉訓練的團隊成員來提高技能」(Armstrong)。

- 精實工廠的雇主不惜一切代價保持穩定的勞動力，其他雇主似乎毫不猶豫就解僱工人。哪些差異可以解釋人力資源管理政策中的這兩個極端？

資料來源：Jessica Armstrong, "Lessons from the Recession," *Business Alabama*, May 2014, http://www.businessalabama.com/Business-Alabama/May-2014/Lessons-from-the-Recession/; Timothy Aeppel and Justin Lahart, "Lean Factories Find It Hard to Cut Jobs Even in a Slump," *The Wall Street Journal*, March 9, 2009, A1, http://online.wsj.com/article/SB123655039683165011.html.

處理文書工作、關閉設施，並支付資遣費和更高的失業保險金，可能會花費數千美元。心理成本也很高，沒有被裁員的人充滿恐懼與不安全感；被裁員的人比受僱者更可能面臨家庭問題、離婚或自殺。

離職面談 離職面談是管理者與正被解僱或自願離職的員工之間的自發性討論。由於解僱和更換員工的成本很高，管理者應使用離職面談來找出可能導致員工離職的因素。一旦管理者確定問題後，應立即解決。人力資源管理協會 (Society for Human Resource Management, SHRM) 在其《留任實務研究》(*Study of Retention Practices*) 中發現，九成的受訪者曾進行離職面談。

該研究表明，進行離職面談的人裡，有超過半數已經產生改變，

包括審查薪資結構、成立員工滿意度/留任委員會、制定替代工作時間表、提供更多訓練、向員工償還手機使用費等，建立臨時員工、便服政策和引入獎金計畫。

管理者應該意識到，離職面談有一定的侷限性。由於部門員工不希望留下負面印象，因此不可能完全開放和誠實。離職面談並不能發掘使員工不滿意的原因，但並非表示不滿意的原因不存在。

9 確定薪酬的目的和組成

薪酬 支付給員工的所有形式的財務款項，包含薪資、工資和福利。

10.9 薪酬

薪酬 (compensation) 包括支付給員工的所有形式的財務款項：薪資和工資、福利、獎金、收益分享、利潤分享，以及商品或服務的獎勵。現今的趨勢是增加薪酬以回應績效的提升，進而提高組織、服務或產品的價值。增加薪酬是留住證明自己是有價值員工的方式，這種反應有道理，隨著員工變得越來越有價值，失去員工的成本也就越來越高。

薪酬目的

薪酬有三個主要目的：吸引、協助發展，以及留住有才能的員工。公司提供的薪酬水準會增加或減少公司對求職者的吸引力。薪酬應鼓勵員工不斷改善自己的績效，使自己和雇主都變得更有價值。此外，薪酬必須將有價值的員工留任，阻止他們離職去尋找其他工作。認為自己的薪酬公平、合理的人會感受到被認可和被尊重，認為該組織正在為他們在時間、精力和承諾上的投入得到公平的回報。最後，薪酬應給員工一種安全感，使他們能付出全部的精力專心工作，不會因無法滿足財務需求而分心。

影響薪酬的因素

在為員工設計薪酬方案時，管理者應關注公平、合法和策略要求，以及將薪酬理念與各種市場因素連結起來。當某些類型的勞工短缺時，管理者可能需提供高額薪酬以吸引或留住他們。同樣地，若決定使組織在薪酬方面成為產業領導者的管理者，可能會吸引並留住最好的員工。

1938 年通過的美國《公平勞動標準法案》經過多次修訂，涉及向 18 歲以下的工人支付工資和加班費。其他聯邦法律則規定與聯邦政府有業務往來的公司必須支付給勞工的工資水準。一些地方和州法律也影響薪酬制度，工會契約設定工資並限制其從屬組織中的薪酬決策。

工資和薪資

為了確定每個工作的價值，並為每個工作建立與所有工作相關的薪酬方案，組織會使用工作評估 (job evaluation) 的過程。人力資源薪酬專家通常進行工作評估；為了完成評估流程，專家將與對工作有直接相關且熟悉的管理者，以及擔任該工作的一個或多個員工進行評估。

> **工作評估** 根據一項工作對組織的價值，確定該工作價值的研究。

一種常見的工作評估方法涉及按工作類型進行分組，然後選擇每種類型的共同因素。例如，工作評估專家經常定義的兩類群組工作是製造業工作 (工資工作) 和銷售工作 (薪資工作)。評估可能涉及根據共同的職責、教育、技能、訓練、經驗和工作狀況來檢查每種類型的工作。然後，評估者在每個因素中分配各種層級，並為每種層級配分作為成就的衡量標準。

為了說明此過程，假設分析的是工業產品銷售專業人員的工作；評估者選擇經驗作為評估因素，並將經驗定義為銷售專業的工作年限，此因素的層級可能是一年或更短的經驗、一到三年的經驗、三到五年的經驗，以及五年以上的經驗。透過為每個層級配分，專家可顯示組織在每個層級上的相對價值。如果最高層級的價值是 10 分，而前一個層級的價值是 5 分，則該組織表示，五年以上的經驗是三到五年的經驗的兩倍。

一旦所有工作都經過評估，就可以將它們按總分分組，通常稱為工作等級或工作分類；然後，評估者按總分對每個等級內的工作進行排名。例如，總分在 0 到 200 之間的所有工作可能列為同一等級；出現的是一個「工作階梯」，在下層顯示總分最少的工作、最上層則是得分最高的工作；評估者將薪水範圍指定給同一等級的工作。圖表 10.17 顯示典型工作評估的結果。

工作評估需要技能、最新的工作說明書和工作規範、知識，以

圖表 10.17 典型工作評估的結果

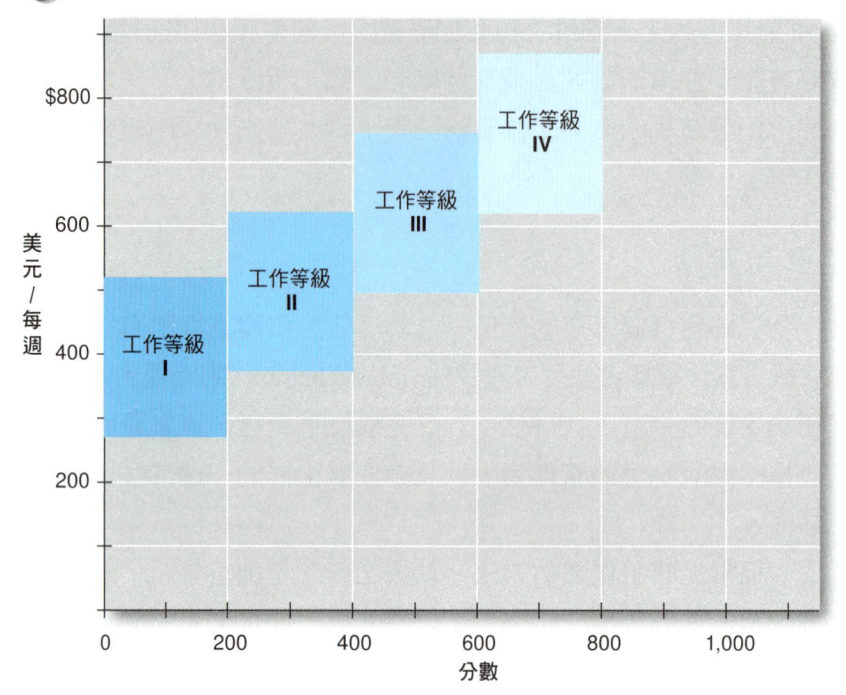

及足夠的時間。許多公司在其產業內進行薪酬調查，以此作為工作評估流程開始的基礎或取代工作評估。薪酬調查顯示競爭對手為可比較的工作支付薪酬，這些薪資水準可以透過產業、商業協會，以及聯邦政府獲得。並非所有工作都與調查結果進行比較；評估者僅比較那些代表其等級或類別的工作，根據要比較的工作與其他工作的薪酬做比較。

分析後顯示，分配給工作的最低與最高薪酬取決於組織的薪酬能力，特定工作類型的市場條件及組織有關員工薪酬的策略和理念。

福利

雇主每年將工資成本的 40% 左右花費於員工**福利** (benefit)，即員工獲得的額外或間接薪酬超出直接薪酬 (工資和薪資)。福利可分為兩種一般類型：*法律要求和自願性*。第一種類型包含社會保險、失業補助和工人補償保險；第二種類型包含可變動的工作計畫、人壽和健康保險、退休金和儲蓄計畫、給薪病假、請假、利潤共享和獎金計畫 (通常是一次付款)，以及員工協助計畫 (employee assistance programs, EAP)。

福利 除薪資或工資外，還向員工提供法律要求或自願提供的薪酬。

多年來，員工協助計畫已變得越來越流行；大多數可以被歸類為健康和保健計畫，目的是預防與健康有關的問題，或因應與長期工作有關的問題。例如，戒菸診所、減肥計畫和運動設施是針對預防與健康的問題；減輕壓力的工作坊、日托設施及財務和心理諮詢，則著重於應對與長期工作有關的問題。

組織可像提供其他形式的薪酬一樣提供福利，進而可以吸引、發展、激勵和留住有能力、肯付出的員工。跟工資與薪資一樣，管理者根據組織的財務資源和策略，以及組織面臨的市場狀況來規劃福利。組織應提供特定福利，以吸引多元化勞動力的各種需求。特定福利可發展出敬業管理者和勞工的核心，亦可協助組織實現目標。但是跟工資與薪資一樣，也必須不斷審查福利的相關性和組織經濟的可行性。

高階主管的薪酬

除了公司所有其他員工的薪資和福利外，高階主管 (高階管理階層) 也可能會獲得其地位所獨有的福利，這些福利也稱為特權，通常稱為**額外津貼** (perks)。多數額外津貼是財務上的實際現金或具有可測量現金價值的商品和服務，這些項目包含公司股票、股票選擇權 (以折扣價購買公司股票的權利)、於公司整體績效的獎金、公司飛機和區域住宅區套房的使用、慷慨的旅行和住宿津貼、有償住房、無息貸款，以及各種俱樂部和協會的會員資格。近年來，在流行期刊和商業媒體中都討論關於「超額的」高階主管薪酬議題。

額外津貼 除正常工資或薪金外，收到的款項或福利。

習題

1. 用人為什麼對組織如此重要？
2. 用人由什麼組成，以什麼順序出現？
3. 哪些外部環境最直接地影響用人過程？又會如何影響？
4. 在人力資源規劃的帶領下會發生什麼？
5. 用人中使用的主要篩選機制為何？
6. 訓練和發展有何相似之處？它們有何不同？
7. 評估員工的主要目的為何？
8. 組織在什麼情況下會執行以下各項工作：晉升、調職、降職及離職？
9. 組織試圖透過薪酬實現什麼目的？薪酬可以採取什麼形式？

批判性思考

1. 為什麼平等就業機會和平權行動的概念對當今的組織如此重要？
2. 如果組織正在尋找具有最新技術知識的電子工程師，該組織將如何招募人才？是否正在尋找具有至少三年經驗的醫療技術人員？
3. 你認為針對以下哪一種人的薪酬最重要：再過五年就退休的人？20多歲的單身人士？即將迎接第一胎的年輕新婚夫妻？
4. 你在課堂上的評估如何？在工作時的評估又如何？你在這種評估中發現什麼價值？

Chapter 11
溝通：人際關係與組織

學習目標

研讀完本章後，你應該能：

1. 討論溝通在組織中的重要性。
2. 繪製溝通過程圖，並標記所有部分。
3. 列出且解釋人際溝通的障礙，並提出克服這些障礙的補救措施與建議。
4. 描述向下、水平和向上溝通管道的用途。
5. 說明非正式溝通管道，又稱為小道消息。
6. 列出並解釋組織溝通的障礙，提出克服這些障礙的補救措施與建議。
7. 描述溝通過程中發送者和接收者的責任。

©Shutterstock

管理的實務

溝通技巧

溝通技巧包含口語、聽力、閱讀和寫作，這些是在工作場所取得成功所需的一些最重要的技能；管理者與員工交談，並在與員工交談時傾聽，他們閱讀和撰寫報告；他們建立文件並進行口語報告。當管理者有效地溝通時，就會達成理解、減少錯誤、提高生產力。

針對下列每一個敘述，根據你同意的程度圈選數字，評估你同意的程度，而不是你認為應該如此。客觀的回答能讓你知道自己管理技能的優缺點。

	總是	通常	有時	很少	從不
在發言前，我會思考將說些什麼。	5	4	3	2	1
在寫字時，我做清楚陳述。	5	4	3	2	1
當溝通時，我會簡明扼要。	5	4	3	2	1
人們明白我說的話。	5	4	3	2	1
當人們與我交談時，我會積極而機敏地聆聽。	5	4	3	2	1
當我與人們交談時，我會注意他們的肢體語言。	5	4	3	2	1
當我完成寫作後，會在發送前仔細檢查。	5	4	3	2	1
我使用圖片、圖示和圖表來闡明想法。	5	4	3	2	1
當我不懂別人說的話或寫的字時，會要求澄清。	5	4	3	2	1

	總是	通常	有時	很少	從不
在溝通前，我會想一種最好的方式來傳達訊息，如面對面、電話或電子郵件。	5	4	3	2	1

加總你所圈選的數字，最高分是 50 分，最低分是 10 分。分數越高代表你更有可能成為有效的溝通者，分數越低則相反，但是分數低可以透過閱讀與研究本章內容，而提高你對溝通的理解。

11.1 緒論

1 討論溝通在組織中的重要性

溝通是人員和組織實現目標的過程。透過與他人交流，我們可以分享態度、價值觀、情感、抱負、願望和需求。在大多數成功的背後，是有效的溝通、精心規劃和周延的執行。但是，溝通過程很困難。計畫失敗通常是嘗試溝通失敗的結果。

成功的管理者可以有效地將願景傳達給工作單位和整個公司。在沃爾瑪，創辦人沃爾頓致力使顧客成為第一名的願景，引領公司成為美國歷史上最成功的零售商。已故的沃爾頓對溝通的重要性提出自己的想法：

> 盡可能將所有內容傳達給你的合作夥伴。他們知道得越多，就會越了解；他們越了解，就會越關心。一旦關心，他們就無法停止。如果你不信賴同事去知道正在發生的事，對方也會知道你並未真正視他們為合作夥伴。資訊就是力量，而你從賦權給同事所獲得的益處將多過於抵消告知競爭對手的風險。

> 傾聽公司中的每個人，並找出讓他們願意說話的方法。在前線與顧客交談的人是唯一真正知道發生什麼的人，你最好了解他們所知道的，這才是全面品質重視的事。要下放組織中的責任，並強迫在組織中鼓吹好主意，你必須傾聽同事嘗試告訴你的事。

組織必須不停地問：「我們的顧客如何找到並與我們溝通？」顧客可以透過即時聊天或社群媒體，在商店、電話和公司網站上與員工面對面交流。這讓員工可以即時回應顧客需求。

組織中的人互相需要彼此，他們必須協調並集中精力實現目標、

避免浪費和混亂；必須關注公司內部和外部顧客的需求；必須能夠表達自己的需求，以便可以同心協力地工作；他們必須自由表達自己的知識和信念，以便掌握機會進行有意義的變革。真正相信自己的員工是組織最有價值資源的管理者，將視與這些員工的溝通為最重要的過程。

溝通過程

溝通 (communication) 是指從一人或團體到另一方的資訊 (information) (即一種連貫、可用形式的資料) 的傳遞。理性的溝通者努力在每次溝通的所有各方人員間達成共同理解 (understanding) (即關於訊息的涵義和意圖的共識)。儘管管理者依賴的大部分資訊都是數字形式，但管理活動的最大部分取決於口語溝通和對語言的嫻熟運用。能夠溝通的人尊重語言的慣例——拼讀、文法和標點符號，準確地知道他們想說的話，並深思熟慮地選擇最好的表達方式。另外，溝通者需要確定接收資訊的人確實理解該訊息。

溝通是一個過程，通常是按確定的順序執行的一組步驟。溝通的發起者稱為發送者 (sender)，獲得溝通內容的個人或團體是接收者 (receiver)，發送者想要傳遞的資訊是訊息 (message)，發送者選擇用來傳遞訊息的方式是媒介 (medium) 或管道。最後，該過程必須提供機制，透過該機制，發送者和接收者都可以確定是否已進行意圖的溝通，並已達成相互理解。該機制提供回饋 (feedback)，即接收者提供的資訊可顯示如何認知發送者的訊息。提供回饋時，接收者成為發送者，原始發送者成為接收者；發送和接收訊息的過程會一直進行，直到雙方都相信已經理解為止。訊息越精心製作和明確，實現理解所需的回饋就會越少。圖表 11.1 提供溝通過程的模型。

為了說明溝通過程，請考慮一個關於製造主任哈利‧特倫特 (Harry Trent) 的例子。特倫特打電話給公司人力資源經理安妮塔‧拉頓 (Anita Raton) 說：「我需要更換一名員工。」針對此訊息，拉頓說：「需要有何種技能？哪個部門需要？」接收者正在尋求對原始訊息的釐清，並成為發送者。特倫特現在轉為接收者，必須在回覆並再次成為發送者前釐清其原始訊息。許多對話都以這種方式進行，因為發送者傳遞的訊息不完整，一則訊息要求接收者詢問其他資訊以進行理解。在開始溝通過程前，特倫特未能清楚傳遞訊息。

溝通 從一人或團體到另一方的資訊的傳遞。

資訊 對接收者有用的已處理資料。

理解 這種情況存在於當所有發送者和接收者都同意訊息的涵義和意圖時。

發送者 發起溝通過程的個人或團體。

接收者 獲得溝通內容的個人或團體。

訊息 發送者想要傳遞的資訊。

媒介 發送者傳遞訊息的方式。

回饋 有關接收者對發送者訊息的看法的資訊。

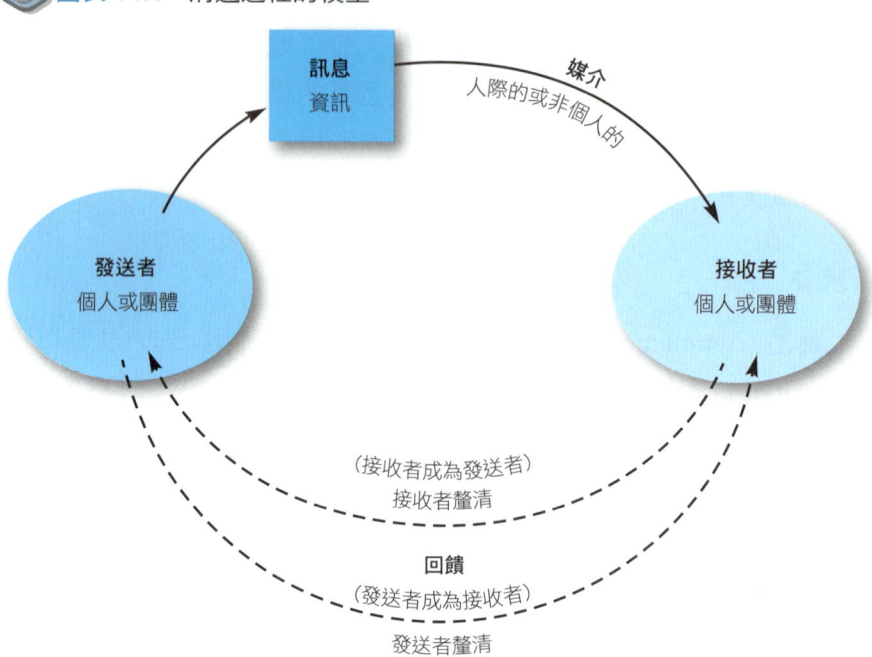

圖表 11.1　溝通過程的模型

```
            訊息
            資訊
          ↗        ↘  媒介
                      人際的或非個人的
     發送者              接收者
    個人或團體           個人或團體
         ↖            ↙
         （接收者成為發送者）
            接收者釐清
              回饋
         （發送者成為接收者）
            發送者釐清
```

2 繪製溝通過程圖，並標記所有部分

11.2 溝通媒介

溝通的媒介是口語的(口語或書面文字)，和非口語的(圖像、臉部表情、手勢和肢體語言)。

口語的溝通

口語訊息可以面對面傳遞，也可以透過電子方式傳遞，例如電話、語音郵件和語音訊息。書面口語媒介可分為兩類：傳統印刷品和數位傳遞系統。印刷品包含備忘錄、信件、手冊、新聞通訊和報告。人們透過電腦、平板電腦、手機和智慧型手機，以數位方式與外界建立聯繫並進行溝通。根據美國人口普查局的統計報告，在 2013 年，83.8% 的美國家戶擁有電腦，其中 78.5% 的家戶擁有桌上型或筆記型電腦、63.6% 的家戶擁有掌上型電腦；74.4% 的家戶使用網際網路，其中 73.4% 的家戶有連接高速網路。皮尤研究中心 (Pew Research Center) 在 2019 年報告指出，81% 的成年人擁有智慧型手機，自 2011 年中以來從 35% 增加到 81%。

發送者對媒介的選擇受以下因素影響：訊息的內容、回饋的重

要性、預期接收者的數量、接收者和發送者的偏好與特性、發送者和收件人的位置與環境，以及可用的技術。需要立即雙向回饋和個人風格的溝通應該是口語和面對面的，如果訊息很複雜且回應需要思慮，則應該以書面文字溝通，多數公司選擇電子媒介是因為它們具有明顯速度和準確性的優勢。沒有人能像電腦一樣，在如此多的位置保留供應商和零件的記錄，保持它們的最新狀態並可進行搜尋，又可迅速地安排運送時程。

對話可能是管理者最常使用的溝通媒介，發生在商店裡、辦公室、電話、午餐、會議和與團體討論中。當訊息是給一個人且需要個人聯繫時，或在付出與收穫變得十分重要時，就應該展開對話。明茲伯格研究 5 位執行長，發現他們花費 78% 的時間與他人交談，這些對話通常很短，只占他們日常相遇中 49% 的對話且持續不到 9 分鐘；只有 10% 的人持續一個小時以上的對話。科特發現幾乎相同的結果，他研究的 15 位執行總經理花 76% 的時間與他人交談。正如督導三家公司的蘇珊‧林弗雷特‧摩爾 (Suzanne Rinfret Moore) 所說：

> 有人可在 30 秒內對我說出內容，如果要寫備忘錄可能要花 15 分鐘的時間，並可在行走的過程中產生思考的能力……。[口語溝通]可為自己和一起工作的人培養創造力；接觸也非常重要，我要人們可到我家，他們不是時光強盜。

但口語溝通不能總是代替書面文字，準備書面文件的過程需要深思熟慮。發起者可精確地確定和控制訊息的內容、組織、複雜性、語調和樣式；接收者可根據自己的時程和步調來消化這種溝通，並可利用其他資源且準備周延的回應。書面訊息可包含圖形和其他插圖。另外，書面訊息傾向於支援機密性內容，電子郵件、信件、備忘錄、提綱、報告、程序手冊、新聞稿、新聞通訊、契約、廣告和表格等是無數種不同書面溝通形式。圖表 11.2 提供常見的書面溝通工具的傳統應用。

書面形式的溝通有缺點，它們是非個人的，沒有提供面對面接觸的即時性，也沒有引起立即的回饋。

某些形式的書面溝通(如公告欄上的告示、手冊和新聞通訊)，

圖表 11.2　五種書面形式的溝通

信件	用於與組織外的個人或團體溝通，常以某種形式產生。例如，一封信函或一系列信函。
備忘錄	用於與上級、下級與同儕間的例行溝通。備忘錄應包含日期、期待接收訊息者的姓名、職稱、溝通的主題(理想上每個備忘錄只要有一個主題)、訊息內容及發送者的姓名與職稱，理想的備忘錄應不超過一頁。
大綱	用於標出演講、報告或議程的結構及排序主要和次要的重點，大綱在制定目錄和摘要時十分有用。
報告	用於報告調查或例行性和持續性活動的結果。格式常是規定的，從填空式到有統計資料或無統計資料的手稿。
電子郵件	電子郵件用於日常溝通，應包含描述性主題列，力求清晰、簡潔、有禮且應署名。

從本質上來說是非個人的。當需要立即回饋、詳細說明或訊息很重要時，請不要依賴這些工具，接收者會隨便讀取這些溝通內容。如果溝通相當重要，請使用這種形式的溝通工具作為立即溝通工具的補充。

非口語溝通

非口語溝通 傳遞訊息的圖像、動作和行為。

口語溝通不含文字傳遞的訊息；**非口語溝通** (nonverbal communication) 發送器包含臉部表情、手勢和肢體語言(姿勢、四肢放置和與他人的接近度)。照片、圖示、圖表、動畫和影片還可以非口語形式傳達資訊。視覺發送器是功能強大且具有說服力的工具，使發送者可以傳遞幾乎不可能透過口語交流的訊息。例如，產品的獨特名稱、外觀和包裝可以向消費者傳達訊息。有關模仿名牌產品包裝的資訊，請參見本章的「道德管理」專欄。為了進一步了解有價值的圖像，請試著只使用文字來傳達圖表 11.3 中的圖示。

圖片可以溝通得比文字更有效能。波音提供一個很好的例子，說明如何使用電腦圖形學來幫助員工：

> 研究人員正在開發可將電腦圖形學應用於頭戴式顯示器，以……幫助工人進行複雜的配線或正確放置鉚釘……。電纜將頭戴式耳機連接到電腦，並可生成圖像在人員轉向或執行新任務時進行變更；頭盔上的磁性或超音波接收器可幫助系統追蹤位置所在……因此，佩戴者會看到一張圖表疊加在他的工作內容上。

像圖片一樣，手勢和肢體語言也可以傳達訊息。研究和你的親

道德管理

模仿獲利

你想為一家透過模仿名牌穀物製造商創造的最佳業績,來賺取大部分利潤的公司工作嗎?這家 Ralcorp Holdings 公司,現在是 Treehouse Foods 的子公司,是自有品牌 (或商店品牌) 食品領導者,該公司以此賺取大部分利潤。

與高價位的全國知名品牌相比,Ralcorp 的仿製商品的零售價格每箱便宜約 1 美元,同時為零售商帶來更高的利潤,零售商也因而出名。自有品牌成長的另一個正面結果,使得名牌穀物的虛擬批發價格凍結。

Ralcorp 努力模擬被模仿名牌產品的外觀、口味和包裝。公司在工廠使用的技術,可協助其盡可能精確地複製原廠配方。另外,Ralcorp 的名稱模仿原廠名稱:以 Tasteeos 對照 Cheerios、Fruit Rings 對照 Froot Loops、Apple Dapple 對照 Apple Jacks。由於穀物是透過例行製造方法製成的,因此合法性對於複製大多數類型的穀物並不是問題。

1. Ralcorp 做的是一種「合法的」盜竊形式嗎?
2. 為什麼 Ralcorp 試圖模仿名牌穀物的包裝?
3. 在此個案中,還看到其他哪些倫理問題?

資料來源:Ralcorp Holdings Inc., http://www.ralcorp.com.

圖表 11.3 非口語溝通的練習

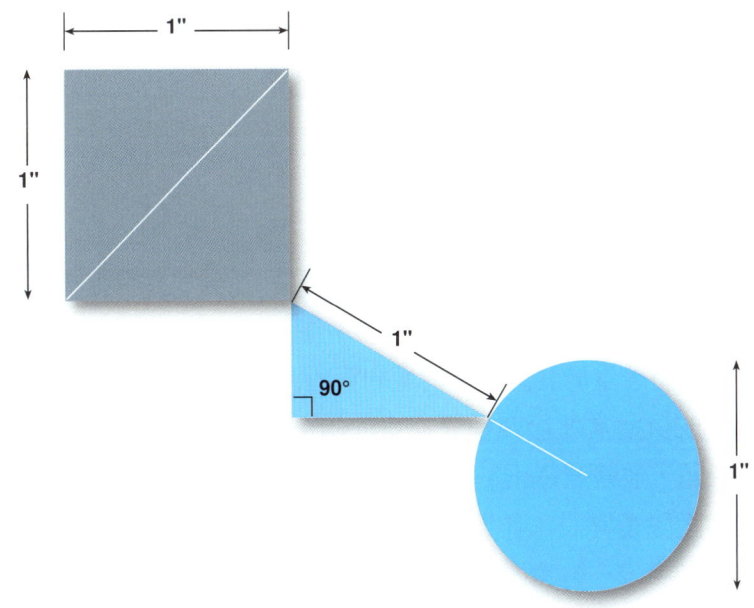

身經驗指出,發送者的肢體語言和其他非口語表達形式可協助接收者理解發送者的感受和意圖。上司透過受折磨的臉部表情、緊握的拳頭、激進的手勢、比平常大的聲音、比平常更接近的身體姿態,

以及熾熱的眼神交流，來傳達沮喪的情緒。

假設當訪客到達時，管理者一直坐在桌子後面，拒絕注視訪客，也不招呼訪客。這些行為傳遞以下一種或多種訊息給訪客：「此人不高興見我」、「我做過使此人惱怒的事情」、「此人不尊重我」，或「也許這不是拜訪此人的好時機」。但是，如果管理者舉手打招呼或握手、尋求目光接觸、滿臉微笑，並說：「很高興與您見面，請坐！」則會發送完全不同的訊息。

發送者和接收者必須意識到非口語溝通中既有的訊息，當非口語提示似乎與發送者的口語訊息相牴觸時，接收者往往會相信非口語訊息。

人際溝通

> **人際溝通** 進行面對面或語音對語音(電話)的對話，並能提供立即性回饋。

人際溝通 (interpersonal communication) 進行面對面或語音對語音(電話)的對話，並能提供立即性回饋。人際溝通適用於討論參與者(給予和接受)之間需要相互同意的事情，應用包含關於績效評估的討論、目標管理會議、給予讚揚或批評的對話，以及輔導、諮詢或訓練課程。當問題影響他人或需要一個或兩個以上的參與者提供意見時，會議和研討會是人際溝通有用的形式。腦力激盪會議、品管圈、委員會會議和合約談判，只是人際溝通的少數應用。

溝通與團隊

團隊在組織中扮演越來越重要的角色。管理者發現，透過將工人聚集在一起，他們可以獲得更好的工作。第 13 章將詳細探討團隊動態，本章將著重於討論團隊溝通的管理。

團隊成員通常進行四種溝通：他們交換意見、討論工作、討論問題或議題，並傳遞資訊。

無論團隊是常設工作群體，還是臨時召集來解決問題的團隊，團隊成員都共享一位領導者、一個或多個目標、相關活動(儘管每個成員可能有不同角色)，以及彼此依賴；當然每個人都有獨特的特質，但是共享的特徵建立群體身分。實際上，群體成員通常會對管理和組織建立共同的觀點，這些共同的看法首先源於群體成員相互影響，以及群體內部的溝通傳遞和強化相似態度的事實。因此，管

理團隊間溝通的關鍵是,確保被共享的看法是正面的,而且與組織的文化和目標相契合。

團隊成員間時常會發生爭執,必須妥善地處理。艾倫‧羅德 (Ellen Lord) 領導一個團隊,在新罕布夏州的 Textron's Davidson Interiors 工廠工作。她已經「發現要使團隊感到高興,管理者必須有耐心和用心,才能像父母、老師和裁判一樣同時行動。」在她的團隊形成過程中,成員發現許多需要討論的議題。「有潔癖的人受不了身邊的人不修邊幅,人們開始對咖啡壺中煮的是哪種咖啡產生情感……。不管情況有多糟,你都必須使人們聚集在一起並進行交談,直到他們感到舒適為止,而這個過程可能花費數個月的時間。」請參見圖表 11.4,以獲取涵蓋具生產力的團體和團隊溝通的清單。

許多團隊的溝通都圍繞著完成工作進行:文案人員與產品經理討論產品的功能和目標市場,而設計師則與文案人員討論頁面配置。在這種溝通中,管理者主要關注的是確保人們發送和接收準確的資訊、確保所有團隊成員在需要時都能獲得所需的資訊,並確保團隊成員對彼此的主意和議題呈現敏感性。

當團隊開會探討議題、確定如何執行程序、解決技術問題或做出訂價決策時,團隊溝通很重要,集體決策有很多好處,聆聽多種觀點可激發一個人能有更廣泛的想法;人與人之間的互動可以創造強大的綜效。此外,參與可以增加對該決策的承諾 (請參見第 5 章)。但是必須對群體討論進行認真的管理,以確保其效能。管理者必須設定清楚的會議議程,並保持討論的重點,他們需要透過引導討論來確保所有群體成員參與,並避免被少數人主導。他們必須注意會議時間,以免浪費時間。有關六標準差 (Six Sigma) 團隊溝通計

圖表 11.4　確保群體與群體成員之間溝通有效能的清單

1. 成員是否清楚該群體的目的和目標?
2. 每個群體成員是否清楚自己的角色?
3. 成員是否知道程序?
4. 群體成員之間是否存在互信和尊重?
5. 所有成員都可以接觸所需的資訊嗎?
6. 是否確實進行正式討論並記錄結果?
7. 群體及其成員是否收到有關其工作結果的立即回饋?
8. 成員是否定期評估他們的群體和個人成員貢獻的有效性?
9. 群體及其成員是否因其有價值的貢獻而得到認可和獎勵?

品質管理

溝通計畫

六標準差是一個力求接近完美的品質管理計畫。計畫的第一步是制定章程，這是管理階層與六標準差團隊間的協議，包含專案及其預期成果的概述。如下所示的溝通計畫可為團隊提供資訊，顯示將要傳達的訊息、將由誰進行溝通、何時進行溝通、將向誰傳遞溝通、將如何傳遞溝通，以及將資訊儲存在何處。(注意：冠軍是領導者；黑帶是六標準差專家；作戰室是一個顯示專案措施和進度的區域，可供所有人查看；TBD 是待定；COB 是關閉。)

- 確定你所屬的群體。列出群體希望完成的二或三個專案。選擇一個專案，並完成一個溝通計畫。

資料來源：iSixSigma, "A Project Charter Communication Strategy is Essential," http://www.isixsigma.com/index.php?option=com_k2&view=item&id=1469:a-project-charter-communication-strategy-is-essential&Itemid=212.

六標準差專案章程溝通計畫

溝通什麼	向誰溝通	何時溝通	由誰溝通	如何溝通	在哪溝通	意見
專案團隊會議	專案團隊、受邀者	每週 (每週四上午9點)	黑帶	通知，議程提前一週寄出	作戰室	
會議記錄	配銷清單	到第二天COB	黑帶或隊友	透過電子郵件	MS Word 檔在共享硬碟	
團隊合作／行動項目	專案團隊、冠軍	TBD	黑帶	透過電子郵件	文件性質待定，放置在共享硬碟	
狀態報告，包括時間表	專案團隊、冠軍、顧客/客戶	每週 (每週五COB)	黑帶	透過電子郵件	MS Word 檔在共享硬碟，傳電子郵件給顧客代表	
專案預算	冠軍、專案財務分析師、品質部門主任	TBD	黑帶或專案財務分析師	透過電子郵件	MS Excel 檔六標準差資料庫	
專案審查	專案團隊、冠軍、品質部門主任	TBD (每月)	黑帶	通知提前一週寄出	六標準差會議室	
專案情節	部署冠軍、品質部門主任、資深管理階層	TBD	黑帶或團隊成員	畫廊漫步 (gallery walk) 提前二週寄出	六標準差畫廊室	

畫的例子，請參見本章的「品質管理」專欄。

團隊內部的溝通經常涉及資訊的傳遞。無論管理者是要通知團隊成員有關新組織政策，還是團隊成員正透過電話交談傳遞詳細的訊息，團隊會議都是進行這類交流的理想方式。一次告訴五個人會比單獨尋找並告訴每個人要有效率。同樣地，當一次將資訊傳遞給多人時，每個團隊成員接收相同資訊的機會也增加。最後，讓團隊聚集在一起聆聽此類訊息，為成員提供討論其資訊意涵的機會。

11.3 人際溝通障礙

倫納德‧賽爾斯 (Leonard R. Sayles) 和喬治‧史特勞斯 (George Strauss) 指出，人際溝通或面對面交流的常見溝通。以下各段落總結他們定義的障礙。遵循本章最後一段描述用於改善溝通的指南，將可在很大程度上克服這些障礙。

用字和語義學 **用字** (diction) 是演講和寫作中單字的選擇和使用，會顯著影響溝通。**語義學** (semantics) 是對單字涵義的研究，證實單字對於不同的人可能具有不同的涵義；在日常使用中，諸如自由、保守和激勵之類的抽象詞彙，可以為發送者和接收者創造不同的圖像。商業條款可能會引起同樣的問題；諸如懲戒 (紀律) 和委屈 (苦處) 之類的詞語可傳達負面和正面的涵義，並可能引起強烈的情感反應。有效能的溝通者對這種影響很敏感。

在當今具有多元文化背景的工作場所中，英語是許多人的第二語言。為了克服與這種情況有關的問題，公司提供基本的英語課程。他們還透過在團隊中分享經驗，討論美國種族多元化的人口。本章的「重視多樣性和包容性」專欄討論種族多元化的好處。

術語 (jargon) ——在行業、專業、次文化或其他團體的專業或技術語言。每個公司文化、次文化、單位和部門都有自己獨特的術語和俚語表達方式。電腦專家討論位元、位元組、文件樣板，財務經理使用如槓桿、權益和折舊之類的術語。當這些次文化的成員使用這些表達方式，試圖與圈外人進行溝通時，可能會導致混亂。

溝通者得到的教訓很明確，對接收者和發送者力求語言都意味著同一件事。如果發送者對不尋常、專業或含糊語詞的可能解釋有任何疑問，則應格外注意詢問接收者是否理解這些術語。美國文化和語言的新移民應該特別注意。那些剛到美國的人可能對俚語嗤之以鼻。一個簡單的短句，如「等等，我要在手機上 IM Jerrod，然後把這個想法從他身上反彈出來。」會使大多數新移民感到困惑。實際上，他們可能會看著你，就像你剛使用外來語或方言一樣，完全不像你可以在教室中所使用的一般言語。

熟悉的期望 因為你完全知道說話者會說什麼，所以你進行多少次

---

3 列出且解釋人際溝通的障礙，並提出克服這些障礙的補救措施與建議

用字 演講和寫作中單字的選擇和使用。

語義學 單字涵義的研究。

術語 行業、專業、次文化或是其他團體的專業或技術語言。

重視多樣性和包容性

種族多樣性的好處

根據哈佛商學院教授羅賓．埃利 (Robin Ely) 和大衛．托馬斯 (David Thomas) 的說法，種族多樣性導致公司生產力的提高。埃利教授將文化多樣性定義為「身分認同中的團體差異，特別是關於社會文化上不同且在社會中具有不同權力地位的團體。」他進一步聲稱：「社會文化差異可能是種族、民族、性別、宗教、國籍和性取向」(Lagace)。埃利和托馬斯在美國東北部一家大型商業銀行的工作團體中研究種族多樣性。

他們的研究針對工作團體中的種族多樣性提出三種不同的觀點 (Lagace)：

1. **歧視和公平的觀點**。這些工作團體渴望成為不抱種族偏見者，因此圍繞種族的對話受到限制。他們相信種族與工作之間沒有關聯，但種族偏見最終可能對工作團體造成破壞性影響。
2. **接觸和合法性的觀點**。僅在組織的某些部分中存在多樣性。人們被有效能地分流到不同的職業道路上，並被告知：「這就是你擅長的領域。」
3. **整合和學習觀點**。鼓勵團體成員利用所有相關的見解和觀點來開展他們的工作。

只有第三種觀點，即整合和學習，才可以提高績效。

■ 工作團體如何從成員的不同經驗中學習，而不是忽略或壓抑他們？

資料來源：Martha Lagace, "Racial Diversity Pays Off," *HBS Working Knowledge*, June 21, 2004.

對話中斷說話者話題？人們之所以如此，是因為他們熟悉說話者對特定主題的想法；說話者從聲明和語調開始，聽起來和過去使用的開場相似；在那一刻，聆聽就停止了。父母開始說：「當我和你一樣大時……」，孩子就會置之不理；當老闆開始以「當我做跟你一樣的工作時，我……」，下屬就會置之不理。由於聆聽者熟悉的期望而不再聆聽，這是阻礙溝通的一個因素。

在向人們介紹熟悉的主題時，發送者應詢問有關對主題的理解和當前知識的主題來吸引接收者。如果接收者已經知道發送者想要溝通的內容，就無須再做努力；如果要發送的是新內容，發送者應敘明該事實，並且繼續傳送新資料。

消息來源缺乏可信度 如果發送者在接收者的心中有可信度，與缺乏可信度的發送者相比，將會更容易收到訊息。當一個人被證明具有知識並取得成功的記錄時，就會談論他或她的專長，人們往往會傾聽。假設財務經理比行銷經理在預算事務上具有更專業的知識，有經驗的工廠經理對於如何解決維護問題的想法應勝過學徒。但是

新進與經驗不足的員工通常會用新穎、無偏見的方法來面對問題；他們可能會發現更有效率及更有效能的方法來完成任務，因此他們的新點子值得一聽。賦予員工權力意味著給予他們自由和職權，提供建議和設計新的解決方案。

先入為主的觀念　如果接收者聽到新的不同觀點，跟他們「知道」是真的事情發生矛盾，那麼接收者就不會接受它。以這種方式做出反應，接收者會暫停思考，並壓抑不同觀點的成長和變化。他們將其他觀點拒之於外，即使其他觀點可以成為接收者自身成長和發展的方式。

不同的知覺　大多數組織都包含來自不同社會、經濟和文化背景的人。這些人可能有各種不同的價值觀、信念、期望和目標，他們甚至說著不同的語言。這些差異導致不同的知覺 (perception)，是人們觀察的方式，以及他們對所經歷的刺激做出判斷的依據。預先關於人群的傳統常規和過於簡化的信念 [刻板印象 (stereotypes)] 會引起對這些團體的一系列典型反應，包括正面的和負面的知覺。例如，「他是西班牙裔，所以他一定是……」、「女人只是不……」和「德國人總是……」等，都是刻板印象的表達。刻板印象可壓抑互動和溝通，每個人都需要保持開放的心態。

> **知覺**　人們觀察的方式，以及他們對所經歷的刺激做出判斷的依據。
>
> **刻板印象**　關於一群人的預定信念。

非口語溝通的衝突　一個皺著眉頭說「我感覺很好」的人正在發送衝突的訊息；管理者在座位上扭動並告訴我們繼續交談時，又不停地注視著手錶，實際上是在告訴我們應該停止交談。

　　一個人的外表和行為會發送訊息。假設管理者督促員工努力做到縝密的地步，但如果管理者總是顯得草率的話，這些督促可能會被忽視；如果管理者從未準時開會，無論說什麼有關持續改善的需求都會是多餘的。遲到表示其他事情更為重要，沒有必要開會，或者其他人的時間沒有價值，也不需重視。

情緒　脾氣會干擾理性和理解，也會壓抑溝通。發送者和接收者成為對手和對抗者。當芝加哥小熊隊 (Chicago Bears) 的主教練在一場美式足球賽事場邊發脾氣時，體育評論員和一些隊員聲稱這改變了氣勢，有利於對手。芝加哥小熊隊當時領先 14 分，卻再也沒有得分，

並輸掉比賽。嘗試達成心靈交流，卻化為謾罵、攻擊性言論和行為，此後一段時間內，憤怒時傳達的訊息可能會對他人及其關係造成損害。一旦說出攻擊性的話語就無法收回，道歉不會消除對接收者的傷害。

克服溝通情緒可能造成障礙的最佳方法是發展時機感。這種重要感覺有助於發送者知道最好在何時溝通。山姆對時機很敏感，當他說：「我今天不會見老闆，聽說他的新預算被拒絕了。」同樣地，在疲倦的工作日結束時，人們不太願意與他人溝通，這並不是嘗試傳達複雜訊息的好時機。

> **噪音** 溝通環境中，影響訊息發送和接收的任何內容。

噪音 溝通環境中，影響訊息發送和接收的任何內容都是噪音 (noise)。如果你曾經試圖在機器的轟鳴聲中說話，或使用通訊不良的電話來通話，就會知道噪音如何干擾溝通；當人們不得不大聲喊叫才能被聽到或被無關緊要的訊息所困擾時，他們正在體驗噪音。

11.4 組織溝通

> **正式的溝通管道** 管理階層指定的管道(向上、向下和水平，遍及整個組織結構)，用於官方溝通的努力。

既然我們了解人們如何在人際間進行溝通，就準備探索組織溝通。本節將從討論正式的溝通管道 (formal communication channel) 開始，溝通管道是由公司組織結構所產生的，這些指定的訊息管道沿著三個方向運行：向上、向下和水平。管理者負有創造、使用和保持這些管道暢通，並可供組織成員使用的責任。溝通管道是成員與外部人員之間的橋梁，也是官方溝通所需通過的路徑。

查看公司的正式組織結構圖，就會發現誰與誰建立聯繫，從而確定溝通的方向。圖表 11.5 顯示正式的組織結構圖，以及直線和幕僚經理之間的溝通聯繫。請記住，溝通是雙向的努力，因此這些管道會承載來自和向其聯繫的人的訊息。

在不太遙遠的過去，正式的溝通是從高層從上而下的，很少有從其他任何方向而來。每個工作單位或子系統的每個層級都有嚴格的指揮鏈。回饋工作既困難又費時。通常都依賴紙本和書面溝通。下達命令、撰寫程序，接受命令的人也都遵從。

現今組織重視電子溝通方式、員工賦權、有彈性和整合的團隊。因此與過去相比，更多的是從下而上、由左到右的溝通。

圖表 11.5　組織的正式溝通管道

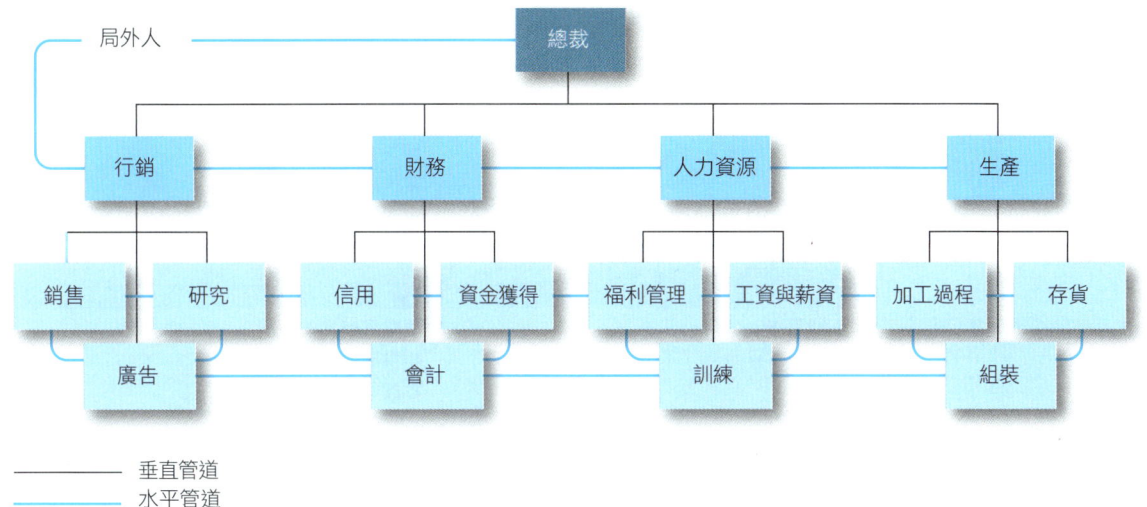

```
局外人 ─────────────── 總裁
         ┌──────┬──────┴──────┬──────┐
        行銷    財務        人力資源   生產
       ┌─┴─┐  ┌─┴─┐         ┌─┴─┐   ┌─┴─┐
      銷售 研究 信用 資金獲得 福利管理 工資與薪資 加工過程 存貨
         廣告    會計          訓練           組裝
```

───── 垂直管道
───── 水平管道

　　與過去相比，現在的溝通更快速、更直接且受到的過濾更少。電腦網絡、衛星通信和電話會議將必須共同工作的人們連結起來，即使他們位於不同的城鎮或不同的國家。有了電腦或智慧型手機並連接到網際網路，員工就永遠不會失去聯繫。如今，管理者和員工實際上工作於無牆辦公室。

正式的向下管道

4 描述向下、水平和向上溝通管道的用途

　　向下溝通傳達資訊的種類，請參見圖表 11.6。除訊息本身之外，管理者應傳達訊息背後的原因、工作為何要這麼做，以及可能產生的好處與壞處。共享原因具有使其他人參與決策過程的效果，如第 5 章所述，結果可能是非常有益的。

　　在管理者或團隊領導者及其下屬之間日常職場中的對話和互動中，每天都會發生向下溝通，可以一對一或在大型會議中進行。用於進行向下溝通的典型機制是，公司程序手冊、新聞通訊、公共關係公告、年度聲明，以及各種類型的備忘錄、報告、信函指示等。

　　Zingerman's Deli 的共同創辦人在密西根州安娜堡 (Ann Arbor) 一起創辦公司，當熟食店擴展太大而無法與 130 名員工進行交談時，便開始公司的新聞通訊。共同創辦人證明新聞通訊的成本是合理的，因為它為他們提供與員工溝通的方式。正如艾倫‧斯普拉金斯 (Ellen Spragins) 所報導的，共同創辦人給三個新聞通訊被認定正面且受歡迎的原因：

📊 **圖表 11.6　向下溝通、水平溝通和向上溝通的主題**

向下溝通	
執行長的願景	工作設計
規則或程序的變更	績效考核
公司使命	政策
授權	解決方案
發展	幕僚經理的建議
回饋	策略目標
獎勵	訓練
水平溝通	
協調工作	與顧客有關的資訊
努力尋求協助	與供應商有關的資訊
回饋	群體成員互動
向上溝通	
投訴	請求協助
回饋	狀態報告
推薦解決方案	研究成果

1. 沒有任何令人反感或令人失望的事物被發表。
2. 編輯者會因製作新聞通訊而獲得額外報酬，因此有激勵動機進行高品質的溝通，以吸引員工。
3. 新聞通訊中約有 30% 的內容由第一線員工建立 (其餘來自管理者和共同創辦人)。

　　新聞通訊變得如此流行，以至於外界人士願意付費訂閱。Zingerman 的網站 zingermans.com 共享四個不同的電子通訊 (enews)，一個部落客和一個臉書頁面。《Zingerman 的良好領導力指南》(*Zingerman's Guide to Good Leading, Part 1: A Lapsed Anarchist's Approach to Building a Great Business*) 是共同創辦人合夥人艾利・溫茲維格 (Ari Weinzweig) 撰寫的系列叢書中的第一部，內容敘述 Zingerman 的企業社群成功的管理原則和方法。Zingerman's 使用其網絡來獲取更多、更好關於美食的資訊，而人們可以利用它。

正式水平管道

　　如圖表 11.6 所示，水平管道將組織內具有類似層級和地位的人員 (如工程師和團隊成員) 和外部利害關係人 (如經銷商和顧客)，與最能滿足需求的內部人員連結。員工和管理者透過水平管道提供回饋、使團隊成員知情、協調活動、尋求幫助，並與顧客保持聯絡。

Toll-free 提供受話方付費、發話方免費的長途電話服務，這種溝通是水平管道，可將消費者與公司中的人員連結起來，無論他們處於什麼層級，都能得到最好地回答或滿足需求。透過網際網路傳遞語音，已成為國際電信費率持續下降的催化劑。Net2Phone 是第一家透過電話網絡橋接至網際網路的公司。網路電話，稱為 VoIP 或網際網路協議語音服務，是一種能夠透過 IP 網路即時傳遞語音信號的技術；語音是透過使用公用電話交換網路在網際網路上傳遞的，以實現通話的最小部分，並透過網際網路在最寬的距離上承載通話。

網際網路上的即時溝通，增加顧客服務範圍並加強網站。例如，留下電子郵件訊息或發送文字簡訊的顧客可以在指定的時間參數內，「保證」來自「即時」公司代表的回覆；或者可以透過網際網路電話、共享瀏覽或即時文字聊天，來回答輸入問題或查詢問題的顧客，如圖表 11.7 所示。

現今許多公司都使用衛星傳輸的視訊會議進行人際溝通。例如，零售商可定期在總部的管理者與全國店經理之間舉行視訊會議，總部的管理者進行口語簡報，並邀請店經理提出問題。

水平溝通管道用於：設定目標；定義角色；創造、檢查和改善方法；增進工作關係；定義、調查和解決問題；以及蒐集、處理和發布資訊。

圖表 11.7　即時顧客支援

IP 語音和共享瀏覽

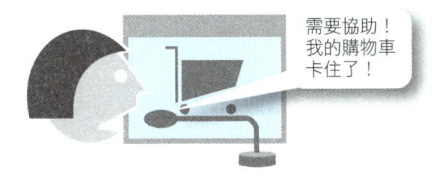

1. 顧客透過網際網路建立語音連接。
2. 顧客服務代表使用共享瀏覽 (如果有) 與顧客討論問題，提供高度個性化的服務。

文字聊天

1. 顧客打開一個文字對話框。
2. 服務代表透過文字回答，此方法非常有效率，因為每位代表可以處理多個聊天室。

隨著管理者建立越來越多的工作團隊，水平溝通變得越來越重要。一位觀察者指出水平溝通和團隊方式的優勢：「資訊直接移動到需要的地方，而不受層級結構的過濾。如果你對上層人員有問題，可以直接與他們打交道，而不是請老闆與他們交談。」哈佛大學舒夏娜·祖博夫 (Shoshana Zuboff) 教授呼籲，所有公司透過讓員工隨手可得的方式向員工提供公司的「資訊」，使他們能夠即時接觸系統中的所有資訊和專家。

正式向上管道

向上溝通提供向下溝通所需的回饋，允許員工請求協助解決某些問題，並為員工提供建議其他問題解決方案的方法；向上溝通還允許員工提供狀態報告，並通知上層有關員工的投訴。向上溝通的工具是員工調查、新聞通訊、管理者及其下屬間的定期會議、建議系統、團隊會議，以及開放政策使員工可以接觸管理者。

當被問及公司為改善溝通和生產力所做的努力時，執行長對一項調查的回答列舉與向上溝通有關的許多行動，這些措施包含定期與員工會面、精簡組織階層、擴大參與決策的範圍，以及設立申訴小組與熱線電話。

有時要求外部顧問提供對組織事項很重要的資訊，例如顧客對公司產品和服務滿意程度的回饋。所有汽車製造商都訂閱 J.D. Power and Associates 彙編的報告，該公司專門蒐集和出售有關車主對新車滿意度的資料。最著名的調查蹤追蹤購買者擁有新車 90 天後的選擇滿意程度。該公司透過數以千計的年度調查回饋，來衡量擁有者的滿意度。

公司創辦人詹姆斯·大衛·鮑爾三世 (J.D. Power III) 談到顧客研究在協助公司改善的重要性。

> 消費者不再是被動的接收者，而是已經透過網際網路和知識的可用性，而轉變為自己強大的經紀人。汽車經銷商的買家、醫院的患者、旅館的旅客現在不願意妥協，他們有很高的期望，並擁有可支持的資料。顧客的聲音比以往更響亮和清晰，因此必須格外關注。

許多組織面臨的挑戰是，如何利用顧客的回饋來改善顧客經驗。測量只是第一步驟。當克萊斯勒在 J.D. Power and Associates 的調查中評等不佳時，該公司聘請位於底特律的 Process Development 公司 (PDC) 來幫助它提高評等。根據克萊斯勒發言人湯姆·科瓦列斯基 (Tom Kowaleski) 的說法，PDC 的工作是研究這項調查的問題 (他們評等什麼及如何評分)，以及「我們在製造汽車時應注意的問題」。克萊斯勒了解到，諸如對旋鈕、開關或轉盤的「感覺」，以及杯架和菸灰缸的「位置」，這些事物與運轉平穩的引擎和變速箱一樣重要。結果克萊斯勒考慮移除在 J.D. Power 調查中引發投訴的設備。

正式溝通網絡

正式溝通網絡 (formal communication network) 是人與設備之間，以及人與儲存資訊的資料庫之間的電子連結。組織已經連結桌上型電腦很多年。電腦最初是作為一種工程工具，後來又作為一種儲存資料的方式。今天，它們對於企業的業務十分重要。第 16 章將討論在企業中使用電腦的時間表。

> **正式溝通網絡** 人與他們的設備之間，及人與資料庫之間的電子連結。

非正式溝通管道

管理階層設計的正式溝通管道，並不是組織中唯一的溝通方式。非正式溝通管道 (informal communication channel) 定期在工作場所內或周圍傳送簡單日常、社交和個人訊息。這些管道通常稱為小道消息 (grapevine)。非正式溝通管道散布謠言、八卦、正確及不正確的資訊，有時還會發布官方訊息。組織內部或外部的任何人都可以發出小道消息，小道消息以面對面、電話、電子郵件、傳真或社群網路等多種方式進行傳遞。

透過非正式管道傳遞的訊息，通常是由於來自官方來源的資訊內容不完整、組織內部或外部的環境影響，以及進行社交和保持知情的基本人類需求所致。當變革發生時，人們喜歡推測它們的涵義。人們因減薪和裁員而感到不安全或恐懼時，關於將發生的事會有謠言與臆測；當吉兒工作缺勤時，朋友和同事都想知道原因。最先了解特殊事物的人通常希望與他人分享他們的新知識。圖表 11.8 顯示訊息如何透過小道消息傳播。小道消息具有以下特點：

> **5** 說明非正式溝通管道，又稱為小道消息

> **非正式溝通管道** 非正式網絡，存在於正式管道之外，用於在工作中傳遞簡單日常、個人和社交訊息。

> **小道消息** 一種非正式溝通管道。

📊 **圖表 11.8** 行動中的小道消息

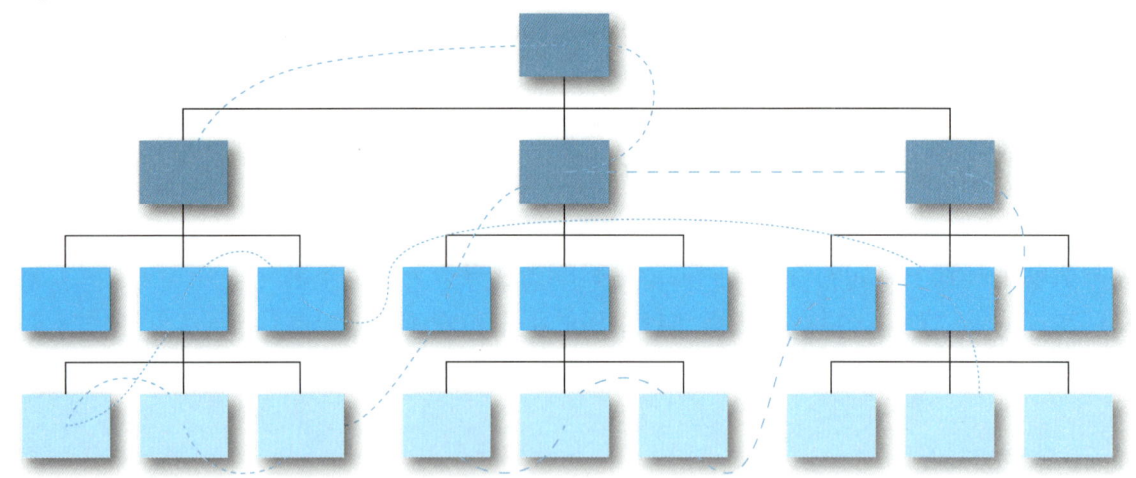

- 可穿透最嚴格的保全。
- 快速 (有或無電子連結)。
- 傾向傳送來自匿名來源的訊息。
- 一旦開始，訊息就很難停止或反擊。
- 組織中的每個人都可以接觸到。
- 可能支持或阻礙管理階層的努力。

在大多數組織中，相對較少的個人傳播大多數的小道消息，這些人創造傳送訊息的網絡；管理者需要適應小道消息，即他們應意識到所傳達的訊息及控制的人。然而，他們不應將小道消息作為正式溝通管道，但必須盡快用事實來反駁不正確的訊息。

圖表 11.9 顯示四種常見的小道消息型態，最常見的是集群鏈。透過它，發起者 (在這種情況下為 A) 將訊息發送到由 B、E 和 L 組成的集群或群組，這三個訊息群組透過自己的連接將訊息發送給其他人。相關的各方常常扭曲訊息。並非所有接收者都將訊息傳遞給其他人，如果接收者對小道消息溝通沒有興趣或不同意，則可能不會將訊息傳遞出去。

6 列出並解釋組織溝通的障礙，提出克服這些障礙的補救措施與建議

11.5 組織溝通的障礙

人際障礙和部分組織環境中的障礙，可能會阻礙組織中的溝通。例如，工作站在辦公室或工廠中的設置方式可以強化或阻礙溝通。

圖表 11.9　四種常見小道消息型態

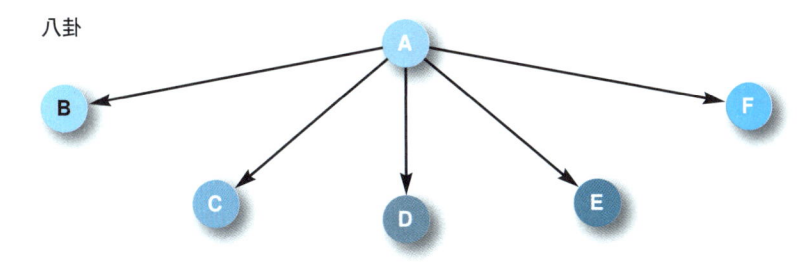

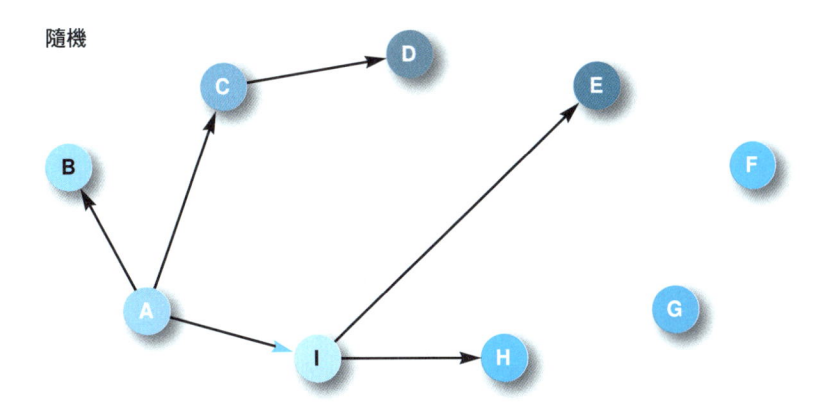

單鏈

A → B → C → D

八卦

A → B, C, D, E, F

隨機

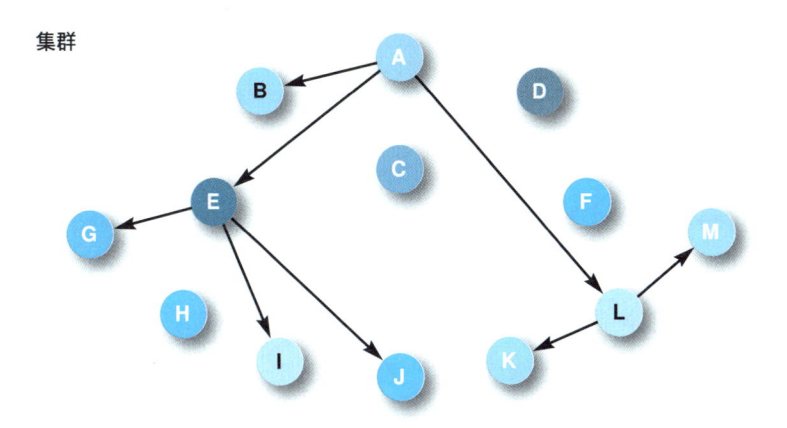

集群

儘管電話、電子郵件和社群網絡可以減少這種困難，但彼此之間見不到面或人際關係較不緊密的人可能會很難保持聯繫。

接下來將審視組織溝通的幾個障礙。

超載 在溝通的上下文中，超載一詞表示資訊過多。每個人每週在家中都會收到數十封垃圾郵件。每天工廠和辦公室都會發生同樣的事情，人們收到不想要或不需要的資訊。這種超載是一種噪音，員工被迫浪費時間試著將它分類。公司管理資訊系統專家的一項工作就是，確保人們只收到需要的訊息，並且以最有用的形式接收。

按層級過濾 公司的管理階層可能會成為溝通的障礙。根據基思‧戴維斯 (Keith Davis) 的說法，資訊傳遞的層級越多，可以修飾或過濾的資訊就越多，最後接收者獲得的訊息可能與原始溝通幾乎沒有相似之處。當前趨於扁平化的組織結構，應有助於防止這種扭曲。

美國鋁業從機械式到有機式重整其組織結構和工作關係。採取此行動的原因之一是要消除阻礙決策的物理和結構障礙，並對快速變化的顧客需求做出反應。透過減少管理階層，並在開放的工作區中將人員分組，美國鋁業大幅改善組織內的溝通和協調。

時機 溝通必須傳遞幾次後才能完成，可能會延遲該過程。組織中任何阻止所需資訊自由、快速流動的因素都會阻礙溝通。預期高速溝通技術 (如電子郵件) 的普及和增加團隊使用的機會 (成員經過訓練，以認知到共享資訊的需求)，將減少即時溝通的障礙。例如，員工可以藉助溝通工具，與公司、顧客、供應商和其他人員進行更有效率的連結和溝通。「這些包含即時管道 (行動電話、語音會議)，近即時管道 (即時訊息傳遞、廣播) 和訊息傳遞 (電子郵件、傳真、語音郵件)。」有關電子郵件禮儀的一些指南，稱為網路禮儀，如圖表 11.10 所示。

缺乏信任和開放性 對與員工分享重要資訊保密的公司缺乏開放性；這種行為表明他們不信任自己的員工。今天，人們期望組織變得透明，不僅與員工，還要與顧客和利害關係人一起參與及協同合作。

在 2016 年愛德曼全球信任度 (Edelman Trust Barometer®) 年度調查中，指出信任和透明度的重要性，該調查評估 23 個國家的企業、

> **圖表 11.10** 電子郵件禮儀 (網路禮儀)
>
> 發送電子郵件訊息時，請遵循以下指南來練習電子郵件禮儀：
> - 在郵件標題中使用描述性主題行。
> - 不要將訊息全部都用大寫。讀者會認為你非常無禮。
> - 在單字前後使用 * (星號) 進行強調，避免使用粗體和底線。
> - 請記住，發送的任何訊息都可能成為常識，發送前請重新閱讀訊息。
> - 在電子郵件訊息結尾列出你的姓名、職位和隸屬關係。

政府、非政府組織 (non-governmental organization, NGO) 和媒體的信任狀況。愛德曼 (Edelman) 總裁暨執行長理查德·埃德爾曼 (Richard Edelman) 說道：「信任不再是根據機構中的層級或職稱而自動授予。在當今世界，信任必須被贏得。」

消費者會信任提供優質產品、時常和誠實進行溝通的公司，並考慮企業在社會中扮演的角色。公司有機會致力於開放式溝通和一種使社會受益的協同合作方法。保持溝通管道開放的一種方法是透過社群媒體，這是本章的「管理社群媒體」專欄主題。

組織溝通中的開放性不足，是由於缺乏信任感或擔心會暴露不法行為。這就是美國航空前高階管理者唐·卡蒂 (Don Carty) 保留工會提供的有關經理人保留紅利計畫資訊時發生的情況。

> 美國航空發表聲明表示，勞工領導者已被告知 (經理人) 保留方案，但未告知工會成員。勞工領導者回應，因為事實證明這份聲明是不正確的。當美國航空後來撤回聲明時，信用差距進一步擴大。卡蒂隨後道歉說：「我的意圖不是誤導任何人。」他承認：「我的錯誤是未能明確描述這些保留福利，因此許多員工感覺被蒙蔽。」但道歉是空洞的。卡蒂的信用蕩然無存。在這些事態發展的六天內，確實如此。

有些公司的員工和管理者使用團隊建立活動來發展良好的工作關係和相互信任。所有人包含從董事長到顧客服務代表都接受相同的訓練計畫，該計畫可以包括諸如矇眼射飛鏢的遊戲；除非有人輔導，否則矇眼的射飛鏢者幾乎沒有機會射中目標，這有助於培養合作與信任。

不當的控制幅度 如果管理者督導的人員超過時間和精力的允許，則會影響溝通。督導人數不多的管理者增加與下屬接觸的機會，所

管理社群媒體

溝通社群媒體

社群媒體正在改變企業與顧客、合作夥伴和員工溝通的方式。巨集道資訊 (Broad Vision) 的社交策略總監，也是 *The Business Communication Revolution* 的作者理查德・休斯 (Richard Hughes) 指出，企業使用三種類型的社群網絡：

- 企業用於與顧客聯繫的公眾社群網絡，包含臉書、推特、Google、YouTube、Pinterest、LinkedIn、Instagram、Tumblr 等。
- 顧客社群鼓勵點對點及公司知識來解決顧客的問題。企業可以與供應商和代理商合作。
- 社群內部網絡是私人員工社群網絡，將員工彼此連接，使他們可以在整個組織中共享知識。
- 社群外部網絡由私人社群組成，用於進行更深入的顧客對話。

資料來源：http://communication-revolution.biz/.

以可能會變得傲慢無禮。領導者透過提供對所需資訊快速接觸的職權來賦予員工更多的權力，就越不需擔心保持有效的溝通。訓練有素、可自我管理的工作團隊知道，需要協助時所要做的就是尋求幫助。在此之前，管理者應根據需要進行觀察、追蹤和進行所需的協助。

變革 公司中任何地方的改變會損害或阻礙溝通，當新任管理者接任時，總是會導入目標、方法和溝通方式的變化。重要的是，人們準備好應對變革的能力。加州的 Senn-Delaney Leadership Consulting Group 負責人拉里・桑恩 (Larry Senn) 提出建議：「花點時間向人們描述你的期望。在一個小型組織中，一個不願意改變且沒有團隊成員的人真的會破壞工作。」

公司中的職級或地位 不幸的是，在太多的組織中，管理者在階層結構的位階越高，他或她對其他人的配合度就越低。面對職級或地位，有些下屬對溝通可能變得膽怯、猶豫，或只願溝通好消息。有些擔任高階職務的人開始想像自己很特別，這種態度導致他們無法聆聽下屬的要求。

查爾斯・肯尼 (Charles C. Kenney) 在 *Riding the Runaway Horse* 中說明王安電腦 (Wang Laboratories) 的隕落。他將該公司業績下滑的原因歸納為不願尊重各種意見，以及與顧客保持密切關係。創辦人王安創造兩檔股票以避免股東對其決策的影響，他延遲進入個人電腦

領域，直到該領域落入他人之手。當產品還只是紙上談兵的想法時，王安就宣布開發新產品，而且在臨終前，解僱他的兒子兼總裁王峰，並將公司的失敗歸咎給兒子。用公司前任總裁約翰・坎寧安 (John Cunningham) 的話來說，王安已成為「謙卑狂妄者」。

管理者的解讀 管理者就和其他所有人一樣，都是有偏見、刻板印象、價值觀、需求、道德和倫理的人。他們如何看待自己的世界取決於將如何回應這個世界。管理者將對他們認為必須的人、時、地、物進行溝通。例如，考慮一位面臨危機並要求緊急資金支付額外加班的經理；他需要迅速的批准，但是接到請求的財務經理卻不著急。財務經理希望將請求延遲兩個月，到明年的編列預算生效之前，在面臨決策的壓力時，她回答：「當我決定付錢時，你會得到所要求的款項。」兩位經理都有不同的需求和應辦事項，兩者都有不同的觀點、優先順序——和對禮貌的想法。

電子噪音 現代電子技術為工作環境增加更多的噪音。故障、超載、線路上的靜電、網站載入緩慢，以及訓練不佳的操作人員，都是組織溝通的障礙。語音郵件系統可能是溝通的障礙。如果管理者留下語音郵件，並要求接收者在會議上共享訊息，則接收者可能會誤解該訊息，產生訊息噪音。當顧客無法透過語音郵件系統找到問題的答案時，沮喪感就會加劇。此外，如果使用者未接受有關硬體和軟體正確使用的適當訓練，則可能會經歷潛在的電子噪音。員工會出錯且浪費時間在試圖解決不必要的噪音上。

11.6 改善溝通

7 描述溝通過程中發送者和接收者的責任

善於溝通涉及不同的個人技能及組織框架與輔助手段。發送者和接收者在溝通過程中都有不同的責任，履行這些責任可協助雙方避免或克服溝通障礙。

發送者的責任

發送訊息的人必須形塑訊息，並知道如何接收訊息。以下段落將討論發送者的責任。

確定意圖　發送者的首要任務是釐清訊息的意圖。圖表 11.11 列出一些典型的溝通目標。如圖所示，目標通常會因接收者而有所不同。所有訊息的共同目標，就是接收者能理解訊息的內涵。

了解接收者，並以此建構訊息　發送者應盡可能獲取更多關於要接收訊息的個人或群體的資訊。發送者需要了解接收者的工作、經驗、人格、看法和需求。如果發送者和接收者使用不同的母語、來自不同的文化背景，或具有顯著不同的經驗，則發送者必須意識到這些差異可能帶來的障礙。例如，當發送者和接收者講著不同母語時，圖片和圖表可能會是最好的溝通方式。

發送者必須選擇記住接收者的詞彙，而不是自己的。在編寫訊息時，發送者應嘗試進入接收者的思考；接收者是否理解所傳達的訊息？所有溝通的一個基本目標是，協助接收者像發送者一樣瀏覽訊息的內容，發送者應強調與接收者有關的訊息方面。如果訊息宣布更改，則發送者應指出結果將為接收者帶來的益處；如果目的是尋求協助，則發送者應說明接收者提供的內容。

選擇適當的媒介　選擇傳送訊息的媒介部分取決於訊息的內容。機密資訊和讚美總是需要有個人風格。如果接收者在遙遠的地方，或者事情複雜且冗長，則以書面形式傳送可能是最好的選擇。如果接收者偏好自既定的媒介，則發送者應嘗試使用該方法，視力受損的人可能更偏好語音訊息或以盲文點字編碼的訊息；有聽力障礙的人可能更偏好訊息視覺呈現。最後，發送者在試圖進行溝通時必須考慮要面對的實體和情感環境，會發出什麼樣的噪音？

圖表 11.11　典型的溝通目標

與上級溝通時	與下屬溝通時
• 提供對請求的回應	• 發出指示
• 使他們了解進度	• 說服和提供
• 尋求解決問題的協助	• 評估績效
• 提供改善意見和建議	• 稱讚、獎賞和紀律
• 尋求指示的釐清	• 闡明意圖和指示
與同儕交流時	• 個別認識他們
• 分享改善意見	
• 協調活動	
• 提供協助	
• 個別認識他們	

傳遞時機 溝通的時機會影響其成功，必須考慮發送者及接收者的需求來決定最佳時機點。主管可能希望在下午 4 點與下屬交談，但如果員工的工作結束時間是下午 3 點半，則必須議定另一個見面時間。商業溝通應在適當的情況下進行，並應傳遞給有心情接收的人。關於新預算的重要討論不適合在公司野餐時，或在人們休息時提出。當發送者與他們聯繫時，顯然正埋首於工作的人無法完全把注意力放在該訊息上。

尋求與給予回饋 發送者的主要責任是確定接收者已收到並理解訊息。唯一可確定的方法就是得到回饋。發送者無法安排使對方回覆「我理解」的話；若接收者沒有問題，則發送者應主動提出回應。評估理解的一種技術是，要求接收者使用自己的話語來重述該訊息；另一種方法則是問一些問題，以查驗接收者對細節的掌握度。

當接收者進行回饋時，可能會問一些需要發送者回應的問題；此時，發送者必須評估接收者如何解釋該訊息，然後採取必要的措施來清除任何誤解。

接收者的責任

就像發送者有特定的責任一樣，接收者也有特定的責任。以下段落將討論這些責任。

積極傾聽 接收者必須專心聆聽正在發送的訊息。認真地傾聽要求接收者阻擋可能使溝通分心的干擾。由於人們說話的速度往往比聆聽者處理單字的速度慢，聆聽者的思想常常會分散而徘徊。在訊息已完全遞送之前，接收者不應嘗試對發送者或訊息做出判斷，因為挑剔會分散聆聽的注意力。哈佛商學院人力資源管理教授約翰·加巴羅 (John J. Gabarr) 表示：「有效能的溝通最大障礙是人們傾向於評估別人在說什麼，因此會誤解或未真正聽到。」

積極的聆聽者會記筆記，並列出發送者涵義不清的所有內容，好的聆聽者會提出問題以釐清訊息。他們觀察手勢、語氣、臉部表情和肢體語言，並尋找其中可能發生的矛盾，如果有必要還會尋求對矛盾的解釋。

對發送者的敏感性 發送者進行溝通是因為他們認為必須這樣做。

他們選擇某種媒介、時間和接收者，因為認為溝通的這些要素是適當的。接收者應在假設訊息對發送者很重要的情況下進行每次溝通，應該嘗試找出訊息對於接收者具有什麼價值及原因。保持敏感性意味著不要打擾或分散演說者的注意力。如果發送者在釐清訊息時遇到麻煩，則收件者須嘗試協助或採取行動延後溝通，直到發送者做好充分準備為止。

指示適當的媒介 接收者通常可以透過註明對某種媒介的偏好來施行溝通，許多管理者希望以書面形式接收重要的訊息，以便他們可以研究和儲存訊息，電子郵件、傳真、信件、備忘錄和報告可以滿足這些要求。有時要求進行面對面的會議，以便兩個或更多的人可以進行互動。表達偏好選項可以加快溝通速度，並消除發送者可能的猜測。因此，雙方都應該更舒適自在。當然，公司規定和程序或工會契約通常會指定用於處理例行公事的偏好溝通媒介。

電子郵件的優點之一是能對訊息進行優先排序，無論多麼不重要，對於語音郵件或電話答錄機的訊息，接收者都必須按順序收聽。檢查電子郵件後，發送者和主題列表將顯示在電腦螢幕上。接收者可以使用主題行對訊息進行優先排序，並選擇要先閱讀的訊息，然後透過點擊回覆按鈕，鍵入答覆並點擊「傳送」來立即答覆。垃圾郵件和其他不相關郵件可以在未讀取的狀態下刪除，電子郵件軟體使用者可對電子郵件進行過濾和分類。收件者可以讓發送者知道不想出現在某人的群組郵寄清單中，群組郵寄清單中的所有人應該都是想收到訊息的。

發起回饋 接收者承擔提供回饋的主要責任，在接收者陳述對訊息的解釋前，發送者永遠不會知道訊息是否被理解；接收者同樣無法確定已經理解發送者的企圖，直到接收者對訊息進行摘要，並獲得正確的確認為止。當接收者無法重述訊息時，這是一個確定的信號，表示接收者並不理解該訊息的意涵。三星是本章的「全球應用」專欄主題，它利用顧客的回饋意見來改善產品品質和設計。

良好溝通的十誡

美國管理協會已經準備有效溝通的指南，可作為本章中許多內容的有用總結，並提供額外的見解。圖表 11.12 顯示這些指南。

全球應用

三星購買品質和設計訊息

南韓的三星是電子和電器的全球領先品牌之一，但它並非一直是領導者。1969 年開始使用從三洋 (Sanyo) 借來的技術製造電視，型號的標價很低，但是電視機的品質比其他製造商的電視還差。

然後在 1988 年，三星以對品質的承諾進入手機市場；在 2001 年，三星的西班牙子公司 Samsung Electronica Espanola SA (SESA) 通過品質控制系統的硬體類認證，該技術稱為 Technology Leadership 9000 (TL9000)。Samsung Electronica 是第一家獲此認證的公司。TL9000 基於 ISO 9001 的規範，是電信業中最先進的品質控制系統。

接著在 1993 年，公司決定除品質外，產品還將強調在設計上。「三星的設計重點不僅限於產品的外觀和感覺。該公司正在努力改善人們使用和控制小工具的方式」(Rocks and Ihlwan)。到了 2004 年，三星已成為美國高檔電視中最暢銷的品牌。出色的設計是讓自己與競爭對手區隔的最重要方法。」執行長康雲時說 (Rocks and Ihlwan)。

「憑藉其 Galaxy Note 系列，三星推出新智慧型手機類別——平板手機，且已被競爭對手廣泛模仿。設計現在已成為公司 DNA 的一部分，以至於高階領導者依靠設計師來協助塑造整個公司的未來」(Yoo & Kim)。

- 負責三星設計業務的高級副總裁鄭國賢說：「就像蜥蜴斷尾仍繼續前進一樣，我們將不得不打破過去向前邁進。」你認為回饋如何幫助三星前進？

資料來源：Youngjin Yoo and Kyungmook Kim, "How Samsung Became a Design Powerhouse," *Harvard Business Review*, September 2015, https://hbr.org/2015/09/how-samsung-became-a-design-powerhouse; David Rocks and Moon Ihlwan, "Samsung Design," *Business Week*, November 29, 2004, http://www.businessweek.com/magazine/content/04_48/b3910003.htm.

圖表 11.12　美國管理協會之良好溝通的十誡

1. 在溝通前釐清你的想法。越系統性地分析要溝通的問題或想法，就會越清晰。這是有效溝通的第一步驟。
2. 檢查每次溝通的真正目的。在溝通前，問問自己，真正想用訊息完成什麼——獲取資訊、發起行動、改變他人的態度？確定最重要的目標，然後調整語言、語氣和整體方法來實現特定目標。
3. 進行溝通時，請考慮整體的實體和人為環境。意義和意圖不只透過語言來傳達。
4. 適時與他人協商。通常希望或有必要讓其他人參與溝通規劃或發展的事實。
5. 在進行溝通時，請注意弦外之音及訊息的基本內容。語氣、表達方式及對他人回應的明顯接受，會對希望達到的目標產生巨大影響。
6. 把握時機，向接收者傳達幫助或價值。考慮其他人的興趣和需求時常會強調向接收者傳達直接利益或長遠價值的機會。
7. 追蹤溝通。除非進行追蹤，否則在溝通方面的最大努力可能會浪費，且可能永遠不會知道是否成功表達自己的意義和意圖。
8. 在昨天、明天及今天進行溝通。儘管訊息的主要目的是滿足立即情況的需求，但如果要保持接收者觀點的一致性，則須牢記過去的情況已進行計畫。更重要的是，它必須符合長期的利益和目標。
9. 確保你的行為支持你的溝通。歸根究柢，最有說服力的溝通方式不是說了什麼，而是做了什麼。當一個人的行為或態度其言語相牴觸時，我們會傾向輕視其言論。
10. 不只要被理解，還要去理解，並尋求成為好的聆聽者。當開始交談時，我們常為了適應對方不言而喻的反應和態度而停止聆聽。

資料來源：Adapted from "Ten Commandments of Good Communication," *Management Review* (October 1955). © 1955 American Management Association International. Reprinted by permission of American Management Association International, New York. All rights reserved. Permission conveyed through the Copyright Clearance Center.

習題

1. 為什麼溝通在組織中如此重要？
2. 進行溝通時不可缺少的要素為何？
3. 哪些障礙會干擾人際溝通的努力？
4. 向下、水平和向上溝通管道的主要用途為何？
5. 小道消息如何在組織中發揮作用？
6. 哪些障礙會干擾組織的溝通努力？
7. 發送者在嘗試進行溝通前必須做什麼？
8. 接收者進入溝通過程必須做什麼？

批判性思考

1. 你的工作或學校環境中存在哪些會阻礙你及時獲取所需資訊能力的障礙？這些是組織的、人際的，還是兩者皆有？
2. 像美國航空這樣的公司重度依賴與顧客的電子連結，會遇到什麼樣的溝通障礙？
3. 查看在課堂上或在工作中擁有三星產品的人。詢問他們為什麼購買三星產品，以及他們的動機是否與本章的「全球應用」專欄所述相符。
4. 電話用於語音通話和**簡訊** (texting，發送簡短訊息或**文字**)。多數成年人使用手機進行語音通話，但發送簡訊已成為主流。*Ties to Tattoos: Turning Generational Differences into a Competitive Advantage* 一書的作者雪莉・艾略特・意瑞 (Sherri Elliott-Yeary) 提供標題為「RU 須知？」("RU in the know?") 的書籤。幫助工作中的老年人了解商務簡訊。以下是「RU 須知？」的一些縮寫。

RU 須知？

*$	星巴克
4COL	大聲哭泣
AAMOI	出於興趣
AB2	即將到
B4N	暫時再見
CMU	笑死我了
CYE	查看你的電子郵件
DIY	自己動手做
DQYDJ	不要放棄
E123	像數 1、2、3 一樣容易
F2F	面對面
G2G	要走了
H&K	擁抱與親吻
h/o	稍等
I 1-D-R	我想知道
IDK	我不知道
J2LYK	只是讓你知道
KYFC	保持手指交叉
LMSO	笑掉我的襪子
M4C	見面喝咖啡
MLAS	我會守口如瓶
Nm,u	不多，你呢？
NRG	活力
NUFF	說夠了
OIC	哦，我懂了
PMC	請打電話給我
PPL	人們
QT	可愛的
TC	小心
W8	等待
WIP	工作正在進行中
WTG	要走的路
XME	打擾一下
^5	擊掌

資料來源：Cheryl Hall, "Making Peace Among Generations," *The Dallas Morning News*, January 30, 2011, D1.

你是否會將簡訊分類為正式或非正式交流？請解釋之。

5. 企業使用簡訊向顧客發送提醒和/或帳單。企業還可用哪些方式使用簡訊？
6. 列出智慧型手機的活動。(人們可以使用智慧型手機或將智慧型手機連接到網際網路做什麼？) 你的大學如何使用電話應用程式來改善與學生的溝通？

Chapter 12
管理個人的差異和行為

©Shutterstock

學習目標

研讀完本章後，你應該能：

1. 說明適配的重要性。
2. 根據個人價值觀，對個人進行分類。
3. 詳細闡述態度的三成分模型。
4. 解釋如何改變員工的態度。
5. 分析人格主要是先天決定或後天養成。
6. 基於五大人格類型和邁爾斯－布里格斯類型指標，識別具有不同人格的個人。
7. 分析人格特質對工作績效的影響。
8. 說明管理者應如何自我調適以適應人格不同的個人。

特別感謝馬來西亞 Universiti Sains Malaysia (USM) 的 Daisy Mui Hung Kee 對於本章之協助。

管理的實務

在新工作中失敗的最重要原因

出處：艾瑞卡·安德森 (Erika Andersen)，億萬富翁秘密的小黑皮書 (*Little Black Book of Billionaire Secrets*)，2012 年 4 月 25 日。

　　我最近一直在思考公司文化的問題。在過去一年裡，我看到兩位新上任且才華橫溢的高階經理人，在兩家不同的公司中都慘敗，主要的問題在於無法融入該公司的企業文化。

　　有趣的是，這兩人都被聘任為「變革推動者」的角色；也就是說，聘僱他們的執行長看到目前高階管理團隊中，缺少改變現狀的特質，並想讓這些新進員工來「改變現狀」。第一種情況是，新進員工是一位極有創造力、勇於冒險的，且非線性思考的人，而執行長僱用原因是覺得他的媒體公司高層過於笨拙和注重數字管理，而逐漸失去創造力。另一種情況是，執行長認為管理團隊 (事實上是整個公司) 太「友善」了；在分享壞消息方面不夠誠實，在市場上也不夠積極，所以聘僱一位注重結果和自信的女性。

　　不幸的是，在這兩種情況下，一旦這個人被僱用，公司的執行長沒有做任何事情來支持應該要的改變……此外，該公司的企業文化在短期內吞噬了這兩位新人。新人一直用自己習慣的方式來工作，這讓人 (包括執行長) 感到不自在，因為這樣做看起來並不「正常」。

　　我最近讀到一個統計數據，89% 的招募失敗是由於文化適配差。事實上，我在一家名為 RoundPegg 公司的網站上，讀到一堆有趣的資訊。該公司致力於協助其他公司，精準地評估其企業文化，然後評估應徵者是否可以適應這種文化。我喜歡公司關注這個議題。長久以來，大多

375

數公司的領導者都低估公司文化，在招募影響因素上的重要性。我認為求職者也忽略這個關鍵因素，部分問題在於，我們對企業文化沒有明確的定義——我們認為這是一種朦朧又無定形的東西，正如「我不知道藝術，但我明白自己喜歡什麼」的想法。

以下是我們進行客戶組織文化分析時，提出的定義：

組織文化——企業可以接受的行為模式，以及促進並加強這些行為的信念和價值觀。

我喜歡這個定義是因為它有助於解釋企業文化為何如此難以改變 (不是不可能，記住，但很難)。文化可以表現自己，就像人們的行為一樣……然而，這只是冰山一角。這些行為源於對「我們應該如何表現」的信念，而這些行為源於人們持有的價值觀核心原則，認為什麼是重要的，以及什麼是有價值的。

例如在第二個場景中，如前所述，執行長認為他的公司太「友善」了，他希望這個新進員工幫助他們「更強硬」。然而，他的員工行為謹慎、包容，因為組織中的大多數人重視善良：他們認為善待他人是組織的關鍵要素。多年來，該組織一直僱用和推廣這個價值。此外，他們相信善良意味著積極和有點間接就是避免對抗和強硬的回饋。

因此，當這位新經理人加入團隊時，以單刀直入，不說廢話的方式進行溝通，並讓員工確實對工作結果負責，該組織就出現不適應的過敏反應。不僅是她以新的方式行事，而是她的行為方式，對員工來說，她踐踏他們根深蒂固的信仰和價值觀。更可悲的是，儘管她開始取得部分成效，卻也在企業文化層面上偏離甚多。

所以，要當心：不要誤以為企業文化是一些空洞的東西，根本不重要。如果你正在考慮加入一個組織，請謹慎了解該企業的文化，看看是否與你適配。如果你是管理者或人力資源部門員工，請徹底了解你的公司文化是什麼，並在招募新人時，如同努力地尋找有經驗和技能的員工一樣，也要注意他是否可以融入企業文化。

資料來源：http://www.forbes.com/sites/erikaandersen/2012/04/25/the-most-important-reason-people-fail-in-a-new-job/.

---

1 說明適配的重要性

12.1　工作場所的文化適配

人與人之間在人格、態度和價值觀上會有所不同。有些人空閒時喜歡旅行，有些人則喜歡和朋友一起跳舞和唱歌。然而，了解一個人的人格不僅在日常生活中很重要，而且對於提高工作績效，以及工作生產力也具有深遠的意義。

組織心理學家阿德里安・弗爾納姆 (Adrian Furnham) 對適配的定義如下：

「組織的規範和價值觀，與個人的規範和價值觀的一致性」。

另一位組織心理學家約翰・摩斯 (John Morse) 研究人格與組織的一致性，以及員工的能力自我評價的效果。結果證實這種觀點，即人格與他的工作兩者相稱的人會認為自己更有能力。積極的文化適

配可以改善員工的自尊心，並具有提高績效和生產力的螺旋效應。

同樣地，由克里斯多夫－布朗 (Kristof-Brown) 進行的整合分析顯示，良好的文化適配與許多正面積極的成果相關，例如：

- 更高的工作滿意度。
- 與公司建立更多關係。
- 更有可能留在組織。
- 更投入。
- 表現出卓越的工作績效。

此外，積極的文化適配對員工的身心健康有重要影響。這意味著員工有抑鬱症、焦慮症和其他相關健康問題的比例減少。一般來說，適當的文化適配與工作滿意度呈正相關，它解釋員工工作滿意度 43% 的影響力。

適配的重要性

工作環境是員工操作的場域條件，包括兩個重要方面，即實體和人際。實體環境是指工作場所的實體狀況，例如地理位置、空氣品質、溫度、噪音等級 (noise level)、設備、電腦和工作過程。人際環境則是指在工作場所工作的人員，包括同事、工作團隊、主管和經理。員工與周圍環境中的個人之間的互動，會帶來積極或消極的工作環境。積極的工作環境使員工對上班感覺良好，從而激勵員工工作；相反地，惡劣的環境可能迫使員工離職，離開工作場所。

工作場所到處都是思維和行為不同的人。員工建立良好人際關係的能力，在很大程度上取決於個人的價值觀，和人格及工作場所的文化。

個人有其價值觀和人格，這會影響他們工作的偏好和行為。同時，組織也有其文化和規範。個人偏好與工作場所規範之間的相互作用，會產生積極或消極的工作環境，影響個人適應組織的能力。

在招募和甄選過程中，雇主必須確定招募人員能否適應工作環境，包括價值觀和人格。雇主在甄選過程中需要考慮的問題是，應徵者是否更喜歡正式或非正式的場合、工作與生活的平衡問題、雇員的價值觀和目標，以及組織的價值觀和目標。此外，公司需要評

估員工的人格,是否與工作場所的其他人適配。

員工所抱持的價值觀,必須與公司的價值觀適配,這一點很重要。這可以透過查看組織的使命陳述來測試,該使命陳述反映公司的價值觀。由於個人將大部分時間花在工作上,確保工作環境適合個人至關重要。積極、協同合作和創造性的工作環境,可以長期留住員工。

適配對一個人的事業成功很重要,比工作技能更重要。不適配往往導致不愉快和沒有成就的職業。適配意味著個人與其他同事在一起很自在,而其他同事也樂於與之交談。換句話說,雇主對周圍的員工感到自在,員工可以在哲學和道德上,接受組織對商業和世界的態度。

在組織中,有許多不同的人,各有不同的價值觀、人格和文化背景。弗爾納姆對適配的定義:「組織的規範和價值觀,與個人的規範和價值觀的一致性。」1975年,摩斯針對人格與工作之間的一致性進行一項研究,發現哪些人格與工作相配的員工,感覺比其他人更稱職。同樣地,克里斯多夫-布朗針對組織與員工之間的文化適配程度,進行的相關研究顯示,那些與組織、同事和主管關係良好的員工,表現出許多正面的結果,包括提高工作滿意度、更認同公司、在組織中工作時間更長、更投入、工作績效更好。

此外,在現代知識型和服務導向的經濟中,職涯成功取決於人力資本和社會資本,即無形的人力資源。那麼,何謂人力資本和社會資本?

人力資本是「個人知識、技能和經驗的生產潛力」。具有知識、技能、經驗和動力的正確組合的個人,可能導致公司的成功和個人的積極正面生活。

社會資本 (social capital) 意味著「由於關係、善意、信任和合作努力而產生的生產潛力」,導致焦點從個人轉移到社會單位,例如同事、企業和國家。一個人的職涯成功在於「你認識誰,而非你所知道的知識」。一個人與組織中其他人融入社會關係的速度越快,表現就越好。這是因為與成員的關係品質更高,該工作團隊的成員可以讓個人有更多機會,獲得高品質的資訊和資源。這表明社會融合在職涯發展上的重要性。

社會資本 由於關係、善意、信任和合作努力,而產生的生產潛力。

個人如何建立社會資本？在這裡是要了解自己和他人，在自己的職涯發展中扮演著重要的角色。這意味著自覺和理解他人對於職涯發展至關重要。一旦一個人了解自己和他人，就可以輕鬆融入社交網絡，並且適應組織文化。為了實現這一目標，需要考慮適配度的兩個重要方面，即個人－工作的適配，以及個人－環境的適配。由於本章的重點是個人－環境的適配，因此以下的內容將關注這一部分。

12.2　個人和環境的適配

個人行為決定於互相影響的個人和環境因素。例如，

- 個人因素。
- 個人：代表賦予個人獨特身分的無數特徵和特性。
- 環境：個人外在的所有要素組成，會影響一個人做什麼、如何做，以及這些行動的最終結果。

是什麼因素決定個人是否與自己的工作場所適配呢？

個人因素

一個人和另一個人如何區別？個人因素包括兩個重要因素，即價值觀和態度，如圖表 12.1 所示。

12.3　價值觀

2 根據個人價值觀，對個人進行分類

價值觀是指「一種特定的行為模式或存在狀態，相對於相反的行為模式或存在狀態，較受到個人或社會所偏好」。價值觀與一個人的行為準則或標準有關，它們影響個人對什麼是好是壞，以及期望或不期望的判斷。價值觀對一個人的行為和態度，有很重大的影響，並在所有情況下，作為指導個人思考和行為的廣泛準則或激勵目標。

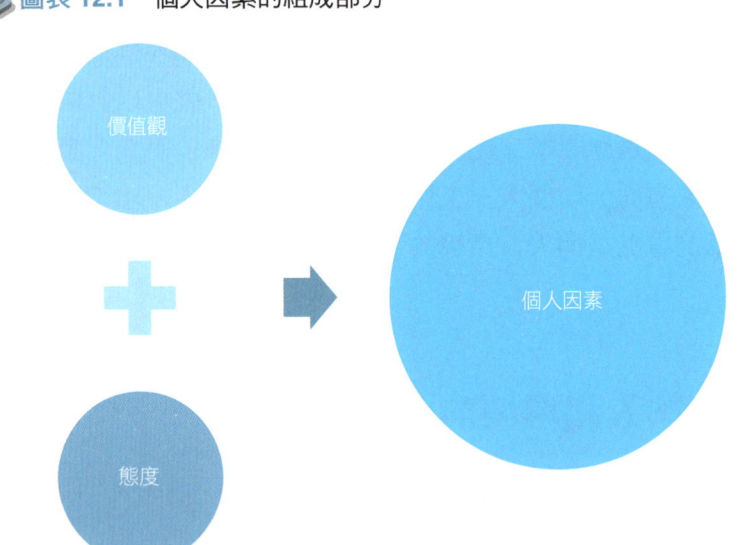

圖表 12.1　個人因素的組成部分

價值觀 ＋ 態度 → 個人因素

施瓦茲的價值體系

施瓦茲 (Schwartz) 將價值觀定義為「適用於環境和時間的廣泛目標」。根據施瓦茲的說法，有十大價值觀影響著人類的行為，他聲稱這些價值觀可以用來預測不同文化的行為。這十大價值觀可以分類為四個主要構面，如圖表 12.2 所示。

圖表 12.3 描述有關價值觀的說明。

圖表 12.2　施瓦茲的十大價值觀

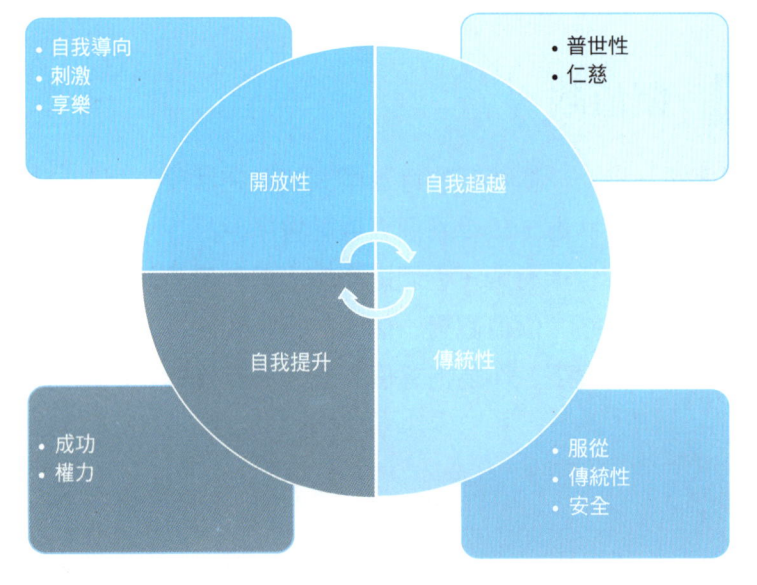

開放性
- 自我導向
- 刺激
- 享樂

自我超越
- 普世性
- 仁慈

自我提升
- 成功
- 權力

傳統性
- 服從
- 傳統性
- 安全

圖表 12.3　施瓦茲價值觀和維度

維度	價值觀	解釋	例子
自我超越 [關心他人的福利和利益 (普世性、仁慈)]	普世性 仁慈	保護和加強人民的福利 克制可能會擾亂或傷害他人的行動、傾向和衝動	樂於助人、誠實、寬容、忠誠、負責 禮貌、聽話、自律
自我提升 [追求個人的利益和成功，並支配他人 (成功、權力)]	成功 權力	透過能力實現個人成功 社會地位、威望、對人和資源的控制	成功、有能力、雄心勃勃、有影響力的 社會權力、權威、財富
開放性 (思想、行動和感情的獨立性，以及對變革的準備)	自我導向 刺激 享樂	獨立思考和行動、創造性、探索性 在生活中興奮，新奇和挑戰 給自己快樂和感性的滿足	創造力、自由、獨立，好奇、選擇自己的目標 大膽、多樣和令人興奮的生活 快樂、享受生活
傳統性 (秩序、自我限制、保留過去和抵制改變)	服從／傳統性 安全	尊重、承諾和接受傳統文化或宗教提供自我的習俗和思想 安全、和諧和穩定的關係及自我的社會	謙遜、接受生活、虔誠、尊重傳統、溫和 家庭安全、國家安全、社會秩序、清潔、互助

價值觀的重要性

價值觀在各種情況下會影響個人的行為，因為它們是個人的動機來源。價值觀決定個人追求的目標類型。作為員工，個人需要了解團隊和工作場所中，其他人所維護的不同價值觀。個人的價值觀與工作場所中的價值觀之間缺乏融合，可能會導致員工離職，這是因為難以再適應工作場所。

羅克奇價值觀調查

米爾頓‧羅克奇 (Milton Rokeach) 提出羅克奇價值觀調查 (Rokeach Value Survey, RVS)，它由兩組價值觀組成：一組稱為終極價值觀，指的是理想的結束狀態，即個人在有生之年的目標；另一組稱為工具價值觀，這是實現終極價值觀的手段。兩者的範例如圖表 12.4 所示。

RVS 價值觀因群體而異，這意味著處於相同職業或類別的人，往往具有相似的價值觀。例如，維權人士將「平等」列為其主要終極價值，然而工會會員卻將「平等」排序為第 13 順位。

影響道德工作環境的價值觀

1. 功利主義：為最多數的人尋求最大的好處。

圖表 12.4　羅克奇兩類價值觀的範例

終極價值	工具性價值
舒適的生活	雄心勃勃
令人興奮的生活	胸懷寬廣
成就感	有能力
平等	開朗
自由	乾淨
幸福	勇敢
內心的和諧	原諒
快樂	有用
社會認可	獨立
	智力
	邏輯
	聽話
	禮貌
	負責

2. 權利：尊重和保護個人的基本權利，例如吹哨者等。
3. 正義：公平和公正地執行法律。

12.4　態度

態度是理解人類行為的關鍵。工作態度是指對工作的個人評價，這些評價構成一個人對工作的感受、信念和依戀。工作態度可以透過兩種方式概念化：一種是情感性工作滿意度，即對工作形成一般或全球性的主觀感覺；另一種則是特定工作方面的客觀認知評估綜合，如薪資、條件、機會和特定工作的其他方面。

態度 是理解人類行為的關鍵。

奧爾波特 (Allport) 將**態度** (attitude) 定義為一種心理或中立的準備狀態，透過經驗加以組織，在個人對它相關的所有對象和情況的反應，施加指令或動態影響。對態度的簡單定義是一種心態或傾向，由於個人的經驗和氣質，以特定的方式行事。

態度是一個事物形成的複雜組合，我們傾向於稱為人格、信仰、價值觀、行為和動機。態度可以積極或消極地影響一個人的行為。了解不同類型的態度及其可能的涵義，有助於預測個人的態度如何影響行為。

態度代表對人、地方和事物的感覺或意見，進而影響個人的行為。工作場所的態度是各種與人相關的過程的結果，例如領導、群

體和其他人際關係。它們影響個人績效，並且與員工缺勤和離職高度相關。

對某人或某事物的態度，大致上是受到下列三個態度成分產生的綜合影響：

1. 情感成分，一個人對既定的事物或情況的感受或情感。
2. 認知成分，包括信仰或思想。人們對既定的事物或情況的信念或想法。
3. 行為成分，意味著一個人對某人或某物，所做出可能的或者期望的行為。

12.5 態度類別

丹尼爾·卡茲 (Dabiel Katiz) 將態度分為四個主要類別，如圖表 12.5 所示。

圖表 12.5　態度類別

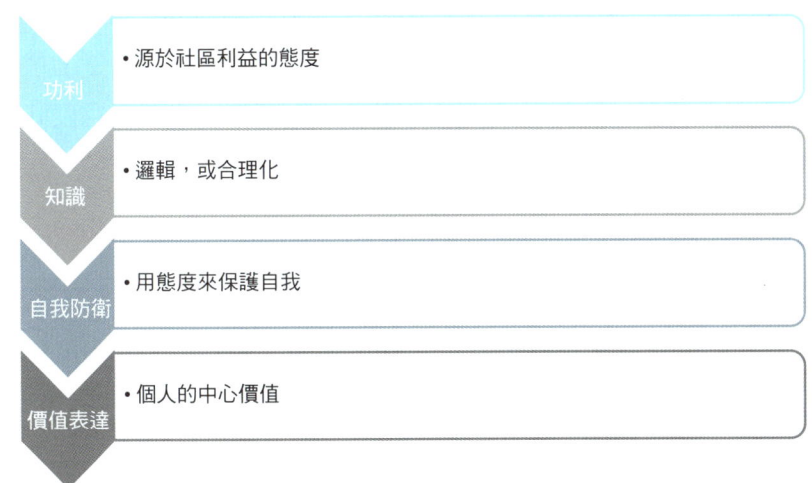

功利	• 源於社區利益的態度
知識	• 邏輯，或合理化
自我防衛	• 用態度來保護自我
價值表達	• 個人的中心價值

12.6 態度的三成分模型

3 詳細闡述態度的三成分模型

研究顯示，相互關係和複雜性是工作態度的基礎，因此導致沒有共識的定義。**態度的三成分模型** (the tri-component models of attitudes) 證明態度有三個組成部分：情感 (感覺)、認知 (思想或信

態度的三成分模型　證明態度有三個組成部分：情感(感覺)、認知(思想或信仰)和行為(行動)。

仰)和行為(行動)。態度幫助我們定義個人對情境的解讀方式,以及定義個人對該情境或對象的行為方式。

例如,當某人說他或她對工作抱持著積極態度時,指的是這個人的情緒和行為,包括一個人對一個主題的看法(如思想)、他或她對這個主題的感受(如情緒),以及對於行動(如行為)的感覺。因此,態度可能只是對一個人或一個物件的持續性評估,或對物件和個人的其他情緒反應。

態度也為我們提供內在認知或信仰,以及對人和事物的想法。最終,態度導致我們以特定的方式對待事物或個人。雖然態度的感覺和信仰組成部分是一個人的內在,但是我們可以從一個人的態度中,看出他或她由此所產生的行為。

12.7 工作態度的類型

個人工作的行為方式,往往取決於個人對工作場所的感受,個人的工作態度可以預測人們的行為。如上所述,態度是對於所處環境的各個方面表達的意見、信念和感受。不同類型的**工作態度** (job attitude),包括全球工作態度、工作參與度、組織承諾、員工敬業度、工作滿意度,以及離職意向。在這些態度中,工作滿意度和組織承諾是工作中最重要的兩種態度。

工作態度 指個人對於工作的評價,會構成個人對於工作的感受、信念和依附。

全球工作態度

全球工作態度是因應組織、工作環境、性格、工作特徵和社會環境等,而對工作形成的態度。全球工作與全球生活滿意度的衡量密切相關,側重於工作態度的認知視角。

工作參與度

工作參與度 (job involvement) 是指個人對工作的認同和積極參與程度。這是員工在認知上,專注從事並熱衷於執行工作的程度。工作參與度對員工和組織的成果有重大影響。對個人而言,工作參與度可以提高個人的自尊心、自我形象和自我價值,從而最終提高組織的生產力和效率。

工作參與度 指個人對工作的認同和積極參與程度。

組織承諾

你想為組織工作多長時間?哪些因素導致你希望留在組織中?也許讓你留在當前組織中的原因是一些情緒上的理由,包括友情和組織的文化。這些情緒的理由會產生情感上的承諾。你之所以留在組織,只是因為你願意留下來。

其中一個理由是一些基於義務的考量,包括對上司、主管、經理或組織的義務感,這些基於義務的理由稱為**規範性承諾 (normative commitment)**。你留在組織,是因為你認為應該如此。

或者你仍然留在組織是一些基於成本的原因,包括工資、福利和升遷問題。這些基於成本的原因被標記為**持續性承諾 (continuance commitment)**。你留在組織,是因為你需要這麼做。

組織承諾 (organizational commitment) 是人們對他們工作的組織的情感依附,是指員工對於特定組織及其目標的身分認同,目的是保持該組織的成員身分。

> 麥爾 (Meyer) 和赫斯科維奇 (Herscovitch) 將組織承諾定義為「一種將個人與一個或多個目標相關的行動方針,束縛在一起的力量」。組織承諾會影響員工留在組織或退出組織。組織承諾的三個基礎是情感性、規範性和持續性。
>
> - 情感性承諾是「一個員工對組織的情緒上的依附、認同和參與。」是指個人與工作的情感聯繫。有情感性承諾的員工會繼續留在組織中,因為他們想要如此。通常他們會對組織有強烈的歸屬感,並樂於在組織中度過餘生。
> - 規範性承諾是「一個員工留在組織中的義務感。」這是個人由於社會規範而應承擔的義務。有規範性承諾的員工將留在組織裡,因為他們覺得有義務。如果離開組織,則會感到內疚,並感到有義務留在該組織。
> - 持續性承諾是基於員工與離開組織有關成本的承諾,這導致個人願意留在組織。有持續性承諾的員工將留在組織中,因為他們需要這樣做。他們會留下來,就像任何避免焦慮一樣。通常這種類型的員工會覺得留在組織是必要的,而且考慮離開組織的選項太少。

4 解釋如何改變員工的態度

組織承諾 人們對他們工作的組織,在情緒上的依附。

組織承諾的三個基礎，對組織產生一種整體的心理依附 (psychological attachment)。忠誠的員工接受並相信組織的價值觀，願意付出額外的努力去實現組織目標，並且經常對他們的工作、同事或經理或是組織有強烈的正面感覺。

員工敬業度

員工敬業度 個人對組織的參與度、滿意度和熱情。

員工敬業度 (employee engagement) 也稱為工作敬業度。員工敬業度對員工及工作的組織，都有積極的好處。員工敬業度源於鼓勵員工身心健康的具生產力工作環境。員工敬業度是個人對組織滿意和熱情的參與。

員工敬業度是個人對組織的參與、滿意度和熱情，是「使組織成員自己發揮工作職責」。敬業的員工在角色扮演中，從他的身體、認知、情感和精神表現出來，其特點是活力(精力和韌性)、奉獻(熱情和鼓舞)和專注(沉浸)(圖表 12.6)。

活力表現在工作時充滿精力和精神韌性，願意在工作上投入精力，甚至在遇到困難時也能堅持不懈。奉獻表現在堅決參與自己的工作，並具有重要感、熱情、靈感、自豪感和挑戰感。專注是全神貫注於工作，因此感覺時間飛逝，並且很難脫離工作。

這三個主要特點的存在，使具有敬業精神的員工充滿活力，全心投入並熱衷工作。敬業度高的員工更專注於組織目標，願意付出

圖表 12.6　員工敬業度

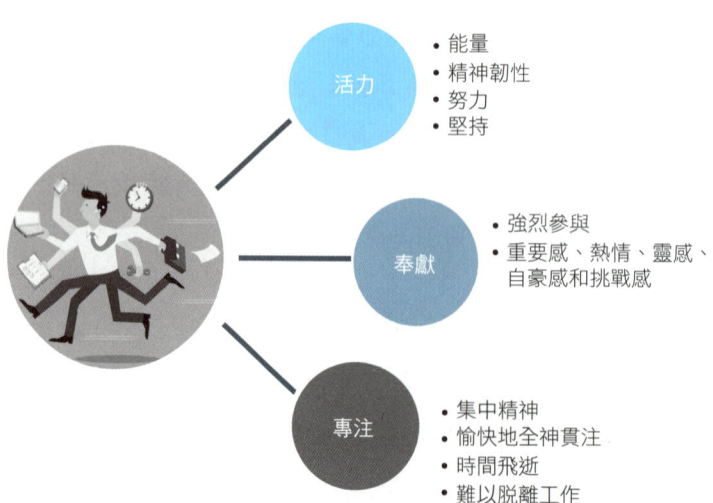

- **活力**
  - 能量
  - 精神韌性
  - 努力
  - 堅持

- **奉獻**
  - 強烈參與
  - 重要感、熱情、靈感、自豪感和挑戰感

- **專注**
  - 集中精神
  - 愉快地全神貫注
  - 時間飛逝
  - 難以脫離工作

大量的額外努力、激勵他人,並且鼓勵其他員工之間的參與。這種敬業精神鼓勵員工更開放地接受新資訊,並在工作角色中採取更多步驟。

員工敬業度也是與員工工作相關的幸福感,重要正面指標之一。這種動機狀態可能會導致積極的結果,例如減少疾病缺勤、更高的工作滿意度、更低的離職意圖、改善的績效和提高的生產力。

有兩組變數是員工敬業度的驅動因素:工作資源,例如社會支持、工作控制、任務多樣性、訓練和發展機會。

工作滿意度

工作滿意度 (job satisfaction) 是指個人對工作的感覺,在組織研究中被使用最廣泛的定義之一。洛克斯 (Lockes) 將工作滿意定義為「工作滿意度是對一個人的工作或工作經歷的評價,所產生的一種愉悅或積極的情緒狀態」。

> **工作滿意度** 對一個人的工作或工作經歷的評價,所產生的一種愉悅或積極的情緒狀態。

這是個人對工作的滿足感。可以從全球層面 (無論個人對工作總體是否滿意),或從單方面 (從個人對工作的不同方面感到滿意),來查看工作滿意度,例如斯佩克特 (Spector) 的研究指出,其中包括讚賞、溝通、同事、附帶福利、工作條件、工作性質、組織、個人成長、政策和程序、晉升機會、認可、安全和監督。

胡林 (Hulin) 和賈奇 (Judges) 指出,工作滿意度本質上是多層面的,即包括個人認知反應 (評價) 和情感的 (情緒的) 及行為成分。

- 情感工作滿意度,是個人對工作有主觀情感的感覺,反映工作所誘發的快樂程度或幸福感。
- 認知工作滿意度,是工作各方面的客觀、邏輯評估,衡量員工對工作方面的評價程度,與設定的目標或其他工作相比是令人滿意的。

工作滿意度也可以根據個人工作生活品質來判斷,這意味著可以透過其他因素來理解,例如一般幸福、工作壓力、工作控制、家庭工作層面和工作條件。

5 分析人格主要是先天決定或後天養成

12.8 人格

什麼是人格？

高爾頓‧奧爾波特 (Gordon Allport) 將人格定義為「在個人的心理物理系統中的動態組織，會決定一個人對環境所做出的獨特調整」。人格 (personality) 是個人對他人做出反應和互動方式的總和。我們可以使用人格特質來描述員工。例如，A 員工是可靠、勤奮和外向的；B 員工是禮貌、友善和樂於助人。人格可以用來建立社會聲譽；他人看待個人的方式。

> **人格** 在個人的心理物理系統中的動態組織，會決定一個人對環境所做出的獨特調整。

人格的決定因素

你可能想知道「人格是由先天決定的，還是後天養成的？」你可能已經觀察到有些人是外向的，他們的父母也是。這意味著人格是由先天決定的嗎？這個問題已經辯論了很多年。現今流行的答案是，人格是遺傳和環境因素的結果。

遺傳因素是指出生時，已經確定的因素，如體格、臉部吸引力、性別、氣質、肌肉組成和反射、能量水準和生物節律。

環境因素是指個人生活的地方，影響個人的人格，如社會和經濟條件、文化和規範，以及教育制度。

6 基於五大人格類型和邁爾斯－布里格斯類型指標，識別具有不同人格的個人

邁爾斯－布里格斯類型指標

邁爾斯－布里格斯類型指標 (Myers-Briggs Type Indicator, MBTI) 是世界上最廣泛使用的人格評估工具。本問卷有 100 個項目，要求個人說明在這些情境下通常有何感覺或行動。這個評估工具最初是為測試心理學家卡爾‧榮格 (Carl Jung) 所研究的心理類型理論而開發的。個體分為外向或內向 (E 或 me)、知性或直覺 (S 或 N)、思考或感覺 (T 或 F)，以及判斷或知覺 (J 或 P)。

- 外向 (E) 類型的人是指外向、善於交際和自信；內向的人 (I) 則安靜而害羞。
- 知性 (S) 類型的人是實用的，更喜歡常規和有秩序、清晰和具體的數據；直覺 (N) 類型的人則為依賴於無意識的過程，並且注

視「大局」，更喜歡基於理論和想像力的預感。
- 思考 (T) 類型的人使用理性、邏輯和批判性分析來解決問題；感覺 (F) 類型的人則在做決定時，依賴個人價值觀和情緒。
- 判斷 (J) 類型的人想要控制，更喜歡世界有秩序和結構化；知覺 (P) 類型的人在執行工作時，是靈活與自發的。

這些分類共同構成 16 種不同的人格類型。MBTI 根據人們偏好，將人分為 16 種不同的人格類型。例如，內向 / 直覺 / 思考 / 判斷 (INTJ) 是有遠見的人，他們抱持懷疑態度、批判、獨立、堅定，而且經常是固執的。

另一方面，外向 / 知性 / 思考 / 判斷 (ESTJ) 類型是組織者，他們現實、合乎邏輯、分析性、果斷。外向 / 直覺 / 思考 / 知覺 (ENTP) 的個體具有創新精神、個人主義、多才多藝，被創業理念所吸引。許多超級成功的商人都是直覺思考者，在解決問題方面很機智。

五大人格模型

另一方面，冒頓 (Mount)、巴瑞克 (Barrick) 和史特拉斯 (Strauss) 提出五個基本方面，這些維度是所有其他方面的根據，包括人格上大多數顯著變化。這五個因素是：

- 外向性：外向的人往往合群、自信和善於交際；內向的人往往保守、膽怯、安靜。
- 親和性：親和者是合作、熱情和信任的；那些親和性低的人是冷酷、不愉快和敵對的。
- 盡責性：一個盡責性高的人是可靠的、有條理的、反應迅速的、執著的。在這個方面，那些低度的人很容易分心、混亂和不可靠。
- 情緒穩定性：利用個人承受壓力的能力，情緒穩定的人往往冷靜、自信、安全；負分高的人往往緊張、焦慮、沮喪和不安全。
- 經驗開放性：它揭示人們對新穎事物的興趣和迷戀。開放性高的人富有創造力、好奇心和敏感性；而開放性低的人較傳統，喜歡熟悉的東西。

相關研究顯示，可靠、可信賴、細心、周到，能夠計畫、組織、

圖表 12.7　五大特質對員工的影響

五大特質	解釋	結果
外向性	更好的人際交往能力 更大的社會支配性 更具情感表現力	更高的績效 較佳的領導才能 提高工作與生活滿意度
親和性	更被人喜歡 更合常規	更高的績效 較低的反常行為等級
盡責性	更努力，更多堅持 更多的動力和紀律 較佳的組織與規劃	更高的績效 加強領導力
情緒穩定性	較少的消極思考和消極情緒	更高的工作與生活滿意 較低壓力水準
開放性	增加學習 更有創意 更靈活和更自主	加強領導力 更適應變化

勤奮、堅持不懈，以成就為導向的人具有較高的工作績效。此外，在自律方面得分高的人具有較高的工作知識水準，從而有助於較高的工作績效。五大特質對員工健康有重要影響，如圖表 12.7 所示。

7 分析人格特質對工作績效的影響

12.9　人格－工作適配

約翰‧霍蘭德 (John Holland) 提出人格－工作適配理論，指出將工作要求與人格特質相配，創造最佳效果。霍蘭德提出六種人格類型，並斷言滿意度和離職的傾向取決於個人與工作的人格匹配程度。圖表 12.8 介紹六種人格類型和每種類型的特點。霍蘭德評論，當人格和職業一致時，滿意度最高，離職率最低。

圖表 12.8　霍蘭德人格類型學

類型	個性特質	職業
實用型： 更喜歡需要技能、力量和協調的體育活動。	害羞、真誠、執著、穩定、守規矩、實用	技師、鑽床操作員、裝配線工人、農夫
研究型： 更喜歡涉及思考、組織和理解的活動。	分析、原創、好奇、獨立	生物學家、經濟學家、數學家、新聞記者
社會型： 更喜歡涉及幫助和發展他人的活動。	友善、友好、合作、諒解	社工、教師、輔導員、臨床心理學家
事務型： 更喜歡規則、規範、有秩序和明確的活動。	服從、有效率、實用、想像力強、不靈活	會計、公司經理、銀行出納員、檔案員
企業型： 喜歡口頭活動，其中有機會影響他人和獲得權力。	雄心勃勃、充滿活力、霸氣、自信的	律師、房地產經紀人、公關專家、小型企業經理
藝術型： 喜歡模稜兩可和非系統性的活動，允許創造性的表達。	有想像力、無秩序、理想、情緒化、不切實際	畫家、音樂家、作家、室內裝飾師

12.10 其他人格特質

除了五大特質模型和邁爾斯－布里格斯類型外，其他人格特質對人們的態度和行為也有巨大的影響。其中一些包括控制觀、權謀霸術主義、自尊、威權性格、自我監控、A 型人格和 B 型人格、風險承擔、韌性，以及情緒智商。

控制觀

控制觀 (locus of control) 是指個人對內部 (自我) 與外部 (情況) 控制的信念，這是個人對生活中事件結果的控制程度。擁有強大內部控制觀的人，相信他們控制著發生的情況；而那些擁有強大外部控制觀的人，則認為環境或其他人控制著他們的命運。

有關員工控制觀的資訊，對管理者而言很有價值。內控者可能希望在工作環境中擁有控制權，並且不希望受到嚴格的監督；另一方面，外控者可能更喜歡結構化的工作環境，並且不願意參與決策。此外，內控者具有較高的工作滿意度和績效，而且更傾向於參與式管理風格。

此外，控制觀對個人的道德行為也有影響。內控者更能對其行為的後果負責，也比外控者更能做出道德決策。內控者較能抵抗社會壓力，也不太願意傷害他人，即使權威人士命令他們這樣做也是如此。

> **控制觀** 個人對內在 (自我) 與外在 (情況或其他) 控制的信念。

應用所學

你的控制觀是什麼？

以下是朱利安‧羅特 (Julian B. Rotter) 的控制觀量表。要確定你的控制觀，請圈出以下問題的答案。

1a. 成功是一個努力工作的問題；運氣與它幾乎無關。
 b. 找到一份好工作，主要取決於身在正確的時間與正確的地點。

2a. 一般人可以影響政府的決策。
 b. 這個世界是由少數當權者經營的，小人物對此能做的不多。

3a. 就世界事務而言，我們大多數人是既無法理解，也無法控制的力量的受害者。
 b. 透過積極參與政治和社會事務，人們可以控制世界事件。

4a. 透過足夠的努力，我們可以消除政治腐敗。
 b. 人們很難對政客在位時所做的事情有太多的控制力。

資料來源：Adeyemi-Bello, T. (2001). Validating Rotter's Locus of Control scale with a sample of not-for-profit leaders. *Management Research News* 24, 25-35. Rotter, J. B. (1966), Generalized expectancies for internal vs. external Locus of Control of reinforcement Psychological Monographs, 80, 609.

權謀霸術主義

權謀霸術主義 (machiavellianism) 是一種人格特質，影響個人意願不惜一切代價，達成目的。高權謀霸術主義者更喜歡按照權謀霸術的方式行事，因為他們相信令人畏懼會比受人愛戴更好。他們往往在人際關係中使用欺騙，對人性抱持憤世嫉俗的看法，對傳統事務幾乎不關心。他們善於操控他人，並使用骯髒的策略操縱他人以達到想要的目的。

> **權謀霸術主義** 個人願意不惜一切代價，達成自己的目的。

自尊

自尊 (self-esteem) 是個人自我價值的一般感覺。自尊心強的人對自己有積極的感覺，認為自己的長處比短處強；自尊心低的人對自己有負面的感知，容易受他人評論所影響。此外，他們喜歡聽到別人的讚美，但討厭聽到任何負面的回饋 (Bamgardner, Kaufman, & Levy, 1989)。相反地，自尊心強的人防禦心低，對自己更誠實。

> **自尊** 個人自我價值的一般感覺。

個人的態度和行為受自尊的影響。自尊心強的人往往尋找地位更高的工作，因此具有較高的工作表現和工作滿意度。同樣地，具有自尊心強的個人的工作團隊，往往比具有一般自尊心的團隊更成功。然而，自尊心強的人往往過於自信，可能導致與人發生衝突。

自尊容易受到情況所影響。成功會增加人們的自尊，而失敗會降低人們的自尊。因此，管理者需要以增加成功機會的方式來進行任務的編制。

威權性格

威權性格 (authoritarian) 是一種態度，特點是以絕對服從為信念或服從別人的權威。威權性格者有嚴格的超我 (理想)。為了應付他們強大的基本本能驅動力 (本我)，威權性格者喜歡控制自我意識較弱的人。精神內部的衝突使他們堅持自己的超我，以遵守外部強加的常規規範 (傳統主義) 和強加這些規範的當局 (威權主義的服從)。當人避免自我參照 (self-reference) 產生焦慮的內在衝動，並將其顯示在「劣等」的少數群體 (投射性) 時，就會發生投射的自我防衛機制，他們具有很高的評估能力 (權力和韌性) 和剛性 (刻板印象)。

> **威權性格** 是以絕對服從為信念或服從別人權威的一種態度。

此外，他們對人類抱持憤世嫉俗的看法，對權力和韌性有高度需求。這種人格類型的其他特質是，普遍傾向於關注那些違反傳統

價值觀，並對之嚴厲行事的人（威權主義侵略）、對主觀或想像傾向的普遍反對（反內省）、對神祕決定論的相信（迷信），最後是對濫交的誇大關注。

自我監控

自我監控 (self-monitoring) 是人們在多大程度上基於其他人和情況的暗示，來做出自己的行為。高度自我監控者會根據其他人的行為，高度關注在特定情況下最合適的方法，並據此行事，從而使他們的行為前後不一致且難以預測。相比之下，低度自我監控者對情況線索的警惕性較低，並從內部狀態採取行動，從而導致行為在不同情況下保持一致。

研究顯示，與低度自我監控者相比，高度自我監控者更能為他人提供情感幫助，因為他們有能力感知他人的需求。同樣地，研究也發現高度自我監控者更有可能被升職，並且具有更高的離職意圖。

> **自我監控** 人們在多大程度上基於其他人和情況的暗示，來做出自己的行為。

A 型人格和 B 型人格

A 型人格的人具有競爭力、刻板、雄心勃勃、地位意識、敏感、積極進取、急躁、焦慮、積極主動及關心時間管理。相比之下，B 型人格則比較放鬆、神經質和瘋狂程度較低。

具有 A 型人格 (Type A personality) 的人大多是工作狂，他們往往在最後期限前強迫自己，討厭拖延和矛盾，因此他們體驗到更多的工作壓力和更少的工作滿意度。在緊急和控制時期，A 型人格在做出複雜決策時效率不高。然而，研究顯示 A 型人格的人通常與更高的績效和生產率有關。此外，A 型人格學生的成績往往高於 B 型

> **8** 說明管理者應如何自我調適以適應人格不同的個人

> **A 型人格** 具有競爭力、刻板、雄心勃勃、地位意識、敏感、積極進取、急躁、焦慮、積極主動及關心時間管理。

©Shutterstock

活動：自我監控問卷

如果下列敘述反映你的行為，則圈選 T (true)，如果不是，則圈選 F (false)。

1. 我發現自己很難模仿別人的行為。 T F
2. 在聚會和社交場所時，我不會嘗試做或說別人喜歡的事情。 T F
3. 我只為自己已經相信的想法爭論。 T F
4. 我可以做即興演講，即使自己幾乎沒有相關資訊的話題。 T F
5. 我想表演來打動或娛樂別人。 T F
6. 我可能會成為好演員。 T F
7. 在人群中，我很少成為人們關注的焦點。 T F
8. 在不同的情況和不同的人相處，我經常表現得像是不一樣的人。 T F
9. 我並非一直是自己看起來的那個人。 T F
10. 我不會改變自己的觀點 (或我做事的方式)，以取悅他人或贏得他們的青睞。 T F
11. 我曾考慮當藝人。 T F
12. 我從不擅長玩社交遊戲或即興表演。 T F
13. 我很難改變自己的行為，以適應不同的人和不同的情況。 T F
14. 在一個聚會上，我讓別人的笑話和故事持續著。 T F
15. 我在公司中感到有點尷尬，並且沒有表現出應有的狀態。 T F
16. 我可以看著任何人的眼睛，面無表情地說謊 (如果是好原因的話)。 T F
17. 當我真的不喜歡別人時，可能會用友善來欺騙別人。 T F
18. 我不太擅長讓其他人喜歡我。 T F

資料來源：Snyder, M. (1987). Public appearances, private realities: The psychology of self-monitoring. Freeman & Company.

人格學生，A 型人格教師的工作效率也高於 B 型人格教師。

弗利德曼 (Friedman) 認為，A 型人格有三種主要的危險行為：(1) 無來由的敵意；(2) 時間緊迫感和不耐煩；(3) 競爭動力強。

珍妮特・史彭斯 (Janet Spence) (在奧康諾，2002 年) 指出，有兩個因素會影響 A 型人格，即追求成就 (Achievement Striving, AS) 和不耐煩易怒 (Impatience Irritability, II)。AS 是一個理想的因素，特點是工作勤奮、積極、認真；II 是不可取的，其特點是急躁、煩躁和憤怒。

B 型人格

A 型行為的反面是 B 型，因為 A-B 型人格是一個連續體。當面

對競爭時，B 型人格 (Type B personality) 可能會更專注於享受比賽，而忽略最終結果。B 型人格容易被具有創造力的職業所吸引，因為他們喜歡探索想法和概念。

　　行為明智、B 型人格比 A 型人格更寬容，他們往往從全球角度看待事物，鼓勵團隊合作，在決策中保持耐心。

> **B 型人格** 穩定地工作，享受成就，但他們有更大的傾向忽視身體或精神壓力。

風險承擔

　　在心理學中，風險是指失去有價值東西的可能性，如身體健康、社會地位、情感健康或金融財富，這些財富可以透過某一行動或不行動獲得或喪失，無論是計畫內還是計畫外。承擔風險也可以定義為：意圖與不確定性的相互作用，這種相互作用被定義為潛在的、不可預知的和無法控制的結果。

　　風險承擔 (risk-taking) 受個人風險感知的影響，即對風險嚴重性和概率的主觀判斷。關於冒險的正面和負面回饋會影響未來的冒險。有能力的個人在冒險的選擇中，看到更多的機會，並且比不太稱職的個人承擔更多的風險。特定情緒在人們對風險的判斷上，會產生獨特的影響。例如，恐懼與更悲觀的預期有關。同樣地，焦慮被認為會影響個人的風險感知，導致有偏見的決定。

> **風險承擔** 意圖與不確定性的相互作用，這種相互作用被定義為潛在的、不可預知的和無法控制的結果。

韌性

　　心理韌性是應對危機或迅速恢復危機前狀態的能力。當個人使用「心理過程和行為促進個人資產，並保護自己免受潛在負面壓力的影響」。心理韌性是應對危機或迅速回復到危機前狀態的能力。當人使用「心理過程」時，韌性 (resilience) 就存在。簡單地說，心理韌性存在於那些發展出心理的和行為能力的人之內心，這些能力使他們能夠在危機或混亂期間保持冷靜，並且遠離此事件，而不會產生長期的負面影響。

> **韌性** 應對危機或迅速回復到危機前狀態的能力。

　　韌性是在身體、精神和心靈三個方面，處於「好的或壞的」情況下整合性的適應，內在的自我意識能夠維持生活各個階段發生的規範性發展任務。羅徹斯特大學 (University of Rochester) 兒童研究所解釋：「韌性研究的重點是研究那些不顧毀滅性損失，帶著希望和幽默生活的人。」重要的是注意到，韌性不僅是要克服很大的壓力，

還要具有「勝任的職能」，從這種情況中走出來。韌性可以使人從逆境中反彈，成為更強大、更機智的人。

情緒智商 (EQ)

情緒智商一種社會智慧形式，關係到個人感知和表達情緒、理解和使用情緒，以及管理情緒促進個人成長的能力，情緒智商更廣泛地處理建立社會關係和管理情緒的能力。我們將在第 14 章「領導」中進一步討論。

全球應用

回首往事：布林的人格與 Google 的身分

像所有公司一樣，Google 也有自己的口號。然而，與其他有銷售產品口號的公司不同，Google 的口號反映創辦人布林和佩吉的生活與人格。例如，Google 有一句口號是「不作惡」。很多人都猜測這句口號對於 Google 而言相當重要的原因，是因為布林深刻體會蘇聯對於猶太人的殘暴作為，以及他天生對於公司一成不變的口號的反感。

事實上，布林在史丹佛大學的名聲是聰明的年輕人，他有時顯得很傲慢。他天生喜歡各種戶外活動，專注於參加自己感興趣的課程，而不是需要的課程。到今天，他還沒有完成在史丹佛大學 (Stanford University) 的博士學位，不過擁有該校的碩士學位。

布林年輕時的傲慢已經轉化為 Google 的幾項創新政策，鼓勵工程師將 20% 的工時 (每週一天) 用於他們感興趣的專案。Google 的一位資深副總裁表示，公司大約一半的新產品源自 20% 時間的概念。

此外，「不作惡」原則已經轉化為許多友善員工的作法，例如，免費洗衣服務、分開的母親哺乳區、電玩遊戲、足球等。這種作法使 Google 躋身《財星》(Fortune) 雜誌 2007 年美國最佳工作場所第一名。布林的個性和對商業世界的看法，在 Google 的成功中發揮巨大作用。

資料來源：http://www.google.com/corporate/execs.html#sergey; http://www.google.com/intl/en/corporate/tenthings.html.

習題

1. 在組織中，工作－人的適配及工作－環境的適配有何重要性？
2. 訓練企業領導者堅持理想的價值觀是否重要？
3. 一個人的人格形成深受環境的影響。請討論之。
4. 有可能改變一個人的人格嗎？
5. 自覺在心理學中很重要，為什麼？
6. 情緒智商是一種可以訓練的技能，你是否同意這種說法？

Chapter 13
激勵

©Shutterstock

學習目標

研讀完本章後,你應該能:

1. 討論刺激和影響激勵的因素。
2. 區分激勵的內容和過程理論。
3. 列出馬斯洛需求理論的五個層級,並分別舉例。
4. 討論保健因子和激勵因子對工作環境的影響。
5. 解釋有高成就需求的人的特點。
6. 辨認與 ERG 理論相關的需求。
7. 討論期望與激勵之間的關係。
8. 解釋強化與激勵之間的關係。
9. 解釋公平如何影響激勵。
10. 解釋目標如何影響激勵。
11. 討論管理者的管理哲學在創造積極工作環境方面的重要性。
12. 描述管理者如何建構環境以提供激勵。

管理的實務

賦權

工作激勵受到工作環境及工作環境中的組織的影響。一個賦權的組織提供員工方向、資源和員工渴望的尊重,這種組織支持簡便化及獎勵負責任的作法。一個會賦權的管理者允許員工決定如何做自己的工作。因此,管理者賦予員工更多的權力,也提供資訊,並促進工作過程的改善。管理者幫助員工學習,並信任他們的能力。被賦權的員工能負責任和謹慎地承擔可承受的風險,若工作與個人利益有關,他/她將會提供意見並做出決定,這些員工將會以能為組織提供最佳價值的方式完成工作。

針對下列每一個敘述,根據你同意的程度圈選數字,而不是你認為應該如此。客觀的回答能讓你知道自己管理技能的優缺點。

	總是	通常	有時	很少	從不
我掌握自己的命運。	5	4	3	2	1
我為自己所做的事負責。	5	4	3	2	1
我善用領導機會。	5	4	3	2	1

	總是	通常	有時	很少	從不
我做出正確的決定。	5	4	3	2	1
我善用學習的機會。	5	4	3	2	1
我做出正確的選擇。	5	4	3	2	1
我從錯誤中記取教訓。	5	4	3	2	1
我有能力勝任自己做的事。	5	4	3	2	1
我是一個有價值的團隊成員。	5	4	3	2	1
我做的事是有幫助的。	5	4	3	2	1

加總你所圈選的數字，最高分是 50 分，最低分是 10 分。分數越高代表你更有可能被賦權更多，分數越低則相反，但是分數低可以透過閱讀與研究本章內容，而提高你對賦權的理解。

13.1 緒論

當你問人們是什麼激勵他們工作，大多數人會告訴你，他們這樣做的目的是為了錢。但這並不能解釋像巴菲特或蓋茲這樣的人，他們的淨資產總和大於盧森堡的國民生產毛額，這些億萬富翁卻全心投入工作中，彷彿他們的下一頓飯會沒有著落。所以，如果這不是錢的問題，又會是什麼？

本章將深入說明，並提供答案。首先，本章介紹激勵的基本條件。然後，繼續分析激勵理論，聚焦在員工需求和行為。最後，說明管理者如何建構環境以提供激勵。

激勵的挑戰

西南航空、賽仕軟體 (SAS Institute) 及收納整理箱零售商 Container Store，它們有什麼共同點？答案是成功。如果你踏進以上這些工作場所，會注意到另一個相似點，就是在每個組織中員工的士氣都非常高昂。**道德** (morale) 是員工對組織及整體工作的態度或感受的表現。這些公司的執行長及管理團隊都創造積極的工作環境。前述企業皆以自己獨特的方式來提高員工的**工作生活品質** (quality of work life, QWL)。增加工作品質的努力，著重於提高員工的尊嚴、身心健康，以及工作場所滿意度。經由開發積極的工作環境，管理者可以獲得員工對工作的投入。「賽仕軟體執行長吉姆‧古德奈 (Jim

道德 員工對組織及整體工作的態度或感受的表現。

工作生活品質 工作生活中對員工身心健康和工作滿意度，有積極或消極影響的因素。

Goodnight) 的哲學很簡單卻很有效：對待員工正如他們將會變得不一樣，最後員工果真如此！」結果是員工真正受到激勵，希望做好自己的工作。這樣的激勵加上工作的技能，造就一支與管理階層合作、充滿活力、高度稱職的勞動力隊伍。圖表 13.1 顯示影響工作品質的因素。

西南航空、賽仕軟體和三星電機 (Semco) 的管理者，都曾遇到巨大的管理挑戰，如今他們已經知道如何激勵員工。這些管理者認識到激勵不是魔法，而是影響行為選擇的一套過程。

圖表 13.1　提高工作生活品質的因素

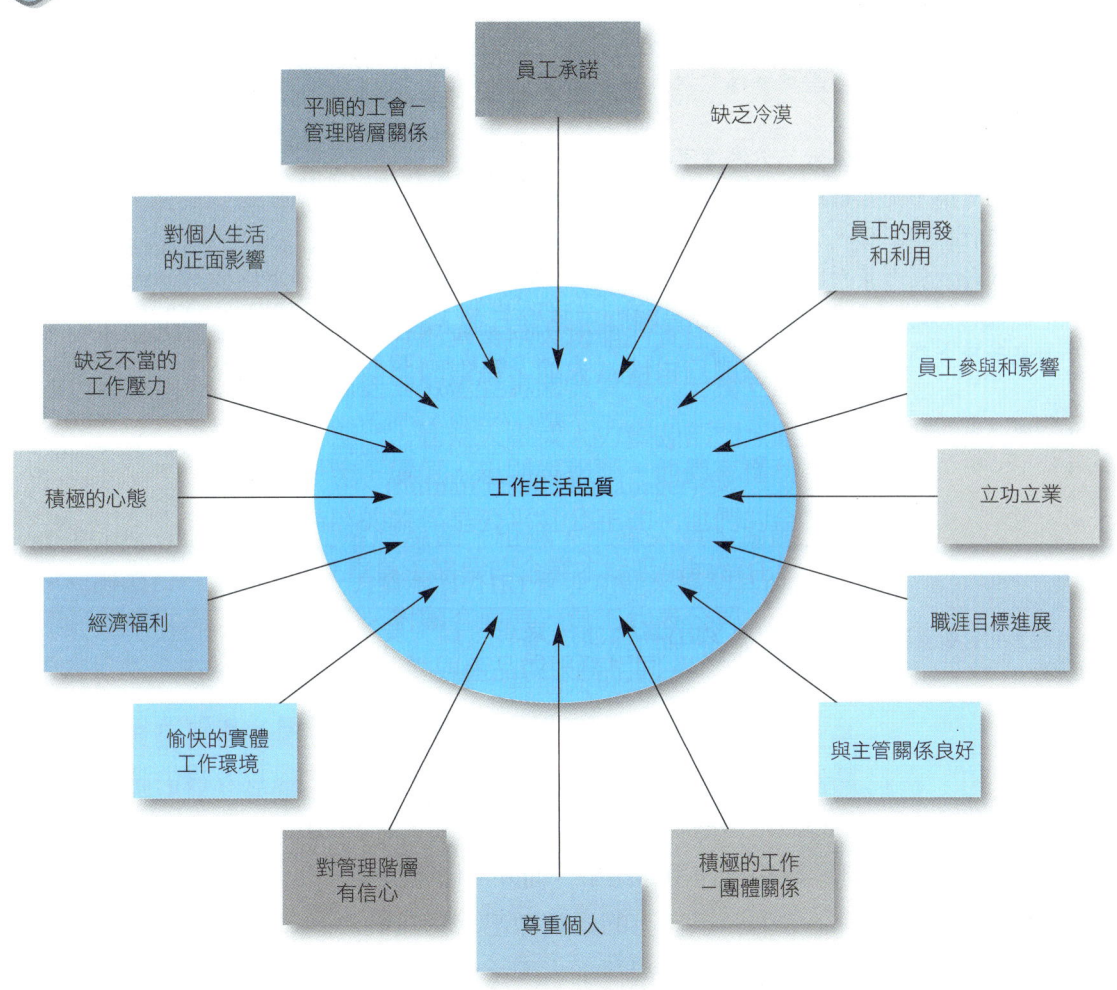

工作生活品質的影響因素包括：員工承諾、缺乏冷漠、員工的開發和利用、員工參與和影響、立功立業、職涯目標進展、與主管關係良好、積極的工作－團體關係、尊重個人、對管理階層有信心、愉快的實體工作環境、經濟福利、積極的心態、缺乏不當的工作壓力、對個人生活的正面影響、平順的工會－管理階層關係。

全球應用

三星電機員工不再恐懼

當李卡多‧塞姆勒 (Ricardo Semler) 接管家族企業——三星電機時，該公司生產衛星推進器和火箭燃料推進劑所需的混合器等產品，看起來與巴西任何其他傳統產業的公司一樣。恐懼是企業的治理原則，守衛在廠區巡邏，替員工上洗手間計時，以及對離開工廠的員工搜身檢查。任何不幸打破一件設備的人，都不得不自費賠償。

塞姆勒最初延續這種作風，但很快就感到不安，他發誓要將公司改造成「真正的民主：一個依靠信任和自由，而不是恐懼的地方」。他創造人們想要的工作環境，從此三星電機幾乎沒有員工離職。

現在，員工被賦權治理公司。他們穿著想穿的，選擇自己的老闆，隨自己的心意來來去去。三分之一的人自行訂定工資，其中有一些關鍵的作法，他們必須每六個月重新應徵一次工作。生產員工每年評鑑他們的管理者一次，並且公布評鑑分數。如果管理者的評分一直很低，就必須下台。

此外，塞姆勒定期分配利潤給員工，也分享他的頭銜，有六個員工，包括一位女性，輪流擔任執行長各六個月。此外，即使塞姆勒擁有這家公司，他的投票權重也沒有比任何人來得大。

在一個高度物價膨漲的國家裡，能夠生存已經是一項創舉；但三星電機做得更好。和競爭對手的銷售額相比，每位員工的平均銷售額是業界平均水準的四倍以上。

- 塞姆勒說：「被一致性地對待的渴望是一個主要問題，但是這樣會困擾管理，因為管理是需要控制感的。但我想問的是：『為什麼我們都需要受到平等對待？』你會意識到，沒有兩個人在任何方面是一樣的。」你覺得這樣的陳述與本章所討論的激勵有關嗎？

資料來源：NPR, "What Happens When You Run a Company with (Almost) No Rules?" May 5, 2015, http://www.npr.org/2015/04/24/401742828/what happens when-you-run-a-company-with-almost-no-rules: Brad Wieners, "Ricardo Semler: Set Them Free," *CIO Insight*, April 1, 2004, http://www.cioinsight.com/article2/0,1397,1569009,00.asp; Ricardo Semler, *The Seven Day Weekend*, Viking/Penguin, 2003; Ricardo Semler, *Maverick: The Success Story Behind the World's Most Unusual Workplace*, Warner Books, 1995.

---

1 討論刺激和影響激勵的因素

13.2 激勵的基礎

現代的研究人員和開明的管理者已經發現，激勵受多種因素影響，包括個人的需求和他/她做出選擇的能力，以及提供滿足這些需求和做出這些選擇的機會。激勵 (motivation) 是一個人內部需求和外部影響相互作用的結果，而外部影響決定一個人的行為方式。

人們為了自己的福利做出有意識的決定。你為什麼會去做這件的事？你為什麼選擇上大學，而別人不上大學？你為什麼選擇努力學習，而別人不努力學習？為什麼西南航空的一些員工參加戶外教育課程，而另一些員工不參加？為什麼諾斯壯百貨的一些員工接受公司文化，成為「諾斯壯人」，而另一些人卻不這麼做？對激勵的

> **激勵** 一個人的內部需求和外部影響相互作用的結果。涉及對公平、期望、條件和目標設定的看法，最後決定一個人的行為方式。

研究涉及什麼促使人們採取行動？是什麼影響他們的行動選擇？以及為什麼他們堅持以某種方式行事？出發點是使用激勵模型來分析一個人的需求。

激勵模型

一個人的需求為激勵模型提供基礎。需求 (need) 是一個人在特定時間經歷的缺陷，可以是生理或心理上的。生理需求與身體有關，包括對空氣、水和食物的需求；心理需求包括從屬關係和自尊的需要。需求產生一種緊張刺激，導致欲望 (want)。然後，這個人發展一種行為或一組行為，以滿足他或她的欲望，最後這種行為導致實現目標。

需求 作為行為刺激的人類生理或心理條件。

圖表 13.2 提供激勵模型的一個基本範例。一個人感到飢餓 (需求)，認識到需求會觸發欲望 (食物)，他選擇做一個漢堡 (行為)，然後吃了它 (採取行動達到目標)，並感到滿足，不再有飢餓感 (回饋)。當模型被修改以反映行為受制於許多影響因素時，會變得更加複雜。為什麼例子中的人選擇漢堡而不是麥片？為什麼他不用買的？他以前練習過該行為嗎？如果是，它滿足了需求嗎？以下透過對激勵選擇有更複雜影響的整合激勵模型，為上述問題提供解釋。

整合激勵模型

不被滿足的需求會激發出欲望和行為。在選擇滿足需求的行為時，一個人必須評估三個因素：

1. **過去的經驗**。每個人過去經歷的情況，會進入他的激勵模型之中，包括從某種特定行事方式裡獲得的滿足感、任何挫折感、所需的努力、績效與獎勵的關係。
2. **環境影響**。行為選擇受環境影響，環境被設定在組織的價值觀，以及管理的期望和行動。
3. **感知**。實現績效的預期努力程度，個人受到這種感知的影響，以及同事做出相同努力而獲得的獎勵價值也會影響個人。

除了這三個變數外，還有兩個因素作用：技能 (skill) 和誘因 (incentive)。技能是一個人的表現能力，是訓練的結果；誘因則是管理者為鼓勵員工執行任務而創造的因素。

圖表 13.2　基本激勵模型

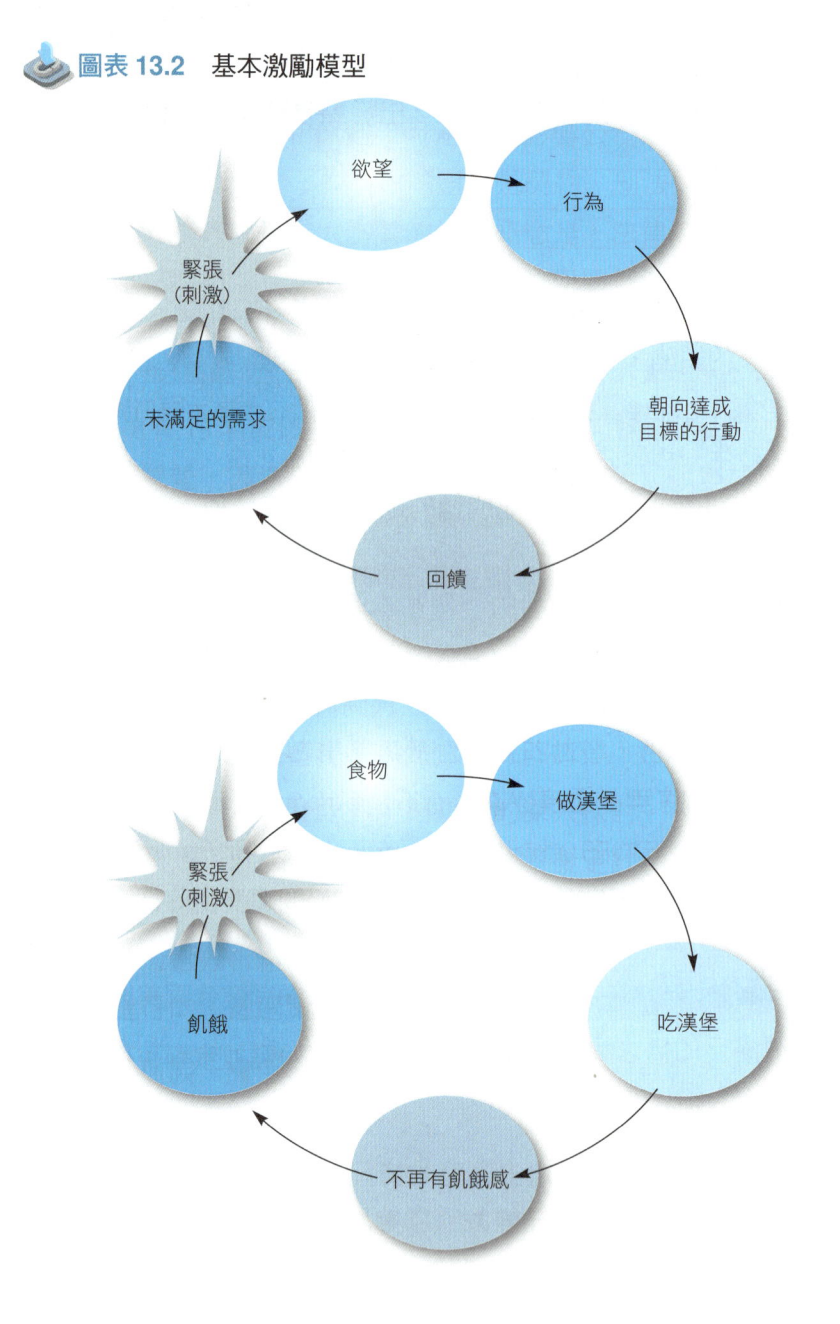

欲望 → 行為 → 朝向達成目標的行動 → 回饋 → 未滿足的需求 → 緊張(刺激) → 欲望

食物 → 做漢堡 → 吃漢堡 → 不再有飢餓感 → 飢餓 → 緊張(刺激) → 食物

我們再次討論激勵過程，但這次要從商業角度著手：

- 未被滿足的需求刺激出欲望。在這種情況下，基層管理者有得到尊重的需要，她希望被高階管理階層認可為傑出的員工。
- 行為被認可以滿足欲望。兩種行為可以滿足基層管理者的欲望：自願撰寫報告或解決特殊專案。為了考慮選擇哪種行為，她有意識地評估與績效(誘因)相關的獎勵或懲罰；完成確定的活動

的能力 (技能)；和過去的經驗、環境影響和觀點。
- 個人採取行動。根據她的分析，基層管理者選擇她認為最好的選擇 (行為)，然後採取行動。
- 個人收到回饋。在這種情況下，基層管理者從高階管理階層得到的回應構成回饋。如果回應是正面的，高階管理階層所做的不僅幫助基層管理者滿足她的需求，也增加基層管理者將來類似行為的可能性。

圖表 13.3 呈現整合激勵模型 (integrated motivation model)，該模型顯示經驗、環境，以及感知如何影響決策。

13.3 激勵的內容和過程理論

整合激勵模型在探索內容理論和過程理論兩類激勵理論是有幫助的。**內容理論** (content theoriy) 強調激勵人們的需求。如果管理者了解員工的需求，他們可以在工作環境中，使用一些因素來滿足這些需求，從而幫助員工將精力用於實現組織的目標。**過程理論** (process theoriy) 解釋員工如何選擇行為來滿足其需求，以及他們如何確定自己的選擇是否成功。

2 區分激勵的內容和過程理論

內容理論 一套激勵理論，強調激勵人們的需求。

過程理論 一套解釋員工如何選擇行為來滿足其需求，以及他們如何確定自己的選擇是否成功的理論。

13.4 內容理論：聚焦需求的激勵理論

馬斯洛的需求層級

心理學家馬斯洛根據需求層級進行激勵的研究。他的理論基於四個前提：

3 列出馬斯洛需求理論的五個層級，並分別舉例

1. 只有未被滿足的需求才能影響行為；被滿足的需求不會是激勵因子。因此，剛吃飽的人不太可能還想要食物，直到飢餓需求再次出現為止。
2. 一個人的需求會按照重要性的優先順序排列。層次結構從最基本的需求 (如水或住所) 到最複雜的需求 (自尊和自我實現)。
3. 在每一個需求層級中，一個人會先最小程度地滿足這個需求層級後，再去滿足下一個層級的需求。在渴望得到他人認可之前，

圖表 13.3　整合的激勵模型

過去的經驗
- 滿意度
- 挫折
- 需要付出的努力
- 績效與獎勵的關係

環境影響
- 組織價值觀
- 管理行動和期望

感知
- 努力實現績效
- 獎勵價值
- 潛在公平 / 不公平

需要的技能

管理者提供的誘因

欲望：老闆的讚賞

行為：寫報告？自願者？

實現目標行動：自願者

回饋

緊張（刺激）

未被滿足的需要：需要被尊重

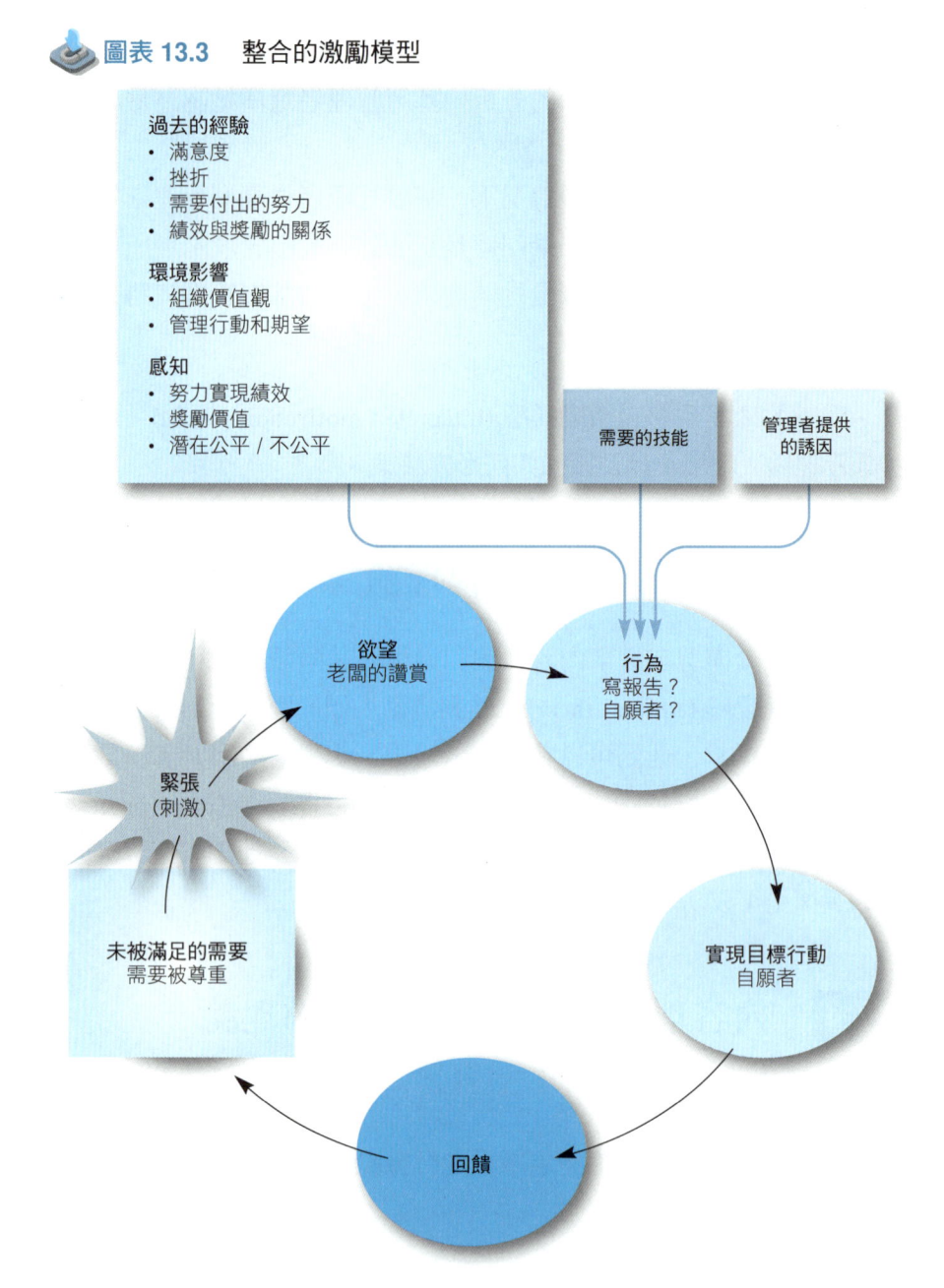

人需要先擁有友誼。

4. 如果任何層級的需求滿足感無法保持，這個層級的滿足需求將再次成為最優先的事項。例如，對於已經感到缺乏社會聯繫的人，如果他或她被解僱，安全可能再次成為優先需要。

需求的五個層級 圖表 13.4 顯示馬斯洛的需求層級。按照優先順序排列，需求從下到上。第一類由生理 (身體) 需求組成。這些是首要的或基本的需要：對水、空氣、食物、住所和舒適的需求。在工作環境中，管理者透過提供薪資來滿足這些需求，使雇員能夠購買基本生活必需品。當員工在工作時，管理者透過提供飲水、清潔的空氣、不令人反感的氣味或噪音、舒適的溫度和午休來滿足這些需求。

當生理需求滿足時，下一個優先事項是安全——需要避免身體傷害和對個人健康的不確定性。安全與保障密切相關，是指遠離風險或危險。反映安全需求的行為包括加入工會、尋找有任期的工作，以及選擇有健康保險和退休計畫的工作。我們都希望有一個工作環境，在其中可以免受對身體和情感安全感的威脅。管理者試圖透過提供員工薪資、福利、安全工作條件及工作保障，來滿足員工的安

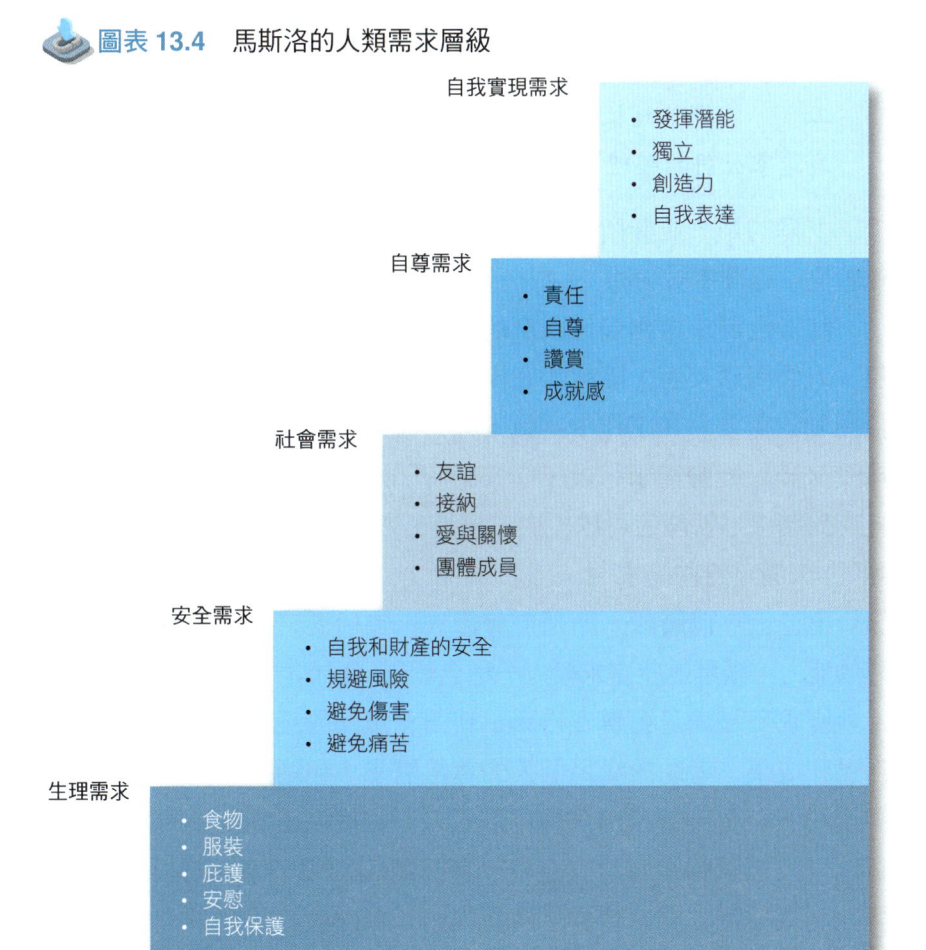

圖表 13.4　馬斯洛的人類需求層級

自我實現需求
- 發揮潛能
- 獨立
- 創造力
- 自我表達

自尊需求
- 責任
- 自尊
- 讚賞
- 成就感

社會需求
- 友誼
- 接納
- 愛與關懷
- 團體成員

安全需求
- 自我和財產的安全
- 規避風險
- 避免傷害
- 避免痛苦

生理需求
- 食物
- 服裝
- 庇護
- 安慰
- 自我保護

全需求。

其中一位像上述的管理者,是密西根州最大的瀝青鋪路承包商 Thompson-McCully 公司創辦人羅伯特‧湯普森 (Robert M. Thompson)。當湯普森將公司出售給愛爾蘭的 CRH 有限公司子公司 Oldcastle Materials 時,他藉由向 550 名公司員工和退休人員提供總計 1.28 億美元的特別獎金,認可員工對公司成功的貢獻。此外,還支付獎金的稅款。湯普森選擇 Oldcastle Materials,是因為該公司有不解散公司或解僱員工的記錄。湯普森的一位員工高興地表示,他的安全需求已經得到滿足:

> 「這是令人難以置信的,很難告訴你我的感受。」Thompson-McCully 位於密西根州紐波特 (Newport) 的採石場經理法蘭克‧阿佐帕迪 (Frank Azzopardi) 說,在 55 歲時開始領取退休年金。他表示現在有一種「安全的感覺」,因為退休金「總是很大的擔憂」。阿佐帕迪說,他「一開始進入公司工作只是一個勞工」,然後就這樣一直工作下去。「14 年前,我從未想過會成為這家公司的經理,或者我可以分享公司的利益。」

不幸的是,並非所有公司都如此對待員工,如同在本章的「道德管理」專欄中討論的。

當安全需求得到最低限度的滿足時,社會需求就變成占主導地位。人們渴望友誼、陪伴和在群體中的位置。愛的需要包括給予和接受愛的需要。在工作中,員工經常與同事互動,並且透過他人的接受來滿足社會需求。員工在午餐時間建立的團體,也是他們需要社交的結果。管理者可以經由支援員工聚會 (生日聚會、午餐和運動團隊) 來滿足這些需求。

再往上一個層級,即是自尊需求,包括渴望自尊和他人承認自己的能力。滿足這些需求給人一種自豪感、自信感和真正的重要性。這些需求不被滿足會導致自卑、軟弱和無助的感覺。與工作相關的活動和成果,有助於滿足個人的尊重需求,包括成功完成專案、被同事和上級認可為做出寶貴貢獻的人,並獲得組織賦予頭銜。沃爾瑪創辦人沃爾頓在為建立企業而創建的山姆規則 (Sam's Rules) 上,認知到這種需求非常重要。他在規則 5 中討論尊重需求:「欣賞你

道德管理

無預警裁員

公司向管理顧問支付數十萬美元，幫助他們創造員工能夠提高工作效率的工作環境。顧問推動的基本主題之一是重視和尊重個人。對大部分的公司來說，這是相當內部化的功課，但顯然在 IBM 卻不是如此。

IBM 前執行長薩繆爾·帕米薩諾 (Samuel J. Palmisano) 發送一封電子郵件給員工，斷言 IBM 不會像其他公司那樣削減成本，他寫道：「最重要的是，我們將投資員工」(Lohr)。第二天，超過 1,400 名員工接到通知將失去工作。隨之而來的是更多的裁員，大約 4,600 個北美 IBM 工作消失。IBM 在美國的整體就業人數下降，而其外國就業人數則增加。

IBM 按三個地理區域報告收益：美洲；歐洲、中東和非洲；和亞太地區，但不再報告其員工所在地。2010 年，它不再揭露員工數。羅切斯特理工學院 (Rochester Institute of Technology) 公共政策副教授羅恩·希拉 (Ron Hira) 表示：「IBM 透過隱藏業務外包 (offshoring)，對美國造成損害，因為該公司向決策者提供誤導性的勞動力市場信號和資訊」(Thibodeau)。

1. 這種情況對公司的價值體系有什麼意涵？
2. 如果你是員工，此行動會對你的士氣產生什麼影響？
3. 你對希拉教授的陳述有何反應？

資料來源：Patrick Thibodeau, "IBM Stops Disclosing U.S. Headcount Data," March 12, 2010, *Computerworld*, http://www.computerworld.com/article/2520399/it-outsourcing/ibm-stops-disclosing-u-s-headcount-data.html; Steve Lohr, "Piecemeal Layoffs Avoid Warning Laws." *The New York Times*, March 5, 2009, http://www.nytimes.com/2009/03/06/business/06layoffs.html.

的同事為公司所做的一切……，沒有什麼可以替代一些精心挑選的、適時的、真誠的讚美的話。」

馬斯洛的最高層級需求，稱為自我實現 (self-realization)，這與渴望實現願望有關。自我實現 (也稱為 self-actualization) 意味著需要最大限度地利用自己的技能、能力和潛力。

對管理者的意涵 馬斯洛的需求理論適用於所有環境，並非只適用於工作場所，而且為管理者提供一個可行的激勵架構。透過分析員工的意見、態度、工作品質和數量，以及個人情況，管理者可以確定每位員工尋求滿足所需的特定需求水準。然後，管理者可以嘗試在工作環境中創造機會，使個人能夠滿足他們的需求。要了解管理者如何透過應用馬斯洛的理論滿足員工的需求，請參見圖表 13.5。此外，透過圖表 13.5 來了解管理者如何促進需求的滿足。

因為人們在感知和個性上獨一無二，應用需求理論會帶來一些

圖表 13.5　五種共同的員工需求和適當的管理對策

員工情況	需求水準 需要的滿足	需要滿足的行動
員工明年有兩個孩子上大學	生理／安全	加薪或訓練和升遷員工到更高薪資的工作，如果合理；確認工作安全。
員工對競爭者收購公司感到擔心	安全	如果可能，請向員工保證不會失去工作；否則，就坦率地承認某些工作將被廢除。鼓勵和協助工作受影響者另覓工作。
員工作為一個關係緊密的工作群體的新人感到不舒服	社會	邀請下屬參加你家中的社交晚宴，為新人創造在非正式環境中與同事會面的機會。鼓勵新進員工參加公司休閒活動。贊助新進員工加入專業組織。
員工感到不被欣賞	自我／自尊	檢查員工的工作績效，並找出表揚的理由。如果合適，接受員工的建議。建立更密切的融洽關係。
員工希望在組織中領先，並且對公司的最終僱傭目標有想法	自我實現	在確定最終目標方面提供具體指導；幫助繪製職涯路徑圖。促進教育改進。提供工作經驗和受表揚的機會。

困難。正如一種激勵可能導致不同的行為一樣，個體中類似的行為也可能來自不同的激勵。例如，在新專案上努力工作的行為可能來自許多需求，有些人的投入是為了成長和發展；而其他人這樣做是為了被喜歡；還有一些人希望賺更多的錢，來增強安全感；然而，也有一些人希望得到成功帶來的認可。因此，管理者僅僅透過觀察行為來評估激勵時必須小心。

一個未被滿足的需求會令員工感到挫折，將繼續影響他或她的行為，無論是否在工作上，直到它得到滿足為止。滿足感的手段可能與組織的目標和過程一致。然而，兩者可能互相競爭，甚至衝突。例如，透過投身與工作相關的群體或工作環境以外的群體，尊重需求可以被滿足。

需求滿意度水準是不斷波動的。一旦需求得到滿足，就不再影響行為，但是只會維持一段時間。長期而言，眾多的需求無法都得到滿足。

4 討論保健因子和激勵因子對工作環境的影響

赫茲伯格的「雙因子理論」

心理學家弗雷德里克‧赫茲伯格 (Frederick Herzberg) 和同事發展雙因子理論 (Herzberg's two-factor theory)，即保健－激勵理論 (hygiene-motivator theory)。赫茲伯格的理論定義導致工作不滿意的

一組因子，這些因素稱為 保健因子 (hygiene factors)。該理論還定義一組產生工作滿意度和積極性的因子，這些因素被稱為激勵因子。

> **保健因子** 與個人實際工作活動不直接相關的維持因子(如工資、地位、工作條件)，但是低品質的維持因子造成工作愉不快。

保健因子 根據赫茲伯格的說法，管理者對保健因子 [通常稱為維持因子 (maintenance factor)] 處理不當是導致工作不快樂的首要原因。保健因子與工作不直接相關，即與一個人的實際工作活動沒有直接關係。保健因子是工作環境的一部分；它們是工作情境 (context of the job) 的一部分，但不是其內容 (content)。當雇主提供低品質的保健因子時，員工會感到工作不滿意。即使這些因子品質足夠，也不一定會發揮激勵作用。高品質的保健因子不見得會激勵員工付出更大的努力，但它們只是為了防止員工的工作不滿意。

- 薪資。為了防止工作不滿意，管理者應提供足夠的工資、薪資和附加福利。
- 工作保障。公司的申訴程序和資深特別待遇有助於提高保健因子的品質。
- 工作條件。管理者確保適當的暖氣、光線、通風和工作時間，以防止不滿意。
- 身分。管理者注意保健因子的重要性，以提供特別待遇、職稱和其他階層及地位的象徵。
- 公司政策。為了防止工作不滿意，管理者應提供政策作為行為指南，並維持政策的公平。
- 技術指導品質。當員工無法獲得與工作相關的問題的答案時，他們會感到沮喪。為員工提供高品質的技術指導可防止挫折感。
- 同事、主管和下屬之間的人際關係品質。在具有高品質保健因子的組織中，工作場所提供社交機會，以及享受與工作相關的和諧關係的機會。

激勵因子 根據赫茲伯格的說法，激勵因子 (motivators factor) 是決定工作滿意度的首要原因。它們是工作的本質，是直接關係到員工工作表現的真實特性；換句話說，激勵因子與工作內容有關。當雇主未能提供激勵時，員工不會體驗到工作滿意度。有了激勵，員工享受工作滿意度，並提供高績效表現。不同的人需要不同種類和程度的激勵因子——激勵這個員工的因子，可能無法影響另一個員工。

> **激勵因子** 工作本質上的條件，可導致個人的工作滿意度。

激勵因子也是心理和個人成長的刺激因素。這些因素如下：

- **成就**。有機會完成某件事或貢獻一些有價值的東西，這種機會可以作為工作滿意度的來源。
- **讚賞**。聰明的管理者讓員工知道他們的努力是值得的，並且有被注意和被欣賞。
- **責任**。透過工作延伸或委派任務來獲得新的職責和責任的潛力，可能是某些員工的強大動力。
- **進步**。由於工作表現而提高自己地位的機會，為員工提供表現出色的明確理由。
- **工作本身**。當任務提供自我表達、個人滿意度和有意義的挑戰的機會時，員工較可能有熱情地承擔任務。
- **成長的可能性**。增加知識和個人發展的機會可能導致工作滿意。

圖表 13.6 說明保健因子和激勵因子。保健因子與從沒有不滿意到高度不滿意的反應有關。激勵因子如果存在工作環境中，可以提供低到高的滿意度；如果沒有，可能導致完全缺乏滿意度。

對管理者的意涵　赫茲伯格理論與工作環境特別相關。管理者可以使用他們的知識來確保環境中的保健因子是建立動力的基礎。

圖表 13.6　保健因子和激勵因子的結果

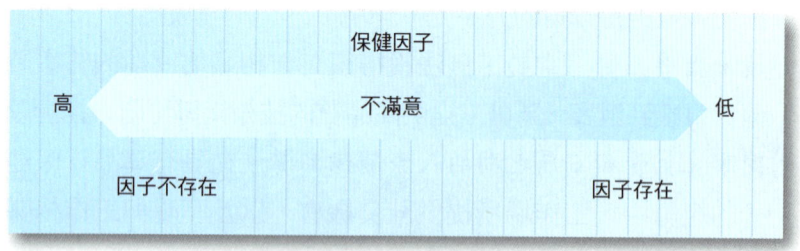

每個因子的品質會影響每位員工滿意或不滿意的程度。

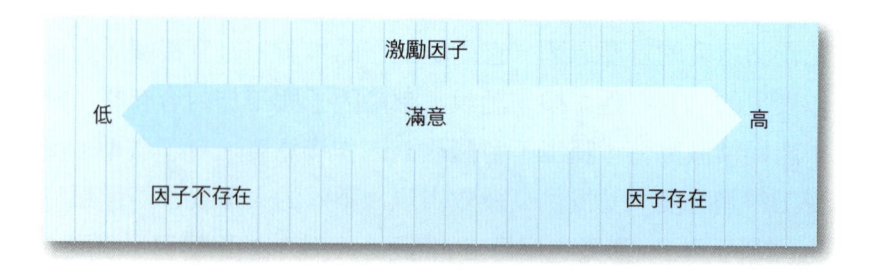

缺乏品質的保健因子會導致員工不滿，這是查克‧米契爾(Chuck Mitchell)在GTO公司快速學到的一門功課。該公司位於佛羅里達州塔拉哈西(Tallahassee)，是開業5年卻不斷惡化的自動開門器製造商。當米契爾接替因遭遇致命心臟病的創辦人時，在保健因子被忽視的工作環境中，員工已經心灰意冷。創辦人經常做以下這些事：

- 員工需對公司的健康保險做冗長的理賠申請。
- 捨不得讓員工每兩小時休息十分鐘。
- 沒有可用於機器維修的預算資金。
- 堅持時薪員工加班而不額外支付費用。
- 要求在公司上班時間，為業主建造圍欄、維修古董車、安裝籃球架。
- 要求員工自帶咖啡和相關用品到休息室。

在米契爾從員工中感受到一些更優先的項目後，他知道可以立即改善某些保健因子。正如米契爾指出的：「小事往往對人們更重要，它們表明管理階層關心每一個人。」因此，米契爾率先採取一些重大的措施：

- 他為休息室買了咖啡和用品。
- 他僱用屋頂維修工修補漏水的大樓。
- 他鼓勵員工在週末開私人汽車來公司，以便使用公司的一些工具進行維修。
- 他修改員工健康保險條款內容，大幅縮減員工看診時自行負擔的全額。
- 他推出公司支付的員工殘疾保險。
- 他提供員工大樓的鑰匙。
- 他提供「空白支票」，給予員工需要機器零件和維修時的資金。
- 他制定利潤分享計畫。

一旦高階管理階層提供令人滿意的保健因子，就可以專注於激勵因子，正如Thompson-McCully創辦人所說的：

鮑伯‧湯普森(Bob Thompson)「挑戰員工，給予他們更多的責任，去完成更多事。」辦公室經理馬林‧范恩‧派頓(Marlene

Van Patten) 表示,他是領取年金者,十年前在收購 Spartan Asphalt 時加入 Thompson-McCully。「他是一個自我要求很高的人,但非常公平。他一直想成為最好的,他希望他的員工是最好的。」

需要注意的關鍵點是,幾乎所有主管都有權透過給予員工更多責任、讚揚他們的成就,並讓他們覺得自己正在取得成功,來增加他們管理工作場所的激勵因子。西南航空的高階管理者也得出同樣的結論。受激勵的員工相信可以控制自己的工作,並且能夠做出貢獻。這個信念為團隊管理、賦權和內部創業提供基礎,本章稍後將對此進行探討。

麥克利蘭與成就需求

在心理學家大衛‧麥克利蘭 (David McClelland) 發展的需求理論中,某些類型的需求是來自人們與環境的互動。他描述三個具體需求如下:

1. 成就 (achievement),面對一套標準能取得優異成績或成就的願望。
2. 權力 (power),控制他人或對他人有影響的欲望。
3. 歸屬關係 (affiliation),對友誼、合作和緊密人際關係的渴望。

成就與個人表現有關。相比之下,權力和歸屬關係涉及人際關係。

對成就激勵的研究產生兩個重要的想法:(1) 強烈的成就需求與個人如何被良好激勵,以呈現工作表現有關;(2) 透過訓練可以增強成就需求。

麥克利蘭的需求理論認識到人們可能有不同的需求組合,個人可以被描述為高成就者、有權力激勵的人或歸屬者。

⑤ 解釋有高成就需求的人的特點

高成就者 麥克利蘭和助理大衛‧伯爾納姆 (David Burnham) 定義高成就者的特點如下:

- 工作表現是因為迫切需要個人成就,而不一定是為了獲得與完成任務相關的回報。追求卓越的願望既適用於手段,也適用於

最終目標，卓越的成就者除了想要做好工作之外，還希望能更有效率地完成工作。

- 傾向於承擔個人責任去解決問題，而不是將爛攤子的結果留給他人。成就者可能被視為孤獨者，有時他們似乎很難委任賦權。
- 傾向於設定適度的及有成就感的目標。對於成就者而言，容易成功的目標不具任何挑戰，因此也不會有滿足感。成功機率低的困難目標需要成就者去賭一把。因為成就者喜歡在自己的控制中，所以僅僅依賴機會的成果是不被接受的。
- 傾向於立即和具體地提供關於績效的回饋，從而有助於衡量朝目標實現的進度。回饋需要基於目標績效（而不是個人變數），以便成就者可確定需要做些什麼來提高績效。

有權力激勵的人　對權力有強烈渴望的人需要獲得、實踐和保持對他人的影響力。如果成功能使他們占據主導地位，這些人就會與人競爭。有權力激勵的人不會逃避對抗。

歸屬者　對歸屬關係有很高需求的人希望得到其他人的喜歡，試圖建立友誼，並尋求避免衝突。歸屬者偏向喜歡進行調解。

對於管理者的意涵　根據麥克利蘭的理論，管理者對自己的影響應該努力識別，管理者應利用高成就者的目標設定能力和對責任的渴望，來鼓勵他們的發展。這可以透過為他們提供參與機會、將權力下放給他們，以及利用第 4 章中討論的目標管理來實現。為了與高成就者有效合作，管理者應提供即時、具體的回饋。例如，位於華盛頓特區負責管線、暖氣、通風和空調的承包商華納公司 (Warner Corporation)，其總裁湯姆．華納 (Tom Warner) 設計一個獨特的計畫，以運用高成就者。華納公司生產業界公認的革命性產品，在 260 名員工中任命 80 位區域技術總監 (area technical directors, ATD)。這些總監擁有自己的業務，可以在分配的郵政編碼內進行管理。華納為他們提供銷售、市場行銷、預算、談判、成本估算和顧客服務方面的訓練。然後，賦權他們在指定地點建立業務。華納說：「那些被吸引到 ATD 計畫的人想要更多，也付出更多的努力。如果你想要一份朝九晚五的工作，這個計畫就不是針對你。」因為該計畫針對高成就者，所以並不適合每個人。在前十二個 ATD 計畫中，就有 8

人後來確定不適合該程序，他們只想保有普通技工的身分。

在與麥克利蘭理論中有權力激勵的人打交道時，管理者應該認識到權力的使用是公司生活的必要部分，那些受權力激勵的人可以成為組織必要和有用的成員。然而，管理者也應該意識到權力作為激勵因素的負面影響。許多人僅僅為了個人利益而追求權力，因此有權力動機的人不會把組織的最佳利益放在心上。

在與麥克利蘭標記為歸屬者的員工合作時，管理者必須意識到這些員工希望避免衝突，這可能妨礙他們有效地處理組織衝突。

圖表 13.7 顯示這三種需求理論之間的關係。每個理論都為管理者提供不同的觀點，從中可以理解行為的原因。赫茲伯格的保健因子與馬斯洛的低層級需求有關；赫茲伯格的激勵因子與更高層級的需求有關，也與麥克利蘭權力和成就的需求有關。

6 辨認與 ERG 理論相關的需求

阿爾德佛的 ERG 理論

心理學家克雷頓・阿爾德佛 (Clayton Alderfer) 提出另一個需求理論，將馬斯洛的五個需求層級壓縮為三個層次：

圖表 13.7 馬斯洛、赫茲伯格及麥克利蘭理論的比較

保健因子／激勵因子

工作內容：
- 技術督導的品質
- 工作條件
- 工作保障
- 薪水

工作本身：
- 責任
- 工作本身
- 進步
- 成長的可能
- 成就
- 賞識
- 人際關係的品質

自我實現需求
尊重需求
社會需求
安全需求
生理需求

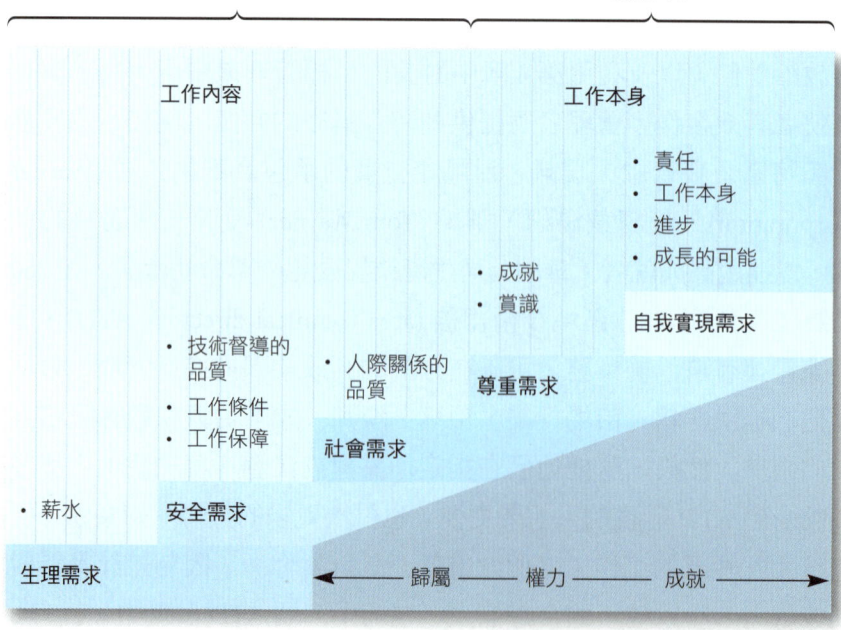

歸屬　權力　成就

1. **生存需求 (Existences)**。生存需求與一個人的身體健康有關。(在馬斯洛的模型中，生存需求包括生理和安全需求。)
2. **關係需求 (Relatedness)**。包括與他人建立令人滿意關係的需求。(在馬斯洛的模型中，關係需求與社會需求相對應。)
3. **成長需求 (Growth)**。成長需求實踐的潛力和實現成就的能力。(在馬斯洛的模型中，成長需求對應自尊需求和自我實現需求。)

阿爾德佛的理論被稱為 ERG 理論 (ERG theory)，該名稱來自阿爾德佛定義的每項需求的前三個字母。

> **ERG 理論** 建立人類三類需求的激勵理論：生存需求、關係需求和成長需求。

馬斯洛和阿爾德佛一致認為，未被滿足的需求是一種激勵因子，隨著低層級需求得到滿足，這個層級的需求變得不太重要。然而，阿爾德佛認為，更高層級的需求得到滿足後，反而會變得更加重要。如果一個人在嘗試達到更高的需求時失敗了，這個人可能會回到較低層級的需求。例如，為了實現更多成長而感到沮喪的員工，可能會將精力轉到他處，例如成為團體的一部分。當矽谷的高科技電腦相關企業在擴張一段時間後開始裁員，那些一直專注於促進成長需求的管理者開始尋求新的公司，以滿足他們生存的需要。圖表 13.8 說明馬斯洛和阿爾德佛理論之間的關係。

對管理者的意涵 根據阿爾德佛的說法，管理者應該了解，如果實現需求的努力受挫，一個人可能會自願地從需求層級上滑落。為了保持高績效水準，管理者應該為員工提供利用更高層級需求的機會。管理者可以透過表揚員工和鼓勵參與決策來達成。例如，在視算科技 (Silicon Graphics Inc.)，每年有 40 名員工被同事票選為最具代表公司文化和精神。公司大張旗鼓地宣布，每人將獲得兩人同行的夏威夷之旅。對員工而言，與獲得旅行同樣重要的是，同事的認同讚賞，這滿足他們對尊重的需求。

奧塞莉亞‧威廉絲 (Ocelia Williams) 是 Cin-Made 公司的時薪員工，她的評論說明滿足成長和自我實現需求的重要性，她任職於生產各種材質容器的小型製造商，也是員工可以有話直說的一家公司。「除非我們都承擔責任，否則我看不到公司要如何成功。我現在知道發生什麼事，我適合哪個部門，我做的事確實有貢獻。」威廉絲和其他員工的職責是共同承擔責任。現在時薪員工完成 Cin-Made 的所有採購工作，並且在每個僱用決策中都有發言權，他們安排自己

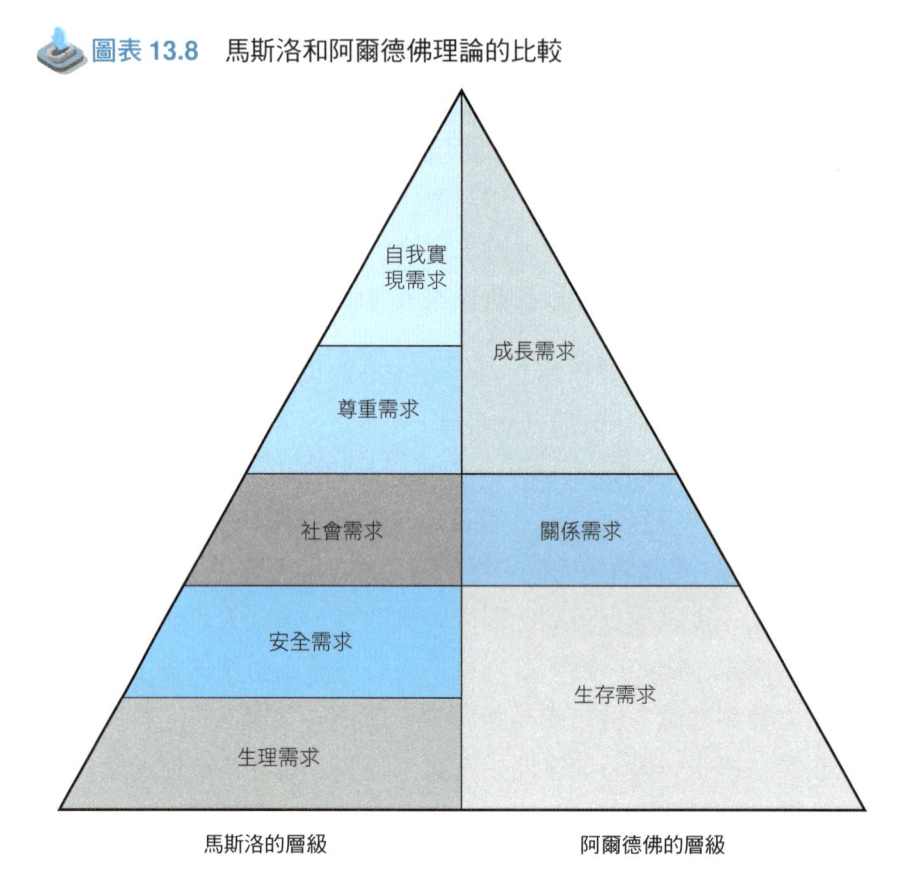

圖表 13.8 馬斯洛和阿爾德佛理論的比較

```
         自我實
         現需求
                      成長需求
         尊重需求

         社會需求    關係需求

         安全需求
                      生存需求
         生理需求

       馬斯洛的層級    阿爾德佛的層級
```

的時間、僱用和督導所有臨時雇員、監督公司的安全計畫，並管理公司以技能為基礎的薪酬系統。

13.5 過程理論：以行為為焦點的激勵理論

現在我們已經研究與個人需求相關的四種激勵理論，接下來繼續探討以下四種理論，研究為什麼人們選擇特定的行為來滿足需求。本節將討論四種行為導向理論：期望理論、強化理論、公平理論，以及目標設定理論。每個理論都源於總結在圖表 13.3 中的因素：過去的經驗、環境影響和感知。

7 討論期望與激勵之間的關係

期望理論 一種激勵理論，指出三個因素影響行為：獎賞的價值、獎賞與必要績效的關係，以及達成績效所需的努力。

期望理論

期望理論 (expectancy theory) 由維克托・弗魯姆 (Victor Vroom) 所發展，指出在選擇行為之前，個人會根據預期工作和獎賞來評估各種可能。激勵的強度與感知或預期獎賞成正比。期望理論包括三

個變數：

1. **努力－績效連結**。努力能達到績效嗎？達成績效需要多少努力？成功的可能性有多大？
2. **績效－獎賞連結**。某種績效產生期望的獎賞或結果的可能性是多少？
3. **吸引力**。獎賞的吸引力如何？這個因素與獎賞對個人的強度或重要性有關，並涉及他或她未滿足的需求。

要了解如何應用期望理論，請思考以下的範例。假設在某個快下班的星期五，約翰·傅利曼 (John Friedman) 被老闆要求編製六個月的預算。下星期一是繳交期限。傅利曼意識到自己可以透過兩種方式完成這個四小時的專案：待在辦公室工作，或週末在家處理。

傅利曼評估第一個選項，即繼續工作 4 個小時。他意識到留下來就可以在下星期一之前完成 (努力－績效連結)。根據過去的經驗，他知道完成的專案將得到老闆的認可 (績效－獎賞連結)。傅利曼對此非常看重，因為最終可以獲得晉升。然而，星期五下班前工作會干擾他既有的計畫，並可能導致家庭問題。(家庭問題影響獎賞的吸引力。)

當傅利曼評估第二個帶回家處理的選項時，他意識到努力－績效連結和績效－獎賞連結與「留下來工作」的選項相同。然而，如果選擇把工作帶回家處理，傅利曼可以避免社交計畫被干擾所帶來的負面後果。(這使得獎賞看起來更有吸引力。傅利曼因此選擇第二個選項。)

在決策中，傅利曼問自己一連串的問題：「我能完成任務嗎？」是的，需要 4 個小時，但我能做到。「它對我有什麼影響？」當我完成這項任務時，可以帶來正面結果和負面結果 (選項 1)，或只是正面結果 (選項 2)。「這是值得的嗎？」正面答案為「是」，但負面答案為「否」。研究圖表 13.9，並確定每個問題涉及的期望理論階段。

對管理者的意涵 根據期望理論，行為受到行為預期結果的看法影響很大。期望一個特定結果的人，若擁有實現它的能力，並且非常想要完成，將會表現出組織要求的行為。

圖表 13.9　期望理論模型

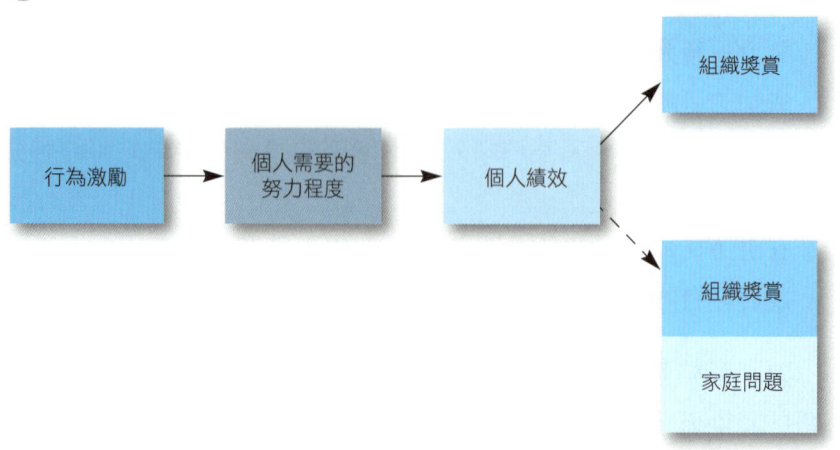

行為激勵 → 個人需要的努力程度 → 個人績效 → 組織獎賞

個人績效 ⇢ 組織獎賞／家庭問題

　　預期特定行為會產生被認為是不良結果的人，將不太願意表現出該行為。知道每位下屬的期望和想要的管理者，可制定與特定行為相關的結果以產生動力。為了激勵員工行為，管理者必須執行下列事項：

- 了解員工會衡量與任務相關的價值。身為管理者，你從員工那裡得到的是你如何給他們獎賞，而不是你的要求。
- 找出員工渴望得到的結果並提供給他們。這種結果可能是內在的(個人直接經歷)或外在的(公司提供)。把工作做好的自我價值感是內在的(intrinsic)；做好工作產生的職位提升是外在的(extrinsic)。要使員工滿意的一項結果，員工必須認知這個結果是與他或她的需求相關的，並且與他或她的期望一致。
- 使工作具有內在的報酬。如果員工對成功完成工作感覺良好，這就是有價值的成果，對管理者而言，提供能夠增強員工自我價值感的經驗至關重要。
- 有效且清楚地告訴員工有關管理者期望的行為及結果。員工需要知道什麼是可以被接受的，什麼是組織不可接受的。
- 將獎賞與績效連結。一旦可接受的績效達成，就應該迅速給予獎賞。
- 必須注意到每位員工的目標、需求、期望和績效表現是有所差異的。管理者必須為每位員工設定可以達到的績效水準。
- 提供員工指導和方向，強化他們對自己執行想要行為和取得成

果的能力的認知。管理者訓練員工，指導他們，然後必須信任員工來完成他們的工作。

基於這些準則，一些公司在設計以組織目標為焦點的激勵薪酬制度時，納入期望理論原則。計畫成功的關鍵因素是努力－績效連結。當員工覺得自己能夠達到目標時，激勵的薪資才會發揮效用。因此，全公司的目標必須轉達並交付給員工層級。例如，黑盒公司 (Black Box Corporation) 是一家總部設在匹茲堡的網路和其他通信裝置製造商，對該公司的行銷人員而言，公司的目標是提高顧客滿意度。員工可以透過提升他們的技能水準，並大幅提高他們在同一工作的薪資來幫助實現這個目標。例如，黑盒公司剛開始只有支付取得訂單者具競爭力的薪資。但隨著員工提高產品知識和顧客技能，他們的薪資可以增加數千美元。那些學習銷售技能或另一種語言來處理國際銷售業務，即進一步提高技能的人，可以賺取更多的錢。因為紅利和年度營收有關，因此員工將獲得更多的分紅獎金。

強化理論

8 解釋強化與激勵之間的關係

檢驗行為發生原因的另一種理論是基於伯爾赫斯・史金納 (B. E. Skinner) 的操作制約 (operant conditioning) 研究。**強化理論** (reinforcement theory) 認為，一個人在某種情況下的行為，受到過去在類似情況下經歷的獎賞或懲罰所影響。例如，前例傅利曼當時正在準備最後的預算報告文件，過去曾因為付出額外的努力而受到老闆的讚揚。因此當老闆有另一個類似的要求時，正強化影響傅利曼的行為。

強化理論 一種激勵理論，指出主管的反應和過去的獎懲會影響員工的行為。

強化理論說明管理者應該理解的要點。激勵行為的大部分是學習的行為。員工會隨著時間的推移，了解哪些類型的績效是可以被接受的，哪些是不可被接受的。這種學習會影響未來的行為。圖表 13.10 顯示強化如何影響行為。

強化類型 管理者可以從下列四種主要類型選擇運用：正強化 (positive reinforcement)、避免 (avoidance)、消弱 (extinction)，以及懲罰 (punishment)。在這四個方法中，正強化通常較可以對員工產生持久和積極的行為改變，進而導致個人的長期成長。

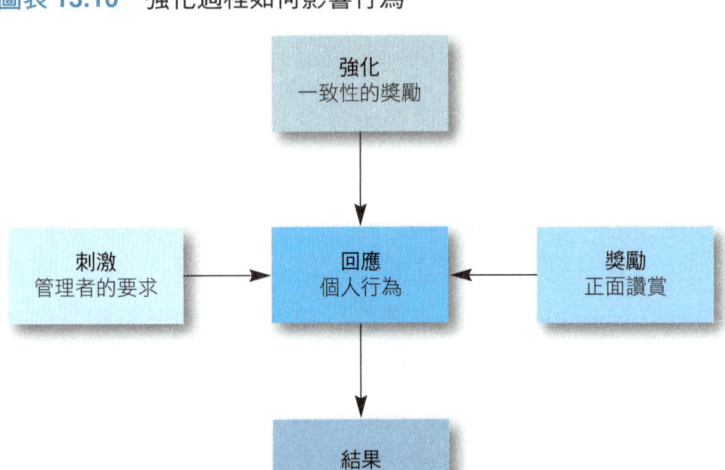

圖表 13.10　強化過程如何影響行為

```
            強化
         一致性的獎勵
            │
            ▼
  刺激 ──→  回應  ←── 獎勵
管理者的要求  個人行為    正面讚賞
            │
            ▼
            結果
          學習行為
```

1. **正強化**。為了增加員工重複做出期望行為的可能性，管理者在期望行為發生後應該盡快提供正強化。正強化者可提供通常被員工認為是有利的因素，如表揚、報酬或晉升。

2. **避免**。這種強化方法透過顯示管理者不希望的行為後果，來增加員工正向行為重複發生的可能性。員工透過期望的行為來避免那些後果。例如，管理者的政策是對所有未按時提交報告的員工處以罰款。只要存在受到懲罰的威脅，就會激勵員工按時完成任務。

3. **消弱**。管理者在選擇忽略下屬的行為以消弱其行為時，就是正在使用消弱。當這些行為是暫時的、非典型的且負面後果不嚴重時，這個方法最有效。主管希望如果忽略該行為，則該行為將會很快消失。在工作環境變化的情況下，消弱也可能是適當的。假設管理者和員工已習慣在工作時間談論非工作的話題，當管理者晉升到另一個區域後，若員工經常去打擾，會使得管理者感到不舒服。如果管理者繼續工作而不招呼該員工，則該名員工最終理解被忽略，而後該行為被消弱。

4. **懲罰**。管理者可能試圖經由應用負面後果或懲罰，來減少某行為再次發生。喪失特權、停薪和停職是懲罰的形式。懲罰作為對行為回應的困擾是，員工會學到不該做什麼，但不一定學會管理者期望的行為。

強化效果受到時間的影響。強化的措施與行為的時間越接近，將對未來行為產生更大的影響。

對管理者的意涵　強化理論對管理者有若干意涵。首先，管理者應牢記，激勵行為受員工學習到被組織接受和不接受的行為所影響。此外，在與員工合作以發展激勵行為時，管理者應執行以下事項：

- 告訴每個人他們能做什麼來得到正強化。成立工作標準讓所有個體知道什麼行為是可接受的。
- 告訴每個人他們做錯了什麼。不知道原因而未獲得獎賞的人，可能會感到相當困惑。資訊可以使人改善被激勵的行為。
- 獎賞以績效為基礎。管理者不應以相同的方式獎賞所有員工。如果管理者以相同的方式獎賞所有不同程度的表現，那麼劣等或平均績效會得到強化，而高績效可能被忽略。
- 盡可能及時地執行強化行為。為了獲得最大的影響效果，應立即進行適當的強化。
- 不獎賞也會改變行為。如果管理者不表揚下屬的功績，下屬就會對管理者期望的行為感到困惑。

透過應用這些準則，管理者可以幫助員工專注於組織目標，同時修正員工行為。例如，美國 Mid-States Technical Staffing Services 執行長史提夫・威爾森 (Steve Wilson) 利用正強化來發展團隊合作、服從和主動性。在教導每個人了解公司財務報表，並分配預算負責項目後，威爾森告訴員工：「每次你的淨盈餘達到 75,000 美元，我都會支付獎金。」正如威爾森注意到的變化，「曙光緩緩地升起。最初，員工認為：『太好了，不必等到聖誕節就可以拿到獎金。』但是當我們依照約定付清獎金時，他們也跟著改變。」現在，員工每週都像老鷹一樣盯著預算和收入數字，如果他們認為自己未達到既定目標或無法達到目標時，就會趕緊努力達到業績，銷售人員也互相幫助，而不是各據山頭。每個人都負擔一定的費用責任，他們發現其他部門渴望彼此合作來削減開支。

9 解釋公平如何影響激勵

公平理論 基於投入－產出相對比率的比較，影響行為選擇的激勵理論。

公平理論

另一種激勵觀點存在於**公平理論** (equity theory) 中。根據這個理論，人們的行為與他們對被公平對待的看法有關。大多數職業運動員使用公平的論點來支持他們的薪資要求，他們指出同儕收到的公開薪資是他們談判立場的理由。公平理論還涉及個人在付出的努力與報酬之間的關係中，感受到的公平性。

人們透過計算一個簡單的比率來確定公平：是指他們期望在工作上投入的努力 (他們的投入) 與他們在付出該努力後得到報酬的期望 (他們的結果或報酬) 有關。如圖表 13.11 所示，該投入產出比應提供與其他個人或團體的比率進行比較的管道。當比率相等時，公平存在；當員工認為投入超過結果的相對或感知價值時，就會存在不公平的現象。

公平理論的例子 艾倫·麥肯 (Ellen McCann) 已經擔任十個月的銷售人員。此時，她已經得到三次優異等級的表現，皆達到銷售責任配額的 125%，並贏得兩次本地銷售競賽。為了表彰這項成就，麥肯的老闆給她每月加薪 150 美元。然而，麥肯的動機在過去一個月裡明顯下降。為什麼？她得知一位沒有工作經驗的銷售人員被錄用的月薪 2,750 美元，比麥肯多 50 美元！正如麥肯所說的：「這不公平啊！如果他們這樣做，我打算找另一個會欣賞我的雇主。」

本範例說明公平理論的兩個重點。首先，當一個人認為自己是不公平的受害者時，就可能發生三種反應的其中一項：這個人可以決定逃離這種情況 (「我退出」)，調整投入－結果的比率以取得平

圖表 13.11 公平理論的行動

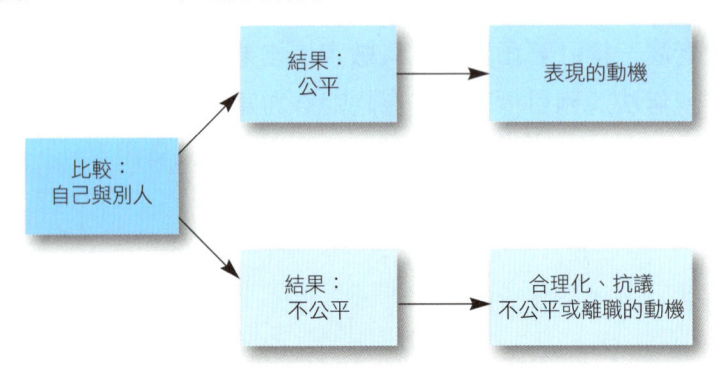

比較：自己與別人
→ 結果：公平 → 表現的動機
→ 結果：不公平 → 合理化、抗議不公平或離職的動機

衡（「我要做少一些」或「我想加薪」），或試圖改變看法（「這實際上是公平的，因為……」）。

關於公平理論的第二個要點，涉及個人選擇進行比較的參照對象，有兩個類型：其他人和系統。在職業運動員的例子中，「其他人」類型包括同一工作、同一團隊或同一聯盟中的人，或具有相似背景或同一朋友圈的人。當個人認識到整個組織的政策和程序的存在時，系統就成為參照的對象：「如果允許這些人加班，我為了要完成工作時，也應該加班。」

對管理者的意涵 公平理論強調，員工受系統中可用的絕對和相對獎賞所激勵。更重要的是，員工對公平會進行有意識的比較，而這些比較可能影響員工的激勵水準。因此，管理者必須有意識地努力建立和維護工作環境中的公平性。此外，管理者需要認識到對公平的看法一直在變化，當前的看法受過去的看法所影響。透過牢記這一點，管理者也許可以認清壓垮駱駝的那一根稻草。

當公司中的每個人都有一個開放式的小隔間，包括董事長，而且沒有任何人有專用停車位時，該組織就應用公平理論。

目標設定理論

根據最終的行為導向理論，**目標設定理論**（goal-setting theory）指出，人們的行為會受到既定目標的影響。從本質上來說，目標告訴員工需要做什麼，以及需要付出多少努力。「就像 Thompson-McCully 的湯普森等領導者比較認可的作法，包括從內部進行職位提升，並為管理者和員工設定可實現的目標。當你認為自己正在盡力而為時，財務長格雷格‧坎貝爾（Gregg Campbell）說：『他可以從中得到更多收益。』」

目標設定理論與期望理論相關的概念相似，因為它側重於一個人的自覺選擇。根據該理論，目標設定有兩種方法：(1) 管理者可以為員工設定目標；或者 (2) 員工和管理者共同制定員工的目標。

對管理者的意涵 根據目標設定理論，管理者應該：

- 與員工一起設定目標。幫助他們提供激勵的目標。
- 使目標具體而不是籠統。「盡力而為」的目標不如「在 6 月 15

> **10** 解釋目標如何影響激勵
>
> **目標設定理論** 一種激勵理論，指出行為受目標影響，告訴員工他們需要做什麼，以及需要付出多少努力。

- **對績效提供回饋**。回饋是行為指南，有助於發現績效的缺陷，並提供方法給糾正措施。

AT&T 的全球資訊解決方案 (Global Information Solutions, GIS) 前執行長傑瑞·斯蒂德 (Jerre Stead) 靠著目標設定理論，領導五次業務轉型。注意到斯蒂德「在 GIS 中，所有目標都必須明確與關鍵結果連結：顧客或股東滿意度和獲利成長。目標設定連結組織，為衡量進度提供依據，並做出具體的獎勵措施。」

13.6 建立管理哲學

11 討論管理者的管理哲學在創造積極工作環境方面的重要性

馬斯洛、赫茲伯格、麥克利蘭及阿爾德佛的理論，為驅動激勵的需求提供寶貴的見解。期望、強化、公平和目標設定等理論，都揭示激勵的原因，即員工為什麼表現出不同類型的激勵行為。每個理論都為理解員工的動機提供重要的貢獻，並且每種理論都為激勵模型提供投入。熟悉激勵理論可以使管理者有一個教育的觀點，從中考慮如何在員工中促進動機、獲得承諾，並建立積極的工作環境。

管理哲學 管理者對工作和工作執行者的態度，影響他或她選擇的激勵方法。

管理者的管理哲學 (philosophy of management)，或者對工作和工作執行者的態度，這些都是為創造積極的工作環境奠定基礎的重要因素。管理者的管理哲學在員工態度和特徵、員工成熟度，以及管理階層期望對行為的影響中，融入和反映個人對人性的信念。Thompson-McCully 石油混合設施的操作員和機械師艾德·阿瑪蒂斯 (Ed Armatis) 這樣描述鮑伯·湯普森 (Bob Thompson)：「他是一個公平的人，但要求很高。如果你認真工作，他就不會出現在你的附近。」管理者的哲學思想會影響他或她選擇的激勵方法。認為下屬野心勃勃、希望做得好、想獨立及享受工作的管理者，與那些認為下屬懶惰且只為獲得保障而工作的管理者相比，將採取截然不同的行動。

要發展管理哲學，需要包含三個描述人性的概念：X 理論和 Y 理論、阿吉里斯的成熟理論及對管理期望的發展。

X 理論與 Y 理論

工業管理教授道格拉斯・麥格雷戈 (Douglas McGregor) 提到，個人的管理哲學反映兩組關於員工的假設，他稱之為 X 理論和 Y 理論。X 理論 (Theory X) 的管理哲學是對下屬的工作潛力和工作態度有負面的看法，假定下屬不喜歡工作，動機不足，需要密切監督。具有這些信念的管理者傾向於控制團隊，使用負面的激勵，並拒絕讓員工做決定。圖表 13.12 列出 X 理論的組成元素。

> **X 理論** 對下屬的工作潛力和態度有負面看法的管理哲學。

Y 理論 (Theory Y) 的管理哲學是正向看待下屬的工作潛力和態度。如圖表 13.12 所示，該理論假設下屬是可以自我指導、承擔責任的，並發現工作就像玩耍或休息一樣自然。這種信念的結果是管理者鼓勵人們尋求責任、讓員工參與決策，並與員工合作實現他們的目標。

> **Y 理論** 對下屬的工作潛力和態度有正面看法的管理哲學。

關於 X 理論和 Y 理論的要點是，管理者的哲學會影響他或她努力創造的工作氛圍，並最終塑造管理者如何對待人。

阿吉里斯的成熟理論

管理者的哲學融入他或她對員工成熟度抱持的態度。克里斯・阿吉里斯 (Chris Argyris) 的研究總結這些態度。阿吉里斯認為個人成熟度 (individual maturity) 的發展與組織結構 (structure of organizations) 相關。他認為人們從不成熟到成熟是一個連續的過程，達到成熟的人：

- 傾向於主動，而不是被動。

圖表 13.12 根據 X 理論和 Y 理論對員工的假設

X 理論	Y 理論
人們基本上不喜歡工作，並盡可能避免工作。	大多數人發現工作與休息一樣自然，並根據工作經驗對工作產生態度。
由於大多數人不喜歡工作，因此必須嚴密監督他們，並用懲罰威脅以求目標達成。	人們不需要受到懲罰的威脅，將自動朝著他們致力的組織目標邁進。
大多數人更喜歡被告知該怎麼做，沒有什麼雄心壯志，想要避免承擔責任，並且先要有安全感。	在良好的人際關係中工作的一般人，會接受並尋求責任。
大多數人沒有創造力，他們沒有能力解決問題，或者必須被重新指導。	大多數人具有解決組織問題的高度想像力和創造力。
大多數人的知識潛力有限。不應期望超出基本工作績效的貢獻。	儘管人們具有知識潛力，但現代工業僅利用其中的一部分。

- 是獨立的，而不是依賴的。
- 自我警覺，而不是懵然不知。
- 自我控制，而不是由他人控制。

阿吉里斯關心的是，成熟的人格特質與組織在四個方面發生衝突：

1. 正式的指揮鏈限制自我決定，使個人變得被動而依賴管理者。
2. 控制範圍減少個人的自決權。
3. 將單一目標置於一個管理者的控制之下，將限制員工定義目標的能力。
4. 勞動專業化限制主動權和自決權。

創造妨礙員工成熟化的工作環境的管理者，會令自己和他們的組織失敗。成熟的人面對僵化、侷限的環境將變得被動和依賴，他們無法成長，也很少有長遠的眼光。近年來，這些認識推動員工賦權運動的成長，將在下一節中進行討論。

期望的發展

在發展管理哲學時，管理者必須考慮期望的重要性。SAS 執行長古德奈說：「如果員工高興，他們就會讓顧客高興。如果他們讓顧客高興，他們會讓我高興。」管理者必須直接向員工傳達他或她的期望。約翰‧辛格 (John L. Single) 說：

- 下屬做他們認為應該做的事情。
- 效率低的管理者對績效不抱很高的期望。
- 被視為出色的管理者，可創造員工足以履行的高績效期望。

最後一點，即員工滿足管理者的期望，通常被稱為自我實現，這是一個關鍵的管理概念。沃爾頓非常相信這個管理概念，因此它成為沃爾頓的建立業務規則第 3 條：「激勵你的合作夥伴。金錢和所有權是不夠的……設定高目標，鼓勵競爭，然後保持得分。」

將期望納入管理需要兩個階段：第一個階段包括培養和傳達對績效、群體公民意識、個人主動性和工作創造力的期望；第二個階段涉及一致性。管理者必須在他或她的期望和溝通中保持一致性。

一致性將產生強化，最終促進穩定性和減少焦慮。員工終究會知道老闆的期望。

13.7 為激勵而管理

12 描述管理者如何建構環境以提供激勵

管理者擁有全面、以人為本的哲學，準備透過創造積極、支援性的工作環境來激勵員工。接下來，我們將討論如何管理激勵：如何將人視為個人、提供支援、讚賞及重視多樣性和包容性、培養賦權、提供有效的獎賞制度、重新設計工作、促進內部創業，並創造工作的靈活性。

將人視為不同的個體

我們每個人都不一樣，想法不同；各有不同的需求和欲望；我們珍惜不同的價值觀、期望和目標。我們都想被當作特殊的人來對待，因為每個人都很特別。更重要的是，我們會改變。今天，一個人與他人的聯繫可能是最重要的；一年後，對成就的認可可能是激情的驅動力。

縱觀當今的勞動力，個體化的概念 (concept of individuality) 成為人們關注的焦點。如果公司管理四代員工：

- 沉默者 (Silents) 也被稱為退伍軍人 (Veterans) 或傳統主義者 (Traditionalists)，出生於 1925 年到 1946 年之間。他們在經濟大蕭條時期成長，然後參與第二次世界大戰。湯姆·布羅考 (Tom Brokaw) 稱他們為「最偉大的一代」。他們勤奮和忠誠，對團隊合作與協同合作有著強烈的承諾。
- 嬰兒潮世代 (Baby Boomers) 出生於 1946 年到 1964 年之間。二戰後，出生率急劇上升，人口爆炸被稱為「嬰兒潮」。嬰兒潮世代經歷民權運動和越戰。他們願意長時間工作，把工作置於個人生活之前，他們將成功看作等同於薪資和對工作的承諾。
- X 世代 (Generation Xers) 出生於 1965 年到 1980 年之間，比前幾代人更加獨立。他們成長時，父母都在工作，許多人都是鑰匙兒童，放學後沒有父母監督。許多人是企業家、自力更生和白手起家者。他們不太信任別人，不喜歡嚴格的工作日程或在團

隊中工作。有時他們被稱為懶惰蟲，因為想平衡他們的工作和個人生活。

- **千禧世代 (Millennials)** 也被稱為 Y 世代 (Generation Y) 或回聲潮世代 (Echo Boomers)，是嬰兒潮世代的孩子。他們出生於 1980 年後，是受過最多教育、科技水準最先進的一代。他們伴隨著電腦、網際網路和手機長大，每週 7 天，每天 24 小時上線，並願意分享他們的網絡。有關千禧世代使用電腦和科技的討論，請參見本章的「管理社群媒體」專欄。千禧世代在團隊中工作得很好，但要求比其他幾代人更高。他們被父母過度放縱，並受到責任和權責的挑戰。然而，他們可以經由導師得到良好的幫助，進而發展專業領域。

這四個世代員工的特徵請參見圖表 13.13。

成功的管理者將員工視為個體，並處理他們的特殊差異。這種認知對管理大有幫助。成功的管理者知道，因為每個人都是個體，所以我們每個人的動機不同。管理者對激勵了解得越多，與員工合作就會越成功。

提供支援

要培養有積極動機的員工，管理者必須提供滿足每個員工需求的職場氛圍。出發點是促進員工目標的實現。管理者透過移除障礙、

管理社群媒體

技術嫻熟的千禧世代

千禧世代是第一代與電腦一起長大的，他們很快習慣使用網際網路和社群媒體。電子產品使他們能夠說話、打字、聆聽和發送簡訊。沉默者和嬰兒潮世代不太擅長電腦和技術，因此精通科技的千禧世代在工作場所處於優勢。

千禧世代不像前幾代人那樣看報紙或電視，而是從社群媒體網站獲取資訊，包括部落格、微博、社群網絡，以及照片和影片分享網站。在網路上，千禧世代發布和分享他們的個人檔案，其中包括照片，以及興趣和愛好的描述。

- 尼爾·郝伊 (Neil Howe) 和威廉·史特勞斯 (William Strauss) 合著《世代》(Generations)，提出千禧世代這個名字。作者說：「他們不會浪費時間去嘗試改變事情。我們給雇主的訊息是，你希望將他們組織成小組、結構化工作，並為他們提供持續的回饋。」管理者還能做什麼來建構環境，好為千禧世代提供動機？

圖表 13.13　工作場所的特徵

	退伍軍人 (1922 年到 1945 年)	嬰兒潮 (1946 年到 1964 年)	X 世代 (1965 年到 1980 年)	Y 世代 (1981 年到 2000 年)
職業道德和價值觀	努力工作 尊重權威 犧牲 先責任，後享樂 遵守規則	工作狂 高效率地工作 改革運動起因 個人成就感 理想品質 問題權限	消除任務 自我依賴 需要結構和方向 懷疑	下一步？ 多任務 韌性 創業 容忍 目標導向
工作就是……	義務	興奮的冒險	一個困難的挑戰 契約	達到目的之一種手段 實現
領導風格	指令 命令和控制	自願的 合議制	每個人都一樣 挑戰別人 問理由	* 仍待確定
互動風格	個人	團隊成員 喜歡開會	企業家	參與
溝通	正式 備忘錄	面對面	直接 立刻	電子郵件 語音信箱
回饋和獎賞	沒有消息就是好消息 因為工作做得好而滿足	不讚美 錢 頭銜識別	很抱歉打斷你，但我現在要怎麼做？ 自由是最好的獎勵	輕鬆得到 有意義的工作
激勵的訊息	你的經驗受到尊重	你被重視 你被需要	以你的方式去做 忘記規則	你將與其他聰明、有創造力的人一起工作
工作與家庭生活	工作永遠擺第一	沒有平衡 工作是為了生活	平衡	平衡

* 由於這個世代沒有花很多時間在勞動上，因此這個特徵尚待確定。

資料來源：Greg Hammill, "Mixing and Matching Four Generations of Employees." *FDU Magazine* (Winter/Spring 2005), http://www.fdu.edu/newspubs/magazine/05ws/generations.htm.

發展共同目標設定的機會、啟動訓練和教育計畫、鼓勵冒險和提供穩定性來達到目標。

另外兩個行動可以提供支援和強化環境。首先是公開讚賞員工的貢獻。美國美泰兒 (Mattel) 前總裁吉爾·巴拉德 (Jill Barad) 曾這樣說明讚賞：

> 經常讚美員工，是管理階層獎勵員工努力的最佳方式之一。管理階層經常傾向於關注未完成的工作，以及人們為何表現不好，而不是注意到員工的良好表現。我們必須不斷提醒他們的長處，這樣他們才能充分利用這些行為。

前美國 AT&T GIS 的斯蒂德贊同巴拉德的觀點，他認為：「即使是中階管理者，他們通常缺少經費，也沒有太多晉升機會可分配，

但他們仍能提供給員工：說一句『好樣的』、信件、便條、旅行、現金等，都可作為員工的獎勵。」

管理者可以採取的第二個行動是，顯示員工對公平需求的敏感性。每個員工必須感覺自己與其他員工相比，他或她的工作投入與獲得的報酬有被公平對待。Brinker International 董事長諾曼·布林克爾 (Norman Brinker) 支持這樣的說法：「從組織的最高層到基層，所有員工的薪酬必須公平。薪酬制度必須體認到投入公司的任何價值，每個人都知道其他所有人。」

認識及重視多樣性和包容性

正如我們在本文中所討論的，把每位員工視為獨立個體，即是在工作場所中實現認識及重視多樣性和包容性。勞動力的組成部分正在發生變化，員工的需求、目標和價值觀也不斷在變化。如同第 1 章指出的，管理者不再管理同質勞動力，現在各組織的勞動力反而像是表現多樣性和包容性的萬花筒：年輕人和老年人；所有種族、膚色、族群、文化、血統；男性和女性；以及全職、兼職與臨時工，這些差異都具有不同的心智和身體能力。

管理者需要透過理解、欣賞並利用差異來應對這種多樣性和包容性。如果他們沒有這麼做，根據全錄前副總裁崔西·惠特科爾 (Tracy Whitaker) 的說法，「大約有 30% 的智慧資本沒有參與在你的組織中。」

隨著勞動力的多樣性和包容性不斷變化，傳統的訓練、監控及薪酬計畫可能必須修改。一家位於美國紐約的烘焙坊 Umanoff & Parsons，其高階管理團隊由來自五種不同文化的三名女性和三名男性組成：他們是牙買加人、美國人、海地人、西班牙裔美國人和俄羅斯人。烘焙坊一半的勞動力是在外國出生的；這些員工來自海地、千里達、格瑞納達、多明尼加和俄羅斯。多樣性和包容性為工作環境帶來不同的觀點、經驗及需求。考慮到這些因素，公司制定創新的訓練和指導計畫，將這些不同文化的人聚集到跨文化團隊中。

多樣性審查計畫允許公司確定管理者和員工之間是否存在多樣性。為了進行多樣性審查計畫，管理者首先必須確定多樣性和包容性的目標。接下來，必須確定在多樣性審查計畫中要問的基本問題。本章的「重視多樣性和包容性」專欄是討論可能使用的問題範例，

重視多樣性和包容性

工作場所多樣性和包容性審查

要招募和留住多樣化的勞動力，不僅僅是刊登招募廣告。它需要一個歡迎和重視各種背景的人的環境。以下多樣性審查計畫可以說明雇主評估招募、留用和晉升作法，以滿足文化多樣性的員工和求職者的需求。Graciela Kenig & Associates 提供審查，該公司是一家專門從事多文化工作議題的顧問公司。

先請你指出對以下每個陳述的看法是：

- 正確 (2 分)，
- 有點正確 (1 點)，或
- 一點也不正確 (0 分)。

再將每個問題的分數相加，以確定組織的總分。然後，經由參考評估結束時的準則來解釋你的分數。

關於人力資源 (HR)

1. 我們的人力資源招募人員了解可能影響面試體驗的文化差異 (例如，眼神交流的涵義、資訊分享的類型)。
2. 我們的人力資源招募人員樂於與不同文化背景的人互動。
3. 我們的接待區和面試室具有吸引各種不同人群的文化內涵 (圖片、出版物、布置等)。
4. 應徵者首次造訪公司時，將看到人員中具有文化多樣性。

關於面試應徵者的主管 / 管理者

1. 我們的領導階層很樂於與不同背景的人進行互動。
2. 我們超過 30% 的領導階層是多樣性文化組成。
3. 可以從管理者給予的獎勵、允許的工作時間表，以及滿足的假期需求中，看出他們尊重差異。

關於招募

1. 我的公司成功地招募各式各樣的員工。
2. 我們的招募策略是在針對特定族群市場的出版物和網站上刊登廣告。
3. 我們的招募策略包括與社區組織的關係。
4. 我們的廣告使用適合當地文化的語言。
5. 我們的廣告強調吸引各族群的好處。
6. 我們的員工團體參與招募作業和面試應徵者。
7. 我們使用當前不同族裔員工的回饋來描述給予求職者的好處。

常規

1. 多樣性和包容性不僅只是數字表示，而且在所有層級都可以見到。
2. 員工團體可以被看見，並處於活動狀態。
3. 不同背景的員工互動良好。
4. 鼓勵不同背景的員工應徵更高職位。
5. 所有員工都積極參加會議。
6. 提供食物和飲料時，反映出文化意識。

解釋你的分數。

總分範圍為 0 分到 40 分。分數越高，代表你的組織管理和利用多樣性和包容性的能力越好。

超過 35 分

表示吸引不同文化背景的應徵者是公司最優先的作法。

25 分到 34 分

表示你的公司正在努力調整招聘、留用和晉升作法，以滿足上多元文化應徵者的需求。

不到 25 分

表示如果精練的勞動力是當務之急，公司的招募、留用和晉升作法應該被修正。

資料來源：HRTools, http://www.hrtools.com/hiring/forms/workplace_Disversity_audit.aspx.

審查的目的在於查明本組織目前在多樣性目標上的位置，以辨識強勢和弱勢。

員工賦權

保德信保險公司 (Prudential Insurance Company) 副總裁彼得·弗萊明 (Peter C. Fleming) 問道：「你要充滿動機的員工嗎？」只要賦予他們權力，你就會明白激勵和自我管理的意義。如同第 5 章所述，領導者可以透過分享權限和資訊，提供所需的訓練，傾聽員工，建立基於相互信任和尊重的關係，並根據員工的建議採取行動來賦予員工權力。正如管理顧問湯姆·彼得斯 (Tom Peters) 指出的，當組織中的個人「擁有自治權、職權，被信賴與鼓勵去打破規則以繼續工作時」，就產生賦權了。

賦權之目的在解開員工的束縛，讓工作 (不僅只是工作的一部分) 成為員工的一部分。引用錢皮的話，管理者必須願意放棄控制，讓員工做決定，尤其是在他們會影響顧客時。這種方法的一個例子是 Chesapeake Packaging Co. 的巴爾的摩 (Baltimore) 包裝廠，該公司建立八家由員工管理的內部公司。顧客服務是由稱為 Boxbusters 的「公司」提供。一家名為 Bob's Big Boys 的「公司」經營印刷部門。像任何企業一樣，他們自行管理事務。員工記錄和衡量產出，並計算如何改進。如果需要新設備，他們會自行訂購並衡量成本。他們參與年度全廠規劃和預算過程。每個「公司」的成員審查彼此的績效，並參與招募和紀律規範的決定。

過去由管理者做出的決策，現在由被賦權的員工制定。賦權帶來更大的責任和創新，也產生承擔風險的意願。所有權和信任伴隨著自治和職權，成為一套激勵作法。

另一家正從員工賦權中獲益的公司是位於康乃狄克州的 Reflexite Corporation of Avon，執行長塞西爾·厄斯普朗 (Cecil Ursprung) 提到他的員工說：「他們想要的不僅僅是金錢，也希望致力於某件事，並對影響工作的決策擁有權力。給予他們，便會以一千倍以上回報公司。」在負責生產和品質的工作團隊中賦予員工權力，使員工能夠控制影響工作的決策。團隊計畫生產營運、與供應商合作、回答顧客問題，並為盈虧問題負責制定決策。品質團隊由所有生產營運

彼得斯。《追求卓越》(Search of Excellence) 及其他商業和管理書籍的共同作者。

人員組成，將品質保證作為組織價值的個人責任。在 Reflexite，這樣的結果可以從生產力提高、品質目標實現和承諾的勞動力中看到。

提供有效的獎賞制度

為了激勵行為，組織必須提供有效的獎勵制度。鑑於所有人都認為個人具有不同的需求、價值觀、期望和目標，獎賞制度必須適應許多變數。

根據大衛·范·弗利特 (David Van Fleet) 的說法，有效的獎賞制度具有以下特點：

- 獎賞必須滿足所有員工的基本需求。例如，薪資必須充足、福利合理、假期適當。
- 獎賞必須與同一領域的競爭組織提供的獎賞媲美。例如，同一工作提供的薪資應與競爭公司提供的相等；此外，福利計畫和其他相關計畫應等於競爭公司提供的。
- 獎賞必須公平地提供給處於相同職位的人，並公平地分配。從事相同工作的人需要有相同的獎賞選擇，並參與決定他們可獲得的獎賞。當要求員工完成特殊任務或專案時，應該有機會決定他們看重的獎賞，如休息日或額外工資。
- 獎賞制度必須是多方面的。因為所有的人都是不同的，管理者必須提供一系列獎賞，專注於不同的方面——薪資、休假、表揚或晉升。此外，管理者應該提供幾種不同的方法，讓員工獲得這些獎賞。

最後一點值得注意，隨著美國產業賦權的發展趨勢，許多人開始認為傳統的薪資制度不夠完善。在傳統制度中，員工的工資是按照他們擔任的職位而不是貢獻度支付的。隨著組織採用以團隊、顧客滿意度和賦權為基礎的方法，需要以不同的方式支付員工報酬。

像 P&G 和孟山都這樣的公司，已經對這一觀點的改變做出回應。P&G 建立一套基於技能水準提供獎勵的薪資制度。孟山都在世界各地的各類營運中擁有 60 多個薪資計畫，每個都不同，該公司薪資總監巴瑞·賓漢 (Barry Bingham) 表示：所有薪資制度都是由自下而上的員工團隊設計建構的。

工作再設計

工作本身是重要的激勵工具，因為包含的內容可能是提供員工滿足需求的手段。管理者需要知道工作的哪些要素提供激勵，然後將**工作再設計** (job redesign) 的概念應用於工作結構中，以增加產出和滿意度。

> **工作再設計** 激勵理論在工作結構中的應用，提高產出和滿意度。

工作再設計的原則

最近管理的發展趨勢為，透過若干途徑提高產出和滿意度。對工作和組織進行重新審查，目的是提供更大的挑戰，並提供其他工作上的心理獎勵。為此，管理者將不太有趣的重複性任務，分配給機器人和其他種類的電腦輔助機械。相關的訓練和發展計畫已經制定，使人們能夠執行更艱巨的任務和工作。

工作再設計需要了解和關注人們帶入組織的人類素質。例如，他們的需求和期望、感知和價值觀，以及技能和能力水準。工作再設計還需要了解工作品質，即員工的身心需求，以及他們所在的工作環境。工作再設計通常根據執行人員的條件來制定工作。執行工作被再設計的初學者以測定的增量逐步改變，直到他或她精通整個工作所需的任務。擁有更多經驗、對工作感到厭倦的員工，可能會獲得更具挑戰性的任務，以及更多彈性或自主性。

工作再設計的兩種方法與工作範圍和工作深度有關。**工作範圍** (job scope) 是指合併到工作中的各種任務。**工作深度** (job depth) 是指員工擁有改變工作自由裁量權的程度。工作再設計的替代方案包括工作擴大化、工作輪調和工作豐富化。

> **工作範圍** 是指合併到工作中的各種任務。
> **工作深度** 工作再設計的要素，指員工擁有改變工作自由裁量權的程度。
> **工作擴大化** 增加工作中工作的種類或數量，而不是這些任務的品質或挑戰。

工作擴大化 實現**工作擴大化** (job enlargement) 是增加工作的任務數量，而不是它的品質或挑戰。通常稱為水平負荷 (horizontal loading)，工作擴大化可能會試圖向員工提出更多要求，或者增加包含相同內容或更少挑戰的其他任務。工作量不足的員工可以從工作擴大化中受益，這些人希望且需要保持忙碌於能理解和掌握的例行任務。他們的能力隨產出量的增加而提高。但是有些人尋求更多的多樣性，而不是更多的任務；工作擴大化就不是後者的適當策略。

工作輪調　暫時將人員分配給不同的工作或任務，稱為工作輪調 (job rotation)。這個想法是增加多樣性，並強調一組工作的相互依賴性。參與工作輪調的管理者可以了解自己部門以外的運作情況。生產線員工一個月可以分配一組任務，下個月可以分配另一組任務；辦公室員工可能會暫時調換工作，以學習其他方面的作業，獲得更多的見識，並使他們能夠在需要時互相替代。

在德州厄爾巴索 (El Paso) 的靴子製造商 Tonton Lama 公司，顧客服務部員工被派任到門市工作一週；同樣地，銷售人員會在運輸部門工作一週，這些經驗拓展員工的視野。工作輪調可用於交叉訓練，或促進永久工作調動或晉升。能夠從工作輪調中受益的是那些對晉升感興趣或準備晉升的員工，以及需要晉升的員工。

> **工作輪調**　暫時指定人員到不同的工作或任務。

工作豐富化　赫茲伯格指出，工作可以滿足員工的一些心理需求。工作豐富化 (job enrichment) 的結果是，使工作被設計成可以提高心理滿意度。[赫茲伯格將工作內容充實稱為**垂直負荷** (vertical loading)。] 工作豐富化應包括以下要素：

> **工作豐富化**　設計工作，為決策提供更多的責任、控制、回饋和職權。

- **任務多樣性**。豐富化工作將促使員工接受以前從未處理過、更困難的新任務。
- **任務重要性**。具有豐富化工作的員工可以處理完整的一般工作單位，還可以處理使他或她成為專家的特定或專業任務。
- **任務責任**。具有豐富化工作的員工應對自己的工作負責，並可以在工作活動中行使職權。
- **回饋**。從事豐富化工作的員工會定期收到量身訂做的報告，這些報告會直接發送給他們。

實驗工作豐富化的方法、範圍和內容差異很大。工作豐富化的大部分作法在促進員工對工作的掌控能力。例如，富豪汽車開創讓一個團隊接管整輛汽車裝配，以生產單一汽車的概念，結果提高員工的承諾和工作效率，並減少品質缺陷。許多製造商允許熟練的機器操作員組裝機器並進行維護，規劃自己的工作過程和速度，並檢查自己的產出。有關主管和生產人員角色變化的討論，請參見本章的「品質管理」專欄。

在一些像 Cin-Made 這樣的公司，實行開卷式管理 (open-book

品質管理

改變角色

美國仍是世界第一的製造業國家。更高的生產力意味著精實生產的勞動力發揮了效率。更少的員工意味著主管需將更多的權力授予生產人員。此外，生產人員必須參與更多、溝通更多。員工被期望能思考。因此，主管和生產人員的角色發生變化。員工正在做出以前由管理者做出的決策。

員工的全面參與是精實生產的關鍵。管理階層必須讓所有員工參與，並允許他們對工作表達一些意見。員工需要清楚地了解精實生產的好處，為解決相關問題提供積極、建設性的想法。他們需要隨意表達自己的觀點和想法。

主管須為與員工保持良好關係奠定基礎，良好的關係會取得良好的結果；不良的關係會產生不良的結果。

1. 充分利用每個人的能力，了解他們以前做過什麼？他們知道什麼？
2. 把每個人當作個人對待，讓每個員工知道他或她的工作如何進展，如果不這麼做，員工如同在真空中工作。
3. 時候到了就要歸功於員工，讚賞鞏固主管與員工之間的信任關係。
4. 在下班前，詢問每位員工今天做了什麼樣的工作？是好？是壞？還可以？
5. 上個星期五下班時，你知道自己做了什麼樣的工作嗎？解釋你的工作，以及你如何知道自己是怎麼做的。(如果不曉得，就訪談你認識的人。)

management)，員工被賦予知識來幫助塑造和控制自己的工作。如同第 5 章所討論的，在一家採取開卷式管理公司中，員工了解為什麼需要他們解決問題、降低成本、減少缺陷，以及為顧客服務。此外，員工還會：

- 查看並學會了解公司的財務報告，以及追蹤與績效相關的所有其他數字。
- 學習到他們所做的任何其他工作，工作的一部分就是將數字移動到正確的方向。
- 與公司的成功有直接關係。如果企業有利可圖，他們會採取行動；如果沒有，他們不會行動。

無論選擇什麼方法，工作豐富化要取得成功，必須是自願參與的，管理階層必須勝任其日常業務，並且為工作豐富化做努力。然而，管理者和員工可能會抵制一些在工作豐富化方面的努力。(有關抗拒變革的分析，請參見第 8 章。)此外，一旦導入，變化不會一夜

之間產生；在實施工作豐富化計畫時可能會出錯或出現挫折。然而，從事工作豐富化的公司會發現員工士氣更高且生產力改善。

促進內部創業

隨著組織的成長，組織傾向於制定規則、政策和程序，而逐漸變得機械化。隨著官僚程序而建立的正式控制系統，導致組織失去創新能量。企業環境會扼殺企業員工的創新精神，為了滿足他們對創造力的需要，這些員工便會離開建立自己的組織。

認識到這個問題及組織因此遭受的損失，許多大公司的高階管理者正在努力營造促進企業創業的環境，或在企業內部創業。當創業精神存在於正式組織內時，就會發生**內部創業** (intrapreneurship)。從本質上來說，這是個人追求創見，並且有職權在正式組織內發展和促進它的過程。如同第 5 章所討論的，這些員工成為內部企業家，他們的思考和行動就像業主一樣，對一個想法或項目負責，並被賦權以使它成功。根據唐納德・庫拉特科 (Donald Kuratko) 和理查・霍德蓋茲 (Richard Hodgetts) 的說法，管理者可以透過遵循以下準則來培養內部企業家：

> **內部創業** 在組織內展開創業，使員工在追求和開發新想法方面具有彈性和職權。

- 鼓勵行動。
- 盡可能使用非正式會議。
- 容忍，不要懲罰失敗，並視之為學習經驗。
- 堅持。
- 為了創新而獎勵創新。
- 布置實體環境，並鼓勵非正式溝通。
- 獎賞和 / 或提升創新人才。
- 鼓勵人們跳過繁瑣的手續。
- 消除僵化的程序。
- 組織人員成為小團隊，追求未來導向的專案。

真正想要內部創業氛圍的管理者不能膽怯，真正的企業家對結構感到不自在，會想出方法解決阻止他們夢想的各種命令，他們將做任何使專案成功的工作，始終忠於其目標。

3M 是一家在內部創業中茁壯成長的公司，第一任總裁威廉・麥

奈特 (William McKnight)「想要建立一個能夠不斷地從內部自我變異的組織，而這是由於員工實踐個人主動性所造成」，以下是 3M 文化融合麥奈特方法的一部分：

- 「聆聽任何有原創想法的人，無論乍聽之下多麼荒謬。」
- 「鼓勵；別挑剔。讓人們跟著想法走。」
- 「鼓勵實驗性塗鴉。」
- 「如果在人的周圍放置圍欄，他們會變成羊。給予員工他們需要的空間。」

這種哲學為企業家創造嘗試、冒險和犯錯的氛圍。受 15% 規則 (鼓勵技術人員將 15% 的時間用於自己選擇的專案) 和 Genesis Grants (內部創業投資基金，分配多達 50,000 美元的經費給研究人員，以開發原型和市場測試) 所激勵，3M 員工已將各種產品帶到市場上，如反光高速公路標誌、電子連接器、空氣過濾器、聽診器、手術用開刀巾和膠帶，以及便利貼。

創造彈性

管理者激勵員工的另一種方式是透過彈性工時、壓縮工作週或工作分擔，為他們提供工作的彈性；還透過使用電子郵件通信，促進工作的彈性。

彈性工時 一種僱傭選擇，允許員工在一定範圍內決定每個工作日何時開始和結束。

彈性工時 (flextime) 允許員工在一定範圍內決定每個工作日何時開始和結束。因此允許他們在工作前或工作後處理個人業務，並改變他們的日常時程表，從而讓他們更能掌控自己的生活。例如，採取這種方法的東北電力 (Northeast Utilities) 等公司都報告缺勤率下降、離職率下降、遲到變少，以及士氣高漲。陷入工作與家庭壓力鍋的雇員，幾乎一致地選擇彈性作為解決方案。

壓縮工作週 允許員工在比傳統的每週五個工作日，少工作一天。

壓縮工作週 (compressed workweek) 允許員工在比傳統的每週五個工作日，少工作一天。最常用的模式為四天 10 小時的工作日。這樣的彈性時間為個人商務和娛樂提供更多的時間，採用該方法的員工表示工作滿意度提高。然而，並非所有的管理者都支持這個方法，有些管理者認為壓縮工作週使得日程安排過於困難；他們擔心無法全時間提供員工保險，因為員工上下班時間無法掌握。其他管理者

則擔心會失去控制。

工作分擔 (job sharing) 或成對工作 (twinning) 允許兩名兼職員工分配一份全職工作。這種職業夥伴制度是撫養學齡兒童或喜歡兼職工作的人之理想選擇。從雇主的角度來看，創造性投入的好處來自兩個來源，成本只是一份薪資和一套福利。

工作分擔 允許兩名兼職員工分配一份全職工作，從而提供彈性。

習題

1. 什麼能刺激激勵？哪些因素會影響個人選擇滿足一個刺激的行為？
2. 激勵的內容理論關心什麼？此類別中包括哪些理論？激勵的過程理論為何？哪些理論屬於這一類？
3. 列出並解釋馬斯洛的五種人類需求，為什麼在層級中做需求的安排？
4. 定義赫茲伯格的保健因子和激勵因子，並舉出三個例子。每組因子對管理者的重要性為何？
5. 為什麼高成就者可能專注於目標設定、回饋、個人責任和獎勵？
6. 阿爾德佛的 ERG 理論定義哪三種需求？
7. 期望和激勵之間是什麼關係？努力－績效連結、績效－獎賞連結，以及吸引力，三者有何關聯？
8. 列出並解釋四種主要強化類型。
9. 描述一個人在工作情境中，用於確認公平性的兩個因素。
10. 員工目標設定對行為和激勵有何影響？
11. 管理者的管理哲學在創造積極工作環境方面的重要性為何？
12. 管理者如何透過賦權、內部創業及看重多樣性和包容性來影響激勵？

批判性思考

1. 高成就需求的人會是好的管理者嗎？為什麼？
2. 期望理論如何適用於你的課堂體驗？討論你的成績激勵與獎賞（成績）的價值、獎賞與績效的關係（測試、論文），以及獲得成績所需的工作量（在課堂上和學習上花費的時間）。
3. 請引用兩個經驗來證明強化理論對你的行為（動機）的影響？
4. 本章第 13.7 節「為激勵而管理」討論的八個激勵概念中，哪一個會是你當管理者的首要任務？哪一個是你列為最後的任務？為什麼？
5. 沃爾瑪已故創辦人沃爾頓的勝利公式是向美國勞動階級提供「每日低價」。沃爾瑪現任管理者放棄這一公式，試圖接觸收入更高的購物者。結果，沃爾瑪失去對一美元商店、折扣雜貨連鎖店和和網路店家的銷售。你認為管理哲學的這種變化對工作環境的影響為何？
6. 由不同年齡的人構成的跨世代管理和監督，也面臨一些挑戰。美國員工中仍以嬰兒潮世代占多數，但他們越來越受到 X 世代和年輕的「千禧世代」、Y 世代的督導或密切合作。以不同的心態激勵這些員工，要求管理者放棄一體適用的方法。**辨識你的世代**。你認為管理者了解是什麼激勵你們這一世代的人？在完成工作方面，對你最重要的事情是什麼？什麼策略最適合你？

Chapter 14
領導

©Shutterstock

學習目標

研讀完本章後,你應該能:

1. 討論領導特質、技能和行為。
2. 區分管理與領導的差異。
3. 描述領導者權力的五種來源。
4. 區分積極激勵和消極激勵。
5. 描述領導者使用的三種決策風格。
6. 解釋領導者可以採取的兩種主要方法:以任務為中心和以人為中心。
7. 描述情境領導三大理論。
8. 討論領導者面臨的三大挑戰。

管理的實務

領導

有效能的領導者不必是公司中最聰明的人,他們通常沒有最高的 IQ,但是結合了智力和 EQ;換句話說,他們很聰明、有常識。領導者了解自己的優缺點,同時掌握他人想要和需要什麼。因此,他們影響自己和他人的情緒發展。最好的領導者在幾個關鍵的情感-技能能力方面具有優勢。

針對下列每一個敘述,根據你同意的程度圈選數字,評估你同意的程度,而不是你認為應該如此。客觀的回答能讓你知道自己管理技能的優缺點。

	總是	通常	有時	很少	從不
我在壓力之下也能冷靜處理事情。	5	4	3	2	1
我相信未來會比過去更好。	5	4	3	2	1
我能在事情有變化時好好處理。	5	4	3	2	1
當我進行一個專案時,會設定可衡量的目標。	5	4	3	2	1
大家都說我能理解他們,並且對他們的反應很敏感。	5	4	3	2	1
大家都說我能解決衝突。	5	4	3	2	1
大家都說我會維持關係。	5	4	3	2	1
大家都說我激勵他們。	5	4	3	2	1

441

	總是	通常	有時	很少	從不
大家都說我是一個團隊合作者。	5	4	3	2	1
大家都說我幫助他們發展能力。	5	4	3	2	1

加總你所圈選的數字，最高分是 50 分，最低分是 10 分。分數越高代表你更有可能了解自己的優點，分數越低則相反，但是分數低可以透過閱讀與研究本章內容，而提高你對領導的理解。

14.1 緒論

領導是管理的五大功能之一，對於執行其他四個功能極其重要。領導員工及組織需要有能力從事迄今在本書中討論的許多行動。溝通、決策和激勵的原則是領導的基礎。在任何組織的高層，領導最關心的是下列項目：

- 建立價值觀、文化和氛圍。
- 對任務做出明確的界定。
- 確定核心競爭力。
- 仔細觀察環境。
- 察覺變革的需求。
- 創造未來的願景。
- 爭取達成此願景所需的合作和支持。
- 讓員工和過程專注於滿足各種顧客的需求。
- 透過訓練、發展和賦權，激發組織所有人力資源的全部潛力，並貢獻在工作上。

然而，有領導能力的人必須存在於組織的所有層級中，以及每個單位和團隊內。

星巴克創辦人暨執行長蕭茲鼓勵員工的參與。他說，員工是公司成功的祕訣。關注星巴克發展的貝爾斯登分析師阿士利·伍德拉夫 (Ashley Woodruff) 說明：「蕭茲的領導風格讓員工感覺像是合夥人，而不是計時工人，這就是為什麼櫃檯員工對待顧客如此友善和熱情的原因之一。他們不只是賣咖啡，更重要的是與顧客的關係。」

©Shutterstock

領導的定義

在管理的應用上，**領導** (leadership) 即是影響個人和團體設定和實現目標的過程；**影響** (influence) 則是扭轉別人追隨自己的意志或觀點的力量。在實務上，實踐領導能力的領導者，是引導、指導、說服、輔導、諮詢和激勵他人的領導者。他們如何做到這一點，取決於幾個變數。

領導涉及三組變數：包括領導者、被領導者，以及他們所面臨的環境和情勢。這三組變數都在不斷變化著。領導者就像被領導的人一樣，擁有各種技能、特質、知識和態度，皆是從經驗中學來的。這些經驗將塑造他或她的個性、個人哲學和倫理信仰，成為他或她的道德指南針 (moral compass)。這些因素可能助長或消弱領導者影響他人的能力，它們是個人優缺點的來源。

領導者必須具備哪些特質？正如卡洛·克萊曼 (Carol Kleiman) 記述的，一家位於克利夫蘭公司的總裁暨執行長傑佛瑞·克里斯汀 (Jeffrey Christian) 正在徵求管理者。

> 誰是具有高影響力的參與者、變革推動者、驅動者和贏家——這些人非常靈活、聰明、有戰術和策略，可以處理大量資訊、迅速做出決策、激勵他人、追趕不斷變化的目標，並振作起來。以前，公司招聘強調證書 (學歷) 和經驗，這仍然很重要，但是……你不能教他好的領導力或如何對生活感到興奮。

美國 AT&T 前管理研究總監及 Center for Applied Ethics 創辦總監羅伯·格林里夫 (Robert Greenleaf) 表示：「領導者的存在是為了服務那些表面上被他領導的人、那些應該追隨他的人。他 (或她) 以他們的工作履行，作為他 (或她) 的主要目標。」僕人式領導者認真對待人和他們的工作、傾聽和領導部隊、療癒、自謙，並認為自己是一名管家。

14.2 領導特質

關於領導的早期理論認為，優秀的領導者具有某些特質或個人特徵，這些特質或個人特徵是領導能力的根源。第二次世界大戰後，

> **領導** 影響個人和團體設定和實現目標的過程。
>
> **影響** 扭轉人們追隨某個人的意志或觀點的力量。

1 討論領導特質、技能和行為

美國陸軍對士兵進行調查，試圖編製被士兵視為領袖的指揮官共同特質清單。結果表列包括 14 個特質，顯然不足以完整描述領導力。沒有人表現出所有特質，許多著名的指揮官甚至缺少其中幾個特質。

最近，蓋瑞‧尤克 (Gary Yukl) 建構一份與有效領導者相關的特質和技能清單。圖表 14.1 顯示這些特質。尤克的清單表明，領導者有強烈的動機勝出，並取得成功。

然而，沒有一份領導特質和技能清單是具有決定性的，因為沒有兩位領導者會完全一樣。不同的領導者在不同的情況下，與不同的人一起工作，需要不同的特質。如果負責人擁有的正是被需要的，他們應該能夠行使有效的領導。

威廉‧皮斯 (William Peace) 是西屋電氣 (Westinghouse) 和聯合技術 (United Technologies) 前經理人，也是英國切斯特 (Chester) Doctus Management Consultancy 的顧問。皮斯在職涯中，學到某些特質，在管理工作中表現良好。在《哈佛商業評論》的一篇文章中，皮斯指出智慧、精力、信心和責任的重要性。他與一些觀察家不同，強調坦率、敏感，「並且非常願意承擔不受歡迎的決定所帶來的痛苦後果。」皮斯稱之為「柔性管理」(soft management)。如本章的「重視多樣性和包容性」專欄討論的，個人特徵通常被視為專屬男性的或女性的。

圖表 14.1 與有效領導通常相關的特質和技能

特質	技能
適應	聰明 (智力)
對社會環境的警覺	概念能力
雄心勃勃，以成就為導向	創造力
自信	外交手腕和機智
合作	口語流利
果斷	有關團體任務的知識
可靠	組織 (行政) 能力
主導地位 (影響他人的欲望)	說服力
精力充沛 (高活動水準)	社交能力
持續	
自信	
承受壓力	
願意承擔責任	

資料來源：*Leadership in Organizations*, p. 70 by Gary Yukl. © 1981 by Prentice-Hall, Inc. Adapted with permission of Pearson Education, Inc., Upper Saddle River, NJ 97458.

重視多樣性和包容性

「男性」和「女性」的領導方法

男性和女性對領導的態度有什麼不同？整合分析顯示，男性和女性的行政領導之間，並不具有顯著的差異。然而，性別在管理中存在著重要的領導角色。

正如作家愛麗絲‧艾格利 (Alice Eagly) 所說：

> 有大量證據顯示，女性領導者比男性領導者更具參與性、無性別差異 (androgynous)，以及轉換型領導 (transformational leadership) 風格。還有多種現象說明，與男性相比，女性在扮演領導者的角色時，會形成被描述為更具同情心、仁慈、普遍主義和倫理的結果，從而促進公共利益。

男性和女性管理相似，但討論卻有不同。

艾格利認為：「女性領導者更看重公共利益。」並告誡說：「如果女性與男性平等分享權力，我們的社會會比較繁榮昌盛，所以要讓更多女性掌握權力。」

- 選擇代表領導的圖像，然後寫一篇 100 字的文章，解釋你選擇該圖像的原因。比較你和你同學的圖像。男性和女性 (在你們班上) 代表領導的方式又是如何不同？

資料來源：Alice H. Eagly, "Women as Leaders: Leadership Style Versus Leaders' Values and Attitudes," 2013 Presidents and Fellows of Harvard College, http://www.hbs.edu/faculty/conferences/2013-w50-research-symposium/Documents/eagly.pdf.

領導技能

一個人的技能是他或她擁有的能力和才能。請回顧圖表 14.1，注意尤克辨認的許多技能，在與他人打交道時很有用。這些技能包括外交手腕、口語流利 (溝通技能)、說服力和社交能力。圖中列出的一些特質意味著技能的存在，例如果斷意味著一個人具有經過理性和直覺手段做出決策的技能。

Datatec 這家全球 ICT 解決方案與服務團體的前總裁克里斯‧卡瑞 (Chris Carey) 認為，下屬應該在所謂的反向績效評估 (reverse performance reviews) 中評估老闆的表現。他讓 318 名員工在輔導、傾聽、表揚和負責任等領域對管理者的技能進行評分。員工在支援員工、闡明目標、注意員工的想法，以及公平方面評價高階管理者。調查是匿名的，結果則會被公開，在一個月內進行正式的自上而下評估。「最後的結果強調一個事實，就是每個人都可以表現得更好，每個人都有機會說明如何實現。」

領導行為

尤克和同事確定 19 類有意義且可衡量的「領導行為」。圖表 14.2 提供尤克分組的類別及定義和範例。當你審視這些行為時 (領導者在日常領導活動中做的事情)，先將它們與前面討論的特質和技能連結，然後再將這些概念與第 13 章中描述的人類行為和激勵的概念連結。

尤克列出的第一個行為——即強調績效，仍是管理者和商業作家的熱門焦點。當今的商業趨勢是因為員工的專業而付錢，並獎勵個人和團隊的績效。在 Lyondell 石化，「管理者和員工建立新的團隊，如果他們的想法可行，就會獲得獎金。」公司管理者藉由言談和金錢告訴員工，強調他們所重視的是績效和生產力。

圖表 14.2　尤克的 19 類領導行為

1. **強調績效**：領導者強調下屬績效的重要性，試著提高生產力和效率，努力讓下屬盡力工作，並檢查其績效的程度。
   範例：主管敦促我們小心，不要把訂單中有缺陷的零組件送出廠。
2. **體恤**：領導者對下屬友好、支持和體貼，並努力做到公平、客觀的程度。
   範例：當下屬對某事感到不滿時，主管很同情並試圖安慰。
3. **啟發**：領導者激發下屬對工作的熱情，並給予鼓勵，建立下屬有能力、成功完成任務和實現小組目標的信心。
   範例：老闆說我們是他歷來合作過最好的設計團隊，他確信我們的新產品將打破公司所有的銷售記錄。
4. **表揚－認可**：領導者對表現良好的下屬給予表揚和認可，讚賞他們的特殊努力和貢獻，並確保他們因其有益的想法和建議而受到讚譽。
   範例：主管在會議中告訴大家對我們的工作深感滿意，並且為我們在本月份額外的努力深表讚許。
5. **建構對偶發事件的獎賞**：領導者對下屬有效表現進行獎賞的程度，這些好處包括加薪、晉升、優先任務、更好的工作時間表和休息時間。
   範例：主管制定一項新政策，任何帶入新客戶的下屬都將獲得契約收費的 10%。
6. **決策參與**：領導者與下屬協商的程度，以其他方式允許他們影響決策。
   範例：主管要求我參加與他和老闆的會議，以制定新的生產計畫。他非常接受我關於問題的想法。
7. **自主授權**：領導者將權力和責任授予下屬的程度，並允許他們確定如何進行工作。
   範例：老闆給我一個新項目，並鼓勵我盡己所能。
8. **角色澄清**：領導者告知下屬其職務和責任的程度，指定必須遵守的規則和政策，並讓下屬知道對他們的期望。
   範例：老闆打電話告訴我必須優先處理的緊急項目，並給我與此專案有關的具體任務。
9. **目標設定**：領導者在一定程度上，強調為下屬工作的每個重要方面設定特定績效目標，衡量實現目標的進度，並提供具體回饋的重要性。
   範例：主管召開會議討論下個月的銷售配額。
10. **訓練指導**：領導者確定下屬的訓練需求，並提供必要的訓練和指導的程度。
    範例：老闆讓我參加由公司負擔的外部課程，並同意我在上課當天早退。

> **圖表 14.2** 尤克的 19 類領導行為 (續)

> 11. **資訊傳播**：領導者使下屬了解影響其工作發展情況的程度，包括其他工作單位或組織外部的事件；高階管理階層的決定；與主管或外部人員開會的進度。
> 範例：主管向我們簡介一些政策上的變化。
> 12. **解決問題的能力**：針對嚴重的工作相關問題，領導者主動提出解決方案的程度，並在需要迅速解決方案時果斷採取行動，以解決此類問題。
> 範例：由於這個單位有同事生病，人手不足，但有一個重要的專案截止日期。主管安排從其他部門借調兩個人，所以我們今天可以完成工作。
> 13. **規劃**：領導者在多大程度上決定如何有效地組織和安排工作、規劃如何實現工作單位的目標，以及針對潛在問題制定應急計畫的程度。
> 範例：主管建議一種捷徑，該捷徑允許我們在三天內，而不是像過去費時四天準備財務報表。
> 14. **協調**：領導者協調工作的程度，並鼓勵下屬協調其活動。
> 範例：上司鼓勵在工作中領先的下屬幫助在工作中落後的同事。透過相互幫助，專案的所有不同部分將同時準備就緒。
> 15. **工作便利**：領導者為下屬獲得任何必要的物資、設備、支援服務或其他資源的程度；消除工作環境中的問題；並移除其他妨礙工作的障礙。
> 範例：我請老闆訂購一些補給品，老闆安排立即採購。
> 16. **代表制**：領導者與組織中其他團體和重要人物建立聯繫，說服他們欣賞和支持領導者的工作單位，並影響上級和外部維護工作單位利益的程度。
> 範例：主管與資料處理經理會面，要求修訂程序以更有效地滿足我們的需求。
> 17. **互動促進**：領導者試圖使下屬彼此友好、合作、共享資訊和想法，並互相幫助的程度。
> 範例：銷售經理帶領小組吃午餐，使每個人都有機會認識新的銷售代表。
> 18. **衝突管理**：領導者限制下屬進行爭鬥和爭論，鼓勵他們以建設性的方式解決衝突，並幫助解決下屬之間的分歧。
> 範例：一起共事、處理同一個專案的兩個部門成員，意見互有爭執。經理與他們會面，協助解決此事。
> 19. **批評－紀律**：領導者批評或懲戒表現始終不佳、違反規則或不服從命令的下屬的程度。紀律處分包括官方警告、譴責、停職和解僱。
> 範例：主管擔心下屬重蹈覆轍，確保下屬理解公司期待的品質水準。

資料來源：*Leadership in Organizations*, p. 70 by Gary Yukl. © 1981 by Prentice Hall, Inc. Adapted with permission of Pearson Education, Inc., Upper Saddle River, NJ 97458.

14.3 管理與領導

2 區分管理與領導的差異

　　管理和領導不是同義詞。管理者計畫、組織、訓練、領導和控制，他們不一定會有效地影響下屬或團隊成員去設定和實現目標。理想情況下，領導和管理技能結合，使管理者能夠發揮領導者的作用，如圖表 14.3 所示。例如，對經驗豐富的員工下達命令和明確指示的管理者，事實上並不是領導，反而阻礙生產力。有效地規劃可以幫助你成為稱職的管理者；使其他人能夠有效地規劃才是領導。領導者賦權下屬，為員工提供成長，改變和應對變革所需的東西。領導者建立並分享願景，制定將願景實現的策略。

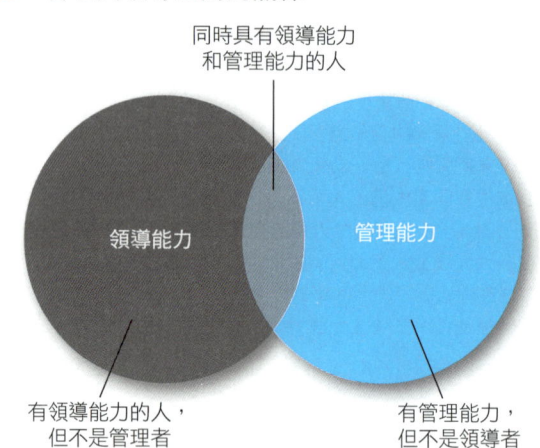

圖表 14.3　管理與領導之間的關係

- 同時具有領導能力和管理能力的人
- 領導能力
- 管理能力
- 有領導能力的人，但不是管理者
- 有管理能力，但不是領導者

對於總部在羅徹斯特的食品連鎖店，以及《財星》雜誌年度百大最佳工作公司的 Wegmans 食品公司來說，建立賦權員工的企業文化，即為使賦權成為企業的核心價值。這家公司努力創造如核心價值觀的文化：關懷、高標準、有所作為、尊重和賦權。

科特和詹姆斯·赫斯克特 (James Heskett) 在《企業文化和績效》(*Corporate Culture and Performance*) 一書中，列舉對文化做出重大改變的組織。這些組織的領導者必須先體認到變革是必要的。然後，必須向員工傳達指向危機或潛在危機的事實，以便員工能夠意識到需要改變。最後，正如作者描述的，這些領導者：

> 制定或釐清他們需要對哪些願景進行變革……。在察覺到管理者已有最低準備後，領導者開始傳達他們對哪些變革的必要願景。這些願景總是傳達一些有關主要顧客的一般訊息……，其中包括有關更具體的策略和實踐的資訊，這些資訊被認為是應對當前商業環境或競爭形勢所必需的。

隨著領導者的願景和策略的傳達，他們贏得盟友，成為其他管理者的榜樣。「他們改變和發揮有領導作用的能力，表明其他人也可以如此。」這樣的領導者通常被稱為**轉型領導者**，因為他能對其組織的價值觀、使命和企業文化作出基本方向的變革。圖表 14.4 基於科特的研究，帶我們進一步區分管理和領導。請注意，科特的領導行為清單如何強調人際交往能力和動機的連結。

科特指出：「有一些……企業變革的工作非常成功，有幾個是

圖表 14.4　管理與領導之間的差異

管理	領導
規劃和預算。制定實現必要成果的詳細步驟和時程表，以及實現這些成果所需的資源。	**確定方向。**制定未來願景，往往是遙遠的未來，制定實現這一願景所需變革的策略。
組織和用人。建立一個架構，以完成計畫要求、配備人員、下放執行計畫的責任和權力、提供政策和程式來幫助指導人員，並建立監測執行情況的方法或系統。	**協調人員。**以言行向所有可能需要合作的人傳達方向，以影響團隊和聯盟的建立，了解人們的願景和策略，並接受其有效性。
控制和解決問題。從計畫的角度密切監控結果，找出偏差，然後規劃和組織解決這些問題。	**激勵和鼓舞。**透過滿足基本但往往未實現的人類需求，激勵人們克服重大的政治、官僚和資源障礙產生巨大程度的變革。
產生一定程度的可預測性和訂單，並始終如一地實現，各利害關係人所期望的關鍵結果（對於顧客，在時間之內；對於股東，在預算之內）。	產生巨大的變化，這種變化具有巨大的潛力（例如，開發顧客想要的新產品或新的勞資關係方法，這些方法可以幫助公司提高競爭力）。

資料來源：Reprinted with the permission of The Free Press, a division of Simon & Schuster Adult Publishing Group from, *A Force for Change: How Leadership Differs from Management*, p. 6, by John P. Kotter. Copyright © 1990 by John P. Kotter, Inc. All rights reserved.

完全失敗的，大多數落在兩者之間，明顯朝向量表的尾端傾斜。」為什麼重大的成功這麼少？管理階層可能卡在計畫階段，或者卡在文化、決策結構、作法和抵制變革的人員中。「癱瘓無力的高階管理階層，通常是因為管理者過多而領導力不足。」

管理顧問彼得‧斯科特－摩根 (Peter Scott-Morgan) 認為，為了爭取對變革的支援並取得進展。「人類具有驚人的適應性，你必須讓他們想要變革合乎邏輯。」前 Integra Financial 金融公司希望從超級巨星文化，轉向基於團隊合作的文化，「因此制定一個精心製作的評估和獎勵制度，以阻止賣弄、炫耀、阻撓和其他自我的把戲。表現最好的團隊得到好東西；最糟糕團隊則接受柔聲斥責。你可以確認的一件事為：可以獲得獎勵的工作，一切都會被完成。」有關討論如何使用同儕評核來識別組織中真正的領導者，請參見本章的「道德管理」專欄。

與星巴克的情況一樣，企業文化始於一個以身作則的領導者（「大家學著像他們說話和走路的樣子」），並且創造願景、實現願景的策略，以及由每個層級授權人員組成的結合，致力於變革。領導是闡明願景，並激勵追隨者為願景服務而做出最佳努力的能力。蕭茲專注於與星巴克員工彼此的社會互動，建立互信和相互承諾，達到整個組織利益的氛圍。

道德管理

Risk International 的同儕審查

同儕對同事進行同儕審查(如員工對員工,以及經理對同級的經理進行評估),是評估員工的一種方法。許多員工擔心會收到這樣的等級評分,並有責任對同事進行評估。他們在道德上的考慮之一是保密性和隱私權。

總部位於俄亥俄州的 Risk International 是最早發現使此類評估方法,並從中獲得回報的公司之一,也對結果感到滿意。公司的員工每年使用標準化表格,對「只有與他們直接合作」的同儕員工進行一年一次評分,共 11 個具體且權重也相同的項目,評分範圍從 1 (最高評分) 到 4 (不可接受);3 表示需要改進;2 表示令人滿意的等級;1 表示優良。表格的第一項是評估同儕「在高倫理標準和個人品格的表現」(Gruner) 其他領域涉及員工在品質和顧客服務方面的處理能力、解決問題和做出判斷、進行工作、管理工作、管理資源、溝通、工作能力、團隊工作、行銷公司服務、展現個人才能,並了解公司及營運。

相關結果列表呈現,但不會揭露個別評估者的意見。主管透過與評估者開會,共享結果,然後制定改進計畫。Risk International 發現公司裡一些「相當能幹的員工」,使得這些員工不再被忽視;公司已經辨識出超級巨星,就是那些表現出真正的領導特質和行為的人。

Globoforce 執行長艾瑞克・莫斯利 (Eric Mosley) 認為,年度評估應該被即時同儕審查所替代。他寫道:「透過提供對積極行為的立即性和持續性認可,通常經由公共社交平台來處理,他們提供更多、更豐富的員工資料,使管理者更清楚地了解團隊或公司的優勢和劣勢,並更了解他們的表現」(Mosley)。

1. 你對審查制度及同儕審查的看法如何?
2. 在這樣的過程中,你還可識別哪些其他倫理問題?

資料來源:Eric Mosely, "Creating an Effective Peer-Review System," *Harvard Business Review*, August 19, 2015, https://hbr.org/2015/08/creating-an-effective-peer-review-system; Risk International, http://www.riskinternational.com; Stephanie Gruner, "The Team Building Peer Review," *Inc.*, July 1995, 63-65.

---

3 描述領導者權力的五種來源

14.4 權力和領導

權力賦予人們對他人施加影響的能力,讓他們跟隨,使領導成為可能。領導者擁有權力,所有管理者都擁有權力,無論他們是否為領導者。擁有權力可以提高管理者的效率,使他們能激勵人們,並心甘情願執行任務,而不僅依靠正式的管理權威。正式授權授予管理者合法權力 (legitimate power),也包括強制權力 (coercive power)、獎賞權力 (reward power)、參照權力 (referent power) 與專家權力 (expert power)。接下來簡要回顧這五個領導的基礎。

合法權力

管理者的正式權力來自組織中的職位,每個職位的工作描述通

常都有具體規定。管理者的正式授權授予權力或影響力，因為它使持有者能夠使用組織資源，包括其他員工。員工的講師、管理者或團隊領導有權分配工作，制定執行標準，並將這些標準應用於下屬的結果和行為。所有員工都應認識到，他們的基本責任是遵守由擔任正式職務的人所確立的法定和倫理命令、規則與標準。

根據美國移民暨海關執法局 (U.S. Immigration and Customs Enforcement, ICE)，負責執行美國移民法，數以百萬計的人非法居住在美國。無證件工人使用詐欺手段求職。在大多數情況下，這些人會因為管理者擁有的合法權而敬畏管理者。管理者使用正式職位的權力。有關僱用非法移民的討論，請參見本章的「全球應用」專欄。

強制權力

行使合法權力 (一個人的正式權力) 的一個結果，是對下屬出現的不可接受的結果和表現予以懲罰。具有權威並因此影響他人的人，通常有權懲罰或拒絕給予他們獎勵。行使強制權力可能導致的一些

全球應用

僱用非法移民

在當今嚴峻的經濟形勢下，一些雇主試圖透過僱用非法移民來節省開支。僱用非法勞工似乎可以降低公司成本而使公司的股東和管理者獲利，並可以因為降低產品價格而使消費者受益。一則公司獲利，再則數以千計的外籍勞工能夠賺更多的錢回家。

但是這樣的體系也有成本。這些工人可能被迫每週工作七天，而沒有加班費，並且經常遭受惡劣的工作條件。此外，外國人獲得美國人可能想要的工作。納稅人有時也會為非法勞工的緊急醫療保健或其子女在美國學校的學費付出相關的成本。

有些公司使用外包商，並聲稱不對外包商做錯的事負責。美國移民暨海關執法局表示，管理者應該知道承包商是否有僱用非法移民的歷史。ICE 政府與雇主之間的相互協定 (ICE Mutual Agreement between Government and Employers, IMAGE) 計畫，透過教育雇主了解適當的僱用程序，努力減少非正常就業和使用偽造身分證件。雇主學習如何實施 IMAGE 的最佳實務、制定移民順從計畫、制定適當的招聘程序、檢測造假文件，並使用電子驗證，以確保這些員工有資格在美國就業。

1. 當某公司被 ICE 突襲時，非法移民雇員被逮捕並遣送回國。你認為這位移民在被捕那一週的工作應該得到相關的報酬嗎？
2. 你對僱用非法移民有什麼看法？
3. 公司可以如何確保外包商不僱用非法勞工？

資料來源：U.S. Immigration and Customs Enforcement (ICE), http://www.ice.gov.

結果,包括口頭和書面警告、停職和解僱。然而,如果這些懲罰要對不當行為產生威儷作用,受到這些懲罰的人必須相信,這些懲罰將及時和適當地實施。

獎賞權力

與強制權力相對應的是獎賞權力,承諾或給予獎賞的權利,如加薪、表揚、晉升等。這通常也是行使合法權力的結果。正如第 13 章指出的,人們通常努力取悅能夠獎賞或懲罰他們的人。獎賞的吸引力很重要;對被影響者必須有強烈的吸引力,否則對被影響者的動機影響很小。然而,當承諾獎賞卻未及時給予時,實際上會對個人的動機產生負面影響。最後,獎賞必須在被視為理所當然前就要先給予;否則會降低對個人的價值和重要性。

專家權力

一個人的能力、技能、知識和經驗,可以在受到重視時發揮影響。經驗豐富的從業人員與新手和學徒一起行使專家權力。訓練師或教練使用它向受訓者傳授知識、技能和態度。醫師、律師和其他有證照的專業人員靠著專業知識謀生。然而,需要法律諮詢的人可能會發現,生產管理者的專業知識沒有什麼價值。與合法權力、強制權力和獎賞權力不同,專家權力可以存在於組織內部或外部的每個人之中,並由其行使。

參照權力

由於人格或個人吸引力而賦予他們的權力,稱為參照權力或魅力型;使人們產生想要與擁有它的人聯繫或仿效的欲望。你的個性、幽默感、開放性、誠實和其他可愛的特質可以吸引他人,本章的許多領導特質在擁有這些特質的人中產生參照權力。像專家權力一樣,幾乎每個人都一定程度擁有參照權力。但並非所有人都被相同的性格或特質吸引,某個人會注意到的,可能是其他人並不欽佩的吸引力。

星巴克的蕭茲理解他領導的人,了解他的追隨者,追隨者把他視為領袖;換句話說,他們互相信任,他之所以被接受,是因為擁有合法權力、參照權力和專家權力。

幾年前，星巴克將營運重心從顧客轉向成長，銷售額卻開始下降。執行長蕭茲宣布新策略，轉而聚焦於顧客，結果銷售額就增加。在《華爾街日報》(Wall Street Journal) 某次採訪中，他解釋成功的主因。

《華爾街日報》：是什麼導致轉機？

蕭茲：讓我們站在顧客的立場，了解他們正在處理什麼和[金融] 危機的焦慮。此外，讓我們的員工了解利害攸關的問題，並特別要求他們更負責。我們以如此快的速度和侵略性地發展公司，使我們忽略顧客體驗。

星巴克幸運地克服對顧客失去關注的錯誤，其他公司沒有那麼幸運。為了生存，它們必須專注於顧客。員工和執行長蕭茲相互信任，共同讓星巴克營運復原。實施品質管理系統需要相互信任，如本章的「品質管理」專欄所討論的。

當管理者將合法權力，與其他類型的權力同時使用時，他們可以成為領導者。如前所述，有的領導者不見得是管理者，而成為管理者的人也可能不是一個領導者。許多組織的主要目標，是開發並挖掘每位員工都具有的領導潛力。

擁有權力和明智地使用它是兩件事。如同第 6 章「管理倫理與社會責任」所指出的，權力賦予個人和團體影響善惡的手段。沒有道德和倫理價值觀或無視法律的領導者，會對他人、他們自己及組織造成極大的傷害。任何組織使用權力都不得違背核心價值觀。米奇·曼托 (Mickey Mantle) 是棒球界偉人，在 1995 年接受肝臟移植手術後，舉行記者招待會。他承認常年酗酒是導致肝臟衰竭的主要原因，並告誡所有的粉絲和崇拜者不可仿效，擔心他的行為已經或將成為其他人模仿的對象。

領導風格

從對領導及其權力基礎的討論中，現在轉向領導者及其他人之間的動態互動。管理者用來影響他人的方法和行為，構成管理者的**領導風格** (leadership style)。他的領導風格又決定於他們對激勵的哲學、決策風格的選擇，以及在工作環境中的重點領域，無論他們專注於任務還是人。

領導風格　管理者用來影響他人的方法和行為。

品質管理

互信

消費者期望優質的產品。因此，為了在全球市場上保持競爭力，許多製造商已經實施品質管理系統來生產優質產品。發展世界一流的營運，意味著從專注於量產轉變為專注於顧客的公司。當人們被要求改變時，會變得謹慎和多疑。除非存在互信，否則他們不會抓住公司的機會。

為了讓員工接受變革，他們需要信任管理階層。公司可以實施品質管理，因為他們已經發展互信，每個人都會盡最大的努力服務顧客。員工希望感覺管理階層認真對待他們的問題，管理階層會尋找解決方案。每當有人對管理者提出問題時，管理者應該說「謝謝」、「讓我們解決這個問題」，以及「讓我們一起弄清楚狀況」。

信任是可以學習的技能。當它存在於整個組織時，公司的業務將更有高效率、更有利可圖。互信促進協同合作和創新。沒有它，賦權和團隊合作最終將失敗。透過互信，公司可以吸引和留住員工，因為員工正在執行企業的策略。

互信需要不斷被加強。管理者和員工需要領導訓練來解決問題，與各級員工溝通並執行計畫。當互信存在時，管理者和員工彼此互相幫助。

- 已故的史蒂芬・柯維 (Stephen M.R. Covey) 是 CoveyLink Worldwide LLC 公司的共同創辦人，關於信任，他說：「信任是一種經濟驅動力，而不僅僅是一種社會美德。它是一種協同合作、創新、吸引和留住員工、滿足、參與、執行策略的能力。高度信任帶來回報，低度信任就像租稅是一種義務。」當他說「低度信任是租稅」時，弦外之音是什麼？（請參見 Cheryl Hall, "Son of '7 Habits' author says trust pays off," *The Dallas Morning News*, March 6, 2011, p. D1。）

4 區分積極激勵和消極激勵

14.5 積極激勵對消極激勵

領導者透過激勵方法影響他人實現目標。根據管理者的風格，激勵方法可以採取獎賞或處罰的形式。圖表 14.5 顯示包含積極和消極激勵的層次。具有積極風格的領導者使用積極激勵法，使用表揚、認可或金錢，或是透過增加安全感或賦予額外責任來激勵員工。

消極的領導風格就是制裁，包括罰款、停職、解僱等。管理者說：「按照我說的方法做」，這是採用負面的激勵，這句話暗示管理者要行使紀律處分權；下屬不遵守紀律，就是不服從的行為。

積極的領導風格鼓勵員工發展，並提高工作滿意度；消極的領導風格是基於管理者扣留員工有價值項目的能力，結果可能是員工處在恐懼的環境中，在這種環境裡，管理者不被信任，被視為獨裁者，而不是領導者或團隊成員。

圖表 14.5 激勵的層次

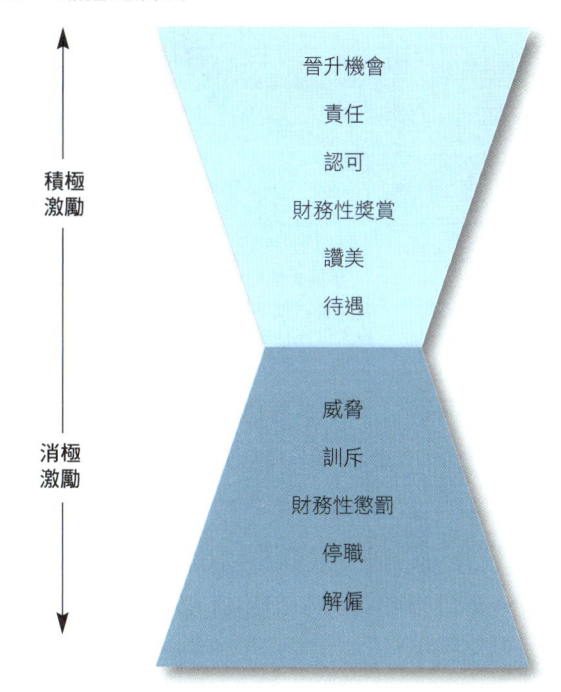

積極激勵
- 晉升機會
- 責任
- 認可
- 財務性獎賞
- 讚美
- 待遇

消極激勵
- 威脅
- 訓斥
- 財務性懲罰
- 停職
- 解僱

14.6 決策風格

> 5 描述領導者使用的三種決策風格

管理者領導風格中的另一個因素是，與下屬分享決策權力的程度。管理者的風格從完全不分享決策權，到完全下放決策權。圖表 14.6 顯示分享的連續性程度，並將風格範圍分為三類：專制風格、參與式風格，以及自由放任風格。管理者選擇哪種風格，應該與身處的情況有關。

專制風格 使用專制風格 (autocratic style) 的管理者不會與下屬共享決策權。管理者做出決定，然後宣布實施。專制管理者可能會要求下屬，提出有關該決定的想法和回饋，除非某些重要事項被忽略，否則管理者通常不會更改決定。這種風格的標誌是擁有所有權威的管理者執行整個過程，因此專制風格有時被稱為「我」方法 ("I" approach)。

> **專制風格** 管理者不與下屬共享決策權的領導方法。

在某些情況下，專制風格是合適的。例如，當管理者在訓練下屬時，相關的內容、目標、進度和決定的執行正確地掌握在他的手中。(但是，管理者應徵詢受訓人員的意見回饋。) 例如，在危機中

圖表 14.6　領導風格與決策權威分配

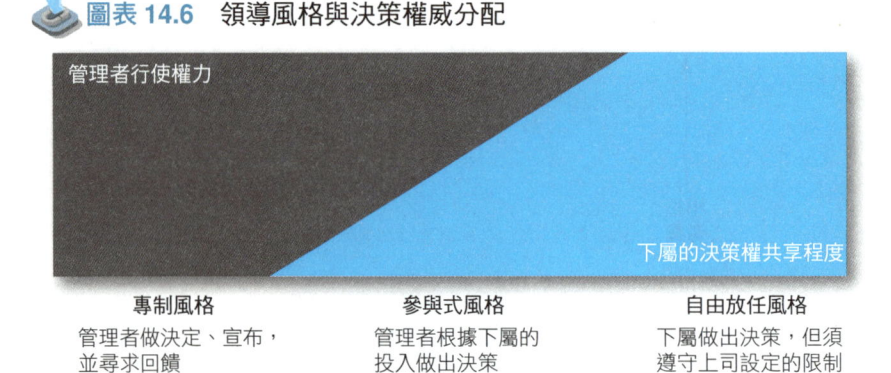

管理者行使權力

下屬的決策權共享程度

專制風格	參與式風格	自由放任風格
管理者做決定、宣布，並尋求回饋	管理者根據下屬的投入做出決策	下屬做出決策，但須遵守上司設定的限制

(有害物質外洩或炸彈威脅)，領導者應負責下達命令並做出決定。當下屬直接挑戰管理者的權威時，可能需要專制的回應以排除不服從的行為。在未授權員工做決定的情況下，主管必須做出決定。有一些下屬不想要分享上司的權力，或是以超出日常職責的任何方式參與其中。管理者應尊重這些偏好，但也應提供激勵和成長的機會。

　　管理者要有效地運用專制風格，必須知道需要做什麼，並且必須擁有專家權力。如管理者面對最有能力解決的問題時，想出不需依賴他人實施的解決方案時，以及希望透過命令和指示進行溝通時，使用專制風格是最有效的。如果這些條件不存在，其他兩種領導風格可能會更合適。

參與式風格　管理者使用**參與式風格** (participative style) 與下屬共享決策權。共享的程度可能從管理者提出一個易受更改的臨時決定，到讓團體或下屬參與決策。有時被稱為「我們」的方法 ("we" approach)。參與式管理涉及他人，藉由他們獨特的觀點、才能和經驗一起解決問題。由於人員精簡、員工賦權和工作團隊化，因此現在很強調這種風格。

　　協商和民主的方法，有效地解決影響管理者或決策者的問題。受到這些決策影響的人們，相較於決策受到支持，在參與決策時更有熱情。同樣地，如果單位中有其他人比管理者更了解某個問題，按照常理，應將這些成員納入在相關問題的決策商討中。在下屬參與之前，他們與管理者之間必須存在互信和尊重。下屬必須願意參與，並能接受訓練。他們需要進行理性決策方面的訓練，還必須具備解決問題所需的技能和知識。訓練下屬也需要時間，培養他們做

> **參與式風格**　管理者與下屬共享決策權的領導方法。

決定所需的信心和能力。管理者必須有時間、手段和耐心，讓下屬做好參與的準備。當員工參與時，他們會想出解決方案，而且認為是自己的方案，這種所有權的意識增加他們致力於使解決方案發揮作用的決心。

Inc. 雜誌報導，Datatec 鼓勵員工參與對上司的評鑑。Datatec 管理者認為，

> 給員工評鑑上司的機會，將迫使公司履行對參與式管理的承諾。[要求管理者] 與下屬之間進行一對一的反向評鑑，如果員工發現對上司評鑑會感到不舒服的話，這些員工可以選擇與另一位管理者討論。[總裁] 卡瑞想確保問題不會因為太棘手而被掩蓋。

公司必須事先明確規定下屬參與的限制。例如，誰有權做某事，應該讓員工彼此間不產生任何誤解。雖然員工會犯錯，也可能浪費時間，但參與式風格的領導，對激勵人心的力量是巨大的。在許多組織中，管理者必須使用這種風格，企業文化和政策需要由它實踐。

自由放任風格　通常被稱為「他們」方法 ("they" approach) 或旁觀者風格 (spectator style)，**自由放任風格** (free-rein style) 使個人或團體能夠自行運作，而不需要管理者直接參與。這種風格高度依賴授權，讓對方擁有專家權力。當參與者擁有並知道如何使用任務所需的工具和技術時，這種風格產生的效果最佳。在這種風格下，管理者設定一些限制，並且隨時提供下屬諮詢。管理者尚須透過審查和評估員工的績效，要求參與者對自己的行為負責。

自由放任式領導尤其適用於工程、設計、研究和銷售方面的管理者，以及經驗豐富的專業人士，這些人通常抗拒其他類型的監督。

在大多數組織中，管理者必須能夠使用可以搭配工作環境所要求的決策風格。例如，李是新進員工，所以管理者需要使用專制的方法，直到他培養出信心和專業知識、可以獨立執行，或直到他融入團隊為止。例如，金的工作經驗比任何人都更專精，在參與式風格或自由放任風格的管理下，可能會做得更好。由於人員和環境不斷變化，而且下屬必須做好改變的準備，因此有效的管理者會考慮轉換領導風格。

自由放任風格　一種領導方法，管理者與下屬共享決策權，在管理者未直接參與的情況下，他們能夠行使職能。

6 解釋領導者可以採取的兩種主要方法：以任務為中心和以人為中心

14.7 任務導向對人員導向

領導風格的另一個要素是，關於管理者完成工作最有效的方法的哲學。領導者可以關注任務 (工作、任務、方向)，也可以關注員工 (關係或以人為中心的方法)。根據管理者的觀點和情況，這兩種方法可以單獨使用或合併使用。

任務主要在強調技術、方法、計畫、程序、最後期限、目標和完成工作。通常專注於任務的管理者使用專制風格的領導，向下屬發布指導方針和指示。短期內，以任務為中心的工作效果很好，尤其是在時間緊迫或危機的情況下。但是如果長期使用以任務為中心的風格，可能會造成員工許多問題。例如，可能會導致績效最好的員工因為渴望靈活與彈性，受不了專制的領導而離開團隊；或者可能會增加員工缺勤率，甚至降低工作滿意度。

關注員工需求的管理者將員工視為公司寶貴的資產，尊重員工的看法。建立工作團隊、正向關係，以及互信，這些都是以員工為中心的領導者的重要日常活動。透過關注員工需求，管理者可以提高工作滿意度，並且減少缺勤率。

密西根大學研究 大學的研究人員比較有效和無效的主管行為，發現關注下屬需求的主管 (以員工為中心的領導者) 是最有效率的，他們建立高績效團隊，達成目標。效率較低的主管 (以任務為中心的領導) 往往專注於任務，更關心效率和會議日程。

俄亥俄州立大學研究 研究人員針對數百位領導者進行調查，從兩個因素的角度研究他們的行為：關懷和倡導結構 (consideration and initiating structure)。關懷被定義為關心下屬的想法和感受 [密西根大學的研究稱為以員工為中心 (employee focus)]。評價高的領導者會公開溝通、發展團隊，以及關心下屬的需求。倡導結構被定義為關心目標實現和工作導向 [密西根大學研究稱為以工作為中心 (job focus)]，在此方面評價高的領導者關注最後期限、規劃工作和會議日程。

研究人員發現，領導者類型可以由上述兩種關注行為，組合成四個樣態：高關懷和低倡導結構、低關懷和高倡導結構、低關懷和低倡導結構、高關懷和高倡導結構。研究人員的結論是，最後的這

個組合會讓下屬的工作滿意度和績效得到最大的效果。

自俄亥俄州大學的研究後，其他研究發現，管理者採取的方法應該有所不同，這取決於所涉及的人員和相關情況。在危機中，管理者應該專注於任務。在訓練員工成為自我管理的工作團隊時，管理者應關心員工——了解他們的合作需求，相互了解，以及發展關係。這些研究指出，管理者必須具有靈活性，並提供員工和情況所需的領導風格。

領導方格　在原始的版本中，圖表 14.7 由羅伯特・布雷克 (Robert R. Blake) 和珍・穆頓 (Jane Mouton) 以管理方格之名進行發表。經過多年的演變，現在被稱為**領導方格** (Leadership Grid)。這是一個二維空間，垂直軸測量管理階層對員工關心的程度，水平軸則測量關心產

領導方格　布雷克和穆頓的二維模型，將管理者關心任務、員工或兩者的程度，予以視覺化。

圖表 14.7　領導方格

9,1 方格風格：控制
（直接和支配）
我期待結果，並透過明確說明行動方針來控制。
我執行的規則，維持高的結果，不允許偏差。

1,9 方格風格：適應
（產量和遵守）
我支持建立和加強和諧的結果，透過關注正向和令人愉悅的工作面向來激發熱情。

5,5 方格風格：現狀
（平衡與妥協）
我贊同受歡迎的結果，但謹慎，不承擔不必要的風險。
我測試自己的意見，與其他人參與，以確保持續的可接受性。

1,1 方格風格：不同
（推託和逃避）
我逃離對結果承擔積極責任，避免捲入問題。如果被迫，我會採取被動或支持的立場。

家長式方格風格
（處方和指南）
我透過為自己和他人界定計畫來提供領導能力。
我讚揚和讚賞支持的意見，並阻止挑戰自己的想法。

機會方格風格
（利用和操縱）
我說服其他人支持為自己帶來私利的結果。如果他們也受益，更有利於獲得支持。我依靠任何需要的方法來確保優勢。

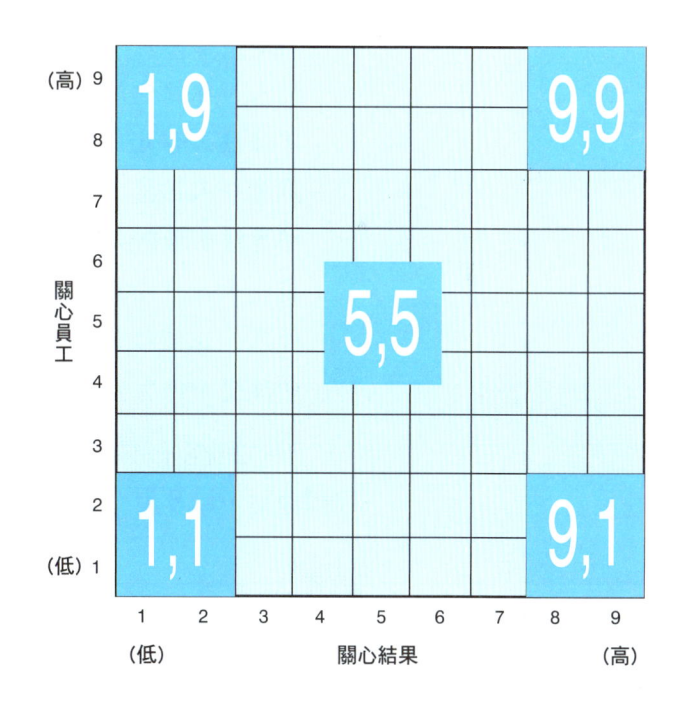

9,9 方格風格：聲音
（貢獻和承諾）
我以邀請參與和承諾的方式，發起團隊行動。我探索所有事實和替代性觀點，以達成對最佳解決方案的共識。

資料來源：This image is an adaptation of the Leadership Grid® figure as it appears in *The Power to Change*, Rachel McKee and Bruce Carlson (Austin, TX: Grid International, Inc.), p. 16. Copyright © 1999 by Grid International, Inc. Reproduced by permission of the owners.

出的程度。(剛好對應密西根大學研究中以員工和工作為中心的程度；以及俄亥俄州大學研究中的關懷和倡導結構。) 方格上的位置以 9 點量表來呈現，1 表示關心度低，9 表示高度關心。方格有效地整合說明，在各種情況和不同員工的情境下，管理者和領導者使用的領導風格。

領導方格為理解領導提供一個框架。Grid International 公司的凱倫‧麥克米克 (Karen McCormick) 這樣解釋：

> 在上述方格理論說明中，不同的「風格」是對行為的描述，它們是呈現在兩個「關心」軸上的結果，表示在既定的基本管理原則情況下，這樣的行為風格會表現在領導方格上。方格理論不建議使用任何特定的領導風格，但是堅持將基本原則作為衡量領導行為樣式的標準。當一個人在方格上被描述為某種「風格」時，這就是他或她的行為特徵。
>
> 例如，當面對工作場所的衝突時，一個位在領導方格 (1, 9) 位置的人，往往會讓衝突緩和，並希望衝突「消失」。(但正如只要曾經歷工作場所衝突的人都知道的，它永遠不會只是如此，依然會令人困擾。) 另一方面，以領導方格 (9, 9) 為導向的領導者將勇敢面對衝突，找出原因為何，並創造消除衝突來源的方法。這代表採用全面、基本、不變的原則來進行管理，而不是情境管理。在這種情況下，一個人管理的基礎可能會因應外部環境的改變而發生變化。

下一節將研究結合情境因素的三種領導理論：權變模式、路徑－目標理論，以及生命週期理論。

7 描述情境領導三大理論

14.8 情境領導理論

領導力的三種通用理論，涉及領導力適應情況的討論。這三大理論根源於在第 13 章討論的激勵理論。

菲德勒的權變模式

弗雷德‧菲德勒 (Fred Fiedler) 認為，對管理者來說，最合適的

領導風格取決於管理者身處的情境。菲德勒的管理模式 [**權變模式** (contingency model)] 建議管理者根據三個情境變數：領導者－成員關係、任務結構，以及領導者職權的相互作用，來選擇關心任務或關心員工。由於菲德勒的模式強調情境的重要性，菲德勒的研究有時被稱為情境領導理論。圖表 14.8 顯示菲德勒的權變模式。

圖表 14.8 上方繪製的實線顯示在特定情況下的建議重點。要了解這些建議及實現的方法，我們必須先了解模式使用的變數。

領導者－成員關係的量表，是指領導者被團隊接受或感覺到的程度。透過觀察到的相互尊重、信任和信心的程度來衡量，該接受程度為好或壞。在良好的關係中，領導者應該能夠激發和影響下屬；如果關係很差，管理者可能不得不求助於談判或承諾，給予幫助以取得績效。

任務結構等級的評核與下屬的工作或任務的性質相關，結構化任務已經可以分解為許多的過程。狹義而言，可能就是機器式的步調，而且是固定不變的，日常重複的工作程序，例如資料輸入員、檔案管理員和超市檢查員，負責結構化工作；而非結構化工作，包

權變模式 一種領導理論，指出管理者應該關心任務或員工，這取決於三個變數，即領導者－成員關係、任務結構，以及領導者職權的相互作用。

圖表 14.8 菲德勒的權變模式，描繪領導導向與情境變數的相互作用

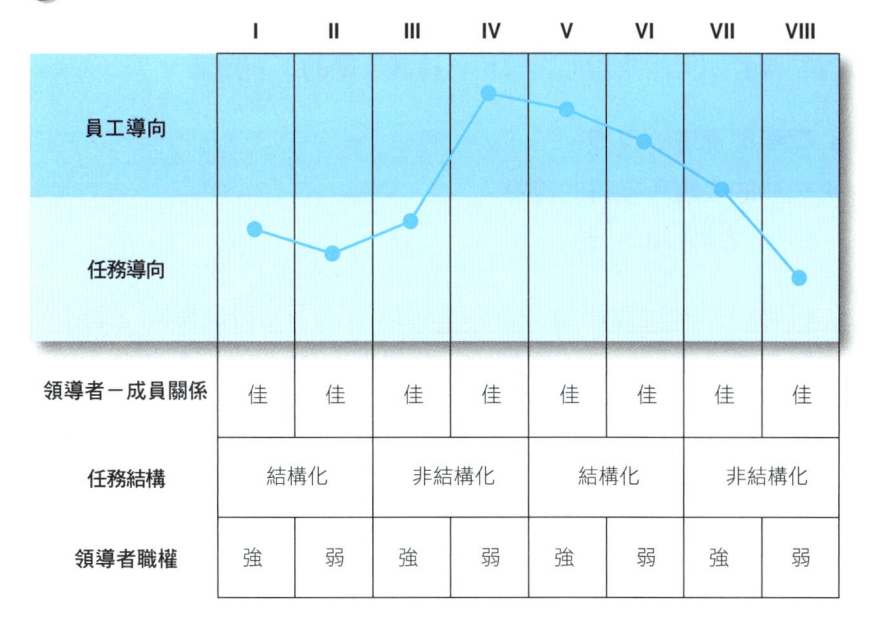

	I	II	III	IV	V	VI	VII	VIII
領導者－成員關係	佳	佳	佳	佳	佳	佳	佳	佳
任務結構	結構化		非結構化		結構化		非結構化	
領導者職權	強	弱	強	弱	強	弱	強	弱

資料來源：Adapted and reprinted by permission of the *Harvard Business Review*. From, "Engineer the Job to Fit the Manager," by Fred E. Fiedler (September-October 1965), p. 118. Copyright © 1965 by the Harvard Business School Publishing Corporation. All rights reserved.

括創造性表示的複雜性、多樣性和自由度，研究人員、管理者、設計工程師和大多數專業人士都從事非結構化工作。

領導者職權的評等，描述領導者運作的組織權力基礎。領導者有多大權限對下屬獎賞和懲罰？領導者與誰結盟？領導者的合法權、專家權和參照權，決定職位上的優勢或劣勢，亦即他在組織內部，擁有較大或較小的影響力。注意圖表 14.8 中的位置 I，描述優良的領導者在成員關係、結構化任務和強領導者職權的情況下，從權變模式可知，領導者採取任務導向。在位置 VII，員工導向和任務導向，兩者混合使用，可說是最好的方式。以員工為導向的領導者，在與 IV、V 和 VI 職位相關的條件下會有最佳的表現。當管理者晉升或被臨時任命時，例如，作為專案負責人或產品設計團隊負責人，他或她將發現需要面對人與環境的新組合，每種組合都需要重新評估菲德勒的三個變數。

豪斯和米契爾的路徑－目標理論

羅伯特‧豪斯 (Robert House) 和泰倫斯‧米契爾 (Terrence Mitchell) 發展領導的路徑－目標理論 (path-goal theory)。他們的理論與領導者能夠利用什麼行為來激勵下屬實現個人和組織目標及獎勵的行為有關。路徑－目標理論指出，領導風格是有效或無效的，是依據領導者如何能成功地影響和支持其下屬的下列知覺：

- 需要被實現的目標。
- 成功的表現所獲得的獎賞。
- 導致成功表現的行為。

根據路徑－目標理論，領導者可以透過下列方式激勵下屬：(1) 教導員工成功執行和獲得獎賞所需的能力；(2) 量身訂做獎賞內容，以滿足員工需求；以及 (3) 支持下屬的工作。教育員工 (含輔導、發展和訓練) 建立信心和能力，根據員工的具體需求調整獎賞內容，讓它更具吸引力。以支持的行為協助下屬，使他們能夠同時實現個人和組織目標。

路徑－目標理論的基礎，可以在激勵的期望理論中找到相關論述。在該理論中，員工的動機受到下列因素影響：他們對被要求達

路徑－目標理論 管理階層認為下屬的行為和動機，受到管理者向他們表示的行為所影響。

成任務的理解程度、對執行所需能力的信心、上司提供獎賞的吸引力，以及獎賞與任務完成兩者之間的關係。越有自信，對獎賞的渴望就越大，員工也更願意按要求來表現。根據路徑－目標理論，領導行為和情境因素會影響激勵過程。

領導行為　豪斯和米契爾的理論基於以下兩個假設：

1. 領導者的行為是可以被接受的，並且使下屬滿意，以至於他們將其視為滿足感的直接來源，或者某種未來會得到滿足的工具。
2. 如果領導者的行為將下屬的滿足感與有效的表現連結，並支持他們為實現目標而付出的努力，將會讓下屬更賣力。

這兩個假設告訴管理者，增加員工工作表現可被視為成功的方式，如清除邁向成功的障礙，幫助下屬將這些成果視為心中渴望的結果。為了使領導者能夠執行，該理論提供四種領導行為：

1. **工具行為 (instrumental behavior) (任務導向)**。這種行為有時也稱為指示行為 (directive behavior)，涉及領導的計畫、指示、監督，以及任務分配方面。它可以是說明性的，使用工具行為的管理者，會建立精確的程序、目標和時間表，並運用專制風格的領導，此行為可用於增加員工的工作量或確認結果。
2. **支持行為 (supportive behavior) (員工導向)**。這種行為在領導者和追隨者之間，建立互信和尊重的氣氛。涉及領導力的指導、諮詢和輔導。領導者支持行為包括公開的溝通、真誠地關心下屬的需求等，這種領導者的行為可以建立團隊。
3. **參與行為 (participative behavior) (員工導向)**。在這種行為中，領導者徵求和利用下屬的想法和貢獻，並使下屬參與決策。在營運的計畫和執行階段中，管理者會嘗試從每個相關人員那裡獲取投入。支持行為促進參與行為，反之亦然。參與行為建立團隊合作精神、重視個人及其貢獻，並透過接觸他人的觀點和經驗來鼓勵員工發展。
4. **成就導向行為 (achievement-oriented behavior) (員工導向)**。表現出這種行為的領導者透過訓練和發展幫助下屬成長，並提高其能力。領導者的主要目的是，提高下屬的能力和績效，從而使

員工對自身和組織更具價值。工具行為、支持行為和參與行為提高領導者從事成就導向行為的能力，指引下屬進步。

NTT Data 和勤業眾信等公司將遊戲化用於領導力發展。蓋納將**遊戲化** (gamification) 定義為「使用遊戲機制和體驗設計，數位化地參與和激勵人們實現目標。」該定義的關鍵要素是：

> **遊戲化** 蓋納將遊戲化定義為「使用遊戲機制和體驗設計，數位化地參與和激勵人們實現目標」。

- 遊戲機制描述在許多遊戲中常見的使用元素，例如積分、徽章，以及排行榜。
- 體驗設計描述玩家在遊戲中，像是遊戲空間和故事情節等元素裡所經歷的旅程。
- 遊戲化是一種*數位式參與* (digitally engage)，而不是*親身參與* (personally engage)，這意味著玩家藉由電腦、智慧型手機、穿戴型顯示器，或者其他數位裝置進行互動，而不是與人的互動。
- 遊戲化的目標是*激勵人們改變行為或發展技能*，或是推動創新。
- 遊戲化側重於使玩家能夠*實現目標*。當組織目標與玩家目標一致時，組織就會因為玩家實現目標，也實現組織目標。

情境因素 在路徑－目標理論中，有兩個情境因素是其重要組成部分：下屬的個人特徵和工作環境。這兩個因素會影響領導者應該選擇的行為。

下屬的個人特徵包括他們的能力、自信、個人需求和動機，以及對領導者的看法。當下屬表現出低績效時，領導者必須做好準備，為他們提供輔導、訓練及指導。領導者必須確保為績效優良的員工提供足以吸引他們的獎賞。

工作環境中的因素包括組織的文化和次文化、管理哲學、權力的行使方式、政策和規則，以及工作的結構化程度。這些因素是超出員工可以控制的環境壓力，但它們會影響員工完成工作和實現目標的能力。

領導者必須知道下屬想從工作中得到什麼、他們的動機是什麼，以及其與成功的表現之間有什麼關係。領導者必須根據員工及環境條件，提供每個人適當的領導。在員工技能不足的地方，需要工具行為來增強；當下屬缺乏動力時，成就導向行為可能比較合適。

樓板製造商 Collins & Aikman 的經理，決定給員工所需的東西：新技術。該公司沒有選擇海外廉價勞工來保持競爭力，而是選擇在美國的勞工和營運部門進行投資，並安裝最先進的設備。在喬治亞州的工廠中，主要用來裁切樓板的機器是連接電腦的設備。但是使用電腦輔助的作法，讓公司 560 名員工中大多數人感到相當恐懼。因為將近三分之一的工人高中肄業；有些人沒辦法閱讀和書寫。

公司進行需求評估，顯示只有 8% 的工人具備使用新的高科技環境需要的技能。於是，Collins & Aikman 提供基本的讀寫能力訓練，每位工人的教育成本約 1,200 美元，雇主還實施其他內部訓練計畫，生產力和員工自信心因而提高。在生產的每一階段，都增加了如何改善工人操作機器的訓練，生產不良率降低 50%，工人需要主管的幫助變得更少。

赫塞和布蘭查德的生命週期理論

保羅‧赫塞 (Paul Hersey) 和肯‧布蘭查德 (Ken Blanchard) 發展領導的**生命週期理論** (life-cycle theory)。生命週期理論將領導行為與下屬的成熟度連結，不成熟的員工 (新進員工和缺乏經驗的員工) 需要高任務－低關係的領導力。隨著人們在工作中學習和成熟，變得越來越有能力，自我指導且參與制定決策。員工與同事、團隊成員和上級建立關係後，從而導致相互尊重和信任。新技能和知識使員工對自身和組織更具價值。隨著他們在組織生活中的進步，員工會先要求領導者有高任務－高關係的關心，然後是高關係－低任務的方法，最後是低任務－低關係的關心。

> **生命週期理論** 一種管理觀點，認為領導者對下屬的行為應與下屬的成熟度有關。隨著下屬的成熟，對任務和關係的關心也應該有所不同。

對新進員工而言，他們需要強度較高的指導，專制風格的領導將是適當的。但是隨著員工的進步，管理者應轉變為參與式風格；而對於有經驗的員工，只需要低度的指導，所以自由放任風格是合適的。用路徑－目標理論行為來表示，新進員工要求採取工具行為，隨著員工的進步，會要求支持行為、參與行為，以及成就導向行為。當員工獲得經驗時，他們應該以相對自主的方式進行工作，並根據需要向管理者或更高層級的主管求助。

赫塞和布蘭查德的論點建立在領導方格和路徑－目標理論上，並且將兩者加以結合。然而，他們的理論不允許改變情境，假定領導者是有能力和成熟的。

8 討論領導者面臨的三大挑戰

14.9 領導者面臨的挑戰

領導者提供願景，並提供激勵措施，在實現願景的過程中尋求他人的支持。領導者使人們專注於重要和必須做的事情，他們樹立榜樣及價值觀，這些會成為組織文化的一部分。領導者是變革推動者，能感受到變革的需要，並且制定有助於變革的策略。

哈洛德‧麥金尼斯 (Harold McInnes) 是一位領導者，他認真對待變革推動者的角色，他是 AMP 前執行長，該公司提供電子連接器。AMP 總部位於賓州，透過遍布全球 150 個國家的集團企業拓展業務。在擔任執行長期間，麥金尼斯的願景是建立公司的地位，每年將 11% 到 12% 的銷售金額用於研發。他相信這項投資將使公司從連接器供應商，轉向更大、更完整的電子系統供應商，麥金尼斯稱這個過程為「向食物鏈上方移動」。實現麥金尼斯願景的一個策略是，在顧客所在地將 AMP 的銷售工程師與產品設計團隊連結。「這樣一來，當電腦專家要製造下一代產品時，AMP 的工作人員就可以確定要在其中設計哪些 AMP 子系統。」麥金尼斯制定這個計畫，確保公司將來仍能蓬勃發展。

整個組織的領導

在組織高層中，只有一位領導者是不夠的，必須在各個層面上發揮領導才能，否則變革將被抵制。領導者必須占據在組織高階、中階和監事會中，自主團隊的員工也需要領導者。員工發展和訓練工作 (請參見第 9 章) 應該鼓勵和賦權員工成為各級領導者。如本章的「管理社群媒體」專欄所討論的，社群媒體允許開放式領導。

如果要舉出一個故事說明公司各層級領導才能的價值，摩托車製造商哈雷－戴維森 (Harley-Davidson) 的戲劇性轉變就是最好的實例。哈雷－戴維森嘗試用各種方法提高摩托車的品質和可靠性，但是結果卻微不足道，直到管理者發現自己在團隊中擁有的權力後，情況才有改變。

在 1980 年代，哈雷－戴維森管理者決定更換賓州工廠過時的製造系統，並引入及時存貨系統。為了實施新系統，公司採取一個當時不尋常的步驟，在如何處理新系統轉換上，管理者讓員工參與決

管理社群媒體

開放式領導

社群媒體使管理者能夠與顧客和員工建立新的關係。在《開放式領導》(Open Leadership) 一書中，夏琳·李 (Charlene Li) 定義開放式領導：

> 擁有自信和謙卑，可以擺脫控制欲，同時激發人們為實現目標而做出承諾。

她提出以下五個規則。

開放式領導新規則

1. **尊重顧客和員工是擁有力量的**。一旦接受這個事實，你就可以開始與他們建立真正的、平等的關係。如果沒有這種心態，你將繼續把他們視為可替換的資源，並且維持這樣的看法。如果你真的需要被提醒去接受顧客和員工是擁有力量的，只需閱讀 Radian6、BuzzMetrics 或 Cymfony 等供應商提供給貴公司有關社群媒體的監控報告，這些顧客和員工擁有的力量會讓你迅速地感到謙卑。

2. **不斷分享以建立信任**。任何成功關係的核心都是信任，信任通常是在人們執行自己說的話時逐漸形成的。但是在當今日益虛擬化、互動的環境中，信任也來自日常對話。反覆交流成功的人們分享各自的思想、活動和關注點，從而建立關係。部落格、社群網絡和推特等新技術消除共享的成本，使建立新關係變得容易。

3. **培養好奇心和謙卑**。通常如果所有發布的訊息不是互相遷就，分享就可以迅速地變成消息傳遞。對某人正在做的事情，以及為什麼對某人重要的事情表示好奇，使交流始終保持扎根於和專注於他人想聽到的內容，並與你想說的加以保持平衡。好奇心的自然產物是謙卑，這使你擁有智慧完整性，可以認知到自己的不足，並承認犯錯。

4. **保持公開性負責**。在關係中，問責制是雙向的，清楚說明關係中的期望，以及未達到期望的後果。因此，如果你的產品出現問題，應該做的第一件事是什麼？道歉並找出解決問題的方法。同樣地，如果讓某人在你的網站上發表評論，但是他們誤用權利，則他們應該能理解使用權將被取消。

5. **原諒失敗**。問責制的必然結果是寬恕。人際關係總是出錯，心態最健康的人從這裡出發，繼續往前邁進，將怨恨和指責拋諸腦後，這並不意味著失敗是可以接受的，而是承認和理解。

■ 採用開放式領導的新規則如何加快管理者、員工和顧客之間的創新與協同合作速度？

資料來源：Charlene Li, "The New Rules of Open Leadership," http://www.charleneli.com/resources/new-rules.

定。管理者和工程師沒有做出所有決定，再向其他員工宣布，而是花費幾個月的時間，與每個人討論他們所期望的改變。在各方的協助下，公司決定執行這些改變，之後每個人都互相合作，使新系統成功上線。

員工參與的效果很好，管理階層決定募集員工解決品質問題。員工學習如何使用統計工具來監督和控制自己的工作品質；管理者和主管接受團隊領導的訓練，品質和士氣都得到改善。員工的參與、

及時存貨，以及統計操作員控制成為哈雷－戴維森的生產力三劍客。員工被賦權監督自己的工作，解決問題和實施自己的解決方案；管理者與團隊合作，以各種可能的方式分享職權及支持團隊工作。

領導和快速反應

不斷變化的需求挑戰領導者的效能。隨著文化多樣性的組織發展，領導者身處的環境越來越複雜。不同的情況和要求，需要不同的方向、變化和策略。在要求高科技的商業世界中，速度至關重要。套用沃爾頓的話，一家公司必須能夠「靈活應變」(turn on a dime)。

在複雜的時代，人們感到焦慮和情緒激動，因此要在變革文化中進行領導，領導者必須發展強大的情緒智商，以實現出色的領導績效。領導者在情感上影響他人，**情緒智商** (emotional intelligence, EI) 涉及領導者如何管理個人情緒和社會關係。

丹尼爾‧高爾曼 (Daniel Goleman) 在《情緒智商》(*Emotional Intelligence*) 一書中，將情緒智商一詞流行化。高爾曼認為，情緒智商對個人的工作成功比純粹的智商 (IQ) 重要兩倍。例如，某研究將成功的高階主管與工作失敗的高階主管進行比較，「他發現失敗的管理者都具有很高的專業知識和智商。在各種情況下，他們的致命弱點都是態度傲慢、過分依賴腦力、無法適應偶爾出現又令人迷惑的情境變化，並且不屑於協同合作或團隊合作。」英國航空 (British Airways) 前溝通總監凱文‧莫瑞 (Kevin Murray) 告訴高爾曼：「正在經歷最大轉變的組織，是最需要情緒智商的組織。」

情緒對領導相當重要，了解他人會受情緒影響，是領導者的一項基本技能。處於類似情況下的領導者，能夠激發員工的情感投入，使他們的成就更大。高爾曼確定四組情緒能力，分為個人能力和社會能力兩個領域。

個人能力是由自覺和自我管理組成的。**自覺**是一種了解內在自我，並認識其如何影響他人的能力。具有自覺的領導者，將能夠理解個人的長處，並且能處理情緒。**自我管理**是管理一個人的情緒和衝動的能力。為了調節個人的情緒，領導者需要對個人的內在自我有更多的了解，因此管理他人始於自我管理。

社會能力由社會覺察和關係管理組成。**社會覺察**是理解他人的

情緒智商 一組能力，可以區分人們如何管理感覺、互動和交流。有效的領導者將智商和情緒智商相結合，以處理自己和他人的事務。情緒能力的四個主要方面是自覺、自我管理、社會察覺及關係管理。

感覺、需求和擔憂，以及對組織的影響能力。關係管理是與他人建立融洽關係的能力，這是關於如何調節他人情緒的知識。

有效的領導取決於改善情緒智商，這是可以學習的。即使在最嚴苛的環境下，也能夠找到最棒的領導者來影響員工。萬豪酒店(Marriott Hotels)透過賦權一線員工(與顧客直接聯繫的員工)，贏得顧客的忠誠度。他們最關心的是讓顧客高興，並使他們回流。透過仔細篩選新員工、對訓練進行投資、共享管理權限，以及再造流程，這家酒店龍頭降低營業成本，增強員工的承諾、熱情和效率，並為客人提供優質的服務。

該公司的「前十」(First Ten)計畫的重點是，讓每位客人在前10分鐘可以感受到愉悅而難忘的服務。萬豪客人可以使用信用卡進行預約登記，當他們到達萬豪時，迎賓人員會在門口打招呼。客人不需要排隊等候，迎賓人員會拿著鑰匙和住房文件，然後直接護送客人到房間。每一位迎賓人員不需經過高層許可，可以盡一切努力讓客人感到滿意。

領導和艱難的決策

任何人都可以在決策容易時領導，並取悅支持者，但是領導者必須經常做出不受歡迎、困難的決定，這些決定會對組織內外的人員產生不利影響。領導者需要有勇氣看清自己的決定，並面對後果。領導者必須具有在法律、道德和倫理的界限內做事的能力，這對組織來說是最好的。

魯迪·朱利安尼(Rudolph Giuliani)在911恐怖攻擊後，成為全球危機處理領導者的象徵。這位前紐約市市長靠著自己的信仰度過他從未想過的世貿中心攻擊。朱利安尼在著作《領導力》(*Leadership*)中，對於領導者一詞如此定義：「一個有自己想法的人，有能力看到未來的人，可以看出我們必須往哪裡的那一個人。」朱利安尼被《時代》(*TIME*)雜誌選為「2001年年度風雲人物」，並表彰他：「對我們的信心超過我們自己；在需要他時勇敢、溫柔而適時態度強硬；廢寢忘食、不放棄、不因周圍的痛苦而退縮。」

高階管理者必須做好災難的準備，為危機制定計畫。在危機中，公司可能會求助外部人員的指導。位於紐約雪城(Syracuse)的

Niagara Mohawk Power，求助於內部人士比爾・唐隆 (Bill Donlon)。維修保養的問題導致核電廠關閉，迫使該公司要向競爭者購買電力。此外，建造第二座核電廠的成本超支，也損害公司利潤。唐隆透過引入 20 名新進高階職員、重新分配關鍵員工職務、解僱表現不佳的員工、重新評估所有 11,000 名員工的功能，以及爭取每個人支持變革和節省生產成本來扭轉局面，從而改變公司的局勢。唐隆說：「整個系統不再運作，所以很明顯的，我們需要做出改變。」

做出艱難的決定是前百事公司總裁暨執行長盧英德 (Indra Nooyi) 贏得聲譽和晉升的關鍵。這位出生於印度的美國人不得不在百事公司做出艱難的決定。在考慮到員工和公司情況下，她最在乎的是做出對公司最好的事情。百事公司分拆公司，建立兩家新公司：百勝餐飲集團 (Yum Brands) 和百事裝瓶集團 (Pepsi Bottling Group)。盧英德說：

> 你必須像做任何投資一樣，去思考一家企業。你必須知道何時該進入，但更重要的是，何時該退出。退出可能會比較困難，特別是如果你與企業有了情感連結。但是世界在變化，我們應用在企業的商業模式也應該改變。

管理者如何成為更好的領導者

想成為更好的領導者要從努力了解自己開始。每位管理者都有不同的價值觀、需求、目標、倫理、優缺點，這些決定他們如何使用管理和領導的藝術。一個人對於工作和工作人員的理念，將影響他的領導方式。尊重個人的管理者會重視多樣性和包容性，並尊重每個人。高度重視安全感的管理者可能過於謹慎，不願做出艱難的決定，並承擔這些決定的後果。相反地，重視成長和挑戰的管理者將尋求新方法，承擔艱鉅的任務，並願意忍受個人犧牲，以改善自身、下屬和組織，這類管理者會鼓勵其他人也這樣做。

因為領導是有情境考量的，所以領導者必須具有適應能力，必須建立團隊並與他們合作。領導者必須樂於且明智地行使不同的領導風格，並利用本章中討論的行為。唯有如此，他們的企業才能展現出當今商業環境所需的靈活應變功能。管理者必須提供願景並「推

銷」給全體。他們需要感覺到變革的必要性，準備好他們自己和團隊成員以進行變革，並闡明變革所需的內容，然後他們必須充當變革推動者。只有在自己的領域保持最新狀態，接納不同的新事物，並透過採用 kaizen 哲學致力於自我改進，才能達成所有的目標。

領導者必須樂於抑制對自己最好的事物，並實施對下屬、顧客及組織最有利的東西。作為一個可以根據他人需求，量身訂做領導風格和行為的僕人，真正的領導者會透過對他人最有利的事情，有著出色的表現。要成為管理者很艱難；而成為領導型管理者則更加艱難。

習題

1. 一個人的特質和技能會在哪些方面對其他人產生影響力？
2. 管理和領導相似嗎？不同嗎？
3. 在組織中，對其他人施加影響的五個來源為何？
4. 你認為透過積極或消極的激勵手段來領導是否更好？為什麼？每種方法的優缺點為何？
5. 說明何種環境會要求一個領導者使用專制風格？參與式風格？自由放任風格？
6. 領導者在什麼情況下應該以任務為中心？以人為中心？或混合使用兩種方法？
7. 菲德勒的權變領導模式的基本組成部分為何？它們如何影響領導者選擇專注於工作或人員？
8. 領導的路徑－目標理論是要讓領導者做什麼行為？
9. 領導生命週期理論對三種決策風格的使用有何影響？
10. 領導者今天面臨的三大挑戰為何？領導者如何處理每個問題？

批判性思考

1. 誰是你目前的領導者？為什麼他或她是領導者？
2. 管理者能否僅憑藉自己的職位或正式權力成為領導者？為什麼？
3. 管理者是否必須獲得「道德通行證」？為什麼？
4. 工作場所的情緒智商是一種技能，員工可以透過這種技能將情緒作為有價值的訊息，確定在某種情況下該做什麼。例如，某位員工有個可以為公司節省成千上萬美元的好主意，但她知道經理在早上易怒且脾氣暴躁。有情緒智商意味著，員工將首先認識並考慮有關經理的這種情緒事實。儘管這個主意可以為公司省錢，也讓她興奮，但她會控制自己的情緒，抑制自己的熱情，直到下午再與經理取得聯繫。請你舉出另一位員工和經理在工作場所使用情緒智商的例子。

Chapter 15
團隊管理

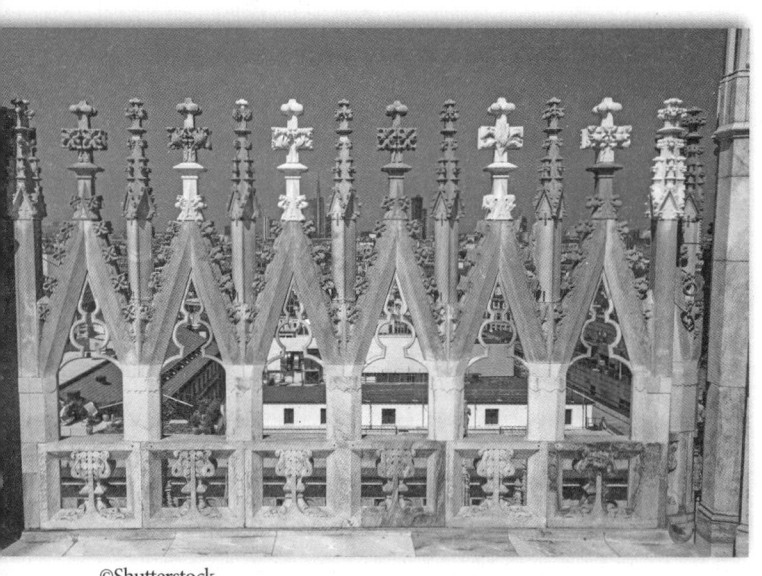

©Shutterstock

學習目標

研讀完本章後，你應該能：

1. 討論團隊的本質和有效團隊的特徵。
2. 確定組織使用的團隊型態。
3. 討論團隊的潛在用途。
4. 將決策權作為區分團隊類型的特點。
5. 釐清並討論建立團隊的步驟。
6. 確定並討論團隊成員與團隊領導的角色。
7. 描述團隊發展的四個階段。
8. 討論團隊凝聚力和團隊規範及其與團隊績效的關係。
9. 評估團隊的利益和成本。
10. 討論組織中衝突的積極面和消極面。
11. 確定組織中衝突的來源。
12. 描述管理者在衝突管理中的角色及管理衝突的潛在策略。

管理的實務

團隊動力學 (team dynamics)

團隊可以使公司提高生產力、品質和獲利能力，他們分享價值、資訊、最佳實務，並且集體做出決策。團隊幫助每位成員做得更好；但是並非所有團隊都能有效地運作，成員會面臨衝突，但是他們可以自我更新並學習互動的技巧。

針對下列每一個敘述，根據你同意的程度圈選數字，評估你同意的程度，而不是你認為應該如此。客觀的回答能讓你知道自己管理技能的優缺點。

	總是	通常	有時	很少	從不
我會提出自己的想法。	5	4	3	2	1
我會總結別人的想法。	5	4	3	2	1
我會避免不必要的衝突。	5	4	3	2	1
我在會議中很認真地參與討論。	5	4	3	2	1
我會確保人們的聲音能被其他人聽見。	5	4	3	2	1
我會尋求大家的共識。	5	4	3	2	1

	總是	通常	有時	很少	從不
我會注意到團隊中的緊張和利益程度。	5	4	3	2	1
我會注意到團隊何時該迴避一個話題。	5	4	3	2	1
我能感覺到個人的感受。	5	4	3	2	1
我會鼓勵別人。	5	4	3	2	1

加總你所圈選的數字，最高分是 50 分，最低分是 10 分。分數越高代表你更有可能更享受團隊合作，分數越低則相反，但是分數低可以透過閱讀與研究本章內容，而提高你對團隊的理解。

15.1 緒論

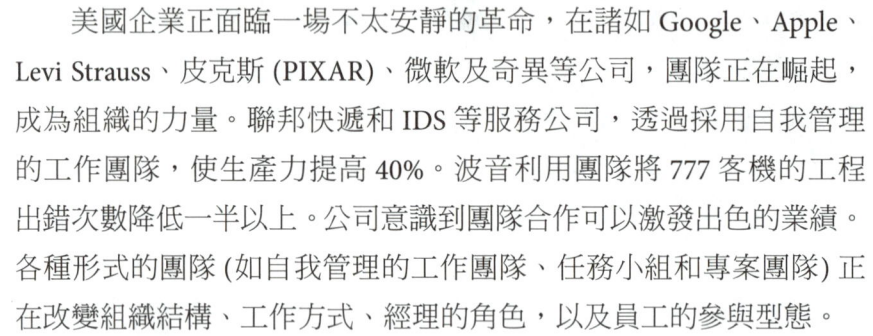

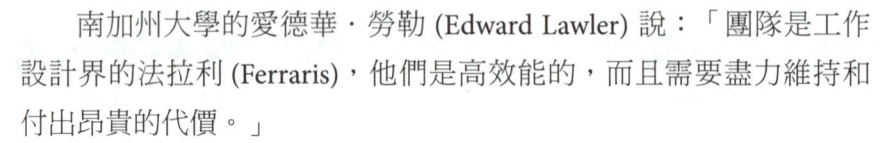

美國企業正面臨一場不太安靜的革命，在諸如 Google、Apple、Levi Strauss、皮克斯 (PIXAR)、微軟及奇異等公司，團隊正在崛起，成為組織的力量。聯邦快遞和 IDS 等服務公司，透過採用自我管理的工作團隊，使生產力提高 40%。波音利用團隊將 777 客機的工程出錯次數降低一半以上。公司意識到團隊合作可以激發出色的業績。各種形式的團隊 (如自我管理的工作團隊、任務小組和專案團隊) 正在改變組織結構、工作方式、經理的角色，以及員工的參與型態。

©Shutterstock

南加州大學的愛德華‧勞勒 (Edward Lawler) 說：「團隊是工作設計界的法拉利 (Ferraris)，他們是高效能的，而且需要盡力維持和付出昂貴的代價。」

順著勞勒教授的評論，本章將討論如何極大化地發揮團隊潛力。我們將研究團隊的類型、團隊的建立和管理方式，以及它們的效益和成本，並將看到如何透過管理衝突來保持團隊的有效運作。

❶ 討論團隊的本質和有效團隊的特徵

15.2 團隊的本質

團隊定義

在組織中，**團隊** (team) 是兩個或兩個以上的人組成的一個群體，他們定期互動，並且協調工作，以實現共同的目標。團隊的三個特點如下：

團隊 是兩個或兩個以上的人組成的一個群體，他們定期進行互動，並協調工作，以實現共同的目標。

1. 必須至少有兩個人參與，團隊的最終人數可能會有所變動，取決於任務的性質。
2. 成員必須定期互動，並且協調工作。屬於同一部門，但不定期互動的一群人，不是團隊。每天一起吃午餐，但從未真正協調工作的一群人，也不是一個團隊。
3. 團隊成員必須有一個共同的目標。無論是確保服務品質、設計新產品或降低成本，每個成員都應朝著共同的目標努力。

有效團隊的特徵

團隊能在整個組織中發揮功能，它們的有效性程度，跟管理者如何設計團隊結構及團隊成員的行為方式有著直接關係。例如，波音的團隊跨越國際邊界、時區和文化差異，共享技術和營運資訊。正如同愛德加‧席恩 (Edgar Schein) 報告的，有效團隊的特徵包括：

- 團隊成員委身並參與明確和共同的目標。
- 所有團隊成員都可以自由表達自己的意見，並且參與討論和決策。每位成員都受到重視和傾聽。
- 成員彼此信任。在討論中能公開表示不同意，而不需擔心負面的後果。
- 當需要領導才能時，任何成員都可以自願參加，團隊領導因情況而異。
- 決策是透過協商，經過成員一致同意後才決定的，所有團隊成員都要支持最終決策。
- 出現問題時，團隊會專注原因，而非症狀；同樣地，當成員開發出解決方案時，會將這些方案導入問題的原因上。
- 團隊成員在工作過程和解決問題方面非常靈活。他們尋找新的行動方式。
- 團隊成員不斷變化和成長，所有成員都鼓勵和支持成長。

15.3 團隊類型

2 確定組織使用的團隊型態

企業組織中湧現出許多不同類型的團隊，這些是由管理階層建立的**正式團隊** (formal team)，是組織結構中一個具有功能的組成部

正式團隊 由管理者建立的團隊，作為組織結構的一部分。

分。它們不是非正式的，也不是由社會互動創造的。(有關非正式團隊的討論，請參見第 8 章。) 從起源而非功能上來說，我們可以確定兩種形式的團隊：垂直團隊和水平團隊。

垂直團隊 垂直團隊 (vertical team) (有時稱為指揮團隊或功能團隊)，由管理者及其直線員工所組成的。一個垂直團隊可能包括多達三個或四個層級的管理階層。例如，花旗銀行的人力資源部、波音的 "wing team"，以及洛克希德馬丁的「臭鼬工廠」(skunkworks)，都符合團隊的定義：兩個或更多的人為了實現共同目標，進行互動和協調他們的工作。如圖表 15.1 所示，行銷部門是一個垂直團隊，財務、生產及工程部門也是如此。

水平團隊 水平團隊 (horizontal team) 由組織中不同部門的成員所組成。在大多數情況下，會建立這樣的團隊以解決特定的任務或目標。

圖表 15.1　垂直團隊和水平團隊

■ 垂直團隊
■ 產品設計的水平跨功能團隊

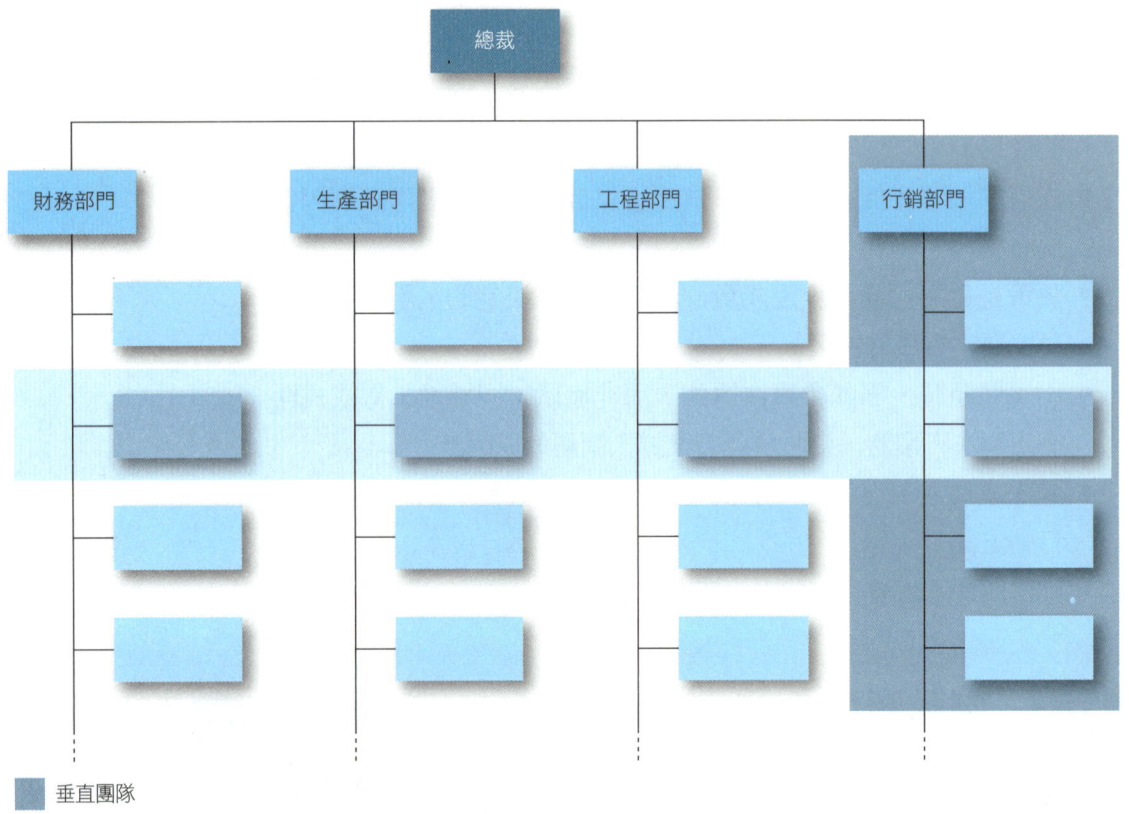

達到目標後，團隊可能會解散。下列是三種常見的水平團隊，包括任務小組、跨功能團隊及委員會。

任務小組 (task force) 是由不同部門的員工所組成，組成目的是完成有限的目標或任務。只有在達到目標前，工作團隊才會存在。位於俄亥俄州的 Master Industries 公司建立一個工作團隊，目標是在 18 個月內，在工作場所實施無菸政策。當此目標達成時，工作團隊就解散。

> **任務小組** 由不同部門的員工組成的水平團隊，目的是完成有限的目標，並且在達成目標後就會解散。

跨功能團隊 (cross-functional team) 利用來自各個功能領域的人員所擁有的知識來解決問題。像任務小組一樣，跨功能團隊專注於目標，但它們的生命持續不斷。位於紐約的亮片製造商 Sequins International，建立兩個跨功能團隊：一個是產品滿意度；另一個是顧客支援。它們由人力、機器、方法及材料部門的代表所組成，致力於實現持續目標，以提高產品滿意度或顧客服務。圖表 15.1 顯示一個跨功能的產品設計團隊。

> **跨功能團隊** 生命週期不確定的團隊，目的在將各個功能領域的知識匯集在一起，以解決營運問題。

委員會 (committee) 可能是臨時的 (為了某個任務而成立，完成後解散)，或是常設的 (永久)。例如，常設委員會是為了處理員工申訴，則會持續存在。可以按功能領域選擇委員會代表，以便反映各部門的觀點。不一定要和任務小組一樣，需要選擇具有特定技術能力的成員。因此，為了確保所有部門領域的參與，預算委員會可以在每個主要功能領域都有代表參加。

> **委員會** 一個水平團隊，可能是臨時的或常設的，目的在關注一個特定目標；成員代表來自不同專業的功能領域。

團隊管理的哲學議題

基於當前美國企業採用團隊合作的趨勢，反映本章前述勞勒教授的論點，許多管理者都在問這些問題：「團隊可以做什麼？」以及「在組織中，團隊如何發揮作用？」

15.4 如何使用團隊

❸ 討論團隊的潛在用途

團隊的目的是實現一個或多個目標。團隊提供一種工具，用來結合技能、確保員工承諾和參與，以及分享專業知識和觀點，來實現特定目標。目標可能是提高品質、設計產品、解決問題或進行部門工作。儘管管理者可以從無限的團隊選項中進行選擇，如圖表 15.2

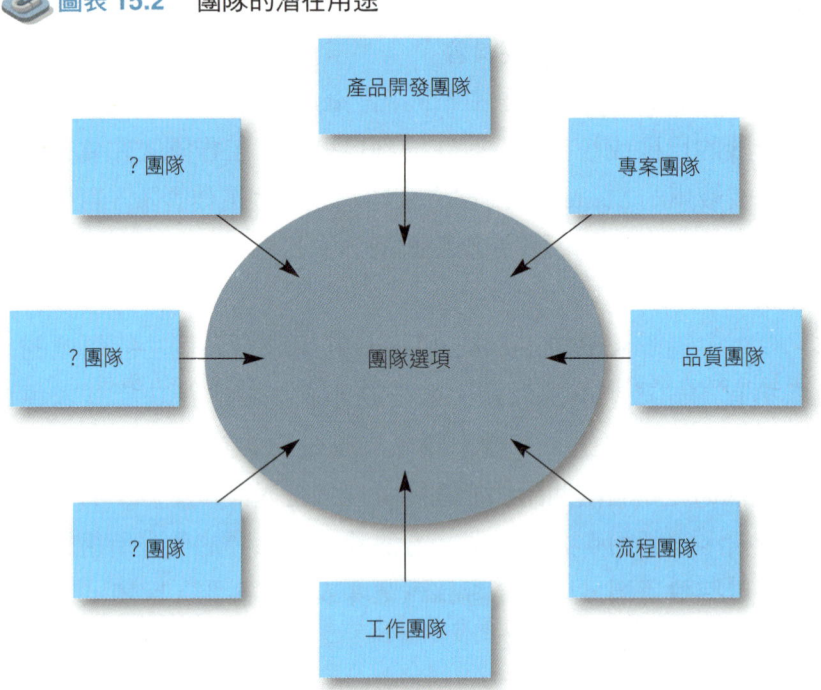

圖表 15.2　團隊的潛在用途

```
          產品開發團隊
?團隊                    專案團隊

?團隊      團隊選項        品質團隊

?團隊                    流程團隊
          工作團隊
```

所示，但是團隊主要可以分為五個類別：產品開發團隊、專案團隊、品質團隊、過程團隊，以及工作團隊。

產品開發團隊　**產品開發團隊** (product development team) 是被組織建立開發新產品的團隊，不論是任務小組類型，還是跨功能團隊的類型。Berrios Manufacturing 公司執行長威利斯‧貝里奧斯 (Willis Berrios) 建立一些團隊，這些團隊匯聚來自不同專業領域的人員，目的是將新產品順利推向市場。這些團隊包括來自品管、工程、生產、系統設計、行銷和製造的代表。IBM 第一次使用產品開發團隊，就開發代號為 Butterfly 的 ThinkPad 701 C 筆記型電腦。多年來，它已成為 PC 事業群產品中，第一個準時完成的產品。Butterfly 是在一年內完成設計的，它的鍵盤由兩個一半的部分組合而成。在以前的系統中，產品開發人員獨立工作，花費數年時間，才能建構出產品原型。例如，IBM 較早的一項創新的橡皮擦 (方便攜帶，類似光筆式裝置)，就花費六年時間才上市。

> **產品開發團隊**　為了開發新產品所組成的團隊。

專案團隊　**專案團隊** (project team) (有時稱為問題解決團隊)，目的不是專注於單一產品的開發，而是完成組織中的特定任務。專案團

> **專案團隊**　以完成組織中的特定工作所建立的團隊。

隊在全錄、蘋果、德州儀器，以及 Google 中蓬勃發展。在波音，工程師和營運專家團隊解決系統中的運作問題，並且發揮創造力來開發策略傳送系統。

　　有時為了處理一個重要專案，團隊在組織結構範圍之外運作。儘管是正式組織的一部分，但這些團隊仍保持自己的運作方式。在這種情況下，成員將團隊視為一個分離且獨立的實體，並且公司會給予足夠的「討論空間」。例如，當克萊斯勒要建立一個新模型或改造舊模型時，便組成一個由工程、設計、製造、行銷及財務部門的獨立多元學科的專案團隊。高階管理者與團隊合作，勾勒出對車輛的願景，並且設定積極的目標：設計、性能、省油，以及成本。目標被轉移到與團隊的契約中，此後團隊變得鬆散。前執行長羅伯特·伊頓 (Robert Eaton) 解釋：「契約只是列出我們希望實現的所有目標，然後交給他們自由處理，除非遇到重大問題，否則他們不會來找我們。到目前為止，他們還沒有遇到任何重大問題。」

　　團隊成員不必總是同時在同一個地點一起討論。**虛擬團隊** (virtual team) 是專案團隊的類型之一，團隊成員主要以電子方式進行討論。這是多方面因素考量的結果，包括電腦和網際網路、全球競爭、差旅時間和成本因素。虛擬團隊是網路世界的一部分，並且用來進行團隊協同合作。

> **虛擬團隊** 成員主要以數位方式進行討論的團隊，因為他們在實體上是分開的，成員各自處於不同的時間和空間。

　　虛擬團隊與傳統團隊相比，有三個不同的特徵：

- 成員分布在多個地點。
- 成員的技能和文化可能有很大的差異。
- 團隊成員可以在中途加入或離開團隊。

　　波音的 777 開發專案，就是虛擬團隊中一個非常成功的例子，該專案包括聯合航空的工程師及波音中的成員。此外，一個極端的例子則是群眾外包 (crowdsourcing)，如本章的「管理社群媒體」專欄討論的，公司向公司外部的人徵求意見。

品質團隊　正如我們在本書中強調的，品質和品質保證已成為美國工業的驅動力。許多公司都建立品質改善團隊，來監督和確保品質。早期的品質保證工具是**品管圈** (quality circle)。如同第 18 章所討論的，品管圈是一組來自相同或相關工作領域的志願者，他們定期開

管理社群媒體

群眾外包

外包工作或將工作外移到其他地區，主要如中國和印度，已經是相當普遍的情況。但是在網路上請求他人來幫忙又是什麼情況？群眾外包就是透過網際網路，外包工作給在遠端的人，只要有意願的人都可以應徵。哈佛商學院助理教授卡里姆・拉卡尼 (Karim R. Lakhani) 將群眾外包稱為「廣傳搜尋」(broadcast search)。他這樣解釋：「伴隨著相關的激勵誘因，可以將要解決的問題向外廣傳，具有專業知識的人會運用自身才能解決問題，並得到報酬。」

社群媒體網站支持用戶生成內容 (user-generated content)，這意味著任何用戶都可以在上面提供資訊。公司提出問題或疑問，用戶可以擴展內容。例如，通常出於研究目的，公司可以要求顧客組成消費者小組，並且分享他們對公司產品、服務和概念的看法。此外，用戶可以對產品和服務評分。例如，亞馬遜允許用戶使用五星量表的方式對產品評分，對這些產品發表評論，以及審查賣家、閱讀其他人的評論，並且比較賣家價格的高低。社群媒體用戶可以對產品、概念或想法進行投票。樂高 (LEGO) 有一個網站 (https://ideas.lego.com)，讓粉絲可以提出對樂高套組的想法。本田的「生活每公升」(Live Every Litre) 運動就是群眾外包的例子，以促銷 CR-Z 混合動力汽車 (Advertising Age)。公司評估這些來自群眾的資訊，並且用以持續改善產品。

- 詹姆斯・蘇羅維茲基 (James Surowiecki) 在著作 *The Wisdom of Crowds* 中聲稱：「在適當的情況下，群眾是非常聰明的，通常比他們之中最聰明的人更聰明。」你認為群眾什麼時候會比聰明又博學的人可以做出更好的選擇？

資料來源：*Advertising Age*, "Honda Crowdsources a Movie," July 29, 2010, http://adage.com/article/mediaworks-idea-of-the-week/honda-crowdsources-a-movie/145175; Dan Woods, "The Myth of Crowdsourcing," *Forbes*, September 29, 2009, http://www.forbes.com/2009/09/28/crowdsourcing-enterprise-innovation-technology-cionetwork-jargonspy.html.

品質保證團隊 建立團隊是為了保證服務和產品的品質、聯繫客戶和與供應商合作。

會，確定公司或部門面臨的品質問題，並且提出改進建議。其他組織已經發展**品質保證團隊** (quality assurance team)，使命是透過聯繫顧客和與供應商合作，來保證服務和產品的品質。例如，AT&T 全球資訊解決方案，公司建立由 7 到 10 名在美國和國外員工組成的顧客服務團隊。他們接受有顧客參與的團隊訓練。有幾百個這樣的團隊，分散在 110 個國家，由整個組織的代表所組成。訓練完成後，成員透過定期安排的會議和顧客來電，保持與顧客的聯繫。AT&T 全球資訊系統的全球銷售計畫 (Global Sales Program) 前副總裁戴斯・蘭德爾 (Des Randall) 說：

> 過去，你可能與銷售和行銷人員一起工作，處理特定顧客。但此時我們談論的是，整個公司的代表專注在個別顧客上。這種

轉變代表公司業務方式的全面重組，以顧客為中心的團隊，可以接近本地和全球資源，以加快決策速度，增強我們的市場反應能力，並且提供世界一流的解決方案。

過程團隊 經過再造的公司提供的刺激，產生過程團隊。過程團隊 (process team) 是將執行組織主要過程的成員納入團隊之中。過程團隊不僅執行流程，並且最佳化過程。大多數組織如同本章「全球應用」專欄的重點——西門子公司 (Siemens AG)，他們建立的過程團隊是從功能組織設計中重組而來的。過程團隊消除部門壁壘，並且強調協調的重要。例如，Olin Industries 將 14 個功能部門轉變為 8 個過程團隊，名稱分別為履行、新產品和來源。同樣地，Zeneca 農產品公司 (現改名為 Syngenta) 前執行長鮑伯·伍德 (Bob Wood) 將產品開發到訂單履行的每個業務過程拆開，建立十幾個過程團隊，目的在滿足顧客需求。

> **過程團隊** 是一個負責執行和最佳化組織主要過程的團隊。

工作團隊 當公司建立一個小型的、多技能的團隊，來執行以前由一個或多個部門的個人成員所執行的任務時，這樣的團體稱為工作團隊 (work team)。工作團隊的成員對功能或任務負責，共享技能且互補。在採用工作團隊後，菲多利在德州拉巴克 (Lubbock) 的工廠，

> **工作團隊** 是一個由多技能員工組成的團隊，來執行以前由一個或多個部門的個人成員所執行的任務。

全球應用

重塑西門子

走進新的西門子，經過近十年的冒險努力，加快產品開發速度，西門子 (龐大的德國電氣和工程企業集團) 終於擺脫令人單調、無謂的完美主義和官僚主義。無休止的會議、漫無目的之研究，以及對冒險的恐懼，已經一去不復返。現在新一代的管理者正在促進整個公司的合作。設置新的組織結構、建立團隊以開發產品和進軍新市場，加強問責制作法。新的重點是加快創新，並且令顧客滿意。

西門子是一家國際公司，秉承德國的工程價值。前執行長克勞斯·克萊因費爾德 (Klaus Kleinfeld) 認為，全球管理者必須思維國際化，行為在地化。他說：「在當今世界，知識的傳播比以往更快，因此如果你要談論可持續競爭優勢，唯一的優勢可能就是企業擁有的人員素質，以及他們作為團隊進行互動的方式。」

- 克萊因費爾德的領導口號是：「沒有人是完美的，但一個團隊可以。」你認為這句話是什麼意思？

資料來源：Knowledge at Wharton, "Siemens CEO Klaus Kleinfeld, Nobody's Perfect, But a Team Can Be," April 19, 2006, http://knowledge.wharton.upenn.edu/article.cfm?articleid=1447; Siemens, http://www.siemens.com.

完成兩位數的成本削減，產品品質從美國工廠中的前 20 名躍升到前六名。由 11 名成員組成的工作團隊，負責從產品加工 (如洋芋片團隊的馬鈴薯)，到設備維護及團隊調度的所有工作。團隊甚至訪談該團隊有潛力的員工。為了幫助他們設計更有效的生產和運輸產品的方法，隊友每週會收到有關成本、品質和服務績效的報告。

4 將決策權作為區分團隊類型的特點

15.5 該給團隊多少獨立性

團隊應該擁有多少權力和運作的自由？圖表 15.3 中的連續區告訴我們，各種類型的團隊在日常運作中該擁有的獨立性。

由管理階層嚴格控制的團隊　決策權最弱的團隊是委員會、任務小組，以及品管圈。儘管某些任務小組可能會在職責範圍內做出決策，但是大多數在運作的委員會和任務小組都不是決策機構；它們只能向管理階層提出建議。品管圈對於產品品質的界定上有較大的權力範圍，但是仍然沒有決策權，像其他被嚴格控制的團隊一樣，要向管理階層提出建議。他們通常在這樣的環境中工作，透過管理者或訓練有素的員工協助，並且依賴管理階層來執行他們的建議。

具有中等獨立性的團隊　跨功能、專案和產品開發團隊，比受到嚴格控制的團隊擁有更多的決策權。儘管有權對手上的工作做出許多決定，但管理階層仍可任命中等獨立性團隊的負責人。因此，這些團隊的領導者傾向做出管理者支持的決策。此外，管理階層也控制預算決策及團隊成員資格。

獨立的工作團隊　自我管理或自我指導的工作團隊及執行團隊，它們是獨立自主的，每個團隊都自我制定日常的決策。

圖表 15.3　自治的連續區

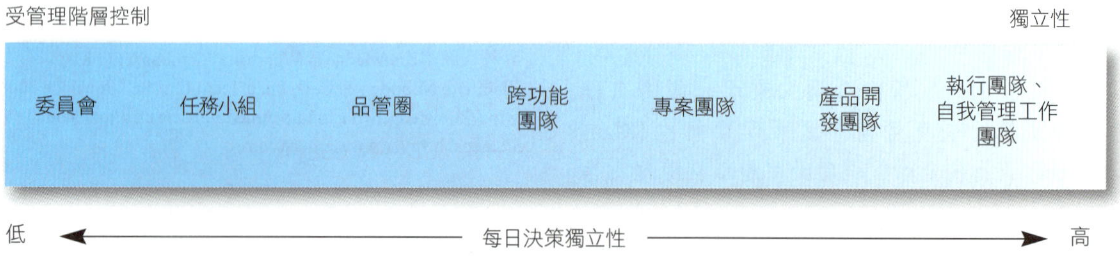

受管理階層控制　　　　　　　　　　　　　　　　　　　　　　　　獨立性

| 委員會 | 任務小組 | 品管圈 | 跨功能團隊 | 專案團隊 | 產品開發團隊 | 執行團隊、自我管理工作團隊 |

低　←　　　　　　　　　每日決策獨立性　　　　　　　　　→　高

自我管理的工作團隊 (self-managed work team) 要對自己的工作擔負全責。團隊進行自我管理，設定工作目標，對產出的品質負責、制定自己的時間表、審查自己的績效、規劃自己的預算，並與公司其他部門進行工作協調。這些團隊計畫、控制和改善營運，而不受正式的管理監督。

> **自我管理的工作團隊** 一個完全為自己的工作負責任的團隊，可以設定自己的工作目標、建立自己的時間表、規劃自己的預算，並與其他部門協調工作。

自我管理的團隊可以運用在公司裡任何有工作單位的地方，例如生產、顧客服務、工程或設計中。如果公司建立過程團隊，也可以是自我管理的。使用自我管理團隊的公司描述，團隊成員身分使員工可以管控自己的工作，並且擁有更多的公司利益，從而導致創造力的蓬勃發展。例如，在塔可鐘，管理者揚棄過時的命令和管控風格，不再對員工進行嚴格管控，也不再嚴密監督前線員工的日常工作。塔可鐘的高階管理者報告，這些員工在顧客服務和整體部門績效的所有權意識和責任感有所增強。

在諾斯壯百貨的行政管理中，管理者認為董事長和總裁的工作相當複雜，無法由一個人處理。因此將這些責任交到**執行團隊** (executive team) 手中。在西雅圖總部，由諾斯壯家族的三兄弟共同擔任董事長，另有四名管理者擔任總裁職位。在董事會，由委員會決定相關決策，但通常僅限於策略方向的控制，日常管理則留給四位總裁。「與前面作法類似，總裁會進行充分的辯論，並且透過專注在對顧客最有利的事情上，來解決大多數的紛爭……。[我們] 將個人自我放在門口 (不堅持個人的想法)。」每個人都專注在自己的專業領域，並且展現極大的自主權。

> **執行團隊** 由兩個或兩個以上人員組成的團隊，執行以前由上級經理擔任的工作。

15.6 建立團隊組織

⑤ 釐清並討論建立團隊的步驟

團隊管理是一種由傳統的跑業務、思考和管理方式的根本轉變。因此，採用團隊管理的決定，需要高階管理者的哲學承諾，用謹慎及系統化方式來實施。在員工中建立工作團隊的任務，必須從高層開始。

團隊建立過程

成功的團隊建立需要對組織的基礎，進行全新的評估。圖表 15.4

圖表 15.4　團隊建立過程的步驟

步驟 1	可行性評估。團隊建立行得通嗎？需要多久？是否有對團隊的承諾？
步驟 2	釐清優先順序。組織的關鍵需求為何？團隊在哪裡可以產生影響？
步驟 3	界定任務和目標。組織試圖實現什麼目標？團隊如何幫助組織實現這些目標？
步驟 4	發現和消除建立團隊的障礙。有哪些不足的技能、文化特色和過程細節可能限制團隊？
步驟 5	從小型團隊開始。團隊方法從哪裡開始？哪些優先順序最受益於團隊？
步驟 6	規劃訓練需求。需要哪些訓練或指導才能使團隊有效？
步驟 7	規劃賦權。管理者能放手嗎？他們願意讓人們犯錯嗎？
步驟 8	規劃回饋和發展的時間。需要什麼類型和頻率的回饋？管理階層能有耐心嗎？

列出相關的步驟，接下來將依序描述每個步驟。

可行性評估　團隊方法能否奏效？對於剛接觸團隊的組織，一開始要進行可行性的研究，該研究應該是對任務、資源(特別是人員)，以及當前和預期情況，進行透徹的審視。可行性評估應該提供合理的估算，以說明建立團隊需要的時間及需要何種承諾。

釐清優先順序　按照緊急程度評估關注的項目，會告訴我們在哪些問題上，團隊可能是有效的。這些問題可能包括顧客需求、生產過程和產能，以及供應系統。此步驟應能消除團隊中最常見的問題。根據南加州大學勞勒教授的說法，大多數公司都匆促地為出錯的狀況建立錯誤的團隊。

界定任務和目標　在組織開始建立團隊之前，管理者應注意公司的使命和目標必須是堅定的、明確的，並會被整個組織接受。

發現和消除建立團隊的障礙　阻礙團隊發展的三種障礙：爭議事項障礙、過程障礙和文化障礙。

1. 當員工和管理者缺乏足夠的知識或技術水準時，就會出現爭議事項障礙。沒有足夠的專業知識，團隊就會失敗。
2. 過程障礙源於笨拙的流程方法，這些方法限制團隊的工作能力。遵循指揮鏈中要求的繁瑣審核過程和溝通管道，這些和有效的團隊運作無法相容。
3. 文化障礙是與團隊方法背道而馳的思維方式。特別是在歷史悠久的公司中，強大的部門有時不願放棄權威或改變長久珍惜的習慣。

必須確定且克服這些障礙；任何一個障礙都會讓團隊冷卻。

從小型團隊開始 在公司設定好明確優先順序的領域之一，開始團隊專案和計畫。一個好的想法是從建立代表公司各個部門的設計團隊開始，團隊的目的不是設計一項產品，而是建立其他團隊。

規劃訓練需求 首先，高階管理者或中階管理者，應在團隊完善目標和界線時，向團隊提供毫無保留的幫助和指導 (就像 Google 的高階管理者，在專案團隊處於形成階段時所做的)。團隊成員可能需要進行規劃、有效率開會和團隊動力學等方面的訓練。跨功能團隊的成員會需要一些技能的訓練。因為體認到這一點，AT&T 董事長暨執行長蘭德爾‧史蒂芬森 (Randall Stephenson) 發起所有員工的企業訓練計畫──「願景 2020」(Vision 2020)。到 2020 年，史蒂芬森設定公司願景是：成為「管理各種數字事物的計算公司，包括電話、衛星、電視和大數據，全部透過雲端管理的軟體進行分類。」他在一次採訪中說：「有必要重新裝備自己，不要期望能停下來。那些每週不花五到十個小時進行線上學習的員工，在他的專業技術上將會被淘汰。」該課程主題包括從數位網路和數據科學到解決問題，進修學習的方式為線上和在實體教室的課程。

規劃賦權 經理人和其他經理在建立團隊時必須賦予員工權力。高階人員需要向後退一步，讓團隊成員自己做出決策，即使會犯錯和失敗。賦權給團隊成員失敗和成功的機會。

規劃回饋和發展的時間 團隊需要回饋。最終，團隊可以建立自己的回饋機制。然而，一開始團隊建立者必須提供回饋，並且在團隊環境中，每個人必須有充分成長和發展的機會。管理者必須有耐心。

啟動團隊經常會發生一些不熟悉的問題和過程，這個過程可能令人生畏，也令人困惑。正在啟動團隊計畫的公司，可以使用專門從事團隊建立的顧問，來順利完成過程。熟練和有經驗的顧問可以設計一個過程，協助組織實施、訓練員工和管理人員，擔任新角色和使用新思維方式，並且辨認潛在的障礙。即使有這種幫助，團隊建立也需要時間和耐心。正如管理專家杜拉克指出的：「你不能催促團隊成長。只是學會建立團隊，並且確定想要什麼樣的團隊，就

需要五年的時間。」團隊系統需要大量地改變習慣，例如，

- 曾經為了獲得認可、加薪和資源而相互競爭的個人，必須學習彼此間的協同合作。
- 曾經因個人努力而獲得報酬的員工，以後將根據自己的努力，加上同事的努力得到報酬。
- 過去以自己的風格進行指導的主管，必須成為促進型的教練，而不僅是下達命令。

團隊建立注意事項

一旦高階管理者決定建立團隊，並且為建立團隊，已經規劃好建立過程的全面藍圖，都必須就特定團隊的細節做出決策。例如，他們必須就團隊規模、成員角色和團隊領導做出決策。

團隊規模　如前所述，最好從小型團隊開始 (即少於 12 名成員的團隊)，小型團隊往往比大型團隊更容易達成共識。此外，小型團隊允許更多的互動和自我表達的機會，往往不需要再分組。小型團隊允許成員使用各自不同的技能，來互相訓練和積極解決問題。

如果可能，應在啟動階段後，繼續維持小型團隊。隨著團隊規模越來越大，團隊成員在互動、凝聚力和溝通方面會遇到更多的困難。在大型團隊中，小組通常有自己的議程，與小型團隊相比，大型團隊更容易發生衝突。微軟前技術長內森‧邁爾沃爾德 (Nathan Myhrvold) 對此表示認同。「儘管有一些誘因，促使我們將很多員工聚集在一個專案裡，但是 8 位成員的人數比較適合我們的團隊。」邁爾沃爾德觀察到，隨著團隊規模的擴大，員工必須花費更多的時間交流彼此已有的知識，但卻花費更少的時間實際應用知識來完成工作，這會讓每位員工的生產力迅速下降。

15.7　成員角色

正如 GB Tech (在本章的「重視多樣性和包容性」專欄討論的) 所稱，有效的團隊會展現平衡。要達到平衡，團隊需要具有不同技術能力和人際交往能力的人。一些成員扮演以任務為導向的角色，

重視多樣性和包容性

經驗是有價值的

GB Tech 公司是一家位於休士頓的資訊系統公司，在撰寫美國太空總署 (National Aeronautics and Space Administration, NASA) 的分包契約投標書時需要協助。GB Tech 公司管理者認為，解決方案是讓公司員工與經驗豐富的退休人員合作。退休人員將為完成複雜的文書工作，帶來亟需的技術專長。聘請有經驗的退休人員 (曾經為航太公司工作)，也可以協助提高 GB Tech 公司的聲譽 (GB Tech 公司是該產業的新進者)。正如該公司董事長暨執行長蓋爾·伯凱特 (Gale Burkett) 所指出的：「我們擔心不能被接受，因為我們仍是相當新的公司。」

公司開始在幾個高科技領域刊登徵才廣告，應徵者經過仔細篩選，了解他的技術和團隊技能。最終僱用 10 個退休的技術團隊成員，每個成員在團隊內有效發揮其專業，有如團隊的內部顧問。

結果 GB Tech 公司從退休的技術團隊成員帶來的經驗多樣性中獲得成功，公司的收益成長。董事長、執行長暨總裁伯凱特將這一成長，大部分歸功於退休人員的努力和建議。

- 為什麼你認為有些公司在平衡自己的團隊時，低估年長員工的價值？

資料來源：GB Tech, http://www.gbtech.com; Houston Chronicle Survey, "Largest Minority-Owned Businesses," *Houston Chronicle*, May 19, 2001; Laura M. Litvan, "Casting a wider Employment Net," *Nation's Business*, December 1994, 49-51.

而另一些成員則滿足團隊、鼓勵與和諧的需求。格倫·帕克 (Glenn Parker) 的報告指出，典型的團隊包括任務專家和社會專家。任務專家的角色包括：

- 貢獻者，一個資料驅動的成員，提供所需的資訊，並且推動達成高團隊績效標準。
- 挑戰者，一個不斷質疑團隊的目標、方法，甚至倫理的團隊成員。
- 發起者，為團隊問題提出新解決方案、新方法和新系統的人。

社會專家的角色包括：

- 合作者，一個「大人物」，敦促團隊保持願景並實現願景。
- 溝通者，善於傾聽，樂於助人並使團隊工作人性化的人。
- 啦啦隊長，鼓勵和讚揚他人，以及為團隊努力的成員。
- 妥協者，願意改變個人觀點，以維持和諧的團隊成員。

在團隊中，能夠執行兩個以上角色的個人是很可能存在的，甚至是被期待的。無論如何，目標是要達到平衡。為了持續有效，每個團隊的任務環境和人際環境必須維護，以便激勵團隊成員。

團隊領導力 有效團隊中的一個關鍵因素是團隊領導力。在自我管理團隊中，團隊成員會影響領導。例如，在以 Gore-Tex 防水布料聞名的戈爾公司 (W. L. Gore & Associates)，領導者從團隊內部產生，而非被指定任命；他或她靠著承擔領導責任，來達成擔任這一職位。這必須透過大家討論協商，在一致同意下獲得認可，而不是經由投票同意。

管理階層任命的團隊領導者，需要具備特殊的技能，這個角色必須由具有團隊精神和合作價值觀的人來擔任。有效的團隊領導者營造非競爭的氛圍，重新建立信任、理性思考、共享領導、鼓勵成員盡可能承擔更多的責任，並且積極地強化那些即使是最微小的貢獻。同時，團隊領導需要讓團隊成員專注於結果的達成。

在諾斯洛普格拉曼 (Northrop Grumman) 的 B-2 轟炸機專案，資料儲存系統團隊中，扮演著有效團隊領導者的艾瑞克·多雷姆斯 (Eric Doremus) 展現團隊領導力。他與 B-2 轟炸機隊的 40 名成員初見面時，承認自己在技術問題上的不足。「我最重要的任務，不是試圖找出每個人的工作，而是幫助團隊感覺他們參與這個專案，為他們提供任何需要的資訊、財務或其他資源。我知道如果我們能一起努力克服困難，就會成功。」多雷姆斯的想法是正確的，他的團隊在兩年內，塑造資料儲存單元的第一個原型，並且在不到三年內，交出一個功能齊全的儲存單元。由多雷姆斯和其他成功團隊領導者的經驗中，提供下列祕訣：

- 不要害怕承認自己的無知。
- 要知道何時進行干預。
- 學會真正的共享權力。
- 擔心你要做的工作，而不是擔心你所放棄的。
- 養成學會這個工作的習慣。

美國太空總署前天體物理學主任查理·佩勒林 (Charlie Pellerin) 領導建造哈柏太空望遠鏡 (Hubble Space Telescope) 的團隊，因為一面

有缺陷的鏡子，使得望遠鏡變成毫無用處，此一失敗歸咎於他的領導力。最後，佩勒林的修復策略成功修復了望遠鏡，並獲得美國太空總署的傑出領導獎章(NASA's Outstanding Leadership Medal)。本章的「品質管理」專欄討論他的事蹟——如何教導技術員工表現不佳的團隊轉變為高績效團隊。

團隊流程管理

一旦團隊到位，管理者需要解決與內部團隊流程管理有關的特殊問題，諸如與團隊結構變化，動態相關的具體流程包括團隊發展階段、團隊凝聚力、團隊規範和團隊特性。

品質管理

美國太空總署的團隊建立

失敗的領導怎麼會讓世界上擁有最好技術人才的工作變得毫無用處？這件事發生在佩勒林身上，他是失敗的哈柏太空望遠鏡美國太空總署團隊的領導者。然後，他所做的事讓望遠鏡完成修復。佩勒林使用四面向法(4-D Systems)，以提高團隊、領導力和個人的績效。他撰寫《美國太空總署如何建立團隊》(*How NASA Builds Teams*)一書。

四面向法(四維組織系統)是指佩勒林所認定的團隊合作最重要之四個面向：培養、展望、包容，以及指導(4D Systems)。每個面向有兩個行為，這八種行為可以提高領導效率和團隊績效。這些行為顯著地改善協同合作的過程。八種行為如下所示：

- 表達真實的感激之情。
- 解決共同利益。
- 適當地包容其他人。
- 保留所有協議。
- 表達基於現實的樂觀情緒。
- 百分之百的承諾。
- 避免責備和抱怨。
- 確認角色、責任和授權。

四面向法協助鮑爾航太科技(Ball Aerospace & Technologies)，在比爾‧湯森(Bill Townsend)工作的部門利潤增長40%。湯森說：

> 你會認為建立成功的專案團隊所要的只是讓一群敏銳、積極進取、自動自發、富有創造力的人聚集在一起。不幸的是，事情不是這樣發生的。你需要能夠一起工作的員工，他們不會感到被其他同樣有創造力的人威脅、能夠與自己不同想法的人一起工作的人，以及能夠一起工作，又不需要隱瞞資訊來維護自己在團隊內權力地位的人(Hall)。

■ 佩勒林說：「欣賞必須習慣性地、真實、相稱、具體和及時地表現出來。」你認為這在現實生活中會是什麼樣子？

資料來源：4-D Systems, www.4-DSystems.com; Cheryl Hall, "Harnessing the Power of Real Team Building," *The Dallas Morning News* (September 15, 2010) 1D, 5D.

15.8 團隊發展階段

7 描述團隊發展的四個階段

團隊在剛開始建立時，團隊成員不會立即和樂融融，而是團隊要經歷不同的階段。圖表 15.5 展現四個發展階段：形成階段、風暴階段、規範階段，以及執行階段。

形成階段　在形成階段 (forming stage)，個別成員開始互相熟悉。成員會測試哪些行為可以被接受，哪些不能。這一階段的特點是高度的不確定性。因此，個人接受正式和非正式領導者的權力和權威。在此階段，團隊領導面臨的一項重要任務是，為團隊成員提供充足的時間和適當的氛圍來相互了解。

> **形成階段**　團隊成員彼此逐漸熟悉的團隊發展階段。

風暴階段　在風暴階段 (storming stage)，分歧和衝突開始發生。每位成員會顯露個性，各持己見。在優先事項、直接目標或方法上可能會產生分歧。成員的聯盟或分組，可以作為解決分歧的手段。團隊尚未團結一致；一些失敗的團隊永遠不會跨越這個階段。在此階段，團隊領導者的職責是公開鼓勵成員間必要的互動。有了良好的領導才能，團隊可以解決分歧，進入下一階段。

> **風暴階段**　隨著個人角色和個性的顯現，產生分歧和衝突的團隊發展階段。

規範階段　如圖表 15.5 中的模式所示，團隊成員在規範階段 (norming stage) 團結一致。隨著分歧和衝突的解決，團隊實現團結，每個人都知道誰擁有領導權，並了解自己所扮演的角色。團隊現在專注在一個目標，產生一種團結的氛圍——團隊凝聚力。團隊領導者基於這種新生的團結，進一步確認團隊的價值觀和規範。

> **規範階段**　成員間的分歧和衝突已經獲得解決，這是團隊成員團結和專注的發展階段。

執行階段　在執行階段 (performing stage)，團隊開始運作，並朝著實現目標的方向努力。團隊成員在規範階段實現團結一致，彼此互動良好。他們處理問題、協調工作，必要時一起面對問題。在這個階

> **執行階段**　團隊成員在其中朝著團隊目標發展、處理問題、協調工作及必要時一起面對問題。

圖表 15.5　團隊發展階段

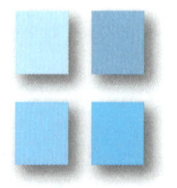

| 形成階段 | 風暴階段 | 規範階段 | 執行階段 |

段，團隊領導者的職責是，提供並維護每位成員所要求在彼此之間的平衡。

艾倫·洛德 (Ellen Lord) 是 Davidson Interior [德事隆 (Textron) 的一個部門] 的團隊領導者，他發現需要一個好的團隊領導者來幫助團隊度過各個階段。根據洛德的看法，團隊領導者「必須有耐心和冷靜，身分像是家長、老師，也可以馬上轉變成裁判。」在建立產品開發團隊時，洛德在邀請員工加入之前會仔細篩選；但此舉並沒有緩解團隊形成階段的過程。「我們把所有的人聚集在一個房間裡，他們必須互相合作。不同功能部門的人不認識對方，不能互相接納及和諧相處。」風暴階段中，衝突加強，團隊成員有時會爭鬥。「一個愛整潔的成員和一個邋遢的人相鄰而坐，失去冷靜。人們對爭吵的議題，激動地陳述著自己的意見。製造類型成員認為工程類型成員只會專注在瑣事上，最後直截了當地讓他們知道自己的想法。」

最終，根據洛德的說法，團隊團結一致；到達規範階段。團隊成員意識到自己都具有專業知識，可以應用這些專業。然後，團隊開始執行任務。洛德的產品開發團隊製造一種高科技塗料，使汽車的塑膠看起來與鉻一模一樣，而且不會生鏽、刮傷而留下痕跡。

15.9　團隊凝聚力

8 討論團隊凝聚力和團隊規範及其與團隊績效的關係

團隊動力學的一個重要層面就是凝聚力。如同第 7 章所討論的，凝聚力是成員被團隊吸引，以及繼續留在團隊的動機。在具有高度凝聚力的團隊成員中，成員致力於團隊活動，齊心協力完成活動，對團隊的成功感到高興，並努力留在團隊中；相比之下，缺乏凝聚力的團隊成員沒有團隊專注，不太關心團隊目標，隨時會離開團隊。

決定團隊凝聚力的因素　團隊成員少、互動頻繁、目標明確及可識別成功內涵，就會具有凝聚力；當團體較大、團隊規模或成員的位置會阻礙彼此的互動、目標不明確、團隊努力不能達到成功時，團隊的凝聚力會變得較低。圖表 15.6 說明決定凝聚力的因素。

團隊凝聚力的結果　圖表 15.6 顯示團隊凝聚力的結果。高度的凝聚力有助於提高效率和高昂的士氣；如果凝聚力低，團隊實現目標的可能性就較小，士氣就會低落。

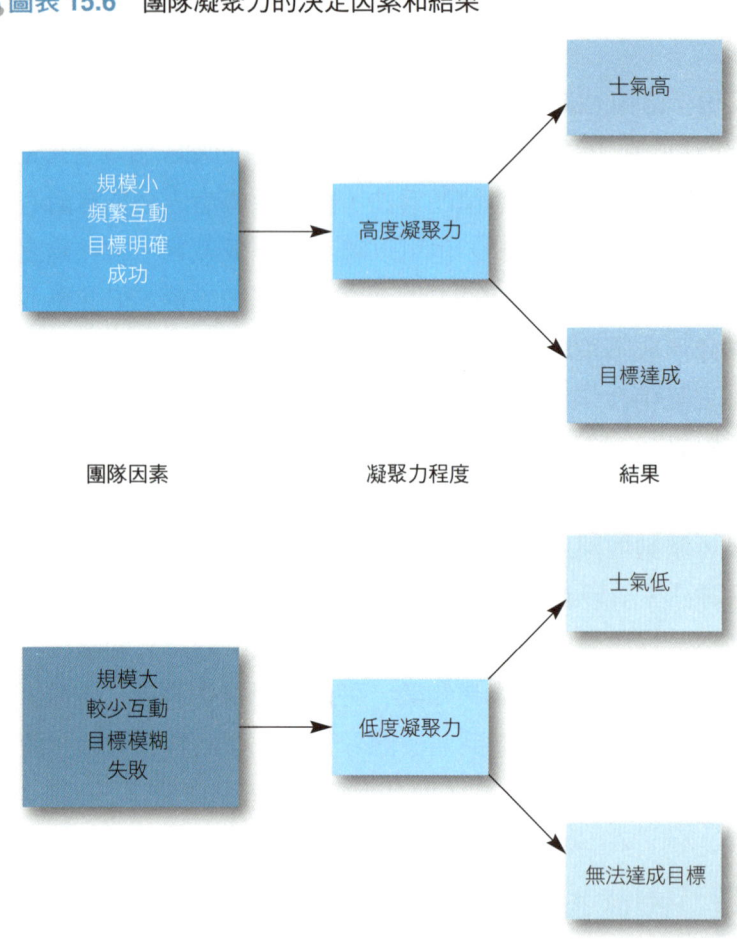

圖表 15.6　團隊凝聚力的決定因素和結果

```
規模小                                      士氣高
頻繁互動     →    高度凝聚力    →
目標明確                                    目標達成
成功

團隊因素           凝聚力程度          結果

規模大                                      士氣低
較少互動     →    低度凝聚力    →
目標模糊                                    無法達成目標
失敗
```

　　凝聚力和成功是相互促進的，高度凝聚力有助於實現高成就，使團隊更團結。意識到這一點，團隊領導者應該透過確立明確的方向來培養凝聚力，提供更頻繁的互動(不論話題是否與工作有關)。

團隊規範

　　如同第 8 章所討論的，團隊規範是所有團隊成員都必須接受的行為標準。規範是基本規定或準則，告訴團隊成員在某些情況下可以或不能這樣做。提供成員可被接受的行為界限，個人即會遵守這些規範。

　　團隊本身自行建立團隊規範。經過非正式的過程，團隊重要的價值觀、期待成員扮演的角色，以及期待的績效水準，都會成為團隊的規範。在洛克希德馬丁，團隊成員制定一套價值觀和期望，團

隊相信開放式溝通和協同合作解決問題。這些規範設定基本規定，對團隊的成功極其重要。

團隊的一項重要規範是，確定可接受的績效水準：高、低或中等。前者和團隊凝聚力結合，將成為團隊工作效率的關鍵決定因素。如圖表 15.7 所示，當團隊具有高度凝聚力且具有高績效規範時 (象限 A)，生產力最高；當凝聚力較低時，生產力會是中等的，因為團隊成員對績效規範較不在乎 (象限 B)；當凝聚力低加上績效規範低時 (象限 C)，將產生低度到中度的生產力；當團隊成員具有高度凝聚力，卻不執行規範時 (象限 D)，生產力就會最低。

團隊性格

團隊的性格與其規範密切相關。團隊性格源自於團隊成員的凝聚力和規範，他們所面臨的壓力、他們的經歷及成敗。團隊可以是熱情、充滿活力和合作的團隊，也可以相反。團隊領導者必須關注團隊的性格，確定團隊的優勢和劣勢，然後提供領導，以彌補缺點並建立優點。

圖表 15.7 凝聚力和執行規範對生產力的影響

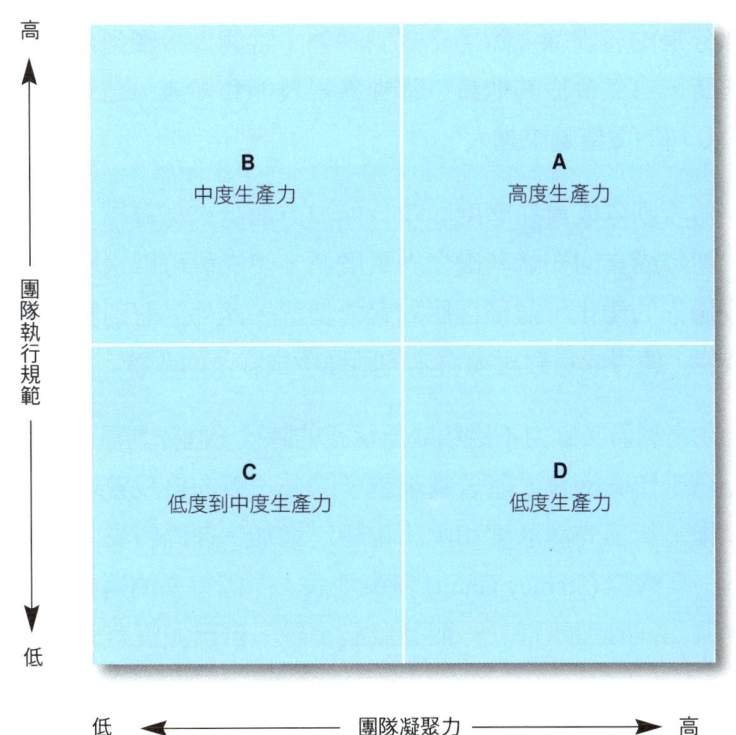

	低 團隊凝聚力 高
高 團隊執行規範 **低**	B 中度生產力 / A 高度生產力 C 低度到中度生產力 / D 低度生產力

9 評估團隊的利益和成本

15.10 團隊效能的衡量

建立團隊的決策與每個管理決策一樣,會產生利益和成本。透過權衡這些利益和成本,可以衡量團隊的效能。

團隊利益

如果健全的過程和技術,成為團隊建設和管理的基礎,則組織可以利用團隊的利益。這些利益包括綜效、增加的技能和知識、工作彈性,以及承諾的精神。

綜效　員工一起工作的團隊會發展出綜效,相較於各自單獨工作的一群人而言,會產生更多的創造力和精力。在團隊環境裡一起工作,會產生在正常結構中缺少的友情和分享。當使用生產力作為綜效的衡量標準時,我們發現從 30% 到 50% 的成長是常見的,尤其是在製造業和服務業。克萊斯勒和 IBM 也指出,使用團隊的產品開發,週期顯著降低。此外,正如 Sequins International 和 Published Images 也可以證明,顧客服務有顯著的改善。

增加技能和知識　在團隊成員中,成員的技能和知識會增加。這一增加部分是由於訓練。除了正式訓練外,當個人接觸到自己不熟悉的工作時,自然會從其他員工那裡獲得技能和知識,結果是他們對自己和公司的價值越來越大。

彈性　隨著團隊成員在態度和執行能力方面越來越適應,組織獲得彈性。團隊成員的知識基礎變得更廣泛,使成員可以適應工作需求和工作過程的變化,並積極應對緊急情況。此外,個別團隊成員的熟練技能,使得成員對組織需求的回應產生許多的改善。

承諾　在充滿員工動力不足和缺乏承諾的時代,團隊為員工提供「擁有」自己工作的機會。隨著越來越多的公司轉向自我管理的工作團隊和賦權,員工的滿意度和承諾也隨之增加。在固特異,前執行長史丹利·高爾特 (Stanley Gault) 自豪地說:「固特異的團隊現在正在告訴老闆如何管理事情──而且我必須說,自己並沒有因此而做得很糟糕。」

團隊成本

與實施團隊概念相關的主要成本,包括權力調整成本、訓練費用、生產力損失、搭便車成本和流失有生產力的員工。

權力調整成本 實施以團隊為中心的方法,會導致中、低階經理失去權力,組織中的權力從中央管理轉移到團隊和團隊工作人員。如果調整困難且出現阻力,則時間和金錢上的成本可能很高。如果之前的管理者成為新團隊的領導者,又只說不做,狀況就更會是如此。德州儀器的布萊恩特 (J.D. Bryant) 深知此一狀況,因為正是他的經驗之談。他說:

> 「我並未完全相信團隊⋯⋯。我從不讓操作員進行任何工作的調度或訂購零件,因為那是我的職責。只要有了這個職責,我就有了工作。」

團隊訓練成本 員工極有可能需要重新訓練,才能在團隊中發揮作用。與再訓練相關的財務成本,分為兩個部分:不同的技術訓練的成本,以及訓練個人作為團隊一部分的成本。在兩者中,前者通常較容易完成。對於後者,許多員工不知道他們是否需要這樣的訓練,因此常常阻礙團隊動力學方面的訓練。回顧第 8 章中與團體決策相關的一些潛在陷阱:團體迷思、過度妥協、浪費時間和缺乏個人責任感。團隊成員需要接受訓練,以避免發生這些問題。

生產力損失 發展團隊需要花費時間,而這些時間對生產力而言,就是損失。選擇和再訓練團隊成員所花費的時間,也降低產品或服務的產出。此外,團隊成員需要時間適應新環境和角色,最佳績效不會在一夜之間達到。

搭便車成本 搭便車 (free rider) 是指獲得團隊成員資格的利益,但沒有盡力按比例分擔工作的團隊成員。之所以會產生搭便車的問題,是因為並非所有人都為團隊目標付出相同的努力。與團隊薪酬相關的困境,將使這個問題更加複雜,這是本章的「道德管理」專欄討論的主題,搭便車的人可以因他人的工作獲得報酬。

> **搭便車** 獲得身為團隊成員的利益,但卻未執行按比例分擔工作的成員。

流失有生產力的員工 當公司轉向團隊系統時,會有一些員工不能

道德管理

薪酬計算

隨著越來越多的公司擁抱團隊、團隊概念和賦權的作法，工作規則也在不斷發展。管理者不再只是管理者，也已經成為促進者；員工已經從被指導的角色轉變為成熟的決策夥伴。

管理者和員工的角色正在新的工作環境中被重新定義，但有一個領域缺乏一致性，就是團隊薪酬的計算。公司正在努力建立能準確衡量績效的程式。

績效給薪方案(如PFP或P4P)針對員工滿足某些績效標準，可以提高品質和效率。例如，在製造工廠，精確的績效標準是很容易加以確定的——產量、品質和安全性。但對服務業公司來說，計算績效可能很難。許多公司將顧客滿意度，作為激勵計畫的關鍵組成部分。企業租車業使用企業服務品質指數(Enterprise Service Quality index, ESQi)，ESQi是在顧客滿意度調查中勾選最滿意的百分比，說明他們對租車服務感到完全滿意。

企業必須發展獎金制度。對服務業而言，滿意度調查的一個關鍵組成部分是衡量顧客的認可程度；但是顧客可能是善變的，他們的態度是高度主觀的。結果，工作團隊質疑這些作法，員工可能也開始懷疑：「我不知道這樣調查有多公平。我非常努力地工作，但是顧客可能不喜歡我的工作或做事的方式。」員工還會認為：「我想因為自己所做的工作而獲得報酬，而不是某人對於我的工作的評價。」

1. 將團隊薪酬建立在主觀績效標準上，是否合乎倫理？為什麼？
2. 如果尚未建立適當的薪酬制度，公司是否應該轉換為團隊結構？
3. 如果你是團隊成員，在這種情況下的回應是什麼？

資料來源：Rob Markey, "The Dangers of Linking Pay to Customer Feedback," *Harvard Business Review*, September 8, 2011, https://hbr.org/2011/09/the-dangers-of-linking-pay-to.

適應，他們不想對自己的工作花心力去思考，也不想增加自己的責任。這些員工可能被迫離職或自願辭職。無論是哪一種方式，組織都會失去一些熟練的員工。

15.11 團隊和個人衝突

無論管理者是與團隊還是個人一起工作，衝突都不可避免。每當人們一起工作時，衝突的可能性就會存在。衝突(conflict)是兩個或兩個以上的組織成員或團隊之間的意見分歧。衝突的發生是因為人們在目標、問題、看法及諸如此類方面，總是會有一些差異，而且大家不可避免地會彼此競爭。

衝突 兩個或兩個以上的組織成員或團隊之間意見的分歧。

衝突觀點

當衝突出現時，管理者會做什麼？答案取決於管理者對衝突的看法和信念。圖表 15.8 顯示三種基本的衝突哲學方法。

傳統觀點 認為衝突不必要，而且對組織有害的管理者，會擔心衝突並消除衝突的所有證據。這樣的管理者持有傳統的衝突觀點，如果衝突確實發生了，管理者會把這個衝突當作個人的失敗。

行為觀點 行為主義者認為衝突會經常發生，因為人性、資源分配的需要和組織生活。秉持行為觀點的管理者會期望發生衝突，他或她認為衝突有時會產生正面的結果。但是一般來說，行為觀點的管理者認為衝突通常是有害的。在這個哲學基礎下，管理者對衝突的反應是，一旦衝突發生就趕緊解決，或去除衝突。

互動主義觀點 互動主義觀點是一種比較現代的哲學，認為衝突不僅是不可避免的，也是組織健全的必然現象。此外，此觀點認為衝突可能是好是壞，而這又取決於衝突的管理方式。互動主義觀點的管理者會試著利用衝突，最大程度地發揮其促進組織成長的積極潛力，並且盡量減少負面影響。

臉書執行長馬克・祖克柏 (Mark Zuckerberg) 是公司主要的衝突解決者，當團隊成員意見分歧時會轉向他尋求解決。但是祖克柏不

圖表 15.8　處理衝突的哲學方法

信念	反應
傳統觀點	
• 衝突是不必要的。 • 衝突是值得擔心的。 • 衝突是有害的。 • 衝突是個人失敗。	• 立即停止衝突。 • 去除所有衝突證據，包括人員。
行為觀點	
• 衝突在組織中經常發生。 • 衝突是預料之中的。 • 衝突可能是正面的，但更可能有害。	• 立即採取行動解決或消除衝突
互動主義觀點	
• 衝突在組織中是不可避免的。 • 衝突對於組織健康是必要的。 • 衝突既不是內在的好，也不是壞。	• 管理衝突以最大化積極因素。 • 管理衝突以盡量減少負面因素。

會對衝突進行仲裁，因為他希望成員能達成自己的解決方案。產品經理賈里德・莫根斯坦 (Jared Morgenstern) 解釋：他希望成員能分享他們的觀點。莫根斯坦說，團隊成員「可以挑戰祖克柏，並且改變他對事情的想法。最後，這些人現在都還待在組織裡。」

15.12 衝突的積極面和消極面

10 討論組織中衝突的積極面和消極面

反功能性衝突 限制組織實現目標的衝突。

功能性衝突 可以支持組織目標的衝突。

具有互動主義哲學的管理者，能夠確定衝突的積極面和消極面。管理者認為<u>反功能性衝突</u> (dysfunctional conflict) 是限制組織實現目標的衝突，但是<u>功能性衝突</u> (functional conflict) 可以支持組織的目標，特別是在績效低下的情況。透過競爭可以激勵員工提高績效 (這是一種正式的衝突形式)，如果他們認為自己的方法比別人更好，就會拚命表現。

衝突的來源

11 確定組織中衝突的來源

競爭只是許多衝突來源之一，其他還包括目標、價值觀、態度和觀念的差異；對角色要求、工作活動和個人的方法的分歧；以及溝通的不順利。

競爭 競爭可能是兩個人試圖超越對方的狀態。在爭奪有限資源的鬥爭中，競爭也可能爆發。每個工作單位的管理者要依靠金錢、人員、設備、原料和實體設施的分配來實現目標。一些管理者不可避免地會比其他管理者獲得更少的資源，這不僅會導致缺乏合作，還會造成公開的衝突。

爭奪與績效相關的報酬也可能引起衝突，如果處理得當，這種衝突反而會產生積極的結果。

目標的差異 個別員工的目標可能與組織的目標不同。員工的目標是三年內提升自己在組織內的能力；但是組織的想法，可能在較長期間內。在這種情況下，可能會發生衝突。

個人之間可能發生衝突。例如，在 Rainbow Printing，兩位出資的業主意見並不一致。「對於公司應該採取什麼方向，以及應該如何運作，我們只是互不同意對方的意見。」此外，彼此之間還會干擾對方的工作。

組織中的部門也可能制定相互矛盾的目標。例如，生產部門將精力集中在以最低成本製造產品上，而銷售部門希望能提高品質，這樣就會發生衝突。

價值觀、態度和觀念的差異　每個人的價值體系和觀念都會和其他人不同，這些差異可能導致衝突。例如，員工可能會非常重視與家人相處的時間，管理者卻要求不斷加班或晚點下班，而不了解員工需要陪伴家人，如此就會產生明顯的價值體系衝突。

團體和個人的價值觀、態度和觀念可能會相互衝突。高階管理者可能將報告和過程視為提供訊息、有價值的控制方式，但是生產線工人卻可能會將這類文書工作視為不必要的繁瑣工作。

關於角色要求的意見分歧　當員工開始在團隊中工作時，他們的角色必須改變。例如，假設員工之前因為個人績效而得到許多類型的報酬，現在必須參與團隊，並扮演之前不熟悉的角色，這時候團隊和個人之間可能會發生衝突。

直線員工和幕僚員工在一開始工作時，可能會對新角色感到不適應。在彼此的互動中，直線員工將會期待幕僚員工，扮演提供建議、支持組織及行動派的角色。然而，幕僚員工可能認為自己是提供答案的人，而非僅是提出建議的人。後者在組織中是對組織提供狀況分析的人(有時也是批評性的)，他們在審查可能的替代方案時是深思熟慮的。在這種情況下，兩者之間肯定會發生衝突。

對於工作量的意見分歧　個人和團體之間可能會因分配的工作量，或工作單位之間的關係而產生衝突。在第一種情況下，衝突的原因可能是心懷怨恨，因為一個團體或個人認為工作量是不公平的。

至於工作單位間，關係的衝突有兩種形式。首先，自己的工作要開始處理之前，必須依靠另一個團體或個人先完成工作。因此，如果後者的工作延遲結束或品質不良，就可能會導致衝突。另一種衝突情況則是，當兩個工作單位或個人被故意放在相互競爭的情況下，衝突自然就會產生。

關於個人工作方法的意見分歧　人們在處理事務時，個人做事的風格和方法自然會有差異。一個人可能是深思熟慮、話少，直到準備

好了才說出來；另一個人可能是爭論的，經常採取論辯的方法，直截了當的說話，很少考慮別人。

溝通中斷 意見溝通很少是完美的，不完美的溝通可能導致誤解和誤會。有時溝通中斷是無意的，由於接收者沒有積極傾聽，導致誤解發送者的意思，將會導致大家對目標、角色或意圖的意見分歧。有時候，有些人也會為了個人利益或讓同事難堪，而故意隱瞞真實的資訊。

12 描述管理者在衝突管理中的角色及管理衝突的潛在策略

15.13 管理衝突的策略

一個管理者必須體認衝突的潛在來源，並做好管理衝突的準備。衝突管理的可行策略是從分析衝突局勢開始，然後開始制定策略選項。

衝突情勢的分析

透過回答下列三個關鍵問題，管理者可以分析衝突的情勢。

1. **哪些人發生衝突？** 衝突可能是在個人之間、個人和團隊之間或部門之間。
2. **衝突的來源是什麼？** 衝突可能源於競爭、個人差異或組織角色。要回答這個問題，需要設法經由涉入的各方的觀點，以了解各自的情況。
3. **衝突程度如何？** 局勢可能處於管理者必須立即處理的階段；或者衝突可能屬於中度。如果發生工作團體的目標受到威脅或破壞的行為，管理者必須立即採取行動；如果個人或團體只是意見不合，就需要和緩地處理，不要有太直接的反應。

策略的發展

如果衝突的情勢需要管理者採取行動處理，這時候有哪些選項是可行的？有七個選項：迴避、平緩、妥協、協同合作、對抗、更高層次目標，以及第三方決定。

迴避 有時迴避 (avoidance) 是最佳方案。管理者可以忽略衝突，讓涉入的員工自行解決衝突。當衝突微不足道時，最好用此策略，特別是在不想處理這個問題時。如果意見分歧沒有造成任何後果，讓他們意見相左也許是最佳選擇。

> **迴避** 管理者忽視這個衝突情勢。

平緩 在使用稱為平緩 (smoothing) 的選項時，管理者委婉地承認衝突的存在，但對其重要性予以輕描淡寫。如果沒有真正的問題需要解決時，這種辦法會成功地使雙方恢復平靜。但是如果存在實際的問題，此選項將發揮不了任何作用。

> **平緩** 管理者委婉承認衝突的存在，但對其重要性予以輕描淡寫。

妥協 在妥協 (compromise) 的情況下，每一方必須放棄一些堅持，以交換一些東西，每一方都會朝向對方的立場移動。當衝突各方權力相等、不涉及主要價值觀的爭執、需要臨時解決複雜的問題，或者當時間壓力迫使需要快速解決時，妥協是有效的作法。

> **妥協** 涉入衝突的每一方，都要放棄某些堅持的東西。

協同合作 在嘗試協同合作 (collaboration) 時，管理者促進雙方相互解決問題。每一方都力求透過公開討論問題、理解分歧和制定各種替代方案來滿足利益。最後的結果是針對最佳方案達成雙方一致同意。

> **協同合作** 管理者專注在雙方相互解決問題上。

對抗 如果使用對抗 (confrontation)，要求衝突各方口頭表達他們的立場和分歧的意見。雖然這種方法可能產生壓力，但卻是有效的。目的是確定在兩個方案中比較喜歡哪一個解決方案的理由，進而解決衝突。然而，很多時候對抗會在傷害感情和沒有結果下結束。

> **對抗** 迫使雙方口頭表達他們的立場和意見分歧的地方。

對更高層次目標的呼籲 有時管理者可以確定一個更高層次目標，使爭議各方能夠超越其衝突。更高層次目標 (superordinate objective) 是使得每一方個人利益失色的目標。例如，假設各個工作單位在組織衰退的情況下爭奪預算分配，如果雙方同意削減以符合組織的最佳利益，即可超越衝突。

> **更高層次目標** 管理者提出層次更高的目標，使得個人利益失色，讓爭議各方能夠超越衝突。

第三方決定 有時管理者可能會求助於第三方，要求對方解決衝突。第三方可以是另一個主管、上一層級的經理或人力資源部門的人。在兩個下屬之間的衝突，他們的經理可能是第三方。

也許在所有衝突策略選項中，協同合作、對更高層次目標的呼

籲，以及第三方決定是最難想像的。Taurus 團隊應用這些策略，成功地在對福特 Taurus 的重新設計中發揮重要作用。專案團隊領導者理查·蘭德拉夫 (Richard Landraff) 被公司賦予明確的任務，研發新的 Taurus 車款，將成為第一款真正能與日本競爭對手本田 Accord 及豐田 Camry，在品質和技術上媲美的美國車種。蘭德拉夫必須運用 Taurus 團隊的 700 名工程師、設計人員、行銷人員、會計、工廠工人和供應商的創造力。例如，蘭德拉夫執行以下事項：

- 他鼓勵負責 Taurus 內裝和外型的設計人員協同合作，而非競爭。兩邊的設計人員齊心協力，不停地交換初稿與意見，互相指點對方的作品。因此，新的 Taurus 避免許多美國汽車在設計上慣用的混搭及不協調的風格。
- 當品質要求不斷與成本衝突時，他迫使設計人員和製造工程師都專注在一個更高層次目標。設計人員認為，Taurus 車身的每一側都應該用一整片鋼材，而不是用兩片焊接在一起。工程師則反駁，成本高得令人卻步，進而採取抵制手段。蘭德拉夫把衝突雙方聚集在一起，再次宣讀 Taurus 團隊的目標，並指著一面寫著「擊敗 Accord」的長布條。最後衝突解決了，車身的每一側都只用一整片鋼材。
- 當成本問題與製造績效發生衝突時，他求助第三方。製造工程師要求使用價值 9,000 萬美元的新沖壓機，以取代從 1950 年代產製的 6 台壓床，這樣可以提高品質。財務經理反對購買，因為福特汽車銷售下滑，所以需要嚴格控制成本。蘭德拉夫把衝突呈報給當時的福特董事長亞歷山大·特羅特曼 (Alexander Trotman)。經過長時間的辯論，令大家都嚇一跳的是，特羅特曼竟然批准採購的要求，他說：「有關品質的論點非常具有說服力，我們都同意必須這麼做。」

衝突的刺激

有時候，管理者可能希望提高工作環境中的衝突和競爭的強度，因為：

- 當團隊成員表現出可以接受最低績效時。

- 當員工似乎害怕去做日常以外的任何事情時。
- 當團隊成員被動接受那些應該鼓勵的事件或行為時。

史蒂芬・羅賓斯 (Stephen Robbins) 表示，管理者可以選擇下列五種策略的其中一種來刺激衝突：

1. **聘請一位局外人。** 來自組織或團隊外部的人，具有不同背景、態度或價值觀，可以幫助建立所需的特性。第 9 章介紹奇異和 IBM 如何依靠組織外部的執行長來刺激環境。
2. **更改規則。** 在某些情況下，管理者可以讓非成員參與，或排除成員參與。這種改變會對工作環境產生刺激。對於試圖開放環境的管理者，可以邀請非正式的領導者以正式參與者的身分，參加只有管理者參與的會議。這樣做的結果，可能是員工和管理者都會獲得新知識，然後改變他們的行動。
3. **更改組織。** 另一種方法是重新調整工作團體和部門。上下關係和工作團隊組成的變化，可以使個人對於他人和觀念有新的體驗。當公司從內部或外部任命新執行長時，新執行長刺激職場環境的作法，經常採取的第一步措施，就是重新調整工作團體。
4. **更換管理者。** 將管理者引進團隊，成員可以從其領導風格中受益，這樣做也是適當的措施。因此，定期輪調工作團隊管理者的作法，也可以激發團體的積極性。
5. **鼓勵競爭。** 管理者可以透過向表現優良的員工提供紅利獎金、旅遊津貼、休假或榮譽證書，鼓勵團體或個人之間的競爭。

愛德加・席恩表示，選擇鼓勵競爭的管理者可能會獲得以下好處：

- 提高競爭團體內部的凝聚力。
- 提高對於任務完成的專注。
- 提高組織和效率。

如果他或她不能正確處理這類情況，競爭可能會產生負面結果：

- 競爭對手之間的溝通可能會減少或不存在。
- 競爭可能被視為敵人。
- 競爭對手之間可能會形成公開的敵意。

- 一個競爭對手可能會破壞另一個競爭對手的努力。

Spectrum Associates 對競爭的重視產生所有的負面結果。這家小型軟體服務公司創辦人設計這個策略的目的是「要確保沒有人是舒舒服服過日子的。」把公司分成許多具有競爭力的業務群組，這些團體透過向創辦人東尼‧鮑丹扎 (Tony Baudanza) 和約翰‧紐金特 (John Nugent) 提案，以進行取得顧客的競爭。「誰提出最好的案子，就可以獲得最好的報價。」這樣的競爭造成一些損失。正如一位經理所說的：「如果將四個、五個或六個 A 型人格的員工，都放在同一個場域，最終的結局就是互相殘殺。」其實也不完全如此，雖然各業務群組的管理者之間，互相隱瞞有用的訊息不讓對方知道，但還是會在非正式場合進行談判來獲取利益。

習題

1. 一個群體需要具備哪些要素才能被視為一個團隊？團隊的特徵為何？
2. 何謂垂直團隊？哪三種類型的團隊被認為是水平團隊？
3. 專案團隊的目的為何？它與工作團隊有何不同？
4. 就日常決策的權威而言，自我管理的工作團隊和產品開發團隊有何區別？
5. 建立團隊過程中涉及的八個步驟是什麼？
6. 團隊成員在團隊中扮演哪兩種主要的角色？每個角色的重要性為何？
7. 團隊發展的四個階段為何？每個階段會發生什麼事？
8. 團隊凝聚力為何？哪些因素有助於提高團隊凝聚力？
9. 與團隊相關的利益為何？
10. 衝突在組織中的積極和消極影響為何？
11. 組織中發生的衝突，其四個潛在來源為何？請逐一解釋。
12. 哪些策略可用於衝突管理？請逐一解釋。

批判性思考

1. 在什麼情況下，你認為個人可以獨立作業，並且在一個組織中協助團隊有傑出表現？為什麼？
2. 在你的工作經驗中，曾經是垂直團隊的成員之一嗎？委員會呢？任務小組呢？工作團隊呢？你在每個類型的團隊中的經驗有何不同？
3. 如果你是學生專案團隊的成員，有一名成員沒有盡到自己的本分，你將採取哪種衝突管理原則？為什麼？
4. 當你是工作團隊或學校團隊的成員時，是否擔任任務專家或社會專家的角色？你認為哪個角色對團隊的成功更重要？為什麼？

Chapter 16 資訊管理系統

©Shutterstock

學習目標

研讀完本章後,你應該能:
1. 描述有用資訊的七種特性。
2. 描述有效資訊系統的三種功能。
3. 說明建立資訊系統的五項原則。
4. 描述電腦資訊系統的基本功能。
5. 說明兩種基本資料處理模式。
6. 討論連結電腦系統的各種方法。
7. 解釋決策支援系統的目的。
8. 討論資訊系統管理者會遇到的挑戰。

管理的實務

電腦知識

　　資訊對每個企業都很重要,快速蒐集資料並轉換為正確資訊,可為企業帶來競爭優勢,因為管理者可以利用這些資訊比競爭者更快做出適當的決策。快速蒐集與處理資料的方法是利用電腦與高速網絡,讓企業可以快速傳遞與分享資訊給更多人,有效管理資訊。

　　由於電腦與網際網路是每家企業的基礎,管理者必須具備電腦知識,必須知道如何有效率地使用電腦,學習新電腦程式的能力會讓管理者更具有競爭優勢。管理者也必須能夠使用網際網路與企業網路,以發現、組織、評估與分析資訊。

　　針對下列每一個敘述,根據你同意的程度圈選數字,評估你同意的程度,而不是你認為應該如何。客觀的回答能讓你知道自己管理技能的優缺點。

	總是	通常	有時	很少	從不
我可以用文書處理程式寫信。	5	4	3	2	1
我可以修正文件中的錯誤。	5	4	3	2	1
我可以閱讀電子郵件訊息,並加上附檔後傳送。	5	4	3	2	1
我可以製作發表用的支援視覺檔案。	5	4	3	2	1
我可以檢查電子連接及利用電腦支援原料排除電腦問題。	5	4	3	2	1
我每天透過網際網路取得、利用與研究資源。	5	4	3	2	1

505

	總是	通常	有時	很少	從不
我會安裝與使用新的軟體程式。	5	4	3	2	1
我取得與利用「協助」(Help) 功能。	5	4	3	2	1
我可以解釋文件與程式的差異。	5	4	3	2	1
我很容易學習新的軟體程式。	5	4	3	2	1

加總你所圈選的數字，最高分是 50 分，最低分是 10 分。分數越高代表你更有可能具備電腦知識，分數越低則相反，但是分數低可以透過閱讀與研究本章內容，而提高你對管理資訊的理解。

16.1 緒論

管理者在組織的使用、願景、核心價值、政策、倫理標準與文化的架構下制定決策，甚至也可能影響這些構面。領導者透過設定目標、監督朝向目標的進度，並發展與維持有效能和效率的員工及工作環境，以執行變革並保證顧客滿意，為了讓這些工作成功，他們必須獲得各種來源的支持。

本章探討**資訊科技** (information technology, IT)(意即實施企業策略、發展與管理智慧資本及促進溝通) 及其與**資訊系統** (information system, IS) 的關聯。資訊管理可以手動進行，我們現在某種程度還是利用手動，但組織通常會依賴電腦，因為它比人工的速度更快、更精確且容量更大。利用科技與方法開發的優勢提高決策支援水準，這種資訊管理系統的概念在 1960 年代中期導入。資訊系統能讓組織有效能與效率地共享智慧資本，並創造與維持員工可以使用的工作環境。管理者「必須確保所有員工取得資訊……。在資訊的年代，公司的生存依靠其獲取情報、將情報轉換為有用知識、將知識鑲嵌在組織的學習，並快速在公司傳播的能力。」

> **資訊科技** 用以創造與處理智慧資本，並促進組織溝通之手動與電子的方式。
>
> **資訊系統** 讓組織有效能與效率地共享智慧資本，並創造與維持員工在工作上可以利用的子系統。

1 描述有用資訊的七種特性

16.2 資訊與管理者

資料 (data) 是未經處理的事實與圖形，在沒有蒐集、儲存、彙總、處理與分配給需要的人之前，價值很低。資料包括銷售額、成本、存貨品項與數量、顧客抱怨、社群媒體及經濟表現的政府統計

> **資料** 未經處理的事實與圖形。

資料等,現今管理者與組織能夠取得的巨量資料稱為「大數據」(big data)。

大數據的重要性不是你擁有多少資料,而是你用這些資料做什麼。你可以從任何來源獲得資料,加以分析發現 (1) 降低成本;(2) 縮短時間;(3) 開發新產品與最佳化提供物;及 (4) 靈敏決策的答案,當你能結合大數據與高度能力分析,就可以完成事業經營相關的任務如下:

- 接近即時地找到失敗、問題與缺點的原因。
- 根據顧客的購買習慣在銷售點產生折價券。
- 在數分鐘內重新計算風險組合。
- 在詐欺行為尚未影響組織前診斷出來。

大數據所使用的分析方法,包括線性迴歸、羅吉斯迴歸、文字分析、集群分析、視覺化與最佳化。許多公司已經結合大數據與分析方法改善事業,包括 eHarmony、IBM (Watson)、第一資本 (Capital One)、Urban Outfitter 及 TMobile。另一個偉大的案例則是 Moneyball,利用大數據影響棒球事業。

資料經過資訊科技處理後得到**資訊** (information),這些資訊必須有價值,且能協助整個組織所有決策者,「資訊要有價值,必須與其他資訊連結,才能成為知識的來源及組織學習的基礎。」例如,星期四的總銷售量以銷售人員、部門及存貨品項劃分後,對商店經理會更有價值。資訊要提高用途,除了有價值外,更應可理解、可靠、相關、完整、簡要、及時及具成本效率,這些特性在圖表 16.1 詳細描述。資訊的例子包括每季的銷售計畫、年度預算及各品項每天銷售狀況與組織的主要財務報表。資訊和人員一樣,都是組織最重要的資源。

> **資訊** 刻意選擇、處理與組織,並且對管理者有用處的資料。

例如,波音的全球夥伴利用科技,即時協同合作製造 737 客機,「新一代的 737 客機,每架有大約 40 萬個零件,由 30 個國家,超過 325 個供應商製造,包括美國、加拿大、中國、法國及南韓等,這些 737 的美國供應商分布在 41 州及波多黎各。」

波音商用飛機集團 (Boeing Commercial Airplanes) 副總裁與供應商管理總經理肯特·費雪 (Kent Fisher) 說:「波音的全球供應商對

> **圖表 16.1　有用資訊的特性**
>
> - **可理解的資訊**是以適合(正確)的形式與使用適當的名詞及符號,能讓接收者正確地知道與解釋。若使用行話、縮寫、速記符號和首字母縮寫,要確認接受資訊的人必須能夠解碼。
> - **可靠的資訊**是正確、與事實相符、實際與可驗證的。資訊來源與蒐集與處理資訊的人都必須是可信任的,可靠的資訊盡可能不要過濾與改寫。銷售額如果沒有扣除退貨與退款就不可靠,對公司資產的表達如果沒有顯現其他人的請求,則無法正確描述真實財務狀況。
> - **相關的資訊**是屬於管理者的責任領域,且對管理者很重要,例如公司卡車的維修成本只有少數管理者需要。不相關的資訊會浪費管理者的時間。
> - **完整的資訊**是包含所有管理者制定決策與解決問題所需要的事實,沒有遺漏重要事務,擁有不完整資訊的管理者是有缺陷的,雖然資訊可能會不完整,但仍須努力取得可能被遺漏的資訊。
> - **簡要的資訊**是省略無關的材料,只要做到管理者需要的,給管理者 200 頁的報告是在浪費他們的時間,彙整重要資訊、省略細節與附件可能更恰當。在適當的時候,資訊用視覺工具表達會更好,例如圖表、圖形與表格。法律界人士採用的標準指導方針:只涵蓋必要與充足的。
> - **及時的資訊**在管理者需要時出現,過早的資訊在需要使用時可能被棄置或遺忘,而資訊在需要的時間點過了之後取得是沒有用的。及時性是管理者依賴電腦的理由之一,電腦可以幫助管理者監測事件發生與得到即時資訊和立即回饋,可用於發現趨勢,並對情況和事件做出快速反應。
> - **具成本效率的資訊**是用合理的成本蒐集、處理與傳播資訊。銷售經理每週詳細調查公司的顧客令人敬佩,但是調查帶來的收益增加必須超過增加的成本。科學化地定期調查消費者意見,則可能用可接受的成本產生可比較的結果。

737 計畫都是有價值的夥伴,737 的成功證實我們與全世界最佳航太公司建立夥伴關係是可能的,我們在市場上的長期競爭力,憑藉的是不斷專注在品質、可靠性與負擔能力。」

現今,速度比以前更加是生產力與競爭力的關鍵,採用**數位**(digital) 科技 (將原子轉換成位元) 帶給公司競爭優勢,本章後續將更詳細說明。

數位　用一連串 0 與 1 表達的資料,可以電子科技(通常是電腦與網際網路)轉換或儲存。

管理者需要的資訊類型視職位而定。功能資訊 (有關行銷、生產、財務與人事) 是直線與幕僚主管需要的;幕僚人員 (法律、公共關係、電腦服務或研究發展) 蒐集或產生的資訊,可能對許多直線主管有用處;生產經理需要有關存貨、排程、原料與勞工成本,以及機器和設備維護與可維修性的及時資訊;行銷主管需要銷售量 (區分成商店、部門及產品)、訂單處理時間、存貨水準、運送排程及市場研究結果等資訊;財務與會計主管需要財務報表、工資金額、應收與應付帳款金額、預算與成本資料。無論需要什麼資訊,組織的管理系統都必須有效能與有效率地提供以滿足所需,某位權威人士說:「資訊提供管理過程中所有面向協同合作的基礎。」

高階管理者需要有關經濟條件、競爭者、法律與政治發展、技

術創新、顧客需求，以及對公司產品與服務的接受度，和營運單位朝向公司目標前進的進度等資訊。中階管理者需要部門的營運，包括銷售額、成本、產出、員工聘任及預算狀態。高階管理者與中階管理者所需資訊最大的差異在於資訊來源，大部分高階管理者需要來自公司外部的資訊，而中階管理者需要的資訊則來自內部，包括觀察、會議及報告。

基層管理者與自主團隊需要有關每天、每週及每月活動的資訊與回饋。銷售經理需要知道銷售人員上班時間做什麼及其成果；生產人員需要知道廢料、品質、生產成果、產量及是否符合排程等資訊；人力資源可能需要知道安全、出勤、新聘、面試及職位空缺等每天及每週的資訊。在現今強調賦權員工及與顧客和供應商維持密切關係的環境，從這些來源得到的回饋對快速回應管理者與組織的需求非常重要。

本章的「品質管理」專欄的主題流程圖，是促進有關改善過程資訊共享的方法。

除了確認資訊有用外，管理者「必須建立所有組織成員可以交換資訊、發展構想與相互支援的網絡，為了達成此目標，他們必須培養水平資訊流動。」換句話說，管理者必須採行開卷式管理，如果組織的智慧資本是傳遞其最大潛能，這種管理形式就非常重要。

由於對新資訊的需要增強及組織的發展，有許多方法可以讓組織蒐集、處理、儲存與傳播資訊，資訊系統必須不斷更新才能滿足需求。

管理資訊系統

組織的資訊系統 (IS) 正常運作時能服務所有員工，且所有員工必須投入組織的資訊系統，意即員工必須能有效地存取與使用資訊系統及其產出。**管理資訊系統** (management information system, MIS) 是組織資訊系統的子系統，用來服務所有決策者對特定資訊的需要，包括管理者及被授權的個人與團隊，是提供管理者決策、解決問題、實施變革及發展有效能與有效率之工作環境所需資訊流程的正式集合。

管理資訊系統 提供管理者適當品質資訊，讓管理者能有效能與效率地制定決策、解決問題，並執行其功能之流程的正式集合。

電腦與網際網路使蒐集情報的流程更加容易，但許多管理者無法從 MIS 的單一應用程式獲得需要的所有事物。因此，實務上不是

品質管理

流程圖

組織內的任何人，從總裁、團隊到直線員工，都可以利用流程圖來改善工作。準備流程圖或圖形代表工作流程是了解提高生產力機會的第一步，比較實際的流程圖與理想流程圖可以找到問題的原因與改善的可能。改善的機會包括消除瓶頸、縮短週期時間及減少錯誤。

流程的投入、步驟及產出都用標準的流程圖形狀來代表，以下說明一些常用的流程圖符號。請注意：這些流程圖的符號都可以在微軟 Word 的圖案中找到。

開始或結束以橢圓形表示。

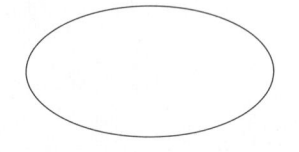

處理步驟用長方形表示。

兩個決策以菱形表示，決策包括是 / 否及真 / 偽。

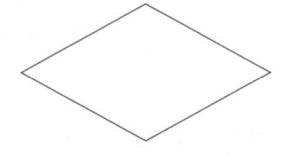

流程所需的文件或書面工作以下列圖形表示。

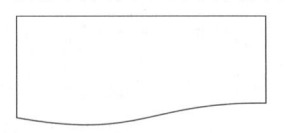

流程的路徑與方向以箭號表示。

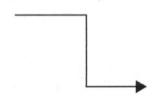

- 辨認你想要改善的過程，利用上述符號畫出過程，哪個步驟有附加價值？哪個步驟沒有附加價值？整個過程要花多少時間？過程中有冗餘嗎？這個過程可以做哪些改善？

到一個中央系統檢核所有資訊，而是到許多地方取得需要的資訊。太多來源的大量資料流向大部分的組織，數以千計的電子資料來源分別流入公司。

圖表 16.2 描述產品在網際網路訂購後的資訊流，在接到付款及處理訂單後運送產品。虛線代表無形的 (或電子的) 商品，如音樂、遊戲及書籍；實線則代表有形商品。

透過 MIS 提供給管理者的資訊，有助於管理者控制營運與適當的使用資源。資訊系統提供監督日常營運的投入，以及這些營運成果的衡量指標。資訊透過讓管理者隨時接觸目前狀況與趨勢，有助於突顯實際與潛在問題，資訊也提供管理者發展並有助於 MIS 開發、預測及策略與營運計畫所需的資料，圖表 16.3 是簡化 MIS 的範例。

圖表 16.2　資訊流

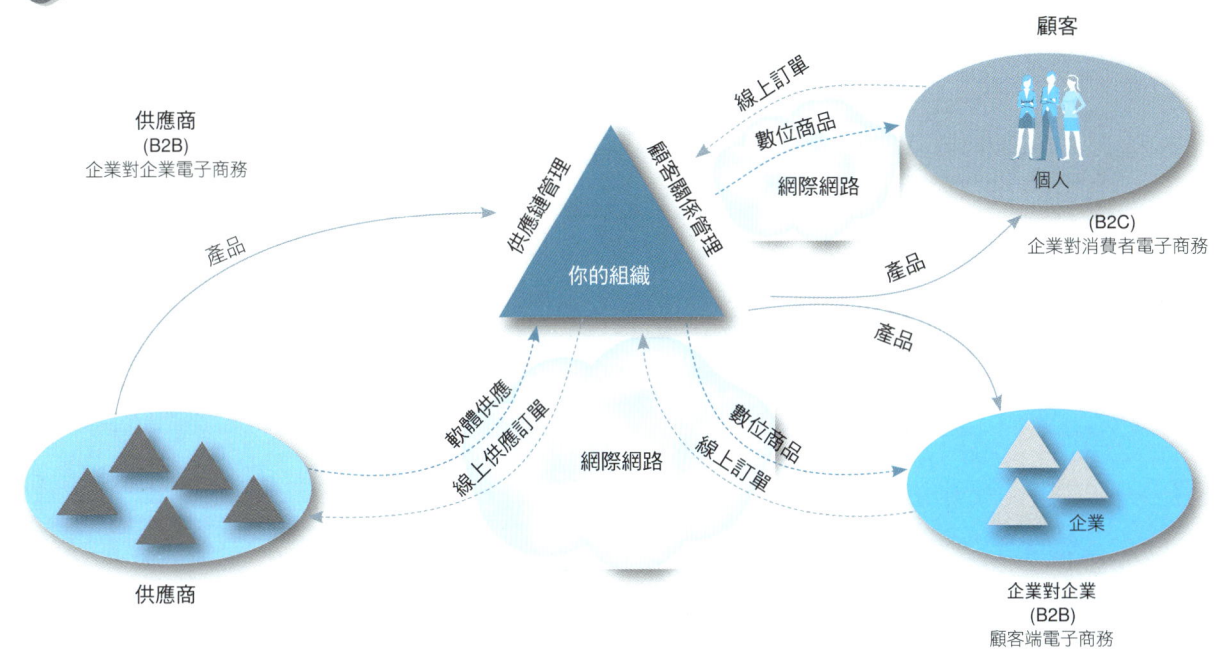

資料來源：Information flows outside organization in inter-organizational information systems; http://uotechnology.edu.iq/ce/Lectures/SarmadFuad-MIS/MIS_Lecture_4.pdf.

16.3　有效資訊系統的功能

2 描述有效資訊系統的三種功能

IS 與 MIS 在設計時必須考慮使用者的需要，除了連結個人與系統外，必須將組織連結到外部顧客、夥伴與供應商。除了創造與提供有價值與有用的資訊外，IS 及 MIS 必須執行三個功能：

1. **協助組織及成員達成目標。**資訊系統應能擴充、啟用與促進，但是不能干擾過程與營運。
2. **促進資訊取用。**理想上，需要資訊的人應該能直接取得，無論是以人工或適當的技術協助。當無法取用資訊時，必須有適當的支援人員提供協助。
3. **促進資訊流。**適當品質與數量的資訊必須快速流通，在需要時以最直接的方法提供。

開發 IS 的指導原則

3 說明建立資訊系統的五項原則

開發 IS 與 MIS 通常從指導整個組織評估現有技術與運作的任務

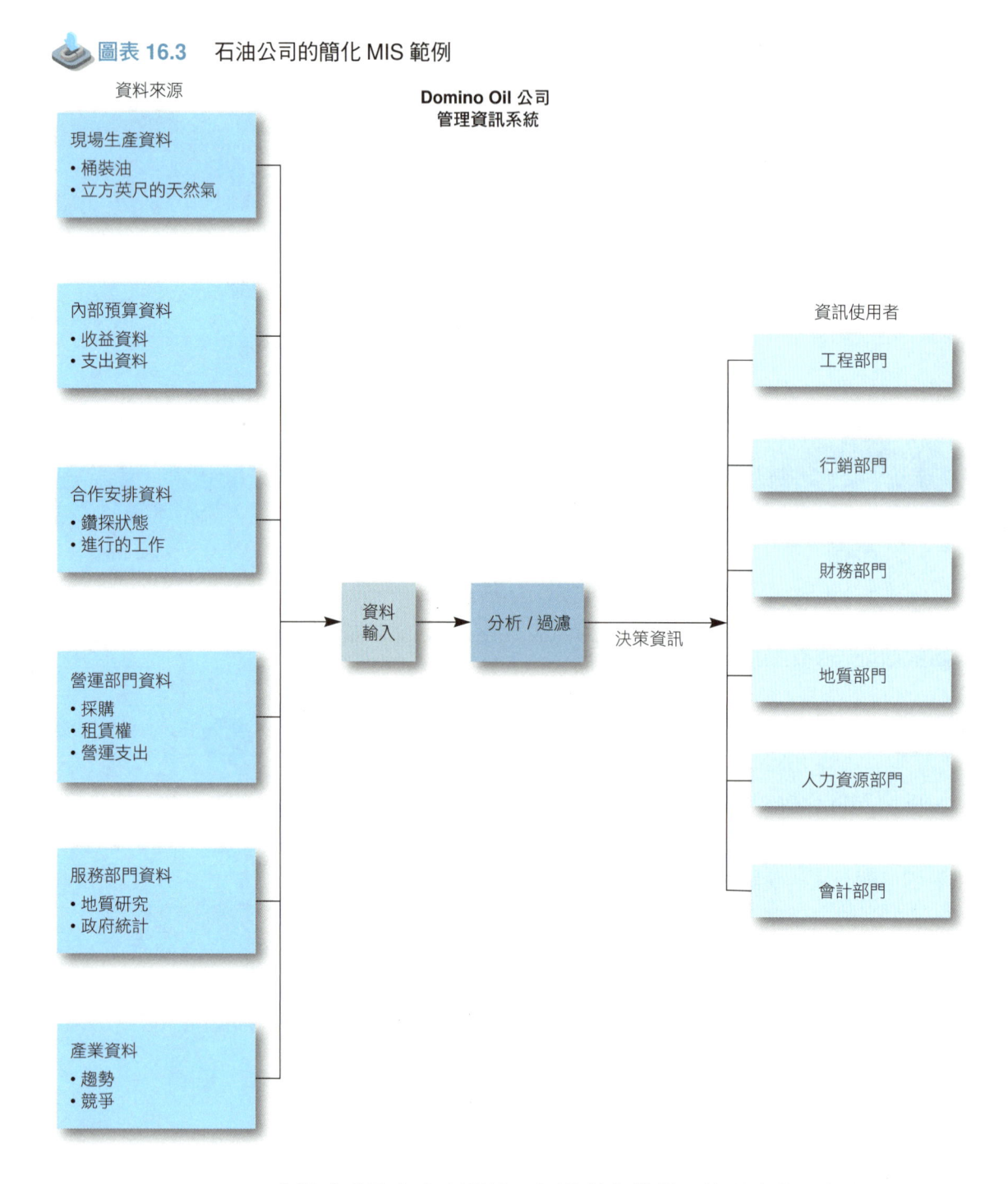

圖表 16.3　石油公司的簡化 MIS 範例

資料來源

- 現場生產資料
  - 桶裝油
  - 立方英尺的天然氣

- 內部預算資料
  - 收益資料
  - 支出資料

- 合作安排資料
  - 鑽探狀態
  - 進行的工作

- 營運部門資料
  - 採購
  - 租賃權
  - 營運支出

- 服務部門資料
  - 地質研究
  - 政府統計

- 產業資料
  - 趨勢
  - 競爭

Domino Oil 公司 管理資訊系統

資料輸入 → 分析/過濾 → 決策資訊

資訊使用者

- 工程部門
- 行銷部門
- 財務部門
- 地質部門
- 人力資源部門
- 會計部門

小組或委員會成立開始，盤點現有設備、機器產能及操作人員的技能。調查現有資訊運作確定資訊滿足工作所需的效能與效率，效率不佳與不符需要都必須記錄。最後，組織的文化與氛圍必須分析，以判斷這兩個因素如何支持現有運作及對未來執行新系統的影響。

(克服抗拒將在本章的「管理資訊系統」一節討論。) 了解內容後，研究人員可以專注於根據前述三個功能開發 IS 與 MIS。

無論開發全新的 IS 或 MIS，或者改善現有系統，組織都必須遵守下列的指導原則：

- 使用者參與系統設計。電腦將形成系統的核心，使用者應對軟硬體的選擇提出建議，確定所有元件都容易使用與完全相容 (能與其他元件相互溝通)，因為資訊專家 (如系統設計人員與 IS 人員) 不是他們協助開發與散播資訊的使用者，他們需要系統使用者的指導。
- 建立 IS 人員明確的指揮與領導鏈。如果資訊群體是集中式運作，服務整個組織的需要，應該配置在高階管理者 (資訊長) 的控制；如果選擇分散式，建立與較低階層的明確連結與指導，以運作資料中心；並連結到最高階層以便控制、協調與指導。為了達到這個目的，許多公司採用由部門主管、IS 主管或兩者混合組成的委員會。
- 建立明確的蒐集、分類、解釋、呈現、儲存與分配資料及與系統互動的程序。結構減少畏懼，並有助於確保安全、一致性、品質與生產力。
- 採用技術專家以確保他們與他們支援的人完全了解每個專家的功能與角色。許多公司，如賀曼賀卡 (Hallmark Cards)，提供資訊指導人員 (資訊與技術專家)，指導人員提供適當的來源，並協助他們處理問題，進而節省時間。
- 建立足量與具有提供服務所需技能的 IS 與 MIS 人員。維持人員接受最新的訓練，避免人員不足或過多，以免降低服務品質。

16.4 電腦化資訊系統

4 描述電腦資訊系統的基本功能

很難想像各種產業與各種規模的企業，沒有利用資訊科技還能有效營運，因為跟顧客、供應商及夥伴之間有電子連結，企業可以在任何時間、任何地點做生意。使用電腦與軟體的企業，能夠大幅度地改善營運的速度、精確性與成本。

電腦化資訊系統 MIS 建立在電腦硬體與軟體，蒐集與處理資料，並儲存與散播所產生的資訊。

電腦化資訊系統 (computerized information system, CIS) 是由電腦

及其相關硬體(周邊設備)和軟體所構成的資訊系統。電腦剛開始是工程工具，後來主要用來儲存資料。現在電腦對企業非常重要，文字處理與電子試算表的軟體改變企業做生意的方式。

以下簡要描述過去企業應用電腦的方式。

1960 年代：銀行使用電腦在自動支票處理，即電子記錄會計機 (Electronic Recording Machine Accounting, ERMA)。

1970 年代到 1980 年代：電腦透過電子資料交換 (Electronic Data Interchange, EDI) 來傳送與接收訂單、發票與運送通知，電腦之間編譯與傳輸資訊的標準方式通常透過加值型網路 (value-added network, VAN) 進行私人溝通。但是 VAN 的設置與維護成本高，讓許多中小型企業無力採用。

1980 年代：電腦透過內部溝通網路，即電腦輔助設計 (computer-aided design, CAD)、電腦輔助工程 (computer-aided engineering, CAE) 及電腦輔助製造 (computer-aided manufacturing, CAM)，讓工程師、設計師及技術人員能存取，以及進行設計專業、工程繪圖與技術文件等工作。

1990 年代：網際網路讓電子商務更加普遍，甚至連最小的家庭辦公室都負擔得起。不論規模大小，企業開始透過公開網際網路、內部網路 (intranet，僅供公司內部使用) 或外部網路 (extranet，企業與夥伴間) 及私人加值型網路與他人溝通。

2000 年代：配備感測器與致動器的物聯網 (Internet of Things, IoT) 透過網路連結到電腦系統，利用網際網路協定 (Internet protocol, IP) 連結，不需人工就能溝通。例如，資訊科技與營運技術匯集在零售點，「這需要許多資料來源的縝密整合：即時的位置資料 (購物者在商店內的行蹤)、建築物內感應器連結的資料、顧客關係管理資料，包括購物者線上瀏覽記錄，以及貨架上商品標籤的資料，告訴顧客進入那個特定，通道可以使用過去上網觀看商品後傳送到手機的折價券。」

電腦資訊系統可能是集中式或分散式，我們分別簡要說明後，再探討電腦運作。

集中式的 CIS 由高階管理階層指揮與控制，通常是資訊長，這種 CIS 的功能是：

> **物聯網**　由凱文・阿什頓 (Kevin Ashton) 率先使用的名詞，「描述透過網路連結真實世界的標的到網際網路。」

用更具效能與效率的方法協助組織中其他部門運作，除非資訊系統範圍也對外部使用者銷售電腦服務，否則這個部門不會製造最終產品或產生外部收益。因此，CIS 最重要的重點是，資訊系統範圍內的管理者要了解客戶部門及整個公司的運作。

CIS 功能分布在高階與組織中其他管理階層，稱為分散式，每個分散式 CIS 部門稱為資料中心 (data center)，主要是透過提供自己所屬的軟硬體與專業人員 (機器操作員及程式設計師) 服務單位成員。

分散式 CIS 導致使用者自建系統 (end-user computing)：由不受到高階管理階層控制的人員使用資訊系統，通常用以運作有效率的辦公室技術，包括語音郵件、文字處理和桌上出版，當這些元件透過網路相互連結，即形成辦公室自動化系統 (office automation system, OAS)，雖然使用者自建系統可以刺激創新的問題解決方案與決策，但會為管理者帶來一些附帶的問題。

第一個問題是控制，必須付出心力讓許多使用者自建系統相互合作，以免重複工作與帶來浪費，高階管理階層與其他單位必須鼓勵與他人分享有用的方法，並讓他人知道專案與流程。

第二個問題是重複昂貴的軟硬體，規劃人員必須確定這些元件能完全相容，能夠透過合適的介面與網路有效地分享與交換資料。

第三個問題是取得的優先順序、存取組織的系統及其資料庫 (database) (為方便與快速檢索而安排的資料集合) 的權限帶來的挑戰。在現今的企業環境，員工與顧客都想要立刻存取資訊，因此，成功的網站會有資料庫，以交換與儲存資訊，只要使用者有網站瀏覽器與網際網路連線，就可以透過網際網路存取資料。簡單的資料庫可能只有姓名與地址的清單，也可能包含所有組織認為能與顧客更有效溝通的所有資料，其他的資料庫可能是產品型錄。資料庫有助於組織探討與回答問題，使用者直接與資料庫溝通以取得資訊。

Amazon.com 大多數的銷售額來自有效使用資料庫技術。例如，亞馬遜會以姓名稱呼回頭客，並推薦個人化的書籍與產品。這種技術稱為協同過濾 (collaborative filtering)，會檢視顧客過去的購買記錄，並與所有其他顧客做比較，能提供顧客可能還對其他那些事物有興趣的預測。

資料庫是組織最有價值資產 (遺失或減損可能造成公司倒閉) 之

資料中心 分散式 CIS 的部門，透過提供自己所屬的軟硬體與專業人員 (機器操作員及程式設計師) 服務單位成員。

使用者自建系統 由不受到高階管理階層控制與指揮的人員使用資訊系統。

辦公室自動化系統 能讓辦公室有效運作之科技的集合。

資料庫 為方便與快速檢索而安排的資料集合。

一，可以想像美國運通 (American Express) 或紐約證券交易所 (New York Stock Exchange) 的電腦當機，缺乏訓練有素的用戶或存取和日程安排的控制不足，使系統和元件容易受到損壞或破壞。

資料庫可以內部自行開發、委外或兩者同時進行。存取外部資料庫很有用，但可能很昂貴。因為外部使用者通常根據他們與商業資料來源聯繫的時間計費，公司的資料庫使用者或許可以獲取資訊，並與組織內其他人分享，因此避免時間與費用的重複投入。外部使用者也可能訂閱服務。律商聯訊 (LexisNexis) 是外部資料庫的案例，它是法律、風險管理、公司、政府、執法、會計與學術市場等專業領域的資訊供應商。

本章的後續單元專注在管理資訊系統，需要某種程度的電腦化，且能夠完全或部分符合電腦化資訊系統。

電腦作業

電腦硬體由投入裝置、控制單元、中央處理單元 (central processing unit, CPU)、儲存裝置及產出裝置所構成。電腦系統也包括軟體——給予硬體執行處理與儲存資料的程式。電腦軟體包括二個基本的程式類型：作業系統與應用程式。**作業系統** (operating system) 包含「一組廣泛且負責的程式組合，管理電腦的運作與應用程式的執行。」換言之，它是控制電腦運作之電腦程式的集合。

作業系統 一組廣泛且負責的程式組合，管理電腦的運作與應用程式的執行。

電腦製造商設計電腦以執行一個或多個作業系統，IBM 在 1981 年推出個人電腦 (personal computer, PC) 並帶動溝通革命，它搭載英特爾 (Intel) 處理器 (8088)，並搭載微軟的作業系統 MS-DOS，大多數與 IBM 相容的 PC 配備微軟的 Windows，採用圖形使用者介面，蘋果 Macintosh 電腦採用不同的運作架構，以較大型 IBM 機器 (主機與微型電腦) 執行 MVS、DOS/VSE 及 Linux 作業系統。

應用程式 設計用以執行特定任務的軟體程式，如文書處理。

應用程式 (application program) 為設計用以執行特定任務的軟體程式，如文書處理、繪圖設計、會計與財務、生產營運與行銷、人事與存貨控制等，某些會由使用者自行開發，某些則可能直接向外採購，知名的現成軟體如 Adobe Photoshop、Quicken 及微軟 Office (Word、Excel、PowerPoint、Access 及 Outlook)。行動網路日漸普及，廠商開發各種能下載到電腦或行動裝置的軟體程式 app，本章的「管

管理社群媒體

行動裝置

2015 年 3 月，僅限行動成人網路的使用者數量首度超越僅限桌上型網路使用者 (ComScore)。根據摩根士丹利 (Morgan Stanley) 分析師瑪麗·米克爾 (Mary Meeker) 的說法，全世界現在處於過去半個世紀的第五個主要科技循環的中期。過去的四個循環包括 1950 年代到 1960 年代的主機年代、1970 年代的微型電腦年代、1980 年代的 PC 年代，及 1990 年代開始的桌上型網際網路年代。目前的循環是行動網際網路的年代。

智慧型手機的普及大幅提高行動網路的使用率，這個趨勢帶動許多公司開發行動應用程式，通常稱為 App。行動網頁可以連結所有智慧型手機與非智慧型手機，以及載具。App 可以提供各種服務，也可以下載到行動裝置，以使用遊戲、社群媒體、音樂，以及訂購食物與機票等服務。

大部分的人花在智慧型手機的時間與掛在網路上的時間不同，「他們想要獲得尋找的東西，然後就會離開」(Marketing News)。更進一步而言，使用者想要「立刻能夠做事情的工具」(Marketing News)。他們希望 App 是方便與容易使用和分享，達美樂披薩 App 就是很好的例子，顧客可以在等紅綠燈時訂披薩，也可以透過三星的智慧電視，在福特汽車上訂披薩，還有智慧手錶、文字訊息或透過 emoji 傳訊息到達美樂的推特帳號。

- 透過存取雲端資料可以在任何時間與地點工作，理想的行動網頁還可以提供哪些工作團隊使用的功能？

資料來源：Jonathan Maze, "How Domino's Became a Tech Company," March 28, 2016, http://nrn.com/technology/how-domino-s-becametech-company; ComScore, "Number of Mobile-only Internet Users Now Exceeds Desktop-only in the U.S.," April 28, 2015, https://www.comscore.com/Insights/Blog/Number-of-Mobile-Only-Internet-Users-Now-Exceeds-Desktop-Only-in-the-U.S.; "Value Will Make Your App Stand Above the Crowd," Marketing News, March 15, 2011, p. 13. The Mobile Internet Report by Morgan Stanley Global Technology & Telecom Research analysts, December 15, 2009, http://www.morganstanley.com/institutional/techresearch/mobile_internet_report122009.html.

理社群媒體」專欄將討論行動網站的重要性。

客製化開發的應用程式，包括波音的設計與工程套裝軟體、諾福克南方 (Norfolk Southern) 的電腦輔助報告系統，以及 SABRE 旅遊系統與解決方案。系統設計師首先考慮軟體符合公司的需要，再選擇能執行這些軟體的硬體設備，必須小心確保公司內的使用者群體與單位都能使用所有設備與軟體。如果以 SABRE 系統來說，也必須能讓旅行社等外部使用存取。

16.5 資料處理模式

5 說明兩種基本資料處理模式

在商業領域通常使用兩種資料處理模式：批量處理與交易處理。

批量處理 (batch processing) 是隨著時間蒐集資料，並且根據預設的政

批量處理 隨著時間蒐集資料，並根據預設的政策與程序將資料輸入資料庫。

策與程序將資料輸入資料庫。例如，內勤人員可能從外部業務人員蒐集訂單，在每週的最後一天輸入訂單資料庫。因此，若管理者對系統提出要求，他或她必須等到這個批量處理完畢時才能得到。

一般而言，例行性商業活動或交易會記錄成事件，而電腦化資訊系統會對這些交易保持追蹤，就是一種**交易處理系統** (transaction processing system, TPS)。在這種**交易處理** (transactional processing) 中，每次交易發生時得到的相關公司營運資料會立刻輸入資料庫。為了完成交易處理的功用，某些類型的資訊必須即時輸入系統，或盡可能做到接近即時。如果沒有立刻輸入，當使用者與管理者需要時就無法得到資料。銀行的自動櫃員機 (ATM) 在交易發生時會記錄在公司的電腦記憶體；旅行社的訂位會直接進入資料庫。大部分的 CIS 都是交易處理系統，才能產生最佳結果。

> **交易處理系統** 公司日常營運活動的電腦資訊系統。
>
> **交易處理** 每次交易發生時得到的相關公司營運資料會立刻輸入資料庫的電腦程序。

6 討論連結電腦系統的各種方法

16.6 連結電腦系統

在理想的狀況下，所有的公司與員工會有相同且最新的電腦與軟體，能夠很容易與他人溝通。然而，現實狀況是公司及顧客、供應商與夥伴，都使用各種不同的資訊科技，在容量與作業標準上都不相同。

如何讓數百台由各種供應商製造、在各種不同的網路運作以及使用不同軟體程式的電腦互相溝通？答案是可以透過使用中介軟體 (middleware) (開發類似網路、軟體程式與電腦之間的相容性連結) 讓它們相容。例如，在銀行業，中介軟體讓信用報告機構或分行的每台電腦獨立運作，不需要改寫程式就能緊密與他人合作。

兩台或更多台電腦之間的電子連結稱為**網路連結** (networking)，這種連結 (由伺服器、橋接器、PBX、閘道器與數據機) 讓電腦直接溝通，例如透過電子郵件與檔案分享 (透過纜線、電線、微波、蜂巢式或無線網路或光纖)。

> **網路連結** 兩台或更多台電腦之間的電子連結。

網路是一組相互連結的電腦，包括硬體與連結硬體的軟體。區域網路 (local area networks, LAN) 透過設備將電腦連結，以每秒百萬位元的速度傳輸資料，可以利用橋接器連結。網域網路 (wide area networks, WAN) 將電腦及其區域網路連結到遠端位址，包括連接到

網際網路 (由電話線連結電腦的全球網路)，大部分的公司利用網域網路連結到遠端營運，並與顧客、夥伴與供應商相互連結。

網際網路是開放的電腦網路，提供全世界的資訊交換與溝通，網際網路允許在時間、空間、思想和情感上經常遠離的人們能與他人連結，沒有時間與地點的限制，聲音、影像與資料訊息可以透過電話線同時傳送，數據機連上電話線透過閘道器連結到電腦及區域網路。

網際網路用來作為公開網路溝通的協定，稱為 TCP/IP (Transmission Control Protocol/Internet Protocol)。協定是指電腦之間傳輸資訊的規則與標準。電子郵件最常用的 TCP/IP 協定是 SMTP，Usenet 新聞群組則採用 NNTP，檔案傳輸用 FTP，伺服器之間的直接交換用 DNS。TCP/IP 也廣泛用來建立私人網路，稱為內部網路，可能可以透過網際網路存取。

梅卡菲定律 (Metcalfe's Law) 解釋網際網路的病毒式成長，意指當更多人連結到某個系統，接觸網路獲得價值，會再吸引更多人加入，如此不斷循環。如同本書經常提到的，「網路連結出現最大的報酬是當公司利用它藉由其顧客 [與供應商] 而做得更好時。」例如，在某個飯店網站，網際網路使用者直接連結到訂房資料庫，透過信用卡就可以完成訂房，還有各種安全機制保護使用者。請參見本章的「道德管理」專欄說明安全與隱私議題。

16.7 CIS 管理工具

7 解釋決策支援系統的目的

有效能的管理者使用各種資產完成工作。在協助管理者規劃、組織、用人、領導與控制工作上，很少有其他資產能與電腦匹敵。電腦科技最大的優點是在 MIS 架構下自動處理資料的能力，電腦系統的能力與彈性只會受到使用者想像力的限制。然而，重點是必須記得，就像某位受尊敬的管理學手冊編著者警告讀者：「電腦沒有人腦的感覺、認知或彈性。」

決策支援系統 管理者現在可以取得大量的資料，由富有想像力的思想家發展出 CIS 的變形——決策資源系統。一般而言，MIS 會根據排程產生標準的報表，可能提供詳細資料的概況或整體圖像，例

道德管理

與顧客保持密切關係會讓你太靠近

努力接近與保持跟顧客的密切關係，許多公司深入採行資料庫行銷 (database marketing)，蒐集所有關於顧客的可取得資訊，存入中央資料庫，並利用這些資訊推動目標行銷活動，如產品開發與廣告訊息。畢竟越多公司了解你與你的需要，就更能夠滿足你。許多公司需要客製化的方法，現成軟體做不到。基於這個理由，許多公司已採取和供應商與夥伴的開卷式管理。

當你利用郵件、親臨或透過網際網路購物，可能散發某些個資給他人，包括你的姓名、地址、電話號碼、電子郵件帳號、信用卡卡號等。此外，當機靈與積極的銷售人員詢問某些特定以行銷為目的的問題時，你提供的資料就可以用來作為未來銷售之用，公司會尋求任何形式的顧客回饋，並用來改善營運、產品與服務，公司將這些資訊儲存在資料庫，而且經常會與其他公司分享，監理處可能會販賣你的駕照資訊、信貸局則專門銷售你的信用卡記錄。

1. 這篇文章提到哪些隱私議題？
2. 你希望擁有你個資的企業採取哪些保護措施？
3. 你知道有哪些法律是有關保護個人隱私的？

資料來源：U.S. Federal Trade Commission, Privacy and Security, https://www.ftc.gov/tips-advice/business-center/privacy-and-security.

如總計或圖形與圖像；另一種報表的類型可能顯示需要管理者注意的例外或情況。

資料的創新視覺呈現帶給觀察者洞見，幫助他們學習更多。圖像會比一長串數字更容易讓大多數管理者學習，而且使用者可以直接與資料互動。

有別於 MIS，決策制定者可以直接與**決策支援系統** (decision support system, DSS) 互動，提高決策過程的速度與彈性。互動式的軟體系統將管理者的經驗、判斷與直覺與電腦資料存取、呈現與分析能力融合，決策制定者可存取資料庫以產生非標準化的報表，可以用在個別問題上。內部資料來源可能包括公司的顧客、訂單型態及存貨水準等資料；外部資料來源則可能包括由政府編輯的顧客人口統計資料、郵寄名冊與普查資料。管理者可以用各種方法分析、操作、形成、展示與產出資料。

DSS 提供模式化功能協助解釋轉換後的資訊，每個 DSS 都是為解決企業本身的決策問題而發展與調整的，DSS 程式會購買現成或由公司自行開發。在 DSS 系統，行銷經理可能要求電腦「如果降價10%，銷售量會有什麼變化？」系統將會操作模型與儲存的資料，然

> **決策支援系統** 一種 CIS 的特殊變形，分析模式是將管理者的經驗、判斷與直覺加入電腦的資料存取、呈現與計算過程；讓管理者透過鍵盤與相互連結的程式與資料庫互動。

後呈現可能的結果：生產量、銷售量、存貨、收益與成本。

專門的最終使用者決策支援程式包括**專家系統** (expert system)，該軟體儲存一組授權的知識，以供需要做出與主題相關之決策的非專家存取。為了建立系統，資訊專家研究分析某個議題或解決某個問題之專家的方法，然後撰寫模擬專家的方法與技術的程式。

專家系統是**人工智慧** (artificial intelligence, AI) 的一種類型，人工智慧是指自我學習、感知與思考的電腦能力。AI 的其他分支包括語音辨識系統、語音合成程式、電腦視覺程式及類神經網路。根據普渡大學 (Purdue University) 工程與電腦科技教授雷‧艾伯特 (Ray Eberts) 說：「類神經網路是經過大腦模式化的電腦程式，可以根據過去的案例或經驗學習執行任務與決策。」專家系統的基本變形是利用類神經網路協助醫師、律師及車庫技工診斷與分析醫療、法律和機械等問題。

知識管理 (knowledge management, KM) 是指辨認、獲取、評估、檢索與分享公司智慧資本及技術知識資產的整合方法。KM 在第 3 章曾介紹，KM 軟體或專家分析引擎是購買現成或由公司自行開發，為了尋找解決難以修復問題的方法，全錄開發 Eureka，是設計用來協助服務工程師解決耗時且難以解決之維修問題的線上知識分享系統。雷‧艾弗利特 (Ray Everett) (1990 年代初全錄的現場工程師，現在是 Eureka 的程式經理) 表示其影響是強大而直接的，「你想要從不知道如何修理某些東西，到立刻得到答案，而且你可以在一天內與全世界的同事分享解決方案，與過去需要幾週的時間完全不同。」請參見圖表 16.4 顯示全錄的 Eureka。

在此應該強調的是，DSS 是一套分析式的支援系統，並非決策者。正如二位專家所觀察的，「DSS 讓管理者可以更透徹地用許多不同的解決方案來檢視某個問題與經驗，這個趨勢給予管理者在決策時更大的信心，由於探索許多的可能性，通常不會讓決策過程更快速。」

通用磨坊 (General Mills) 透過讓自主製造團隊可以取得適當資料的方式，使團隊得以制定自己的決策：

> 例如在某些飲料廠，四班制的 20 人團隊接到行銷計畫與生產成本的通知。人力資源主任達里爾‧戴維 (Daryl D. David) 說：「通

專家系統 一種特定的最終使用者決策支援程式，儲存一組授權的知識，以供需要做出與主題相關之決策的非專家存取。

人工智慧 機器執行通常需要智慧思考之行動的能力，給予機器自我學習、感知及思考的能力。

知識管理 公司的人力與科技知識資產的整合。

圖表 16.4　全錄的知識管理

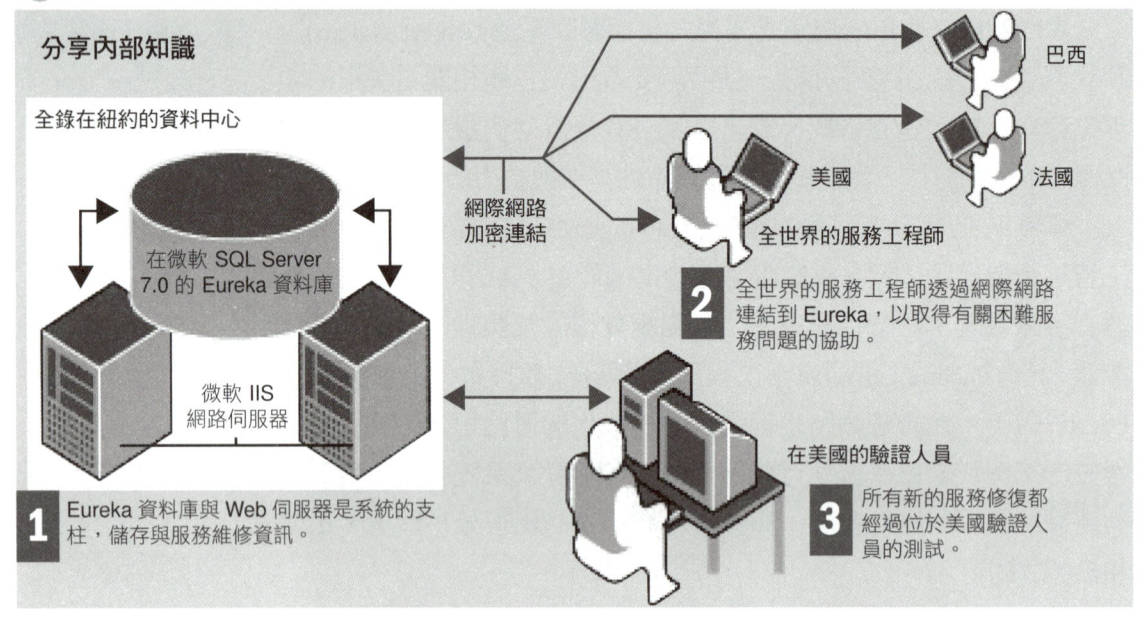

分享內部知識

全錄在紐約的資料中心

在微軟 SQL Server 7.0 的 Eureka 資料庫

微軟 IIS 網路伺服器

網際網路加密連結

巴西
美國
法國

全世界的服務工程師

在美國的驗證人員

1. Eureka 資料庫與 Web 伺服器是系統的支柱，儲存與服務維修資訊。
2. 全世界的服務工程師透過網際網路連結到 Eureka，以取得有關困難服務問題的協助。
3. 所有新的服務修復都經過位於美國驗證人員的測試。

資料來源：Sarah Roberts-Witt, "A 'Eureka!' Moment at Xerox," *PC Magazine*, March 26, 2002, http://www.pcmag.com/article2/0,2817,28792,00.asp. Reprinted with permission. Copyright © 2002 Ziff Davis Media Inc. All Rights Reserved.

常管理者擁有他們觸手可及的資料。」自我管理團隊執行任何工作，從生產排程到放棄品質不符標準的產品，而且他們的獎金是根據工廠績效計算，通用磨坊 60% 的工廠已經轉換為這種高績效工作系統，這種方法帶來生產力的大幅提升，公司目前正在推廣到全公司的所有營運項目。

群體決策支援系統　一種決策支援系統的變形，讓群體聚焦在某個問題，與他人互動並交換資訊、資料及構想。

另一種決策資源系統的變形是群體決策支援系統 (group decision support system, GDSS)。GDSS 讓群體 (如產品或流程設計團隊) 聚焦在某個問題，與他人互動並交換資訊、資料及構想。GDSS 用在腦力激盪與解決問題的會議，並可促進各種會議的進行。例如，一群參與者在辦公室或遠端的終端機工作，在某位主持人的指導下，在構想與問題提出時可以即時的互動，GDSS 需要網路連結與協作軟體程式。

當公司是評價與獎酬團隊及聚焦在水平過程的公司文化，使用協作軟體最有效。波音即展現這種公司文化：

波音在埃弗里特 (Everett) 建造 10 個多媒體室供協作團隊使用，一位波音團隊領導者約翰‧拉‧波塔 (John La Porta) 說：「他們

全年無休，」接著又說：「任何時間都有一些地方是白天。」在某個下午舉行的會議，成員有波音的工程師團隊與在日本的三菱重工有限公司 (Mitsubishi Heavy Industries Ltd.) 同事，而另一個群體則與在日本川崎重工有限公司 (Kawasaki Heavy Industries Ltd.) 以及澳洲的 Hawker de Havilland（波音的子公司）團隊共同工作。由波音開發的視覺應用軟體能讓團隊即時檢視複雜的幾何圖形，在圖形下載時沒有時間落差。波塔說：「工程師與工程師之間對話的語氣親和。」會議以英語進行，是與全世界各種不同母語對話所需。

請參見本章的「重視多樣性和包容性」專欄，網路連結對從多樣性群體與個人獲得利益有何貢獻。

主管資訊系統 **主管資訊系統** (executive information system, EIS) 是一種決策支援系統，主要用以協助主管制定決策。EIS 又稱為**主管支援系統** (executive support system, ESS)，通常主管會用來做預測、策略

> **主管資訊系統** 一種決策支援系統，主要用以協助主管制定決策，包括預測、策略性規劃及其他元素。

重視多樣性和包容性

協同合作和多樣性

對很多人而言，在企業的環境中溝通相當困難，尤其是少數民族面對更大的挑戰。來自某些文化與種族背景的人，不願意當面向他人表達真正的意見，特別是對比自己更年長的人。他們被教導：任何衝突都不受歡迎，且必須順從比他們年長的人。但不管文化背景如何，他們都有在別人面前說話時感到困難的經驗，而且他們從未被詢問過意見，或者意見被忽略。協同合作軟體資訊科技，透過隱藏貢獻者與貢獻內容，可以幫助人們克服這些問題。微軟的 SharePoint 是一種協同合作軟體，它促進分享與管理整個分布式系統的文件，讓所有使用者可以看到同樣的資訊，產生的報表可以幫助使用者制定更好的決策。

透過電子方式與他人互動的美妙之處在於不用面對面溝通，當然，網路會議例外，在網路會議系統，執行長可以傳送直播的影音給全世界的辦公室，它的選項可能包括分享投影片的能力、參與者之間直接私訊、出席者名冊、進行民意調查、分享檔案與應用程式、在連線時存檔會話與影音。

許多使用協同合作軟體的公司，他們的經驗是大部分的員工利用這些軟體更能坦率地表達自己。不用擔心得到負面回饋或和他人產生矛盾，並提出貢獻。人們可以走出自己的文化，知道自己的貢獻將會被考慮與記錄，有效地排除「留點面子」與順從長者的想法，因為沒有人確切知道是誰提出的貢獻。貢獻必須取決於本身的優點，因此，某些貢獻會比其他貢獻受到更高的重視。

- 透過協同合作軟體向你的主管和同事提出建議，比在充滿壓力的會議裡提出還要容易。協同合作軟體的業務優勢是什麼？

規劃、執行風險與成本效益分析、模擬企業經營、線性規劃、監督品質、生產力、道德與社會責任，以及追蹤關鍵成功因素與股東期望。EIS 與 DSS「在能存取其他組織的資訊系統時特別有用」。

精密的 EIS 可以整合許多層次的資訊與摘要，使用者可以得到來自處室、部門、功能、個別員工或個別交易的資料。更進一步而言，外部資料庫資源的指數型成長都可以透過電子化存取。

如第 2 章所述，公司可以用企業來代表。公司可以是大型或小型的，但大多數的情況下，企業代表需管理大量資訊的組織。**企業資源規劃系統** [enterprise resource planning (ERP) system] 使用共同資料庫，以整合企業各領域的資訊，例如人力資源、會計與製造，此作法可以讓任何階層的決策者存取所需的資訊。

賦權包括與團隊和個人以及管理者分享資訊，讓他們能制定決策。請參見圖表 16.5 描述資料投入、資訊系統、使用者及資訊產出的關聯。

> **企業資源規劃系統** 一種廣泛的軟體系統，整合各種資料來源，並與各種企業流程連結，讓資訊流通更加平順。

8 討論資訊系統管理者會遇到的挑戰

16.8 管理資訊系統

為了有效管理 IS，組織必須處理四個主要挑戰：克服對新的與不同事物的抗拒、讓員工會使用系統、決定保留哪些營運項目，以及哪些外包和評估系統運作的結果。許多公司在合併後，面對提高承接員工使用更先進 CIS 的任務，因此公司可能外包部分基礎訓練，直到部分新進人員熟悉技術後，再讓這些人訓練其他人。

克服抗拒

讓人們有效使用 IS 或 MIS 可能相當困難，教授兼顧問湯瑪斯‧達文波特 (Thomas H. Davenport) 認為，因為管理者「頌揚科技但忽略人類的心理。」他們建立縝密的 IT 系統，且懷疑人們為何不適當使用，疏忽關心組織的文化及組織內的人如何獲取、分享與使用資訊。達文波特進一步指出：「從 1960 年代中期開始的研究顯示，大部分的管理者不依靠以電腦為基礎的資訊做決策。」

前 Electronic Data System 公司客戶／伺服器科技服務的主任提出其他的觀點：「問題不在於科技，而是公司流程，公司必須徹底改

圖表 16.5　資訊系統與使用者

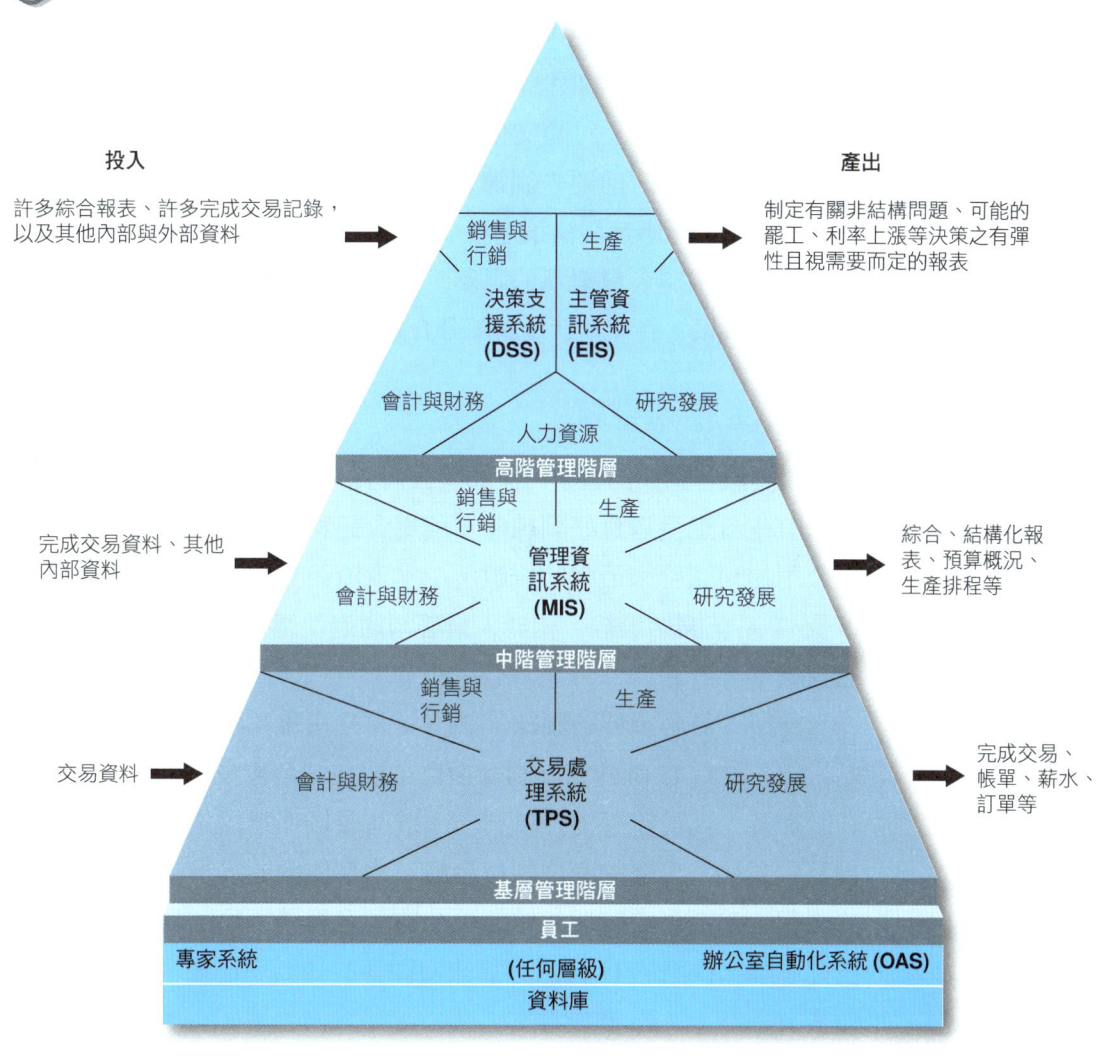

投入

許多綜合報表、許多完成交易記錄，以及其他內部與外部資料

完成交易資料、其他內部資料

交易資料

產出

制定有關非結構問題、可能的罷工、利率上漲等決策之有彈性且視需要而定的報表

綜合、結構化報表、預算概況、生產排程等

完成交易、帳單、薪水、訂單等

金字塔層級（由上至下）：
- 銷售與行銷、生產、決策支援系統 (DSS)、主管資訊系統 (EIS)、會計與財務、研究發展、人力資源
- **高階管理階層**
- 銷售與行銷、生產、管理資訊系統 (MIS)、會計與財務、研究發展
- **中階管理階層**
- 銷售與行銷、生產、交易處理系統 (TPS)、會計與財務、研究發展
- **基層管理階層**
- 員工（任何層級）
- 專家系統　資料庫　辦公室自動化系統 (OAS)

資料來源：Brian K. Williams, Stacey C. Sawyer, Sarah E. Hutchinson. *Using Information Technology*. 3rd Edition. Boston: Irwin, McGraw-Hill, 1999, p.467.

變做生意的方法，但很困難。」例如，一家傳統功能別且是垂直命令結構的組織，將會發現很難改變資訊蒐集與分享的方法，這種結構阻礙資訊的流通與存取；這種結構具有太多組織階層，而且會過濾快速傳播的訊息及重要事實與圖形的使用。

　　人們畏懼改變，而且在面對他們不懂的機器、技術與術語時，通常會變得不理性。就像顧客被組織的語音郵件系統嚇到與困擾一樣，員工在面對使過去慣例複雜化或消除的科技也會有同樣的反應。資訊科技鼓勵且依賴資訊分享，但是人們通常會學習到資訊是寶貴

的商品,需要受到保護,特別是資訊的產生與使用和報酬有關時。「改變公司的資訊文化,需要先改變有關資訊的基本行為、態度、價值觀、管理期望與誘因。」

第 9 章已經深入討論文化與變革,在此再次提起,主要原因是要強調進行變革之前要先訓練員工。首先,為了有效推動變革,跟變革有關的人員應參與決策過程;其次,應該透過訓練或發展方案,通知並警告相關人員變革的阻礙,且給予時間做準備。有關這個議題的額外資訊,將在本章後續部分介紹。

讓員工會使用系統

由美國勞動部出資,一家顧問公司與二所大學所做的研究指出:「只有在員工受過良好訓練時,利用資訊科技改善企業流程,才能為公司的利潤帶來最大的貢獻。」本章所說克服抗拒同樣重要,當 IS 及 IT 系統開始上線,相關人員必須通過使用這些技術與支援服務的訓練。

支援人員必須持續訓練,航空貨運公司聯邦快遞就體認到這一點,認真進行 IS 訓練。其訓練項目主要在三個專業領域:科技、商業訓練及「人員流程提升」技巧,這些領域都可以透過核心商業課程及聯邦快遞專屬的商業課程發展。聯邦快遞的人員流程提升技巧的課程,包括專案管理、領導訓練與創意思考。除了當前採用的科技外,聯邦快遞的 IS 員工必須知道顧客的知識與需要,以有效服務顧客。

外包

位於麻薩諸塞州的 Computer Science 公司在 1988 年到 2001 年針對高階 IT 管理者進行重要議題調查,這項調查追蹤企業在推動資訊科技演變時面對的策略與技術議題。在調查期間,對於為何要外包的回答都維持不變:降低成本與改善服務。

外包服務成效豐碩的公司有戴爾、Computer Sciences 公司、AT&T、IBM 及優利 (Unisys)。這些公司與專精在提供最新科技的小型夥伴,通常能在 IT/IS 各種服務的成本較低,因此能提供顧客更好的控制與效率。

對許多公司而言，在制定外包 IT/IS 服務 (部分或全部) 決策時，會自問一個簡單的問題：「特定的 IT 營運能否提供策略性優勢？或者它是一種一般性商品，無法讓我們與競爭者不同？」當可以找到更有效率的提供者時，一般性商品通常會外包，把其他的營運留在公司自己做。但有研究建議這個考量點是次要的，「公司的整體目標是極大化彈性與控制，因此當公司學習到更多或環境變動，可以追求不同的選擇方案。」

Chasm Group 創辦人暨董事長及 Mohr Davidow Ventures 投資夥伴傑佛瑞·摩爾 (Geoffrey Moore)，區分外包核心與一般營運活動：

> 讓你與眾不同及帶給你競爭優勢的任何事物都是核心，其他的都是一般營運活動。一般營運活動必須做，因為你的顧客、政府或自己的員工需要，所以必須做好。但是就算你做得非常傑出，也不會為你帶來競爭優勢；若是你沒有做好，就會損害你的優勢。因為一般營運活動有缺點而沒有好處，公司必須親自做核心活動，而將一般營運活動外包。

在外包 IT/IS 營運活動前，公司必須知道自己的營運活動是什麼，以及各項活動需要什麼 IT/IS。接著，必須分析這些活動如何才能有效率與有效能。如果需要改善，就必須自問要由公司內部人員或外部人員來做比較好？如果答案是外部人員，代表內部人員無法有效提供更好的服務；如果不是，在什麼條件及情況下這些服務將由外部人員提供，以及若外部人員無法提供適當支援時會有什麼結果？我們可以承受這些結果嗎？外包的關鍵之一是，保留對外部供應商與服務某種程度的控制與彈性。此外，必須知道所有的情境與答案都會不斷地改變，因此必須持續稽核 IT/IS 運作，請參見本章的「全球應用」專欄中，英國石油的 IT 外包方法。

評估結果

由於資訊科技快速變動，許多公司將桌上型電腦與筆記型電腦當作消耗性設備，耐用年限大約 2 年到 3 年，經常需要再購。內部人員與外部人員 (外部使用者包括顧客與顧問) 的稽核，將會找到 MIS 與 CIS 的運作應該如何及不應該發生什麼事。首先，系統使用者必須加以評估，他們是第一個知道系統能否符合需求的人；第

全球應用

英國石油的 IT 外包

英國石油的資訊科技外包作法，已經成為其他管理者監督外包業務的案例。British Petroleum Exploration (BPX) 是全球最大石化集團英國石油的一個部門。在 1993 年，BPX 決定中止聚焦在支援企業營運，並開始聚焦在執行面，因此將所有 IT 營運外包，並縮減將近 1,150 名 IT 人員。

經過嘗試管理多重服務提供者，以及研究公司採取單一提供者的方法後，該公司形成外包願景。尋找了解其市場與能力，並致力於創新、顧客服務與降低成本的企業。公司謹慎篩選 65 家企業後，提出 6 家可能的服務提供者名單，要求這 6 家簽訂策略聯盟，以達成 BPX 的成本目標及 IT/IS 需要。最後有 3 家讓 BPX 滿意並錄用，簽訂剛開始為期 2 年的契約，共同提供「分布在全球 [它的] 42 個事業體單一無縫的服務。」

某個契約商是主要提供者，並協同其他企業的服務。這些契約商外包並管理他們無法提供的任何服務，而公司的 IT 部門則是管理主要契約商，事業單位可能與客製化服務的 IT 供應商簽訂契約。BPX 擁有稽核供應商的權利，並每年進行評估。供應商已成為產業內其他公司的標竿，這些供應商將成本降到低於 BPX 保留一半資金的目標。

1. 外包是將營運活動移轉給外部提供者，是讓公司能降低成本並改善營運能力的工具。當你無法直接控制提供者的情況下，如何讓外包具有成本效益？
2. 內包是公司將營運活動轉回自己控制的決策。請研究內包 (insourcing)，並解釋為何一家公司 (例如 BP) 會決定內包而不是外包？

資料來源：John Cross, "IT Outsourcing: British Petroleum's Competitive Approach," *Harvard Business Review*, May–June 1995, pp. 94–102.

二，資訊長與資訊科技經理也必須進行稽核，主要的焦點是系統能否在預算內有效能與效率地符合需求，他們的稽核應包括定期分析 IT 政策及傳遞 MIS/CIS 服務的成本，也必須對所有人員與設備進行年度盤點，以確定需要與能力。整體擁有成本生命週期 [Total Cost of Ownership (TCO) Lifecycle] 模型是評估成本與營運流程的範例，該模型評估參與的人員、流程與科技展示 IT 營運成本，並提供降低這些成本的方法。

習題

1. 什麼原因讓資訊對決策者有價值？什麼原因讓資訊有用？
2. 組織與其策略性事業單位如何建構資訊系統？
3. 組織如何決定讓資訊系統具有效能？
4. CIS 為使用者執行哪些基本功能？
5. 你認為下列經營活動應採取什麼資料處理模式？(a) 處理航空訂位；(b) 處理各部門每天營運的總銷售額；(c) 衡量非生產線製造之餅乾的品質。
6. LAN 如何運作？WAN 如何運作？為何多數公司需要這二種設備？
7. 決策支援系統是什麼？有哪些類型？
8. 公司如何決定是否將 IS 或 IT 功能外包？IS 或 IT 是否有效運作？人員使用 IT 或 IS 是否得到最佳利益？

批判性思考

1. 假設你是一家被大型銀行併購的鄰里銀行資訊長，每個機構都有不同的軟體與硬體，為了與母公司的網路適當連結，你必須為 IS 做些什麼？
2. 你被指派建立與領導一個委員會，評估公司的 IS 與 IT，你如何選擇委員會的成員？第一次會議應該討論什麼？
3. 不同管理階層所需的資訊有何不同？為何所有管理者的電腦都必須跟內部人員（內部網路）與外部人員（網際網路）有網路連線？
4. 在數位年代，資訊扮演決定性的角色，杜拉克在《連線》(Wired) 雜誌 (1998 年 3 月) 提到：「經濟理論仍然以稀少性定理為基礎，尚未利用資訊。當我賣你一支手機時，我就不再擁有這支手機；當我賣資訊給你時，我可以透過你擁有的各種面向與知道你擁有的資訊，而擁有更多資訊。」請解釋杜拉克的說法，這對管理者有什麼意義？

第六篇　控制

Chapter 17
控制：目的、過程與技術

©Shutterstock

學習目標

研讀完本章後，你應該能：

1. 描述控制與其他四個管理功能的關係。
2. 列舉與描述控制過程的四大步驟。
3. 說明前瞻、同步、回饋控制的本質與重要性。
4. 描述控制系統的重要性。
5. 解釋有效控制的特性，以及能讓管理者更有效控制的步驟。
6. 說明三個主要財務報表的內容，以及管理者如何使用。
7. 解釋比率分析，以及管理者採用的四種比率類型。
8. 描述財務責任中心的四種類型及其與預算的關係。
9. 描述發展預算的四種方法。
10. 解釋企業使用的兩種主要預算類型。
11. 說明企業採用的五種主要行銷控制技術。
12. 描述企業採用的六種主要人力資源控制技術。

管理的實務

生活的平衡

許多員工認為管理者或公司會灌輸工作與生活平衡的文化，另外有些人則因為無法掌控工作，而難以發現生活的平衡。他們對工作上發生的變化非常擔心，也認為對他們生活的享受帶來挑戰。當人們專注在自己可以控制的事物時，能為生活帶來更大的享受，當人們想要擁有更多工作或上學以外的時間，像是家庭、朋友或運動時，他們就必須控制很多事物，並設定對自己生活友善的作法。

針對下列每一個敘述，根據你同意的程度圈選數字，評估你同意的程度，而不是你認為應該如此。客觀的回答能讓你知道自己管理技能的優缺點。

	總是	通常	有時	很少	從不
我能適當地化解衝突。	5	4	3	2	1
我會徵求對自己個人行為的回饋。	5	4	3	2	1
我願意接受幫助。	5	4	3	2	1
我均衡飲食。	5	4	3	2	1
我每天晚上睡足 8 小時。	5	4	3	2	1
我用積極的自我對話來激發個人動機。	5	4	3	2	1
我會適當地表達憤怒。	5	4	3	2	1
我每天會留一些時間給自己。	5	4	3	2	1
我會透過設定優先順序有效地管理自己的時間。	5	4	3	2	1
當我犯錯時會勇於承擔責任。	5	4	3	2	1

加總你所圈選的數字，最高分是 50 分，最低分是 10 分。分數越高代表在遇到困難時你更有可能得以控制，分數越低則相反，但是分數低可以透過閱讀與研究本章內容，而提高你對控制的理解。

17.1 緒論

由於控制是應用在所有其他功能的管理功能，因此本書將這個功能放在後面討論。如果沒有監督規劃執行的方法，管理者不知道他們的工作是否具有效能或效率。人員與過程都必須監督，以避免、偵測或修正管理者的期望與實際結果之間會有無法接受的差異。

控制 (controlling) 是管理者設定並溝通人員、過程與設備的績效標準。所謂**標準** (standard) 是衡量能力、數量、內容、價值、成本、品質或績效的基礎。無論是量化或質化，標準都必須對預期結果準確、明顯且正式的說明。只要必須遵守標準的人了解並應用，標準就可作為防止或辨認與修正偏離計畫的機制，標準也可在事前、進行中與事後應用在人員與流程。

控制和管理風險有關。在許多公司，這些控制的方案由高階管理職位進行，稱為**風險經理** (risk manager)，必須監督人員與過程，並協助功能經理(如財務經理)轉變成指導員或顧問，讓他們指導下屬如何處理專業領域所面臨的風險。本章後續將介紹**控制技術** (control technology)——設計用以衡量與監督組織、人員與過程之特定面向績效的工具，這些技術具有事前、事中與事後回饋的特性。

> **控制** 管理者設定並溝通人員、過程與設備的績效標準。
>
> **標準** 衡量能力、數量、內容、價值、成本、品質或績效準則或基準的基礎。
>
> **風險經理** 高階主管，負責規劃與監督所有對管理組織面臨之風險的付出。
>
> **控制技術** 設計用以衡量與監督組織、人員與過程之特定面向績效的工具。

我們在介紹各種技術時，會考慮如何協助管理者設定與達成目標，以及每個技術對哪個管理階層最有用。

控制技術依靠對所針對的活動與過程產生之量化與質化資訊的解釋與理解，因此每個管理階層、每位管理者與每項作業，使用之控制技術的形式、設計與數量不同。然而，控制技術必須整合成一個系統，以促進效能與效率的極大化。例如，哈拉 (Harrah) 利用許多技術衡量行銷績效，包括銷售量、回頭客、利潤與顧客滿意度，高階管理者利用這些結果展現績效。

17.2 控制與其他管理功能

① 描述控制與其他四個管理功能的關係

就如萊斯特・比特爾所提的：「控制是將管理循環結合成圓圈的功能，它是掌舵機構，將所有組織、用人與 [領導] 功能連結到規劃的目標。」規劃過程決定目標與目的，成為控制的基礎。規劃是管理功能之首，為其他功能的核心，組織的高階管理者根據組織的願景與使命制定策略目標與計畫，較低階層管理者則根據這些計畫達成他們的目的。

當計畫與目標完成後，管理者必須建立控制機制以監督是否按照計畫執行。透過這些控制的回饋，可以告訴管理者每個管理階層與個人朝向相關的目標與目的前進。這些回饋可能顯示進度依照計畫，但是如果進度無法達成計畫，這些回饋可能指出管理者需要改變計畫。接著，我們檢視控制如何影響其他管理功能，以及如何受到其他管理功能的影響。

- **規劃與控制**：公司如果沒有來自顧客與管理者適當的回饋，就無法在需要改變時採取行動，這兩種來源都可以提供公司決策所需的資料，包括哪些服務必須特別強調、哪些可以修正或移除，而不影響服務品質。此外，公司可以檢視各項營運，計算成本並將各項營運整合成新的標準，以確保效率與成長。公司必須計畫裁撤冗員，也必須指導留任的員工新的且修正的過程，因此需要發展訓練計畫，管理者必須設計控制機制，讓所有的改變都能有效果與效率，只要財務定位正確，公司會持續規劃提高顧客忠誠度的作法。

- **組織與控制**：執行長建立自己的高階管理團隊，協助重新組合與重新評估公司所有的營運活動。高階管理階層必須下放權力並建立報告關係，集中資訊科技與行銷活動的決策，讓顧客忠誠策略能成功。
- **用人與控制**：某個領域的重新組合，如行銷，會讓公司做出人事變動頻繁的安排，包括以顧客關係管理專家取代產業老將。隨著撤換產業老將，公司必須培養人才管理改變的努力，必須建立團隊以分析顧客，並決定每個領域該如何做。公司必須結合許多義務，並重新分配給人員與團隊，也必須重新評估報酬系統。公司也應該採取與執行其他的訓練計畫，因此無論是新進或賦予新任務的員工，都應指導他們行為與產出的標準。
- **領導與控制**：由於行銷領域重新組織，必須有新的領導方式。領導方式的改變包括說服管理者改善顧客服務。短期而言，每個組織的部門都會受到領導方式改變的影響。領導需要管理改變的努力，並採取必要的訓練，以開發與強化人員和過程的新標準與控制。

除了與其他四項功能的關係外，控制也符合實際運作的需要。組織的資源有限，能否成功取得與使用這些資源，決定公司的生存，任何個人或組織都必須監督這些資源的使用才能達成目標。

> **2** 列舉與描述控制過程的四大步驟
>
> **控制過程** 由四個步驟構成，包括建立績效標準、衡量績效、比較績效與績效標準，以及採取修正行動。

17.3 控制過程

我們現在檢視**控制過程** (control process) 的四個步驟，如圖表17.1 所示。這四個步驟包括：(1) 建立績效標準；(2) 衡量績效；(3) 比較績效與績效標準；(4) 採取修正行動。

建立績效標準

標準是量化或質化的衡量工具，用以監督人員、金錢、資本財或流程，標準的精確本質是下列因素而定：

- 誰設計、使用與接受控制的結果。
- 什麼是要監督的。

圖表 17.1　控制過程的步驟

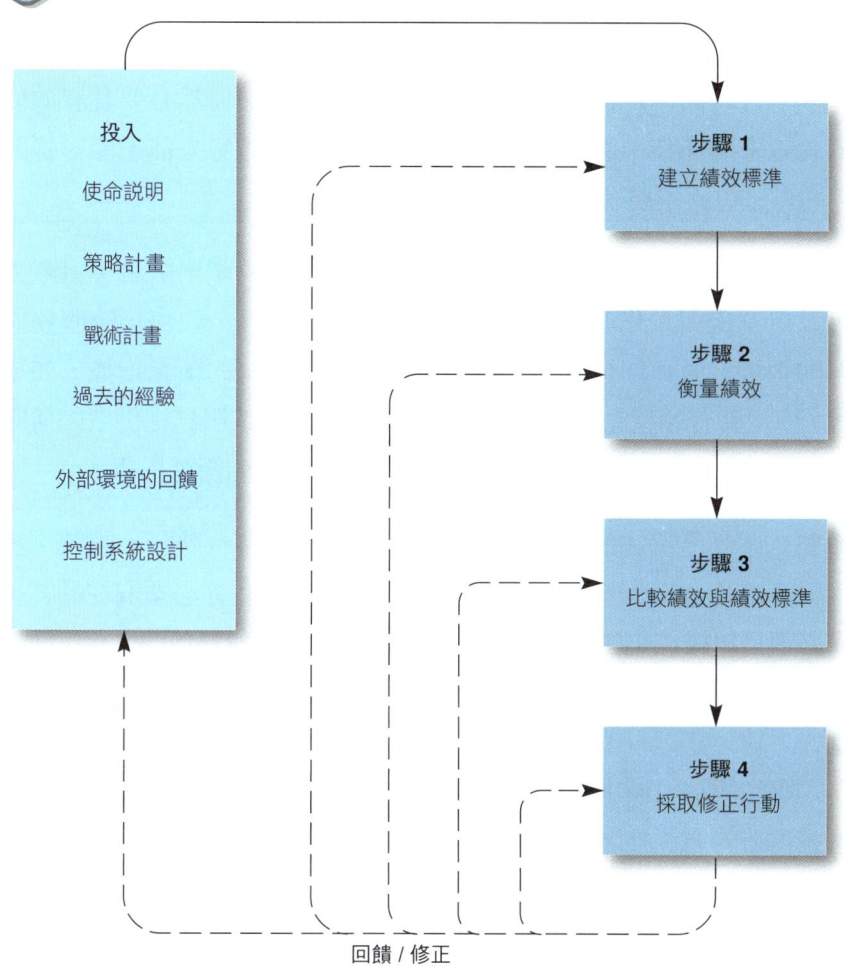

投入
- 使命說明
- 策略計畫
- 戰術計畫
- 過去的經驗
- 外部環境的回饋
- 控制系統設計

- 步驟 1　建立績效標準
- 步驟 2　衡量績效
- 步驟 3　比較績效與績效標準
- 步驟 4　採取修正行動

回饋 / 修正

- 什麼地方需要監督 (地區與功能領域)。
- 何時必須控制 (營運前、中或之後)。
- 如何監督。
- 什麼資源可以用來控制。

標準與控制通常鎖定衡量與監督生產力 (透過有效的資源管理控制成本)，與品質 (內部與外部顧客／使用者滿意度)，美國品質協會 (American Society for Quality) 的湯姆斯・貝瑞 (Thomas Barry) 強調衡量指標與標準的重要性：

> 衡量指標是參與的跳板，讓組織展開修正行動、設定優先順序與評估進度。標準與衡量指標必須能反映顧客的需要與期望，在達成品質目標的過程。每位員工都是夥伴，在改善服務品質、

解決系統問題及修正錯誤的過程中，必須要管理者、監督者及員工共同參與。

所有的標準及控制都必須不斷檢視，以確保仍然必要且有效能與有效率的運作。而且所有改善品質與生產力的努力都不能影響其他運作，也必須要有獲利性。

生產力 生產力是指利用某個數量投入所得到的產出數量。生產力可以用質化與量化的衡量指標。量化的衡量指標，如每小時服務顧客的數量，與每部機器每小時生產的數量；質化的衡量指標，如顧客/使用者有關產品或服務如何滿足他們需要，或服務提供者如何服務的回饋。大部分的公司會同時採用質化與量化的衡量指標。

品質 品質所關注的是顧客滿意度，從用以招募、聘任、訓練、評估與獎賞員工的標準與方法開始。每位員工與過程都必須關注品質，它必須是組織文化的核心價值，也必須是供應商與夥伴的文化。

為了控制品質，許多公司發展標準與品質保證 (quality assurance, QA) 系統，它是一套驗證過程，用以確保衡量指標的精準度與標準化，專注與持續漸進式的品質改善 (kaizen) 與結果。有時品質保證會透過再造的方法推廣，如賦權個人與團隊、展開目標與過程再設計。哈拉 (Harrah) 即利用這兩種方法。

> **六標準差** 是一種極為嚴謹的過程，協助公司聚焦在發展與傳遞幾近完美的產品與服務。

六標準差 (Six Sigma) 是過程品質目標，是一種極為嚴謹的過程，協助公司聚焦在發展與傳遞幾近完美的產品與服務。這種統計上的目標是每百萬次交易僅能有 3.4 次失誤。摩托羅拉與其他製造業公司發展這種品質管理方法，以降低成本、增加收益與消除製造的差錯。奇異與美國銀行則將其應用在金融服務，「摩托羅拉最大的貢獻是，將品質的衡量基準從百分比改變為每百萬分之一或甚至是十億分之一，摩托羅拉正確地指出，現代的科技非常複雜，有關可接受之品質水準的舊觀念已不再被接受。」

衡量績效

標準建立之後，管理者必須衡量實際的績效，以確認偏離標準的程度。針對此目的機制非常敏感，特別是在高科技的產業中，例如建造現代化的客機需要非常精密的衡量與控制系統。除目視檢查

外，技術人員還會在金屬表面感應出電流以產生磁場，磁場中的任何扭曲都會帶來問題。

在衡量績效時，電腦是非常重要的工具，監督人員與運作，並儲存資料作為後續使用。零售商店利用電腦掃描設備，能同步存取價格與銷售數字，再讓各部門、供應商與分店追蹤存貨。這些電腦掃描系統也能追蹤銷售人員、記錄交易與銷售員的行動，這些電腦系統的展示與報表通常呈現目前的標準與實際的績效衡量值，各種電腦系統都能在需要做正確決策時，提供管理者最新的資訊。

比較績效與績效標準

控制過程的下一個步驟是，比較實際績效與績效標準。如果與績效標準不同，評估者必須判斷其重要性，以及是否需要採取修正行動，同時也要找出原因。

要了解製造過程的變化，可以想像將鈦胚磨成複雜的形狀以作為引擎的零件，零件設定公差或差異標準為距指定尺寸的正負一千分之一英寸。技師會在整個銑削過程中定期測量零件，以確保零件保持在可容忍範圍內。如果有零件超出可容忍範圍就必須丟棄，也要尋找造成無法接受差異的原因。

誤差的來源可能不是首先發現誤差的員工(請參見本章的「道德管理」專欄，看高階管理階層的貪婪如何導致安隆的毀滅)。供應商可能運送不良的原料、過去的作業員可能沒有受到良好的訓練、對於結果不老實，或標準作法被誤解。如果機器的狀態不佳，無論作業員多麼努力，生產的產品仍可能不符合標準。然而，找到偏離績效標準的原因，可能不只是檢查任務績效，還包括檢查是採用的標準及衡量與比較過程的精確性。如同比特爾與傑克森·拉姆賽(Jackson Ramsey) 解釋，控制可能太鬆或太緊：

> 如果控制太鬆，實際與預訂績效之間的誤差可能來自組織次級單位協調不良，以及無法及時對意外的問題或機會做出反應。鬆散的控制也可能降低管理者符合計畫的誘因。另一方面，較嚴謹的控制可能需要增加資料的蒐集、資訊處理及管理報表，嚴謹控制的「繁文縟節」帶來的成本與不便，可能造成被控制人員怨恨。嚴謹的控制可能限制較低階管理者利用想像力與原創性反應環境變動的能力。

道德管理

安隆失去顧客的信任

為了贏得顧客的信任與尊重其隱私，管理者必須誠實與正直，「在美國企業中，總裁設定品格的主張，執行長建立公司文化，無論是提升品格或製造麻煩，近來大量的下台案例，執行長最大的錯誤是沒有能力展現與培養品格」(Kansas)。

安隆執行長很貪婪，美國參議院報告指出：「安隆前執行長肯尼思‧萊 (Kenneth Lay)，在一年內利用他的信用額度領取現金 7,700 萬美元，並將這些現金轉換成公司股票，還不包括他向董事會或大眾的借款與股票銷售」(U.S. Senate)。

安隆破壞顧客的信任，當顧客發現這個現象，「安隆透過夥伴關係，從公司帳上保留數億美元的債務，這些夥伴關係卻為經營安隆主管支付數百萬美元的費用」(Oldham)。顧客立即終止與該公司的往來。

安隆在 2000 年是美國收益第七大公司，成立於 1985 年，聯邦政府對天然氣管路解除管制後，後來轉型為高科技貿易企業。EnronOnline 在 1999 年 11 月成立，是第一個全球商品貿易網站，「安隆在網路上能蓬勃發展，並不是因為它擁有先進的技術 (EnronOnline 平台的專屬技術被認為是最頂尖的)，而是因為線上顧客信任該公司能夠履行價格和交貨承諾」(Oldham)。

該公司透過重新建構天然氣與電力的買賣方式，而成為全世界主導能源的企業，「從高速網路到批發電力，安隆在交易者和市場創造者都享有盛名，但是線上交易平台是虛擬的，如果顧客不願使用就沒有任何價值」(Oldham)。

顧客對安隆喪失信心，「執行長不斷地公開表示，安隆的財務與營運都非常健全，但是隨後的事件駁斥這些說法」(Emshwiller and Smith)。該公司向債權人申請破產保護，這是有史以來規模最大的申請案，萊於 2006 年 5 月 25 日在休士頓法庭被裁定串謀和詐欺罪名成立，在當年 7 月 5 日去世。

- 安隆聲明的核心價值是尊重、正直、溝通與卓越，你認為這些價值無法戰勝個人與集體貪婪的原因為何？

資料來源：Enron, http://www.enron.com; John Emshwiller and Rebecca Smith, *24 Days: How Two Wall Street Journal Reporters Uncovered the Lies That Destroyed Faith in Corporate America*, HarperBusiness, August 5, 2003; Dave Kansas, "A Restoration of Character Should Top the Reform List," *The Wall Street Journal*, July 2, 2002; Charlene Oldham, "Enron's Fall Promises a Legal Mess," *Dallas Morning News*, December 5, 2001, 1D; Robert Preston, "The Internet Didn't Kill Enron," *InternetWeek.com*, November 30, 2001; U.S. Senate, Senate Report: The Role of the Board of Directors in Enron's Collapse, July 8, 2002; Bill Thomas, "The Rise and Fall of the Enron Empire," *Today's CPA*, v. 28, no. 2, Spring 2002.

在現今以生產力與品質為核心的環境，勞工與管理者通常被賦權評估自己工作的品質、生產力與成本改善。整個組織的個人與群體，被賦予控制自己行為與作業的責任。透過賦權讓員工有能力執行，對不符合標準現象做出立即的反應。

採取修正行動

當員工找到偏離標準的原因後，她或他必須採取修正行動，以

避免問題或缺陷重複發生。行動的政策與程序必須明確，這些指導原則有助於縮短處理偏離所需的時間。

然而，政策與程序不能用在所有的情況。在某些狀況中，修正行動的本質是由組織外部主導政策與程序。某些修正行動是自動化的，例如恆溫器有自動升溫或降溫系統，電腦操控的組裝設備可以自動感應偏離，並採取修正行動，在尋找不符合標準的原因時不需要人員操作。管理者不需要監督自動控制系統，但是自動控制系統有時也會發生錯誤。

有些修正活動需要對規範的行為模式做例外處理。例如，為了留住有價值顧客的友誼，管理者可能需要授權對公司退款政策的例外處理。有些飯店與餐飲連鎖體系，賦權顧客服務員工「做任何事情」，以確保顧客滿意。如果管理者指揮員工做任何事情，則員工必須被允許使用他們的自由裁量權與判斷。員工將會面對沒有指導原則的問題，需要獨特且有創意的解決方法，程序、規則與政策無法取代良好判斷與員工直覺。本章的「重視多樣性和包容性」專欄指出熟練工作者的問題。

17.4 控制與控制系統的類型

③ 說明前瞻、同步、回饋控制的本質與重要性

本節開始討論控制的三種類型：前瞻控制、同步控制與回饋控制。各種控制聚焦在一個過程的不同時點：過程開始前、過程中與過程結束後。多數專家認同：「將控制應用在最可能決定某個作業或活動成功與失敗的重要時點，最經濟且有效。」餐廳必須專注在控制食材的品質、準備與介紹，所有的控制點對餐廳的安全與有效經營都是關鍵，不好的食材會做出差勁的餐點與不佳的菜餚、拙劣的顧客服務會趕走用餐的顧客。圖表 17.2 顯示三種控制類型如何應用在餐廳營運。

前瞻控制

在工作進行前所做的控制稱為**前瞻控制** (feedforward control，有時候稱為初測、篩選或預防控制)，前瞻控制主要是預防瑕疵或偏離標準，鎖上門窗、安全設備與指導方針、員工選擇過程、員工訓練

前瞻控制 預防瑕疵或偏離標準的控制。

重視多樣性和包容性

可靠的熟練工人

對熟練工作者來說,年齡歧視是一個問題,《就業年齡歧視法案》(The Age Discrimination in Employment Act) 保護超過 40 歲的員工免於受歧視,這些人中計畫 65 歲以後至少有部分工時的工作 (National Council on Aging)。

「退休的概念快速改變,當人們活得越久且身體健康,退休變成更活躍的生命階段,越來越多人尋找結合工作與休閒的機會,許多人不再抱持 60 歲或 65 歲完全退休的想法」(Transamerica Center for Retirement Studies)。

根據美國平等就業機會委員會指出,年齡歧視投訴案件的數量越來越多。在 1997 年到 2007 年之間,每年平均大約有 16,000 到 19,000 件,自從 2008 年開始,投訴案件從平均 20,000 件增加到超過 24,000 件。

這些數字證明嚴峻的新事實 (Lommel)。

當經濟成長趨緩,年長的熟練工人感受到的不只是痛苦,被認為生產力較年輕工人低,卻坐擁相對高的薪水,這些工人通常是終止或拒絕晉升的對象。無論對錯,他們認為滿頭灰髮與經驗意味著 50 歲以上的人不願嘗試用新方法工作,或使用不斷更新的新技術。換句話說,「年長」代表眾所周知的老狗,不願意也無法學習幫助員工處理現今職場殘酷而無情的事物。

事實上,熟練工人比年輕工人更有經驗。在 AARP 所做的一項研究中,大部分的雇主認同年長工人比年輕工人更為可靠,且對組織有較高的承諾 (Hewitt)。美國國家老年委員會 (National Council on Aging) 報告指出,多數研究證實年齡與工作績效之間沒有明顯的關係。

1. 傳統主義者 (出生於 1922 年到 1945 年)、嬰兒潮 (出生於 1946 年到 1964 年)、X 世代 (出生於 1965 年到 1980 年) 及千禧世代 (出生於 1981 年到 2000 年) 都在職場上,這些不同年齡層如何傳遞知識與技術?
2. 你認為自己 50 歲以後還會想要工作嗎?建立自己 50 歲、60 歲及 70 歲有關工作的願景。

資料來源:Transamerica Center for Retirement Studies, January 28, 2016, https://www.transamericacenter.org/docs/default-source/globalsurvey-2015/tcrs2016_pr_the_new_flexible_retirement_press_release.pdf; Aon Hewitt, "A Business Case for Workers 50+: A Look at the Value of Experience 2015," April 2015, http://www.aarp.org/research/topics/economics/info-2015/business-case-older-workers.html; Jane M. Lommel, Ph.D., "The New Definition of 'Older' and the New Dilemmas in the Workplace for the Older Worker," *NewWork News*, September 2001; National Council on Aging, http://www.ncoa.org;EEOC, "Age Discrimination in Employment Act (includes concurrent charges with Title VII, ADA and EPA) FY 1997–FY 2015," http://www.eeoc.gov/eeoc/statistics/enforcement/adea.cfm.

方案與預算都屬於前瞻控制。當製造商及其供應商合作,以確保供應商所供應的商品與服務能符合標準時,該製造商就是在執行前瞻控制。讓設備維持正常運作的維修程序也是前瞻控制,邁克菲 (McAfee) 與諾頓防毒 (Norton Antivirus) 電腦軟體也是前瞻控制,這些軟體可以偵測與移除已知的病毒,而且持續更新。

圖表 17.2 三種控制類型在餐廳營運的應用

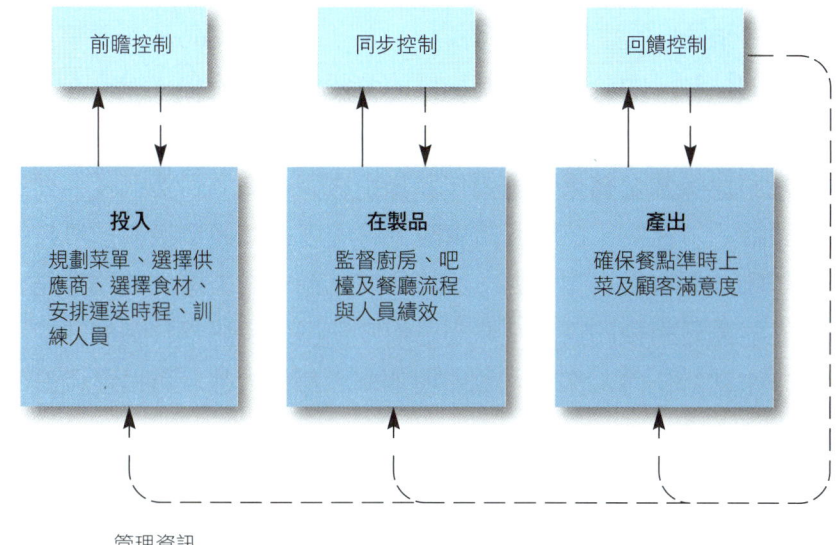

```
前瞻控制              同步控制              回饋控制
   ↑↓                   ↑↓                   ↑↓
┌────────┐          ┌────────┐          ┌────────┐
│  投入  │          │ 在製品 │          │  產出  │
│規劃菜單、│         │監督廚房、│         │確保餐點準時上│
│選擇供應商、│        │吧檯及餐廳│         │菜及顧客滿意度│
│選擇食材、│         │流程與人員│         │        │
│安排運送時程、│      │績效    │          │        │
│訓練人員│          │        │          │        │
└────────┘          └────────┘          └────────┘
```

───── 管理資訊
─ ─ ─ 修正回饋

同步控制

在工作過程中所做的控制，稱為同步控制 (concurrent control) 或轉向控制 (steering control)。如文書處理軟體，可以讓寫作者在儲存或列印之前修改文件內容，此即提供同步控制；文書處理器的拼字檢查也是同步控制。

有時同步控制是用來提供讀數或聲音警告，例如，大部分的影印機與電腦印表機都有顯示板，提醒使用者運作過程中的錯誤。汽車儀表板上的許多工具都是同步控制，里程表記錄行駛里程、時速表呈現汽車的行駛速度。各種警示燈警告駕駛人可能或實際的問題，例如汽油或機油量不足，以及剎車或電腦系統的問題。方向盤也是同步控制，讓駕駛人在汽車行駛過程中調整方向。如果駕駛一輛較新款的汽車，沒關大燈就離開駕駛座，警告裝置可能會發出輕聲的電子音來提醒。

任何工作最重要的同步控制，通常是有技術與經驗的操作員，他們的眼睛、耳朵與對工作的「感覺」，會在覺得事情古怪時提出警告。許多公司認同有經驗的員工在控制機制的重要性，而提高員工在工作過程的影響力。

同步控制 在工作過程中所做的控制。

回饋控制

回饋控制 對工作結果的控制。

對工作結果的控制稱為回饋控制 (feedforward control)，是事後或演出後的控制。由於這些控制提供的資訊回饋給過程，或給必須做出必要調整的控制人員，而稱為回饋控制。「然而，工作後的大規模衡量與比較都是結果，主要作為指引未來規劃、目標、投入與過程的設計。」例如，在年度結束時，管理者應該謹慎檢視預算控制報表，哪一個科目透支？哪一個科目有結餘，過去編列的預算是否適當且能滿足組織的需要？原因為何？從歷史資訊學習到的課題可以讓未來執行任何工作更有效能與效率，每個人都，可以從過去的績效學到經驗。

控制系統

4 描述控制系統的重要性

控制系統 前瞻、同步與回饋控制相互協調的系統，以確保符合標準、達成目標及資源有效能與效率的使用。

前瞻控制、同步控制與回饋控制可視為整個**控制系統** (control system) 的一部分，有能力的管理者整合適當控制以達成標準，確認所有的元素之間運作順暢，並確保資源有效能與效率地使用。現今的公司強調前瞻與同步控制，避免過度依賴回饋控制，因為它通常在發生損失後才會提供資訊。

推動變革的管理者透過使用控制的三種技術建立嚴謹的整體控制系統，前瞻或預防控制包括在變革之前調查顧客，強調回饋或事後控制的公司會注意投資報酬率、現金流量管理及經濟附加價值。公司所有階層的管理者與員工利用各種同步控制，包括仔細檢查流程、分析矯正錯誤及採取措施，確保錯誤不再發生。

5 解釋有效控制的特性，以及能讓管理者更有效控制的步驟

17.5 有效控制的特性

每個階層的控制都聚焦在投入、處理與產出，但是有效控制的特性為何？有效控制聚焦在關鍵點與整合到公司文化，它們對使用者與遵守者是及時的且可接受的。此外，有效控制具經濟可行性、正確性及可理解性。

關鍵控制點 直接影響組織生存與最基本活動成功的經營領域。

聚焦在關鍵點

關鍵控制點 (critical control point) 是直接影響組織生存與重要

活動成功的所有運作活動。關鍵控制點存在於組織需多企業活動領域──生產、銷售、顧客服務與財務，控制必須聚焦在這些不容許失敗，而且時間與金錢成本相當高的點。

目標是將控制應用在企業的重要面向，而不是外圍部分，要求銷售人員提供長途銷售出差的報告就是控制的方法之一，但是報告可能隱藏某些重要議題，而且撰寫報告的工作可能造成銷售人員的負擔，因此實際銷售拜訪與業績的簡單報告應該具有相關性與效果。

聚焦在成本控制是公司成功的關鍵，東芝 (Toshiba) 透過謹慎分析與整合行動刪減某些成本。例如，重新調整以專注在少數核心領域，並將某些不重要的事業部門轉變為合資。

整合

如果公司文化支持與執行控制，且和諧運作，而不是互為目標時，控制就能展現整合。當控制與對控制的需要能和組織的價值觀相輔相成時，控制就會有效果。協調的控制不會阻礙工作，而在必要時通知人們進行調整。

風險管理的意義更甚於規則，需要重新建構公司文化，並將其灌輸給每個人，對顧客服務做承諾與所有行動皆具有倫理及責任。

當管理者與員工互相信任時，所有階層的員工相信控制是必須的，員工就會依賴控制。當每個人能接受公司的使命與文化，公司的氛圍會培養自律與承諾，工作團隊會自我管制與共享和組織一致的價值。當員工進入這種支持性的環境時，管理者與同事會小心，以確保新進同仁能融入文化。

可接受性

人們必須認同控制是必要的，正在使用的某種控制形式是適當的，且控制不會對個人或想要達成的個人目標造成負面影響。如果控制看起來像是任意、主觀或侵犯隱私，則無法獲得支持；同樣地，控制如果過多 (除了健康或安全所必需) 或太多限制，也無法獲得支持。事實上，這些控制可能會引起公開反彈，太多或太少控制，以及令人困惑、引起壓力和抵抗的控制，都會帶來挫折、恐懼及喪失動機。

透過彈性工時(第13章介紹的激勵工具)，員工對他們如何與何時工作得到更多的控制。雖然有超過40%的美國公司提供各式的彈性工時，但員工認為這種作法可能讓他們的職涯與工作安全陷入風險。在許多案例中，當員工尋求這種改變時，老闆會把他們當作問題人物，把個人生活放在工作前面，或在不方便時要求「特殊」處理。為了避免破壞包容員工的努力，WFD顧問公司建議：「不要詢問這種請求的原因，讓這個請求更容易批准，或用商業理由嚴格限制。」這個決策要以新工作安排如何運作為基礎，即對公司有利與否，就能讓所有人對這個方案的接受度提高。

及時性

控制必須確保需要資訊的人在需要時得到資訊，才能做出正確的反應。設定期限的理由之一是，確保資訊流通的及時性。如果期限設定是隨意或不合理(如果主管總是明天就要)，人們可能會忽略期限。在許多情況下，期限會變成無效的控制。

經濟可行性

控制系統產生的利益必須大於成本，若控制所耗費的資源無法產生相等或更高的價值，這套控制系統最好不要實施。假設一套高成本的安全系統，包含訓練有素的人員、先進的電子監控設備及指紋辨識，這種系統適用在高價值的資本設備與設施，但不適用在辦公用品櫃的安全系統。

有時控制必須付出高額成本與繁瑣過程，噴射機、核電廠及醫院手術和重症照護設施，需要繁瑣過程或備份系統，避免主要系統故障造成生命威脅。繁瑣過程與昂貴的控制通常會用在若發生問題，就會造成龐大損失，或無法修復的損害比控制成本更高的情況。

準確性

資訊必須準確才有用處，準確性對用來診斷偏離標準的同步控制特別重要，不準確的控制會提供決策者錯誤的資訊投入，而做出不適當的反應。當專案經理報告生產落後進度兩週的原因是團隊的出勤率不佳時，他的主管即展開調查。事實是雖然許多人曾經缺席，但他們不是生產的關鍵。進度落後的真正原因是，沒有適當的工作

排程及設定有意義的截止時間。

可理解性

控制系統越複雜，越可能會造成混淆，較簡單的控制系統較容易溝通及應用。喜歡組裝東西的人知道詳細的組裝說明相當少見，說明書的控制通常很複雜，因為有不同的人發展、執行與解釋。複雜的控制可能是發展控制的人對控制的目的不了解所造成的。

太多的控制會造成混亂 (如果一個控制良好，就不應該採用兩個)，報告過程精細會造成控制的擴散，結果會使資料過多而浪費控制的投入。

在許多情況下，電腦可以減少複雜與混亂。存貨與物料貼上條碼，再送到裝配線，可以簡化追蹤流程。無線射頻識別裝置 (RFID) 是用來追蹤產品從供應商倉庫到配銷中心與零售商店。圖表 17.3 是 RFID 應用在賭場的例子。許多電腦軟體都能使用聲控 (甚至是外國語言) 來啟用或存取，使用非文字符號的機制可以克服語言的障礙。

圖表 17.3　賭場的 RFID

客人編號：413
損失總計：500 美元

中央電腦系統追蹤每位下注者的行為，包括賭金總額及每一隻手下注多少。

RFID 籌碼追蹤下注，並避免賭客詐賭。

嵌入桌子的天線接收 RFID 籌碼的信號。

光學鞋在發牌時會讀取卡片，因此系統會知道哪隻手下注最高。

資料來源：Adapted from Rebecca Jarvis, "Casinos Bet Big on RFID," *Business 2.0*, April 2005, 26.

在分享路況與交通資訊時，利用電腦與電子科技的遠端控制服務，學習駕駛習慣與偏好，會讓生活更加便利。這些促進溝通與減少混亂的創新，都有助於維持控制的簡單化。

17.6 監督控制

只要控制措施能夠按計畫執行，就不會引起反對；增加的成本低於所帶來的利益，這些控制措施就會有效。變動的環境需要組織監督控制，以確保控制有效運作。

監督對組織的影響

管理者必須知道控制的影響，控制可能帶來支持或對抗，參與設計控制機制的員工可以協助確保支持，員工認為公平的控制很少遭遇到阻礙。在監督控制的影響時，管理者可以採用下列技術：

- **事前與事後的比較**。此方法評估組織實行控制前後的環境，並注意出現的差異，如果不良品在控制前是 10%，控制後降為 1%，則組織會保留控制，並持續執行以降低不良率。
- **調查員工受到控制的影響**。想要確定控制之影響的管理者，應蒐集許多相關的資料，多方面的調查不只了解看法，也能知道看法何時形成。正面的回饋代表控制被接受與整合，負面的回饋則需要了解抗拒的原因。除了控制以外的因素，也可能會影響看法，管理者必須謹慎思考衡量之間的所有改變。
- **對照實驗**。為了發展改變效果的良好評估指標，科學的作法必須調查改變的群體及沒有改變的群體。沒有改變的群體稱為控制組，另一組則稱為實驗組，兩組都必須研究，以了解結果、價值、看法與行為的差異。這種對照實驗的技術分離出改變所帶來的效果。

更新控制

控制是針對特定人員、流程與環境設計。當這些變數發生變化時，管理者必須重新評估控制，圖表 17.4 列出通常需要重新檢視組織控制的改變。

圖表 17.4　需要檢討控制的改變

使命改變
- 組織現在的目標為何？
- 現在有規劃要改變嗎？
- 如果沒有，控制與控制系統帶來多少改變？
- 這些改變好嗎？目前的計畫會影響使命嗎？
- 使命會再改變嗎？如果會，怎麼改變？
- 使命改變如何影響控制與控制系統？

結構改變
- 這些改變會影響組織達成目標的能力嗎？
- 這些改變的進行中控制與控制系統扮演什麼角色？
- 控制的作為對組織的控制幅度、指揮鏈、分權化的程度與工作內容有產生影響嗎？如果有，影響是正面或負面？
- 控制所產生的困難值得嗎？
- 結構改變有造成控制與控制系統的改變嗎？

決策改變
- 控制系統是否改變決策所需資訊的流通？
- 決策是否比以前的授權程度更大？
- 現在的決策品質是否跟過去一樣？
- 管理資訊系統充足嗎？
- 控制在這些議題上扮演什麼角色？
- 決策的改變是否需要改變控制、控制過程或控制系統？

人際關係改變
- 組織的成員享受工作嗎？
- 是否有不可接受的浪費程度？
- 高成本或頻繁的處分、拖延或缺勤是否與人員行為有關？
- 品質與生產力是否曾受到影響？
- 群體規範或文化是否有改變？
- 管理者與其下屬的互動是改善或惡化？
- 控制或控制系統的貢獻是改善或衰退？
- 控制或控制系統是否需要改變？

技術改變
- 最近的技術改變對控制與控制系統有何影響？
- 有規劃好的技術改變嗎？
- 這些計畫對控制與控制系統有何影響？
- 控制、控制過程與控制系統有採用最新的技術嗎？如何使用？
- 使用最新技術的成本可以接受嗎？

　　人們傾向對現狀感到滿意，當控制導入、執行並產生結果時，人們就會自滿，控制就成為日常生活的一部分。但是一直重複過去，意味著喪失機會及延後實施必須的變革。因為依賴目前採用的控制與系統，管理者未能充分利用控制過程的本質。公司的變化發生或在規劃中，管理者必須開始確定目前的控制是否適當及能否應用在新情境。控制的努力也需要改變，控制本身需要被控制。

子系統控制

組織需要整體控制系統，子系統也需要。公司的策略計畫引導整體控制系統的開發；子系統的計畫(大部分是功能領域或過程)也會發展控制系統。

需要整合與有彈性控制技術的功能子系統是，財務、行銷、營運(生產)、人力資源、管理資訊系統及其他管理支援活動。這些管理支援子系統包括法律服務、公共關係及電腦服務中心。本章討論數個財務、行銷與人力資源經理使用的控制技術(圖表 17.5)。

財務控制

財務經理需要蒐集與產生有關組織營運所有面向的資訊，以確定組織滿足財務義務的能力。根據組織的策略計畫，財務經理衡量與監督營運，並估計與預測未來資源和資金利用。所有的組織運作影響財務經理的工作，也會受到其影響，因此財務經理與其他經理的工作關係非常緊密，組織必須衡量與監督所有過程，以適當評估對財務的影響，必須蒐集、分析與及時傳遞蒐集而來的財務資料，也必須建立與提升每個單位、部門與整體組織的支出標準。

圖表 17.5　企業功能領域的控制技術

財務控制技術			
• 計畫 • 財務報表	• 財務責任中心 • 財務比率	• 比率分析 • 預算	• 稽核
行銷控制技術			
• 計畫 • 行銷研究	• 試銷 • 行銷比率	• 銷售配額 • 存貨模型	• 預算 • 稽核
營運控制技術			
• 計畫 • 品質保證 • 生產力指標	• 成本中心 • 物料需求規劃 • 生產排程與進程	• 存貨再訂購與運送系統 • 維修排程 • 檢驗與抽樣	• 預算 • 稽核
人力資源控制技術			
• 計畫 • 統計分析	• 人力資產評價 • 績效評估	• 態度調查 • 訓練與發展計畫	• 預算 • 稽核
管理資訊系統控制技術			
• 原型與事前測試 • 安全系統	• 決策支援系統 • 網絡	• 專家系統 • 軟體程式	• 預算 • 稽核

行銷控制

組織的策略計畫指導行銷經理的計畫，行銷經理必須與其他經理 (特別是財務與營運) 在設計、定價、促銷及配銷產品與服務工作上密切合作。他們必須共同研究現有和潛在顧客的組成及所在地點，必須決定符合或超越顧客期望的產品與服務特徵和績效標準，也必須考慮顧客願意且有能力支付的價格，銷售預測某種程度會決定生產排程。哈拉了解市場及接觸的玩家，「我們的方法不一樣，透過了解我們的顧客來刺激需求。」

人力資源控制

第 10 章已討論用人功能與各種控制，本章再針對人力資源控制技術做簡要介紹。公司的策略計畫會告訴人力資源經理公司在長期與短期的用人是否需要增加或減少，他們必須持續檢視現有的職務，讓職務描述與說明維持最新狀態。組織任何一個部門的擴大或重組可能會創造新職務與活動，人力資源必須建立與執行訓練與發展計畫、指導新的程序，並調整人員變動，管理者必須定期檢視每位員工的道德和績效，及氛圍與文化，以決定是否有什麼需要改變。

我們回到許多企業都會使用的特定功能控制技術，首先從財務控制開始，包括財務報表、比率分析、責任中心及稽核，再介紹預算、行銷與人力資源控制技術。

17.7 財務控制

6 說明三個主要財務報表的內容，以及管理者如何使用

財務資源是管理的核心，如果資金控制不當，組織就會難以生存。每一項財務活動都需要明確且相關的控制技術。許多類型的組織 (如銀行、美國國稅局) 需要獨特且縝密的財務控制，這些組織所使用的控制與製造業及零售業不同。本章介紹的控制適用於各種類型的組織。

財務報表

幾乎所有的組織都採用兩種主要的財務報表，即資產負債表與損益表。**資產負債表** (balance sheet) 描述組織在某個時間點的資產及所有權的本質，**損益表** (income statement) 表達在某特定期間組織的

資產負債表 一份企業資產與所有權人及外部關係人對資產權力的報表，可用資產 = 負債 + 股東權益的等式來代表資產負債表的內容。

損益表 表達在某特定期間組織的收入與支出的差異，並顯示盈餘或損失的報表。

收入與支出的差異,並顯示盈餘或損失。這兩種報表都提供財務與相關活動的回饋和同步控制的衡量值,亦作為編列預算與其他計畫,還有控制與監督組織財務是否健全之用。

資產負債表 圖表 17.6 是 Excel 公司一整年 (或會計年度) 的資產負債表,Excel 公司是一家假想的藥品供應公司。會計年度和曆年一樣是 365 天,可以由組織自行決定從哪一天開始,例如美國政府的會計年度是從 10 月 1 日到 9 月 30 日。資產負債表呈現三類財務資料 (資產、負債、股東權益) 特定日期的資料。另一個名稱是「平衡表」,平衡的概念是指資產總額必須等於負債與股東權益總額,可用以下公式表示:

$$資產＝負債＋股東權益$$

資產是企業擁有的資源,通常可以分成兩大類:流動或固定。流動資產包括現金或其他在資產負債表編列日一年內轉換成現金的項目;固定資產是不以銷售或轉換成現金為目的之資產,包括土地、建築物及用以進行生產活動的設備。

負債是公司所欠的流動債務與長期債務,流動負債是在資產負債表編列日一年內到期或應付的債務;長期負債則是在資產負債表編列日一年以上到期的債務。外部債權人對企業資產的請求權應列為負債。

組織資產的價值及其負債的差額即是業主對企業資產的利益,即所謂的權益,因為股東擁有公司,其權益稱為**股東權益**。在獨資或合夥公司,資產負債表的權益通常稱為**業主權益**。舉例來說,假設某位獨資的業主買了一輛卡車,成本 10,000 美元,業主拿出 3,000 美元現金,並向銀行貸款 7,000 美元,則獨資企業業主擁有價值 10,000 美元的資產,但也增加 7,000 美元的負債。卡車價值與購買所產生的負債 7,000 美元的差額是 3,000 美元,就是業主購車時付出的現金,業主權益就是 3,000 美元。

就算資產負債表已經編列完成,若有任何變動,就會改變資產、負債與權益的組合,資產負債表的主要目的是讓分析者可以比較各年度的變化與辨認趨勢,此外,資產負債表提供的資訊可以用來計算各種公司財務狀況的衡量值與管理效能,我們後續將討論某些衡量值。

圖表 17.6　Excel 公司的資產負債表

Excel 公司
資產負債表
20×× 年 12 月 31 日

資產		
流動資產		
現金	$ 17,280	
應收帳款	84,280	
存貨	41,540	
預付費用	12,368	
流動資產合計		$155,468
固定資產		
建築物 (淨額)	$ 33,430	
器具裝置	13,950	
土地	14,000	
固定資產合計		61,380
資產總額		$216,848
負債		
流動負債		
應付票據	$ 10,000	
應付帳款	41,288	
應付薪資	400	
應付稅金	14,000	
流動負債合計		$ 65,688
長期負債		
應付抵押貸款	$ 8,000	
應付公司債	3,280	
長期負債合計		11,280
負債總額		$ 76,968
股東權益		
普通股 (1,000 股每股 100 元)	$100,000	
保留盈餘	39,880	
股東權益合計		139,880
負債總額與股東權益		$216,848

損益表　圖表 17.7 是 Excel 公司的損益表，彙整該公司過去一年來累積的收入與支出。損益表的內容可以用一個公式來表達，即是：

圖表 17.7　Excel 公司的損益表

Excel 公司
損益表
20××年 1 月 1 日到 12 月 31 日

收益		
銷售總額	$778,918	
(減：銷貨退回與折讓)	(14,872)	
銷售淨額		$764,046
銷貨成本		
期初存貨 (1 月 1 日)	$37,258	
本期進貨成本	593,674	
可供銷售產品	$630,932	
(減：期末存貨，12 月 31 日)	(41,540)	
銷貨成本		589,392
銷貨毛利		$174,654
營業費用		
銷貨費用	$ 69,916	
一般與管理成本	45,100	
研究發展	9,970	
總營業成本		(124,986)
稅前淨利		$ 49,668
(減：聯邦與州政府所得稅)		(18,315)
淨利		$ 31,353

收入－支出＝利潤或損失

　　管理者將損益表當作檢視公司在某段期間的支出與收益的工具，期間可以是一天、一週、一個月等。損益表包含七大類：

1. 銷售淨額或銷售總額減去銷貨退回與折讓後的收益。
2. 銷貨成本或組織銷售之商品的製造或購買成本。
3. 毛利或營業利潤衡量值 (銷售淨額減去銷貨成本)。
4. 營業費用或間接費用 (如租金、廣告費、水電費、保險費及非直接從事生產活動的員工薪資)，是毛利的減項。
5. 稅前淨利 (或損失)，或企業的利潤或損失 (毛利減去營業費用)。
6. 稅或支付給政府淨利的百分比。
7. 淨利或完稅後的利潤 (「盈虧」)。

如同資產負債表，損益表提供的資訊可以追蹤組織的經營狀況，主要用途是衡量成本與收入的趨勢，提醒每個領域是成長或衰退。

資金運用表　資金運用表 (sources and uses of funds statement) 總結現金流入組織及在某段期間的使用，有時也稱為現金流量表 (cash flow statement)，這份報表追蹤公司的現金收入 (如來自銷貨收入及資產處置) 及支出 (如應付帳款或借款利息減少)。財務經理利用這項控制技術衡量某段期間的現金淨增加或減少，並透過比較不同期間，以找出現金流量的趨勢。Excel 公司的資金運用表如圖表 17.8 所示。

> **資金運用表**　總結現金流入組織及在某段期間的使用，有時也稱為現金流量表。

利用 Excel 公司一整年各項活動所產生的財務資料，可以編製圖表 17.8 的報表。請注意，現金流量可以分成三類：營運、投資與財務活動，括弧內的數字代表資金的利用，就是因為投資或償還負債使現金流入減少，其他的數字就是資金來源。從資金運用表可看出從資產負債表與損益表在這一年所產生的現金淨流入是 18,353 美元，顯示 Excel 公司擁有購買新存貨與固定資產，以及減少應收帳款的足夠現金。

圖表 17.8　Excel 公司的資金運用表

Excel 公司
資金運用表
20××年1月1日到12月31日

來自營運活動的現金流量		
稅後淨利	$31,353	
應收帳款減少	5,400	
存貨增加	(6,200)	
應付帳款減少	(2,550)	
營運的現金增加		$28,003
來自投資活動的現金流量		
固定資產總額增加	$(4,300)	
投資使用之現金		(4,300)
來自財務活動的現金流量		
應付帳款減少	$(3,200)	
長期負債減少	(2,150)	
財務活動使用之現金		(5,350)
現金淨增加		$18,353

7 解釋比率分析，以及管理者採用的四種比率類型

17.8 財務比率分析

比率代表數字間的關係，1/2 就是一種比率。比率可以用幾種方法來表示數字間的關係：文字 (如「二分之一」或「兩個當中的一個」)、百分比 (50%) 或小數 (0.5)。

財務比率 (financial ratio) 是從財務報表選擇兩個重要數字，並以比率或百分比代表它們的關係。財務比率有助於需要的人衡量公司朝向目標的進度，以及評估財務是否健全。有些公司可能表面上看起來很好，它的資產負債表反映出資產狀況很好；但如果流動資產與流動負債的比率不良 (小於 2)，該公司可能難以籌措足夠的現金以償還短期負債。比率也可以用來做比較，首先是今年某個比率可以和去年相比，或者可以與競爭的公司對相同的比率做比較。

圖表 17.9 列舉常用的比率，並說明如何計算及用途，本章將探討四種最常用的比率：流動比率、獲利比率、負債比率與活性比率。

> **財務比率** 在財務報表中兩個重要數字的關係，可以用比率、分數或百分比代表，有助於管理者衡量公司朝向目標的進度，以及評估財務是否健全。

流動比率 管理者利用流動比率衡量企業籌措足夠現金償還短期負債的能力，流動比率的計算方式為流動資產除以流動負債 (這兩個數字列在公司的資產負債表中)。我們可以利用圖表 17.6 資產負債表中的數字，計算 Excel 公司的流動比率，流動資產 ($155,468) 除以流動負債 ($65,688) 為 2.37，代表 Excel 公司的流動資產是流動負債的 2.37 倍。由於大多數專家認為這個比率超過 2 較適當，顯示 Excel 公司的財務健全；如果比率低於 2，表示該公司短期負債的負擔過重。

獲利比率 管理者從許多獲利比率研究公司的獲利能力，稅後淨利除以銷售淨額判斷來自銷售所帶來的利潤，稅後淨利除以有形資產淨值是計算業主投資產生的利潤。從 Excel 公司的損益表可知，該公司的銷貨利潤率是 0.041 ($31,353 除以 $764,046)，即獲利 4.1%；換句話說，Excel 公司的業主每 100 美元的銷售可以帶來 4.1 美元的利潤。要判斷這個比率是否足夠，Excel 管理者可以和競爭者的獲利率相比，若同期競爭者虧損，4.1% 的銷貨利潤率可能相當高。

負債比率 負債比率代表公司償還債務的能力，將總資產除以淨營運資金 (股東權益) 可以計算出負債比率。以 Excel 公司為例，將 $76,968 除以 $139,880 可得到 0.55 或 55%，代表 Excel 公司融資 55%

圖表 17.9　常用的財務比率

比率	算式	用途
流動資產對流動負債	流動資產除以流動負債	判斷公司償還短期負債的能力
淨利對銷售淨額	稅後淨利除以銷售淨額	衡量公司短期獲利能力
淨利對有形資產淨值	稅後淨利除以有形資產淨值 (有形資產總額減總負債)	衡量相對較長期的獲利能力
淨利對淨營運資金	稅後淨利除以淨營運資金	衡量企業營運資金承擔存貨與應收帳款及日常營運提供資金的能力
銷售淨額對有形資產淨值	銷售淨額除以企業的有形資產淨值	衡量資本投資的週轉率
銷售淨額對淨營運資金	銷售淨額除以淨營運資金	衡量企業利用營運資金在產品銷售的狀況
收帳期間 (應收帳款對賒銷)	先將銷售淨額除以 365 天，得到每日銷售金額，再將應收帳款與應收票據合計除以每日銷售金額	分析應收款項可回收性
銷售淨額對存貨	銷售淨額除以存貨價值	提供公司與其他公司或產業平均的存貨水準做比較
固定資產對有形資產淨值	固定資產 (建築物、機器、設備、家具、實體設備，及土地之折舊後帳面價值) 除以企業的有形資產淨值	表示公司有形資產淨值中固定資產所占的比例 (製造業通常會高於 100%、批發與零售業通常高於 75%)
流動負債對有形資產淨值	流動負債除以企業的有形資產淨值	衡量企業負債的程度 (若此比率超過 80%，表示企業財務有問題)
總負債對有形資產淨值	負債總額除以有形資產淨值	判斷公司財務是否健全 (若此比率超過 100%，公司債權人的權益超過業主)
存貨對淨營運資金	商品存貨除以淨營運資金	判斷公司是否將太多或太少的淨營運資金用在庫存
流動負債對存貨	流動負債除以存貨	判斷企業流動負債與存貨的比例是否過高或過低 (若企業的流動負債過高，企業可能會快速以低價拋售存貨，以償還負債)
長期負債對淨營運資金	長期負債 (如抵押貸款、公司債、長期票據，以及其他一年以上之負債) 除以淨營運資金	判斷公司的長期負債占營運資金的比例是否良好 (通常不能超過 100%)

資料來源：Adapted from *1970 Key Business Rations*. New York: Dun & Bradstreet, 1971. Reprinted by permission of The Dun & Bradstreet Corporation.

負債。若產業的平均值是 65%，該公司可以再從金融市場借入更多資金；若產業的平均明顯低於這個水準，則難以再借入其他資金，因為銀行會認為 Excel 公司過度依賴其他人的資金。當然，如果銀行批准放款，則表示他們不只考慮這項比率，可能還包括公司的管理與競爭力。

活性比率　活性比率透過分析主要內部營運活動呈現公司的績效，例如管理者欲評估存貨水準，可以計算許多活性比率：存貨對淨營運資金、流動負債對存貨及平均存貨水準對總銷售，這些關係會呈

現存貨水準相對於銷售是否太高,或存貨是否積壓太多資金。若存貨過多,管理者通常會試圖以低於正常利潤的價格促銷存貨。

活性比率可以監督許多重要活動,例如管理者想知道訂單處理速度,可以選定某一週,再將該州訂單完成的數量除以接受到訂單的數量。透過長時間記錄特定活動的比率,管理者可以找到趨勢,並計畫需要的改變。

> **8** 描述財務責任中心的四種類型及其與預算的關係

17.9 財務責任中心

所有的管理控制都依賴責任會計,每位管理者對公司所有活動的某部分負責,管理者的單位與相關活動必須對公司有貢獻。一個單位的貢獻可能是重要服務、收益或製造產品。**財務責任中心** (financial responsibility center) 是組織的單位,貢獻成本、收益、投資或利潤,接受達成某些特定目標的單位管理者負責報告進度。一本非常受歡迎的規劃手冊之作者概述財務控制與責任的重點:

> **財務責任中心** 致力於組織的成本、收益、投資或利潤的組織單位。

> 內部財務報告必須伴隨管理的責任範圍。要判斷目前的財務報告是否能由負責的人所控制,必須謹慎評估。報告資訊的可信度必須合理保證,交易必須適當記錄,且公司的資產必須受到保護。

圖表 17.10 定義大型公司的主要財務責任中心,在公司財政結構功能中,每個管理者的組織單位就是財務責任中心。對每個中心,高階管理者必須賦予明確的財務目標,然後決定如何衡量。由於每個管理者對單位貢獻,以及對整個公司的成本控制與獲利性,每個單位的目標選擇非常重要。例如,只有利潤增加是管理者負責行動的結果時,才能作為財務責任的衡量指標。

圖表 17.10 指出,管理某個收益中心的銷售經理,負責透過銷售產生利潤,而不是透過降低成本;同樣地,領導成本中心的生產主管,責任是成本,而不是收益。只有生產部門的經理,其責任是收益與成本,可以追究單位利潤的責任。辨認責任中心,然後將管理者的心力聚焦在控制他們能影響的因素上。

圖表 17.10　主要財務責任中心

- **標準成本中心**　工廠中的生產部門就是標準成本中心的實例。在標準成本中心，每單位產出需要的直接人工與原料標準數量是明確的。管理者的目標是極小化實際成本與標準成本的差距。此外，通常也負責彈性的間接費用，目標同樣是讓預算與實際成本的差距縮小。

- **收益中心**　管理者沒有職權降低價格以增加銷售量的銷售部門是收益中心的實例。費用預算排除管理者可以支配的資源。銷售經理的目標是在不超出預算的支出下，產出最大的銷售額。

- **權衡支出中心**　大部分的行政部門是權衡支出中心。例如，沒有可行的方法建立法務部門或資訊處理部門的投入與產出間的關係。管理者只能用最佳判斷編列預算，管理者的目標是盡可能在預算內產出最佳 (也無法衡量) 的服務品質。

- **利潤中心**　利潤中心是管理者負責達到成本與收益最佳組合的部門，例如生產部門。其目標是極大化利潤，即管理者決策所帶來的利潤。在這個觀念下，管理者負責的成本與收益元素的搭配方法非常多元，因此有權設定價格的銷售經理可能負責毛利 (實際收益減去標準直接製造成本)。另一方面，產品線行銷經理的利潤，可能沒有扣除工廠間接費用預算及實際銷售促銷費用。

- **投資中心**　投資中心是管理者負責使用資產規模的部門，管理者權衡當前利潤與增加未來利潤。為了幫助自己獲得想要的新投資，許多投資中心的管理者認為，他們的目標是極大化投資報酬率或剩餘收入 (扣除資本使用成本後的利潤)。

資料來源：Reprinted by permission of the *Harvard Business Review*. Adapted from, "What Kind of Management Control Do You Need?," by Richard F. Vancil, (March–April 1973). Copyright © 1973 by the Harvard Business School Publishing Corporation; all rights reserved.

財務稽核

財務資訊的好壞取決於資料與解釋。稽核 (audit) 是判斷財務資料、記錄、報告與報表，根據組織現有的法律與政策、規則及程序是否正確與一致的正式研究，可以由內部人員或外部人員進行稽核。

> **稽核**　正式的研究以判斷記錄與資料是否正確，且符合政策、規則、程序及法律。

內部稽核　大部分公司都有控制機制，以確認所有人都根據政策、程序、法律與倫理準則執行公司的財務活動。上級定期評估下屬部門就是內部稽核之一。大部分的會計系統符合程序，也會由內部稽核人員團隊定期檢視。內部稽核意味著把問題在內部解決，可能由熟悉營運的人執行。然而，這些執行內部稽核的人可能不夠客觀，也可能沒有權力透視掩蓋。

外部稽核　每年定期外部稽核是美國企業的傳統。由獨立的會計師事務所進行外部稽核，這些事務所聘用具有會計專長與管理服務的特許執業會計師 (certified public accountant, CPA)。聯邦政府規定上市公司必須每年進行外部稽核，許多非上市公司的管理者也會選擇進行外部稽核。外部稽核的客觀性可以提高組織在股東、債權人、投

資人及重要內部人員的可信度，而且外部稽核通常可以發現一些重要資訊。

合格的外部稽核包括徹底檢查與分析政策、程序與記錄，並且檢定讓稽核人員相信與事實相同。當所有的參數都能符合時，稽核團隊的主管就會在公司的財務報告上簽核，代表財務報表符合一般財務會計準則與程序及政府規定。

預算控制

> **預算** 某段期間收益與支出的計畫與控制。

預算是管理組織運作的主要財務控制，是計畫與前瞻控制的一部分。**預算** (budget) 可提供某段期間內收益與支出的估計值。預算是企業績效的標準衡量值，因為能讓管理者比較實際與計畫的收益和支出。

當預測的收益不足以支持相對應的支出時，必須增加收益，透過貸款或使用以前的存款支應；也可以選擇減少支出。相反地，若支出增加的速度比相對的收益快，就必須設法減少花費，以避免需要貸款或消耗積蓄。

預算替管理者做四件重要的事：

1. 加快計畫與專案所需資源的配置和協調。
2. 在定期進行預算更新時，可作為強力的監督系統。
3. 透過設定支出的限制，提供管理者嚴謹的控制準則。
4. 協助評估個人與部門績效。

預算狀態報告能讓管理者做出及時且積極的調整。圖表 17.11 顯示預算狀態報告的範例，包括某個項目核准預算及前兩季的實際支出。請注意，國際電話費 (第 5 列) 在第二季末的實際支出超過預算 25%，該部門的管理者必須及時採取修正行動，以避免在最後一季發生短缺。

> **9** 描述發展預算的四種方法

17.10 預算發展過程

編製預算需要：(1) 設定目標；(2) 達成目標的規劃與排程；(3) 辨認資源與定價；(4) 配置所需資金；(5) 調整目標、計畫及資源，以

圖表 17.11 預算狀態報告範例

列編號	項目 薪資費用	核准預算 (1/1) 實際	預算報告 (4/1) 實際	使用 %	預算報告 (7/1) 實際	使用 %
1	專業的	$160,000	$40,000	25%	$80,000	50%
2	行政管理的	61,000	150,000	25%	30,000	50%
3	文書支援	32,000	80,000	25%	160,000	50%
	總薪資費用	$252,000	$63,000	25 %	$126,000	50%
	營業費用					
4	基本通訊費	$2,000	$500	25%	$1,000	50%
5	國際電話費	2,000	1,000	50%	1,500	75%
6	保險費	8,000	2,000	25%	4,000	50%
7	水電費	12,000	4,000	33%	9,000	75%
8	印刷費	9,000	1,500	17%	3,000	33%
9	影印費	15,000	3,000	20%	6,000	40%
10	軟體費	15,000	10,000	67%	10,000	67%
11	辦公用品費	5,000	1,000	20%	2,000	40%
	總營業費用	$68,000	$23,000	34%	$36,500	54%
	薪資與營業費用合計	$320,000	$86,000	27%	$162,500	51%

符合實際可用的資金。某些組織讓全員參與這項工作，某些組織則只有管理者參與。無論什麼方式，預算都必須事先準備，並且分配給組織的每個階層與每個部門。

預算編列可以採用四種標準作法的一項或多項：(1) 由上而下預算法；(2) 由下而上預算法；(3) 零基預算法；(4) 彈性預算法。以下說明四種標準作法。

由上而下預算法 在由上而下預算法中，高階管理者編列預算，並分配給其下級單位，不論有無下屬參與。採取這種方法的管理者，可能在規劃或控制時都未利用下屬的協同合作與知識。這種管理者可能錯失或忽略他人能提供並可用來評估預算編列之機會與風險的資訊。

由下而上預算法 有時稱為基層預算法，這套由下而上的系統可以利用所有組織成員的知識與經驗，所有與規劃活動相關的人共同編列未來會影響他們的預算。在和諧的對話中，參與者了解他人的優先順序、限制、觀點與目標。在協商的過程中無法避免妥協 (很少有部門能得到想要的所有資源)。當投入往組織更高階層移動，各種觀

點就會綜合成較廣的架構，這種過程的好處是能夠獲得所有相關人員的支持。

現今許多公司傾向分權，形成自治的單位與部門。總公司提供整體指導與目標，由部門自行設定優先順序與獨立運作，也編列自己的預算，部分原因是組織精簡，不再維持由上而下預算法所需要的大量員工。

零基預算法　許多公司在編列預算時，會先參考前一年的預算，並以其數字當作編列的基準，參考最近的相關因素，而形成新的預算。許多管理者只是增加去年預算的某個百分比，這種作法是假設過去的狀況將會延續，這種編列預算的方法不會要求管理者檢視營運狀況及探討更有效的做事方法。零基預算法要求編列預算人員用白紙(更像是空白的電腦表格)重新編列新的預算，可以避免前述自滿的缺點，每個財務責任中心的主管必須說明所花的每一元與下一年度公司的策略計畫與目標的對應關係，不能只是簡單地解釋與去年有何不同。

零基預算要求管理者列出年度目標，並確認達成這些目標所需要的人員與其他資源，也必須列出所有資源的成本，管理者必須選擇對公司整體策略計畫有貢獻的單位目標，並發展優先順序與可行方案。在與更高階管理者討論時，各單位的請求與計畫會根據整體可用資源及組織的策略目標而定。當資源分配的協議達成時，即確定預算。零基預算法的關鍵是，這種過程在每個會計年度重複進行。

彈性預算法　所有編列預算的方法都可以採用彈性預算法，設定與某些特定產出水準的支出水準。這種支出水準能讓管理者有所依據地判斷在特定的產出水準下，支出是否可接受。

彈性預算法設定「達成或超越」的標準，讓支出可以拿來比較。必須給予每個階層主管達成或超越預算目標的獎勵，通常允許單位的支出在預算總金額內。若主管要超出預算，必須提出令人信服的理由，否則將被制止。

沃爾頓採用彈性預算法建立他的沃爾瑪帝國：

> 我嘗試將辦公費用控制在 2%；換句話說，銷售額的 2% 足以支付購買辦公室、辦公室的費用、員工及主管的薪資。你相信嗎？

我們從 5 家店到 2,000 家店，未曾改變這個計算公式，事實上，我們現在的辦公室開銷比三十年前的比例更低。

據說當被問到如何達到 2% 的規則時，沃爾頓會承認他「無為而治」。沃爾瑪的成功是因為沒有針對創辦人執著的控制成本建立細微的衡量指標。

17.11 營運預算

10 解釋企業使用的兩種主要預算類型

營運預算 (operating budget) 就是對每個財務責任中心之收益、支出及利潤的財務規劃與控制。

營運預算 每個財務責任中心的收益、支出與利潤的財務計畫與控制。

收益預算 整個組織以及每個收益中心都會採用收益預算，估計在未來某個期間各種來源預期的總收益。西爾斯可能會根據商店、產品線與地區來預測收益；州及市政府會預測各種稅的收益，包括執照和許可費、營業稅、及財產稅等。

支出預算 支出預算和收益預算一樣，每個成本中心與整個組織都必須編列支出預算，支出預算包括幾種類型的成本。

固定成本是設施相關的費用，跟組織任何功能活動的數量沒有關係。固定成本包括租金、不動產稅、保險費、管理與支援人員的薪資、利息支出及長期與短期債務的支出。

變動成本與營運活動有直接關係，會因收益與生產水準不同而變動。水電費 (包括電話費、電費、瓦斯和燃料油費、水費及廢棄物清潔費) 就是變動成本，其他變動成本則包括原料和物料成本、直接從事生產與行銷活動人員薪資及廣告費用。

混合成本是具備固定與變動本質的成本。例如，某個警衛維護辦公室與工廠，該警衛薪資的某部分將分配到管理成本，屬於固定成本，某些部分將分配到生產成本，而屬於變動成本。差旅費用有時也是混合成本，因為管理者的差旅費用是固定成本；而銷售與生產部門的差旅費用則是變動成本。

利潤預算 利潤預算合併收入與支出預算，計算每個利潤中心與整個組織的利潤。IBM 採用產品與服務利潤中心，許多大型零售商也這麼做。商業銀行的利潤中心是根據授信貸款的類型區分，包括不

動產、消費者或商業。利潤預算對評估管理者的績效非常有用，無論在什麼企業，利潤無法達到預期水準，負責主管就必須設法增加利潤，否則可能會被撤換。

財務預算

財務預算 財務責任中心如何管理現金與資本支出的細目。

財務預算 (financial budget) 詳細列出每個財務責任中心如何管理現金與資本支出，財務預算包括現今預算與資本支出預算。

現金預算通常稱為現金流量預算，現金預算預估在某個期間組織及其子系統的現金流入與流出的數量，包括上期結餘、來自銷售產生及透過借貸產生的現金流入。現金預算會估計對所有資源的支出，包括借貸資金。現金流量預算會呈現管理者預期支出超過收益的時間，這個期間需要有新的投資或安全的貸款；任何期間有多餘的現金流入，可以進行投資已產生附加的收益。

資本支出預算 管理者利用資本支出預算預測購買資本財所需之短期與長期資金，資本財包括機器、辦公設備、建築物、工具、電腦及其他昂貴資產，耐用年限超過一年。

資本財支出與日常支出充分協調才能維持營運順暢，若無法從現金預算或貸款獲得充分的資金，管理者可能會採用租賃的方式取得所需的資本項目。籌募資金可以發揮創意，飛機製造商波音透過對潛在顧客的行銷協助，幫小型航空公司及小國家籌募購買飛機所需的資金，波音代替它們主動徵詢美國的買家，並將賣方與買方連結在一起。

11 說明企業採用的五種主要行銷控制技術

17.12 行銷控制

行銷包括產品設計、包裝、定價、銷售、配銷與顧客服務。在行銷經理用以避免問題並監督運作的控制技術中，本章將討論市場研究、試銷、行銷比率、銷售配額及存貨。

行銷研究

行銷研究 是一種前瞻控制技術，包括蒐集與分析地理、人口統計與心理統計資料，這些分析有助於規劃人員確定潛在與現有顧客的欲望與需要。

行銷研究 (marketing research) 是一種前瞻控制技術，包括蒐集與分析地理、人口統計與心理統計資料。這些分析有助於規劃人員確

定潛在與現有顧客的欲望與需要，據以設計產品與服務來滿足這些需要。行銷研究人員從各種公開與私人來源蒐集資訊，包括公開資訊；個人、電話與網路調查；郵寄問卷；及焦點團體。

行銷研究從專業的學術機構、政府與商業團體獲得資訊。人口統計資料包括個人的年齡、性別、婚姻狀態、教育、職業與收入；地理資料則描述人們居住的區域、鄰里或住房類型；心理資料是關於文化、宗教、政治哲學與個人興趣。研究人員會研究不同人口區隔的需要、欲望與購買習慣及動機，具備對現有與潛在顧客的這些知識，讓管理者調整產品、廣告、銷售與配銷系統，以滿足這些個人與團體，請參見本章的「管理社群媒體」專欄有關許多公司使用社交指標表追蹤社群媒體，以測量消費者情緒。

行銷研究產生許多產品創新及辨認獨特的目標市場。富有想像力的研究引領寵物食品公司發展狗與貓的食物，吸引不同年齡層的寵物飼養者。福特曾經用單一顏色推出單一標準產品：「只要黑色」，而行銷研究也開發出許多讓人眼花撩亂的汽車──從勞斯萊斯汽車 (Rolls-Royce) 豪華轎車、zippy Fiat Spider 敞篷車到各式各樣的運動休旅車，全部都有各種不同的選項。

試銷

假定某個新產品或服務構想已完成且原型已經開發完成，規劃人員可能決定試銷 (test-market) 這個新產品或服務，即小量在某些市場推出，評估其接受度。麥當勞在某些地區推出新菜單進行試銷，首先選擇候選的州、都市與城區，接著進行廣告及店內展示促銷新產品，最後請嘗試新產品的顧客提供意見。

3M 公司從公司內部開始試銷其便利貼，這項計畫從分配訂製包裝的產品給整個公司的管理者，執行長也寄送便利貼給其他《財星》五百大公司的執行長。很快地，需求超過 3M 的產能，接著進行正式的行銷活動，現今這個產品每年為 3M 帶來數百萬美元的銷售額。

廣泛試銷的缺點是，讓競爭對手知道公司在做什麼。在高度競爭的產業中，小規模的試銷普遍受到歡迎。這些公司會邀請小規模的使用者或潛在使用者，並與他們簽訂保密條款，在控制的環境、行銷及生產情況下密切與使用者合作，使用者評估新產品的市場可行性，並在使用者回饋的基礎下做決策。國際牌 (Panasonic)、摩托

管理社群媒體

社群媒體指標

根據主要社群媒體目標的社群媒體相關指標

下表是根據社群媒體應用與社群媒體績效目標，彙整社群媒體的各種社交指標，雖然不完整，但可以協助管理者衡量社群媒體效果，因為所有列出的指標很容易衡量。

社群媒體應用程式	品牌知名度	品牌參與度	口碑
部落格	• 單次瀏覽者數量 • 回訪者數量 • 書籤搜尋排名的數量	• 會員數量 • RSS 訂閱者數量 • 評論的數量 • 使用者發布內容的總數 • 停留網頁的平均時間 • 回應投票、測驗、調查的數量	• 其他媒體 (線上/離線) 提到部落格的數量 • 重新登入次數 • 時代徽章顯示在其他網站的數量 • 按「讚」的數量
微網誌 (如推特)	• 關於品牌推文的數量 • 推文價值 +/- • 追蹤者的數量	• 追蹤者的數量 • 回覆的數量	• 推文的數量
Concretion (如 NIKEiD)	• 瀏覽者的數量	• 創作嘗試的數量	• 其他媒體 (線上/離線) 提到專案的數量
社交書籤 (如 StumbleUpon)	• 標籤的數量	• 追蹤者的數量	• 附加標記的數量
論壇與網路討論板 (如 Google Groups)	• 瀏覽的數量 • 瀏覽者的數量 • 發布內容的價值 +/-	• 關聯主題的數量 • 個人回覆的數量 • 註冊的數量	• 傳入連結 • 其他網頁引用 • 在社交書籤中標記 • 離線提及論壇或其成員 • 在私人社群：內容的數量 (相片、討論、影音)；聊天提到社群 • 按「讚」的數量
產品評論 (如亞馬遜)	• 發表的評論數 • 評論價值 • 其他使用者對評論回應的數量與價值 (+/-) • 願望清單添加的數量 • 使用者清單中包含產品的次數 (如 Listmania! 在 Amazon.com)	• 評論的長度 • 評論的價值 • 其他使用者對評價評論的價值 (如多少人認為評論有幫助) • 願望清單添加的數量 • 評論人評分的整體數量 • 平均評價分數	• 張貼評論的數量 • 評論的價值 • 其他使用者回應評論的數量與價值 (+/-) • 其他網站提到評論的數量 • 瀏覽評論網頁的數量 • 產品進入使用者清單的次數 (如 Listmania! 在 Amazon.com)
社群網絡 (如 Bebo、臉書、LinkedIn)	• 會員/粉絲的數量 • 安裝應用程式的數量 • 感想的數量 • 書籤的數量 • 評論/評價 (+/-) 的數量	• 評論的數量 • 活躍使用者的數量 • 朋友按「讚」數 • 使用者產生項目的數量 (相片、主題、回覆) • 應用程式/小工具使用指標 • 感想互動比率 • 活躍率 (會員個人化個人資料、簡歷、連結等的頻率)	• 好友時間軸上出現的頻率 • 張貼在塗鴉牆上的數量 • 轉貼與分享的數量 • 回應朋友推薦邀請的數量

社群媒體應用程式	品牌知名度	品牌參與度	口碑
共享影片和圖片 (如 Flickr、YouTube)	• 影片／照片觀看的數量 • 影片／照片評價的價值	• 轉貼的數量 • 網頁觀看的數量 • 評論的數量 • 訂閱戶的數量	• 鑲嵌的數量 • 傳入連結的數量 • 模型或衍生作品中參考的數量 • 重新發布在其他社群媒體與離線的次數 • 按「讚」的數量

■ 傳統而言，管理者會比下屬知道更多或有更好的管道取得資訊。若員工擁有相同或更好的管道取得資訊(透過社群媒體)，對管理有何影響？

資料來源：Donna L. Hoffman and Marek Fodor, "Can You Measure the ROI of Your Social Media Marketing?" *MIT Sloan Management Review*, October 1, 2010. http://sloanreview.mit.edu/the-magazine/2010-fall/52105/can-you-measure-the-roi-of-your-social-media-marketing/.

羅拉及索尼的管理者都偏好這種方法；本田的管理者則認為經銷商與顧客是公司最可靠的行銷資訊來源。

　　無論採取哪一種試銷方法，規劃人員會分析試銷結果，決定是否繼續生產與配銷，以及這個新產品或服務是否需要修改，試銷可以降低公司推出新產品的風險，提高新產品或服務上市成功的機會。

行銷比率

　　當財務責任中心的主管必須承擔獲利性的責任，行銷經理就必須追蹤與控制成本，除了監督銷售團隊並檢視損益表外，行銷經理必須定期計算各種比率，以監督日常營運，並決定是否需要改善。常用的比率包括銷售利潤率；銷售成本率、銷售拜訪到訂單和每張訂單獲利率；以及價格改變產生的銷售變動。行銷經理也會計算壞帳比率，以及整個組織與產品線的銷售量和產能的比率。另外兩個常用的衡量指標則是市場占有率及訂單處理時間。

　　在許多產業，市場占有率的排名是成功與否的重要指標，市場占有率通常會影響行銷經理的決策。通用汽車受到市場占有率的指引，根據品牌的市場占有率制定決策，這家汽車製造商因為奧斯摩比 (Oldsmobile) 的銷售狀況不佳，而決定中止生產。

　　國外的企業可能想要占領美國市場，而採取極少或甚至沒有利潤的策略，但這種策略可能會有傾銷 (dumping) 的嫌疑，即以低於生產成本或低於國內市場的價格將產品銷售到國外市場。在關稅談判中，全球貿易談判者在這個主題相互攻防。消費性電子領域對總市

場占有率的關注已獲得回報，在這一領域，日本大型企業幾乎淘汰了美國製造業。

銷售配額

在許多組織，業務人員都有銷售配額，即在某段期間應達到的最低銷售額，才能領到基本的薪資。某些業務人員只領佣金，亦即所領的薪資是他所銷售的產品或服務總額的某個百分比。如果沒有銷售業績，就沒有薪資。佣金與配額會刺激業務人員符合或超越特定的銷售目標，但佣金也可能引發弊端，過度積極的業務人員可能會騷擾顧客，或推銷顧客不想買或買不起的產品。但是管理者通常偏好配額，因為配額通常能讓業務人員盡最大的努力，並且能滿足想要成功與升遷人員的野心。

存量

任何項目的存貨水準稱為**存量** (stockage)，存量對企業能否成功非常重要，你無法銷售你沒有的東西，當你手上沒有零件時就無法生產。此外，保有存貨是昂貴的，如圖表 17.12 所示。資金積壓在存貨，就無法做其他用途。零售商與製造商必須追蹤存貨，以確保所需的品項沒有用完，也必須減少滯銷品項的數量或移除這些品項。零售商很快就能學會店內最佳的區位要擺放什麼品項，才能帶來最大利潤，無論是個別產品或數量。透過追蹤存量水準，管理者可以決定正常使用率，並設定有效率的再訂購點及維持最低水準。

現今，大型零售商與製造商努力盡可能將存量維持在最低水準，許多公司依賴**及時** (just-in-time, JIT) 存貨控制，即要求供應商在生產或銷售需要的數量及時運送存貨。沃爾瑪、凱瑪 (Kmart) 及西爾斯與

及時 一種存貨控制系統，只有在需要達到顧客要求時才會採購原料。JIT 生產是一種系統，只製造符合實際顧客需求的數量。

圖表 17.12　維持存貨的成本

1. 生產或購買存貨品項的成本
2. 報廢、損壞或失竊損失的成本
3. 運費
4. 安全成本 (警衛、警報系統、保險)
5. 儲存成本 (建築與維護)
6. 管理費用 (操作倉儲設備、追蹤存貨及檢查與移動存貨的員工薪資)
7. 電腦存貨控制系統的成本
8. 維護與運作倉儲設備的成本
9. 連結採購與檢查及存貨品項付款的成本

供應商電腦系統互相連結，讓供應商能追蹤其製造品項的銷售狀況，並安排運送品項以避免出現缺貨。在製造工廠，JIT 系統在需要的時間運送品項到每個生產階段，透過操作號誌或電腦存貨控制過程通知原料的移動。請參見本章的「品質管理」專欄，可知道更多有關 JIT 的資訊。

在 1966 年，沃爾頓體認到要成長，就必須增設電腦商品控制，「沃爾瑪想要成為 JIT 存貨控制與複雜物流系統的標竿——資訊的最終使用者就是一種競爭優勢。現今，沃爾瑪的電腦資料庫容量僅次於五角大廈，雖然很少提到他的這項事蹟，但沃爾頓可說是第一個真正資訊時代的執行長。」

品質管理

JIT

有一句管理者共通諺語：「你無法管理無法衡量的事物。」存貨可以衡量，因此可以管理或控制。及時生產系統的一項重要規則是，顧客訂貨才生產，因此沒有訂單的存貨是一種浪費，精實生產意味著透過辨認改善整體生產系統效率的機會消除浪費。存貨是指超過一件的供應品在整個生產過程的流動。(在理想的情況下，零件是某段時間所生產，並以一個單位在生產過程移動。)

超額存貨的原因包括：

- 誤解這樣可以保護公司免受無效率與意外問題的困擾。
- 產品複雜性。
- 無效的調度。
- 不良的市場預測。
- 不均衡的工作負荷。
- 誤解溝通。
- 獎賞制度。
- 供應商的運送不可靠。

目標是只生產顧客訂單的數量，「生產均衡或 *heijunka* 意味著隨著時間經過均勻地分配產量與組合。例如，我們不會在早上組裝所有的 A 產品，下午組裝所有的 B 產品，而是會採取小批量地組裝 A 和 B」(Dennis, p. 83)。在正確的時間生產正確數量的正確產品。

JIT 生產系統遵循以下幾個簡單規則 (Dennis, p. 69)：

1. 不生產任何產品，除非顧客下訂單。
2. 瞄準需求，所以整個工廠的運作必須順暢。
3. 透過簡單的視覺工具或看板 (kanban) 將所有流程連結到顧客需求。
4. 極大化人員與機器的彈性。

- JIT 是品質管理的重要元件。公司利用生產與採購策略，縮短生產過程開始到運送給顧客的時間。然而，這些策略的實際執行可能相當困難。世界大事，如 2011 年日本地震與海嘯，造成供應來源的不確定。在 2011 年，全世界的汽車製造商向日本訂購許多零件，在地震後，這些汽車製造商無法獲得零件，因此他們永久取消訂單、減產或關閉工廠。準備生產方案，並列舉至少兩種可能中斷生產的其他情境，並對生產者提出維持全球生產系統能適應環境正常運作的建議。

資料來源：Pascal Dennis, *Lean Production Simplified*, 2nd Edition, Productivity Press, 2007.

17.13 人力資源控制

12 描述企業採用的六種主要人力資源控制技術

人力資源經理採用各種控制技術，最常使用的技術包括統計分析、人力資產評價、訓練與發展、績效評估、態度調查及管理稽核，每一種技術都希望提供有關勞工生產力及個人與群體績效之品質和數量的資訊。

統計分析

公司需要蒐集與儲存的資料是有關勞動力組成、符合平等就業機會原則、員工流動率及缺勤，以及招募和報酬之有效性。公司需要有關管理與個人的有效性、工作滿意度與激勵水準，以及員工安全與健康的資料。許多公司發展資料庫儲存有關員工技能、訓練水準、評估、正規教育與工作經驗的資料。這些資訊有助於招募、升遷及其他就業決策，雖然所有領域的資料都很重要，本節將聚焦在兩個標準的衡量指標：流動率與缺勤 (勞工組成與安全將在「管理稽核」討論)。

流動率 員工在某特定期間內離開組織的數量，稱為員工流動率。某些流動來自損耗，如退休、辭職、疾病與死亡；某些流動來自季節性與規劃，如農場聘用勞工收成作物，以及在假日購物巔峰聘用許多銷售人員。另外，有些流動起因於減少公司銷售與支持其勞動力的能力之經濟條件與競爭者行動。產生的解聘可能是永久或暫時，大量的流動來自拙劣的管理。在許多狀況下，人員的流動必須替換，但替換人員的成本很高，對公司最有利的狀況是盡可能留住最具價值的員工。

流動率通常可作為衡量組織內部環境的指標，即其道德、壓力與管理技能的水準。每個組織及每個子系統必須決定可接受的流動率，或相對於全體勞工可接受的流動人數。要決定可接受的流動率，大部分公司會研究自己過去與相同產業其他公司的經驗，許多企業(如速食業與餐旅業) 通常會有較高的流動率，管理者必須謹慎分析流動率發生原因，並確定是否為麻煩的信號，然後管理者必須消除這些原因。

缺勤 缺勤是組織的員工在工作日缺席的百分比,所有的組織都必須將缺勤維持在合理的標準,例如 5%。就像流動率一樣,管理者必須評估缺勤的原因,並判斷其合理性。許多公司發現 90% 的缺勤是由不到 10% 的員工所造成。無論在什麼時候,超過標準的缺勤可能是問題的信號。流感爆發或天然災害等環境因素讓人們無法工作,可能是暫時且合法的缺勤。許多管理者透過提供全勤獎金來減少員工缺勤,並設定現實和公平的出勤政策。

人力資產評估

許多工具可以幫助管理者評估每位員工對公司的價值,方法之一是透過會計;另一個方法則是預測每個人的長期潛力 (可促進性)。**人力資產會計** (human asset accounting) 追蹤用在招募、聘任、訓練與發展員工的支出。這種會計方式將每個人視為資產,而不是支出。開發人力資產的支出是可觀的投資,與建造辦公室或工廠的投資不同。採取人力資產會計的管理者體認到每位員工代表公司資源的大量投資,管理者傾向承諾留住優秀的員工。許多抱持這種觀點的管理者將員工列在資產負債表中的資產 (此資產負債表不是用來報稅),當員工離職時,相對應的投資會從總額中扣除,顯示資產淨損失。

> **人力資產會計** 將員工視為資產,而不是支出,透過記錄利用在人員的資金,增加這些資產的價值。

另一種比人力資產會計更少批評的方法是,管理者試著分配每位員工對公司利潤的金額。這個計算過程並不簡單,需發展員工的類別,並以百分比的方式分配每個類別的總金額。這種方法可能是任意的,試圖將人員視為資源,而不是費用。

訓練與發展

在第 10 章已指出,訓練與發展 (T&D) 傳授成功的工作績效所需的知識、技能與態度。有效能與有效率的運作所需標準必須被指導,然後執行,通常就能達到這些標準。T&D 是一種控制技術,在執行工作時預防問題出現,並快速處理。T&D 讓人們在改變發生前就做好改變的準備,訓練員工的主題或領域成為評估、獎賞或處罰員工的標準。

績效評估

人力資源經理採用之最重要的控制工具，可能是定期採用安排妥善之合法、客觀與公正的評估系統。這個系統必須聚焦在比較員工績效與設立的標準，再與每個員工分享結果，評估標準是回饋控制工具，而評估本身是同步與回饋工具。

達美樂披薩採用電腦測驗，在正式承擔責任前測量員工的效能與機敏。駕駛員在被聘任後會進行眼手協調的測驗，結果會記錄在個人可接受的績效標準。在報告每日工作時，駕駛員會進行相同的測驗，結果(答案和回應時間)會與第一次測驗做比較。如果駕駛員無法符合標準，可能會被指派到其他工作，或要求離職。這種作法當員工沒有在最佳狀態時，可以避免潛在的危險與無法操作機器。

態度調查

態度調查呈現員工對雇主的感覺，可以突顯職場上哪些是對的，以及哪裡有問題，高階管理者通常僱用外部顧問公司進行這項調查。事實上，外部調查較為客觀且能匿名回答，可鼓勵員工回答問題。

態度調查詢問的問題，包括主要流程、組織內的單位與人員，而且能針對要評估的特定單位量身訂做。問題有助於公司查明不滿意的地方，以及蒐集有關如何改善人員、流程與政策的建議，例如：「你的上司在你請求協助時會怎麼做？」和「你工作的壓力來源是什麼？」

當問題蒐集並分析完成後，會將結果給予管理者，最好的狀況是結果可以與所有員工分享，毫無保留。從調查所蒐集到的資料(有關員工性別、婚姻狀態、年齡與工作類型)，在決定什麼計畫或改變對哪個團體最好非常有幫助。

管理稽核

美國職業安全與健康管理局及平等就業機會委員會要求定期記錄、報告與揭露有關就業的統計。這兩個機構設定職場的全國標準與程序。在許多狀況下，管理者也必須遵守州政府有關就業的規定。

為了確保依照規定，管理者必須定期進行管理稽核或合法性稽核。此外，他們必須持續追蹤與記錄有關安全、健康與符合平等就業機會指導原則的統計資料，違反政府就業法規會受到法律的制裁。

17.14 電腦與控制

控制功能最主要的革命是將電腦應用到幾乎所有的企業流程，超過三分之二的員工日常工作某種程度會使用電腦，所有的員工都受到電腦的影響。

電腦對控制過程最重要的貢獻是資料，電腦可以比傳統方法更快速、便宜及精確地提供資料。電腦促進組織內及對外的溝通，可以在任何人需要時提供資料，而且即時。

需要由電腦執行的控制，包括資料蒐集；資料分析、縮減及報告；統計分析；流程控制；測試與檢查；以及系統設計。資料分析、縮減與報告工作可以寫程式，在資料蒐集或指令啟動時自動產生。決策規則也可以寫入程式，在問題發生時自動傳出訊號，並採取修正行動。控制資訊的蒐集、利用與散播，在這些資訊納入管理資訊系統時能有最佳利用，管理資訊系統能與其他活動維持關係，如存貨控制、採購、設計、行銷、會計與生產控制。本章的「全球應用」專欄說明世界衛生組織 (World Health Organization, WHO) 中心透過網際網路的可搜尋資料庫連結與協同合作。

全球應用

越南控制禽流感

越南是全世界首先遏制禽流感的國家之一，這個疾病自從東南亞發生以來，讓數百人喪命，感染數百萬人，讓人恐懼。禽流感在鳥類中自然發生，禽流感的亞種 H5N1 會因直接接觸感染的鳥類或被污染的物品而傳染給人類。根據疾病控制中心 (Centers for Disease Control) 的說法：「若 H5N1 具有人傳人的力量，禽流感將會開始大流行 [疾病的全球大爆發]」(CDC)。

越南的作法是教育居民、為數百萬隻鳥類接種疫苗、宰殺數百萬隻雞和鴨，並向世界衛生組織誠實說明。小農在自家後院飼養雞和鴨構成大部分的越南家禽產業，宰殺和接種疫苗被認為可以減緩病毒擴散。農夫希望雞和鴨能夠免疫，因此每週都會消毒農場。

世界衛生組織擁有由全球公共衛生專家組成的全球疫情警報和反應網絡，隨時準備幫助遏止世界各地的疫情。在 WHO 與越南衛生部門會面後，召集流行病學家和病理學家成立國際團隊，包括越南衛生部，這個國際團隊與衛生部每天檢討情況，並設定新的衡量指標進行評估，管理者黎春越 (Le Xuan Viet) 說：「在哈維 (Ha Vy) 四年內沒有發現受感染的鳥類。」

- 在這個禽流感的案例中，你發現有什麼元素連結控制與控制技術？

資料來源：Joanne Silberner, "How Vietnam Mastered Infectious Disease Control," November 5, 2015, http://www.pbs.org/wgbh/nova/next/body/one-health-vietnam; Centers for Disease Control, http://www.cdc.gov.

習題

1. 規劃與控制有何關聯？為何控制是其他管理功能的一部分？
2. 控制過程的第一個步驟是什麼？步驟1到步驟3有何關聯？如果沒有發現偏離已建立的標準，在過程中將發生什麼事？
3. 組織功能可以沒有控制嗎？請解釋之。
4. 為何控制必須整合成一個綜合的系統才能有效運作？
5. 前瞻、同步及回饋控制應具備哪些特性才能有效運作？
6. 管理者必須定期做什麼，才能增加他們所使用控制的效果？
7. 資產負債表、損益表、資金運用表分別告訴管理者什麼？
8. 四種主要財務比率是什麼？管理者為何要使用比率分析？
9. 標準成本中心、收益中心、權衡支出中心、利潤中心及投資中心分別是什麼？如何將五個中心融入預算過程？
10. 由上而下預算法、由下而上預算法、零基預算法及彈性預算法如何運作？營運預算及財務預算的意義是什麼？
11. 五種主要的行銷控制技術為何？分別對行銷經理有何助益？
12. 六種主要的人力資源控制技術為何？分別對人力資源經理有何助益？

批判性思考

1. 你定期使用哪些控制？你生命中有哪些領域似乎失控？你如何讓它們導向控制中？
2. 有效能與效率的經營汽車旅館，有哪些重要的控制點？如果是速食餐廳呢？
3. 你是一家咖啡廳的財務長，今年度的資產負債表、損益表及資金運用表如何協助你編列下年度的營運預算？
4. 你是一家小型餐廳的所有人與管理者，你的廚師創造她所說的：「美味、無脂的起司蛋糕可以搭配各種新鮮水果。」她想要將其創作加入菜單中。在核准新菜單前，你認為自己應該做什麼？
5. 你收到老闆給的便條紙，內容如下：

    上面的數字指出，你的部門排名低於我們產業最新統計的平均值，你的員工流動率是正常的二倍，你們的缺勤率比去年增加50%。最後，最近你的部門人員受傷，使得我們的勞工保險費增加15%。

    你認為哪種控制工具可以得到這些結論？這些提高的數字是否相互關聯？原因為何？

Chapter 18 品質管理

©Shutterstock

學習目標

研讀完本章後，你應該能：

1. 討論顧客如何影響產品與服務的品質。
2. 討論為何品質必須具有成本效益。
3. 說明品質、生產力與獲利力的相關性。
4. 探討組織各階層改善品質與生產力所需的承諾。
5. 描述改善組織品質與生產力所需的外部承諾。

管理的實務

生產力

生產力是某段時間產出數量的相對衡量指標。因此最有生產力的人用較少的時間完成工作，他們是終身學習者，且知道去哪裡找到需要的資訊。同樣地，最有生產力的管理者在獲取組織資源上是有效率的，無論是人員或產品。

從「做得更機靈」所得到的結果，針對下列每一個敘述，根據你同意的程度圈選數字，評估你同意的程度，而不是你認為應該如此。客觀的回答能讓你知道你管理技能的優缺點。

	總是	通常	有時	很少	從不
說出心裡所想的，對我來說很容易。	5	4	3	2	1
我很自在地說出問題與不同點。	5	4	3	2	1
我會分享有關什麼是有效與無效的資訊。	5	4	3	2	1
我對新的做事方法有興趣。	5	4	3	2	1
我對做事情的其他可行方法很開放。	5	4	3	2	1
我知道自己關於知識、資訊或專業的限制。	5	4	3	2	1
我會投入時間在自我改善上。	5	4	3	2	1
我花時間自我反思。	5	4	3	2	1
我重視教育與訓練。	5	4	3	2	1
我小心傾聽，不會打擾。	5	4	3	2	1

加總你所圈選的數字，最高分是 50 分，最低分是 10 分。分數越高代表你更有可能在職場上具備生產力，分數越低則相反，但是分數低可以透過閱讀與研究本章內容，而提高你對生產力的理解。

- 有生產力的人是終身學習者，你如何知道自己在學習？又如何知道自己在做對的事情？這些對組織有什麼利益？

18.1 緒論

從美國盛行大量製造開始，主要關注生產數量與控制成本。在早期的工廠，一大群非技術勞工，在工程師的監督之下執行簡單的工作，生產由大規模市場可取得零件組成的產品。勞工接受工作指導，並被期望能正確執行，沒有人會問他們的意見或建議。因為直到 1920 年代晚期以前，多數產業的需求大於供給，幾乎所有產品生產出來就賣得出去。

在 1900 年代初期，大部分工廠內的檢查和檢查員是標準配備，檢查員的任務是在產品尚未運送給顧客前淘汰不良品。通常在失去控制與產生不良品前，沒有任何檢查動作。直到 1970 年代初期，大多數公司對品質的定義是在生產產品與服務的過程沒有不良品，主要由生產工程師負責，「在早期，品質控制是成本控制的一個構面，強調消除浪費。」

現今與過去管理者的主要差異是對品質的定義，以及認同品質與效率是影響各項營運和員工的主要考量，不只涉及生產。現今對品質的定義是產品或服務符合或超越顧客期待與需要的能力。參考豐田汽車，這家日本公司的管理者認為產品必須在品質、設計與價格上滿足顧客，「生產是根據需求(拉)，而不是將產品推向市場。流程是根據及時生產制度，對產品有需求時才生產。產品不是用預期的模式生產，否則將會產生某種形式的浪費。」在豐田，品質的關注來自顧客。

此外，對顧客的定義也擴大到組織的內部顧客，專注符合顧客的需求，現在從新產品、服務與流程作為起點，與每個人和過程功能的效能與效率連結，下表比較過去與現在的生產模式之差異。

生產模式	
大量生產，1920 年	**品質生產，1980 年**
專注在數量而非品質的標準化產品	專注在外部/內部顧客
管理者制定決策	員工團隊工作
訓練有限的技能	廣泛且持續的訓練
很少裁量權；簡化的任務	部分裁量權；團隊負責
品質是檢查出來的	品質是建立出來的

18.2 品質、生產力與獲利力

①討論顧客如何影響產品與服務的品質

朱蘭是品質的擁護與思想家，建議公司專注在「產品績效帶來產品滿意」，並且生產沒有引起外部與內部顧客不滿意之缺點的產品與服務。績效可以是一部機器生產完美產品的能力、一個部門或團隊快速且正確完成訂單的能力，或是汽車的操控性。缺點會讓使用者與顧客放棄或抱怨產品與服務。

例如，當內部顧客(員工)對資訊的需求沒有獲得滿足時，他們的執行能力可能受到負面影響。如果繼續尋找所需資訊，可能會浪費時間與其他資源，接著他們可能提供外部顧客不適當的投入。外部顧客在進行購買決策時，通常會比較競爭產品的績效特性。「某個產品沒有缺點，但卻賣不出去，原因可能是某些競爭產品的績效更好。」圖表 18.1 顯示產品設計必須從消費者研究開始。

品質特徵起始於組織的內部與外部設計人員、生產人員、使用者及顧客。特徵與特性是引起滿意或不滿意的產品、服務、過程或工程的面向。滿意度是使用者或顧客對產品或服務符合或超越其需要或期待的知覺。

美國顧客滿意度指標 (American Customer Satisfaction Index, ACSI)，是美國的家計單位消費者可獲得產品與服務品質的全國性指標。從 1994 年導入至今，每季都會更新美國經濟的一個或兩個分數。這個指標是經由詢問顧客對特定公司的整體滿意度評價而產生，再與期待相比。顧客滿意度與財務報酬相關聯。通常 ACSI 較高的公司相對於分數較低的公司，其股東權益較佳。密西根大學的重要 ACSI 學院成員克萊斯·福內爾 (Claes Fornell) 教授說：「如果會計報表將顧客滿意度納入資產負債表的資產，我們將對公司現況及其未來獲利力之間的關係有更進一步的了解。」

圖表 18.1　假想的顧客滿意度模型

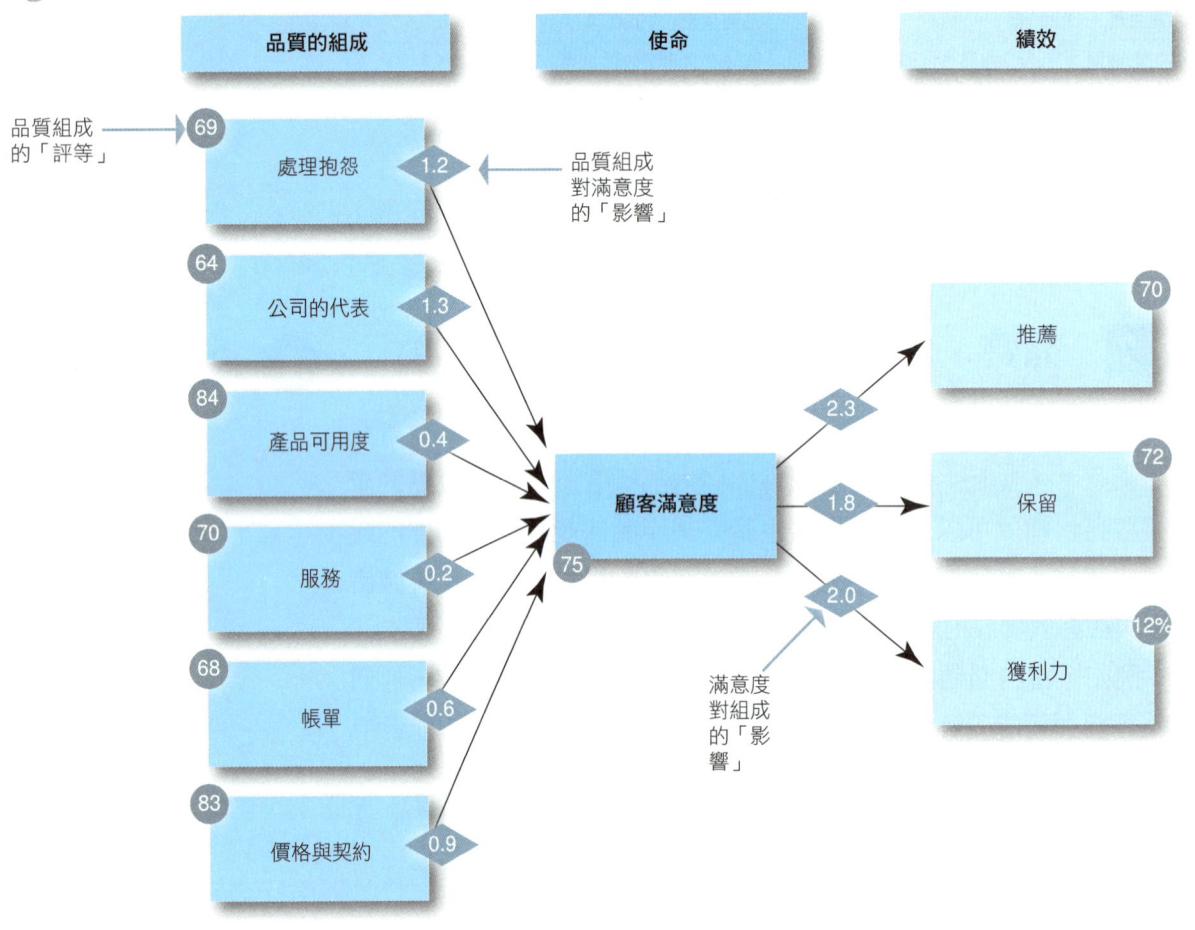

品質的組成　　　　使命　　　　績效

品質組成的「評等」

- 69　處理抱怨　1.2
- 64　公司的代表　1.3
- 84　產品可用度　0.4
- 70　服務　0.2
- 68　帳單　0.6
- 83　價格與契約　0.9

品質組成對滿意度的「影響」

顧客滿意度　75

- 2.3 → 推薦　70
- 1.8 → 保留　72
- 2.0 → 獲利力　12%

滿意度對組成的「影響」

資料來源：CFI Group, http://www.cfigroup.com.

品質機能展開

品質機能展開　在產品設計階段前解決品質問題的嚴謹方法。

品質機能展開 (quality function deployment, QFD) 的主要功能是設計產品的品質，在產品設計階段前解決品質問題的嚴謹方法。QFD 的主要目的是確保顧客從產品得到高價值。

要有競爭力，我們必須讓顧客滿意。為了更有競爭力，我們必須取悅顧客。品質在這裡的定義是顧客愉悅程度的衡量值。請注意，顧客滿意度是顧客愉悅程度的某個衡量指標。為了取悅顧客，我們必須設計品質。

日本的赤尾洋二教授在 1966 年導入 QFD，但是他的著作在 1994 年才翻譯成英文。赤尾洋二教授將 QFD 定義為發展設計品質以滿足

消費者，並將消費者的需求轉換為設計目標與整個生產階段的主要品質確認點的一種方法。它是一種產品在設計階段之設計品質的方式，QFD 利用矩陣表示顧客要求、競爭者產品特徵、功能性的設計特色，以及顧客滿意度間的關係。圖表 18.2 將 QFD 描寫成品質屋，基礎包括規格與目標價值，在圖形左邊列出顧客需求，技術要求在上方，重要程度與關係列示在此工具的關係矩陣。

過程從調查開始，確認顧客重視的特徵與績效特性。例如，位於達拉斯的 Sewell Automotive 公司，會調查每位顧客想獲得何種處理，並且持續進行顧客調查以發展顧客滿意度指標 (customer satisfaction index, CSI)。汽車服務的營運時間包括星期六與傍晚，顧客可以選擇各種汽車服務，如租賃車輛或由人員接車，顧客想要一次就把所有問題解決。

在 QFD，如果已經存在競爭產品，會購買一個樣本並加以拆解，以確定其特性。最佳的競爭產品會成為標竿 (benchmark)，就是在設計、製造、績效與服務上必須符合或超越的產品。「建立標竿在公司想要衡量績效與產業最佳公司的差異時，是一種改善的過程，決定公司如何達到績效水準，以及利用所得到的資訊改善自己的績效，可以標竿化的方向包括策略、營運、過程與程序。」

標竿 在設計、製造、績效與服務上必須符合或超越的產品。

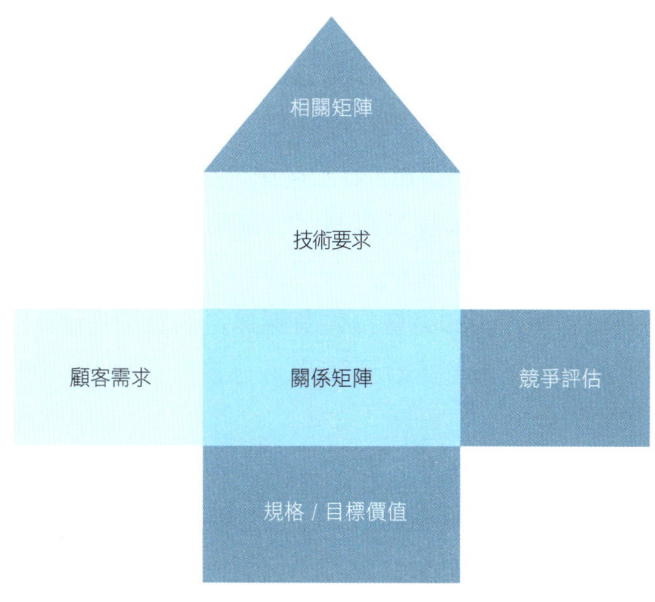

圖表 18.2　品質屋

資料來源：http://quality-management-tools.com/Quality_Function_Deployment.htm.

Sewell Automotive 公司的標竿之一是迪士尼樂園，在卡爾・塞維爾 (Carl Sewell) 與保羅・布朗 (Paul B. Brown) 合著的《終身顧客：如何將一次性購買者轉換為終身顧客》(*Customers for Life: How to Turn That One-Time Buyer into a Lifelong Customer*) 一書中的「銷售像是劇場」(Selling Should Be Theater) 一章中提到：

> 我喜歡迪士尼樂園……當我在思考自己的商店應該看起來像什麼時，腦海中就會浮現它的樣子。我們確保草皮經常修剪；我精心挑選每一棵樹與灌木，並讓所有建築物看起來像剛刷過油漆……(我們甚至買了一輛掃街車，能隨時清掃經銷商門前的道路。) 為什麼這麼重視空地？主要是因為我們要建立格調……，闡明我們的價值是什麼，並將它傳達給我們想要訴求的顧客。

豐田利用 QFD 進行凌志 LS 400 (凌志開發的第一部車) 設計與製造。在產品設計的初始階段，豐田購買梅賽德斯、捷豹及 BMW 競爭車款，工程師嚴謹地測試汽車，拆解及研究每個零件。工程師相信，豐田能夠符合或超越 11 個績效目標，包括有關重量、省油、空氣動力及噪音等。豐田不斷在設計與製造過程精進後，生產出 LS 400。該公司投入 5 億美元的開發成本，包括購買新型且更精準的工具及材料的創新使用，才能生產高品質的產品。根據 J.D. Power & Associates 的消費者票選服務表示，凌志汽車持續獲得高品質評價與顧客滿意。

QFD 也可用在服務業，優比速這家大型包裹運輸公司的主管堅信，外部顧客最重視的是包裹準時送達。和其他競爭者一樣，優比速專注在提供準時送達的服務。該公司原來投入在時間與動作研究，在上午 10 點 30 分前將駕駛員與運送動線精確排定，直到某次顧客調查顯示：「顧客想要與駕駛員有更多的互動……。如果駕駛員不趕時間且更願意聊天，顧客會提供有關運送的實際建議。」因此，優比速僱用更多駕駛員，並給予每天 30 分鐘拜訪顧客，同時開始支付創造銷售的佣金。

外部顧客的需求與欲望不斷變化，「現今的顧客對他們重視的是想要更多。如果他們重視低成本，會想要更低價；如果他們重視購買時的便利或速度，會想要更容易與更快速。」顧客是「移動的標靶」，會快速在我們的視線範圍移動，組織無法再用過去的思

全球應用

豐田之道

無論在美國或世界各地，豐田擴大規模不採用併購，設立組裝工廠不會尋找當地企業合夥，他們教當地人如何建立豐田。

密西根大學工業與營運工程教授傑弗瑞·利克 (Jeffrey K. Liker) 是《豐田之道：全世界最偉大製造商的 14 項管理原則》(The Toyota Way: 14 Management Principles from the World's Greatest Manufacturer) 之作者，這是第一本為一般讀者解釋豐田採用管理原則的書籍，利克教授討論以下原則：

全世界最偉大製造商的管理原則

1. 管理決策必須依據長期哲學，就算是設定短期目標也一樣。
2. 開創一連串的過程將問題呈現出來。
3. 採取「拉」式系統避免生產過剩。
4. 減輕工作量 (heijunka)。(像烏龜一樣工作，而不要像野兔。)
5. 建立一種不是修復問題，而是第一次就達到精確品質的文化。
6. 工作標準化是持續改善與員工賦權的基礎。
7. 採取視覺控制，因此沒有問題被隱藏。
8. 為達到可靠度，完整的檢測技術服務人員與過程。
9. 提升完全了解工作、實踐哲學，並能指導他人的領導者。
10. 開發遵從公司哲學的優秀人員與團隊。
11. 透過挑戰與協助改善來尊重外部夥伴與供應商網絡。
12. 親自走動與觀察，以徹底了解情況 (Genchi Genbutsu)。
13. 透過共識、徹底考慮所有意見，再緩慢制定決策，然後快速執行決策。
14. 透過徹底反思 (hansei) 與持續改善 (kaizen)，而成為學習型組織。

1. 豐田成功模式的關鍵在於，其公司哲學及其僱用具有公司哲學的個人。豐田會聘用在職涯早期尚未受到其他公司文化影響的個人。在聘用管理者的第一個步驟是，讓應徵者觀看豐田文化的影片，這種作法如何確保員工學習到豐田之道？
2. 豐田認為未來員工應是有意願且渴望學習豐田之道，你認為原因為何？

維 (無法跳脫過去作法的框架)，以及提供的產品與服務和競爭者差不多，來吸引與留住顧客。本章的「全球應用」專欄強調「豐田之道」，即豐田在顧客滿意度與品質享譽全球背後的管理原則。

顧問與作家麥可·特雷希 (Michael Treacy) 及佛瑞德·維爾賽瑪 (Fred Wiersema) 相信，能讓顧客愉悅的公司在三項長期價值主張之一或多個方面表現良好：(1) 營運卓越；(2) 產品領導；(3) 顧客關係。PetSmart 及沃爾瑪是第一項的範例，它們提供低價、友善環境及獨特與可靠的服務。樂柏美 (Rubbermaid，家庭用品製造商)、耐吉 (運動鞋製造商) 及 3M (辦公與消費性產品製造商) 則展現第二項，這三家公司每年都生產大量能取悅使用者的尖端產品。

第三項價值主張的範例是企業租車(Enterprise Rent-A-Car Company)，這家公司以合理的成本調整提供物，以滿足顧客的需求，「他們精通給予超越顧客期待的服務，透過不斷地升級提供，這家與顧客關係親密的公司走在顧客不斷提高之期待的前方，而這些期待是他們所創造的。」

全面品質管理 工程師暨前任通用汽車經理人羅伯特‧科斯特洛(Robert Costello)在擔任美國國防部副部長時，與戴明、朱蘭、克勞士比及其他人為國防部共同發展**全面品質管理**(total quality management, TQM)，該部門的TQM主要計畫(TQM Master Plan)將TQM定義為：

> 一個持續改善各階層及所有負責領域績效的策略，將基礎管理技術、現有改善努力及特殊技術工具，結合成一個聚焦於持續改善所有過程的紀律結構。改善的績效滿足廣泛的目標，包括成本、品質、排程與使命需要及適應性，提高使用者滿意度是最重要的目標。

> **全面品質管理** 一個持續改善各階層及所有負責領域績效的策略。

圖表18.3是美國國防部發展呈現TQM的七步驟模型。步驟1是組織建立TQM環境；步驟2定義組織各項組成部分與子系統的任務；步驟3要求設定績效改善機會，建立策略性規劃流程；步驟4管理者或管理者與其下屬定義改善計畫與行動方案；步驟5透過使用適當的工具與技術執行計畫(本章之後會進一步討論執行)；步驟6是評估階段，應評估的結果包括週期時間、成本、效率及創新；步驟7要求回饋，因此這個過程可以持續改善。

TQM原則 TQM尚有其他的用語，在非營利的學院、大學與醫院，稱為持續品質改善(continuous quality improvement)或CQI；在3M稱為管理全面品質；在大型辦公設備製造商全錄稱為品質領導；在日本公司稱為全面品質控制(total quality control)；豐田生產系統則稱為精實製造、精實生產或精實。無論何種用語，其概念與原則都是：

- 品質改善創造生產利益。
- 品質的定義是符合滿足使用者需要的要求。
- 品質是透過連續的過程與產品改善及使用者滿意度來衡量。

圖表 18.3　TQM 模型的七步驟

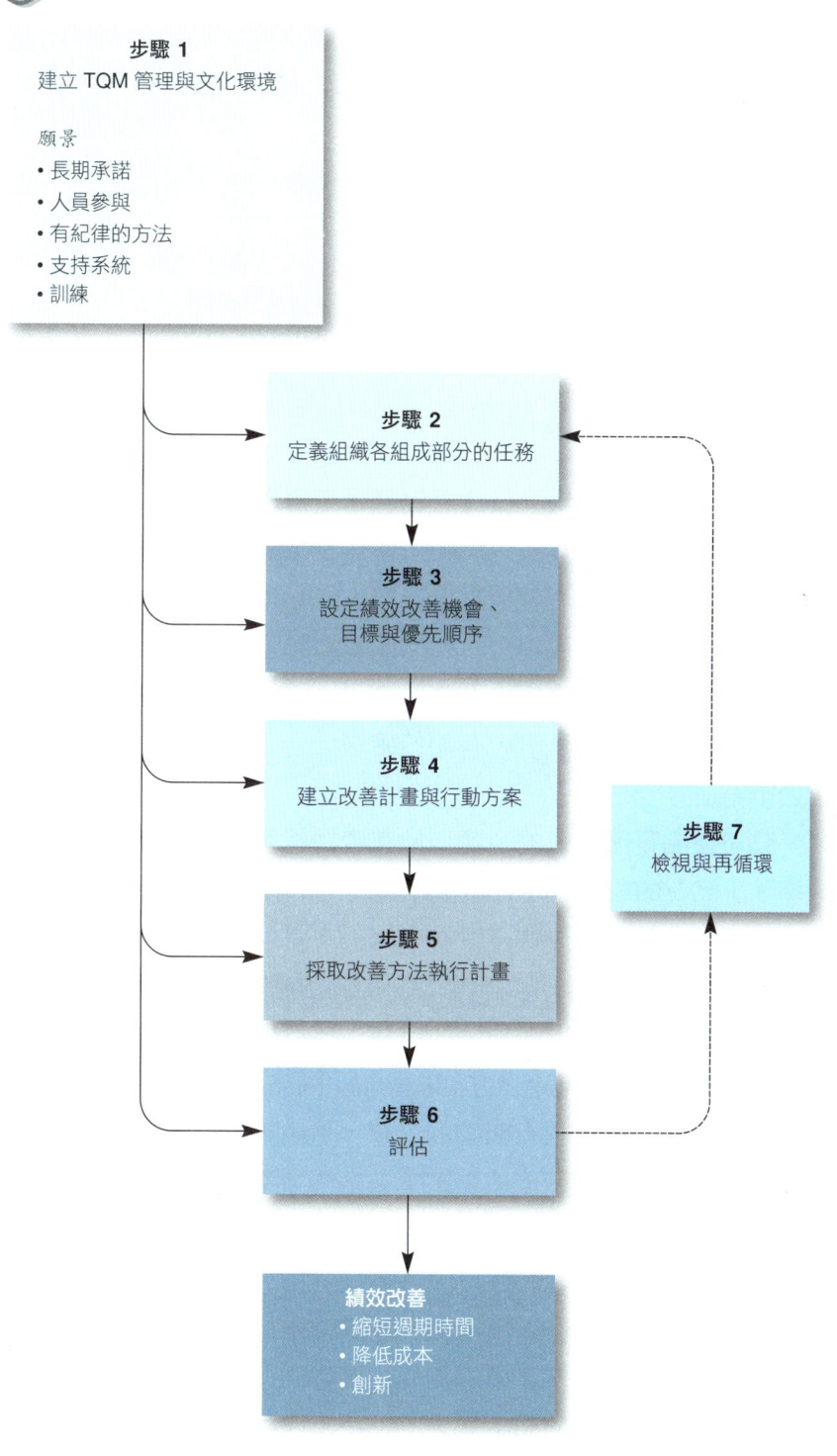

步驟 1
建立 TQM 管理與文化環境

願景
- 長期承諾
- 人員參與
- 有紀律的方法
- 支持系統
- 訓練

步驟 2
定義組織各組成部分的任務

步驟 3
設定績效改善機會、目標與優先順序

步驟 4
建立改善計畫與行動方案

步驟 5
採取改善方法執行計畫

步驟 6
評估

步驟 7
檢視與再循環

績效改善
- 縮短週期時間
- 降低成本
- 創新

資料來源：U.S. Department of Defense, *Quality and Productivity Self-Assessment Guide for Defense Organizations* (Washington, D.C. Department of Defense, 1990).

- 品質是由產品設計與透過有效過程控制來決定。
- 過程控制技術用來避免瑕疵。
- 品質是在產品生命週期所有階段各種功能的一部分。
- 管理是對品質負責。
- 與供應商的關係是長期形成且是品質導向。

如同湯瑪斯‧巴里 (Thomas J. Barry) 寫道：「TQM/TQC 是旅程，而不是目的地，是組織邁向卓越系統性與策略性的過程。」

2 討論為何品質必須具有成本效益

18.3 成本效益品質

如同前面章節指出，符合與超越顧客需求與期望應是任何組織的主要目標。公司能具有效能與效率的超越顧客需求，將能在市場上成功，並超越競爭者。但是組織與人員必須「確定他們所提供的品質是顧客想要的品質……。如果品質對顧客的意義不大，無法產生增加銷售、利潤或市場占有率的效果，將是一種浪費與費用。」滿足顧客同時聚焦在利潤，有助於確保公司不會將產品與服務定價超過市場之外。

公司在品質所投資的金額低於花費在修復瑕疵的支出，才具有效率。「品質的成本是用在避免不符合 [公司與顧客] 標準及失敗的成本，維持品質有助於避免沒有在第一次就把事情做好所產生的複合成本。」若將品質視為符合標準，而缺乏品質意味著發生失敗。

身兼管理者、作者與顧問的克勞士比寫道：「品質改善是建立在讓每個人都一次就把事做好 (do it right the first time, DIRFT)。但是 DIRFT 的關鍵是對要求有明確的了解，然後不要以人為本位。」克勞士比列舉品質不良的成本，基本上是沒效率或「做錯事的支出，包括因發生不合格問題所必須做的報廢、重做、服務後再服務、修復、檢查、測試與相關活動。」

在全錄公司，管理者採用三個衡量指標來決定品質的成本，他們計算符合成本、不符合成本及流失機會的成本。符合需要持續衡量工作產出對應已知的顧客需求；不符合成本是與不符合顧客需求及退貨與重作的時間浪費；流失機會則是因品質不良造成顧客與利潤流失。

生產力

生產力 (productivity) 最普通的形式是，生產某個數量的產出所需投入的數量及產出本身的關係，生產力通常可以用投入與產出的比率來表示。

> 生產力 生產某個數量的產出所需投入的數量及產出本身的關係，通常可以用投入與產出的比率來表示。

產出 (投入所產生的結果) / 投入 (勞動工時、機器工時或投資金額) = 生產力指標 (PI)

這項比率是效率的衡量指標，可用以做比較與辨認趨勢。

生產力改善的方向可以維持投入總數不變而增加產出數量，或減少投入數量而維持產出數量不變，或兩種方法的結合，透過 kaizen (逐步改善) 與再造 (革命式) 的方法，過程及其相關活動可以更有效率或移除。

致力與改善生產力必須改善產品和流程品質，反之亦然。工作自動化讓員工更有生產力，產生更快、更好與更低成本的產品和服務。工作具有清晰、可預測活動的特性，如生產或文書職位，相對於知識工作者，如管理者、銷售人員及科學家，更容易自動化。為提高知識工作者的生產力，公司可以發展實作社群 (communities of practice, CoP)，更普遍的說法是學習社群，為本章的「管理社群媒體」專欄主題。

透過提高生產力所節省的成本，可以分配到進一步改善組織的營運，組織改善生產力可為員工的生活標準與生活品質鋪路。本章的「品質管理」專欄討論產品的附加價值。

18.4 品質－生產力－獲利力的連結

③ 說明品質、生產力與獲利力的相關性

獲利力是來自企業的收入超出付出的成本，企業的獲利力取決於有效生產能取悅顧客之產品與服務的能力，「無論品質多好，若產品的訂價過高，也無法獲得顧客滿意度。」

戴明相信公司專注在改善品質會有基本的利益，這些公司透過減少錯誤與浪費、減少重做的需要及改善生產力，以降低成本。戴明表示，改善品質也有助於公司獲得市場、確保未來與提供更多工作機會。對戴明來說，改善品質會帶動利益的連鎖反應：「持續減少錯誤、改善品質，意味著持續降低成本，製造時較少重做，較少

管理社群媒體

學習社群

管理者已經發現成立學習社群能改善生產力。社群的成員分享能力，向他人學習，且能從他人的建議獲益。

早期最知名的範例是實作社群，是由全錄公司的影印機維修技師所成立。透過網路連結與分享經驗，特別是他們遭遇的問題及建議，這些技師的核心團體提供非常有效的方法，更有效能與有效率地診斷與修理顧客的影印機，對全錄的顧客滿意度與企業價值有極大的貢獻。然而，最重要的是，這個社群是自願的、非正式的蒐集與分享專業，而不是「公司規劃的」(但是當公司體認到 CoP 創造的知識價值後，開始提供支援並提高這個團體的努力)。(*Fred Nichols, Communities of Practice An Overview*, 2003, http://www.nickols.us/CoPOverview.pdf)

現今，社群網絡工具能讓成員發現對的人、進行討論、分享資訊與共同學習。地理的距離與時區的差異不再是協同合作的障礙。

學習社群分享作法，包括個案研究、解決問題的方法及其他活動，如下表所示。這些活動伴隨著成員的接觸與傳記訊息，成為成員可以搜尋的知識庫。

學習社群活動的範例

解決問題	「我卡住了，我們可以一起設計與腦力激盪嗎？」
請求資訊	「我要去哪裡找連結伺服器的程式碼？」
尋找經驗	「有人處理過顧客的這個狀況嗎？」
資產再利用	「我有去年寫給客戶的區域網路提案，可以傳給你，你可以簡單調整後給新客戶。」
合作與綜效	「我們可以結合溶劑的採購量，以獲得數量折扣。」
討論發展	「你對新系統有何想法？它真的有用嗎？」
專案文件化	「我們遇到這個問題 5 次了，讓我們把它寫下來，也可以給別人用。」
拜訪	「我們可以看你的程式嗎？我們公司也想建立一套。」
建構知識與辨認差距	「誰知道？我們還缺了什麼？我們應該接觸什麼團體？」

- 你認為哪些社群網絡工具最適合學習社群的互動？例如，部落格、維基、臉書、LinkedIn、推特、YouTube 等，原因為何？

資料來源：Etienne and Beverly Wenger-Trayner, "Communities of practice a brief introduction; April 15, 2015, http://wenger-trayner.com/introduction-to-communities-of-practice/.

浪費(包括較少物料、機器工時、工具、人力的浪費)。」圖表 18.4 為戴明的連鎖反應之視覺化呈現。

美國的汽車製造商已經改善品質，但仍未能趕上日本的汽車製造商。

這個落差預示著市場占有率持續下滑，但是現在三大汽車廠更關注另一個面向，即消費者改變對品質的定義，這個轉變讓美

品質管理

附加價值

任何企業活動的基礎就是交換，及兩方或多方提供給對方有價值的事物，滿足各方認知需要的過程。這種「有價值的事物」對公司來說是產品，對顧客來說就是購買產品的金錢。

在生產過程，原料被轉換成最終產品。價值代表顧客想要為這些活動付錢。因此，附加價值是增加產品的市場形式或功能的任何活動；無附加價值則是指無法附加市場形式或功能，或不必要的任何活動。價值串流是將產品從生產到顧客需要的所有流程。

發展價值串流的主要工作是，比較具有附加價值與無附加價值的作法。如果生產的作法無法創造價值，就是一種浪費，而且必須移除或最小化。沒有價值的活動必須轉換為有附加價值的活動。生產團隊應該聚焦在價值串流的效率，讓生產過程更加「精實」，將是品質的來源；產品成本降低且品質改善。

下列問題是生產團隊應該自問，是否某個流程是無附加價值的活動。

1. 這項活動是必需的嗎？
2. 這項活動能否簡化？
3. 這項部件或物料對產品有附加價值嗎？
4. 可以使用更便宜的部件或原料嗎？
5. 標準化部件可以取代非標準化部件嗎？
6. 兩個或更多部件可以用較低成本的單一部件取代嗎？

- *宣偉 (Sherwin-Williams) 的 Twist and Pour 油漆包裝徹底改變油漆罐，不需要任何工具開啟或關閉，具有空間效率、附有可旋轉蓋的方形塑膠容器、舒適附把手及容易傾倒的特色。使用者有新的方法可混合、粉刷與儲存油漆。請舉出其他現實生活中附加產品價值的例子？*

國汽車製造廠的經營更加艱難。雖然購買決策曾經強調品質是汽車不良率最小化，但消費者現在更重視各種產品核心屬性的訴求——如汽車的駕駛樂趣、設計精良或流行。

消費者對品質的定義已經演化成納入無形的屬性，如設計。現在，產品必須高品質，且設計也必須吸引消費者。由於設計是無形的屬性，比不良品更難衡量。

改善品質與生產力

要獲得重要、持續品質與生產力的利益，需要所有相關人員的百分之百承諾。雷神承諾提供顧客高品質並維持倫理與誠實，是本章「道德管理」專欄的主題。許多組織已經發現，努力改善卻失敗的主要理由有二：改變不是整個組織，也沒做出承諾；以及太過依賴少數人。正如品質議題作家派翠克·湯森德 (Patrick Townsend) 與

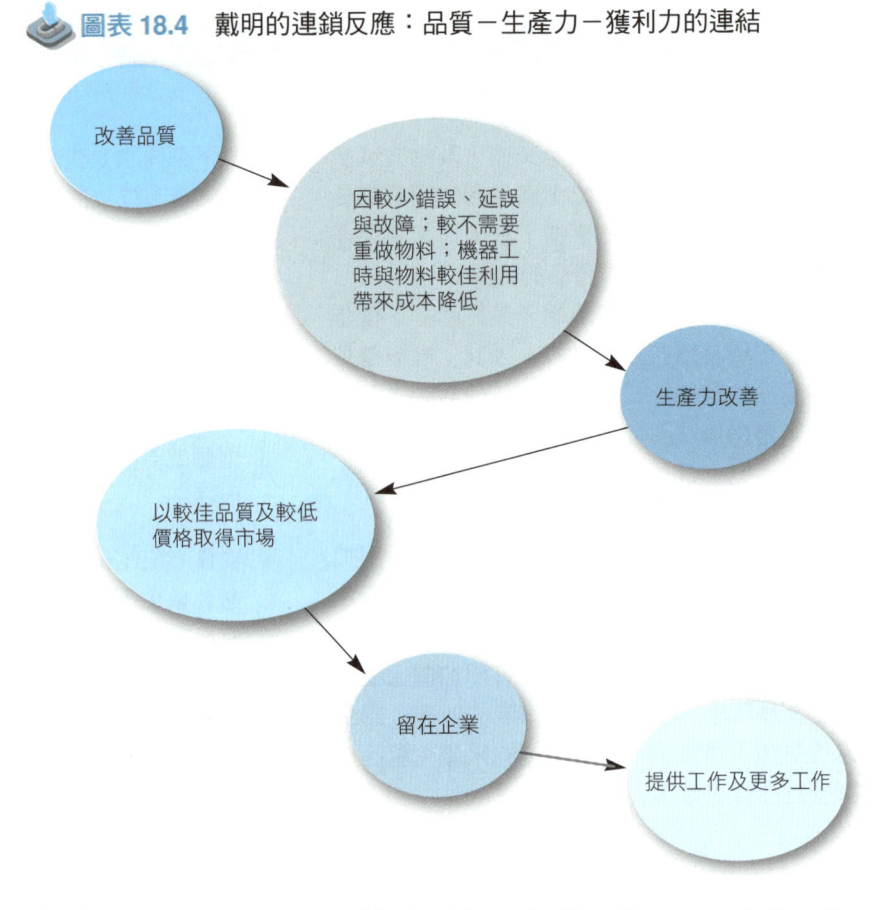

圖表 18.4 戴明的連鎖反應：品質－生產力－獲利力的連結

```
改善品質 → 因較少錯誤、延誤與故障；較不需要重做物料；機器工時與物料較佳利用帶來成本降低 → 生產力改善 → 以較佳品質及較低價格取得市場 → 留在企業 → 提供工作及更多工作
```

資料來源：W. Edwards Deming, *Out of the Crisis* (Cambridge, Mass.: Massachusetts Institute of Technology Press, 1988), p. 3.

瓊安・格哈爾德 (Joan Gebhardt) 觀察：

> 對品質改善部分了解與部分參與，會帶來部分成功或完全失敗。品質流程真正成功的唯一機會是，公司同時處理所有議題：領導、參與及衡量。

追求生產力的利益也相同。

對生產力與品質改善的承諾，意味著改變員工對辨認與解決問題的思維、方法與途徑。這些修正是廣泛地改變態度、信念、價值觀、哲學與互動的習慣。例如，某份未註明日期的摩托羅拉刊物──《品質的新真相》(*New Truth of Quality*)，列出「舊真相」與「新真相」。舊真相說：「人難免犯錯。」新真相則說：「完美──整體顧客滿意──是標準。」許多公司也發現，生產力的新真相是：「絕不要對效率改善感到滿意。」

道德管理

ASQ 的倫理守則

基本原則

ASQ 要求會員與證照持有者透過下列方式遵守倫理規範：

1. 在服務大眾、雇主、顧客及客戶時必須誠實與公正。
2. 努力提高在品質專業的能力與聲望。
3. 利用自己的知識與技能促進人類福祉。

會員與證照持有者也被要求詳讀以下信條：

與大眾的關係

第 1 條：在執行專業義務時，要以大眾的安全、健康與福祉為優先。

與雇主、顧客與客戶的關係

第 2 條：只在能力範圍內執行服務。

第 3 條：在職涯中持續發展專業，並提供他人專業與倫理發展的機會。

第 4 條：與 ASQ 員工及所有雇主、顧客或客戶處理事情時要用專業的方法。

第 5 條：作為忠實的代理人或受託人，並避免利益衝突與利益衝突的可能。

與同儕的關係

第 6 條：藉由服務的優點建立專業聲望，不要與他人不公平競爭。

第 7 條：確保將他人工作歸功於該歸功的人。

■ 你認為 ASQ 發表這些倫理守則的原因為何？

資料來源：http://asq.org/about-asq/who-we-are/ethics.html。

朱蘭提出警告，邁向改善意味著變革；變革會帶來抗拒與恐懼，它們存在的原因是組織提供支持與社會網絡的各種做事方式。「任何提倡的變革對模式的穩定性都是潛在威脅，且對成員的福祉也是潛在威脅。」朱蘭列舉七個減少抗拒組織變革的原則：

1. 提供參與的機會。
2. 提供足夠的時間。
3. 確保提案沒有多餘的項目。
4. 與獲得認同的領導者共同合作。
5. 有尊嚴地待人。
6. 聽取其他人的觀點。
7. 尋求其他可行方案。

企業流程再造的途徑

如同第 12 章的定義，再造是推動變革的一種途徑，無可避免會影響品質與生產力改善，再造需要個人與組織「從流程思考，例如履行訂單，可能涉及與多部門，且可能重組工作……。目標除了降

低成本外，也必須⋯⋯快速且有效地回應顧客。」但是公司任何地方的各種改變都會有連鎖效應，漢默指出：「業務 [代表] 認同他的工作⋯⋯是獲得訂單，這是他扮演的角色——整個流程會包括財務人員、行銷人員與其他人。」

記得改善的漸進式途徑需要逐步且持續的努力，再造需要不斷地透過持續探討為何與如何做每一件事情的需要提出疑問，目的是區分出不需做與必須做的事情，以及這些流程怎麼做會更好。漢默表示：「我們必須教導組織中每一個人是有創意且跳脫框架的思考者，他們必須對如何工作具有創意的思考。」豐田在生產力的主張是管理思考必須跳脫框架；同樣地，3M 的管理者鼓勵所有員工研究自己對公司時間與公司資源的構想；Google 透過給予工程師 20% 的時間開發新產品或服務，或提供現有產品改善，以鼓勵創新，這種作法的產品包括 Google 新聞、Gmail 及 Google 自駕車。

再造改變人們與組織管理過程的基本方法，通常也會改變組織的使命、願景、價值觀、活動與結構。某些公司透過盲目刪除含有不必要工作的職務，結果導致較少人員負責更多工作，引起不安全感、恐懼與壓力。錢皮認為這種情況不能發生，「再造與組織精簡不是同義字⋯⋯但是在大多數再造中，這兩者會重疊，你必須學會在公司人員大幅縮減的情況下工作。」

漢默撰寫《超越再造》(*Beyond Reengineering*) 一書，將他早期的工作彙整，並提倡以流程為中心之企業的概念。他解釋許多公司流程重新設計卻只有微幅成功的原因，「再造能讓公司發展大幅改善營運過程，發揮力量；但是公司本身必須變成一個以流程為中心的企業。」

為了判斷流程對顧客價值與否，漢默說：

> 簡單將所有流程畫成圖形，包括你做的和顧客做的，然後自問：「是否有多餘的？有沒有做超過一次的？哪些可以刪除但不影響最終結果？是否存在只有間接價值且可以最小化的事？」

因此，企業流程再造是一種診斷工具，可以指出長期機會，刪除所有無附加價值的活動。

請記得本節專注在重大承諾及任何組織改善品質、生產力與獲利力所需的元素，接下來談高階管理階層的角色。

18.5 高階管理者的承諾

4a 探討組織裡高階管理者改善品質與生產力所需的承諾

組織裡各階層的管理者必須先做出承諾，再試著得到每位員工對參與品質和生產力改善活動的承諾，在整個改善的推行過程中必須要有個人的承諾，因此必須持續不斷地奮鬥。領導必須從最高階層開始，如同第 1 章所說，必須存在每個組織階層、每個單位及每個團隊。

福特汽車公司在 1980 年代透過高階管理階層的努力，進行組織重新設計。在 1981 年，福特總裁唐納‧彼得森 (Donald E. Peterson) 邀請戴明對福特的主管進行演講。戴明不談汽車的品質議題，而是談論關於福特的管理哲學與公司文化。戴明交叉檢視主管對品質的想法，當問到對品質的定義時，沒有人說得出來；而在詢問有關品質保證的角色時，主管大多回答行政相關事務，不是戴明心中所想：從高階主管對促進品質改善的承諾。當主管反問為何美國面對日本企業的競爭時遇到麻煩，戴明憤怒地回答：「答案是──管理！」

福特是美國企業第一個信奉戴明所教導的品質，如同彼德森寫道：「我同意戴明博士的管理哲學，也特別喜歡他強調人員的重要性。事實上，我聘請他擔任顧問，而且我大約每個月會和他見面一次。」早期福特推動 TQM 的努力，包括教導所有員工不只擔任品質控制的檢查員，也要利用統計過程控制 (本章後續探討的技術)。就像彼德森的觀察，「當某些事情發生錯誤時，大約 80% 是採取的生產系統與過程中的某些方法錯誤。」

後來，福特的 TQM 計畫進行消除工作場所的恐懼，發展對人們的信任，並建立對持續改善觀念的支持結構。福特的主管開始提問：「我們的文化是什麼？」「我們代表什麼？」正如彼德森所說的，「戴明博士的哲學，表現在他的 [改善品質的 14 項要點]，幫助我們表達訴求的重點。」圖表 18.5 列舉戴明的 14 項要點。在與戴明經過幾次會議後，福特的高階管理階層重新定義使命與價值觀。今天，福特已經藉由 ONE Ford 計畫將自己轉型，如圖表 18.6 所示。

根據錢皮的說法，管理者必須有意願「放開控制，讓別人做決策，特別是會影響顧客的人。你必須這麼做才能成長。」

賦權個人與團隊給予組織極大的彈性，決策盡可能下放到最基

圖表 18.5　戴明改善品質的 14 項要點

1. **創造持續不斷改善產品與服務的目標。** 除了賺錢之外，企業的目標透過創新、研究、不斷改善與維持，達成永續生存與提供工作機會的目標。
2. **採用新哲學。** 美國人太過容忍粗劣的工藝與沉悶的服務，我們需要不能接受錯誤與消極主義的新信仰。
3. **停止依賴大量檢查。** 美國企業通常會在產品離開生產線或在生產線的重要階段進行檢查，不良品可能丟棄或重做，這兩種作法都是不必要的成本，結果是公司未犯錯的員工付出成本，然後修正錯誤。品質不是來自檢查，而是過程改善，給予指示，員工就能加入改善過程。
4. **停止僅以價格給予生意的作法。** 採購部門通常以尋找最低價格的賣方為目標，這種作法通常會找到低品質的供應商。正確的作法是買方應尋求某個品項單一供應商的長期合作，以獲得最佳品質。
5. **持續不斷改善生產與服務系統。** 改善不是一次性的努力，管理者的義務是持續尋求減少浪費與改善品質的方法。
6. **建立訓練機制。** 員工經常從其他未曾受過適當訓練員工學習而做事的方法，他們被迫遵守難以理解的指導，因為沒有人告訴他們怎麼做，而無法把工作做好。
7. **建立領導機制。** 管理者的工作不只是告訴員工要做什麼及懲罰，也必須領導，領導是由協助需要幫忙的人以客觀的方法把事情做好及學習。
8. **消除恐懼。** 許多員工害怕提問或承擔某個職位，甚至在不了解工作內容或不知道對錯時，他們可能不斷地犯錯或沒做該做的事，因為恐懼帶來的經濟損失龐大，為順利推動較佳品質與生產力，必須讓員工感到安全。
9. **打破員工不同領域間的障礙。** 通常公司的不同部門或單位互相競爭，或擁有互相衝突的目標，他們無法像同一個團隊一樣解決或預見問題，更糟的是某個部門的目標可能引起另一個部門的麻煩。
10. **消除對勞動力的口號、勸告和目標。** 這些並不會讓工作做得更好，讓員工發想自己的口號。
11. **消除數量配額。** 配額只考慮到數字，不考慮品質或方法，通常會帶來無效率及高成本，人們為了保有工作，可能在任何成本下達成配額，不管是否造成公司的損害。
12. **移除做出良好工藝的障礙。** 人們渴望把工作做好，無法達成時會很苦惱，通常指導不良的監督者、不完善的設備及有缺點的物料，會阻礙達成良好績效，必須移除這些障礙。
13. **建構積極的教育與再訓練計畫。** 管理者與員工面對推動的新方法時，都應該得到相關教育，包括團隊工作與統計技術。
14. **採取行動完成轉型。** 需要有行動計畫的專屬高階管理團隊執行品質使命，員工無法單獨完成，管理者也無法。

資料來源：Based on material in *Deming Management at Work* by Mary Walton (New York: Putnam). Copyright © 1990 Mary Walton.

層，以便對使用者與顧客的需求做出快速的反應。但是被賦權的個人或團隊只有在代表不同觀點、重視別人及尊重別人意見時，他們的自主性才能發揮最大效果。請參見本章的「重視多樣性和包容性」專欄檢視豐田的指導原則如何讓被賦權的個人發揮最大效果。

4b 探討組織裡中階管理者改善品質與生產力所需的承諾

18.6　中階管理者的承諾

中階管理者必須參與改善的承諾，他們在裁員與過程改善受到的打擊最大，例如再造的努力。中階管理者在規劃與協調品質和生

圖表 18.6　ONE FORD

ONE FORD
一個團隊・一個計畫・一個目標

一個團隊
人們共同為精實的全球企業努力，以實現汽車業領導地位，根據以下：
顧客、員工、經銷商、投資者、工會/委員會及社區的滿意度

一個計畫
- 在現有需求與改變車款組合積極重建，取得經營獲利力
- 加速開發顧客想要且高評價的新產品
- 為我們的計畫融資，並改善財務狀況
- 像一個團隊一樣有效地一起工作

一個目標
帶動福特獲利力大幅的成長

資料來源：http://corporate.ford.com/dynamic/metatags/article-detail/one-ford.

產力活動上最活躍，他們必須確保所有的突破都與他人分享，而讓整個組織都獲益。由於大部分過程都是水平的，必須有跨功能的合作與溝通，有許多方法可以促進效果，包括重新安排工作過程、重新設計任務、個人與團隊定期會議及發展合作、突破(如利益共享)及團隊化。

團隊　團隊可能存在各個階層，需要訓練有素的領導者、具有互補性及必要技能的成員、支持性的環境，以及明確的目標與指導原則。團隊可以創造綜效，即整體努力的效果要大於團隊所有成員個別努力效果的總和。中階管理者會利用三種被賦權的團隊改善組織整體品質與生產力：專注在改善品質、過程及專案的團隊。

品質改善團隊 (quality improvement team) 通常是由來自公司所有功能領域的人員組成的團體，此團體會定期召開會議，評估朝向目

> **品質改善團隊**　通常是由來自公司所有功能領域的人員組成的團體，此團體會定期召開會議，評估朝向目標的進度、辨認與解決共同問題，並合作規劃未來。

重視多樣性和包容性

豐田的授權

大野耐一被尊稱為豐田生產系統 (Production System, TPS) 之父，在精實製造與及時生產系統也相當知名，「大野耐一因他的熱情、他的承諾、他對改流程改善的決策，他詢問『為什麼』要五次，而被認為是傳奇人物。」TPS 成功的關鍵是賦權生產助理。

史蒂芬·柯維 (Stephen Covey) 是《高效能人士的七大嗜好》(The 7 Habits of Highly Effective People) 的作者，以及人員組織零售商富蘭克林柯維 (FranklinCovey) 的共同創辦人，曾說他最喜歡的賦權範例是豐田，他說：「任何員工都可以暫停生產線，他們認為自己是服務運輸需要的重要夥伴，豐田採用知識勞工模式，就是他們超越底特律的原因。每個員工都受到提問的訓練：為什麼？為什麼我們不那麼做？為什麼我們要這樣做？」(Hartman)。

下列豐田的指導原則在 1990 年建立，1997 年修訂。

豐田汽車公司的指導原則

1. 尊重每個國家法律的語言與精神，執行公司活動須公開與公平，已成為全世界良好的企業公民。
2. 尊敬每個國家的文化與慣例，透過公司在社區的活動貢獻經濟與社會發展。
3. 透過貢獻公司所有的活動，提供乾淨與安全的產品及提升各地的生活品質。
4. 創造與發展尖端技術，並提供能滿足全世界顧客需要的傑出產品與服務。
5. 培養能提升個人創造力及團隊工作價值的公司文化，促進勞工與管理者之間的互信與尊重。
6. 透過創新管理追求與全球社群一致的成長。
7. 使用研究與創意達成穩定、長期成長和互利的概念來與事業夥伴合作，並保持對新夥伴開放的態度。

豐田創辦人豐田佐吉提出的五大原則

- 永遠忠於自己的職責，對公司與整體的產品做出貢獻。
- 保持勤奮好學，富有創意，始終與時俱進。
- 永遠務實，避免輕浮。
- 永遠努力將工作場所營造成像家庭的氣氛，具有溫暖與友誼。
- 永遠尊敬精神物質，並且記得隨時心存感恩。

■ 大部分的生產線都有電腦化感應器，可以在需要調整時暫停或發出信號，你認為為什麼豐田想要員工參與品質管理？

資料來源：Toyota, Guiding Principles, http://www.toyota-global.com/company/vision_philosophy/guiding_principles.html; Mitchell Hartman, "Managing From Within," *Oregon Business*, February 200A, http://www.mediamerica.net/obm_020A_MH.php; Gary S. Vasilash, "Oh, What A Company!" *Automotive Design & Production*, March 200A, http://www.autofieldguide.com/articles/030A01.html.

標的進度、辨認與解決共同問題，並合作規劃未來。這種團隊的目的是提供所需支持及提升協同合作的努力，以提升營運效能。團隊領導者必須擁有快速且容易接觸高階管理者的途徑，管理策略才能因應變動的條件進行調整。成員「應該對外代表公司，安排教育方案 [將品質改善帶入內部營運]，並發展全公司的事件 [強調品質改善努力的重要性與成果]。」大型公司可能有許多品質改善團隊，每個

營運或營運領域各有一個；小型公司可能只有一個。

過程改善團隊 (process improvement team) 是由參與某個過程的成員所構成，例如發放薪水、將郵件分類。團隊成員召開會議，分析如何改善過程。他們專注在衡量每個步驟的效能與效率、縮短週期時間，並辨認與修正造成投入和產出品質偏離的原因。

專案改善團隊 (project improvement team) 通常由參與相同專案的一群人所組成，例如安裝新電腦系統，或開發新產品。團隊的成員需決定如何讓專案做得更好，專案改善團隊的成員通常包括該專案產出本身的或潛在的顧客或消費者，這些使用者可能是內部人員，也可能是外部人員。

透過這三種團隊的調查可能導致與外部人員接觸，特別是外部人員是問題的來源或可能的解決方案，顧客與供應商是外部人員的兩個主要團體。

稽核 美國陸軍有句古老的諺語：「如果你不檢查，就不要有期望。」通常中階管理者的責任是監督朝向目標的進度。**品質稽核** (quality audit) 決定是否符合顧客的要求。如果沒有，稽核人員必須找到原因。品質稽核可以聚焦在特定產品、過程或專案，內部或外部人員 (顧問或品質改善團隊) 可以執行稽核。

品質控制稽核 (quality control audit) 詢問兩個基本問題：我們怎麼做？以及問題是什麼？其專注在「方法……工廠建立某項產品的品質、轉包的控制、顧客抱怨處理方法，以及每個生產步驟如何執行品質保證的方法，從……新產品開發開始。」

衡量 改善品質與生產力的努力，包括在稽核與監督營運過程中採用的各種統計衡量值和科學方法。在 1930 年代早期，貝爾實驗室即採用現在稱為**統計品質控制** (statistical quality control, SQC) 與**統計流程控制** (statistical process control, SPC) 方法。統計品質控制是利用統計工具與方法判斷產品或服務的品質；統計流程控制則是利用統計品質控制建立邊界，判斷某項過程是在控制中 (預料中) 或失控 (預料之外)。圖表 18.7 展現這些工具之一，是用以定期監督產生經常性產出之過程的控制圖。當產出安全地落在規定的控制界限內，運作過程即視為在控制中，採用各種工具與方法的成本和追蹤與分析所有運作過程的支出類似。

圖表 18.7　監督過程績效的控制圖

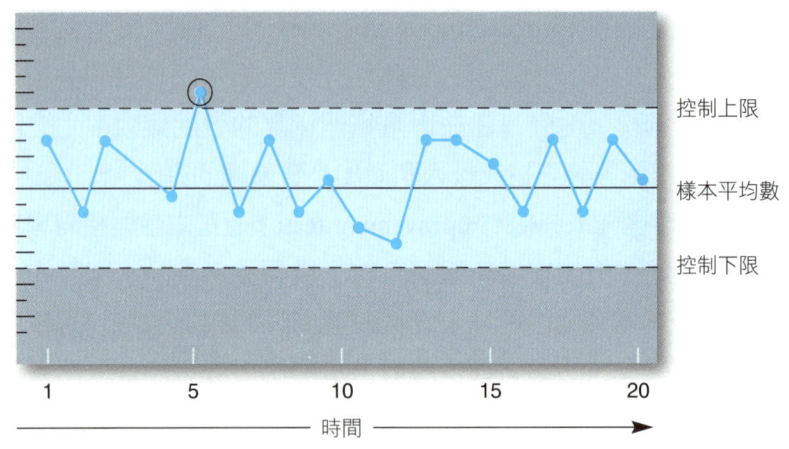

控制上限
樣本平均數
控制下限

時間

注意：控制界限定義某個過程正常運作時期望變異的範圍。控制圖的重點是指示超過上限或下限的趨勢，只要趨勢線超過界限，管理者就必須調查過程，以發現造成這種趨勢及瑕疵的原因。
資料來源：http://www.ford.com/doc/one_ford.pdf。

4c 探討組織裡基層管理者改善品質與生產力所需的承諾

18.7　基層管理者的承諾

被賦權的個人，對持續改善的工作會感受到奉獻與義務，特別是在他們能分享利益時。透過過程與產品團隊(跨功能團體)，他們結合才能與努力辨認並解決問題。這些團隊可能是永久性或暫時性。永久性團隊通常負責持續的過程，如顧客帳單或顧客服務。**品管圈** (quality circle) 則是暫時性團隊。主要由遭遇共同問題的員工所組成，團隊成員定期開會，直到問題被解決。品管圈的成員通常是自願參加，他們同意利用知識與經驗來消除品質和生產力的障礙。

品管圈 暫時性團隊，主要由遭遇共同問題的員工所組成，團隊成員定期開會，直到問題被解決。

在最後的分析中，公司提升品質與生產力的努力，依靠付出承諾的員工和同事，他們不會浪費時間、偷雇主的東西、隱瞞努力、在工作上使用違禁品，也不會抗拒需要的變革。管理階層再怎麼努力及花再多錢，也無法克服這些障礙。人員同時是大多數公司生產力與品質問題的原因和解決方法。

5 描述改善組織品質與生產力所需的外部承諾

18.8　外部承諾

組織外部的各種團體對組織產品或服務品質及生產力有直接或間接的影響，公司必須持續與顧客及各種夥伴互動。顧客具有最大

的影響力，無論組織的顧客是最終消費者或企業用戶，都必須發展學習關係——持續連結，以符合其需要與獲得忠誠度。

大多數公司依賴具有價值的顧客作為投入，方法包括調查、電子郵件、免付費客服電話、銷售人員定期互動，以及參與新產品或服務的評估。佛瑞德·賴海赫德(Frederick Reichheld)的研究顯示，在大多數產業中，介於公司的成長率與顧客之間，「促進者」(非常喜歡向朋友或同事介紹產品或公司的顧客)所占比率之間有強烈的相關性。維持顧客接觸的範例，有助於生產者保有最佳顧客及吸引新顧客。

企業必須傳遞期望中的顧客體驗以保有其顧客。對購買決策影響最大的是口碑，而顧客體驗是消費者向他人推薦公司與產品的首要原因。許多消費者轉換到競爭品牌，原因只是競爭品牌具有較佳顧客體驗的名聲。

現今，顧客體驗不只是根據個人經驗，也會根據朋友、網路及線上評論者對產品與公司的說法。隨著社群網路的出現，一個人能向朋友說顧客體驗的數量非常驚人。

豐田與許多其他企業擁有數百家外部供應來源，它們必須與供應商維持緊密關係，以確保商品及時抵達工作現場，避免缺貨。工廠、零售商和批發商已將其營運與供應商相連結。

經銷商和供應商的夥伴關係建立在公開與互信的基礎，夥伴之間資訊自由流通。現今，公司將重要的原料與服務向外部供應商購買的比例越來越高。外包的主要理由是別人可能比你做得更好、更快、更便宜且品質更好及更有效率，公司也集中在較少且更可靠的供應來源。然而，無論買方與賣方，都必須對夥伴產出品質營運的效率做出相同的承諾。

除了稽核自己的營運外，外包的公司也需要持續檢核外部供應商的營運，他們是否知道自己的成本？我們認識他們嗎？他們的成本超出預期或在控制之中？他們有努力降低成本嗎？我們可以幫助他們降低成本嗎？公司與供應商共同降低成本及定期重新協商契約，都是以節省為基礎。

品質與生產力的其他內部和外部影響因素

系統具有許多內部組成部分或子系統(回想第 2 章管理思想系統

學派的討論)，其中任何元素的改變會影響一個或多個其他元素；同樣地，系統外部的重大改變，也可能影響系統及其子系統。塞維爾將戴明與田口玄一的想法應用在汽車經銷的工作上，例如，在他的著作《終身顧客：如何將一次性購買者轉變成終身顧客》中的第二條戒律是，「系統不會笑。說請與感謝你，並不保證你會第一次就把事情做對。只有系統能保證。」除了本章之前討論的觀念外，我們必須思考許多內部因素與外部力量，以及它們可能對品質與生產力的影響。

內部影響因素

非人力資源及如何處理這些資源，是內部影響因素的主要考量，這些實體資源包括資訊、設施、機器與設備、原料和物料，以及財務，每一項都對獲利力、生產力與產出品質有直接影響。

公司必須持續蒐集和整理內部與外部事件的資訊，並讓組織所有成員都能妥善使用，透過稽核與定期進度報告等機制的報告，讓人們被告知並做好品質與生產力改善的規劃、組織、用人、領導及控制等工作的準備。

研究發展 發掘各種新原料、過程與產品的有用資訊。

透過**研究發展** (research and development, R&D) 專案將設施與資訊整合在一起，以發掘各種新原料、過程與產品的有用資訊。此舉需要時間與金錢的大量投資，有助於透過一系列能取悅顧客的產品與服務，保證組織未來的生存。公司可以由研究中心進行 R&D 工作，或透過賦權與開卷式管理釋放個人的創造力。

在 3M，R&D 是每個員工工作的一部分。該公司鼓勵每位員工成為產品冠軍，即每天花時間發展某些新穎與不同的事物，最佳構想 (最可能獲得財務報酬者) 會給予最優先順序，並且盡可能快速且有效的上市。

機器與設備是 R&D 和製造過程使用，工具與方法越有效率，對品質與生產力越有助益。世界級的製造具有下列特性：

- 直接與顧客及供應商連結。
- 彈性生產線的能力不只處理大量或小量的特定產品，也能在極短時間重新建構以生產另一種產品。
- 很短的週期時間。

- 水平的產品、專案與過程團隊。
- 重要原料的及時傳遞。
- 整齊清潔。
- 被賦權的團隊執行各種任務。
- 每個階層與每個過程強烈投入改善品質與生產力的努力。

此外,生產設施成為外部人員的展示間與內部人員的實驗室。

原料和物料是各種流程所需的投入,產出的品質與投入的品質有直接的關係。在過程中任何一個環節的原料和物料品質不良都會造成瑕疵,進而影響生產力。透過與供應商定期互動以謹慎協同合作,對滿足內部需求與外部顧客非常重要。

最後,品質與生產力影響組織的財務狀況,反之亦然,具成本效益的品質取悅與吸引顧客,並帶來收入。沒有效率的生產者,其產品與服務不具競爭力。

外部影響因素

不斷變動的外部因素影響品質與生產力,包括組織所在的國內與國外市場的經濟、法律/政治、社會文化、自然與科技條件,企業競爭者的行動與業主的需要也是重要影響因素。

任何經濟體系的物價水準都會影響企業的計畫與內部營運。所需原料和物料的價格下跌,可以轉換為較低的生產成本與較高利潤;反之亦然。利率水準提高,會使公司延後貸款與進行改善工作。

法律可能讓公司的生產成本提高或難以銷售,美國的反污染與安全法律即是兩個實例,這兩套法律造成許多公司提高生產與管理成本,增加的成本會提高產品與服務的價格,從而轉嫁給消費者。

社會文化因素影響產品品質,因為產品必須具有不同特徵,以滿足不同種族群體的需要。麥當勞是許多在不同地區與顧客偏好調整菜單的連鎖速食店之一,當菜單調整時,許多公司的流程與成本也會隨著改變。

自然力量會讓事物變得更便宜或更昂貴。製造與配銷設施位於原料和物料較便宜的地方,會降低生產者的成本。在芝加哥,擁有相對便宜與豐富的水源供應,就是一個實例。此外,正如聖托馬斯島島上的許多居民和企業業主能證明的,颶風會使維京群島和其他

颶風頻發地區的生活更加昂貴。

科技透過適當的應用影響生產力與品質。例如，可程式化機器人在許多工作上會比人類更快與更有效率，而且通常瑕疵較少。購買機器人後，可重新編寫程式以符合不同但類似應用的需求。

競爭者的效率越來越好，公司可能必須超越競爭者的效率，外包與裁員是實務上常見的策略，透過將工作轉包給更有效率的公司以維持效率與獲利力。公司必須透過創新與研發，不斷努力保持競爭力。

企業業主需要投資有合理的報酬及分享公司的利潤，然而分配給業主的金錢無法作為其他用途。例如，改善產品品質與生產力，或投資在有助於公司未來發展的訓練與設備。

這些因素如何透過其他方式影響管理者、組織與決策，不只是對品質與生產力的影響，也是本章主要關切的重點。

習題

1. 顧客如何影響產品或服務的品質？
2. 公司如何讓產品與服務的品質具成本效益？
3. 為何必須努力改善品質帶動生產力與獲利力的改善？
4. 如果高階管理階層想要讓組織改善生產力、品質與利潤，應該做出什麼承諾？
5. 中階管理者如何為組織改善品質與生產力做出貢獻？
6. 員工如何影響生產力與品質？又如何影響改善的努力？
7. 影響品質與生產力改善努力的外部因素有哪些？

批判性思考

1. 回想某家公司超越你的需要與期望，分享你的經驗，這家公司給予顧客哪些其他公司做不到的優勢？
2. 公司的供應商如何影響品質、生產力與利潤？
3. 現今許多公司共同採取的方法是，將外部公司能做得更好、更便宜與更快速的活動外包，這種作法會對外包商與獲得工作的廠商帶來哪些改變？
4. 「改善品質的努力是一個持續的旅程。」這句話對你的意義是什麼？改善生產力也可以這麼說嗎？為什麼？
5. 許多人相信我們應該「忘記品質，那是舊觀念，專注於創新」。你的看法為何？品質現在是商品嗎？

索引

A 型人格　Type A personality　393
B 型人格　Type B personality　395
ERG 理論　ERG theory　415
ISO 9000　202
Kaizen　51
X 理論　Theory X　425
Y 理論　Theory Y　425

二畫

人力資產會計　human asset accounting　569
人力資源經理　human resource manager　303
人工智慧　artificial intelligence, AI　521
人事經理　personnel manager　303
人員部門　staff department　235
人員職權　staff authority　233
人格　personality　388
人際的技能　human skill　27
人際溝通　interpersonal communication　352
力場分析法　force-field analysis　296

三畫

三步驟法　three-step approach　295
大策略　grand strategy　114
小道消息　grapevine　363
工作分析　job analysis　316
工作分擔　job sharing　439
工作生活品質　quality of work life, QWL　398
工作再設計　job redesign　434

工作參與度　job involvement　384
工作專業化　specialization of labor　225
工作深度　job depth　434
工作評估　job evaluation　341
工作團隊　work team　481
工作態度　job attitude　384
工作滿意度　job satisfaction　387
工作範圍　job scope　434
工作輪調　job rotation　435
工作擴大化　job enlargement　434
工作豐富化　job enrichment　435

四畫

中階管理階層　middle management　16
互信　mutual trust　291
互動圖　interaction chart　249
內容理論　content theory　403
內部創業　intrapreneurship　437
內部創業家　intrapreneur　67
內部環境　internal environment　62
公平理論　equity theory　422
六標準差　Six Sigma　536
分工　division of labor　225
分權化　decentralization　244
及時　just-in-time, JIT　566
及時庫存　just-in-time inventory　155
反功能性衝突　dysfunctional conflict　498

599

反應管理　management by reaction　287
文化　subculture　282
方向統一　unity of direction　223
方案　program　91
水平團隊　horizontal team　476

五畫

主動法　proactive approach　181
主管資訊系統　executive information system, EIS　523
功能式結構　functional structure　265
功能性定義　functional definition　230
功能性衝突　functional conflict　498
功能部門化　functional departmentalization　227
功能經理　functional manager　17
功能層級策略　functional-level strategy　110
功能職權　functional authority　234
古典行政管理學派　classical administrative school　36
古典科學學派　classical scientific school　36
古典管理理論　classical management theory　36
外包　outsourcing　220
外部環境　external environment　62
平等就業機會　equal employment opportunity　306
平緩　smoothing　501
平權行動　affirmative action　310
正式的溝通管道　formal communication channel　358
正式組織　formal organization　219
正式溝通網絡　formal communication network　363
正式團隊　formal team　475
永續社區　sustainable community　186
生命週期理論　life-cycle theory　465
生產力　productivity　583
用人　staffing　302
用字　diction　355
目標　goal　3
目標設定理論　goal-setting theory　423
目標管理　management by objectives, MBO　102

六畫

交易處理　transactional processing　518
交易處理系統　transaction processing system, TPS　518
任務小組　task force　477
企業資源規劃系統　enterprise resource planning (ERP) system　524
企業層級策略　corporate-level strategy　109
全面品質管理　total quality management, TQM　580
全球結構　global structure　206
共享經濟　sharing economy　305
再造　reengineering　52
合法權力　legitimate power　237
同步控制　concurrent control　541
名目群體技術　nominal group technique　148
回收期間分析　payback analysis　153
回饋　feedback　347
回饋控制　feedforward control　542

地理部門化　geographical departmentalization　227
多樣性　diversity　11
成對工作　twinning　439
有機式結構　organic structure　259
自由放任風格　free-rein style　457
自我監控　self-monitoring　393
自我管理的工作團隊　self-managed work team　483
自帶設備　bring your own device, BYOD　94
自尊　self-esteem　392
自然力量　natural force　77
行為學派　behavioral school　42
行銷研究　marketing research　562

七畫

作業系統　operating system　516
作業研究　operations research　44
作業計畫　operational plan　91
作業管理　operations management　45
利害關係人　stakeholders　79
吹哨者　whistle-blower　185
妥協　compromise　501
形成階段　forming stage　490
批量處理　batch processing　517
技術　technology　265
投資組合策略　portfolio strategy　115
更高層次目標　superordinate objective　501
決策　decision　124
決策支援系統　decision support system, DSS　520
決策制定　decision-making　125
決策樹　decision tree　151
沃倫與葉頓決策樹　Vroom and Yetton decision tree　142
沙賓法案　Sarbanes–Oxley Act, SOX　173
系統　system　46
角色　role　23

八畫

事業層級策略　business-level strategy　109
使用者自建系統　end-user computing　515
使命　mission　83
使命宣言　mission statement　83
制裁　sanction　252
刻板印象　stereotypes　357
協同合作　collaboration　501
委員會　committee　477
官僚　bureaucracy　41
延伸性目標　stretch goal　86
性騷擾　sexual harassment　310
抵抗法　resistance approach　180
招募　recruiting　320
歧視　discrimination　306
法律／政治力量　legal/political force　75
物聯網　Internet of Things, IoT　514
直接互動力量　directly interactive force　72
直線部門　line department　234
直線職權　line authority　233
知識管理　knowledge management, KM　521
知覺　perception　357
社會文化力量　sociocultural force　75
社會責任　social responsibility　179
社會資本　social capital　378

社會稽核　social audit　188
社群媒體　social media　272
非口語溝通　nonverbal communication　350
非正式組織　informal organization　247
非正式溝通管道　informal communication channel　363
非程式性決策　nonprogrammed decision

九畫

保健因子　hygiene factors　409
前瞻控制　feedforward control　539
品管圈　quality circle　594
品質　quality　4
品質改善團隊　quality improvement team　591
品質保證團隊　quality assurance team　480
品質控制稽核　quality control audit　593
品質稽核　quality audit　593
品質學派　quality school　50
品質機能展開　quality function deployment, QFD　576
垂直團隊　vertical team　476
威權性格　authoritarian　392
指揮統一　unity of command　236
指揮鏈　chain of command　223
政策　policy　91
研究發展　research and development, R&D　596
科技　technology　27
科技力量　technological force　77
突破性思維　outside-the-box thinking　146
計分板　scoreboarding　67

計畫　plan　86
計畫性變革　planned change　287
降職　demotion　337
限制因素　limiting factor　133
革命性變革　revolutionary change　286
風暴階段　storming stage　490
風險承擔　risk-taking　395
風險經理　risk manager　532

十畫

倫理困境　ethical dilemma　176
員工敬業度　employee engagement　386
差別影響　disparate impact　309
晉升　promotion　336
核心能耐　core competencies　62
核心價值　core values　84
矩陣式結構　matrix structure　268
訊息　message　347
訓練　training　328
財務比率　financial ratio　554
財務責任中心　financial responsibility center　556
財務預算　financial budget　562
迴避　avoidance　501
配額　quota　197
高階管理階層　top management　15

十一畫

參考權力　referent power　237
參與式風格　participative style　456
商業倫理　business ethics　161
問責　accountability　239

問題　problem　125
國際事業部　international division　205
國際管理　international management　193
執行階段　performing stage　490
執行團隊　executive team　483
專制風格　autocratic style　455
專家系統　expert system　521
專家權力　expert power　237
專案改善團隊　project improvement team　593
專案團隊　project team　478
強化理論　reinforcement theory　419
強制權力　coercive power　237
情境學派　contingency school　48
情緒智商　emotional intelligence, EI　468
授權　delegation　238
排隊模型　queuing model　154
接收者　receiver　347
控制　controlling　532
控制技術　control technology　532
控制系統　control system　542
控制幅度　span of control　230
控制過程　control process　534
控制觀　locus of control　391
理解　understanding　347
理論　theory　35
產品部門化　product departmentalization　228
產品開發團隊　product development team　478
第一線管理階層　first-line management　17

組織　organization　4, 219
組織文化　organizational culture　63
組織生命週期　organizational life cycle　263
組織承諾　organizational commitment　385
組織氛圍　organizational climate　66
組織設計　organizational design　257
組織發展　organizational development, OD　297
組織圖　organization chart　230
組織精簡　downsizing　220
組織學習　organizational learning　291
統計品質控制　statistical quality control, SQC　593
統計流程控制　statistical process control, SPC　593
術語　jargon　355
被動法　reactive approach　181
規定　rule　93
規劃　planning　82
規範　norms　249
規範階段　norming stage　490
責任　responsibility　239
部門化　departmentalization　227
部門式結構　divisional structure　266

十二畫

創業家　entrepreneur　67
媒介　medium　347
就職　onboarding　303
智慧資本　intellectual capital　63
替代方案　alternative　134
最大化　maximize　140

期望理論　expectancy theory　416
測試　test　324
無疆界組織　boundaryless organization　69
發展　development　331
發送者　sender　347
程式性決策　programmed decision　128
程序　procedure　92
等候線模型　waiting-line model　154
策略　strategy　87
策略事業單位　strategic business unit, SBU　115
策略制定　strategy formulation　108
策略計畫　strategic plan　88
策略執行　strategy implementation　108
策略管理　strategic management　106
虛擬團隊　virtual team　479
評估中心　assessment center　325
開卷式管理　open-book management　66
開放系統　open system　61
間接互動力量　indirectly interactive force　75
集權化　centralization　244
集體談判　collective bargaining　316
雲端運算　cloud computing　53
韌性　resilience　395

十三畫

損益表　income statement　549
搭便車　free rider　495
概念化技能　conceptual skill　28
溝通　communication　347
禁運　embargo　197
經濟力量　economic force　75

群體決策支援系統　group decision support system, GDSS　522
腦力激盪　brainstorming　147
資金運用表　sources and uses of funds statement　553
資料中心　data center　515
資料庫　database　515
資訊　information　347, 507
資訊系統　information system, IS　506
資訊科技　information technology, IT　506
資產負債表　balance sheet　549
跨文化管理　cross-cultural management　213
跨功能團隊　cross-functional team　477
跨國公司　multinational corporation　193
跨越疆界　boundary spanning　78
路徑－目標理論　path-goal theory　462
遊戲化　gamification　464
過程改善團隊　process improvement team　593
過程理論　process theory　403
過程團隊　process team　481
道德　morality　165
道德　morale　398
零工經濟　gig economy　305
電子商務　electronic commerce　126
電腦化資訊系統　computerized information system, CIS　513
預測　forecasting　102
預算　budget　91, 558

十四畫

僑民　expatriate　214

團隊　team　474
團隊式結構　team structure　270
團體迷思　groupthink　151
對抗　confrontation　501
態度　attitude　382
態度的三成分模型　the tri-component models of attitudes　383
滿足最低需求　satisfice　140
演化性變革　evolutionary change　286
甄選　selection　322
福利　benefit　342
管理　management　3
管理者　manager　3
管理科學　management science　44
管理哲學　philosophy of management　424
管理階層　management hierarchy　14
管理資訊系統　management information system, MIS　509
綜效　synergy　47
綠色產品　green product　185
網絡式結構　network structure　271
網路連結　networking　518
語義學　semantics　355
需求　need　401
領導　leadership　9, 443
領導方格　Leadership Grid　459
領導風格　leadership style　453

十五畫

彈性工時　flextime　438
影響　influence　443
徵兆　symptom　131

德菲技術　Delphi technique　149
數位　digital　508
數量學派　quantitative school　44
標竿　benchmark　577
標準　standard　532
模擬　simulation　154
獎賞權力　reward power　237
稽核　audit　557
衝突　conflict　496
調職　transfer　336
賦權　empowerment　67

十六畫

凝聚　cohesion　249
噪音　noise　358
學習型組織　learning organization　60
戰術　tactic　87
戰術計畫　tactical plan　90
機械式結構　mechanistic structure　259
機會　opportunity　125
激勵　motivation　400
激勵因子　motivators factor　409
獨立承包商　independent contractor　305
辦公室自動化系統　office automation system, OAS　515
隧道視野　tunnel vision　146

十七畫

壓縮工作週　compressed workweek　438
應用程式　application program　516
營運預算　operating budget　561
環境狀況分析　situation analysis　110

環境偵測　environmental scanning　61
績效評估　performance appraisal　332
薪酬　compensation　340
賽局理論　game theory　155
職前導引　orientation　328

十八畫
職權　authority　232
離職　separation　337
額外津貼　perks　343

十九畫以上
關稅　tariff　197
關鍵控制點　critical control point　542
願景　vision　83
顧客　customer　4
顧客部門化　customer departmentalization　228
顧客關係管理　customer relationship management, CRM　7
權力　power　236
權謀霸術主義　machiavellianism　392
權變計畫　contingency plan　97
權變模式　contingency model　461
變革　change　283
變革推動者　change agent　287